500 Tips to Use Visual C# Better!

現場で
すぐに
使える！

Visual C# 2019

Visual Studio Professional / Community 対応

逆引き大全

増田智明
国本温子 著

500の極意

秀和システム

●**サンプルプログラムのダウンロードサービス**

本書で使用しているサンプルプログラムは、以下の秀和システムのWebサイトからダウンロードできます。

http://www.shuwasystem.co.jp/support/7980html/5942.html

はじめに

　本書『**現場ですぐに使える！ Visual C# 2019逆引き大全　500
の極意**』Visual Studio 2019に含まれるVisual C# 2019に対応し
た、基礎から応用まで幅広い内容を網羅しているTips集です。

　今回のVisual C# 2019版では、ASP.NET MVCの強化、.NET
Coreの導入、WPFアプリ作成、MVVMパターンの利用などTipsな
どを追加しました。C#の利用範囲は、単なるデスクトップ環境に限ら
ず、Webアプリやスマホのアプリ開発、クラウド上などで利用されて
います。環境の違いに縛られることなく同じ言語を使えるのが、C#の
魅力の1つです。
　さらに、第5章でasync/awaitを利用した非同期処理、第6章でリ
フレクションを利用したプロパティアクセスなどの仕事でのちょっと
した壁を超えるようなTipsも新規に追加してあります。

　開発環境であるIDE（統合開発環境）の操作方法、基本プログラミン
グの概念などの初歩的な内容から、ユーザーインターフェイスの作成、
データベース操作、エラーやデバッグ、Webアプリケーションの作成、
ユーザーコントロールの作成といった実務的な内容、そしてWPF、
XAML、LINQなどの新機能に至るまで、幅広い分野にわたるTipsを
集めています。
　これらのTipsで扱っているサンプルプログラムをサポートページ
よりダウンロードできますので、皆さまのお手元にあるVisual C#の
環境で、実際に各ファイルやアプリケーションを操作し、動作確認を
していただくことが可能です。そして、プログラミングや動作の理解

を深めていただくことができます。

　本書では、基本的なテクニックから高度なテクニックへと順番に Tips の構成をしました。このため Visual C#の初心者の方でも、最初から読み進めていただければ、Visual C#の文法の基礎から高度な内容へと順に学習していただけます。

　　逆引き形式になっているので、「やりたいこと」「知りたいこと」から必要なテクニックを探していただけます。そのため、学習中の方はもちろん、Visual C#を実務で活用されている方にもすぐに役立てることができるでしょう。

　本書が、Visual C# 2019の学習、開発の参考書籍として、より多くの皆さまのお手元に置いていただき、いつでも参照していただける必携の書としてご活用いただけますことを心より願っております。

　最後に、本書を執筆するにあたって、ご指導、ご協力くださいましたすべての皆さまに心より感謝申し上げます。

2019年11月　著者記す

本書の使い方

本書では、みなさんの疑問・質問、「〜する」「〜とは」といった困ったときに役立つ極意（Tips）を探すことができます。必要に応じた「極意」を目次や索引などから探してください。

なお、本書は、以下のような構成になっています。本書で使用している表記、アイコンについては、下記を参照してください。

極意（Tips）の構成

極意の番号
目次で見つけた「極意」をすぐに見つけることができます。

プログラミング上の要望・質問
「〜したい」「〜するには」といった要望や質問を示しています。自分のやりたいことを探してください。

Level
レベルには「初級●」「中級●●」「上級●●●」の3レベルがあります。テクニックの難易度の目安にしてください。

ポイント
プログラミングの考え方や手順、使用するメソッドなど一言で説明しています。

対応エディション
「COM」は Visual Studio Community、「PRO」は Professional に対応していることを表します。

画面
実際のプログラムの参考になるように、サンプル実行後の画面などを示しています。

極意の詳細
この極意(Tips)を詳しく説明しています。手順は、ステップを追って実行できるようになっています。

ファイル名
本書のサポートサイトからダウンロードできるサンプルのファイル名を示しています。

リスト
サンプルのコードなどを示しています。

さらにワンポイント
この極意(Tips)の補足説明を示しています。

中央のサンプルページ

3-2 コントロール全般

Tips **103** コントロールを非表示にする

▶Level ●
▶対応
COM PRO

ここがポイントです！

コントロールの表示／非表示（Visible プロパティ）

コントロールの表示／非表示を切り替えるには、Visible プロパティを使います。値が「true」のときは表示、「false」のときは非表示になります。
リスト1では、フォームを読み込むときにテキストボックスを非表示の設定にしています。
リスト2では、チェックボックスにチェックが付いたらテキストボックスを表示し、チェックが外れたらテキストボックスを非表示にしています。

▼実行結果

▼チェックボックスにチェックを付けた結果

□チェックを付けるとテキストボックスを表示します

☑チェックを付けるとテキストボックスを表示します

リスト1 テキストボックスを非表示にする（ファイル名 : ui103.sln）

```
private void Form1_Load(object sender, EventArgs e)
{
    textBox1.Visible = false;
}
```

さらにワンポイント
コントロールの有効／無効を切り替えるには、コントロールのEnabledプロパティの値を「true」または「false」に設定します。「false」にすると、コントロールが無効になり、グレー表示になります。

Column コードエディター内で使用できる主なショートカットキー

コード入力中や編集時に使える主なショートカットキーには、次のようなものがあります。

◎コードエディター内での検索と置換

機能	ショートカットキー
クイック検索	[Ctrl] + [F]
クイック検索の次の結果	[Enter]

179

Column
Visual C# 2019 で知っておきたい知識を簡潔にまとめてあります。

Contents
現場ですぐに使える！
Visual C# 2019
逆引き大全 500の極意
目次

第1部 スタンダード・プログラミングの極意

第1章　Visual C# 2019の基礎

第2章　プロジェクト作成の極意

第5章　非同期処理の極意

第6章　リフレクションの極意

第7章　文字列操作の極意

第8章　ファイル、フォルダー操作の極意

8-1　ファイル、フォルダー操作

8-2　テキストファイル

第9章　コモンダイアログの極意

9-1　コモンダイアログ

第10章　データベース操作の極意

第11章　エラー処理の極意

第12章　デバッグの極意

第16章　ASP.NETの極意

16-1　MVC

16-2　Razor構文

16-3　データバインド

16-4　Web API

第1部

スタンダード・プログラミングの極意

第1章
001~024

Visual C# 2019 の基礎

Visual C#とは

ここがポイントです! **Visual C# 2019の概要**

　C#は、アプリケーションソフトを作成するために、Microsoft社が開発したオブジェクト指向型のプログラミング言語です。本書執筆時 (2019年11月) の最新バージョンは、C#8.0です。

　C#は、ボーランド社のDelphiを開発したアンダース・ヘルスバーグ氏たちが、Microsoft社へ移籍後、開発に携わっています。そのため、Delphiの影響を受けたものとなっています。

　また、Microsoft社の**Visual Studio**という統合開発環境上で動くC#を**Visual C#**と呼び、その最新版が**Visual C# 2019**になります。

　Visual C# 2019を使うと、以下のような様々な種類のアプリケーションを作成できます。

❶デスクトップアプリ (クラシックWindowsアプリ)
❷Webアプリ
❸Windowsストアアプリ
❹UWPアプリ
❺AndroidおよびiOS用のアプリやゲーム

さらにワンポイント UWP (Universal Windows Platform) とは、Windows 10のすべてのエディションが持つアプリケーション実行環境のことです。UWPアプリは、Windows 10が動作する様々なデバイス (デスクトップPC、Windows Phone、Xboxなど) 上で動作するアプリケーションです。なお、本書では、UWPアプリについては解説していません。

Visual Studioとは

Visual Studioの概要

Visual Studioは、Microsoft社が提供するプログラム開発ツールです。本書執筆時（2019年11月）の最新バージョンは、**Visual Studio 2019**です。

Visual Studioには、Visual C#をはじめとするいくつかの**プログラミング言語**と**IDE**（統合開発環境）と呼ばれるプログラムを開発するための環境が含まれています。

IDEには、次のようなプログラム開発に必要な一通りの機能が用意されています。

- 画面設計用のデザイナー
- コード記述用のエディター
- 機械語に変換するためのコンパイラー
- テストとエラーを修正するためのデバッガー

Visual Studio 2019のエディションには、主に❶**Visual Studio Professional 2019**、❷**Visual Studio Enterprise 2019**と、無償で入手できる❸**Visual Studio Community 2019**があります。

本書は、Visual Studio Professional 2019とVisual Studio Community 2019に対応しています。いずれもMicrosoft社のWebサイトからダウンロードできます（Tips003を参照）。

Visual C# 2019の基礎

さらにワンポイント　Visual Studio Community 2019は、Visual Studio Professional 2019とほぼ同じ機能を持ちますが、学生、オープンソース、個人開発者向けに無料で提供されたものであり、使用において制約があります。またVisual Studio Professional 2019は、評価用として最大30日間、サインインすると90日間まで無償で使用できます。

Tips 003

Visual Studio 2019を
インストールする

▶ Level ●

▶ 対応
COM PRO

ここが
ポイント
です！

Visual Studio 2019のインストール

Visual Studio 2019をインストールするには、Visual Studioのダウンロードサイトにアクセスし、次の手順でインストールします。ここでは、Visual Studio Community2019のインストールを例に説明します。

Visual Studioをインストールする前に、以下のサイトでシステム要件を確認しておきます。

▼ Visual Studio 2019システム要件確認サイト

```
https://docs.microsoft.com/ja-jp/visualstudio/releases/2019/system-req
uirements
```

■ Visual Studioのダウンロード

以下のダウンロードサイトにアクセスし、インストールするVisual Studioをクリックします（画面1）。

▼ Visual Studio 2019ダウンロードサイト

```
https://www.visualstudio.com/ja/downloads/
```

▼ 画面1 Visual Studioのダウンロードサイト

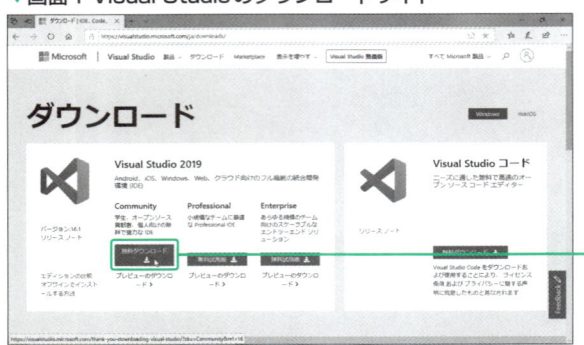

ここをクリックしてダウンロードを
開始する

■ インストールの実行

［実行］ボタンをクリックしてインストールを開始します（画面2）。なお、［保存］ボタンをクリックするとインストール用ファイルをパソコンにいったん保存します。この場合、保存されたファイルをダブルクリックしてインストールを開始します。

▼画面2 Visual Studioのインストール

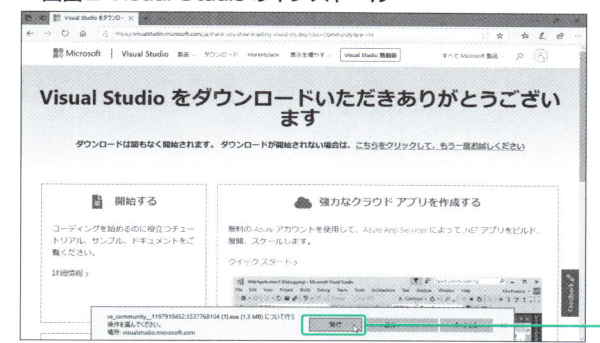

ここをクリックしてインストールを
開始する

3 ライセンス条項の確認

「Microsoftプライバシーに関する声明」と「ライセンス条項」についてのメッセージが表示されます。それぞれのリンクをクリックして内容を確認し、[続行] ボタンをクリックします（画面3）。

▼画面3 ライセンス条項の同意画面

ここをクリックしてインストールを
開始する

4 インストール内容の選択・実行

インストール内容選択画面が表示されたら、必要な項目をクリックして選択し、インストールを開始します（画面4）。なお、インストール後に必要に応じて追加インストールすることもできます。

インストールが完了した後、画面の指示に従ってコンピューターを再起動し、Visual Studio2019を起動します。このとき、**Microsoftアカウント**でのサインインが要求されます。あらかじめ用意しておきましょう。

▼画面4 インストール内容選択画面

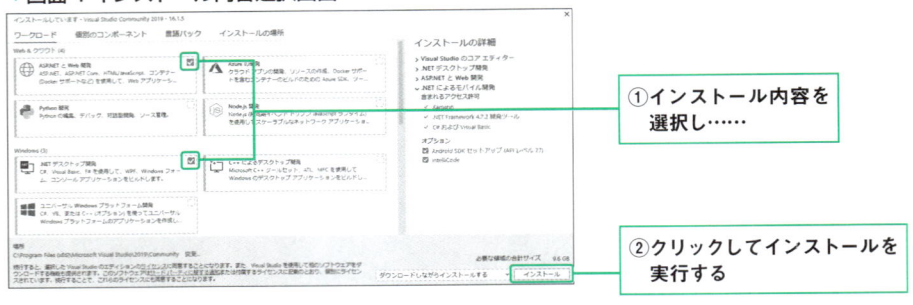

①インストール内容を
選択し……

②クリックしてインストールを
実行する

 手順 **2** の後、「このアプリがデバイスに変更を加えることを許可しますか？」という確認
メッセージが表示されたら、[はい] ボタンをクリックします。

 Visual Studio 2019では、正式なリリース前の最新の機能を試用できるプレビュー版
と正式なものとして提供されるリリース版があります。プレビュー版を経て、新機能がリ
リース版に追加されます。
また、リリース版には、マイナー更新とサービス更新の2種類の更新があります。
マイナー更新は、プレビュー版で使用可能になった後、約2～3月ごとにリリース版に配布されま
す。 新機能、バグの修正や、プラットフォーム変更に適合するための変更が含まれており、マイ
ナー更新のバージョンは、16.1や16.2のようにバージョン番号の2桁目で確認できます。また、
サービス更新は、重要な問題に関する修正プログラムのリリースです。サービス更新のバージョン
は、16.0.1や16.1.3のようにバージョン番号の 3 桁目で確認できます。バージョン番号は、[ヘ
ルプ] メニューの [バージョン情報] を開いて確認できます。

Microsoftアカウントは、通常使用しているメールアドレスで登録する方法と、
Microsoftでメールアドレスを無料で新規作成して登録する方法があります。30日間は
サインインしなくても使用することが可能ですが、それを過ぎるとサインインする必要
があります。

 追加の内容をインストールする場合は、Windowsの [スタート] ボタン ➡ [Visual
Studio Installer] をクリックして、表示される画面にあるインストール済みのVisual
Studioで [変更] をクリックし、手順 **4** の画面が表示されたら、必要な項目を選択して
追加します。

.NET Frameworkとは

.NET Frameworkの概要

Visual Studio 2019は、**.NET Framework**上で動作し、Visual C#などのプログラム言語を使って、.NET対応のアプリケーションを開発できます。

.NET Frameworkとは、Microsoft .NETに対応したアプリケーションを実行、開発するための環境です。.NET Frameworkは、Visual Studio 2019のインストール時に自動的にインストールされます。また、Windows 10には標準でインストールされています。また、Microsoft社のWebサイトから無償でダウンロードし、インストールすることもできます。

.NET Frameworkは、OSとアプリケーションの間に存在し、**共通言語ランタイム**（CLR：Common Language Runtime）と**クラスライブラリ**という2つの主要な部分で構成されています。

●共通言語ランタイム（CLR)

共通言語ランタイムは、.NETアプリケーションの実行環境で、プログラムの実行サポートやセキュリティ管理、メモリやスレッドの管理などをします。

●クラスライブラリ

クラスライブラリは、.NET対応アプリケーションを作成するために必要となる機能を提供しています。

例えば、.NETアプリケーション用の基本的なクラスを提供している基本クラスライブラリや、WebプログラミングのためのASP .NET、WindowsアプリケーションのためのWindowsフォーム、データアクセスのためのADO .NETなどがあります。

▼ .NET Frameworkの構成

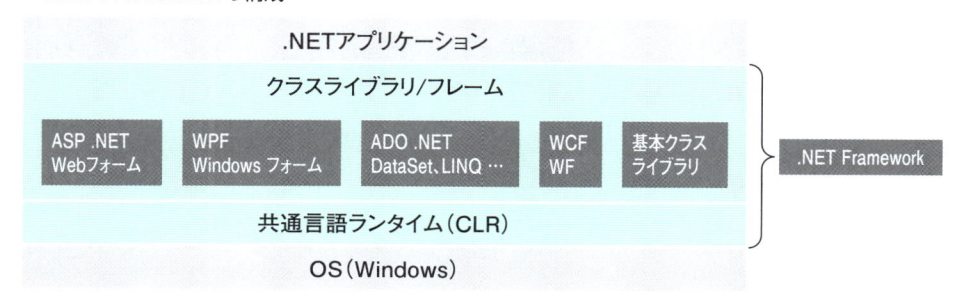

> **さらにワンポイント**
> .NET Frameworkでは、C#やVisual Basicなどの言語で記述されたプログラム（Source code）を、共通中間言語（CIL：Common Intermediate Language）と呼ばれる中間言語に変換して（Byte code）言語の違いを吸収し、CLRのJITコンパイラーによってコンピューターが直接実行可能な機械語に変換します（Native Code）。

> **さらにワンポイント**
> .NETでは、.NET Frameworkだけでなく、.NET Core、およびXamarinなどが提供されています。
> .NET Coreは、Windowsだけでなく、macOSおよびLinuxと異なるOS上で実行できます。オープンソース化されており、誰でも自由に使用できます。
> Xamarinは、iOS、Android、Unix系OSやWindows上で動作できます。

Tips
005 名前空間とは

▶ Level ●○○○
▶ 対応
COM PRO

ここがポイントです！ → 名前空間（ネームスペース）の概要

Visual C# 2019では、.NET Frameworkの**クラスライブラリ**で提供されている**クラス**を利用して.NET対応アプリケーションプログラムを記述します。

.NET Frameworkのクラスライブラリには、非常に多くのクラスが用意されているため、関連するクラスをまとめて、**名前空間（ネームスペース）**という概念を利用して階層構造で管理しています。

名前空間は、ディレクトリやファイルを階層的に構成しているWindowsエクスプローラーに構造が似ています。名前空間では、クラスの中にクラスを格納して階層的に構成し、グループごとに分類しています。

名前空間の階層は、「.」（ピリオド）に続けて「System.Data」のように指定します。例えば、テキストの読み書きは、**System.IO名前空間**にグループ化されたクラスを使用し、Windows用のフォームの作成には、**System.Windows.Forms名前空間**にグループ化されたクラスを使用します。

また、プログラムのコードを名前空間のブロックに分割できます。明示的に名前空間を定義するには、次のように記述します。

▼明示的に名前空間を定義する

```
namespace 名前空間名 {
    ・・・(名前空間に属するクラス、列挙型などの型を記述)
}
```

.NET Frameworkの主な名前空間

名前空間	内容
Systemクラス	基本クラス
System.Windows.Formsクラス	Windowsフォーム
System.Drawingクラス	+GDI基本グラフィックス機能
System.Webクラス	Webアプリケーション
System.Dataクラス	データベース操作
System.IOクラス	ファイルの属性と内容
System.Netクラス	ネットワーク操作
System.XMLクラス	XMLの操作

 GDI+（Graphics Device Interface）は、グラフィックスと文字列の処理や、ビットマップなどのイメージを処理する機能です。

 クラスを使用するときは、そのクラスが所属する名前空間を記述します。例えば、Formは、System.Windows.Formsクラスに所属するため、正式には「System.Windows.Forms.Form」と記述しますが、**using**ディレクティブを使用すると、名前空間を省略して「Form」とだけ記述できます（Tips036の「名前空間の記述を省略する」を参照してください）。

Visual C# 2019プログラムの開発手順

▶Level ●○○
▶対応　COM　PRO

ここがポイントです! **Visual C# 2019プログラムの基本的な開発順序**

Visual C# 2019でアプリケーションを開発するには、基本的に以下の手順で行います。ここでは、Windowsアプリケーションの作成を例として基本的手順を紹介します。

■1 プロジェクトの新規作成
アプリケーションの作成単位である**プロジェクト**を新規作成します。

■2 フォームの作成、コントロールの配置
フォーム上にテキストボックスやボタンなどの必要な**コントロール**を配置して、操作用の画面となるユーザーインターフェイスを作成します。

3 フォーム、コントロールのプロパティ設定

　フォームやコントロールに、オブジェクト名などの**設定値**を指定します。

4 プログラムコードを記述（コーディング）

　アプリケーションの動作を**コード**で記述します。例えば、ボタンをクリックしたときに「どのような処理をするか」というような、**ある動作や状態に対応して実行される処理**をコードで記述します。

5 動作テスト（デバッグ）

　作成したプログラムが「正しく動作するか」を確認し、不具合があれば修正します。

6 実行可能ファイルの作成

　Windowsアプリケーションとして使用するための実行可能ファイルである**exeファイル**を作成します。この作業のことを**ビルド**と言います。

　また、必要に応じてアプリケーションのセットアップ用のプログラムである**セットアッププロジェクト**を作成します。

ソリューション、プロジェクトとは

Tips
007

▶ Level ●
▶ 対応
COM　PRO

ここが
ポイント
です！

ソリューション、プロジェクトの概要

●プロジェクト

　プロジェクトとは、「アプリケーションの作成単位」で、アプリケーション開発に必要な各種情報を管理しています。

　例えば、❶参照情報、❷ファイル情報、❸フォーム情報、❹データ接続情報などがプロジェクトの中に含まれています。

●ソリューション

　ソリューションは、1つ以上のプロジェクトをまとめたものです。ソリューションに含まれるプロジェクトなどの構成情報は、**ソリューションエクスプローラー**で表示、管理できます。

　ソリューションを使用すると、機能ごとに複数のプロジェクトに分割してアプリケーションが構成できるため、大規模なアプリケーションを作成するときに便利です。

　なお、Visual C# 2019では、プロジェクトの新規作成時に、そのプロジェクトを含むソリューションフォルダーを作成するかどうか選択できます。

▼画面1 ソリューションとプロジェクトの構成例

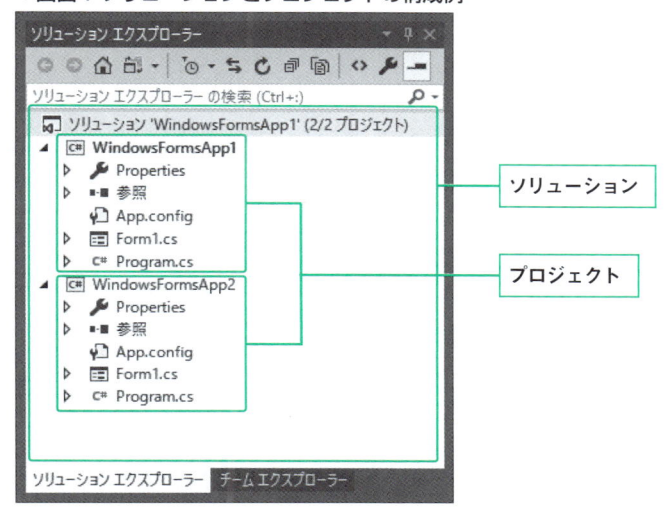

 ソリューションには、Visual C# 2019のプロジェクトだけでなく、Visual Basic 2019、Visual C++ 2019など、ほかの言語のプロジェクトを含むこともできます。

Tips

008 クラス、オブジェクトとは

▶Level ●○○○
▶ 対応
COM PRO

ここがポイントです! > **クラスとオブジェクトの関係**

Visual C# 2019は、**オブジェクト指向型言語**です。オブジェクト指向型言語では、処理の対象となるものを**オブジェクト**としてとらえ、プログラムを記述します。

オブジェクトは、**クラス**を元に作成されます。クラスとは、オブジェクトの設計図であり、オブジェクトはクラスの**インスタンス**（実体）になります。

例えば、フォーム上に配置するボタンは、Buttonクラスを基にして新しいButtonオブジェクトを作成し、配置します。

作成されたオブジェクトは、名前や設定値などを個別に指定できます。

Visual C# 2019では、.NET Frameworkの**クラスライブラリ**の中に用意されているクラスを使用してプログラムを開発します。それらを使うことで、プログラムの作成が容易になっ

ています。

例えば、Buttonクラスは、クラスライブラリの中の**Sysmtem.Windows.Forms.Button クラス**になります。

なお、新たにクラスを作成し、独自のオブジェクトを作成することもできます。詳細は Tips188の「クラスを作成（定義）する」を参照してください。

▼クラスとオブジェクトの関係例

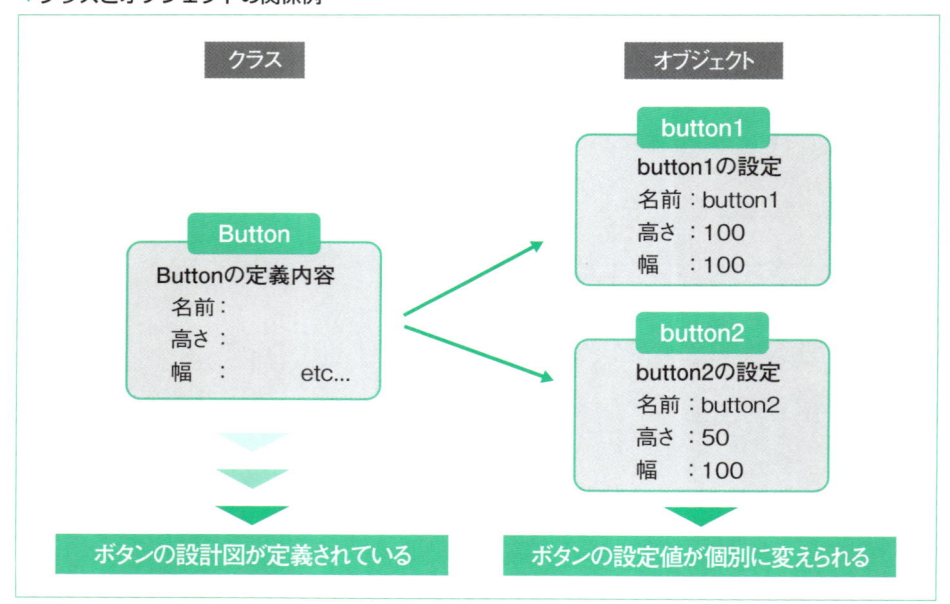

Tips
009

プロパティとは

ここが ポイント です！ ▶ **オブジェクトに対するプロパティ**

▶ Level ●○○○
▶ 対応
COM　PRO

プロパティとは、オブジェクトの**特性**を表す要素です。プロパティによって、オブジェクトの色やサイズなど、オブジェクトの状態や機能の設定と参照が行えます。

オブジェクトによって持つプロパティが異なり、そのオブジェクトの機能に応じたプロパティがあります。オブジェクトのプロパティは、**プロパティウィンドウ**で参照・設定でき、ここでの設定値がプログラム実行時の初期値となります。

また、プロパティは**コード**を記述して参照・設定することもできます。コードで設定する場合は、次のように記述します。

なお、ここで使用している演算子の「=」は**代入演算子**と呼び、「A=B」と記述すると「BをAに代入する」という意味になります。

▼プロパティに値を設定する場合

オブジェクト名 . プロパティ=値；

▼プロパティの値を参照する場合

変数=オブジェクト名 . プロパティ；
（ここでは、プロパティの値を参照して変数に代入）

画面1では、プロパティウィンドウでlabel1のTextプロパティを「こんにちは！」と設定しています。これがプログラムを実行したときに最初に表示されます（画面2）。

リスト1では、button1ボタンをクリックすると、文字列「Visual C# 2019をはじめよう！」をlabel1のTextプロパティに設定して、ラベル内に表示する文字列とします。

▼画面1 label1のプロパティウィンドウ

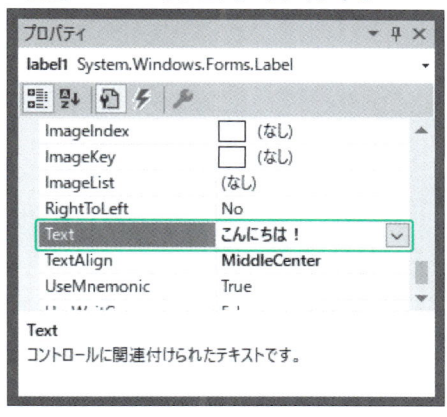

▼画面2 プログラム実行時

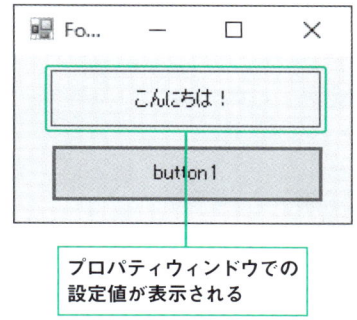

プロパティウィンドウでの
設定値が表示される

▼画面3 button1をクリックした実行結果

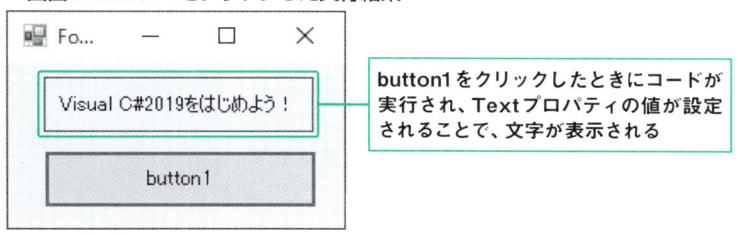

button1をクリックしたときにコードが
実行され、Textプロパティの値が設定
されることで、文字が表示される

リスト1 プロパティに値を設定する（ファイル名：kiso009.sln）

```
private void button1_Click(object sender, EventArgs e)
{
    label1.Text = "Visual C# 2019をはじめよう！";
}
```

メソッドとは

▶Level ● ○ ○
▶対応
COM　PRO

ここがポイントです！ → **オブジェクトに対するメソッドの役割**

メソッドは、オブジェクトの**動作**を指定します。メソッドには、①「単独で実行するもの」と、②「処理を実行するための引数（パラメーター）を必要とするもの」があります。

コードでは、次のように記述します。

▼メソッドを単独で実行する場合

```
オブジェクト.メソッド();
```

▼メソッドに引数を設定する場合

```
オブジェクト.メソッド(引数);
```

リスト1では、button1ボタンをクリックすると、textBox2にtextBox1の文字列と改行記号を追加します。

ここで使用しているAppendTextメソッドは、引数で指定した文字列をオブジェクト「textBox2」のTextプロパティの値に追加します。

また、button2ボタンをクリックすると、textBox2内の文字列を削除します。ここで使用しているClearメソッドは引数を持ちません。

▼画面1 button1をクリックした実行結果

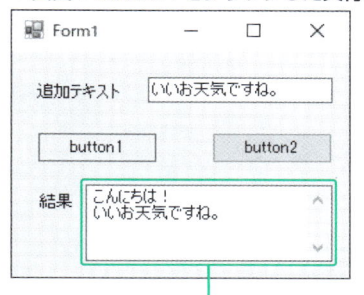

▼画面2 button2をクリックした実行結果

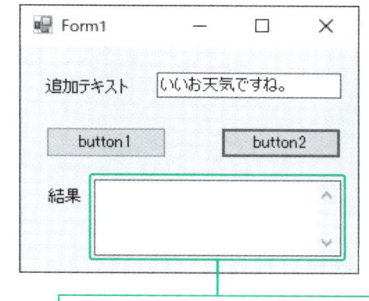

AppendTextメソッドでtextBox1の文字列と改行記号がtextBox2に追加される

ClearメソッドでtextBox2の文字列が削除される

リスト1 引数のあるメソッドと引数のないメソッド（ファイル名：kiso010.sln）

```
private void Button1_Click(object sender, EventArgs e)
{
    // オブジェクト「textBox2」にオブジェクト「textBox1」の
    // 文字列と改行記号を追加する（引数のあるメソッド）
    textBox2.AppendText(textBox1.Text + Environment.NewLine);
}

private void Button2_Click(object sender, EventArgs e)
{
    // オブジェクト「textBox2」の文字列を消去する
    // （引数のないメソッド）
    textBox2.Clear();
}
```

さらに ワンポイント **Environment.NewLine**は、改行文字を取得します。使用している環境に応じて適切な改行文字列が取得されます。

Visual C# 2019の基礎

イベントとは

ここが
ポイント
です！ ▷ **イベントの概要**

イベントとは、プログラムの**動作のきっかけ**かとなる事象のことです。

Visual C# 2019では、ボタンがクリックされたり、キーが押されたりしたときなど、特定の動作によりイベントが発生します。このイベントをきっかけとして、処理を実行するプログラムを記述します。

このような処理の仕方を**イベントドリブン型**といい、イベントごとに記述するプログラムを**イベントハンドラー**と呼んでいます。

イベントハンドラー名は、既定で「オブジェクト名_イベント名」です。例えば、button1をクリックしたときのイベントハンドラー名は「button1_Click」になります。

プロパティウィンドウの [イベント] ボタンをクリックすると、そのオブジェクトの持つ**イベント一覧**と、**イベントハンドラー名**が表示されます。ここに表示されるイベントハンドラー名は、既定のもの以外に任意の名前に変更することもできます（画面1）

また、[プロパティ] ボタンをクリックすると、**プロパティ一覧**が再び表示されます。

なお、[項目順] ボタンをクリックすると、分類ごとに表示され、[アルファベット順] ボタンをクリックするとアルファベット順に表示されます。

リスト1では、ボタンをクリックしたときのイベントハンドラーの例として、ラベルにシステム日付と時刻を表示しています。

▼**画面1 プロパティウィンドウでイベント一覧を表示**

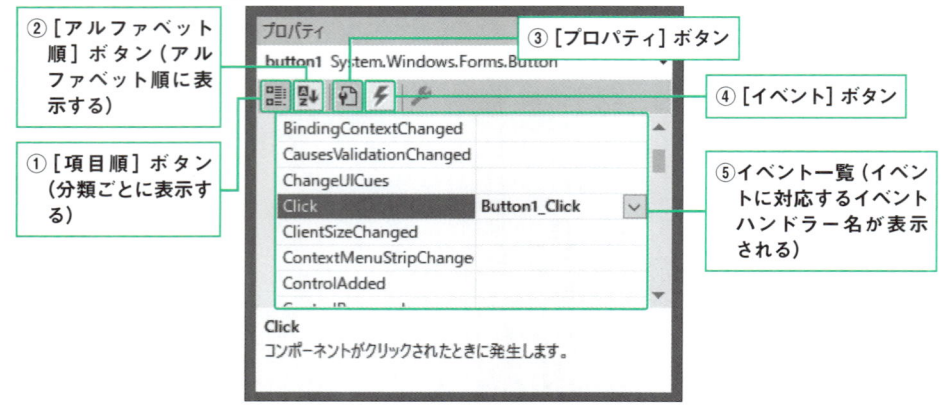

②[アルファベット順] ボタン（アルファベット順に表示する）

③ [プロパティ] ボタン

④ [イベント] ボタン

①[項目順] ボタン（分類ごとに表示する）

⑤イベント一覧（イベントに対応するイベントハンドラー名が表示される）

▼実行結果

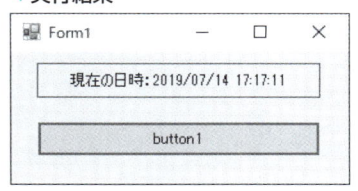

リスト1 「button1_Click」イベントハンドラー（ファイル名：kiso011.sln）

```
private void Button1_Click(object sender, EventArgs e)
{
    // ラベルに現在の日付と時刻を表示する
    label1.Text = "現在の日時：" + DateTime.Now.ToString();
}
```

さらにワンポイント　イベントには、クリックしたときに発生するClickイベントや、キーが押されたときに発生するKeyPressイベントなど、オブジェクトに対応した様々なものがあります。
　　Windowsフォームデザイナーでフォーム上のオブジェクトをダブルクリックすると、そのオブジェクトの既定のイベントでイベントハンドラーが作成され、コードエディターが表示されます。
例えば、コマンドボタンの既定のイベントはクリック時に発生するClickイベント、フォームの既定のイベントはフォーム読み込み時に発生するLoadイベント、テキストボックスの既定のイベントは内容が変更されたときに発生するTextChangedイベントとなり、コントロールの種類によって異なります。

さらにワンポイント　プロパティウィンドウで表示されているイベント一覧の中のイベントをダブルクリックすると、そのイベントに対応するイベントハンドラーが作成されます。
　　また、作成したイベントハンドラーを削除するには、イベント一覧に表示されているイベントハンドラー名を削除してから、コードウィンドウに記述されているイベントハンドラーのコードを削除します。

Tips 012

▶Level ●○○○

▶対応　COM　PRO

IDE（統合開発環境）の画面構成

ここがポイントです！ ＞ **IDEの画面構成**

Visual C# 2019では、**IDE**（Integrated Development Environment／統合開発環境）

を使用してプログラムを作成します。画面上に複数のウィンドウを必要に応じて表示し、効率的にプログラミングができるようになっています。

　フォームを作成したり、コードを記述したりと、作業領域となるのが中央にあるタブが表示されている画面です。これを**ドキュメントウィンドウ**と言います。

　Windowsフォームデザイナーやコードエディターは、ドキュメントウィンドウの1つです。ドキュメントウィンドウは、複数開くことができ、タブで切り替えながら作業を行います。

　また、ツールボックスやソリューションエクスプローラー、プロパティウィンドウのようなウィンドウを**ツールウィンドウ**と言います。

▼画面1 IDE画面構成

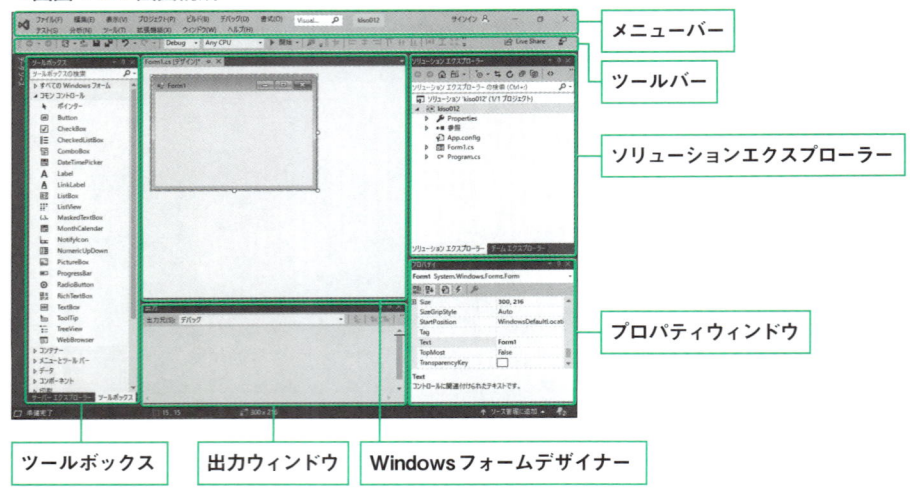

- メニューバー
- ツールバー
- ソリューションエクスプローラー
- プロパティウィンドウ
- ツールボックス
- 出力ウィンドウ
- Windowsフォームデザイナー

▼画面2 IDE画面構成

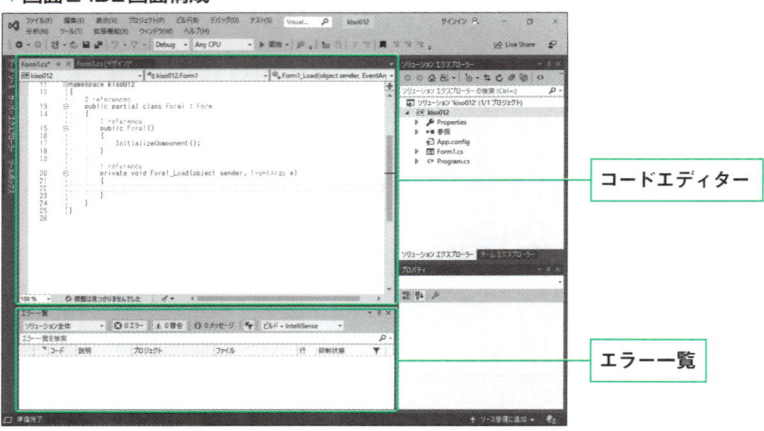

- コードエディター
- エラー一覧

▼IDEの主なウィンドウ

ウィンドウ	説明
Windowsフォームデザイナー	フォームを作成する
コードエディター	プログラムコードを記述する
ツールボックス	フォームに配置するコントロールなどが用意されている
ソリューションエクスプローラー	ソリューションとプロジェクトの構成がツリー表示される
プロパティウィンドウ	フォームやコントロールなどのオブジェクトのプロパティを設定する
エラー一覧	エラー内容を表示する

さらに
ワンポイント
Visual Studio 2019では、IDE全体の配色を明るい色と、暗い色を選択できます。[ツール] メニューの [オプション] をクリックし、表示される [オプション] ダイアログボックスで [環境] の [全般] をクリックし、[配色テーマ] で [青] [淡色] [濃色] [青 (エキストラコントラスト)] の中から選択できます。

Tips 013 ツールウィンドウの表示/非表示を切り替える

▶Level ●○○○
▶対応 COM PRO

ここが
ポイント
です！
ツールウィンドウの表示/非表示を切り替える

　IDEの画面には、ツールボックス、プロジェクトエクスプローラー、プロパティウィンドウなど多くの**ツールウィンドウ**が用意されています。

　初期設定では、ソリューションエクスプローラーやプロパティウィンドウは常に表示されていますが、ツールボックスは非表示でタブのみが表示されています (画面の詳細は、Tips012の「IDE (統合開発環境) の画面構成」を参照してください)。

　ツールウィンドウの**表示/非表示**を切り替えるには、ツールウィンドウの [自動的に隠す] ボタンで行います。

　表示が固定されているツールウィンドウのタイトルバーにある [自動的に隠す] ボタンをクリックすると、ツールウィンドウが非表示になり、タブとして表示されます。再表示するには、タブをクリックします。

　ツールウィンドウの表示を固定にしたい場合も、[自動的に隠す] ボタンをクリックします。

▼画面1 [自動的に隠す] が無効時のボタン

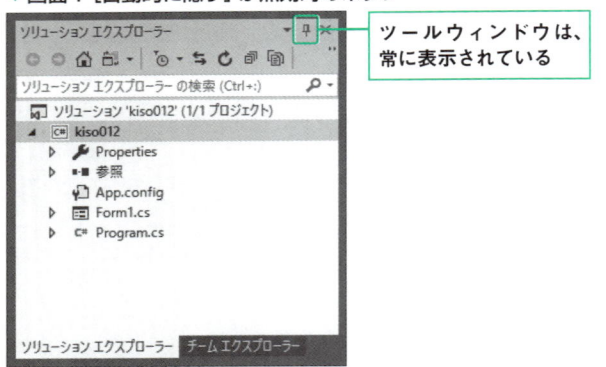

ツールウィンドウは、常に表示されている

▼画面2 [自動的に隠す] が有効時のボタン

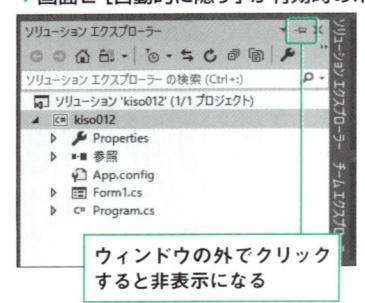

ウィンドウの外でクリックすると非表示になる

▼画面3 ソリューションエクスプローラーが非表示の状態

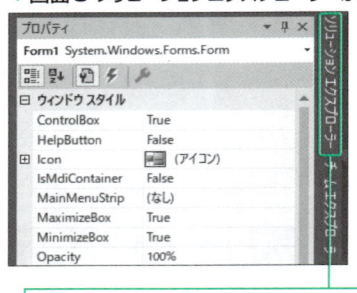

ソリューションエクスプローラーがタブとして表示される。ここをクリックするとウィンドウが表示される

さらにワンポイント
ツールウィンドウのタイトルバーにある [閉じる] ボタンをクリックすると、ウィンドウを閉じることができます。また、表示されていないツールウィンドウを開くには、[表示] メニューの [その他のウィンドウ] から、表示したいツールウィンドウを選択します。
ツールウィンドウを最初の状態に戻すには、[ウィンドウ] メニューの [ウィンドウレイアウトのリセット] をクリックします。

ドキュメントウィンドウを並べて表示する

Tips 014

▶ Level ●

▶ 対応

COM　PRO

ここがポイントです！

ドキュメントウィンドウの表示を切り替える

Visual Studio 2019では、**ドキュメントウィンドウ**を独立したウィンドウで表示したり、並べて表示したりできます。

ドキュメントウィンドウのタブをドラッグすると、ウィンドウが独立し、自由な位置に配置できます（画面1）。

独立したウィンドウのタイトルバーをドラッグしているときに、ウィンドウのドッキング用のガイドが表示されます。ドッキングしたい位置にマウスポインターを合わせるとドッキングされる領域に影が表示されます。

右側のガイドに合わせてマウスボタンを放すと、ドキュメントウィンドウを並べて表示できます（画面2）。

▼画面1 ドキュメントウィンドウを独立したウィンドウにする

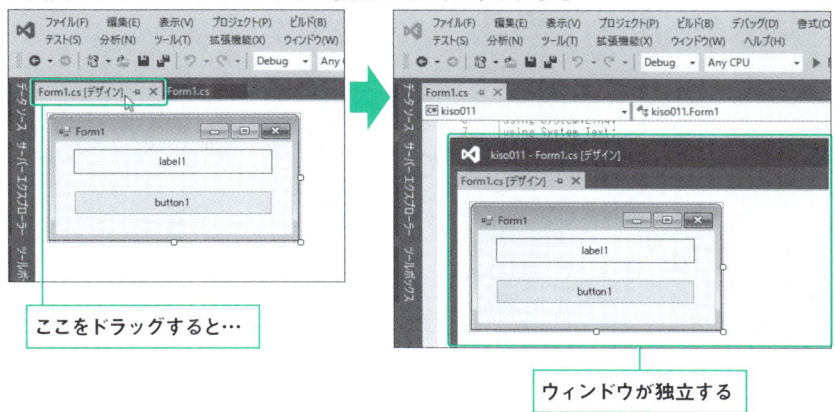

ここをドラッグすると…

ウィンドウが独立する

Visual C# 2019の基礎

▼画面2 ドキュメントウィンドウを並べて表示する

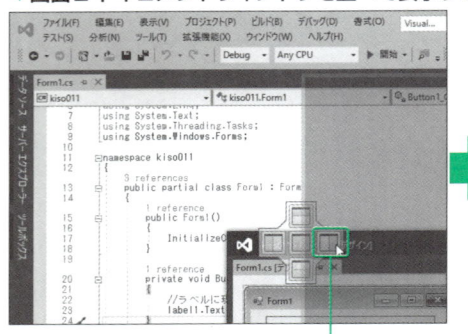 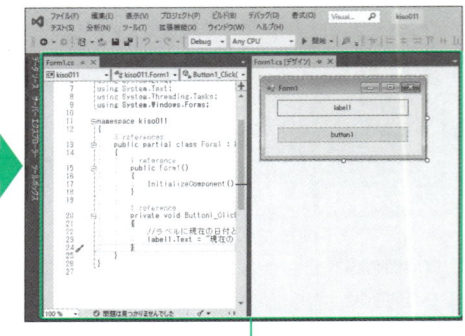

タイトルバーをドラッグしてドッキングしたい位置のガイドに合わせてマウスボタンを放すと…

指定した領域にドキュメントウィンドウが配置され、ウィンドウが並べて表示される

さらに
ワンポイント
並べたウィンドウを最初の状態に戻すには、タブを左側にあるタブの上までドラッグします。

Tips
015

▶Level ●

▶対応
COM PRO

ドキュメントウィンドウの表示倍率を変更する

ここが
ポイント
です！ **コードエディターの表示倍率**

　プログラムコードを記述する**コードエディター**の表示倍率を変更できます。
　コードエディターの左下にある [100%] の [▼] をクリックし、表示される一覧から倍率を選択します（画面1）。あるいは、Ctrl キーを押しながらマウスホイールを回転しても拡大、縮小表示できます。
　また、タッチスクリーンでは、タッチしてホールド、ピンチ、タップなどの動作を使い、ズーム、スクロール、テキストの選択、ショートカットメニューの表示ができるようになっています。

▼画面1 表示倍率の変更

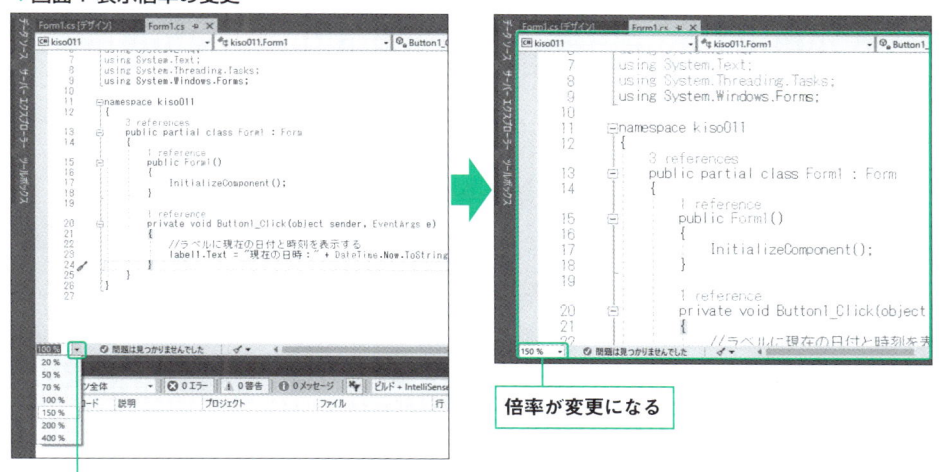

ここをクリックして倍率の一覧表示し、
表示したい倍率を選択する

倍率が変更になる

表示倍率が表示されているボックスに倍率を直接入力して、指定することもできます。例えば、「120」と入力すると、120%の倍率で表示されます。

Tips 016 ドキュメントウィンドウを固定する

▶ Level ●●●

▶ 対応 COM PRO

ここが
ポイント
です！
> **ドキュメントウィンドウの固定**

　コードエディターやWindowsフォームデザイナーのような**ドキュメントウィンドウ**は、複数開くことができます。

　ウィンドウの切り替えは、タブを直接クリックするか、ドキュメントウィンドウの右端にあるアイコンの[▼]をクリックし、一覧から表示したいウィンドウを選択します（画面1）。

　また、頻繁に使用するウィンドウは、タブにある[ピン ステータスを切り替える]をクリックすると、ウィンドウのタブを左端に固定できます。

　タブが常に表示されるので、多くのウィンドウを表示しているときは、切り替えに便利です（画面2）。

▼画面1 ドキュメントウィンドウの切り替え

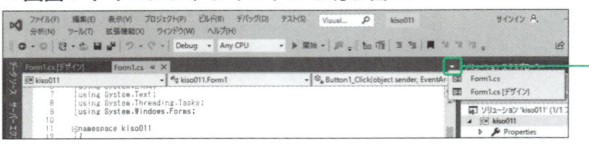

> ここをクリックしてウィンドウの一覧を表示し、切り替えたいウィンドウを選択する

▼画面2 [ピン ステータスを切り替える] でタブを左端に固定する

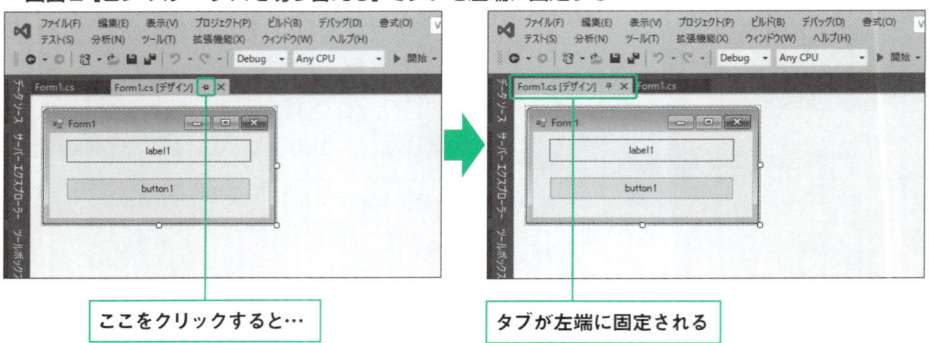

> ここをクリックすると…

> タブが左端に固定される

Tips 017

ドキュメントウィンドウにファイルを開く/プレビューする

▶Level ●●●

▶対応
COM　PRO

ここがポイントです!

ファイルを開く/プレビュー

　コードエディターやWindowsフォームデザイナーは、ドキュメントウィンドウ上で開いて作業します。Windowsフォームデザイナーが開いていない場合、ソリューションエクスプローラーで「Form1.cs」をダブルクリックするか、右クリックしてショートカットメニューから [デザイナーの表示] をクリックして表示します。

　コードエディターは、「Form1.cs」を右クリックしてショートカットメニューから [コードの表示] をクリックして表示するか、F7 キーを押します。

　また、Visual Studio 2019では、ソリューションエクスプローラーからコードが記述されているファイルをドキュメントウィンドウにプレビューしてから開くことができます。様々なファイルの内容を確認したい場合や編集したい場合に利用できます。

　例えば、次ページ上の段の画面の「Program.cs」をクリックすると、該当するファイルがプレビューで開きます (画面1)。プレビューで開いているときは、タブが右端に表示されます。別のファイルをクリックすると、プレビューが切り替わります。

　プレビューで表示されているファイルは、コードを記述するか、タブにある [開いたままにする] をクリックすると、ファイルが開き、タブが左に表示されます (画面2)。

▼**画面1 ファイルをプレビューする**

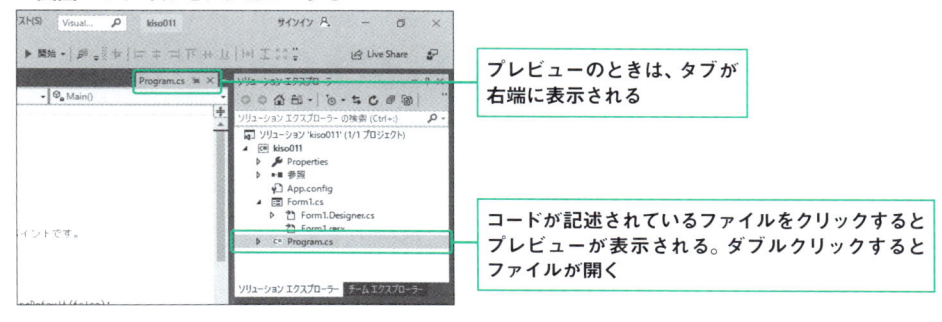

> プレビューのときは、タブが右端に表示される

> コードが記述されているファイルをクリックするとプレビューが表示される。ダブルクリックするとファイルが開く

▼**画面2 ファイルのプレビューからファイルを開く**

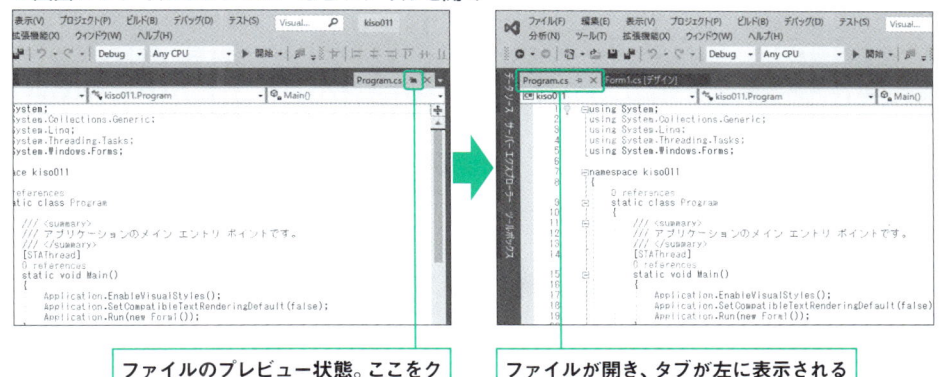

> ファイルのプレビュー状態。ここをクリックするか、コードを記述すると…

> ファイルが開き、タブが左に表示される

**さらに
ワンポイント**
ソリューションエクスプローラー上でファイルをクリックしてもプレビューが表示されない場合は、まず [ツール] メニュー➡ [オプション] をクリックし、次に [オプション] ダイアログボックスの左の一覧で [環境] ➡ [タブとウィンドウ] を選択し、[プレビュー] タブで新しいファイルを開くことを許可する] にチェックを付け、[ソリューションエクスプローラーで選択されたファイルをプレビューする] にチェックを付けます。

**さらに
ワンポイント**
[オプション] ダイアログボックスでプレビューされる設定になっているのに、ファイルをクリックしてもプレビューが表示されない場合は、そのファイルはプレビューに対応していません。その場合、画面下にあるメッセージバーに [この項目はプレビューをサポートしていません] と表示されます。

効率よくコードを入力する

▶Level ● ● ●

▶対応 COM PRO

ここがポイントです！ ▶ **入力支援機能（インテリセンス）の使用**

Visual Studio 2019では、コード入力補助機能である**インテリセンス**（IntelliSense）が用意されています。

インテリセンスには、❶メンバー一覧、❷パラメーターヒント、❸クイックヒント、❹入力候補など、入力を助ける様々な機能が用意されています。これらを上手に利用することで、正確で効率的なコード入力が可能になります。

例えば、コード入力中にメソッドやプロパティなどの一覧が表示される**メンバー一覧**では、候補の中で項目を選択し、[Tab] キーを押すか、マウスでダブルクリックすると入力できます。

また、入力したい項目が選択されている状態で、「.」（ピリオド）や半角スペースを入力すると、選択項目が入力されると同時にピリオドや半角スペースが続けて入力されます。

一覧が不要な場合は、[Esc] キーを押すと、非表示になります。再表示したい場合は、[Ctrl]+[J] キーを押します。

なお、一覧やヒントが表示されているときに [Ctrl] キーを押すと、その間、透明になり、下に隠れているコードを確認できます。

▼**画面1 入力候補とクイックヒントの表示**

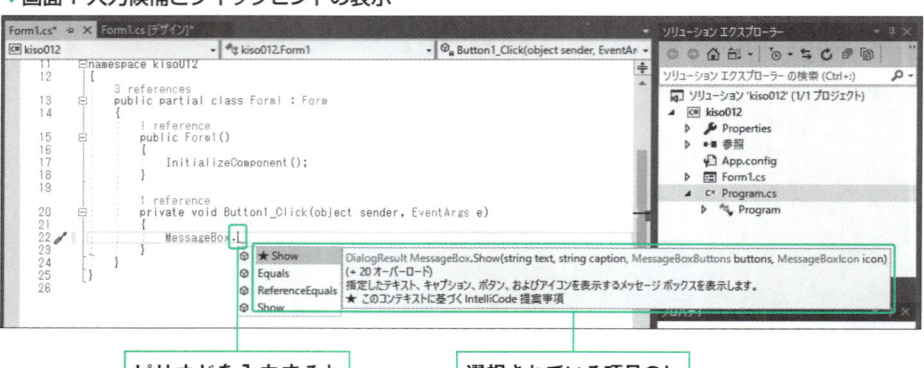

ピリオドを入力すると一覧が表示される

選択されている項目のヒントが表示される

▼**画面2 パラメーターヒント**

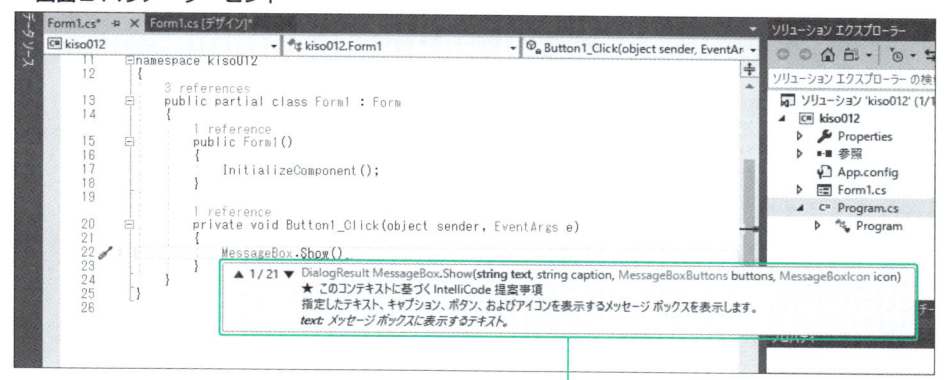

入力した関数やメソッドなどの構文が表示され、入力中の
パラメーターに対するヒントが表示される

Alt キーを押しながら、↑↓キーを押すと、カーソルのある行が行単位で上、下に移動
されます。
　また、選択した関数や変数などを定義しているコードを参照したいときは、右クリックし
てショートカットメニューから [定義をここに表示] を選択するか、Alt キーを押しながら F12
キーを押します。インラインで定義している部分のコードが表示され、内容の確認ができます。

Visual Studio2019では、**InteliCode**という新機能が追加されています。これは、AIを
利用した入力予測機能で、ソフトウェア開発の効率を向上させるものです。例えば、コー
ド入力中に表示されるメンバー一覧で、「★」マークが表示されるものがあります。
これは、コードの使用頻度や内容に応じて、InteliCodeにより提案されるものです。なお、
InteliCodeがインートルされていない場合は、[拡張機能] メニューの [拡張機能の管理] をクリッ
クしてインストールできます。

Visual Studio 2019 では、**自動補完**という機能も用意されています。例えば、「"」や「(」
を入力すると、自動的に閉じるための「"」や「)」が入力されます。ステートメントをすば
やく、正確に入力できます。

Visual C# 2019の基礎

コードウィンドウを
上下に分割する

Tips 019

▶Level ●

▶対応 COM PRO

ここがポイントです！ **ウィンドウの分割**

コードウィンドウは、画面を上下に分割することができます。画面を分割すると、コードの上部と下部を同時に表示して、それぞれでスクロールしたり、編集したりできます。

[ウィンドウ] メニューの [分割] をクリックするか、下図のように垂直スクロールバーの上にあるアイコンを下にドラッグすると分割できます。

また、上下の分割線をダブルクリックすると、分割を解除できます。

▼画面1 画面分割

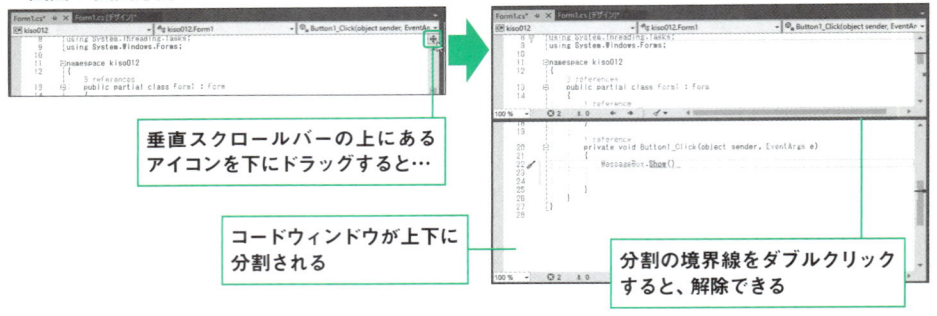

垂直スクロールバーの上にあるアイコンを下にドラッグすると…

コードウィンドウが上下に分割される

分割の境界線をダブルクリックすると、解除できる

スクロールバーを有効に使う

Tips 020

▶Level ●○○

▶対応 COM PRO

ここがポイントです！ **バーモードとマップモード**

Visual Studio 2019では、コードウィンドウの状態を**スクロールバー**上で確認できるようになっています。例えば、**青の横棒**の位置で、ウィンドウ内のカーソルの相対的な位置が確認できます。

スクロールバー上の青の横棒をクリックすると、カーソルのある行に画面がスクロールされます。コードウィンドウのどのあたりにカーソルがあるのかを確認でき、画面移動の目安に

なります。

　コードウィンドウの左端には、コードを修正して保存した個所は**緑色**、修正後保存していない個所は**黄色**に表示されます。スクロールバー上の相対的な位置にも同じ色が表示されます（画面1）。

　また、以下の手順で縮小表示にできます。

❶スクロールバーを右クリックして、ショートカットメニューから［スクロールバーオプション］を選択します。
❷表示された［オプション］ダイアログボックスで［垂直スクロールバーでのマップモードの使用］を選択します（画面2）。
❸スクロールバーがマップモードになり、スクロールバーをポイントすると、開いているファイルの全体が縮小表示され、ウィンドウ全体を見渡すことができます（画面3）。

　縮小表示されているところにマウスを合わせると、該当する個所のコードが拡大表示されます。クリックすれば、その画面にスクロールされます。画面移動したい位置をすばやく見つけるのに役立ちます。

▼**画面1 バーモード**

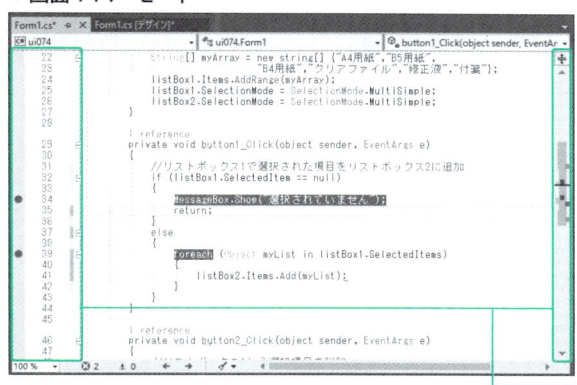

コードウィンドウの左端に表示されるのと同じ色でマークが表示され、コードウィンドウ内の状態がスクロールバーで確認できる

▼**画面2 スクロールバーのオプション画面**

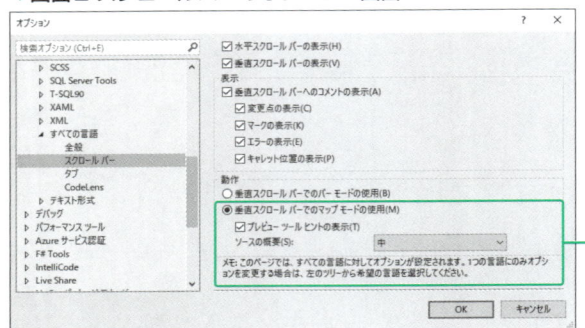

[垂直スクロールバーでの
マップモードの使用] を選択

▼**画面3 マップモード**

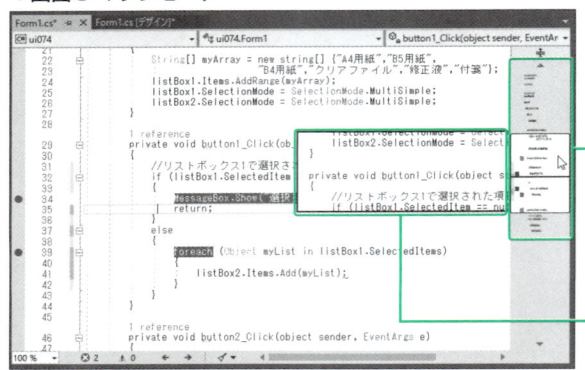

開いているファイル全体が縮小表
示され、コード全体が確認できる

マウスでポイントしている位置がプ
レビューウィンドウで拡大して表示
される

Tips
021

▶Level ● ○ ○
▶対応
COM PRO

ここが
ポイント
です！ > クイック起動

クイック起動を利用する

Visual Studio 2019には、表示したい設定画面やウィンドウをそれに関連する語句から
検索し、開くことができる**クイック起動**という機能があります。

タイトルバーの右にある [クイック起動] ボックスにキーワードを入力し、[Enter] キーを押
すと、そのキーワードに関連する機能やウィンドウについての項目一覧が表示されます。一覧
の中から、目的の項目をクリックすると、その設定画面やウィンドウが直接開きます。

メニューバーからメニューを探す必要がなく、効率的に機能の設定ができます。

▼画面1 クイック起動

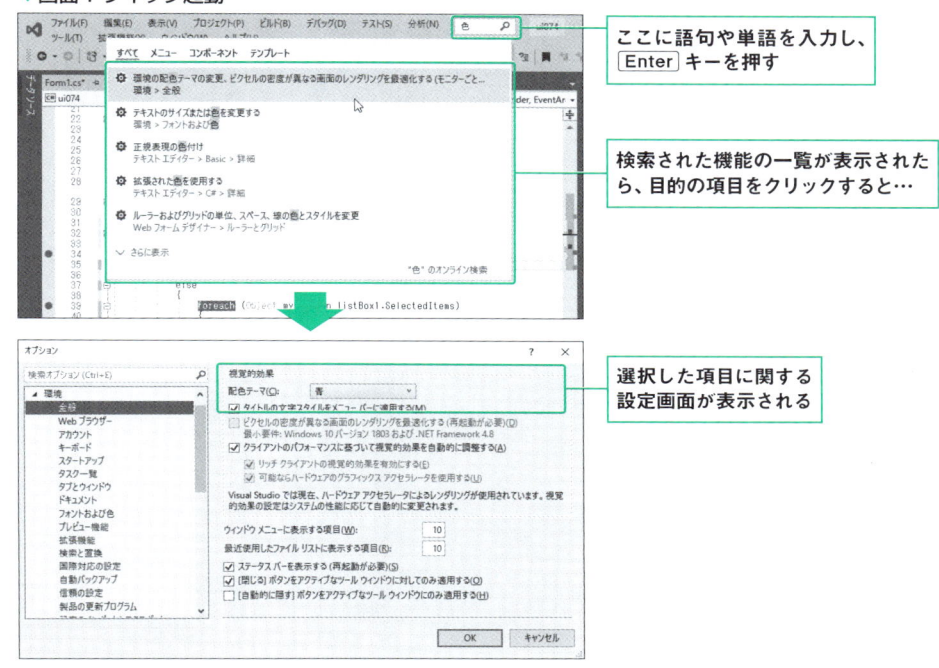

ここに語句や単語を入力し、Enter キーを押す

検索された機能の一覧が表示されたら、目的の項目をクリックすると…

選択した項目に関する設定画面が表示される

さらに
ワンポイント

ツールボックスやソリューションエクスプローラーのようなツールボックスのタイトルバーの下にある**検索ボックス**にキーワードを入力すると、そのウィンドウ内でキーワードに該当する項目を絞り込んで表示できます。
例えば、ツールボックスの検索ボックスに「textbox」と入力すると、「textbox」という文字を含むツールだけが表示されます。

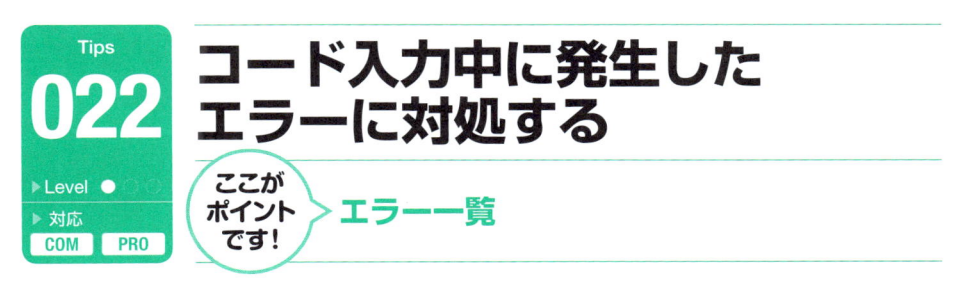

Tips

022

コード入力中に発生した
エラーに対処する

▶ Level ● ○ ○

▶ 対応
COM   PRO

ここが
ポイント
です！

エラー一覧

Visual Studio 2019では、コード入力中に自動的に**文法チェック**が行われます。
例えば、文末に「;」が未入力になっていたり、メソッドや関数などの綴りが間違っていたり

すると該当する個所に**赤い波下線**が表示され、エラー一覧にエラー内容が表示されます。

　また、宣言した変数が未使用の場合など、エラーではない場合は**警告**となり、該当する変数に**緑の波下線**が表示され、内容がエラー一覧に表示されます。エラー一覧でメッセージを確認してください。

　エラー一覧で、エラーの行をダブルクリックすると、コード内でエラーが発生している個所が選択されます。エラーがなくなると、自動的に下線が消え、エラー一覧から消えます。

　なお、コード入力途中であっても自動的に表示されてしまうので、あまり神経質になる必要はありません。コード入力後にまだ表示されている場合に参考にするとよいでしょう。

　また、波下線をポイントすると、**電球**が表示される場合があります。これは、このエラーを解消するための修正方法を提案しています。必要に応じて参考にしてください。

▼画面1 エラー表示とエラー一覧

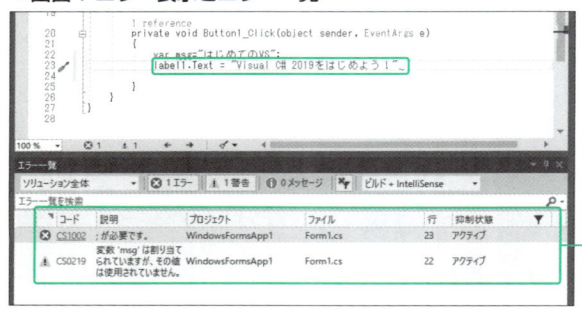

コード入力中に文法などに間違いがあると、下線が表示され、エラー一覧に内容が表示される

▼画面2 電球ヒントの利用

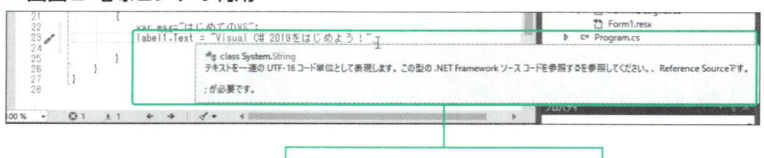

波下線にポインターを合わせるとエラーの内容が表示される

さらにワンポイント エラー一覧が表示されていない場合は、[表示] メニューから [エラー一覧] をクリックして表示できます。

プロジェクト実行中に発生したエラーに対処する

▶ Level ● ● ●

▶ 対応
COM　PRO

ここが
ポイント
です！

デバッグの停止

Visual Studio 2019では、動作確認のためにプロジェクトを実行した際、実行中にエラーが発生して、**処理が止まる**場合があります。

例えば、テキストボックスが未入力のため、処理を継続するのに必要なデータが得られなくなりエラーになって処理が中断すると、画面1のように該当個所に色が付き、エラー内容が表示されます。

このような場合は、エラー内容を確認したら［デバッグの停止］ボタンをクリックして、処理を終了し、コードを修正します。

なお、コード実行中に発生したエラーをプログラムで検出して対処することができます。詳細は、第11章の「エラー処理の極意」を参照してください。

▼**画面1 実行中に発生したエラー画面**

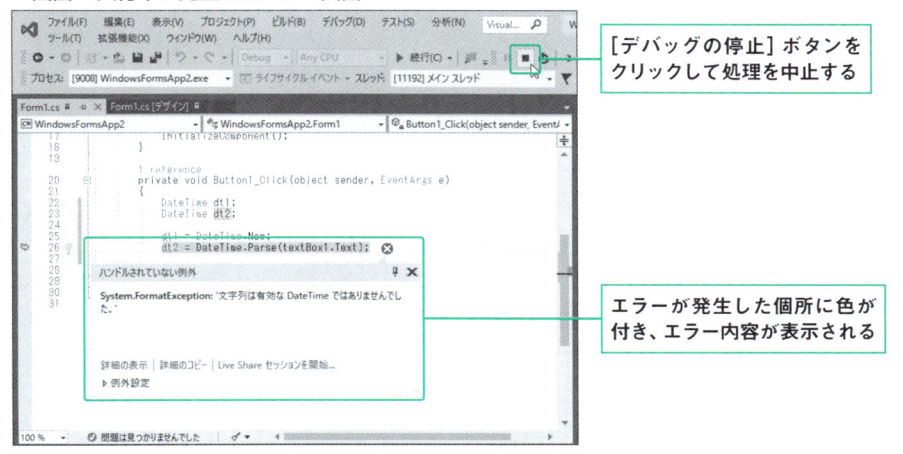

［デバッグの停止］ボタンを
クリックして処理を中止する

エラーが発生した個所に色が
付き、エラー内容が表示される

Visual C# 2019の基礎

わからないことを調べる

▶Level ●●●
▶対応
COM PRO

ここがポイントです！ → **オンラインヘルプ**

わからない語句や調べたいプロパティやメソッドなどの意味や使用方法を調べるには、**オンラインヘルプ**を利用します。

コードエディター内に記述されているプロパティやメソッドなどの単語をクリックして[F1]キーを押すと、**MSDNライブラリ**内で該当する用語に関する解説画面が表示されます（画面1）。

また、次のURLでMicrosoft社のC#の**プログラミングガイド画面**が表示されます。C#についての解説をオンラインで調べることができます（画面2）。

▼C# プログラミング ガイド

```
https://docs.microsoft.com/ja-jp/dotnet/csharp/programming-guide/index
```

▼画面1 [F1]キーを押して表示されるヘルプ画面

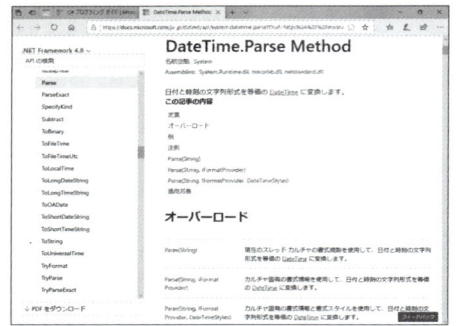

▼画面2 C#のプログラミングガイド

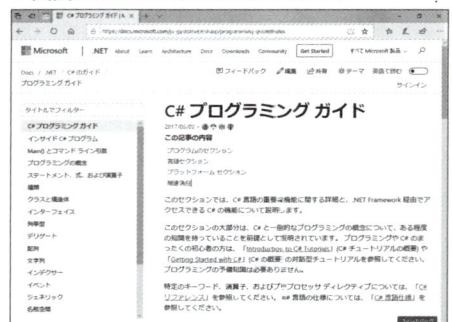

さらにワンポイント　コードウィンドウで関数やプロパティなどの語句をポイントすると、書式や簡単なヒントがポップアップで表示されます。

第 2 章

025~036

プロジェクト作成の極意

プロジェクトを新規作成する

▶ Level ●○○○
▶ 対応
COM　PRO

ここがポイントです！ ▶ **新しいプロジェクトの作成画面**

　Visual C# 2019でアプリケーションを作成するには、まずアプリケーションの作成単位である**プロジェクト**を新規作成します。

　Visual C# 2019で新しいプロジェクトを作成する方法として、ここではWindowsフォームアプリケーションのプロジェクト作成手順を例に説明します。

❶ Visual Studio 2019の起動時の画面である［スタートウィンドウ］で［新しいプロジェクトの作成］をクリックし、［新しいプロジェクトの作成］ダイアログボックスを表示します（画面1）。

❷［新しいプロジェクトの作成］ダイアログボックスで、プロジェクトの種類から［Windowsフォームアプリケーション］を選択し、［次へ］ボタンをクリックします（画面2）。

❸［新しいプロジェクトを構成します］ダイアログボックスで、［プロジェクト名］で作成するプロジェクト名を入力し、保存場所、ソリューションのディレクトリの作成の指定をして、［作成］ボタンをクリックします（画面3）。

❹ 新しいプロジェクトが新規に作成され、Form1フォームのデザイン画面が表示されます（画面4）。

▼**画面1 スタートウィンドウ**

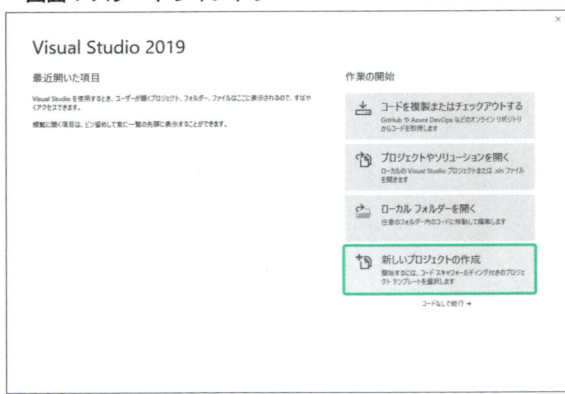

▼画面２[新しいプロジェクトの作成] ダイアログ

▼画面３[新しいプロジェクトを構成します] ダイアログ

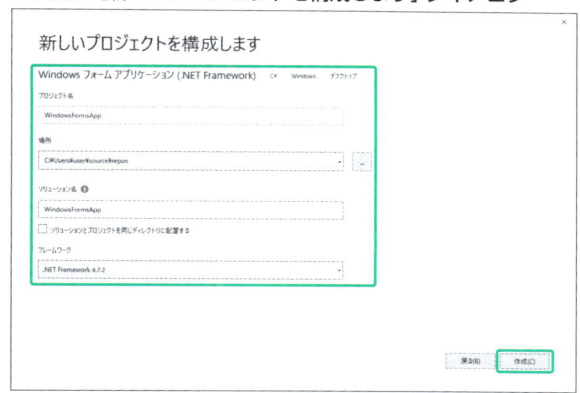

プロジェクト作成の極意

▼画面4 新規作成されたプロジェクト画面

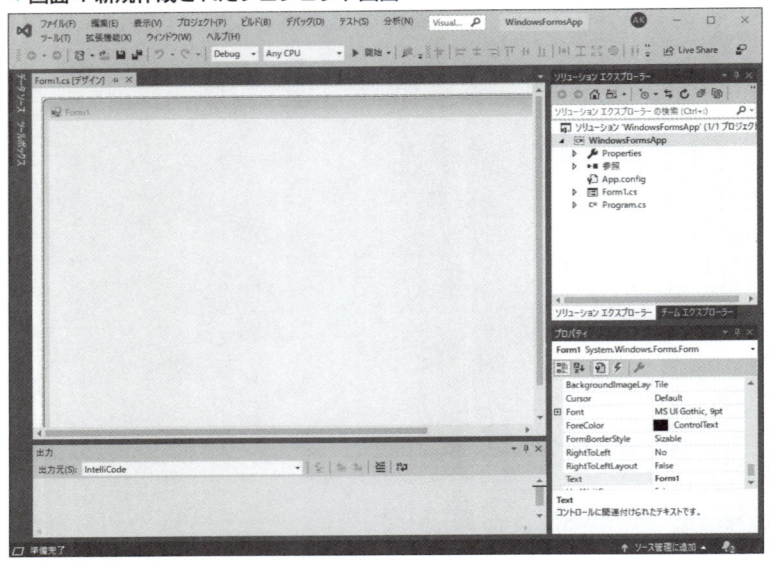

 手順❶で［ファイル］メニューの［新規作成］ ➡［プロジェクト］をクリックしても［新しいプロジェクトの作成］ダイアログボックスを表示できます。

 ［新しいプロジェクトの作成］ダイアログボックスの上部にある［言語］から「C#」、［プラットフォーム］から「Windows」を選択すると、フィルターが実行され、作成するプロジェクトの種類が選択しやすくなります。
また、プロジェクトを作成後、次に［新しいプロジェクトの作成］ダイアログボックスを表示すると、画面左側の［最近使用したプロジェクトテンプレート］で利用したプロジェクトの種類が表示されるので、同じ種類のテンプレートを簡単に選択できます。

 Visual Studio 2019は、初期設定では、既定のフォルダーがユーザーのフォルダーの中の「source」フォルダーにある「repos」フォルダーになっています。保存場所を変更しない場合は、作成したプロジェクトは「repos」フォルダーに保存されます。
また、プロジェクトを保存すると、ソリューションの情報は**ソリューションファイル**（拡張子が「.sln」）、プロジェクトの情報は**プロジェクトファイル**（拡張子が「.csproj」）にそれぞれ保存されます。

プロジェクトを保存する

> ここが
> ポイント
> です！　**プロジェクトの上書き保存**

Visual C# 2019では、プロジェクトを新規作成するときに必要なファイルを作成し、保存しています。そのため、編集を行ったら、ツールバーから[すべて保存]ボタンをクリックすれば、変更があったファイルは、すべて保存できます。

ファイルを編集し未保存の場合は、ドキュメントウィンドウのタブに[*]が表示されます。保存を行うと、[*]が消えます（画面1）。

▼**画面1 プロジェクトの上書き保存**

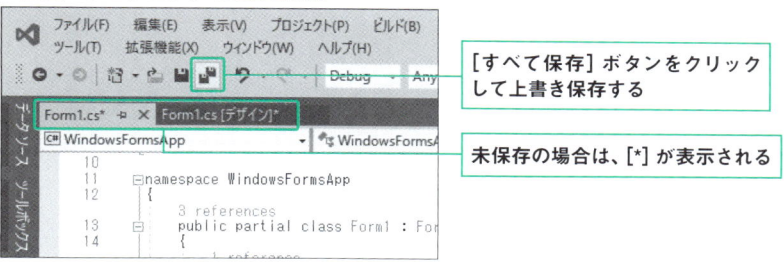

[すべて保存]ボタンをクリックして上書き保存する

未保存の場合は、[*]が表示される

プロジェクトを実行する

> ここが
> ポイント
> です！　**プロジェクトの動作確認**

新規作成されたプロジェクトは、1つの**フォーム**が用意されています。この状態でプロジェクトを実行すると、フォームを開くことができます（画面1）。

開いているフォームの[閉じる]ボタンをクリックすると、フォームを閉じ、プロジェクトが終了します（画面2）。これは、新規作成時に基本的な処理をするコードがあらかじめ自動的に作成されているためです。

フォームにボタンなどのコントロールを配置し、コードを記述して実行する処理を作成していきますが、新規作成直後でも、動作確認のためにプロジェクトを実行することが可能です。

▼画面1 プロジェクトの実行

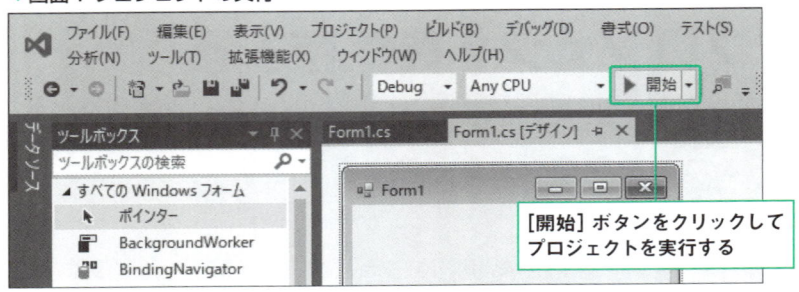

[開始] ボタンをクリックして
プロジェクトを実行する

▼画面2プロジェクトの終了

[閉じる] ボタンをクリックして
プロジェクトを終了する

Tips
028
ソリューションとプロジェクト
のファイル構成

▶Level ● ○ ○
▶対応
COM　PRO

ここが
ポイント
です！ ＞ 保存されるフォルダーとファイル

　既定の保存場所である「repos」フォルダーに、「MyApplication」プロジェクトを保存した
場合の基本のフォルダー構成は、画面1のようになります。

　Tips025で、プロジェクトを新規作成するときに [ソリューションとプロジェクトを同じ
ディレクトリに配置する] にチェックを付けないままにすると、**ソリューションフォルダー**が
作成され、その中に**ソリューションファイル**と**プロジェクトフォルダー**が作成されて、アプリ
ケーション開発に必要なファイルやフォルダーが用意されます。

　エクスプローラーで直接開いて使用するものは、主にプロジェクトを開くための**ソリュー
ションファイル** (拡張子が「.sln」) や**プロジェクトファイル** (拡張子が「.csproj」) と、出力し
たプログラムが保管される「bin」フォルダーです。

　ほかのフォルダーやファイルは、プロジェクトを編集するときにVisual Studioがプロ

ジェクトの設定やリソース、フォームの設定内容、コードなどの情報を保存するために使用しています。

　Visual Studioを通して、これらのフォルダーやファイルは作成されたり、修正されたりします。直接、エクスプローラーから開いて操作することは、ほとんどありません。

▼**画面1 ソリューションフォルダーの内容**

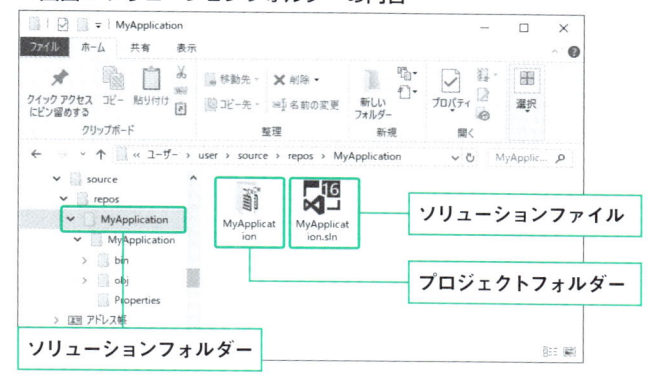

▼**画面2 プロジェクトフォルダーの内容**

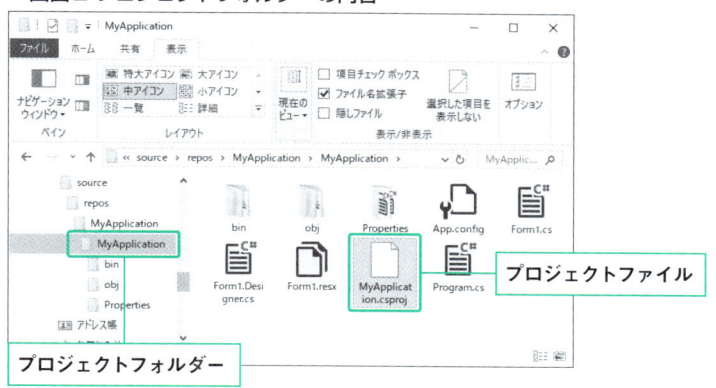

　作成したプロジェクトが不要になったときは、エクスプローラーでソリューションフォルダーを削除します。

029 プロジェクトを開く／閉じる

▶Level ●◯◯
▶対応
COM　PRO

 ここがポイントです！ **既存のプロジェクトの編集**

既存のプロジェクトを開く手順は、次の通りです。

❶ [ファイル] メニューから [開く] ➡ [プロジェクト/ソリューション] をクリックして、[プロジェクト/ソリューションを開く] ダイアログボックスを開きます（画面1）。
❷ [場所] でソリューションファイルが保存されているフォルダーを選択します。
❸一覧から拡張子が [.sln] のファイルを選択し、[開く] ボタンをクリックします。

また、プロジェクトを閉じる手順は、次の通りです。

❶ [ファイル] メニューから [ソリューションを閉じる] を選択します。
❷ファイルに変更がある場合は、保存するかどうかの確認画面（画面2）が表示されます。保存する場合は [はい]、保存しない場合は [いいえ] を選択します。プロジェクトを閉じられ、スタートウィンドウが表示されます。

▼画面1 プロジェクト/ソリューションを開くダイアログ

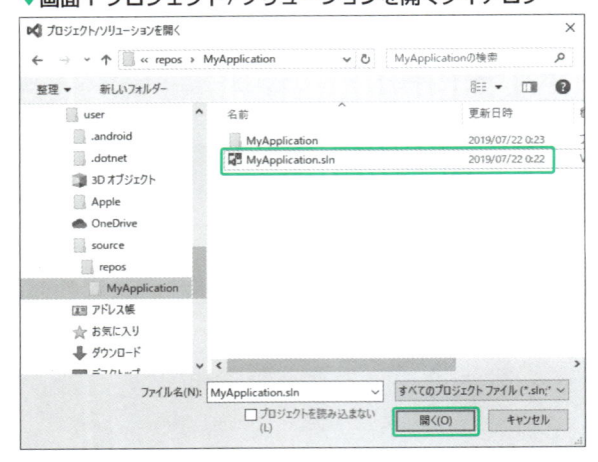

▼画面2 変更がある場合の確認画面

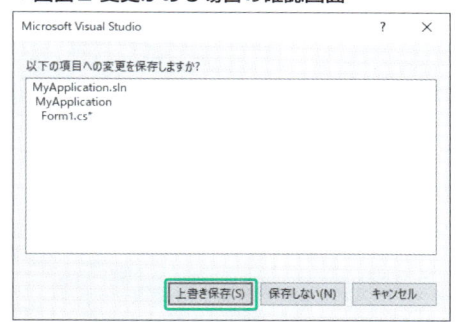

 既定の設定では、ファイルの拡張子は表示されません。拡張子を表示するには、エクスプローラーで［表示］タブを選択し、［表示/非表示］グループの［ファイル名拡張子］のチェックをオンにします。

 スタートウィンドウが開いている場合は、スタートウィンドウにある［プロジェクトやソリューションを開く］をクリックしても［プロジェクト/ソリューションを開く］ダイアログボックスを表示できます。
また、［最近開いた項目］に開きたいプロジェクト名が表示されている場合は、そのプロジェクト名をクリックすれば、すばやく開くことができます。
なお、スタートウィンドウが閉じている場合、［ファイル］メニューから［スタートウィンドウ］をクリックして開くことができます。

Tips 030

▶ Level ●○○
▶ 対応
COM　PRO

プログラム起動時に開く
フォームを指定する

ここがポイントです！ ▶ スタートアップフォームの変更

アプリケーション実行時に最初に開くフォームのことを、**スタートアップフォーム**と言います。初期設定では、スタートアップフォームは、最初に作成されたフォームになります（通常はForm1）。

プロジェクト内に複数のフォームを作成した場合に、ほかのフォームをスタートアップフォームに変更するには、以下の手順のように、Program.csファイルにある**Mainメソッド**を修正します。

プロジェクト作成の極意

Mainメソッドは、**エントリーポイント**と呼ばれ、アプリケーションを起動するときに最初に実行されるメソッドです。

❶ [ソリューションエクスプローラー] で、Program.csをダブルクリックし、Program.csのコードを表示します。

❷ Mainメソッド内の「Application.Run(new Form1());」の「Form1」の部分を、最初に表示したいフォーム名に変更します。

▼画面1 Program.csのコードウィンドウ

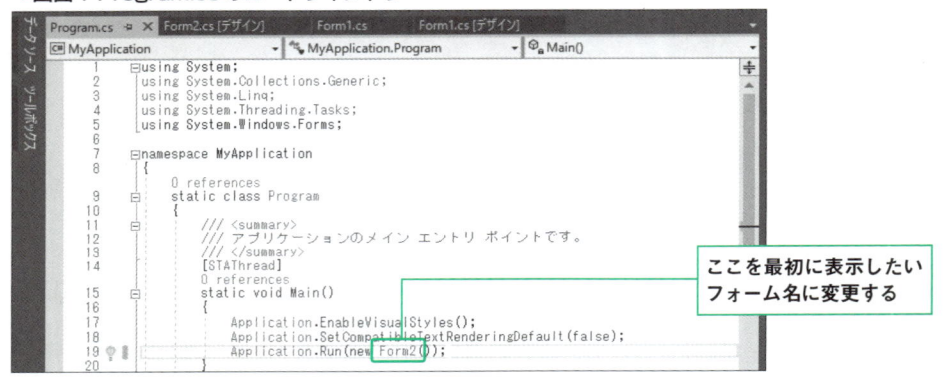

ここを最初に表示したいフォーム名に変更する

さらに
ワンポイント
プロジェクト内にWindowsフォームを追加するには、[プロジェクト] メニューから [Windowsフォームの追加] を選択します。

Tips
031

▶Level ●○○○
▶対応
COM PRO

ここが
ポイント
です！

プログラム起動時に実行する処理を指定する

フォームを開く前にメソッドを実行（Mainメソッド）

プログラム起動時、フォームが表示される前に処理を実行したい場合は、Program.csファイルにある**Mainメソッド**に実行したい処理を記述します。
その手順は、以下の通りです。

❶ [ソリューションエクスプローラー] のProgram.csをダブルクリックしてコードを表示し

ます。

❷ Program.csには、Visual C# 2019が自動作成したMainメソッドが記述されています。この中でフォームを表示するためのコード「Application.Run(new Form1());」の前に実行したい処理を記述します。

リスト1では、Mainメソッドの例として、メッセージを表示してからフォームを表示しています。

▼実行結果1

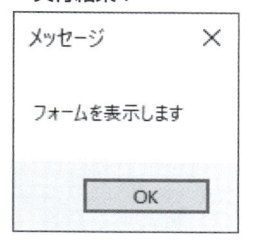

▼実行結果2

リスト1 フォームを開く前に処理を実行する（ファイル名：proj031.sln）

```csharp
static void Main()
{
    Application.EnableVisualStyles();
    Application.SetCompatibleTextRenderingDefault(false);

    // フォームを開く前に処理を実行する
    MessageBox.Show("フォームを表示します","メッセージ");

    // フォームを表示する
    Application.Run(new Form1());
}
```

Tips

032 実行可能ファイルを作成する

▶Level ● ○ ○

▶対応
COM PRO

ここがポイントです！ ▶ **プロジェクトのビルド**

プロジェクトをアプリケーションとして使用するためには、プロジェクトの**ビルド**を行い、**実行可能ファイル**（通常、拡張子が「.exe」のファイル）を作成します。

　ビルドには、文法的な間違えやエラーを検出するためのテスト用の❶**デバッグビルド**と、エラーなどすべて修正して完成したものとして作成する❷**リリースビルド**があります。

　デバッグビルドでは、プロジェクトフォルダー内の「¥bin¥Debug」フォルダーに、リリースビルドでは「¥bin¥Release」フォルダーに、それぞれ実行可能ファイルと関連ファイルが出力されます。

　実行可能ファイルを作成する手順は、次の通りです。

❶ [ビルド] メニューの [構成マネージャー] を選択し、[構成マネージャー] ダイアログボックスを表示します。

❷ プロジェクトの [構成] で、デバッグビルドは [Debug]、リリースビルドは [Release] を選択し、[閉じる] ボタンをクリックします。

❸ [ビルド] メニューの [(プロジェクト名) のビルド] を選択します。

　また、[ビルド] ニューの中にあるコマンドで、ビルドの実行方法を下の表のように指定できます。

▼ **画面1 リリースビルドにより作成された実行可能ファイル (exe)**

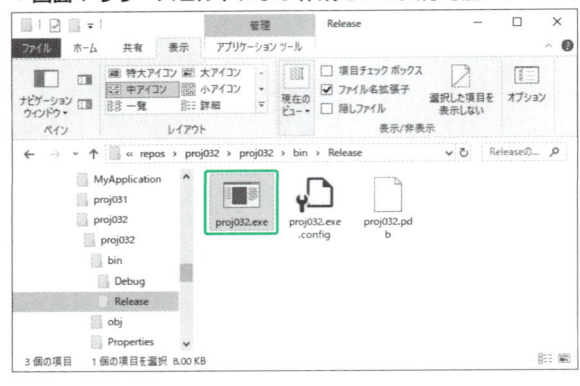

▒ **ビルドメニューに表示されるコマンド**

コマンド	説明
ビルド	前回のビルドの後、変更されたプロジェクトコンポーネントだけがビルドされる
リビルド	プロジェクトを削除してから、再度プロジェクトファイルとすべてのコンポーネントがビルドし直される
クリーン	プロジェクトファイルとコンポーネントを残して中間ファイルや出力ファイルがすべて削除される

 ビルドにより作成された実行可能ファイル（.exe）は、**中間言語**と呼ばれるもので、コンピューターが直接理解できません。そのため、.NET Frameworkがインストールされているコンピューター上でないと実行することができません。詳細は、Tips004の「.NET Frameworkとは」を参照してください。

 [Ctrl]+[SHIFT]+[B]キーを押しても、ビルドを実行できます。

Tips
033

プロジェクトを追加する

▶Level ●○○○
▶対応
COM PRO

**ここが
ポイント
です！**　**新規または既存のプロジェクトをソリューションに追加**

ソリューションは、複数のプロジェクトを含むことができます。

プロジェクトを追加するには、新規プロジェクトを追加する方法と、既存のプロジェクトを追加する方法の2つがあります。

●新規プロジェクトを追加する

新規プロジェクトを追加する手順は、以下の通りです。

❶［ファイル］メニューから［追加］➡［新しいプロジェクト］を選択します。
❷表示される［新しいプロジェクトの追加］ダイアログボックスで、プロジェクトの種類やプロジェクト名を指定します。追加の手順は、Tips025の「プロジェクトを新規作成する」を参照してください（画面1）。

●既存のプロジェクトを追加する

既存のプロジェクトを追加する手順は、以下の通りです。

❶［ファイル］メニューから［追加］➡［既存のプロジェクト］を選択します。
❷表示される［既存プロジェクトの追加］ダイアログボックスで、追加するプロジェクトのプロジェクトファイルを指定します（画面2）。

プロジェクト作成の極意

▼画面1 新しいプロジェクトの追加画面

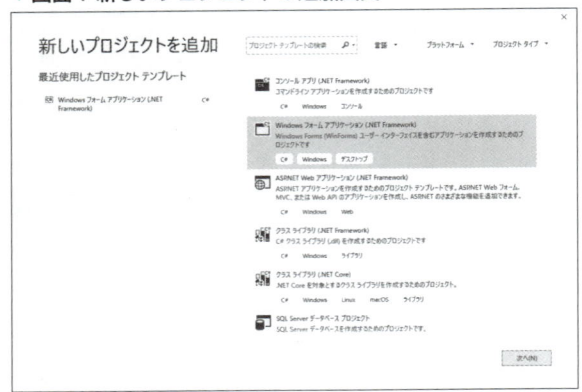

▼画面2 既存プロジェクトの追加ダイアログ

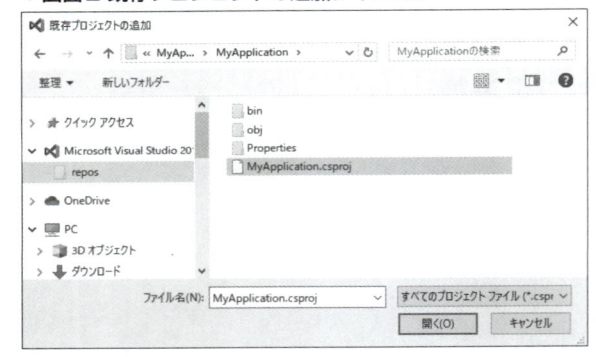

> **さらに ワンポイント** ソリューションからプロジェクトを削除するには、ソリューションエクスプローラーで削除したいプロジェクトを右クリックし、[削除]を選択します。プロジェクトは、ソリューションから削除されますが、ファイルとしては存在するので、ほかのソリューションに追加できます。
> プロジェクトのフォルダーを削除したい場合は、エクスプローラーから該当するプロジェクトフォルダーを削除してください。

> **さらに ワンポイント** ソリューションが複数のプロジェクトを含んでいる場合、プログラムを開始したときに実行するプロジェクトを**スタートアッププロジェクト**といい、初期設定では、最初に作成されたプロジェクトです。
> スタートアッププロジェクトを変更するには、[ソリューションエクスプローラー]で最初に実行したいプロジェクト名を右クリックし、ショートカットメニューから[スタートアッププロジェクトに設定]を選択します。

Tips 034 プロジェクトを印刷する

▶ Level ● ◐ ◯
▶ 対応
COM PRO

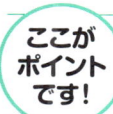
ここが
ポイント
です!
プログラムの印刷

コードエディターに記述されているコードは、**印刷**できます。
コードを印刷する手順は、次の通りです。

❶ コードエディターが表示されている状態で [ファイル] メニューから [印刷] を選択します。
❷ [印刷] ダイアログボックスが表示されたら、[OK] ボタンをクリックします (画面1)。

Visual C# 2019では、既定で行番号が表示されているので、行番号も印刷されます。不要な場合は、以下の手順でコードエディターから行番号を非表示にしておきます。

❶ [ツール] メニューの [オプション] をクリックし、[オプション] ダイアログボックスを表示します。
❷ 画面の左側で [テキストエディター] をクリックし、[C#] の [全般] を選択して、[行番号] のチェックを外して [OK] ボタンをクリックします (画面2)。
❸ コードエディターから行番号が非表示になります。

▼画面1 印刷ダイアログ

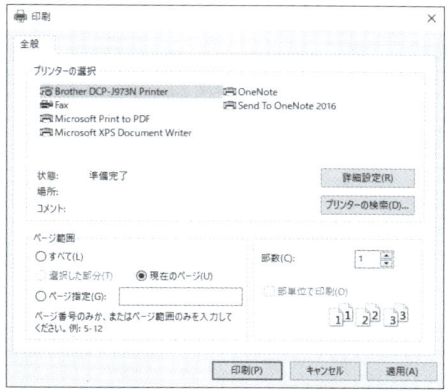

▼画面2 [オプション] ダイアログボックス

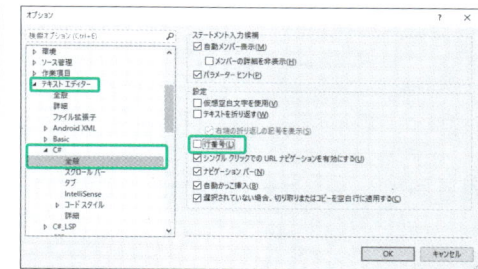

プロジェクト作成の極意

Tips
035

プロジェクトにリソースを追加する

▶ Level ●
▶ 対応
COM　PRO

ここが
ポイント
です！

リソースの追加

　アプリケーションで使用する文字列、画像、アイコン、音声などの**リソースファイル**をプロジェクトに追加できます。
　追加できるリソースファイルは、既存のファイルだけでなく、新しく文字列、テキストファイル、イメージファイル、さらにはアイコンファイルを作成して追加することもできます。
　リソースを追加すると、ソリューションエクスプローラーの「Resources」フォルダーに追加したファイル名が表示されます。
　リソースファイルを参照するには、コードエディターで「Properties.Resorces.リソース名」と記述します。
　リソースの追加は、[ソリューションエクスプローラー] で [Properties] をダブルクリックすると表示されるプロジェクトデザイナーの [リソース] タブで設定します。
　[リソース] タブでプロジェクトにリソースを追加する手順は、以下の通りです。

●既存のリソースファイルの場合
❶ [リソースの追加] の [▼] をクリックし、[既存のファイルの追加] を選択します。
❷ [既存のファイルをリソースに追加] ダイアログボックスで、追加するリソースファイルを選択し、[開く] をクリックします。
❸ファイルがリソースデザイナーに種類ごとに表示され、「Resources」フォルダーにファイルがコピーされて、ソリューションエクスプローラーに表示されます。

●新規にリソースファイルを作成する場合
❶ [リソースの追加] の [▼] をクリックし、[新しい (リソース) の追加] を選択します。
❷ [新しいリソースの追加] ダイアログボックスで、リソース名を入力し [追加] をクリックします。
❸追加したリソースの種類に対応したエディターが開きます。

　追加したリソースは、種類ごとに表示されるため、[リソースの追加] ボタンの左側にあるリソースの種類が表示されているボタンの [▼] をクリックして、表示するリソースの種類を選択します。

　リスト1では、リソースに追加した文字列「String1」をlabel1に、イメージのリソースファイル「sweet01」をpictureBox1に表示しています。

▼画面1 文字列をリソースとして追加

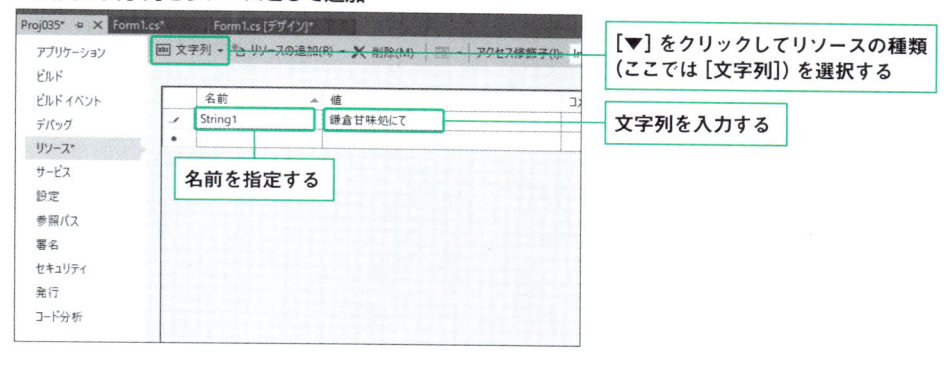

▼画面2 リソースファイルの追加

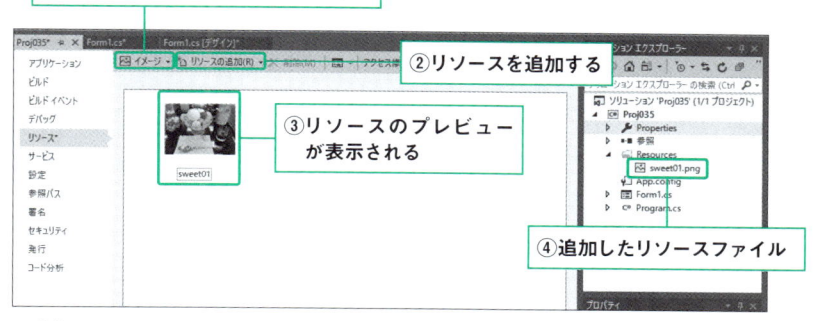

▼実行画面

リスト1　追加したリソースファイルを参照してピクチャーボックスに表示する（ファイル名：proj035.sln）

```csharp
private void Button1_Click(object sender, EventArgs e)
{
    // 追加したリソースの文字列をラベルに表示
    label1.Text = Properties.Resources.String1;
    // 追加したリソースファイルをピクチャーボックスに表示
    pictureBox1.Image = Properties.Resources.sweet01;
    // 画像の大きさを縦横の比率を変更せずに枠に合わせる
    pictureBox1.SizeMode = PictureBoxSizeMode.Zoom;
}
```

> **さらに ワンポイント**
>
> ここでは、[名前] 欄に「リソース名」、[値] 欄に「リソースとして使用する文字列」を入力して、文字列をリソースに追加しています。ファイルとして追加するのではないので、ソリューションエクスプローラーの「Resources」フォルダーには表示されません。
> なお、テキストファイルをリソースとして追加した場合は「Resources」フォルダーに表示されます。

036 名前空間の記述を省略する

▶Level ●○○○
▶対応
COM　PRO

ここがポイントです！ 名前空間の省略（usingディレクティブ）

.NET Frameworkのクラスライブラリにあるクラスを使用する場合、そのクラスが属する**名前空間（ネームスペース）**を指定して記述します。

例えば、Formは、**System.Windows.Formsクラス**に属するため、「System.Windows.Forms.Form」と記述することになります。

しかし、毎回このように記述しているのでは大変です。そこで**using**ディレクティブを記述します。usingディレクティブを使用すると、名前空間を省略して、クラス名だけ記述できるようになります。

「System.Windows.Forms」のような、よく使用される名前空間は、コードウィンドウの最初に「using System.Windows.Forms;」と記述されているため、名前空間の記述を省略し、「Form」とだけ記述できます。

例えば、ファイル関連の名前空間である**System.IO**内のクラス、**Directory**を使用するときは、「using System.IO;」と記述しておくと、コード内で「Directory」とだけ記述できるようになります。

▼画面1 名前空間の使用が宣言されていない場合

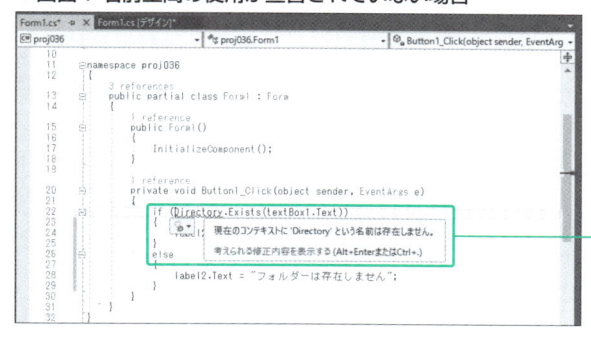

usingディレクティブにより名前空間の使用が宣言されていないため、エラーの赤い波線とエラーメッセージが表示される

プロジェクト作成の極意

▼画面2 名前空間の使用が宣言されている場合

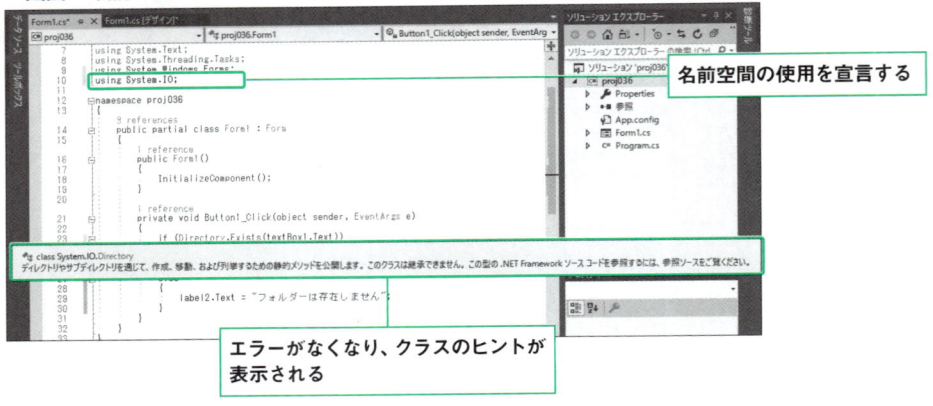

名前空間の使用を宣言する

エラーがなくなり、クラスのヒントが
表示される

 Column Visual Studio 2019のシステム要件

Visual Studio 2019を使用するためには、以下のシステム要件を満たしている必要があります。なお、詳細情報、最新情報についてはMicrosoft社のWebページで確認してください。

●ハードウェア要件
1.8GHz以上のプロセッサを搭載したPC

●メモリ
2GBのRAM（仮想マシンで実行する場合は2.5GB）

●HD
一般的なインストールの場合、20～50GB以上の空き容量

●グラフィック
720p（720×1280）以上のディスプレイ解像度をサポートするビデオカード。Visual Studioは、WXGA（768×1366）以上の解像度で最適に動作

第3章

037~120

ユーザーインター
フェイスの極意

3-1　ユーザーインターフェイス（フォーム）

Tips 037

▶Level ● ◯◯◯
▶対応
COM　PRO

ここがポイントです！

フォームのアイコンとタイトル文字を変更する

フォームのアイコンとタイトルの変更（Iconプロパティ、Textプロパティ）

　Windowsアプリケーションは、**ウィンドウ**が基本画面になります。ウィンドウ上にコントロールを配置し、画面を作成し、実行する処理を記述します。

　Visual C#では、ウィンドウを**Formオブジェクト**として扱います。Formオブジェクトは、プロジェクトを新規作成したときに、自動的に1つ「Form1」という名前で用意されています。

　この土台となるForm1の基本設定を最初に行います。例えば、Windowsアプリケーションでは、ウィンドウのタイトルバーの左側には、そのプログラムのアイコンやタイトルが表示されます。フォームのプロパティウィンドウでは、アイコンは**Iconプロパティ**、タイトルは**Textプロパティ**で設定できます。

　Iconプロパティの設定手順は、次の通りです。

❶フォームのプロパティウィンドウで [Iconプロパティ] をクリックし、右側にある [⋯] ボタンをクリックします（画面1）。

❷ [開く] ダイアログボックスが表示されたら、Iconファイルが保存されている場所を指定し、Iconファイルを選択して、[開く] ボタンをクリックします。

▼画面1 Iconプロパティ

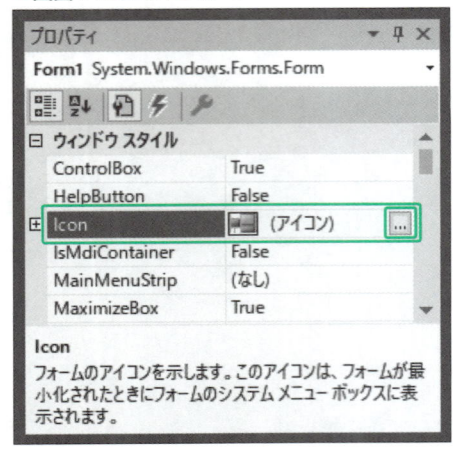

▼画面2 Textプロパティ

▼設定結果

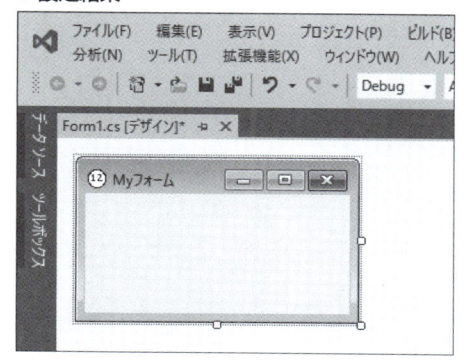

 Iconプロパティで設定したアイコンを解除するには、プロパティウィンドウのIconプロパティを右クリックし、ショートカットメニューから［リセット］を選択します。

 実行可能ファイル（.exe）にオリジナルのアイコンを設定するには、ソリューションエクスプローラーで［Properties］をダブルクリックして、プロジェクトのプロパティを表示し、アプリケーションタブを選択します。［アイコンとマニフェスト］の［アイコン］の［参照］ボタンをクリックし、アイコンファイルを指定します。

Tips
038 フォームのサイズを 変更できないようにする

▶Level ● ○ ○
▶対応
COM PRO

ここが ポイント です！

ウィンドウの境界線スタイルの変更 （FormBorderStyleプロパティ）

ウィンドウを表示したときに、ユーザーによって**ウィンドウのサイズ**を変更できないようにするには、**FormBorderStyleプロパティ**を使って設定します。

設定値は、FormBorderStyle列挙型の「FixedSingle」や「FixedDialog」などを指定します。詳細は、次ページの表を参照して、ください。

リスト1では、［FixedToolWindow］ボタン（button4）をクリックしたときにフォームの境界線を、サイズを変更できないツールウィンドウスタイルに変更し、設定値をラベルに表示しています。

▼画面1 既定値のウィンドウの状態

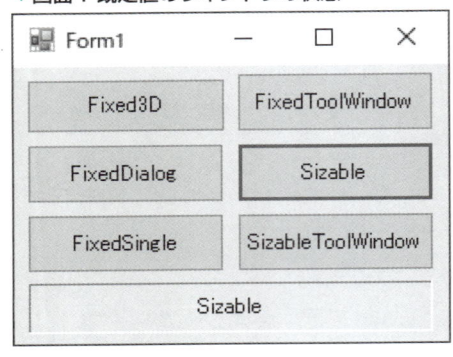

▼画面2 境界線がツールウィンドウスタイルの状態

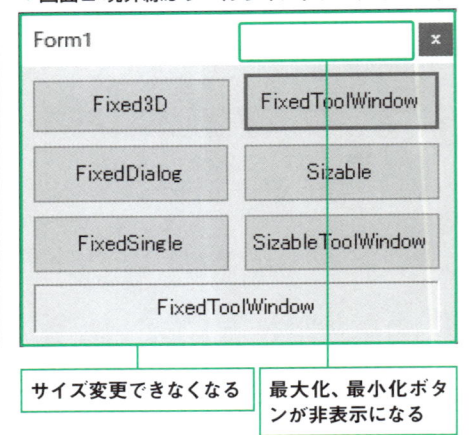

サイズ変更できなくなる　最大化、最小化ボタンが非表示になる

▒FormBorderStyleプロパティに指定する値（FormBorderStyle列挙型）

値	説明
None	なし
Fixed3D	サイズを変更できない立体境界線
FixedDialog	サイズを変更できないダイアログスタイルの境界線
FixedSingle	サイズを変更できない一重線の境界線
FixedToolWindow	サイズを変更できないツールウィンドウスタイルの境界線
Sizable	サイズを変更可能な境界線（既定値）
SizableToolWindow	サイズを変更できるツールウィンドウスタイルの境界線

リスト1　フォームの境界線をツールウィンドウ形式に変更する（ファイル名：ui038.sln）

```
private void Button4_Click(object sender, EventArgs e)
{
    FormBorderStyle = FormBorderStyle.FixedToolWindow;
    label1.Text = "FixedToolWindow";
}
```

Tips 039 最大化、最小化ボタンを非表示にする

▶Level ●○○

▶対応
COM　PRO

ここがポイントです！

ウィンドウの最大化、最小化の禁止（MaximizeBox プロパティ、MinimizeBox プロパティ）

フォームのタイトルバーの右側にある**最大化ボタン**を非表示にするには、フォームのMaximizeBox プロパティの値を「false」に設定します。

最小化ボタンを非表示にするには、MinimizeBox プロパティの値を「false」に設定します。また、最大化ボタン、最小化ボタンを表示するには、それぞれに「true」を設定します。

最大化ボタン、最小化ボタンを非表示にすると、フォームのタイトルバーの左端にあるコントロールボックスの最大化コマンド、最小化コマンドも無効になります。

リスト1では、ボタンをクリックするごとに、最大化ボタンと最小化ボタンの表示・非表示が切り替わります。

▼**実行結果**

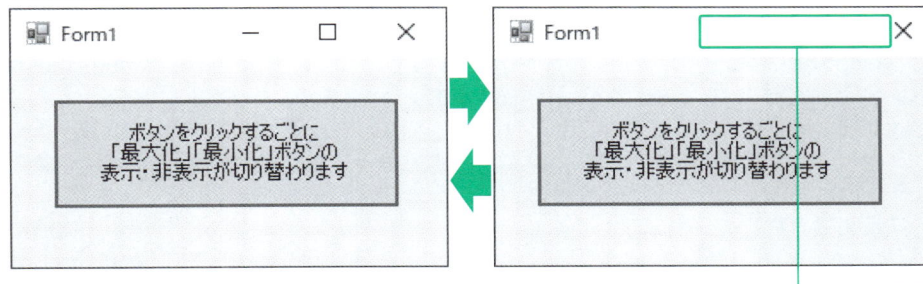

最大化、最小化ボタンが非表示になる

リスト1　最大化ボタン、最小化ボタンの表示・非表示を切り替える（ファイル名：ui039.sln）

```
private void Button1_Click(object sender, EventArgs e)
{
    if (MaximizeBox & MinimizeBox)
    {
        MaximizeBox = false;
        MinimizeBox = false;
    }
    else
    {
        MaximizeBox = true;
        MinimizeBox = true;
    }
}
```

ユーザーインターフェイスの極意

Tips
040

▶ Level ● ● ●
▶ 対応
COM　PRO

ヘルプボタンを表示する

ここが
ポイント
です！

ヘルプボタンの表示
（HelpButton プロパティ）

　フォームのタイトルバーに**ヘルプボタン**を表示するには、フォームの**HelpButtonプロパティ**に「true」を指定します。なお、この設定を有効にするには、**MaximizeBoxプロパティ**と**MinimizeBoxプロパティ**を「false」にする必要があります。

　また、［ヘルプ］ボタンをクリックすると、マウスポインターの形がヘルプ形式になります。このとき、フォーム上のコントロールをクリックすると、コントロールの**HelpRequestedイベント**が発生します。これを使ってヘルプを表示するコードを記述できます。

　HelpRequestedイベントハンドラーを作成するには、コントロールのプロパティウィンドウで［イベント］ボタンをクリックし、イベント一覧を表示して、［HelpRequested］をダブルクリックします。

　ここでは、フォームのプロパティウィンドウでHelpButtonプロパティを「True」、MaximizeBoxプロパティとMinimizeBoxプロパティを「False」に設定しています。

　リスト1では、［ヘルプ］ボタンがクリックされた後、ボタンがクリックされたときに実行されるHelpRequestedイベントハンドラーを使って、メッセージを表示しています。

▼画面1 フォームのプロパティウィンドウ

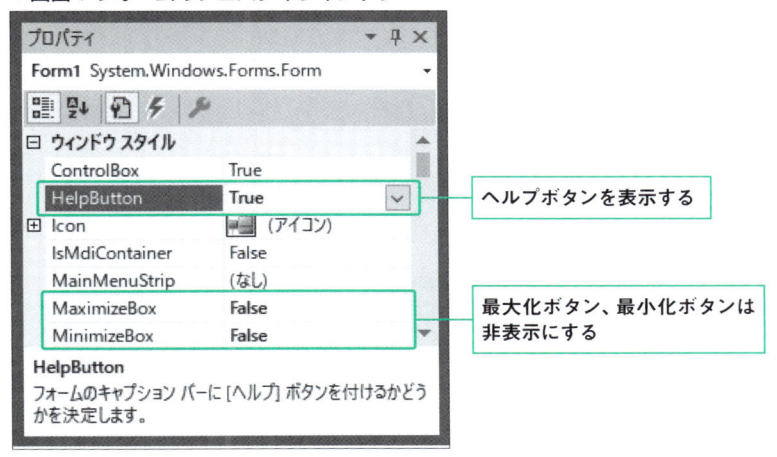

ヘルプボタンを表示する

最大化ボタン、最小化ボタンは
非表示にする

▼画面2 button1のHelpRequestedイベントハンドラーの作成

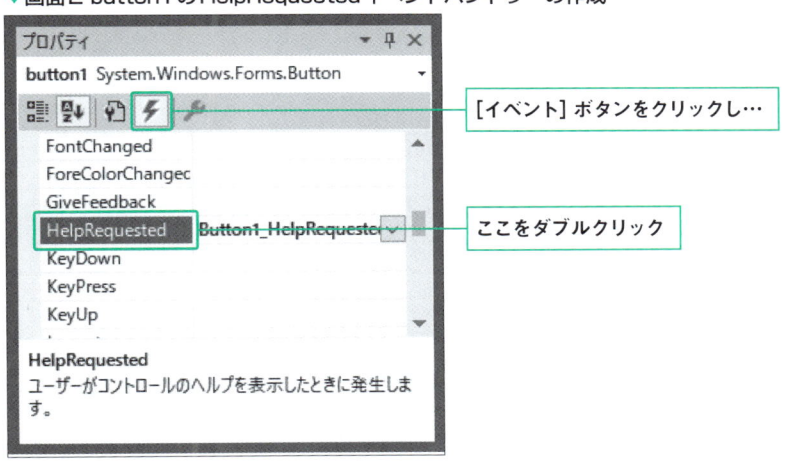

[イベント] ボタンをクリックし…

ここをダブルクリック

▼画面3 ヘルプボタンをクリックした後、ボタンをクリックした結果

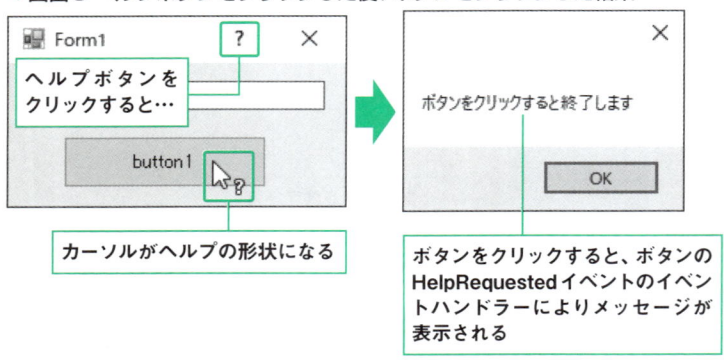

カーソルがヘルプの形状になる

ボタンをクリックすると、ボタンの**HelpRequested**イベントのイベントハンドラーによりメッセージが表示される

| リスト1 | ボタンのHelpRequestedイベントハンドラーとClickイベントハンドラー（ファイル名：ui040.sln） |

```
private void Button1_HelpRequested(object sender,
    HelpEventArgs hlpevent)
{
    // ヘルプボタンをクリックした後、ボタンをクリックしたときに
    // 実行する処理：メッセージの表示
    MessageBox.Show("ボタンをクリックすると終了します");
}

private void Button1_Click(object sender, EventArgs e)
{
    // ボタンをクリックしたときに実行する処理：終了する
    this.Close();
}
```

Tips
041

▶Level ●○○
▶対応
COM　PRO

フォームをモニターの大きさに合わせる

ここがポイントです！

ウィンドウの最大化表示（WindowsStateプロパティ、FormWindowState列挙型）

　フォームの大きさをモニターのサイズに合わせて調整するには、フォームの**WindowsStateプロパティ**を使って、次ページの表に示した**FormWindowState列挙型**の値を指定します。

　フォームをモニター全体のサイズにするには、設定値を「Maximized」にします。

　リスト1では、フォームを開くときにWindowsStateプロパティの値を「Maximized」（最

大化）にします。ボタンをクリックすると、WindowsStateプロパティの値を「Normal」に
しています。

▰ WindowsStateプロパティに指定する値（FormWindowState列挙型）

値	説明
Normal	既定サイズのウィンドウ
Maximized	最大化されたウィンドウ
Minimized	最小化されたウィンドウ

リスト1　フォームをモニターのサイズに合わせて表示する（ファイル名：ui041.sln）

```
private void Form1_Load(object sender, EventArgs e)
{
    // フォームを開くときにウィンドウサイズを最大化する
    WindowState = FormWindowState.Maximized;
}

private void Button1_Click(object sender, EventArgs e)
{
    // ボタンをクリックしてウィンドウサイズを既定のサイズにする
    WindowState = FormWindowState.Normal;
}
```

Tips
042

▶ Level ●○○
▶ 対応
COM　**PRO**

フォームをプロジェクトに
追加する

ここが
ポイント
です！

Windowsフォームの追加
（［プロジェクト］メニュー）

フォームをプロジェクトに追加する手順は、以下の通りです。

❶ ［プロジェクト］メニューから［新しい項目の追加］を選択します。
❷ ［新しい項目の追加］ダイアログボックスが表示されたら、一覧で［Windowsフォーム］を
選択し、ファイル名を指定して、［追加］ボタンをクリックします（画面1）。

▼画面1［新しい項目の追加］ダイアログ

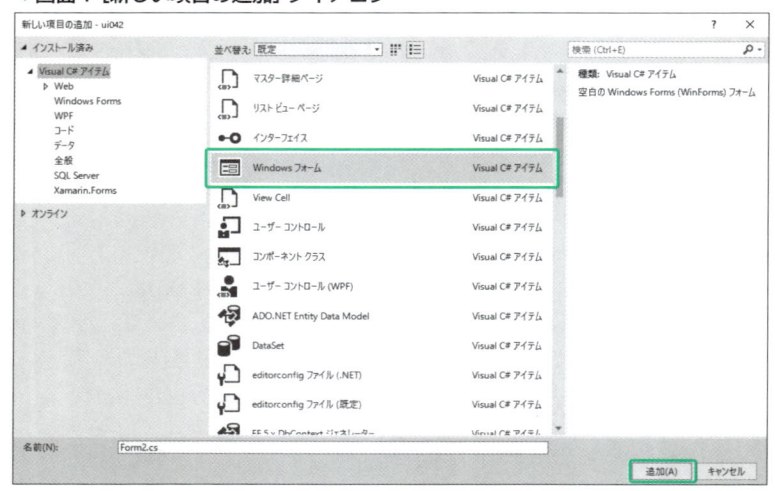

▼画面2 追加されたフォーム

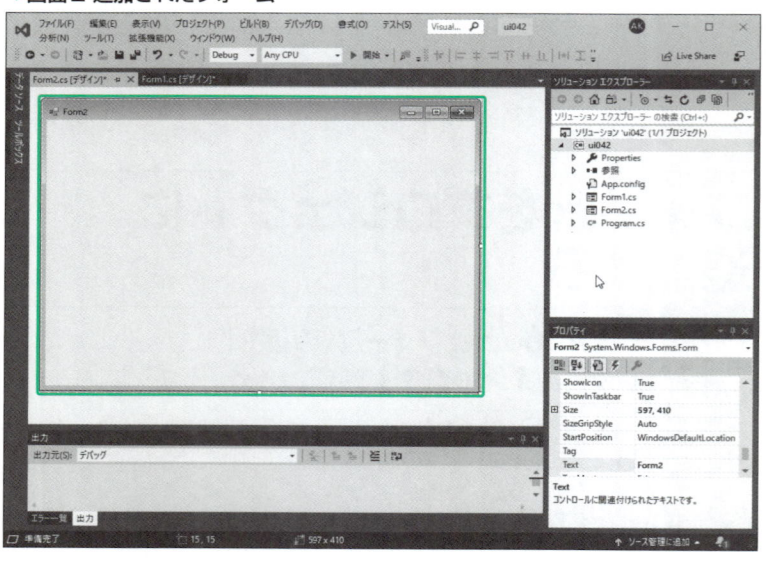

> **さらに ワンポイント**
>
> ［プロジェクト］メニューから［Windowsフォームの追加］を選択しても同様の操作ができます。
>
> また、ソリューションエクスプローラーでプロジェクトを右クリックして、ショートカットメニューから［追加］➡［Windowsフォーム］を選択しても［新しい項目の追加］ダイアログボックスを表示できます。

さらに
ワンポイント　間違えて追加したなど、不要なフォームを削除するには、ソリューションエクスプローラーで不要なフォーム名（例：Form2.cs）を右クリックしてショートカットメニューから［削除］を選択します。

Tips
043　フォームを表示する／閉じる

▶Level ●○○○

▶対応
COM　PRO

ここが
ポイント
です！

フォームを開く、閉じる（Show メソッド、ShowDialog メソッド、Close メソッド）

　フォームを表示するには、フォームの**Show メソッド**または**ShowDialog メソッド**を使います。

　ShowDialogメソッドを使用すると、フォームを**モーダルダイアログボックス**として表示します。モーダルダイアログボックスは、表示したフォームが開いている間は、ほかのフォームの操作ができないタイプのダイアログボックスです。

　Showメソッドを使用すると、フォームを**モードレス**で表示します。モードレスで開くと、フォームを表示したままで、元のフォームの操作ができます。

　フォームを開くときは、new演算子を使って、開くフォームのインスタンスを作成しておく必要があります。なお、あらかじめ表示するフォームをプロジェクトに追加しておきます（Tips042の「フォームをプロジェクトに追加する」を参照してください）。

　また、フォームを閉じるには、フォームの**Close メソッド**を使います。

　リスト1では、［Form2をモーダルで開く］ボタン（button1）をクリックするとフォームをモーダルで開き、［Form2をモードレスで開く］ボタン（button2）をクリックするとフォームをモードレスで開きます。

　リスト2では、ボタンをクリックしたらフォームを閉じます。

▼**画面1 モーダルで開くボタン（button1）をクリックした結果**

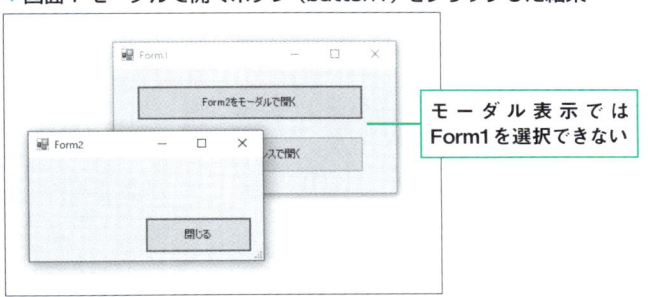

モーダル表示では
Form1を選択できない

ユーザーインターフェイスの極意

▼**画面2 モードレスで開くボタン（button2）をクリックした結果**

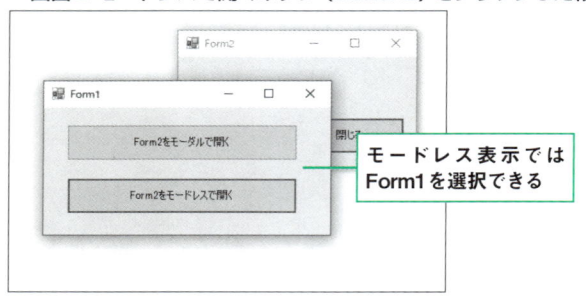

モードレス表示では
Form1を選択できる

リスト1 フォームをモーダル、モードレスで開く（ファイル名：ui043.sln、Form1.cs）

```
private void Button1_Click(object sender, EventArgs e)
{
    Form2 newForm = new Form2();
    // フォームをモーダルで表示
    // フォーム表示中は別のフォームを選択できない
    newForm.ShowDialog();
}

private void Button2_Click(object sender, EventArgs e)
{
    Form2 newForm = new Form2();
    // フォームをモードレスで表示
    // フォーム表示中でも別のフォームを選択できる
     newForm.Show();
}
```

リスト2 フォームを閉じる（ファイル名：ui043.sln、Form2.cs）

```
private void Button1_Click(object sender, EventArgs e)
{
    this.Close();  // フォームを閉じる
}
```

Tips 044 フォームの表示位置を指定する

ここがポイントです！　位置を指定してフォームを表示（StartPositionプロパティ、Locationプロパティ）

▶Level ●○○
▶対応 COM PRO

　フォームを新しく表示するとき、そのフォームの表示位置を指定するには、フォームの**StartPositionプロパティ**を設定します。

　新しく開くフォームを任意の位置に表示するには、StartPositionプロパティの値を「FormStartPosition.Manual」にしておき、**Locationプロパティ**で表示位置を指定します。

　Locationプロパティは、表示するフォームの左位置と上位置を**Point構造体**で指定します。

　Point構造体の書式は、次の通りです（Tips105の「コントロールの表示位置を変更する」を参照してください）。

```
new Point(左位置, 右位置)
```

　リスト1では、button1をクリックするとForm2を画面の左上に表示し、button2をクリックするとForm2を画面中央に表示します。

▼実行結果

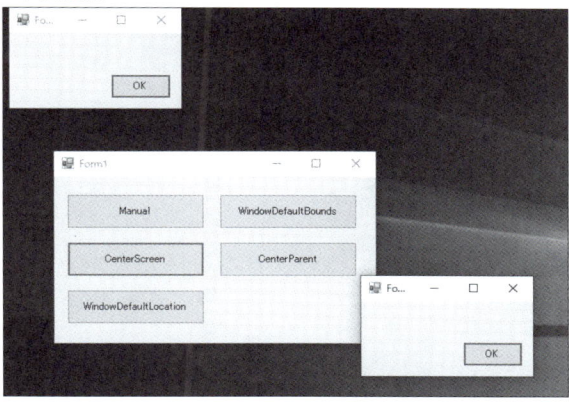

▒StartPositionプロパティで指定する値（FormStartPosition 列挙型）

値	説明
Manual	フォームはLocation プロパティで指定した位置に表示される
CenterScreen	フォームは現在の表示の中央に表示される
WindowsDefaultLocation	フォームはWindowsの既定位置に表示される（既定値）
WindowsDefaultBounds	フォームはWindowsの既定位置に表示され、Windows の既定で設定されている境界線を持つ
CenterParent	フォームは、親フォームの境界内の中央に表示される

リスト1 表示する位置を指定してフォームを開く（ファイル名：ui044.sln、Form1.cs）

```csharp
private void Button1_Click(object sender, EventArgs e)
{
    Form2 newForm = new Form2();
    // フォームを画面左上に表示する
    newForm.StartPosition = FormStartPosition.Manual;
    newForm.Location = new Point(0, 0); // 左上の位置を指定
    newForm.Show();                     // フォームを開く
}

private void Button2_Click(object sender, EventArgs e)
{
    Form2 newForm = new Form2();
    // フォームを画面中央に表示する
    newForm.StartPosition = FormStartPosition.CenterScreen;
    newForm.Show();                     // フォームを開く
}
```

 すでに表示されているフォームの表示位置を変更する場合は、StartPositionプロパティの値は変更せず、Locationプロパティで設定します。

Tips
045

フォームの大きさを変更する

ここがポイントです！ フォームの幅と高さの変更
（Sizeプロパティ、Widthプロパティ、
Heightプロパティ）

▶Level ●○○
▶対応
COM PRO

　フォームの幅を変更するには**Widthプロパティ**、高さを変更するには**Heightプロパティ**に値を設定します。WidthプロパティもHeightプロパティもそれぞれピクセル単位で指定します。

　また、**Sizeプロパティ**を使うと、幅と高さを同時に変更できます。ここでは、フォームのSizeプロパティで「Width」と「Height」をそれぞれ210、110に設定しています（画面1）。

　リスト1では、フォーム表示時にフォームサイズを幅250、高さ150に設定しています。ボタンをクリックするごとに、フォームの幅と高さをそれぞれ現在の設定より10ピクセルずつ拡大します。

▼画面1 Form1のSizeプロパティ

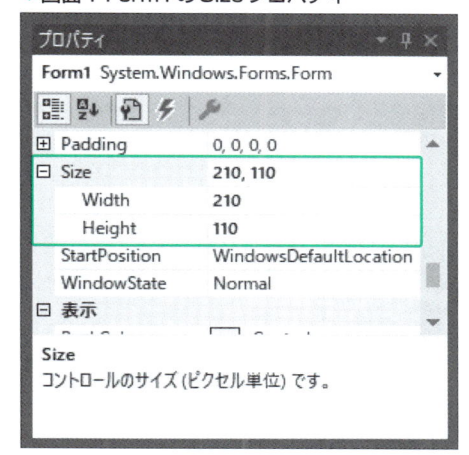

▼画面2 フォーム表示時

▼画面3 ボタンクリック後

リスト1 フォームのサイズを設定する（ファイル名：ui045.sln）

```
private void Form1_Load(object sender, EventArgs e)
{
    // フォーム表示時に幅250ピクセル、高さ150ピクセルに設定
    Size = new Size(250, 150);
}

private void Button1_Click(object sender, EventArgs e)
{
    Width += 10;    // フォームの幅を現在の値に10ピクセル加算する
    Height += 10;   // フォームの高さを現在の値に10ピクセル加算する
}
```

ユーザーインターフェイスの極意

 さらに
ワンポイント

Sizeプロパティで指定する場合は、以下のように**Size構造体**で幅と高さを指定します（Tips104の「コントロールの大きさを変更する」を参照してください）。

```
new Size(フォームの幅, フォームの高さ)
```

Tips
046

▶Level ●○○

▶対応
COM PRO

デフォルトボタン／キャンセルボタンを設定する

ここが
ポイント
です！

承認ボタンとキャンセルボタンの作成
（AcceptButtonプロパティ、
CancelButtonプロパティ）

キーボードから Enter キーを押したときにクリックしたとみなされる**デフォルトボタン**
（承認ボタン）を設定するには、フォームの**AcceptButtonプロパティ**に、割り当てるButtonコントロール名を指定します。

また、キーボードから Esc キーを押したときにクリックしたとみなされる**キャンセルボタン**を設定するには、フォームの**CancelButtonプロパティ**に、割り当てるButtonコントロール名を指定します。

ここでは、フォームのプロパティウィンドウでAcceptButtonプロパティに「button1」、CancelButtonプロパティに「button2」を割り当てています。

リスト1では、button1とbutton2のそれぞれのボタンがクリックされたら、メッセージを表示します。

▼**画面1 フォームのプロパティウィンドウでの設定**

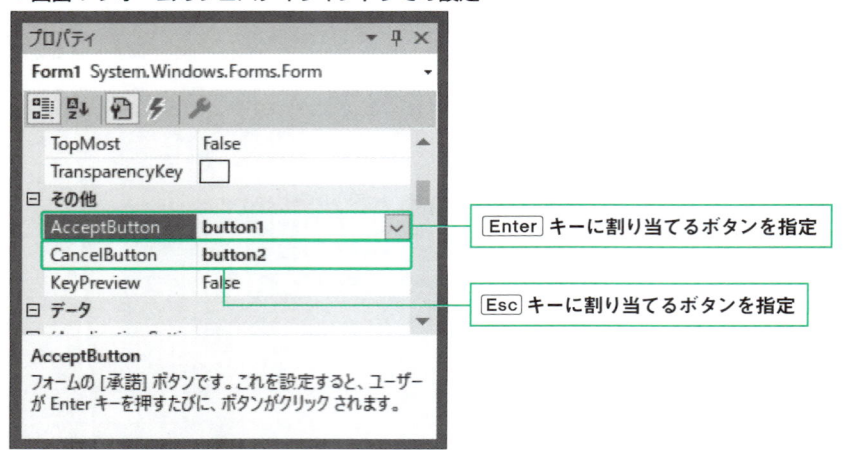

▼実行結果

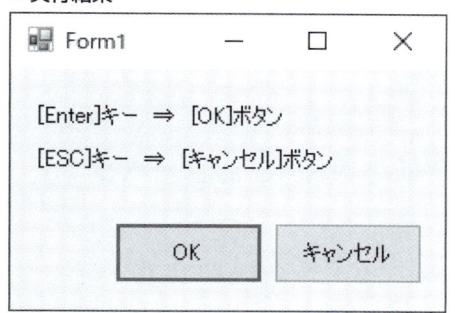

▼画面2 Enter キーを押したときの実行結果　　▼画面3 Esc キーを押したときの実行結果

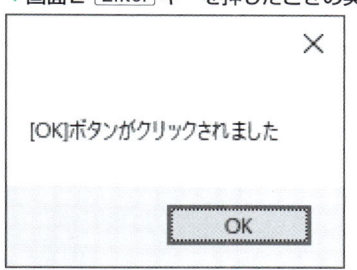
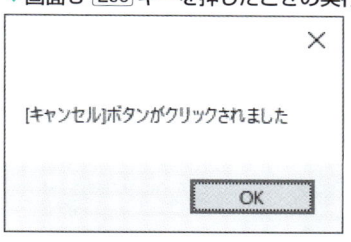

リスト1 デフォルトボタン、キャンセルボタンの設定と、表示するメッセージ（ファイル名：ui046.sln）

```
private void Button1_Click(object sender, EventArgs e)
{
    MessageBox.Show("[OK] ボタンがクリックされました");
}

private void Button2_Click(object sender, EventArgs e)
{
    MessageBox.Show("[キャンセル] ボタンがクリックされました");
}
```

ユーザーインターフェイスの極意

Tips 047 フォームやコントロールの初期設定を行う

▶Level ●○○○

▶対応
COM　PRO

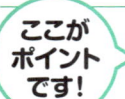

ここが
ポイント
です！

フォーム表示前の処理（Loadイベント）

　フォームやコントロールの**初期設定**は、プロパティウィンドウで設定できますが、フォームを表示する前に発生する**Loadイベント**を使って、フォームのLoadイベントハンドラーで処理を記述することもできます。

　フォームのLoadイベントは、フォームの既定のイベントであるため、Loadイベントハンドラーを作成するには、フォーム上をダブルクリックします。

　リスト1では、フォームのLoadイベントハンドラーで、デフォルトボタン（承認ボタン）とキャンセルボタンを設定し、ラベルとボタンに文字列を設定しています。

▼実行結果

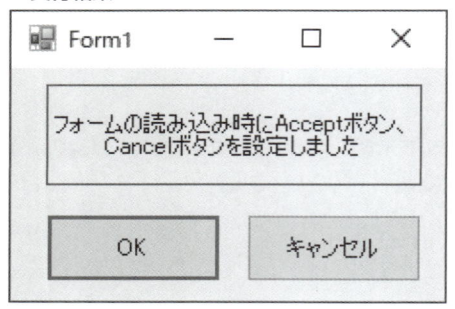

リスト1　Loadイベントでフォーム、コントロールの初期設定をする（ファイル名：ui047.sln）

```
private void Form1_Load(object sender, EventArgs e)
{
    AcceptButton = button1;
    CancelButton = button2;
    label1.Text =
    "フォームの読み込み時にAcceptボタン、"
    + Environment.NewLine+"Cancelボタンを設定しました";
    button1.Text = "OK";
    button2.Text = "キャンセル";
}
```

フォームを半透明にする

Tips
048

▶Level ●○○
▶対応
COM　PRO

ここが
ポイント
です！

フォームの透明度を指定する（Opacity プロパティ）

フォームを**半透明**にして表示するには、フォームの**Opacity プロパティ**を設定します。

Opacity プロパティは、不透明度の割合を 0～1 の範囲で Double 型で指定します。なお、プロパティウィンドウで設定する場合は、0%～100%の範囲でパーセント単位で設定します（画面1）。

値が「0（0%）」のときは完全に透明になり、「1（100%）」のときは透明度がなくなります。ここでは、フォームのプロパティウィンドウの Opacity プロパティで「50%」に指定しています。

リスト1では、button1 ボタンをクリックするごとに、Opacity プロパティの値を 0.02 ずつ増やし、button2 ボタンをクリックするごとに Opacity プロパティの値を 0.3 を下限にして 0.02 ずつ減らします。そして現在の Opacity プロパティの値をラベルに表示します。

▼画面1 Opacity プロパティ

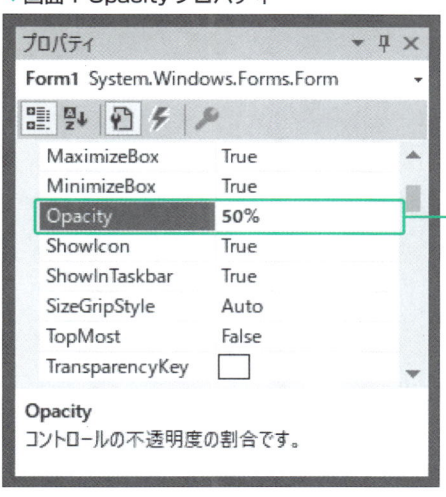

不透明度を50%に設定

ユーザーインターフェイスの極意

▼実行結果

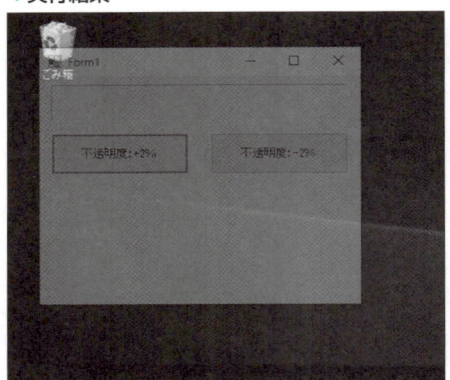

▼画面2 ボタンをクリックした結果

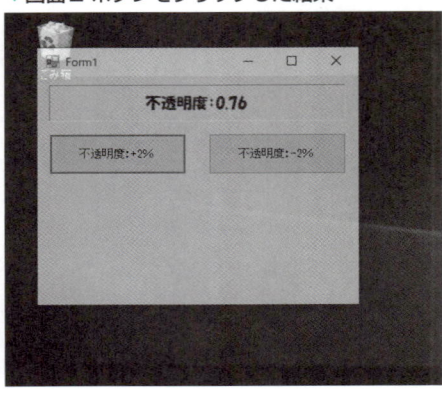

リスト1 フォームの透明度を設定する（ファイル名：ui048.sln）

```
private void Button1_Click(object sender, EventArgs e)
{
    Opacity += 0.02;
    label1.Text = "不透明度：" + Opacity.ToString();
}

private void Button2_Click(object sender, EventArgs e)
{
    if (Opacity >= 0.3)
    {
        Opacity -= 0.02;
        label1.Text = "不透明度：" + Opacity.ToString();
    }
    else
    {
        MessageBox.Show("これ以上透明にできません");
    }
}
```

 フォームをフェードインしたり、フェードアウトしたりするには、タイマーコンポーネントを使ってOpacityプロパティの値を徐々に増減します。

ほかのフォームの コントロールの値を参照する

▶ Level ●○○○
▶ 対応
COM PRO

ここが ポイント です！ 〉 **別のフォームの値を取得 （Modifiersプロパティ）**

　別のフォームで入力されたり、選択されたりした値を参照するには、対象となるコントロールの **Modifiers プロパティ** の値を変更して、アクセス設定をほかのフォームから参照できるようにしておく必要があります。

　コントロールのModifiersプロパティは、既定で「private」となっており、別のフォームから参照できません。同じアセンブリ内の別のフォームから参照できるようにするには、「internal」に変更します（画面1）。

　また、参照する側のフォームでは、対象フォームへの参照に続けてコントロール名やプロパティを記述します。

　例えば、Form2フォームのtextBox1テキストボックスのTextプロパティの値を参照するには、「Form2.textBox1.Text」と記述します。

　リスト1では、[Form2を開く] ボタンをクリックしたらDialogShowメソッドでForm2を表示します。そして、Form2の処理が終了したら、Form2のテキストボックスの値をForm1のラベルに表示しています。

　リスト2では、Form2の [閉じる] ボタンをクリックしたら、Form2を閉じます。Form2は、モーダルダイアログボックスとして表示しているので、Form2を閉じることで、制御が呼び出し元のForm1に戻ります。

▼画面1 Form2に配置したtextBox1のModifiersプロパティ

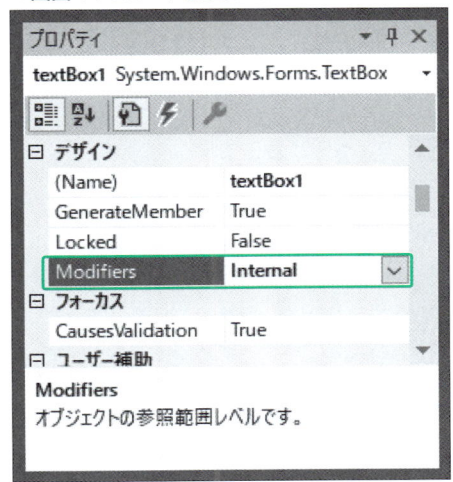

▼画面2 Form2に入力された値をForm1のラベルに表示する

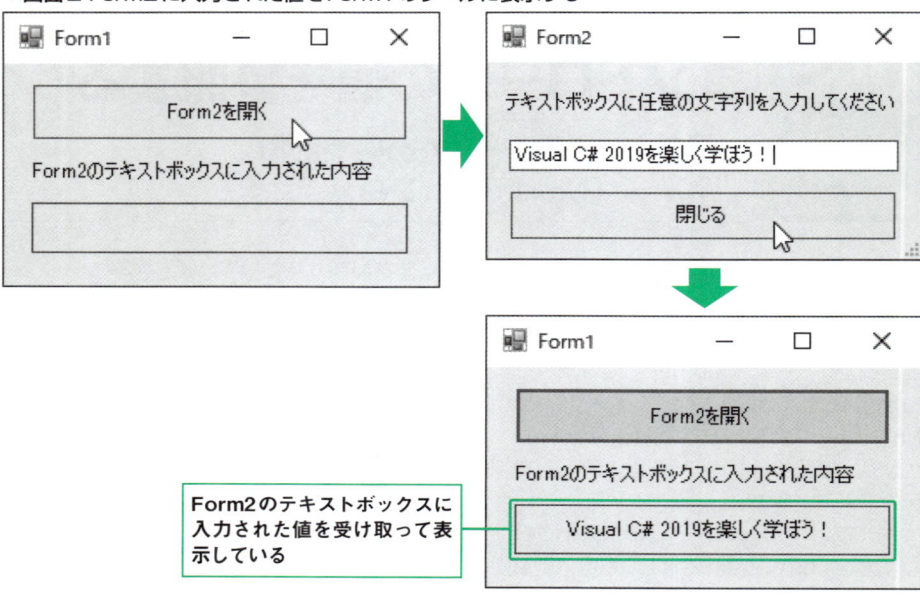

リスト1　ほかのフォームの値を取得する（ファイル名：ui049.sln、Form1.cs）

```
private void Button1_Click(object sender, EventArgs e)
{
    Form2 newForm = new Form2();            // Form2のインスタンスを作成
    newForm.ShowDialog();                   // Form2をモーダルで表示
    label1.Text = newForm.textBox1.Text;  // Form2のテキストボックスの値を参照
}
```

リスト2　フォームを閉じる（ファイル名：ui049.sln、Form2.cs）

```
private void Button1_Click(object sender, EventArgs e)
{
    this.Close();
}
```

Tips 050

ダイアログでクリックされたボタンを呼び出し元のフォームで取得する

▶ Level ● ○ ○
▶ 対応
COM　PRO

ここがポイントです！

ダイアログボックスで選択されたボタンの判別（DialogResultプロパティ）

ダイアログボックスで選択されたボタンを、呼び出し元のフォームで判別するには、ダイアログボックスのボタンの **DialogResult プロパティ** を使用します。

DialogResult プロパティの値は、次ページの表の通りです。

ダイアログボックスのボタンをクリックすると、ボタンの DialogResult プロパティの値がダイアログボックス（フォーム）の DialogResult プロパティに設定されるので、この値を呼び出し元のフォームから参照します。

ダイアログボックス上に配置したボタンのプロパティウィンドウの DialogResult プロパティで、あらかじめ値を設定します（画面1）。

あるいはリスト2のように、実行時にボタンの DialogResult プロパティに、DialogResult 列挙型の値を設定することもできます。

リスト1では、[Form2を開く] ボタンをクリックしたら、ダイアログ形式のフォーム Form2を開きます。そして、Form2の DialogResult の値によって、Form1 のラベルに表示する文字列を変更しています。

リスト2は、Form2を開くときに、ボタンに DialogResult プロパティの値を設定するコード例です。

▼画面1 Form2上のbutton1のDialogRuseltプロパティ

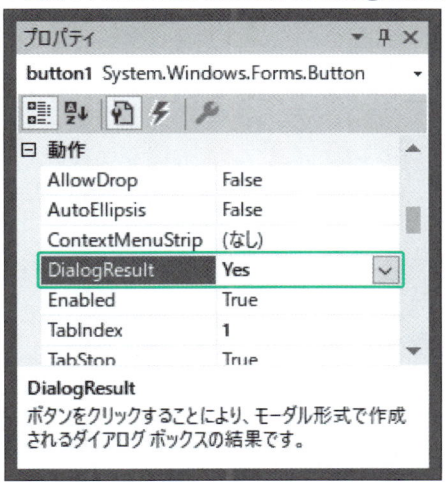

ユーザーインターフェイスの極意

▼実行例

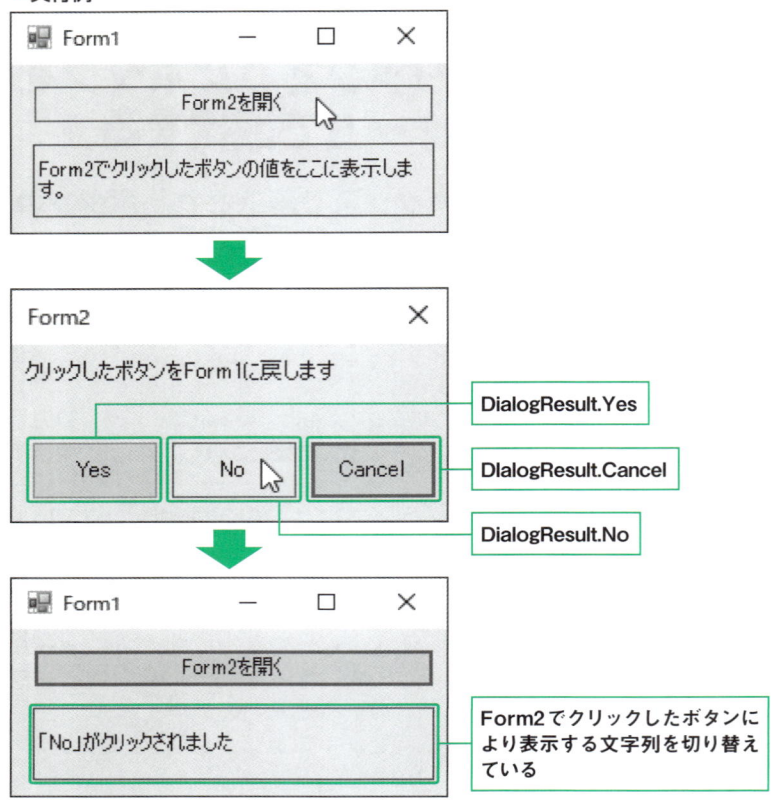

DialogResult.Yes

DialogResult.Cancel

DialogResult.No

Form2でクリックしたボタンに
より表示する文字列を切り替え
ている

DialogResultプロパティに指定する値 (DialogResult列挙型) と戻り値

値	ダイアログボックスの戻り値	説明
Abort	Abort	通常は [中止] ボタンに指定
Cancel	Cancel	通常は [キャンセル] ボタンに指定
Ignore	Ignore	通常は [無視] ボタンに指定
No	No	[いいえ] ボタンに指定
None	Nothing	ダイアログボックスの処理が続行される (既定値)
OK	OK	通常は [OK] ボタンに指定
Retry	Retry	通常は [再試行] ボタンに指定
Yes	Yes	通常は [はい] ボタンに指定

リスト1 ダイアログボックスで選択されたボタンを取得する (ファイル名：ui050.sln、Form1.cs)

```csharp
private void Button1_Click(object sender, EventArgs e)
{
    Form2 newForm = new Form2();
    newForm.ShowDialog();   // Form2をモーダルで開く
```

```
    // ダイアログボックスでクリックされたボタンによって
    // ラベルに表示する文字列を設定する
    switch (newForm.DialogResult)
    {
        case DialogResult.Yes:
            label1.Text = "「Yes」がクリックされました";
            break;
        case DialogResult.No:
            label1.Text = "「No」がクリックされました";
            break;
        case DialogResult.Cancel:
            label1.Text = "「Cancel」がクリックされました";
            break;
    }
}
```

リスト2　ボタンにDialogResultの値を設定する（ファイル名：ui050.sln、Form2.cs）

```
private void Form2_Load(object sender, EventArgs e)
{
    button1.DialogResult = DialogResult.Yes;
    button2.DialogResult = DialogResult.No;
    button3.DialogResult = DialogResult.Cancel;
}
```

さらにワンポイント　フォームをダイアログボックスの形状にするには、通常、FormBorderStyleプロパティを「FixedDialog」に設定し、MinimizeBoxプロパティ、MaximizeBoxプロパティの値を「false」にします。

ユーザーインターフェイスの極意

情報ボックスを使う

バージョン情報の表示
（新しい項目の追加）

　バージョンや製品名などの**バージョン情報**を表示するための画面を作成するには、テンプレートで用意されている**情報ボックス**を使います。
　情報ボックスを作成する手順は、次の通りです。

❶ ［プロジェクト］メニューから［新しい項目の追加］を選択します。
❷ ［新しい項目の追加］ダイアログボックスが表示されたら、一覧の中から［情報ボックス］を選択します。
❸ 名前を指定し、［追加］ボタンをクリックします（画面1）。

　情報ボックスに表示する画像を変更する手順は、以下の通りです。

❶ 情報ボックスをフォームデザイナーに表示します。
❷ ピクチャーボックス（logoPictureBox）をクリックします。
❸ プロパティウィンドウの［Imageプロパティ］の［…］ボタンをクリックします（画面2）。
❹ 表示された［リソースの選択］ダイアログボックスで、［ローカルリソース］ラジオボタンを選択し、［インポート］ボタンをクリックして、画像ファイルを選択します（画面3）。

　情報ボックスの説明テキストを編集する手順は、以下の通りです。

❶ ［ソリューションエクスプローラー］で［Properties］をダブルクリックします。
❷ ［プロジェクトデザイナー］が表示されたら、［アプリケーション］タブを選択し、［アセンブリ情報］ボタンをクリックします（画面4）。
❸ ［アセンブリ情報］ダイアログボックスに情報を入力し、［OK］ボタンをクリックします（画面5）。

　リスト1では、ボタンをクリックすると情報ボックスを開きます。

▼画面1 情報ボックスをプロジェクトに追加

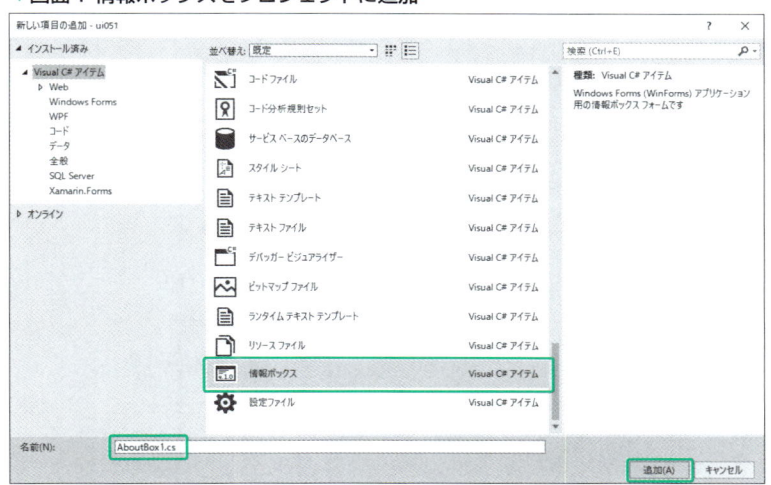

▼画面2 LogoPictureBoxのプロパティウィンドウ

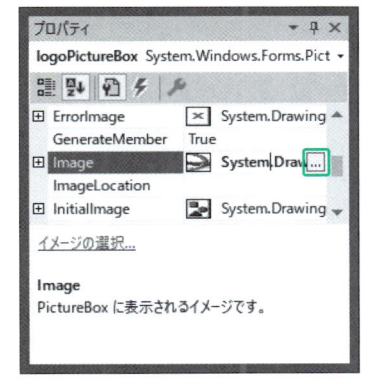

▼画面3 リソースの選択

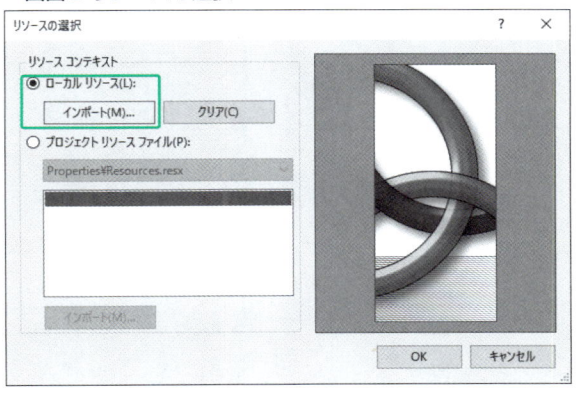

ユーザーインターフェイスの極意

▼画面4 プロジェクトデザイナー

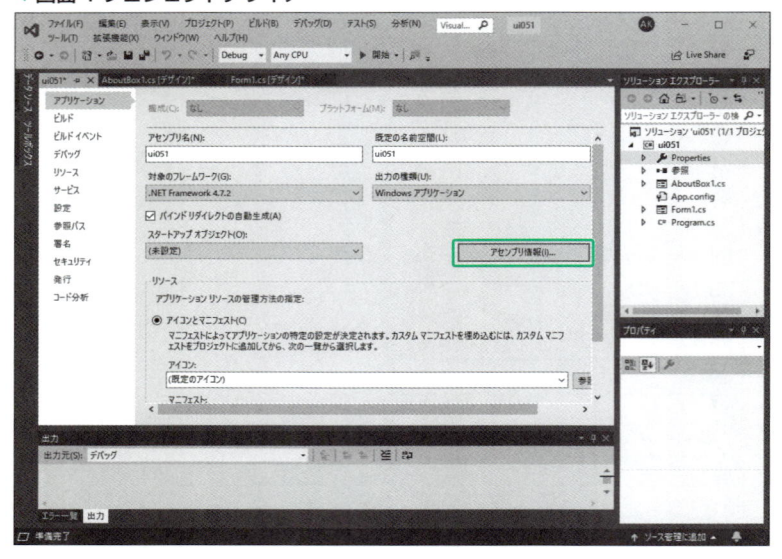

▼画面5 アセンブリ情報を入力

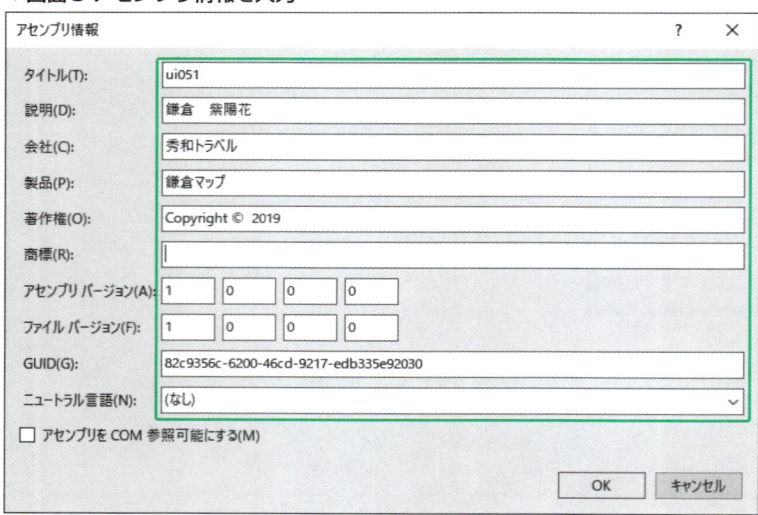

▼実行結果

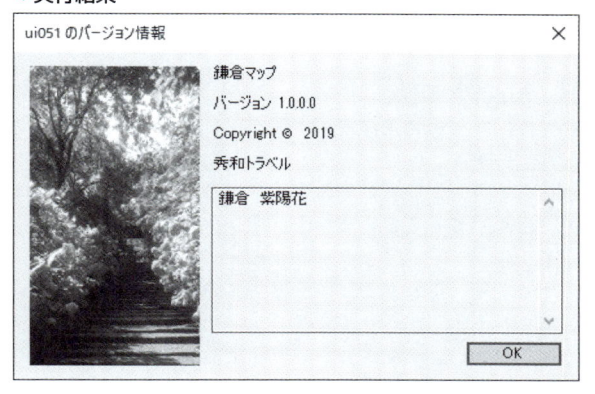

| リスト1 | 情報ボックスを表示する（ファイル名：ui051.sln、Form1.cs） |

```
private void Button1_Click(object sender, EventArgs e)
{
    AboutBox1 newForm = new AboutBox1();
    newForm.ShowDialog();
}
```

さらに
ワンポイント

ピクチャーボックスに表示する画像の表示モードは、ピクチャーボックスのSizeMode
プロパティで指定できます。詳細は、Tips068の「ピクチャーボックスに画像を表示/非
表示にする」を参照してください。

3-1　ユーザーインターフェイス（ラベル）

Tips

052

▶Level ●●●
▶対応
COM　PRO

ここが
ポイント
です！

スプラッシュウィンドウ
（タイトル画面）を表示する

スプラッシュウィンドウの作成
（新しい項目の追加）

　アプリケーション起動時に一時的に表示され、自動的に閉じていく画面を**スプラッシュウィ
ンドウ**と言います。
　Visual C#でスプラッシュウィンドウを作成するには、次の手順で新しいフォームを追加
して設定を行います。

ユーザーインターフェイスの極意

❶ [プロジェクト] メニューから [Windows フォームの追加] を選択します。

❷ [新しい項目の追加] ダイアログボックスの一覧から [Windows フォーム] が選択されているのを確認します。

❸名前を指定し、[追加] ボタンをクリックします (画面1)。

❹ [ツールボックス] の [コンポーネント] から [Timer] を選択し、追加したフォームをクリックしてTimerコンポーネントを追加します。

❺Timerコンポーネントの [Intervalプロパティ] で、スプラッシュウィンドウを表示する時間をミリ秒で指定します。ここでは「3000」にしています。そして、[Enabledプロパティ] の値を「true」にします (画面2)。

❻Timerコンポーネントをダブルクリックして、TimerコンポーネントのTickイベントハンドラーを作成し、フォームを閉じる処理を記述します (リスト1)。

❼フォームのデザインをWindowsフォームデザイナーで設定します。ここでは、[StartPositionプロパティ] を「CenterScreen」、[FormBorderStyleプロパティ] を「None」、[BackgroundImageプロパティ] で画像を指定、[BackgroundImageLayoutプロパティ] を「Zoom」にしています (画面3)。

❽フォームにlabel1、label2、label3の3つのラベルを追加し、[BackColorプロパティ] を「Transparent」にして背景を透明にし、[Fontプロパティ] でフォントサイズなどを調整します (画面4)。

❾フォームを開くときに、ラベルに製品名、バージョン情報、会社名を表示しています (リスト2)。

　追加したフォームがスプラッシュウィンドウとして起動時に表示されるようにするには、アプリケーションのエントリーポイントにフォームを表示する処理を記述します。

❶ [ソリューションエクスプローラー] でProgram.csをダブルクリックしてコードウィンドウを表示します (画面5)。

❷アプリケーションのエントリーポイント (Mainメソッド) に、追加したフォームを表示するコードを記述します (リスト3)。

▼画面1 スプラッシュウィンドウ用フォームを追加

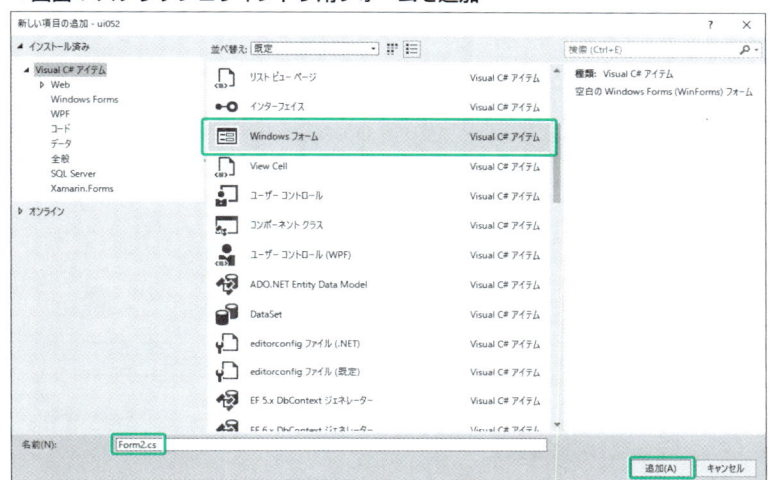

▼画面2 Timerコンポーネントの設定

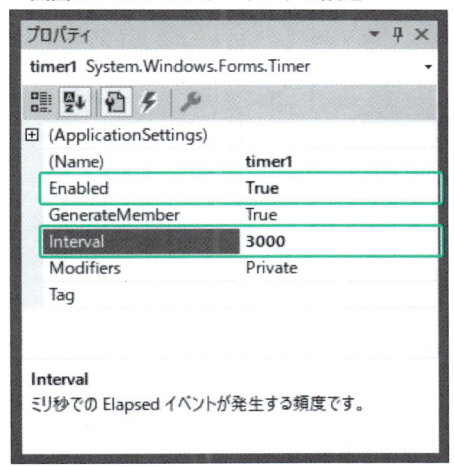

▼画面3 スプラッシュウィンドウの画面設定

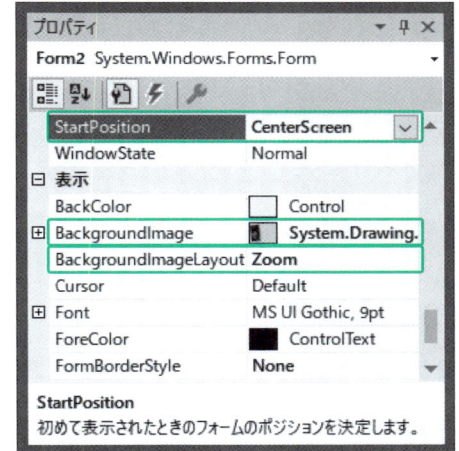

▼画面4 ラベルのプロパティウィンドウ

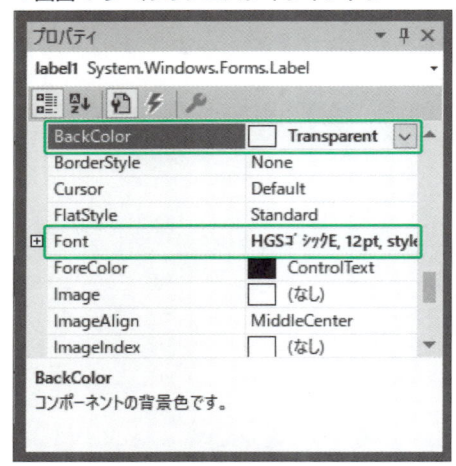

▼画面5 Program.csのコードウィンドウを開く

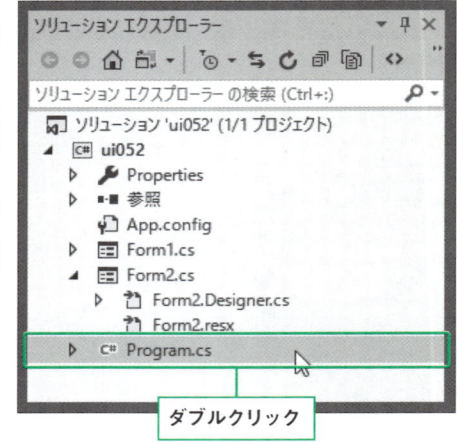

ダブルクリック

▼実行結果

リスト1　スプラッシュウィンドウを閉じる（ファイル名：ui052.sln、Form2.cs）

```
private void Timer1_Tick(object sender, EventArgs e)
{
    this.Close();
}
```

リスト2　スプラッシュウィンドウに製品情報を表示する（ファイル名：ui052.sln、Form2.cs）

```
private void Form2_Load(object sender, EventArgs e)
{
    // ラベルに製品名、バージョン、会社名を表示する
    label1.Text = Application.ProductName;
    label2.Text = "バージョン："+Application.ProductVersion;
```

```
    label3.Text = Application.CompanyName;
}
```

リスト3　スプラッシュウィンドウを表示する（ファイル名：ui052.sln、Program.cs）

```
static void Main()
{
    Application.EnableVisualStyles();
    Application.SetCompatibleTextRenderingDefault(false);

    Form2 newForm = new Form2(); // 追加行　フォームのインスタンス作成
    newForm.ShowDialog();        // 追加行　フォームを開く

    Application.Run(new Form1());
}
```

> **さらに
> ワンポイント**　TimerコントロールのTickイベントハンドラーは、Intervalプロパティで設定した時間が経過すると実行されます。ここでは、3000ミリ秒（3秒）経過したときに、Tickイベントハンドラーによりフォームを閉じています。なお、Timerコントロールの詳細は、Tips080の「タイマーを使ってストップウォッチを作成する」を参照してください。

Tips 053　任意の位置に文字列を表示する

▶Level ●
▶対応　COM　PRO

**ここが
ポイント
です！**　ラベルの使用
（Labelコントロール、Textプロパティ）

　フォーム上の任意の位置に**文字列**を表示するには、**Labelコントロール**を追加します。

　Labelコントロールを追加するには、［ツールボックス］から［Label］を選択し、フォーム上でクリックします。Labelコントロールに文字列を表示にするには、Textプロパティに文字列を設定します。

　なお、Labelコントロールは、文字列に合わせてサイズが自動調整される状態になっているので、任意の大きさに変更できません。

　任意の大きさに変更できるようにするには、**AutoSizeプロパティ**を「false」にします。設定を変更する主なプロパティは次ページに示す表の通りです。

　リスト1では、ボタンをクリックすると、ラベルのサイズ、文字、文字色、境界線、文字配置を変更しています。ラベルの文字列は、途中で改行を入れて2行にしています。

▼実行結果

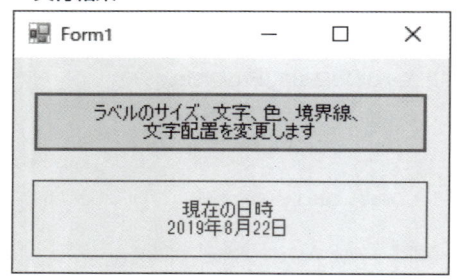

Labelコントロールの主なプロパティ

プロパティ	説明
AutoSize	ラベルの自動調整の指定。trueのときTextプロパティの値に合わせて自動調整される。falseのとき自由な大きさに変更できる
BorderStyle	境界線の設定。BorderStyle列挙型の値を指定
ForeColor	文字色の設定。Color構造体のメンバーで値を指定
BackColor	背景色の設定。Color構造体のメンバーで値を指定
TextAlign	文字列の配置。ContentAlignment列挙型の値を指定
Size	サイズの設定。Size構造体で指定 (Tips104を参照)
Location	ラベルの表示位置を指定。Point構造体で指定 (Tips105を参照)
Visible	ラベルの表示/非表示を指定。trueで表示、falseで非表示 (Tips103を参照)

リスト1 ラベルの設定をする (ファイル名：ui053.sln)

```
private void Button1_Click(object sender, EventArgs e)
{
    label1.AutoSize = false;
    label1.Size = new Size(250, 50);
    label1.Text = "現在の日時¥n" + DateTime.Now.ToLongDateString();
    label1.ForeColor = Color.DarkGreen;
    label1.BorderStyle = BorderStyle.FixedSingle;
    label1.TextAlign = ContentAlignment.MiddleCenter;
}
```

さらに
ワンポイント

ラベルに表示する文字列を途中で改行するのに、ここでは、改行位置にラインフィードを意味する制御文字「¥n」を記述しています。

Tips
054

▶Level ● ●
▶ 対応
COM PRO

リンクラベルで
Webページにリンクする

ここが
ポイント
です！
リンク先URLの追加 (LinkLabelコント
ロール、Links.Addメソッド)

リンク文字列を追加するには、**LinkLabelコントロール**を使います。

LinkLabelコントロールは、[ツールボックス] から [LinkLabel] を選択してフォーム上に配置します。

LinkLabelコントロールに表示する文字列は、Textプロパティで設定します。その文字列の中でリンク文字列を指定し、リンク先のURLを設定するには、**Links.Addメソッド**を使って次のように指定します。

Links.Addメソッドは、**LinkCollectionコレクション**にリンクを追加します。

```
LinkLabelコントロール.Links.Add(開始位置, 文字数, リンク先URL)
```

例えば、「秀和システムのWebサイトを開きます」という文字列で、「秀和システム」をリンク文字列とするのであれば、「linkLabel1.Links.Add(0, 6, "www.shuwasystem.co.jp/")」と記述します。

リンク文字列がクリックされると、LinkLabelコントロールの [LinkClickedイベント] が発生します。そこで、LinkClickedイベントハンドラーを使って、リンク先を表示するコードを記述します。

リンク文字列に設定されたリンク先は、Linkオブジェクトの**LinkDataプロパティ**で取得します。

Linkオブジェクトは、Linksプロパティにインデックスを指定して取得します。リンクが1つだけのときは、「Links[0]」で指定できます。

また、リンク先を表示する場合は、**Diagnostices.Process.Startメソッド**を使います。引数にリンク先を指定します。

リスト1では、フォームを読み込むときにLinkLabelコントロールに文字列を指定し、リンク先を設定しています。

リスト2では、LinkLabelコントロールをクリックしたら、設定されているリンク先を取得し、リンク先を開きます。LinkVisitedプロパティの値を「true」にして、Webサイトに訪問済みとして、テキストの文字色を変更しています。

ユーザーインターフェイスの極意

▼実行結果

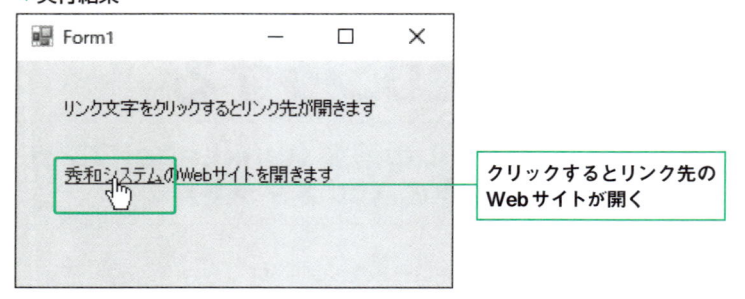

クリックするとリンク先の
Webサイトが開く

リスト1　リンク先を追加する（ファイル名：ui054.sln）

```
private void Form1_Load(object sender, EventArgs e)
{
    linkLabel1.Text = "秀和システムのWebサイトを開きます";
    // リンク文字列の指定とリンク先設定
    linkLabel1.Links.Add(0, 6, "www.shuwasystem.co.jp");
}
```

リスト2　リンク先を表示する（ファイル名：ui054.sln）

```
private void LinkLabel1_LinkClicked(object sender,
    LinkLabelLinkClickedEventArgs e)
{
    string linkTarget;
    linkTarget = linkLabel1.Links[0].LinkData.ToString();
    System.Diagnostics.Process.Start(linkTarget);

    // 訪問済みとしてテキストの色を変更
    linkLabel1.LinkVisited = true;
}
```

さらに
ワンポイント
LinkClickedイベントハンドラーは、LinkLabelコントロールをダブルクリックすれば作成できます。

リンクラベルで 別のフォームにリンクする

ここがポイントです！

リンク先フォームの追加（LinkLabelコントロール、LinkAreaプロパティ）

LinkLabelコントロールの**リンク文字列**をクリックすると、別のフォームを開くように設定できます。

LinkLabelコントロールに表示する文字列は、Textプロパティで設定します。その中でリンク文字列を指定するには、**LinkAreaプロパティ**に**LinkArea構造体**を生成して設定します。

```
LinkLabelコントロール.LinkArea = new LinkArea(開始位置, 文字数)
```

例えば、「別のフォーム（From2）を開きます」という文字列で、「フォーム（From2）」をリンク文字列とするのであれば、「linkLabel1.LinkArea = new LinkArea(2, 11);」と記述します。

別のフォームを表示するには、LinkLabelコントロールのLinkClickedイベントハンドラーを使って記述します。

リスト1では、フォームを読み込むときにLinkLabelコントロールにリンク文字列を設定しています。

リスト2では、リンク文字列がクリックされたときに、Form2を開きます。また、クリック済みの場合にテキストの色が変更されるように、LinkVisitedプロパティの値を「true」にしています。

▼実行結果

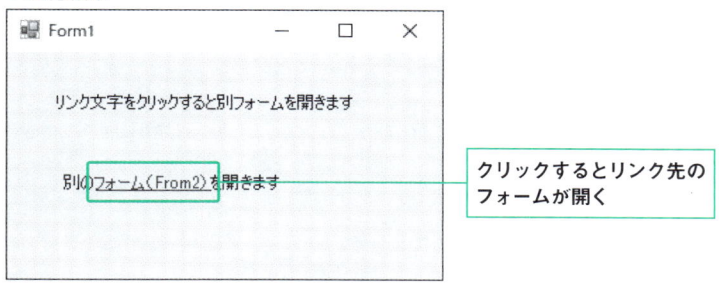

クリックするとリンク先の
フォームが開く

リスト1　リンクテキストを表示する（ファイル名：ui055.sln）

```
private void Form1_Load(object sender, EventArgs e)
{
    linkLabel1.Text = "別のフォーム（From2）を開きます";
```

```
        //  リンク文字列を設定
        linkLabel1.LinkArea = new LinkArea(2, 11);
}
```

リスト2　別のフォームを表示する（ファイル名：ui055.sln）

```
private void LinkLabel1_LinkClicked(object sender,
    LinkLabelLinkClickedEventArgs e)
{
    Form2 newForm = new Form2();
    newForm.ShowDialog();
    linkLabel1.LinkVisited = true;
}
```

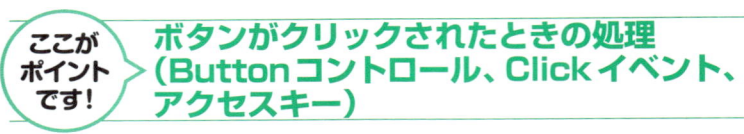

3-1　ユーザーインターフェイス（ボタン）

Tips

056

ボタンを使う

▶Level ●
▶対応
COM　PRO

ここがポイントです！

ボタンがクリックされたときの処理（Buttonコントロール、Clickイベント、アクセスキー）

　フォーム上にボタンを配置するには、**Buttonコントロール**を使用します。

　Buttonコントロールは、［ツールボックス］から［Button］を選択してフォームに配置します。

　ボタンに表示する文字列は、Textプロパティで設定します。キーボードを押すことでボタンをクリックさせるには、Textプロパティで**アクセスキー**を設定します。

　例えば、「OK(＆A)」の「＆A」のように、「＆」（アンパサンド）と「A」（アルファベット1文字）を記述すると、Alt キーを押しながら A キーを押して、ボタンをクリックしたことになります。

　また、クリックしたときに処理を実行するには、Buttonコントロールの**Clickイベントハンドラー**でコードを記述します。

　Clickイベントハンドラーは、フォーム上のButtonコントロールをダブルクリックすれば作成できます。

　リスト1では、［終了］ボタンをクリックしたときにフォームを閉じます。

▼画面1 ButtonコントロールのTextプロパティ　▼実行結果

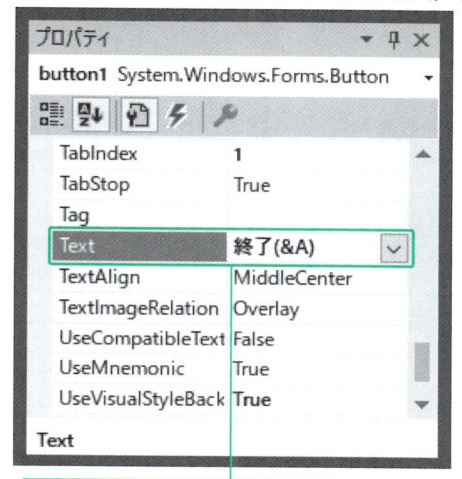
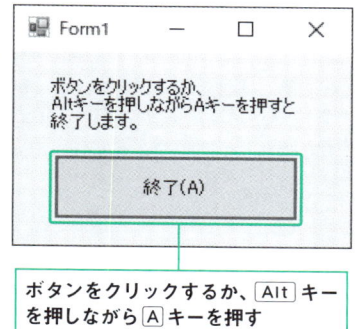

ボタンに表示する文字とアクセスキーを指定

 ボタンがクリックされたらフォームを閉じる（ファイル名：ui056.sln）

```
private void Button1_Click(object sender, EventArgs e)
{
    this.Close();  // フォームを閉じる
}
```

> さらに
> ワンポイント
> ボタンのデフォルトボタン、キャンセルボタンの設定については、Tips046の「デフォルトボタン／キャンセルボタンを設定する」を参照してください。

◀ 3-1　ユーザーインターフェイス（テキストボックス） ▶

Tips
057

▶Level ●○○
▶対応
COM　PRO

テキストボックスで
文字の入力を取得する

ここが
ポイント
です！

文字の入力を取得（TextBoxコントロール、Textプロパティ）

　フォームからユーザーが**文字列**を入力できるようにするには、**TextBoxコントロール**を使います。

　TextBoxコントロールを使うには、［ツールボックス］で［TextBox］を選択してフォームに配置します。TextBoxに入力された内容は、Textプロパティで取得できます。

　リスト1では、［テキストボックスの値取得］ボタンをクリックすると、テキストボックスに入力された値を取得してラベルに表示しています。

　リスト2では、［クリア］ボタンをクリックすると、TextBoxコントロールのClearメソッドを使って、テキストボックスの値を削除し、ラベルの文字を消去します。

▼実行結果1

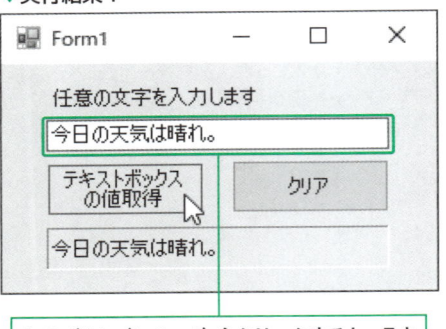

左のボタン（button1）をクリックすると、テキストボックスの値がラベルに表示される

▼実行結果2

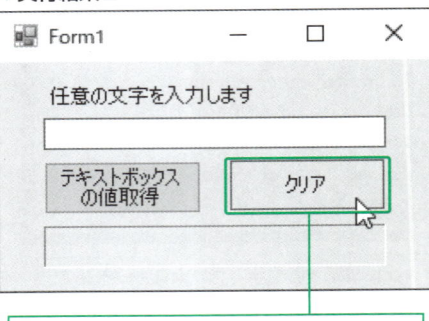

右のボタン（button2）をクリックするとテキストボックスとラベルの値が削除される

リスト1　TextBoxに入力された文字列を表示する（ファイル名：ui057.sln）

```
private void Button1_Click(object sender, EventArgs e)
{
    label2.Text = textBox1.Text;
}
```

リスト2　TextBoxに入力された文字列を削除する（ファイル名：ui057.sln）

```
private void Button2_Click(object sender, EventArgs e)
{
    textBox1.Clear();   // テキストボックスの値を削除する
    label2.Text = "";
}
```

テキストボックスに複数行入力できるようにする

ここが
ポイント
です！

▶Level ●
▶対応
COM　PRO

改行可能なテキストボックス（TextBoxコントロール、Multilineプロパティ、ScrollBarsプロパティ）

TextBoxコントロールは、初期設定では1行分の高さで固定になっていて、高さを変更できません。

高さを変更して複数行入力できるようにするには、TextBoxコントロールの**Multilineプロパティ**を「true」にします。

あるいは、フォームデザイナーのTextBoxコントロールの上辺右側にある三角のアイコンをクリックし、メニューから［MultiLine］にチェックを付けても設定できます（画面1）。

垂直スクロールバーを表示するには、**ScrollBarsプロパティ**で「Vertical」を指定します

ここでは、TextBoxコントロールのプロパティウィンドウで、MultiLineプロパティとScrollBarsプロパティを設定しています（画面2）。

デフォルトボタンが設定されている場合は、テキストボックス内で Enter キーを押しても改行されません。デフォルトボタンが設定されている場合でも Enter キーで改行させるには、TextBoxコントロールの**AcceptsReturnプロパティ**を「true」にします。

また、Tab キーを利用できるようにするには、**AcceptsTabプロパティ**を「true」にします（画面3）。

▼画面1 フォーム上でMultiLineの設定をする

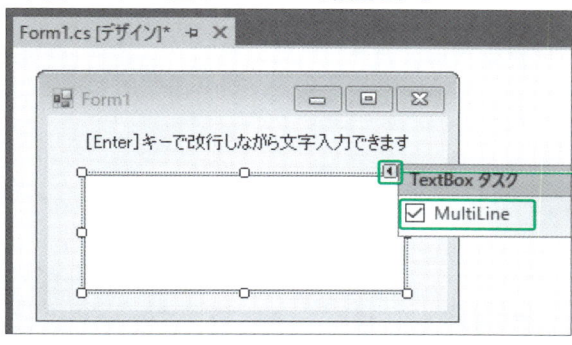

ここをクリックして表示される
メニューでMultiLineにチェック
を付ける

ユーザーインターフェイスの極意

▼画面2 MultilineプロパティとScrollBarsプ
ロパティ

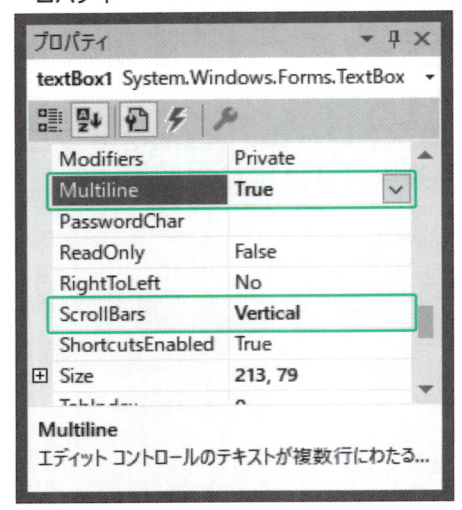

▼画面3 AcceptsReturnプロパティと
AcceptsTabプロパティ

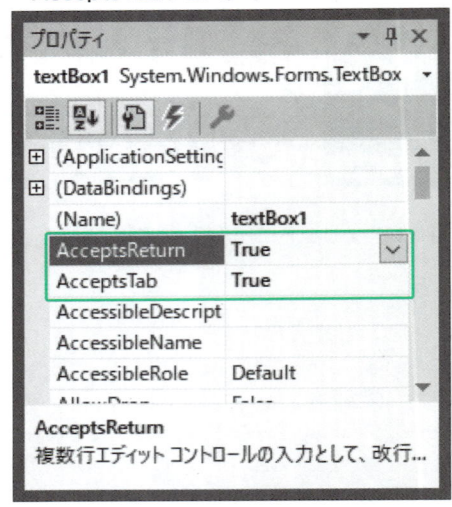

▼実行結果

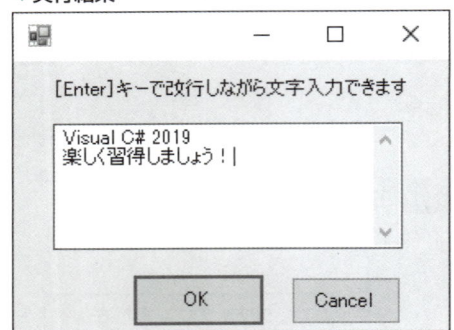

Tips
059

▶Level ●○○

▶対応
COM PRO

パスワードを
入力できるようにする

ここが
ポイント
です！

**パスワード文字の使用（TextBoxコント
ロール、PasswordCharプロパティ）**

テキストボックスに入力された値を**マスク**（文字を隠すこと）するには、TextBoxコント

ロールの**PasswordCharプロパティ**を使います。

PasswordCharプロパティには、**パスワード文字**として表示する文字を指定します（画面1）。

リスト1では、テキストボックスに入力されたパスワードを取得して、メッセージ表示しています。

▼画面1 PasswordChar プロパティの設定

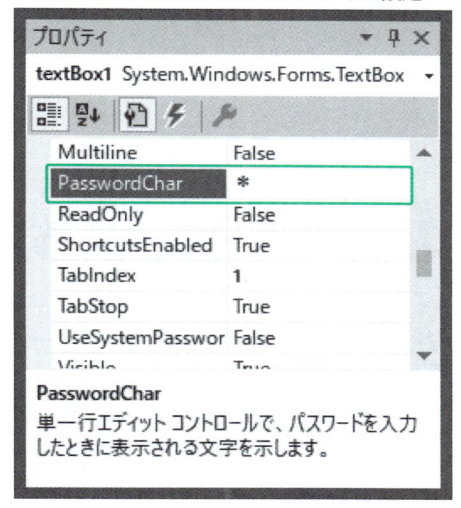

▼実行結果

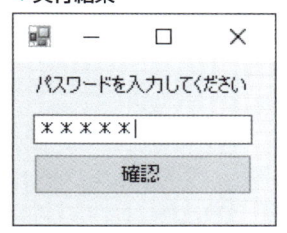

▼ボタンをクリックした結果

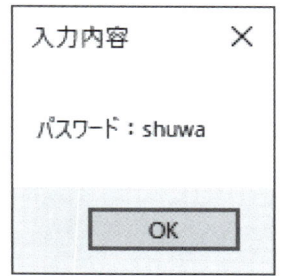

リスト1　入力されたパスワードを表示する（ファイル名：ui059.sln）

```
private void Button1_Click(object sender, EventArgs e)
{
    MessageBox.Show("パスワード：" + textBox1.Text,"入力内容");
}
```

 TextBoxコントロールの**UseSystemPasswordChar プロパティ**を「true」にすると、既定のシステムのパスワード文字「●」が使用されるようになります。UseSystemPasswordChar プロパティが「true」のとき、PasswordChar プロパティの設定値は無効になります。

 PasswordChar プロパティをプログラムから設定する場合は、Char 型の文字を設定します。このとき、文字を「'」（シングルクォーテーション）で囲んで指定します。例えば、「textBox1.PasswordChar = '*';」のように記述します。

Tips 060 入力する文字の種類を指定する

▶Level ●○○
▶対応　COM　PRO

ここがポイントです！ IME モードの指定（TextBox コントロール、ImeMode プロパティ）

　テキストボックスに入力する**文字の種類**を自動で切り替えるには、TextBox コントロールの**ImeMode プロパティ**を使います。

　ImeMode プロパティは、下の表で示すように**ImeMode 列挙型**の値を指定します。

　リスト1では、フォームを読み込むときに、2つのテキストボックスにImeMode プロパティをそれぞれ「半角英数入力」「日本語入力」に設定しています。

▼実行結果

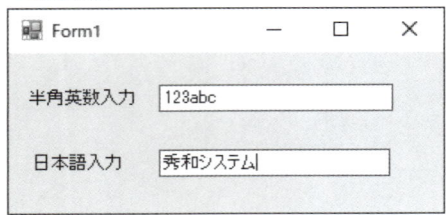

▨ImeMode プロパティに指定する主な値（ImeMode 列挙型）

値	説明
Alpha	半角英数字。韓国語と日本語のIMEのみ有効
AlphaFull	全角英数字。韓国語と日本語のIMEのみ有効
Disable	無効。IMEの変更不可
Hiragana	ひらがな。日本語のIMEのみ有効
Inherit	親コントロールのIME モードを継承

Katakana	全角カタカナ。日本語のIMEのみ有効
KatakanaHalf	半角カタカナ。日本語のIMEのみ有効
Off	英語入力。日本語、簡体字中国語、繁体字中国語のIMEのみ有効
On	日本語入力。日本語、簡体字中国語、繁体字中国語のIMEのみ有効
NoControl	設定なし（既定値）

リスト1 ImeModeを設定する（ファイル名：ui060.sln）

```
private void Form1_Load(object sender, EventArgs e)
{
    textBox1.ImeMode = ImeMode.Off;
    textBox2.ImeMode = ImeMode.On;
}
```

Tips
061
テキストボックスを
読み取り専用にする

▶Level ●○○
▶対応
COM　PRO

**ここが
ポイント
です！**
読み取り専用テキストボックスの作成
（TextBoxコントロール、ReadOnlyプ
ロパティ、Enableプロパティ）

TextBoxコントロールの**ReadOnlyプロパティ**の値を「true」にすると、テキストボックスを**読み取り専用**にできます。

読み取り専用にすると、テキストボックスへの入力はできなくなりますが、カーソルの表示や文字列の選択はできます。

また、TextBoxコントロールの**Enableプロパティ**の値を「false」にすると、使用不可となり、テキストボックスを読み取り専用にするだけでなく、カーソルの表示や文字列の選択もできなくなります。

リスト1では、チェックボックスの値が変更されたときに発生するCheckedChangedイベントハンドラーを使って、チェックボックスがオンの場合に1つ目のテキストボックスを読み取り専用、2つ目のテキストボックスを使用不可にし、オフの場合に、それぞれ読み取り専用を解除、使用可能にしています。

ユーザーインターフェイスの極意

121

▼実行結果　　　　　　　　　　　　　　　　▼チェックボックスにチェックを付けた結果

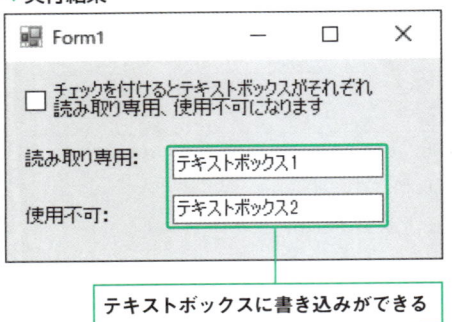 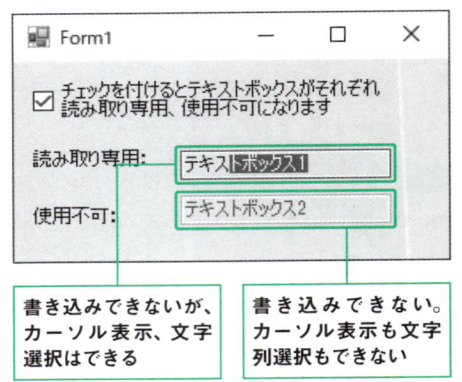

テキストボックスに書き込みができる

書き込みできないが、カーソル表示、文字選択はできる

書き込みできない。カーソル表示も文字列選択もできない

リスト1　チェックボックスのオン/オフで読み取り専用、使用不可を切り替える（ファイル名：ui061.sln）

```
private void CheckBox1_CheckedChanged(object sender, EventArgs e)
{
    if (checkBox1.Checked)
    {
        textBox1.ReadOnly = true;    // 読み取り専用に設定
        textBox2.Enabled = false;    // 使用不可に設定
    }
    else
    {
        textBox1.ReadOnly =false;    // 読み取り専用を解除
        textBox2.Enabled = true;     // 使用可に設定
    }
}
```

Tips 062　入力できる文字数を制限する

▶Level ●○○
▶対応
COM　PRO

ここがポイントです！ 　入力可能な最大文字数の設定（TextBox コントロール、MaxLength プロパティ）

　テキストボックスに入力できる**文字数**を指定するには、TextBox コントロールの**MaxLength プロパティ**で最大文字数を指定します。

　MaxLength プロパティには、入力可能な文字数を指定します。MaxLength プロパティで設定した最大文字数を超える文字は、入力できません。

　ここでは、プロパティウィンドウでMaxLengthプロパティの値を「8」に設定しています（画面1）。

　リスト1では、テキストボックスのTextプロパティの文字数をLengthプロパティで取得し、4文字に満たない場合と、そうでない場合でラベルに表示する文字列を変更しています。

▼画面1 MaxLengthプロパティの設定値

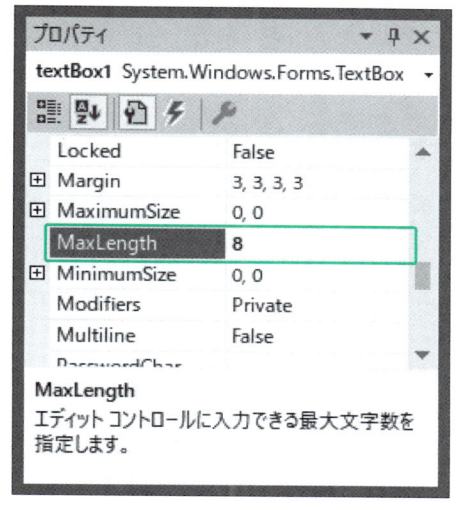

▼画面2 8文字入力してボタンをクリックした結果　▼画面3 4文字未満でボタンをクリックした結果

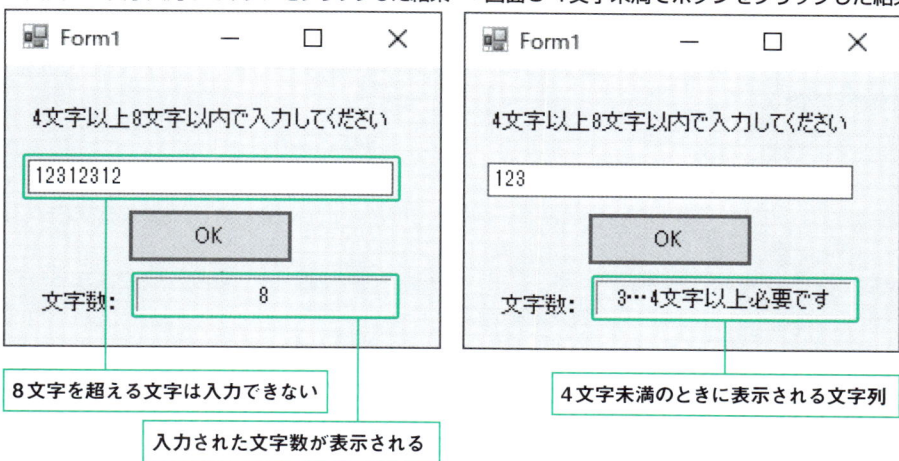

8文字を超える文字は入力できない

入力された文字数が表示される

4文字未満のときに表示される文字列

リスト1　テキストボックスに入力された文字数を取得する（ファイル名：ui062.sln）

```
private void Button1_Click(object sender, EventArgs e)
{
    if (textBox1.Text.Length<4)
```

```
    {
        label3.Text = textBox1.Text.Length.ToString() +
            "…4文字以上必要です";
    }
    else
    {
        label3.Text = textBox1.Text.Length.ToString();
    }
}
```

 MaxLengthプロパティで最大文字数を設定すると、最大文字数を超える文字は入力できなくなりますが、プログラムでTextプロパティに設定する文字は制限できません。プログラムでの入力も制限する場合は、**Substringメソッド**を使って次のように記述します。

```
string longText = "12345678910";
textBox1.Text = longText.Substring(0, textBox1.MaxLength);
```

Tips 063 テキストボックスに指定した形式でデータを入力する

▶Level ●○○
▶対応
COM PRO

ここが
ポイント
です！ **マスクドテキストボックスへの定型入力の設定（MaskedTextBoxコントロール）**

データを**指定した形式**で入力させるようにするには、**MaskedTextBoxコントロール**を使用します。

MaskedTextBoxコントロールは、［ツールボックス］から［MaskedTextBox］を選択し、フォームに配置します。

MaskedTextBoxコントロールは、日付、電話番号、郵便番号などのデータを決まった形で入力するように入力パターンを設定できます。

入力パターンの設定手順は、次の通りです。

❶［MaskedTextBox］の上辺右側にある三角のアイコンをクリックします。
❷［MaskedTextBoxのタスク］の［マスクの設定］をクリックします（画面1）。
❸［定型入力］ダイアログボックスが表示されたら、一覧から入力パターンを選択します。
❹マスクとプレビューを確認し、［OK］ボタンをクリックします（画面2）。

［定型入力］プロパティで設定した内容は、**Maskプロパティ**に**マスク要素**を使って設定されます。

　主なマスク要素は、次ページの表の通りです。マスク要素を組み合わせてオリジナルのパターンを作成することもできます。

　入力個所には、「_」（アンダースコア）が表示されています。ここにカーソルが表示されている状態でデータを入力すると文字に置き換わります。

　リスト1では、マスクドテキストボックスに入力すべき値がすべて入力されているかどうかをMaskCompletedプロパティで調べ、入力されていたときとそうでないときで異なる文字列をラベルに表示します。

▼画面1 マスクの選択

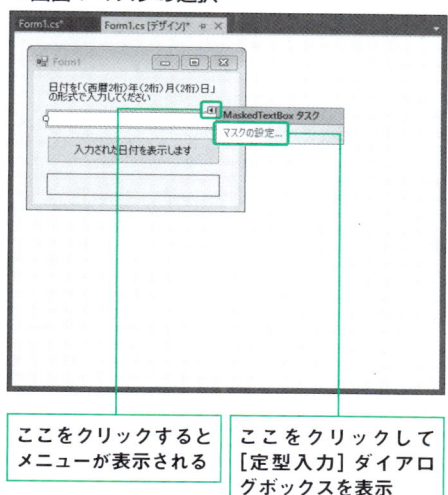

▼画面2 定型入力ダイアログ

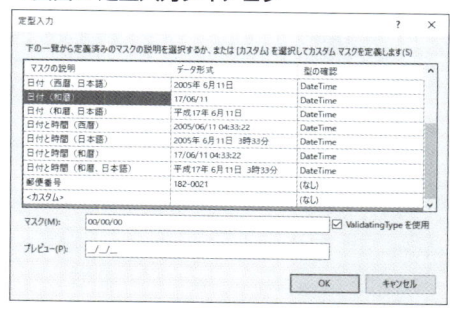

ここをクリックすると
メニューが表示される

ここをクリックして
[定型入力] ダイアログボックスを表示

▼実行結果

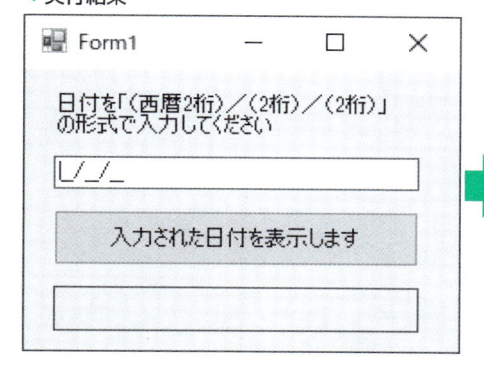

▼データを入力し、ボタンをクリックした結果

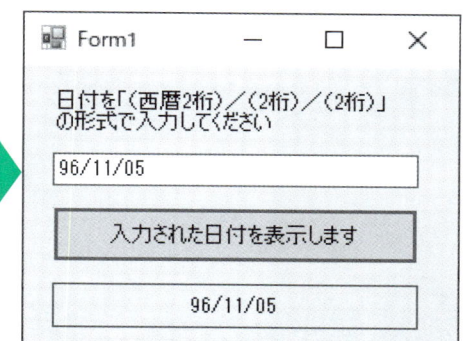

主なマスク要素

マスク要素	説明
0	0〜9までの1桁の数字。省略不可
9	数字または空白。省略可
#	数字または空白。省略可。記号「+」「-」の入力可
L	a〜z、A〜Zの文字。省略不可
?	a〜z、A〜Zの文字。省略可
&	文字。省略不可
C	文字。省略可。制御文字は入力不可
A	英数字。省略不可
a	英数字。省略可
<	下へシフト。これに続く文字を小文字に変換
>	上へシフト。これに続く文字を大文字に変換
¥	エスケープ。これに続く1文字をそのまま表示

リスト1 マスクドテキストボックスに入力された日付を取得する（ファイル名：ui063.sln）

```
private void Button1_Click(object sender, EventArgs e)
{
    DateTime myDate;
    if (maskedTextBox1.MaskCompleted)
    {
        if (DateTime.TryParse(maskedTextBox1.Text, out myDate))
        {
            label2.Text = maskedTextBox1.Text;
        }
        else
        {
            label2.Text = "正確な日付を入力してください";
        }
    }
    else
    {
        label2.Text = "最後まで入力してください";
    }
}
```

MaskedTextBoxの入力欄となる記号は既定で「_」（アンダースコア）ですが、**PromptChar**プロパティで別の記号に変更できます。

フォームを表示したときに、MaskedTextBoxにカーソルを表示させておきたいときは、MaskedTexBoxの**TabIndex**プロパティを「1」にします。詳細は、Tips114の「フォーカスの移動順を設定する」を参照してください。

複数選択できる選択肢を設ける

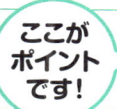 **チェックボックスの使用（CheckBoxコントロール、Checkedプロパティ）**

複数の**選択肢**の中から、1つまたは複数の項目を選択できるようにするには、**CheckBoxコントロール**を使います。

CheckBoxコントロールは［ツールボックス］から［CheckBox］を選択し、フォームに配置します。CheckBoxに表示する文字列は、Textプロパティで指定します。

また、項目が選択されているかどうかは**Checkedプロパティ**または**CheckStateプロパティ**で設定します。

Checkedプロパティは**Boolean型**の値、CheckStateプロパティは**CheckState列挙型**の値を設定します。それぞれの値は、下の表の通りです。

なお、CheckStateプロパティで不確定の状態は、CheckBoxコントロールの**ThreeStateプロパティ**が「true」の場合に設定できます。

CheckBoxコントロールは、Checkedプロパティの値が変更されるとCheckedChangedイベントが発生します。また、CheckStateプロパティの値が変更されるとCheckStateChangedイベントが発生します。

リスト1では、CheckBox1にチェックが付いたら値を「1,000」、チェックを外したら値を「0」にします。

リスト2では、ボタンをクリックすると、CheckBoxでチェックが付いている商品の金額の合計をラベルに表示します。

▼実行結果

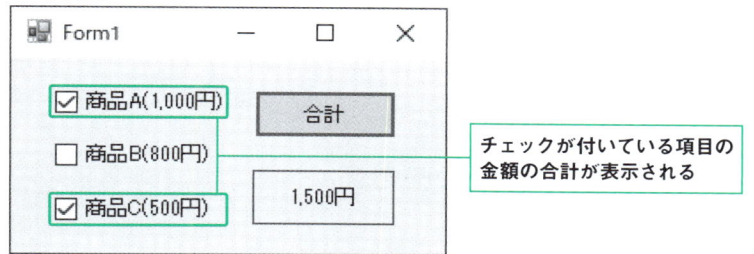

チェックが付いている項目の金額の合計が表示される

▨Checkedプロパティで指定する値（Boolean型）

値	説明
True	チェックされた状態。または、どちらでもない不確定の状態（ThreeStateプロパティがTrueの場合のみ）
False	チェックされていない状態

▨CheckStateプロパティで指定する値（CheckState列挙型）

値	説明
Checked	チェックされた状態
Unchecked	チェックされていない状態
Indeterminate	どちらでもない不確定の状態

リスト1　チェックボックスの選択の状態を取得する（ファイル名：ui064.sln）

```
int a1, a2, a3;

private void CheckBox1_CheckedChanged(object sender, EventArgs e)
{
    // チェックが付いていれば変数a1に1000を代入し、
    // チェックが付いていなければ、変数a1に0を代入する
    if (checkBox1.Checked)
    {
        a1 = 1000;
    }
    else
    {
        a1 = 0;
    }
}
```

リスト2　ボタンをクリックしたときにチェックが付いている金額の合計を表示する（ファイル名：ui064.sln）

```
private void Button1_Click(object sender, EventArgs e)
{
    label1.Text = (a1 + a2 + a3).ToString("#,##0円");
}
```

さらに
ワンポイント
CheckBoxコントロールの**Appearanceプロパティ**の値を「Button」（コードでは Appearance.Button）に設定すると、CheckBoxコントロールの形状がボタンの形に変更されます。

さらに
ワンポイント
リストでは、数値を「1,000円」のような金額の書式にしてラベルに表示するために、**ToStringメソッド**を使って指定しています。また、ほかのチェックボックスについても同様にCheckedChangedイベントハンドラーを記述しておきます。詳細は、サンプルを参照してください。

1つだけ選択できる選択肢を設ける

ここがポイントです！
ラジオボタンの使用（RadioButtonコントロール、Checkedプロパティ）

Tips **065**

▶Level ● ○ ○
▶対応
COM　PRO

複数の**選択肢**の中から1つだけ選択できるようにするには、**RadioButtonコントロール**を使用します。

RadioButtonコントロールを使うには、［ツールボックス］から［RadioButton］を選択してフォームに配置します。

RadioButtonコントロールが複数配置されているとき、1つのRadioButtonがオンになると、ほかのRadioButtonは自動的にオフになります。

RadioButtonコントロールのオン／オフは、**Checkedプロパティ**で取得・設定できます。Checkedプロパティが「true」のときはオン、「false」のときはオフです。

また、オン／オフが切り替わると、RadioButtonコントロールのCheckedChangedイベントが発生します。

なお、RadioButtonコントロールに表示する文字列は、Textプロパティで設定します。

リスト1では、フォームを読み込むときにラジオボタンの初期値を設定しています。

リスト2では、ボタンをクリックすると、ラジオボタンの選択状況をラベルに表示します。

▼実行結果

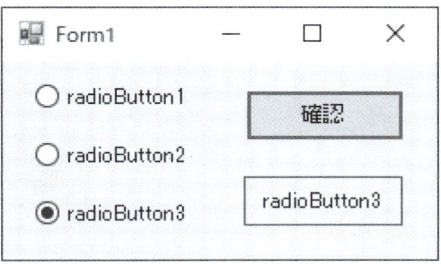

リスト1 フォームを読み込むときにラジオボタンの初期値を設定する（ファイル名：ui065.sln）

```
private void Form1_Load(object sender, EventArgs e)
{
    radioButton1.Checked = true;   // ラジオボタン1をオンにする
}
```

リスト2 ボタンをクリックしたときにラジオボタンの選択状況を通知する（ファイル名：ui065.sln）

```
private void Button1_Click(object sender, EventArgs e)
```

ユーザーインターフェイスの極意

3

```
{
    string myString = "";

    if(radioButton1.Checked)
    {
        myString = radioButton1.Text;
    }
    else if(radioButton2.Checked)
    {
        myString = radioButton2.Text;
    }
    else if (radioButton3.Checked)
    {
        myString = radioButton3.Text;
    }
    label1.Text = myString;
}
```

さらに ワンポイント RadioButtonコントロールのAppearanceプロパティの値を「Button」（コードでは「Appearance.Button」）にすると、RadioButtonコントロールをボタンの形で表示できます。

ラジオボタンのリストを スクロールする

Tips **066**

▶Level ● ○ ○
▶対応
COM PRO

ここが ポイント です！

スクロールできる領域の作成 （RadioButtonコントロール、Panelコントロール）

Panelコントロールを使うと、フォーム上で**スクロール可能な領域**を作成できます。

複数のチェックボックスやラジオボタンなどのコントロールを配置するときや、画像を配置するときに、Panelの中に配置すれば、小さな領域に配置しても、スクロールすることで非表示の部分を表示させることができます。

Panelコントロールは［ツールボックス］の［コンテナー］から［Panel］を選択してフォームに配置し、そしてその中にコントロールを配置します。

なお、Panelコントロールのスクロールを可能にするためは、**AutoScrollプロパティ**の値を「true」に設定します（画面1）。

リスト1では、［確認］ボタンをクリックしたら、パネル内のラジオボタンを順に調べて選択状況をラベルに表示しています。

▼画面1 PanelのAutoScrollプロパティ

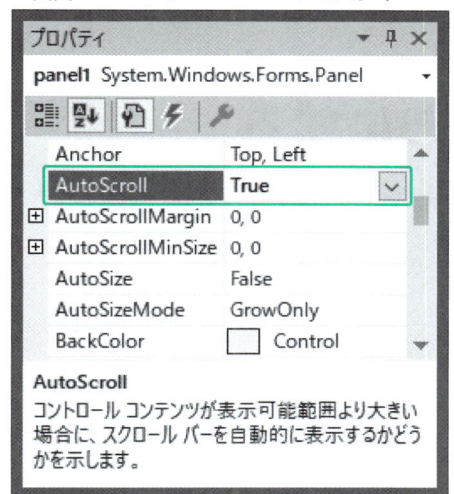

▼実行結果

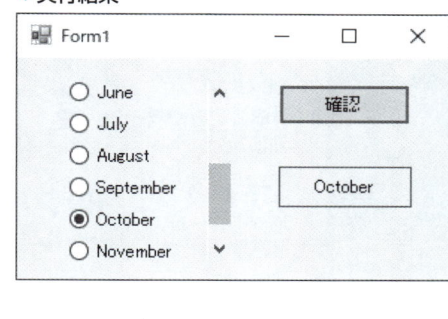

リスト1　パネル内で選択されたラジオボタンを表示する（ファイル名：ui066.sln）

```
private void Button1_Click(object sender, EventArgs e)
{
    foreach (RadioButton myradioButton in panel1.Controls)
    {
        if (myradioButton.Checked)
        {
            label1.Text = myradioButton.Text;
            break;
        }
    }
}
```

さらに
ワンポイント
Panelコントロール内にコントロールを配置するときは、Panelコントロールの領域を広げておき、その中にコントロールを必要なだけ追加します。配置した後でPanelコントロールのサイズを表示したいサイズまで小さくします。また、Panelコントロール自体を移動するには、コントロールの上辺左側の十字矢印をドラッグします。

ユーザーインターフェイスの極意

Tips 067

▶Level ● ○ ○

▶ 対応
COM　PRO

グループごとに1つだけ選択できるようにする

ここがポイントです！ 項目のグループ分け（RadioButtonコントロール、GroupBoxコントロール）

　GroupBoxコントロールを使用すると、それぞれの**グループボックス**の中のRadioButtonコントロールの中から1つずつ選択することができます。

　GroupBoxコントロールは、[ツールボックス] の [コンテナー] から [GroupBox] をクリックしてフォームに配置します。そしてその中にRadioButtonを追加します。

　リスト1では、フォームを読み込むときにラジオボタンの初期値を設定しています。

　リスト2では、[OK] ボタンをクリックしたら、groupBox1とgroupBox2で選択されたラジオボタンを取得し、ラベルに表示します。

▼**画面1　グループボックス内で選択されたラジオボタンを表示する**

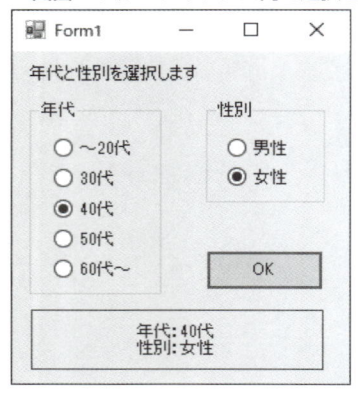

リスト1　フォームを読み込むときにラジオボタンの初期値を設定する（ファイル名：ui067.sln）

```
private void Form1_Load(object sender, EventArgs e)
{
    radioButton1.Checked = true;
    radioButton6.Checked = true;
}
```

リスト2　グループボックス内で選択されたラジオボタンを表示する（ファイル名：ui067.sln）

```
private void Button1_Click(object sender, EventArgs e)
{
    string myString1 = "", myString2 = "";
```

```
foreach (RadioButton myradioButton1 in groupBox1.Controls)
{
    if (myradioButton1.Checked)
    {
        myString1 = "年代:" + myradioButton1.Text;
        break;
    }
}

foreach (RadioButton myradioButton2 in groupBox2.Controls)
{
    if (myradioButton2.Checked)
    {
        myString2 = "性別:" + myradioButton2.Text;
        break;
    }
}
label2.Text = myString1 + Environment.NewLine + myString2;
}
```

3-1 ユーザーインターフェイス（ピクチャーボックス）

Tips
068

▶Level ● ○ ○
▶ 対応
COM PRO

ピクチャーボックスに
画像を表示/非表示にする

ここが
ポイント
です！
**実行時に画像を表示、非表示にする
（Image プロパティ、FromFile メソッド、
Dispose メソッド）**

フォームに**画像**を表示するには、**PictureBox コントロール**を使います。

PictureBox コントロールを使うには、［ツールボックス］から［PictureBox］を選択して、フォームに配置します。

PictureBox コントロールの**Image プロパティ**に**Image オブジェクト**を指定します。

Image オブジェクトがリソースに追加されている場合は、「Properties.Resources.画像名」で指定します（Tips035の「プロジェクトにリソースを追加する」を参照）。

ファイルから生成する場合は、Image クラスの**FromFile メソッド**を使ってファイル名を指定します。FromFile メソッドにより、指定したファイルからImage オブジェクトのインスタンスが生成されます。

また、ピクチャーボックスに表示する画像のサイズは、**SizeMode プロパティ**で**PicturBoxSizeMode列挙型**の値を設定します（次ページの表を参照してください）。

表示した画像を消去するには、**Dispose メソッド**でリソースを解放し、**null キーワード**でImage プロパティの値を空にします。

リスト1では、radioButton1（画像1）がオンの場合、ピクチャーボックスにフォルダーから画像を表示し、チェックが外れたら画像を消去しています。

リスト2では、radioButton2（画像2）オンの場合ピクチャーボックスにプロジェクトに追加している画像を表示し、チェックが外れたら画像を消去しています。

▼実行結果1（画像1）

画像1をオンにすると、フォルダーにある画像を表示する

▼実行結果2（画像2）

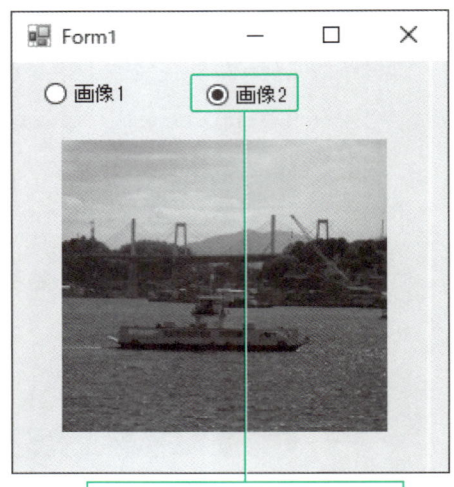

画像2をオンにすると、プロジェクトに追加している画像を表示する

SizeModeプロパティの値（PicturBoxSizeMode列挙型）

値	説明
Normal	画像の左上を基準に元のサイズのまま表示し、はみ出した部分は表示されない（既定値）
StrechImage	PictureBoxのサイズに合わせて画像が自動調整されて表示
AutoSize	画像の元サイズに合わせてPictureBoxが自動調整されて表示
CenterImage	画像の中央を基準に元のサイズのまま表示し、はみ出した部分は表示されない
Zoom	PictureBoxのサイズに合わせて、画像の縦横比率はそのままに自動調整されて表示

リスト1　フォルダーにある画像ファイルをピクチャーボックスに表示する（ファイル名：ui068.sln）

```
private void RadioButton1_CheckedChanged(object sender, EventArgs e)
{
    if (radioButton1.Checked)
    {
        pictureBox1.Image = Image.FromFile(@"C:\C#2019\onomichi01.bmp");
        pictureBox1.SizeMode = PictureBoxSizeMode.Zoom;
    }
    else
    {
```

```
            pictureBox1.Image.Dispose();
            pictureBox1.Image = null;
        }
}
```

リスト2　プロジェクトに追加した画像ファイルをピクチャーボックスに表示する（ファイル名：ui068.sln）

```
private void RadioButton2_CheckedChanged(object sender, EventArgs e)
{
    if (radioButton2.Checked)
    {
        pictureBox1.Image = Properties.Resources.onomichi02;
        pictureBox1.SizeMode = PictureBoxSizeMode.Zoom;
    }
    else
    {
        pictureBox1.Image.Dispose();
        pictureBox1.Image = null;
    }
}
```

 Windowsフォームデザイナーで PictureBox コントロールに画像を表示するには、プロパティウィンドウの**Imageプロパティ**で画像を選択します（手順は、Tips051の「情報ボックスを使う」を参照してください）。

 プロジェクトに画像を追加している場合は、リスト2のように記述します。詳細は、Tips035の「プロジェクトにリソースを追加する」を参照してください。

Tips
069
▶Level ●○○○
▶対応
COM　PRO

ピクチャーボックスに 画像を重ねて表示する

ここがポイントです！ 背景が透明な画像を重ねて表示 （**BackgroundImage**プロパティ、**Image**プロパティ）

　ピクチャーボックスに**画像**を重ねて表示するには、PictureBoxコントロールのBackgroundImageプロパティの画像の上にImageプロパティの画像を重ねて表示できます。

　このとき、Imageプロパティの画像は、背景が透明のものを使用します。

　BackgroundImageプロパティには、Imageプロパティと同様にImageオブジェクトを設

定します。BackgroundImageプロパティで設定した画像が背景画像として表示され、Imageプロパティで設定した画像が上に重なった状態で表示されます。

　また、BackgroundImageで設定した画像をピクチャーボックスにどのように表示するかは、PictureBoxコントロールの**BackgroundImageLayoutプロパティ**で、**ImageLayout列挙型**の値で設定します。

　リスト1では、フォームを読み込むときに、ファイルから画像ファイル「ajisai01.png」を背景に設定しています。

　リスト2では、チェックボックスがオンのときに、リソースに追加してある画像「text01」を表示し、2つの画像を重ねています。

▼画面1 BackgroundImageプロパティに設定する画像

▼画面2 Imageプロパティに設定する画像

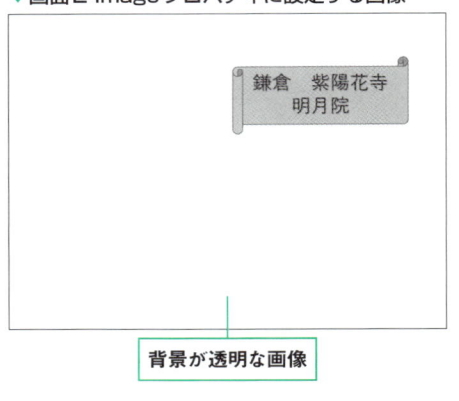

背景が透明な画像

▼実行結果

チェックボックスをオンにすると、テキストの画像が表示される

▨BackgroundImageLayout プロパティの値（ImageLayout列挙型）

値	説明
Normal	イメージがコントロールの領域の四角形の上部で左寄せに配置
Tile	イメージがコントロールの領域の四角形全体に並べて表示
Center	イメージがコントロールの領域の四角形の中央に配置
Strech	イメージがコントロールの領域の四角形全体に伸縮
Zoom	イメージがコントロールの領域の四角形内で拡大

リスト1 ファイルとして保存されている画像を背景に設定する（ファイル名：ui069.sln）

```
private void Form1_Load(object sender, EventArgs e)
{
    pictureBox1.BackgroundImage = Image.FromFile(@"C:¥C#2019¥ajisai01.png");
    pictureBox1.BackgroundImageLayout = ImageLayout.Zoom;
}
```

リスト2 リソースに追加してある画像をImageプロパティに設定する（ファイル名：ui069.sln）

```
private void CheckBox1_CheckedChanged(object sender, EventArgs e)
{
    if (checkBox1.Checked)
    {
        pictureBox1.Image = Properties.Resources.text01;
        pictureBox1.SizeMode = PictureBoxSizeMode.Zoom;
    }
    else
    {
        pictureBox1.Image.Dispose();
        pictureBox1.Image = null;
    }
}
```

3-1 ユーザーインターフェイス（リストボックス）

Tips
070

▶Level ● ○ ○
▶対応
COM PRO

ここが
ポイント
です！

リストボックスに項目を追加する（デザイン時）

選択肢の一覧表示（ListBox コントロール）

ListBox コントロールを使うと、選択肢を**一覧表示**して、この中から項目を選択できます。
ListBox コントロールは、［ツールボックス］から［ListBox］を選択してフォームに配置します。

3-1 ユーザーインターフェイス（リストボックス）

デザイン時にListBoxコントロールに選択肢を追加する手順は、以下の通りです。

❶ フォームに配置したListBoxを選択します。
❷ プロパティウィンドウの［Items］を選択し、右端の［…］ボタンをクリックします（画面1）。
❸ ［文字列コレクションエディター］ダイアログボックスが表示されたら、選択肢とする項目を1行ずつ追加して、［OK］ボタンをクリックします（画面2）。

▼画面1 Itemsプロパティ

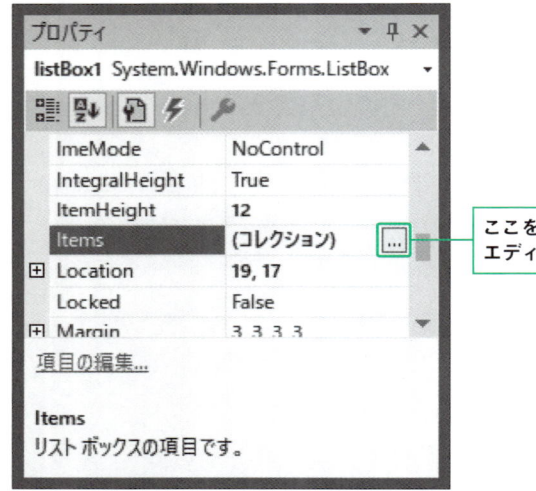

ここをクリックして、［文字列コレクション
エディター］ダイアログを表示する

▼画面2 ［文字列コレクションエディター］ダイアログ

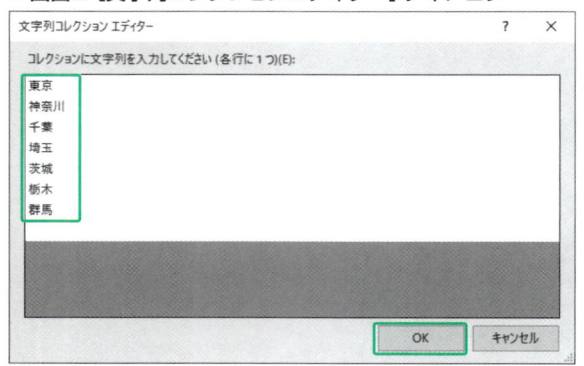

▼実行結果

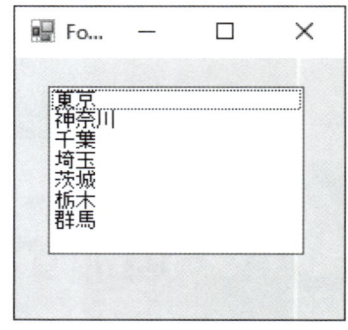

リストボックスに項目を追加／削除する（実行時）

Tips 071

▶Level ● ○ ○
▶対応
COM　PRO

ここが
ポイント
です！

リストボックスへの選択肢の挿入と削除（Add メソッド、AddRange メソッド、Clear メソッド、RemoveAt メソッド）

プログラム実行時に、リストボックスに選択肢となる項目を追加するには、**Items.Add メソッド**を使います。

書式は、次のようになります。

▼リストボックスに項目を追加する①

```
ListBox名.Items.Add("項目名");
```

また、**Items.AddRange メソッド**を使うと、配列を使って複数の項目をまとめて追加できます（配列については、Tips159の「配列を使う」を参照してください）。

▼リストボックスに項目を追加する②

```
ListBox名.Items.AddRange(配列);
```

項目をまとめて削除するには、**Items.Clear メソッド**を使います。

1つずつ削除するには、**Items.RemoveAt メソッド**を使います。

削除する項目は、**インデックス番号**を使って指定します。インデックス番号は、リストの上から順番に、0, 1, 2…となります。

▼リストボックスの項目を削除する

```
ListBox名.Items.RemoveAt(インデックス番号);
```

リスト1では、フォームを読み込むときに項目を追加しています。

リスト2では、[項目リセット] ボタンをクリックすると、項目をリセットして再度追加し直しています。

リスト3では、リストボックスの最初の項目を削除しています。

同様にリスト4では、リストボックスの最後の項目を削除しています。リストボックスの項目を削除するときに指定したインデックス番号の項目が存在しない場合はエラーになるため、Items.Count メソッドで項目数を数え、0でない場合に削除を行っています。

ユーザーインターフェイスの極意

▼実行結果

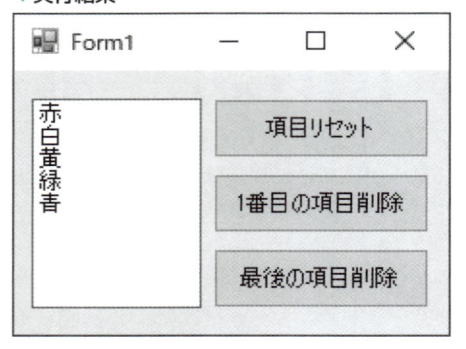

リスト1 リストボックスに項目を1項目ずつ追加する（ファイル名：ui071.sln）

```
private void Form1_Load(object sender, EventArgs e)
{
    listBox1.Items.Add("赤");
    listBox1.Items.Add("白");
    listBox1.Items.Add("黄");
    listBox1.Items.Add("緑");
    listBox1.Items.Add("青");
}
```

リスト2 リストボックスに項目をまとめて追加する（ファイル名：ui071.sln）

```
private void Button1_Click(object sender, EventArgs e)
{
    string[] myArray = {"赤","白","黄","緑","青" };
    listBox1.Items.Clear();
    listBox1.Items.AddRange(myArray);
}
```

リスト3 リストボックスの1つ目の項目を削除する（ファイル名：ui071.sln）

```
private void Button2_Click(object sender, EventArgs e)
{
    if (listBox1.Items.Count !=0)
    {
        listBox1.Items.RemoveAt(0);
    }
}
```

リスト4 リストボックスの最後の項目を削除する（ファイル名：ui071.sln）

```
private void Button3_Click(object sender, EventArgs e)
{
    if (listBox1.Items.Count != 0)
    {
        listBox1.Items.RemoveAt(listBox1.Items.Count-1);
```

```
    }
}
```

 項目名を使って削除する場合は、**Items.Remove メソッド**を使います。引数には項目名を使って、次のように記述します。

```
ListBox名.Items.Remove("項目名")
```

リストボックスに順番を指定して項目を追加する

▶ Level ●
▶ 対応
COM　PRO

ここがポイントです！

項目を指定した位置に挿入（Insertメソッド）

ListBoxコントロールにItems.Addメソッドで項目追加すると、リストの最後に追加されていきます。**指定した位置**に項目を挿入したいときは、**Items.Insertメソッド**を使い、**インデックス番号**で指定した位置に項目を追加します。

書式は、次の通りです。

▼リストボックスに順番を指定して項目を追加する
```
ListBox名.Items.Insert(インデックス番号, "項目名");
```

リスト1では、［先頭に追加］ボタンをクリックしたら、テキストボックスに入力した文字列をリストボックスの1番目に挿入しています。

リスト2では、［最後に追加］ボタンをクリックしたら、テキストボックスに入力した文字列をリストボックスの最後に挿入しています。

▼実行結果

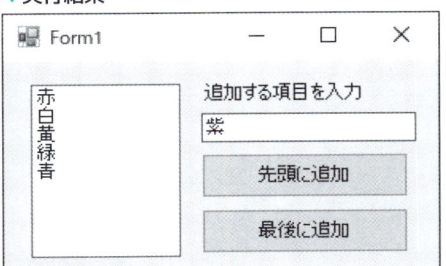

▼button2（最後に追加）ボタンをクリックした結果

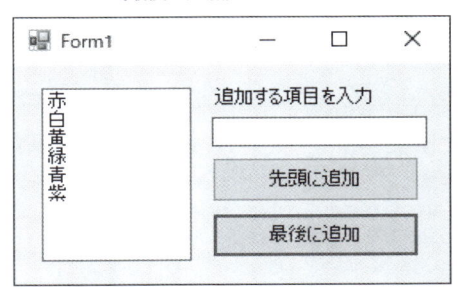

リスト1　リストボックスの先頭に項目を追加する（ファイル名：ui072.sln）

```
private void Button1_Click(object sender, EventArgs e)
{
    if (textBox1.Text != "")
    {
        listBox1.Items.Insert(0, textBox1.Text);
        textBox1.Clear();
    }
}
```

リスト2　リストボックスの最後に項目を追加する（ファイル名：ui072.sln）

```
private void Button2_Click(object sender, EventArgs e)
{
    if (textBox1.Text != "")
    {
        listBox1.Items.Insert(listBox1.Items.Count, textBox1.Text);
        textBox1.Clear();
    }
}
```

Tips
073
▶Level ●○○
▶対応
COM　PRO

リストボックスで項目を選択し、その項目を取得する

ここが
ポイント
です！
リストボックスでの項目の選択と選択項目の参照（SelectedItem プロパティ、SelectedIndex プロパティ）

　ListBox コントロールで選択されている項目は、SelectedItem プロパティ、または SelectedIndex プロパティで設定、参照できます。

●SelectedItem プロパティ
　SelectedItem プロパティは、リストボックスの**項目名**を参照し、選択されていないときの値は「null」になります。

●SelectedIndex プロパティ
　SelectedIndex プロパティは、選択されている項目の**インデックス**を参照します。インデックス番号は、上から0,1,2…と数えるので、2番目であれば1になります。選択されていないときの値は「-1」になります。

リスト1では、フォームを開くときに、リストボックスの1番目の項目を選択しています。

リスト2では、選択されている項目がない場合は「選択されていません」とラベルに表示し、選択されている場合は、上からの順番と項目名をラベルに表示します。

リスト3では、リストボックスの選択を解除し、ラベルの文字列を削除します。

▼実行結果

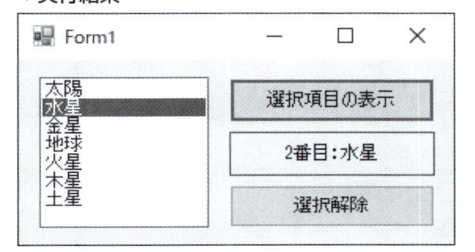

リスト1　リストボックスの1番目の項目を選択する（ファイル名：ui073.sln）

```csharp
private void Form1_Load(object sender, EventArgs e)
{
    listBox1.SelectedIndex = 0;
}
```

リスト2　リストボックスの選択項目を取得する（ファイル名：ui073.sln）

```csharp
private void Button1_Click(object sender, EventArgs e)
{
    if (listBox1.SelectedItem==null)
    {
        label1.Text = "選択されていません";
    }
    else
    {
        label1.Text = listBox1.SelectedIndex + 1 +
            "番目:" + listBox1.SelectedItem;
    }
}
```

リスト3　リストボックスの選択を解除する（ファイル名：ui073.sln）

```csharp
private void Button2_Click(object sender, EventArgs e)
{
    listBox1.SelectedIndex = -1;
    label1.Text = "";
}
```

ユーザーインターフェイスの極意

 さらに
ワンポイント

ListBoxコントロールで項目を選択する場合は、**SelectedItemプロパティ**を使うと、項目名を指定して「ListBox1.SelectedItem ＝ "原宿":」のように記述できます。

Tips
074

▶Level ● ○ ○

▶ 対応
COM PRO

ここが
ポイント
です！

リストボックスで
複数選択された項目を取得する

複数選択可能なリストボックスの利用
（ListBoxコントロール、
SelectionModeプロパティ）

　ListBoxコントロールで**複数の項目**を選択できるようにするには、ListBoxコントロールの**SelectionModeプロパティ**を使います。

　SelectionModeプロパティの値は、次ページの表で示すように**SelectionMode列挙型**の値で指定します。

　リスト1では、フォームを読み込むときにリストボックスに項目を追加し、複数選択可能にしています。

　リスト2では、ボタンをクリックすると、リストボックス1で項目が選択されているかどうか確認し、選択されている場合は、選択された項目をリストボックス2に追加します。次に、リストボックス1で選択された項目をすべて削除します。結果、リストボックス1からリストボックス2に項目が移動します。

▼画面1 ［追加］ボタンをクリックした結果

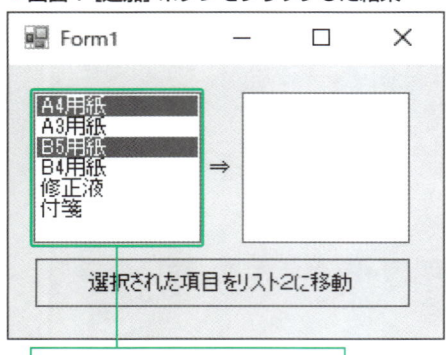

リストボックス1で項目を選択し、
ボタンをクリックする

▼画面2 ボタンをクリックした結果

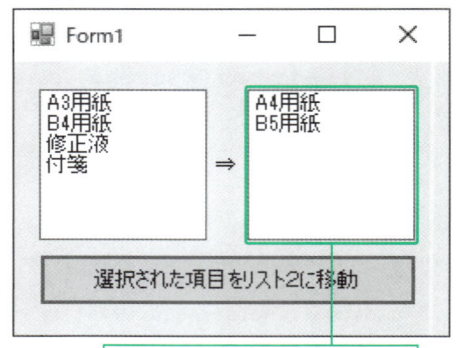

選択されていた項目がリストボッ
クス2に移動する

▨SelectionModeプロパティに指定する値（SelectionMode列挙型）

値	説明
MultiExtended	複数選択可。[Shift]キーまたは[Ctrl]キー、矢印キーを使って選択可能
MultiSimple	複数選択可。マウスをクリックまたは[Space]キーで選択可能
None	選択不可
One	1つだけ選択可。（既定値）

リスト1　フォームを開くときに複数選択を可能にする（ファイル名：ui074.sln）

```
private void Form1_Load(object sender, EventArgs e)
{
    String[] myArray = new string[] {"A4用紙","A3用紙","B5用紙",
            "B4用紙","修正液","付箋"};
    listBox1.Items.AddRange(myArray);
    listBox1.SelectionMode = SelectionMode.MultiSimple;
    listBox2.SelectionMode = SelectionMode.MultiSimple;
}
```

リスト2　選択された項目を別のリストボックスに移動する（ファイル名：ui074.sln）

```
private void Button1_Click(object sender, EventArgs e)
{
    // リストボックス1で選択された項目をリストボックス2に追加
    if (listBox1.SelectedItem !=null)
    {
        foreach (Object myList in listBox1.SelectedItems)
        {
            listBox2.Items.Add(myList);
        }
    }
    // リストボックス1で選択された項目を削除
    for (int i = listBox1.Items.Count - 1; i>= 0 ; i--)
    {
        if (listBox1.GetSelected(i))
        {
            listBox1.Items.RemoveAt(i);
        }
    }
}
```

リスト2では、リストボックスの項目が選択されているかどうかを、ListBoxコントロールの**GetSelectedプロパティ**で調べています。GetSelectedプロパティは、指定したインデックスの項目が選択されていると「true」を返します。

ユーザーインターフェイスの極意

チェックボックス付き リストボックスを使う

Tips 075

▶ Level ● ○ ○
▶ 対応
COM　PRO

ここが ポイント です！

チェックできる項目一覧を表示 （CheckedListBox コントロール、 CheckedItems プロパティ）

チェックボックス付きのリストボックスは、**CheckedListBox コントロール**を使います。

CheckedListBox コントロールは、［ツールボックス］から［CheckedListBox］を選択してフォームに配置します。

CheckedListBox に項目を追加するには、**Items.Add メソッド**または **Items.AddRange メソッド**を使います（Tips071 の「リストボックスに項目を追加/削除する（実行時）」を参照してください）。

チェックされた項目は、**CheckedItems プロパティ**で取得できます。CheckedItems プロパティは、チェックされている項目のコレクションである CheckedItemCollection オブジェクトへの参照を返します。

また、プログラムからチェックボックスにチェックを付けるには、**SetItemChecked プロパティ**を使います。

書式は、以下の通りです。

▼チェックボックスにチェックを付ける

```
CheckedListBox名.SetItemChecked(インデックス, true);
```

第1引数にインデックスを指定し、第2引数にチェックを付ける意味の「true」を指定します。

リスト1では、フォームを読み込むときにチェックボックス付きリストボックスに項目を追加し、1つ目の項目にチェックを付けています。

リスト2では、［選択項目表示］ボタンをクリックしたら、選択された項目をリストボックスに追加します。

▼実行結果

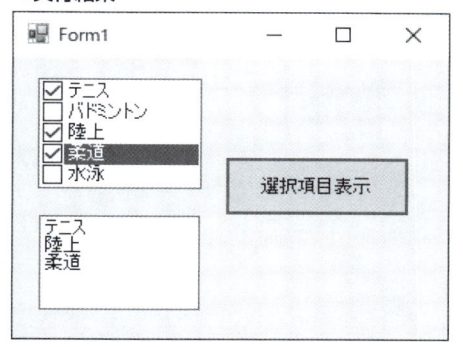

リスト1　チェックボックス付きリストボックスに項目を追加する（ファイル名：ui075.sln）

```
private void Form1_Load(object sender, EventArgs e)
{
    string[] myArray = new string[] { "テニス", "バドミントン",
        "陸上", "柔道", "水泳" };
    checkedListBox1.Items.AddRange(myArray);
    checkedListBox1.SetItemChecked(0, true);
}
```

リスト2　選択された項目をリストボックスに追加する（ファイル名：ui075.sln）

```
private void button1_Click(object sender, EventArgs e)
{
    listBox1.Items.Clear();
    foreach (Object myItem in checkedListBox1.CheckedItems)
    {
        listBox1.Items.Add(myItem);
    }
}
```

CheckedListBox コントロールの**SelectedItem プロパティ**を使うと、反転表示されている項目を参照できます。

Tips 076 コンボボックスを使う

▶ Level ●●●
▶ 対応
COM PRO

ここが ポイント です！

ドロップダウンリストボックスの利用 （ComboBox コントロール、Items.Add メソッド）

項目の一覧を**ドロップダウンリスト**で表示するには、**ComboBox コントロール**を使います。

ComboBox コントロールは、[ツールボックス] から [ComboBox] を選択してフォームに配置します。

ComboBox コントロールに項目を追加するには、**Items.Add メソッド**または **Items. AddRange メソッド**を使います。メソッドやプロパティは、ListBox コントロールとほとんど同じように使うことができます。

ComboBox コントロールで選択されている項目名を取得するには、ComboBox コントロールの**SelectedItem プロパティ**、または **Text プロパティ**を使います。

インデックスで取得するには、**SelectedIndex プロパティ**を使います（インデックスは０から数えます）。選択されていない場合は、SelectedIndex プロパティは「-1」になります。

また、**DropDownStyle プロパティ**でドロップダウンの形式を設定できます。設定値は、下の表を参照してください。

リスト１では、フォームを読み込むときに、コンボボックスに項目を追加しています。

リスト２では、ボタンをクリックすると選択された項目を取得し、ラベルに表示します。

▼実行結果

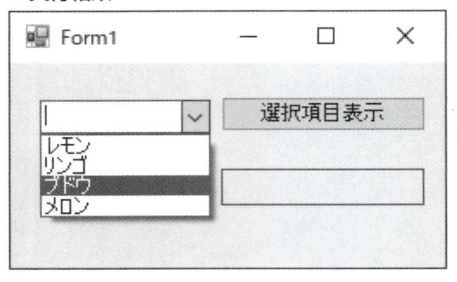

▼ボタンをクリックした結果

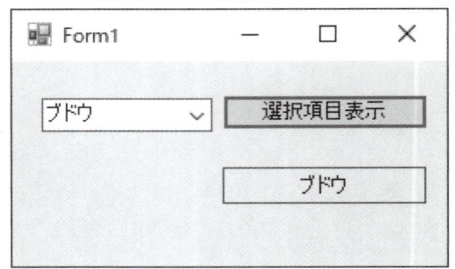

░**DropDownStyle プロパティに指定する値（ComboBoxStyle 列挙型）**

値	説明
DropDownList	［▼］をクリックしてリストの一覧を表示。テキストボックスへの入力不可
DropDown	［▼］をクリックしてリストの一覧を表示。テキストボックスへの入力可（既定値）
Simple	リストを常に表示。テキストボックスへの入力可

リスト1　項目を追加する（ファイル名：ui076.sln）

```
private void Form1_Load(object sender, EventArgs e)
{
    comboBox1.Items.Add("レモン");
    comboBox1.Items.Add("リンゴ");
    comboBox1.Items.Add("ブドウ");
    comboBox1.Items.Add("メロン");
}
```

リスト2　選択されている項目を取得する（ファイル名：ui076.sln）

```
private void Button1_Click(object sender, EventArgs e)
{
    if (comboBox1.SelectedIndex == -1)
    {
        label1.Text="選択されていません";
    }
    else
    {
        label1.Text=comboBox1.SelectedItem.ToString();
    }
}
```

3-1　ユーザーインターフェイス（タブコントロール）

Tips 077

▶Level ●

▶対応　COM　PRO

クリックすると表示ページが切り替わるタブを使う

ここがポイントです！

TabControlコントロールでタブを利用（TabControlコントロール）

TabControlコントロールを使うと、**タブ**の付いたページを表示することができます。

TabControlコントロールは、［ツールボックス］の［コンテナー］から［TabControl］を選択して、フォームに配置します。初期設定で2ページ用意されており、タブに表示する文字などの編集は、［TabPageコレクションエディター］ダイアログボックスで行います。

設定手順は、以下の通りです。

❶TabControlコントロールのプロパティウィンドウの［TabPages］を選択し、右側の［…］ボタンをクリックします（画面1）。

❷表示される［TabPageコレクションエディター］ダイアログボックスの左の一覧でメンバー（タブ）を選択します。

❸右のプロパティー覧で選択したタブに関する各種設定をします。例えば、タブに表示する文字はTextプロパティで設定します。

❹タブページを追加するときは［追加］ボタン、削除するときは［削除］ボタンをクリックします（画面2）。

❺［OK］ボタンをクリックします。

　追加したタブページのタブをクリックしてページを移動し、それぞれのページにコントロールを配置できます。

　選択されているタブページは、TabControlコントロールの**SelectedTabプロパティ**で取得できます。

　ページ上に配置したコントロールは、「TextBox1.Text」のように、特にページ上であることを意識することなく記述できます。また、選択されたタブをグループボックスのようなコンテナーとして扱うこともできます。

　リスト1では、各タブページに配置されたラジオボタンの中で選択されているものを取得し、リストボックスに追加しています。

▼画面1 TabPagesプロパティ

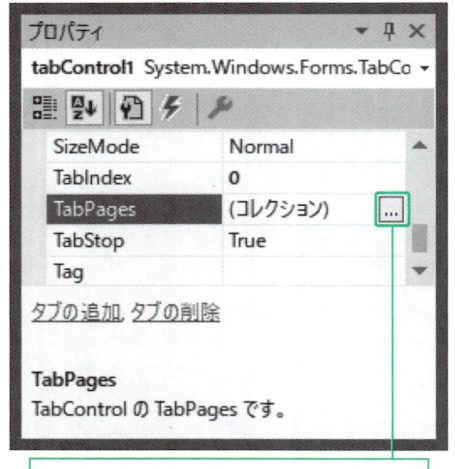

ここをクリックして［TabPageコレクションエディター］ダイアログボックスを表示

▼画面2 TabPageコレクションエディター

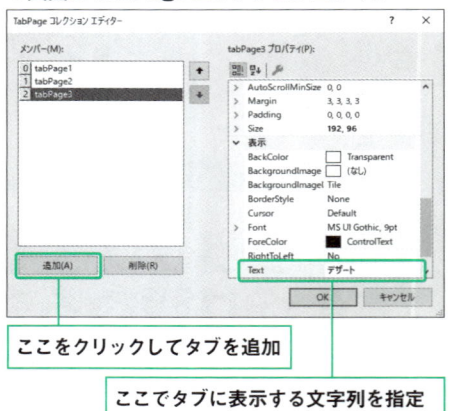

ここをクリックしてタブを追加

ここでタブに表示する文字列を指定

▼実行結果

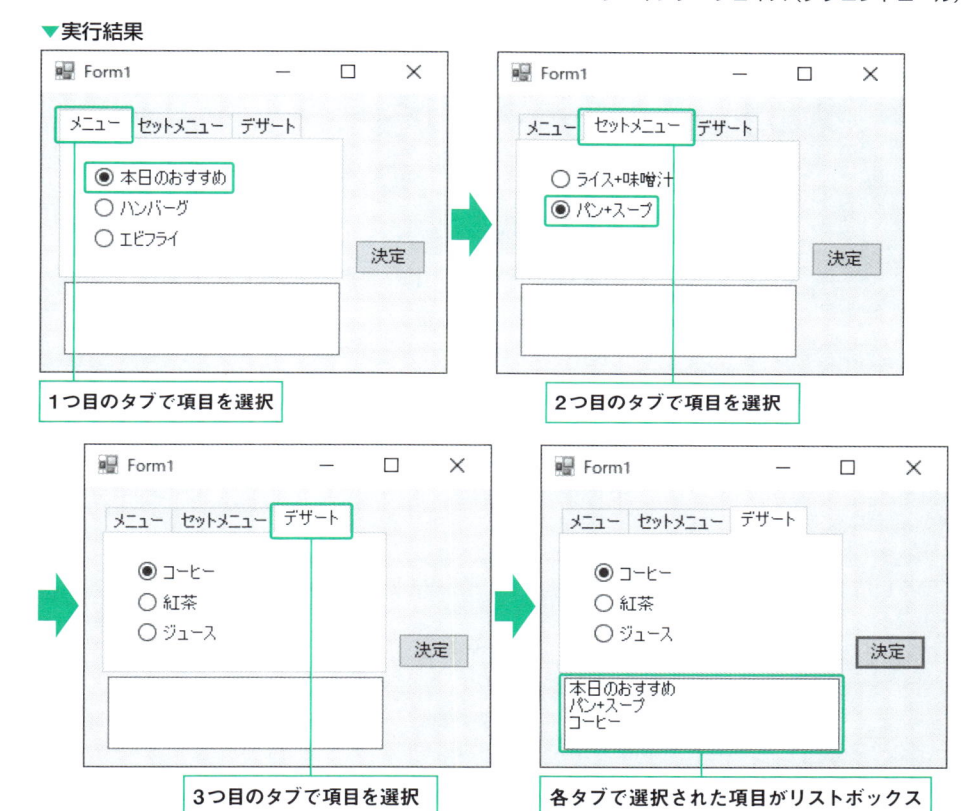

1つ目のタブで項目を選択

2つ目のタブで項目を選択

3つ目のタブで項目を選択

各タブで選択された項目がリストボックスに追加される

リスト1　タブページで選択されたラジオボタンを取得する（ファイル名：ui077.sln）

```
private void Button1_Click(object sender, EventArgs e)
{
    listBox1.Items.Clear();
    foreach (TabPage myTP in tabControl1.TabPages)
    {
        foreach (RadioButton myRB in myTP.Controls)
        {
            if (myRB.Checked)
            {
                listBox1.Items.Add(myRB.Text);
            }
        }
    }
}
```

Tips
078
カレンダーを利用して
日付を選択できるようにする

▶ Level ● ○ ○ ○

▶ 対応
COM PRO

ここがポイントです！ 日付を選択するカレンダーの表示（DateTimePickerコントロール）

DateTimePickerコントロールを使用すると、日付を選択できる**カレンダー**を表示できます。

DateTimePickerコントロールは、［ツールボックス］から［DateTimePicker］をクリックして、フォームに配置します。

DateTimePickerコントロールで選択された日付は、**Valueプロパティ**または**Textプロパティ**で取得できます。

Valueプロパティは、DateTime型の値を返します。

Textプロパティは、DateTimePickerコントロールのテキストボックスに表示されているテキストをString型で返します。

DateTimePickerコントロールで表示する日付や時刻の書式は、**Formatプロパティ**で設定できます。Formatプロパティの設定値は、次ページの表の通りです。

リスト1では、フォームを読み込むときに、カレンダーの日付の表示形式と、最初に選択されている日付、カレンダーの最初の日付と最後の日付を設定しています。

リスト2では、［OK］ボタンをクリックすると、カレンダーで選択された日付をValueプロパティで取得し、長い日付形式にしたものをラベルに表示しています。

▼実行結果

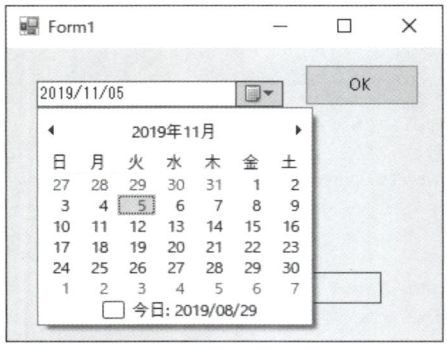

▼ボタンをクリックした結果

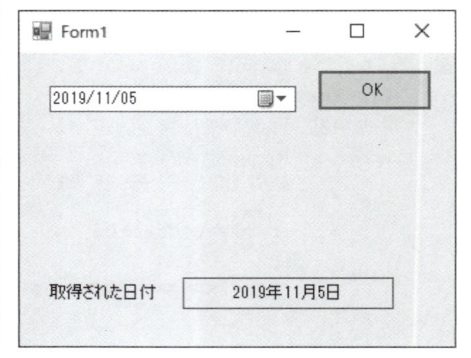

▓▓**Formatプロパティで指定できる値（DateTimePickerFormat列挙型）**

値	説明
Long	長い日付書式で日時表示（既定値）
Short	短い日付書式で日時表示
Time	時刻の書式で時刻表示
Custom	カスタム書式で表示書式設定

リスト1 日付の表示形式とカレンダーの初期値、開始日、終了日を指定する（ファイル名：ui078.sln）

```
private void Form1_Load(object sender, EventArgs e)
{
    DateTime dt1 = new DateTime(2000, 1, 1);
    DateTime dt2 = new DateTime(2030, 12, 31);

    dateTimePicker1.Format = DateTimePickerFormat.Short;
    dateTimePicker1.Value = DateTime.Now;
    dateTimePicker1.MinDate = dt1;
    dateTimePicker1.MaxDate = dt2;
}
```

リスト2 選択されている日付を表示する（ファイル名：ui078.sln）

```
private void Button1_Click(object sender, EventArgs e)
{
    label1.Text = dateTimePicker1.Value.ToLongDateString();
}
```

> **さらに ワンポイント** Valueプロパティで取得したデータは、そのままでは時刻も表示されます。日付だけにする場合は、**ToLongDateStringメソッド**または**ToShortDateStringメソッド**などを使って、日付データだけを取得します。

Tips
079

▶Level ●○○
▶対応
COM PRO

日付範囲を選択できる カレンダーを使う

ここが ポイント です！ 複数の日付を選択できるカレンダー （MonthCalendarコントロール）

　MonthCalendarコントロールを使うと、カレンダーで**日付の範囲**を選択することができます。

　MonthCalendarコントロールは、［ツールボックス］から［MonthCalendar］をクリック

ユーザーインターフェイスの極意

してフォームに配置します。配置されたMonthCalendarコントロールは、マウスまたはキーボードを使って日付の範囲を選択できます。

　一度に選択できる最大日数の指定は、MonthCalendarコントロールの**MaxSelectionCount**プロパティで指定します。

　最初の日付は**SelectionStart**プロパティ、最後の日付は**SelectionEnd**プロパティで取得します。これらのプロパティは、ともにDateTime型の値を返します。

　リスト1では、フォームを読み込むときに、カレンダーで選択可能な最大日数（10日）を指定しています。

　リスト2では、ボタンをクリックするとカレンダーで選択された日付の開始日、終了日、日数をラベルに表示しています。

▼実行結果

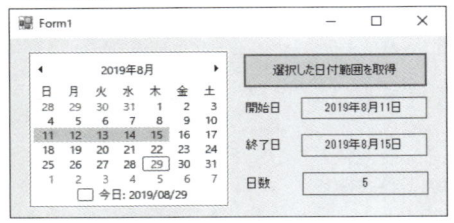

リスト1　カレンダーの最大選択日数を設定する（ファイル名：ui079.sln）

```csharp
private void Form1_Load(object sender, EventArgs e)
{
    monthCalendar1.MaxSelectionCount = 10;
}
```

リスト2　日付の選択範囲の開始日と終了日を取得する（ファイル名：ui079.sln）

```csharp
private void Button1_Click(object sender, EventArgs e)
{
    DateTime stDay = monthCalendar1.SelectionStart;
    DateTime edDay = monthCalendar1.SelectionEnd;
    int myDays = edDay.Subtract(stDay).Days + 1;

    label1.Text = stDay.ToLongDateString();
    label2.Text = edDay.ToLongDateString();
    label3.Text = myDays.ToString();
}
```

さらに
ワンポイント

カレンダーの日付の範囲は、**MinDate**プロパティで最も古い日付、**MaxDate**プロパティで最も新しい日付を指定して設定します。

カレンダーを横や縦に数ヵ月分並べて表示することもできます。それには、MonthCalendarコントロールの**CalendarDimentionプロパティ**を使います。プロパティウィンドウで設定する場合は、「列方向の数，行方向の数」の形で指定できます。例えば、横に2ヵ月分並べる場合は「2，1」と指定します。
プログラムから設定する場合は、Size構造体を使って、「monthCalendar1.Calendar Dimentions = new Size(2, 1);」のように記述します。
なお、一度に表示できるのは最大で12ヵ月分までです。

Tips

080

タイマーを使って
ストップウォッチを作成する

▶ Level ●
▶ 対応
COM | PRO

**ここが
ポイント
です！** 一定の時間間隔ごとの処理（Timerコンポーネント、Intervalプロパティ）

一定の時間間隔ごとに処理を行うには、**Timerコンポーネント**を使います。

Timerコンポーネントは、[ツールボックス] の [コンポーネント] から [Timer] をクリックしてフォーム上でクリックします。追加されたTimerコントロールは、フォーム上ではなく、画面下のコンポーネントトレイに表示されます。

処理を行う時間間隔は、Timerコンポーネントの**Intervalプロパティ**にミリ秒（1000分の1秒）単位で指定します。例えば、1秒間隔であれば、「1000」と指定します。ここでは100分の1秒にするので、「10」と指定しています（画面1）。

実行する処理は、Timerコンポーネントの**Tickイベントハンドラー**に記述します。このTickイベントハンドラーは、コンポーネントトレイのTimerコンポーネントをダブルクリックすれば作成できます。

Tickイベントハンドラーの処理を実行するかどうかは、**Enabledプロパティ**で設定できます。Enabledプロパティが「true」のとき、Intervalプロパティで設定した時間間隔で処理が実行され、「false」のとき、処理は行われません。既定値は「false」です。

また、**Startメソッド**でタイマーが動作を開始し、**Stopメソッド**でタイマーが停止します。

リスト1では、timer1_Tickイベントハンドラーで0.01秒ずつ加算した時間をラベルに表示し、1分経過したらメッセージを表示して終了します。

リスト2では、[タイマーのスタート/ストップ] ボタンをクリックしたら、タイマーが有効であれば無効に、無効であれば有効にしています。ここで使用している「!」演算子は、true/falseの論理値を反転します。

リスト3では、[タイマーのリセット] ボタンをクリックすると、タイマーを無効にし、時間をリセットします。

ユーザーインターフェイスの極意

▼画面1 Interval プロパティ

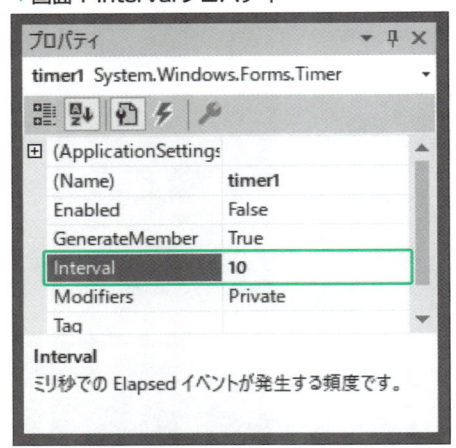

▼画面2 上のボタン（button1）をクリックした結果　▼画面3 下のボタン（button2）をクリックした結果

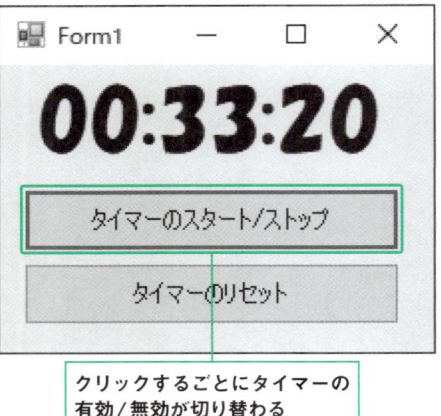
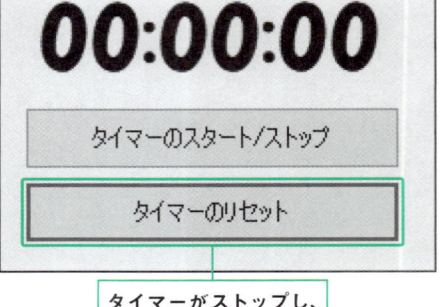

クリックするごとにタイマーの
有効/無効が切り替わる

タイマーがストップし、
時間がリセットされる

 リスト1　加算した時間を表示する（ファイル名：ui080.sln）

```
TimeSpan stTime = new TimeSpan(0, 0, 0);
TimeSpan addSecond = new TimeSpan(0, 0, 1);
private void Timer1_Tick(object sender, EventArgs e)
{
    stTime = stTime + addSecond;
    label1.Text = stTime.ToString();
    if (stTime == new TimeSpan(1, 0, 0))
    {
        timer1.Stop();
        MessageBox.Show("1分経過");
        label1.Text = new TimeSpan(0, 0, 0).ToString();
```

```
    }
}
```

リスト2 タイマーの有効/無効を切り替える（ファイル名：ui080.sln）

```
private void Button1_Click(object sender, EventArgs e)
{
    timer1.Enabled = !timer1.Enabled;
}
```

リスト3 タイマーを止め、時間をリセットする（ファイル名：ui080.sln）

```
private void Button2_Click(object sender, EventArgs e)
{
    timer1.Enabled = false;
    stTime = new TimeSpan(0, 0, 0);
    label1.Text = stTime.ToString();
}
```

さらにワンポイント
Tickイベントハンドラーの処理を行うかどうかを制御するには、EnabledプロパティのほかにStartメソッド、Stopメソッドがあります。
Startメソッドは、Timerコンポーネントが有効になり、Intervalプロパティの時間間隔ごとにTickイベントハンドラーが実行されます。
Stopメソッドは、Timerコンポーネントが無効になり、Tickイベントハンドラーは実行されません。

3-1　ユーザーインターフェイス（メニュー）

Tips
081
▶Level ●○○
▶対応
COM　PRO

ここがポイントです！

メニューバーを作成する

メニューバーの作成（MenuStripコントロール、Clickイベント）

フォームに**メニューバー**を付けるには、**MenuStripコントロール**を使います。
MenuStripコントロールは、［ツールボックス］の［メニューとツールバー］から［MenuStrip］を選択してフォームをクリックします。
追加したMenuStripコントロールは、画面下のコンポーネントトレイに表示され、フォーム上にはメニューバーが表示されます。
メニューを作成するには、MenuStripコントロールを選択し、［ここへ入力］をクリックしてカーソルを表示し、メニューコマンドとして表示する文字列を入力します（画面1）。入力し

たメニューコマンドは、**ToolStripMenuItem コントロール**として扱われます。

　メニューコマンドをクリックしたときに実行するイベントハンドラーは、メニューコマンド
をダブルクリックして作成できます。

　リスト1では、メニューコマンドをクリックしたら、テキストボックス内の文字列を「左揃
え」「中央揃え」「右揃え」にしています。

▼画面1 メニューバーの作成

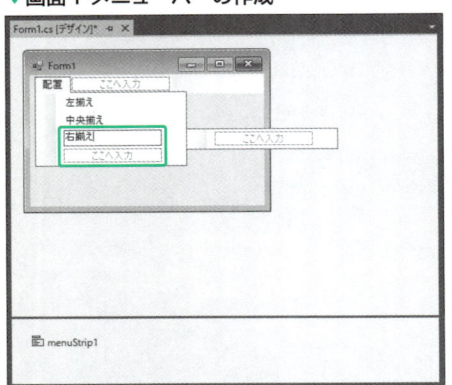

▼実行結果

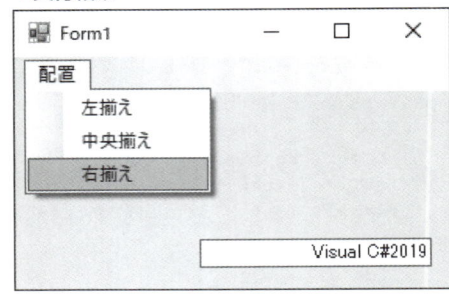

リスト1 メニューコマンドをクリックしたときの処理（ファイル名：ui081.sln）

```
private void 左揃えToolStripMenuItem_Click(object sender, EventArgs e)
{
    textBox1.TextAlign = HorizontalAlignment.Left;
}

private void 中央揃えToolStripMenuItem_Click(object sender, EventArgs e)
{
    textBox1.TextAlign = HorizontalAlignment.Center;
}

private void 右揃えToolStripMenuItem_Click(object sender, EventArgs e)
{
    textBox1.TextAlign = HorizontalAlignment.Right;
}
```

さらに
ワンポイント
　設定したメニューコマンドにアクセスキーを割り当てるには、メニューコマンドのText
プロパティでメニュー名、コマンド名に続けて「&C」のように「&」（アンパサンド）と
「C」（アルファベット）を入力します。
例えば、「配置」メニューにアクセスキーとして「H」を割り当てるには、「配置」のプロパティウィ
ンドウのTextプロパティに「配置（&H）」のように指定します。これで Alt キーを押しながら H
キーを押せば、[配置]メニューが実行されます。

さらに
ワンポイント
追加したメニューコマンドのコントロール名は、［ここに入力］に入力した文字列を使って「左揃えToolStripMenuItem」のように設定されます。別の名前に変更したい場合は、それぞれのコントロールのプロパティウィンドウの**Nameプロパティ**で変更してください。

さらに
ワンポイント
MenuStripコントロールの上辺右側にある三角のアイコンをクリックし、［標準項目の挿入］をクリックすると、「ファイル」「編集」などの標準的なメニューが自動で追加されます。ただし、これはメニューコマンド名のみでイベントハンドラーは用意されていません。また、［項目の編集］をクリックすると、［項目コレクションエディター］ダイアログボックスが表示され、メニューバーの設定やメニューコマンドの追加などの設定を行うことができます。

Tips 082 メニューコマンドを無効にする

ここがポイントです！

選択不可のメニューコマンド（ToolStripMenuItemコントロール、Enabledプロパティ）

▶Level ●
▶対応
COM　PRO

ユーザーインターフェイスの極意

メニューコマンドを選択できないようにするには、**ToolStripMenuItemコントロール**の**Enabledプロパティ**を「false」に設定します。

選択できるようにするには「true」に設定します。既定値は「true」です。

リスト1では、メニューコマンドの［右揃え］を選択したら、テキストボックスの文字列を右揃えにし、メニューの［右揃え］を選択不可にし、ほかのメニューコマンドを選択可にしています。

▼実行結果

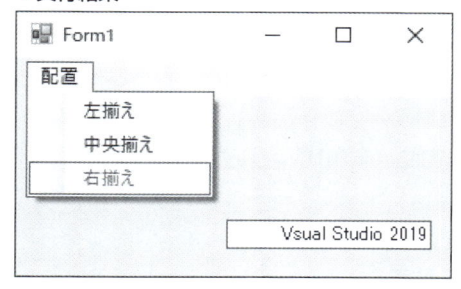

リスト1　メニューコマンドを有効/無効にする（ファイル名：ui082.sln）

```
private void 中央揃えToolStripMenuItem_Click(object sender, EventArgs e)
{
```

```
        textBox1.TextAlign = HorizontalAlignment.Center;
        左揃えToolStripMenuItem.Enabled = true;
        中央揃えToolStripMenuItem.Enabled = false;
        右揃えToolStripMenuItem.Enabled = true;
}
```

Tips
083

▶ Level ● ○ ○
▶ 対応
COM   PRO

メニューコマンドに チェックマークを付ける

ここが
ポイント
です！
> チェックマーク付きのメニューコマンド （ToolStripMenuItem コントロール、 Checked プロパティ）

メニューコマンドを選択するごとに**チェックマーク**を付けたり、消したりするには、**ToolStripMenuItem コントロール**の**Checked プロパティ**を使います。

Checked プロパティが「true」のとき、チェックマークが付き、「false」のときチェックマークが消えます。

リスト1では、メニューコマンドにチェックが付いているとき、テキストボックスの文字列の太字を解除してチェックを外し、チェックが付いていないときは、テキストボックスの文字列を太字にしてチェックを付けます。

▼実行結果

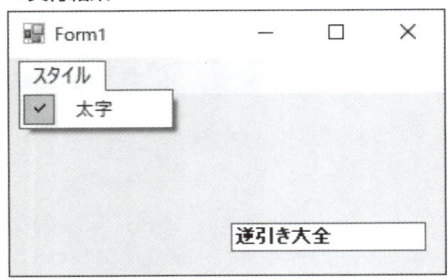

リスト1　コマンドにチェックマークを付ける（ファイル名：ui083.sln）

```
private void 太字ToolStripMenuItem_Click(object sender, EventArgs e)
{
    if (太字ToolStripMenuItem.Checked)
    {
        textBox1.Font = new Font(textBox1.Font, FontStyle.Regular);
        太字ToolStripMenuItem.Checked = false;
    }
    else
```

```
        {
            textBox1.Font = new Font(textBox1.Font, FontStyle.Bold);
            太字ToolStripMenuItem.Checked = true;
        }
    }
}
```

メニューにショートカットキーを割り当てる

▶ Level ● ○ ○
▶ 対応
COM　PRO

ここがポイントです！ **キーボードで操作可能なメニュー（ToolStripMenuItem コントロール、ShortCutKeys プロパティ）**

メニューコマンドに**ショートカットキー**を割り当てるには、**ToolStripMenuItem** コントロールの**ShortCutKeys** プロパティで設定します。

プロパティウィンドウから設定する手順は、以下の通りです。

❶ Windows フォームデザイナーでメニューコマンドを選択します。
❷ プロパティウィンドウで ［ShortCutKeyspuro プロパティ］ を選択し、右側の ［▼］ ボタンをクリックします（画面１）。
❸ 修飾子 （任意） とキーを選択し、［Enter］ キーを押します。

プログラムでショートカットキーを割り当てる場合は、Keys 列挙型の値を使って設定します。
リスト１では、フォームを読み込むときに中央揃えのメニューコマンドにショートカットキー （［Ctrl］ ＋ ［C］ キー） を割り当てています。

▼画面1 Shortcutkeysプロパティ

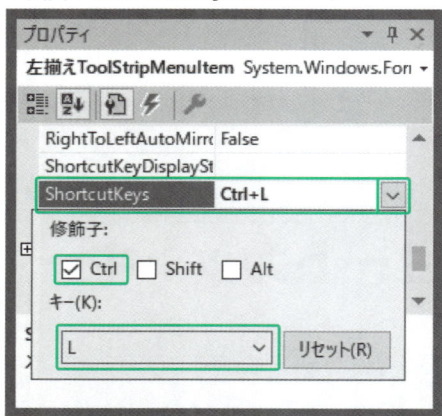

▼実行結果

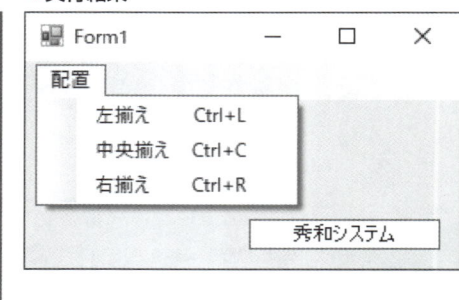

 **リスト1** ショートカットキーをコードから割り当てる（ファイル名：ui084.sln）

```
private void Form1_Load(object sender, EventArgs e)
{
    中央揃えToolStripMenuItem.ShortcutKeys = Keys.Control | Keys.C;
}
```

 Keys列挙型でキーを表すには、アルファベットの場合は、「Keys.A」のように指定します。Shift キーは「Keys.Shift」、F1 キーは「Keys.F1」、矢印キーは、上下左右をそれぞれ「Keys.Up」「Keys.Down」「Keys.Left」「Keys.Right」と指定します。

Tips
085

▶Level ●
▶対応
COM PRO

ショートカットメニューを付ける

**ここが
ポイント
です！**
**ショートカットメニューの作成
（ContextMenuStripコントロール、
ContextMenuStripプロパティ）**

　フォームやコントロールを右クリックしたときに表示する**ショートカットメニュー**を作成するには、**ContextMenuStripコントロール**を使います。

　ContextMenuStripコントロールは、［ツールボックス］の［メニューとツールバー］から［ContextMenuStrip］を選択し、フォームをクリックします。

　追加したContextMenuStripコントロールは、**コンポーネントトレイ**に表示されます。

コンポーネントトレイに表示されたContextMenuStripコントロールをクリックすると、フォームにメニュー作成画面が表示されるので、[ここへ入力]をクリックしてメニューコマンドを追加します（画面1）。

作成したショートカットメニューは、それと関連付けたいコントロールのContextMenuStripプロパティにContextMenuStrip名を指定します（画面2）。

また、コマンドが選択されたときの処理は、**Clickイベントハンドラー**に記述します。Clickイベントハンドラーは、メニューコマンドをダブルクリックして作成できます。

リスト1では、右クリックされたテキストボックス内の文字列を中央揃えにしています。

▼画面1 ショートカットメニューの作成

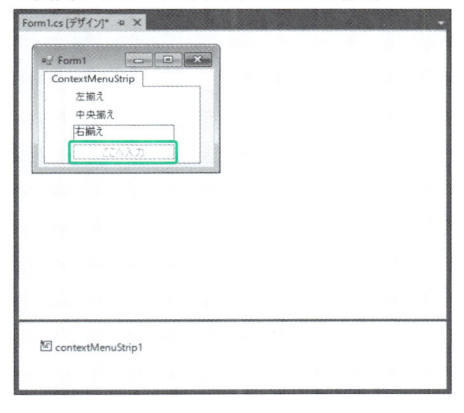

▼画面2 ContextMenuStripプロパティ

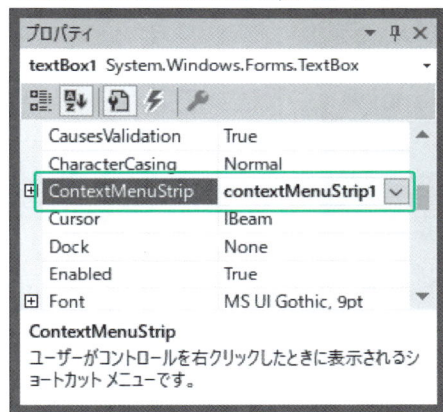

▼実行結果

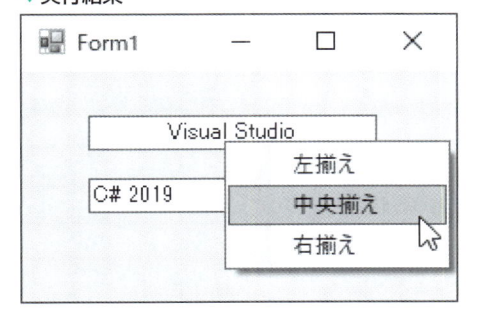

リスト1 右クリックされたテキストボックスの文字列を中央揃えにする（ファイル名：ui085.sln）

```
private void 中央揃えToolStripMenuItem_Click(object sender, EventArgs e)
{
    TextBox myObj = (TextBox)contextMenuStrip1.SourceControl;
    myObj.TextAlign = HorizontalAlignment.Center;
}
```

ユーザーインターフェイスの極意

リスト1では、右クリックされたテキストボックスを取得するのに、ContextMenuStrip コントロールの**SourceControl プロパティ**を使用しています。SourceControl プロパティは、最後に右クリックされたコントロールをObject型の値で返します。
　SourceControl プロパティでフォーム上のコントロールtextBox1、textBox2のどちらで右クリックされたかを調べ、TextBox型に型変換して変数myobjに代入して、それぞれのテキストボックスで処理されるようにしています。

3-1　ユーザーインターフェイス（ツールバー）

Tips

086

▶ Level ●●●
▶ 対応
COM　PRO

ツールバーを作成する

ここがポイントです！

フォームにツールバーを追加（ToolStripコントロール）

フォームに**ツールバー**を追加するには、**ToolStrip コントロール**を使います。
　ToolStrip コントロールは、［ツールボックス］の［メニューとツールバー］から［ToolStrip］を選択し、フォームをクリックして追加します。追加したToolStrip コントールは、コンポーネントトレイに追加され、フォームにツールバーとして表示されます。
　ToolStrip コントロールにボタンを追加する手順は、次の通りです。

❶コンポーネントトレイの［ToolStrip コントロール］をクリックし、フォームのツールバーに表示される［ToolStripButtonの追加］ボタンの［▼］をクリックします（画面1）。
❷表示された一覧から［Button］を選択します。
❸追加されたボタンを右クリックし、メニューから［イメージの設定］を選択します（画面2）。
❹［リソースの選択］ダイアログボックスが表示されたら、ボタンとして表示したいイメージファイルを指定し、［OK］ボタンをクリックします（画面3）。

　ボタンがクリックされたときの処理は、**ToolStripButton コントロール**の**Click イベントハンドラー**に記述します。Click イベントハンドラーは、ツールバーのボタンをダブルクリックして作成します。
　ツールバーのボタンをポイントしたときに表示されるツールヒントは、ToolStripButton コントロールの**ToolTipText プロパティ**で設定できます
　リスト1では、ツールバーのボタンをクリックすると、テキストボックス内の文字列を中央揃えにして、ボタンが押されている状態にします。再度クリックすると、左揃えにし、ボタンがクリックされていない状態にします。

▼画面1 ツールバーにボタンを追加

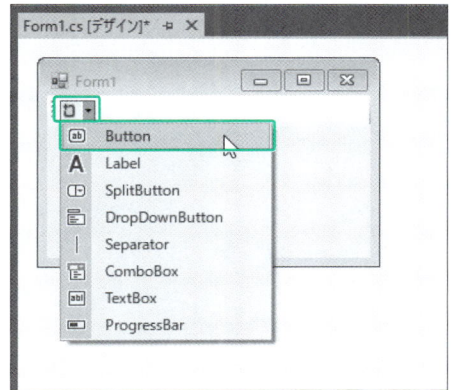

▼画面2 イメージの選択

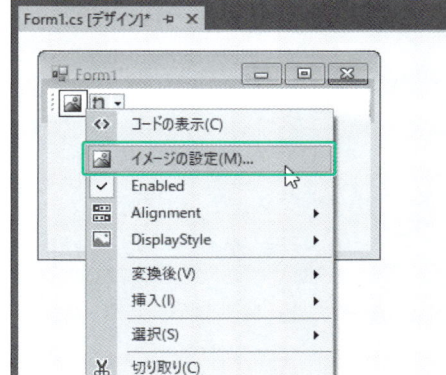

▼画面3 リソースの選択

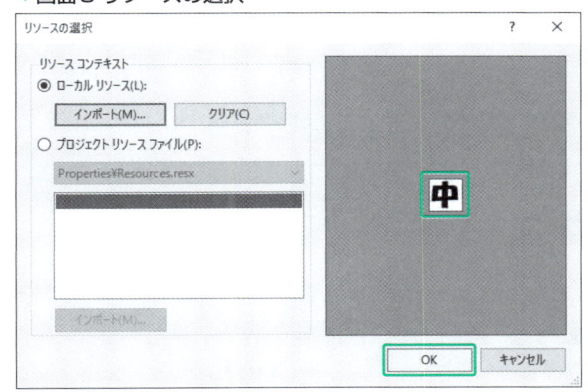

▼実行結果

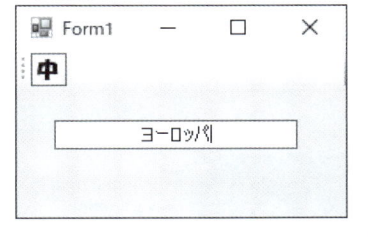

リスト1　テキストボックスの文字列を右揃えと左揃えを切り替える（ファイル名：ui086.sln）

```csharp
private void ToolStripButton1_Click(object sender, EventArgs e)
{
    if (textBox1.TextAlign==HorizontalAlignment.Center)
    {
        textBox1.TextAlign = HorizontalAlignment.Left;
        toolStripButton1.Checked = false;
    }
    else
    {
        textBox1.TextAlign = HorizontalAlignment.Center;
        toolStripButton1.Checked = true;
    }
}
```

ToolStripコントロールの上辺右側にある三角のアイコンをクリックし、［標準項目の挿入］をクリックすると、ツールバーに標準的に用意されている「新規作成」や「開く」といったボタンが自動で追加されます。ただし、これはボタンのみで、イベントハンドラーは用意されていません。
また、［項目の編集］をクリックすると、［項目コレクションエディター］ダイアログボックスが表示され、ツールバーの設定やボタンの追加などの設定を行うことができます。

 ツールバーにコンボボックスを追加するには、ツールバーの［ToolStripButtonの追加］ボタンの［▼］をクリックして一覧から［ComboBox］を選択します。項目の追加方法は、通常のコンボボックスと同じです（Tips076の「コンボボックスを使う」を参照してください）。

 ボタン上にマウスポインターを合わせたときに表示されるツールヒントを設定するには、ToolStripButtonのプロパティウィンドウの**ToolTipTextプロパティ**で表示したい文字列を指定します。

Tips
087

▶ Level ●
▶ 対応
COM　PRO

ステータスバーを作成する

ここがポイントです！

ステータスバーで情報表示（StatusStripコントロール）

　フォームに**ステータスバー**を追加するには、**StatusStripコントロール**を使います。
　StatusStripコントロールは、［ツールボックス］の［メニューとツールバー］から［StatusStrip］を選択し、フォームをクリックします。追加したStatusStripコントロールは、コンポーネントトレイに表示され、ステータスバーはフォームの下辺に追加されます。
　StatusStripコントロールにラベルを追加する手順は、以下の通りです。

❶ StatusStripコントロールを選択し、ステータスバーに表示されているボタンの［▼］をクリックします（画面1）。
❷ 表示される一覧から［StatusLabel］を選択すると、ステータスバーにToolStripStatusLabelコントロールが追加されます。

　スタータスバーに表示する文字列は、追加したToolStripStatusLabelコントロールのTextプロパティで設定します。
　リスト1では、フォームを読み込むときにステータスバーに今日の日付を表示しています。

▼画面1 ステータスバーに項目を追加　　　　▼実行結果

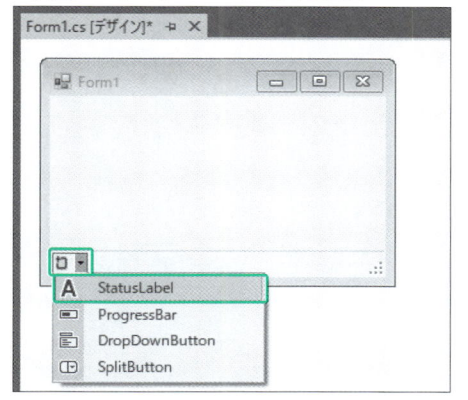
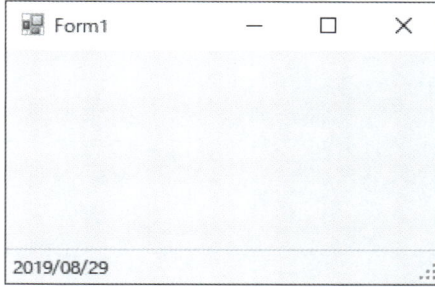

3

リスト1　ステータスバーに現在の日時を表示する（ファイル名：ui087.sln）

```
private void Form1_Load(object sender, EventArgs e)
{
    toolStripStatusLabel1.Text = DateTime.Today.ToShortDateString();
}
```

▶ 3-1　ユーザーインターフェイス（ツールストリップコンテナー）

Tips
088

ツールバーをドラッグでフォームの四辺に移動可能にする

▶Level ●○○

▶ 対応
COM　PRO

ここが
ポイント
です！

ツールストリップコンテナーの追加
（ToolStripContainerコントロール）

　フォームに**ToolStripContainerコントロール**を追加すると、ツールバー、メニューバー、ステータスバーをフォームの四辺にドラッグで移動できるようになります。
　ToolStripContainerコントロールをフォームに配置し、その中にツールバーを追加する手順は、以下の通りです。

❶ ［ツールボックス］の［メニューとツールバー］から［ToolStripContainer］を選択して、フォームをクリックします。
❷ 表示される［ToolStripContainerタスク］でリンク文字列［フォームの四辺にドッキングする］をクリックします（画面1）。表示されていない場合は、上辺右端にある三角のアイコ

ユーザーインターフェイスの極意

ンをクリックします。

❸ ToolStrip コントロール (ツールバー) を追加された ToolStripContainer コントロールの上辺の領域に追加し、ボタンを配置します 。ここでは [標準項目の挿入] で自動的にボタンを追加しています (画面2)。なお、標準項目の挿入の手順については、Tips087のヒントを参照してください。

❹ [デバッグ開始] ボタンをクリックして実行し、ツールバーの左端にマウスポインターを合わせ、別の辺にドラッグします (画面3)。

❺ ドラッグ先の辺にツールバーが移動します。

メニューバーやステータスバーも同様に配置できますが、その場合はそれぞれの **GripStyle プロパティ**を 「Visible」 に設定する必要があります。

▼画面1 ToolStripContainer の追加

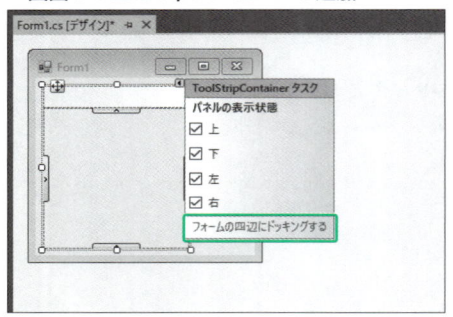

▼画面2 コンテナーの上辺にツールバーを追加

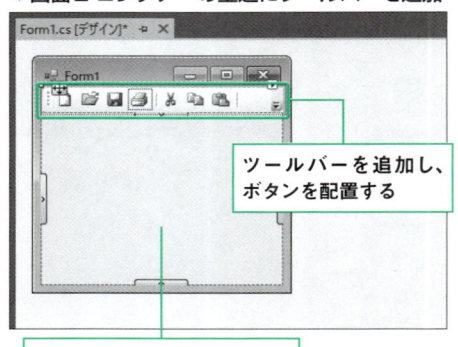

ツールバーを追加し、ボタンを配置する

フォーム全体にコンテナーがドッキングする

▼画面3　実行結果

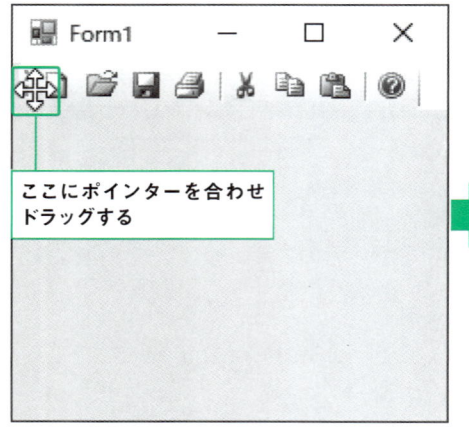

ここにポインターを合わせドラッグする

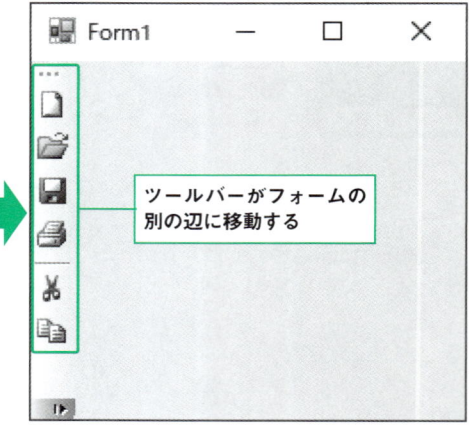

ツールバーがフォームの別の辺に移動する

3-1 ユーザーインターフェイス（プログレスバー）

Tips
089
プログレスバーで
進行状態を表示する

▶ Level ● ○ ○
▶ 対応
COM　PRO

ここがポイントです！

進捗を視覚的に表示
（ProgressBar コントロール、Value プロパティ、Refresh メソッド）

処理の**進捗状況**を視覚的に表示するには、**ProgressBar コントロール**を使います。

ProgressBar コントロールは、［ツールボックス］から［ProgressBar］を選択して、フォームに配置します。

ProgressBar コントロールを使うときは、**Minimum プロパティ**で最小値、**Maximum プロパティ**で最大値を設定し、**Value プロパティ**で現在の値を指定します。

例えば、Minimun プロパティが「0」、Maximum プロパティが「1000」のとき、Value プロパティを「50」とすると、プログレスバーの進行状況がちょうど半分進んだ状態で表示されます。プログレスバーを再描画するには、**Refresh メソッド**を使います。

リスト1では、フォームを読み込むときにプログレスバーの最小値、最大値、現在の値を設定しています。

リスト2では、ボタンをクリックしたら、0から1000までの数をカウントする処理を行い、進行状況をプログレスバーに表示しています。

▼実行結果

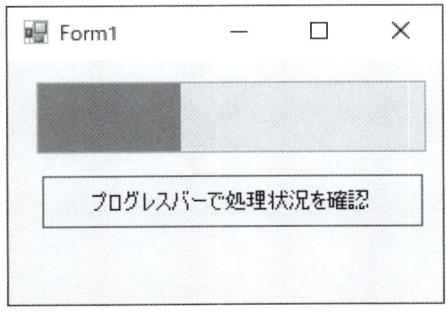

リスト1　プログレスバーの初期設定（ファイル名：ui089.sln）

```
private void Form1_Load(object sender, EventArgs e)
{
    progressBar1.Minimum = 0;
    progressBar1.Maximum = 1000;
    progressBar1.Value = 0;
}
```

リスト2 プログレスバーを使う（ファイル名：ui089.sln）

```
private void Button1_Click(object sender, EventArgs e)
{
        for (int i = 0; i <= 1000; i++)
        {
                System.Threading.Thread.Sleep(10); // 1/100秒処理を待機
                progressBar1.Value = i;
                progressBar1.Refresh();                // プログレスバーを再描画する
        }
}
```

 **さらに ワンポイント** リスト1では、**Thread**クラスの**Sleep**メソッドを使って、処理を1/100秒停止しています（Tips211の「一定時間停止する」を参照してください）。

3-1　ユーザーインターフェイス（ツリービュー）

Tips

090

▶ Level ●○○
▶ 対応
COM　PRO

階層構造を表示する

ここが ポイント です！

**階層構造を持つデータの表示
（TreeViewコントロール）**

TreeViewコントロールを使うと、**階層構造**を持つデータの階層関係を視覚的に表示できます。

TreeViewコントロールを使うには、［ツールボックス］から［TreeView］を選択して、フォームに配置します。

Windowsフォームデザイナーで階層構造を作成する手順は、以下の通りです。

❶ Windowsフォームデザイナーで追加したTreeViewコントロールを選択します。
❷ 上辺右側にある三角形のアイコンをクリックし、［ノードの編集］を選択します（画面1）。
❸ 表示された［TreeNodeエディター］ダイアログボックスで［ルートの追加］ボタンをクリックします。
❹ 右側のプロパティのリストのTextプロパティで、項目の文字列を入力します。また、必要に応じてNameプロパティも設定します。
❺ 下の階層の項目（子ノード）を追加する場合は、親ノードを選択して［子の追加］ボタンをクリックし、同様にTextプロパティを設定します。
❻ ［OK］ボタンをクリックします（画面2）。

　選択されている項目（ノード）は、TreeViewコントロールの**SelectedNode**プロパティで取得できます。

　プログラムでノードを追加するときは、TreeNodeコントロールの**Noes.Addメソッド**を使って、new演算子でノードを生成します。また、削除するときは、TreeNodeコントロールの**Removeメソッド**を使います。

　リスト1では、ボタンをクリックしたら選択しているノード名をフルパスでラベルに表示します。

　リスト2では、ボタンをクリックしたらテキストボックスの内容をノードとして追加します。

　リスト3では、ボタンをクリックしたら選択しているノードを削除します。

▼画面1 ノードの編集

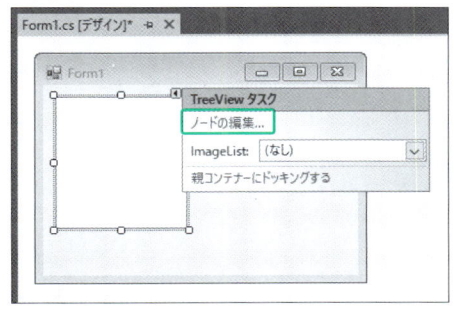

▼画面2 TreeNodeエディター

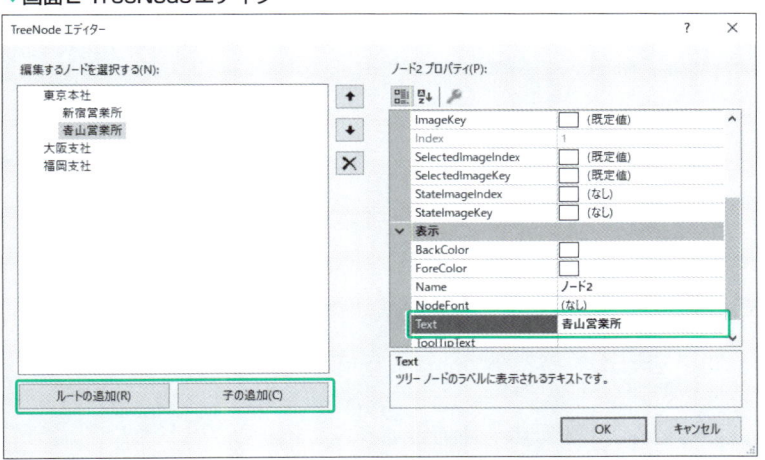

▼実行結果

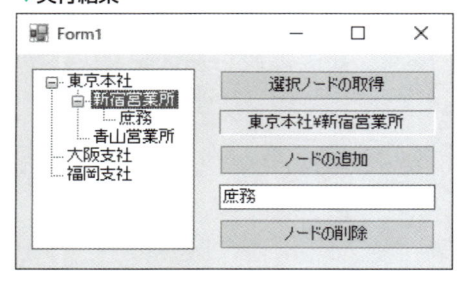

リスト1 ノードを取得する (ファイル名 : ui090.sln)

```csharp
private void Button1_Click(object sender, EventArgs e)
{
    // ノードのフルパスを取得
    label1.Text = treeView1.SelectedNode.FullPath;
}
```

リスト2 ノードを追加する (ファイル名 : ui090.sln)

```csharp
private void Button2_Click(object sender, EventArgs e)
{
    TreeNode selectNode = treeView1.SelectedNode;
    if (textBox1.Text=="")
    {
        return;
    }

    if (selectNode==null)
    {
        MessageBox.Show("追加場所を選択してください","通知");
        return;
    }
    // ノードの追加
    selectNode.Nodes.Add(new TreeNode(textBox1.Text));
}
```

リスト3 ノードを削除する (ファイル名 : ui090.sln)

```csharp
private void Button3_Click(object sender, EventArgs e)
{
    TreeNode selectNode = treeView1.SelectedNode;
    if (selectNode==null)
    {
        MessageBox.Show("削除項目を選択してください", "通知");
    }
    else
    {
        // ノードを削除
        selectNode.Remove();
```

```
    }
}
```

リストビューに
ファイル一覧を表示する

ここが ポイント です！

リストビューに項目を追加（ListViewコントロール、Items.Addメソッド）

ListViewコントロールを使用すると、**リストビュー**として項目の一覧を並べたり、複数列にして詳細を表示したりできます。

ListViewコントロールは、［ツールボックス］から［ListView］を選択してフォームに配置します。

リストビューに項目を表示するには、ListViewコントロールの**Items.Addメソッド**を使い、引数にはListViewItemオブジェクトを指定します。ListViewItemオブジェクトは、new演算子を使って生成します。

また、項目の詳細は、ListViewItemオブジェクトの**SubItems.Addメソッド**を使って詳細項目を追加します。

項目の詳細をリストに表示する場合は、ListViewコントロールの**Viewプロパティ**をView列挙型の値で「Detail」に設定します。項目の列は、ListViewコントロールの**Columns.Addメソッド**を使って追加します。

リスト1では、フォームを読み込むときにリストビューを詳細表示に設定し、列を追加しています。

リスト2では、ボタンをクリックしたときに、テキストボックスに入力されたフォルダーが存在するとき、そのフォルダー内のファイルの一覧を表示します。詳細表示として、サイズと更新日も表示しています。

▼実行結果

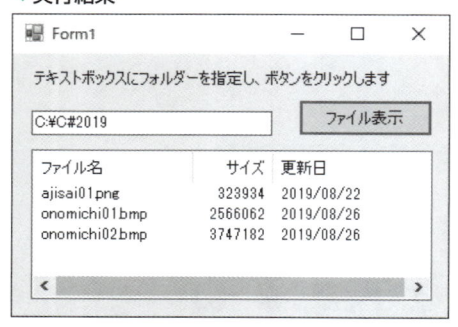

リスト1 リストビューを設定する（ファイル名：ui091.sln）

```csharp
private void Form1_Load(object sender, EventArgs e)
{
    listView1.Clear();
    listView1.View = View.Details;            // リストビューを詳細表示に設定
    listView1.Columns.Add("ファイル名", 120);    // 列ヘッダー作成
    listView1.Columns.Add("サイズ", 60, HorizontalAlignment.Right);
    listView1.Columns.Add("更新日", 120);
}
```

リスト2 リストビューにファイル一覧を表示する（ファイル名：ui091.sln）

```csharp
private void Button1_Click(object sender, EventArgs e)
{
    System.IO.DirectoryInfo dirInfo;
    System.IO.FileInfo[] fList;

    listView1.Items.Clear();    // リストビューの一覧削除
    // 指定したフォルダーの存在確認
    if (System.IO.Directory.Exists(textBox1.Text) == false)
    {
        MessageBox.Show("フォルダーが存在しません", "通知");
        return;
    }
    // フォルダーのファイル情報を取得
    dirInfo = new System.IO.DirectoryInfo(textBox1.Text);
    fList = dirInfo.GetFiles();    // フォルダー内のファイルを取得
    foreach (System.IO.FileInfo fInfo in fList)
    {
        ListViewItem fItem = new ListViewItem(fInfo.Name);
        fItem.SubItems.Add(fInfo.Length.ToString());
        fItem.SubItems.Add(fInfo.LastWriteTime.ToShortDateString());
        listView1.Items.Add(fItem);
    }
}
```

さらに
ワンポイント　ファイルやフォルダーの操作については、第8章の「ファイル、フォルダー操作の極意」
を参照してください。

Tips

092

リストビューに
画像一覧を表示する

▶Level ●○○

▶対応

COM　PRO

ここが
ポイント
です！

**イメージリストの画像をリストビューに追
加（ListViewコントロール、
ImageList、Images.Addメソッド）**

リストビューに**画像**を表示するには、**ImageListコンポーネント**を使います。

ImageListコンポーネントは、複数の画像を保管する入れ物です。ここに追加された画像
をListViewコントロールに表示します。

ImageListコンポーネントは、［ツールボックス］の［コンポーネント］から［ImageList］
を選択し、フォームをクリックします。追加したコンポーネントは、コンポーネントトレイに
表示されます。

ImageListコンポーネントに画像を追加するには、プロパティウィンドウの**Imagesプロ
パティ**で［…］をクリックして表示される**イメージコレクションエディター**で設定します。

コードで追加する場合は、ImageListコンポーネントの**Images.Addメソッド**を使い、引
数に画像ファイルを指定します（リスト1）。

また、表示する画像サイズは、ImageListコンポーネントの**Sizeプロパティ**で幅（Width）
と高さ（Height）を指定します。ImageListのプロパティウィンドウのImageSizeで設定で
きます（画面1）。

ListViewコントロールにImageListの画像を表示するには、ListViewコントロールの
LargeImageListプロパティに配置したImageListコントロールを指定して関連付けます
（画面2）。

リスト1では、指定したフォルダー内にある画像（.jpgファイル）をリストビューに表示し
ています。

ユーザーインターフェイスの極意

▼画面1 ImageSizeプロパティで画像サイズの指定　▼画面2 LargeImageListプロパティの設定値

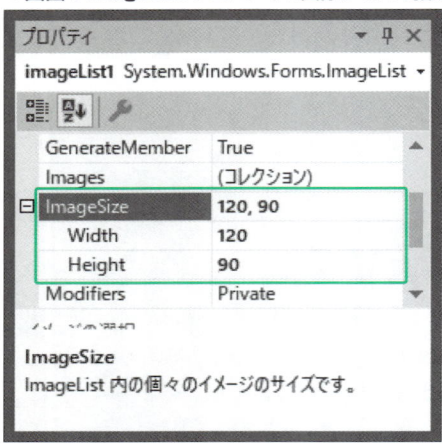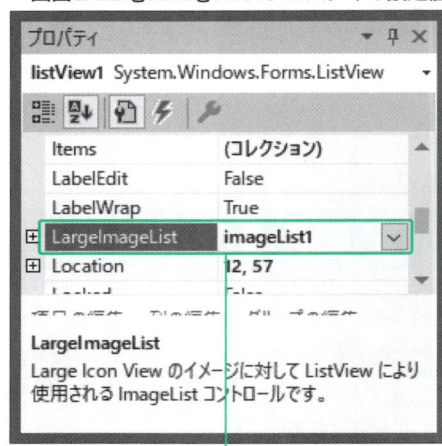

ListViewとImageListを関連付ける

▼実行結果

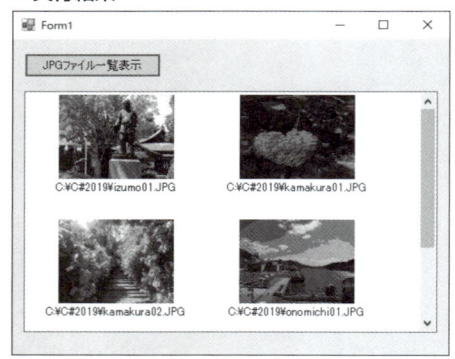

リスト1 リストビューにフォルダー内の画像を表示する（ファイル名：ui092.sln）

```csharp
private void Button1_Click(object sender, EventArgs e)
{
    string myPath = @"C:\C#2019";  // 画像のフォルダーを指定

    // 指定したフォルダー内のjpgファイルを取得
    string[] imgFile = System.IO.Directory.GetFiles(myPath, "*.jpg");
    // imgFileに格納された画像ファイルをImageListに追加し、
    // listViewに表示する
    for (int i = 0; i < imgFile.Length; i++)
    {
        Image myImg = Bitmap.FromFile(imgFile[i]);
        imageList1.Images.Add(myImg);
        listView1.Items.Add(imgFile[i], i);
```

```
        myImg.Dispose();
    }
}
```

 画像のサイズをコードで記述する場合は、Size構造体で指定します。例えば、「imageList1.ImageSize = new Size(120, 90);」のように記述します（Tips104の「コントロールの大きさを変更する」を参照してください）。

 ListViewコントロールに画像を表示するには、Viewプロパティを「LargeIcon」に設定しますが、これが既定値なので特に設定する必要はありません。

 ListViewコントロールとImageListコンポーネントの関連付けをコードで記述する場合は、次のようになります。

```
listView1.LargeImageList = imageList1;
```

さらに
ワンポイント ここではListViewコントロールのAnchorプロパティで、フォームとコントロールの上下左右の距離を固定しているため、フォームサイズを変更すると、それに対応してListViewコントロールのサイズが調整されます（Tips107の「フォームの端からの距離を一定にする」を参照してください）。

3-1 ユーザーインターフェイス（リッチテキストボックス）

Tips 093
リッチテキストボックスの編集を元に戻す

▶Level ●○○

▶対応
COM　PRO

**ここが
ポイント
です！**　**リッチテキストボックスの操作の取り消し（RichTextBoxコントロール、Undoメソッド）**

RichTextBoxコントロールを使うと、入力した文字に対してサイズ、色などの書式設定や段落設定などの各種編集が行える**リッチテキストボックス**が使えるようになります。

RichTextBoxコントロールは、［ツールボックス］から［RichTextBox］を選択してフォームに配置します。

リッチテキストボックスでの入力などの編集を元に戻すには、RichTextBoxコントロール

ユーザーインターフェイスの極意

のUndoメソッドを使います。Undoメソッドは、リッチテキスト内での直前の操作を取り消します。

リスト1では、ボタンをクリックしたら、直前の操作をラベルに表示し、処理を取り消すかどうかの確認メッセージを表示します。[はい] をクリックしたら、直前の操作の取り消しを実行しています。

▼実行結果1

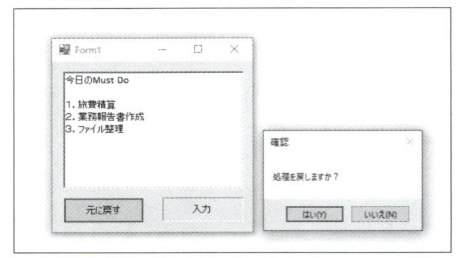

▼実行結果2

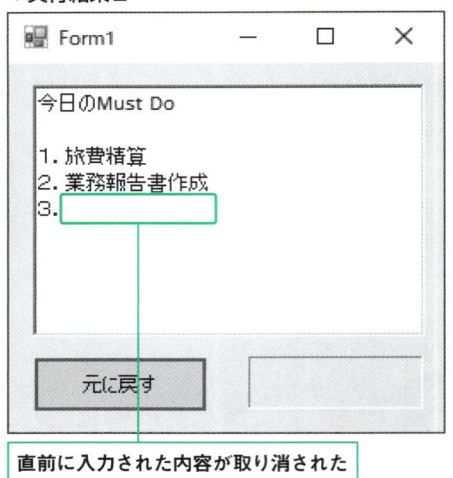

直前に入力された内容が取り消された

リスト1 リッチテキストボックスの直前の操作を戻す (ファイル名：ui093.sln)

```
private void Button1_Click(object sender, EventArgs e)
{
    label1.Text = richTextBox1.UndoActionName;
    DialogResult ans;
    ans = MessageBox.Show("処理を戻しますか？", "確認",
            MessageBoxButtons.YesNo);
    if (ans == DialogResult.Yes)
    {
        richTextBox1.Undo();   // 直前の処理を元に戻す
        label1.Text = "";
    }
}
```

 直前に取り消した操作をやり直しするには、RichTextBoxコントロールの**Redoメソッ**ドを使います。

リッチテキストボックスの フォントと色を設定する

Tips 094

▶ Level ●
▶ 対応
COM PRO

ここが ポイント です！

選択文字列のフォントと色の変更 （RichTextBoxコントロール、 SelectionFontプロパティ）

　リッチテキストボックス内で選択されている**文字のフォント**を変更するには、RichTextBoxコントロールの**SelectionFontプロパティ**に、新しいFontオブジェクトへの参照を指定します。

　新しいFontオブジェクトは、new演算子を使い、フォント名、サイズ、スタイルなどを指定して生成します。

　また、文字色を変更するには**SelectionColorプロパティ**にColor構造体の値を指定します。

　リスト1では、選択された文字列のフォントを「MSゴシック」「14ポイント」「斜体」に設定しています。

　リスト2では、選択された文字列を「赤色」に設定します。ボタンをクリックするたびに、赤字の設定と解除を切り替えます。

　リスト3では、選択された文字列を「太字」に設定します。ボタンをクリックするたびに、太字の設定と解除を切り替えます。

▼**実行結果**

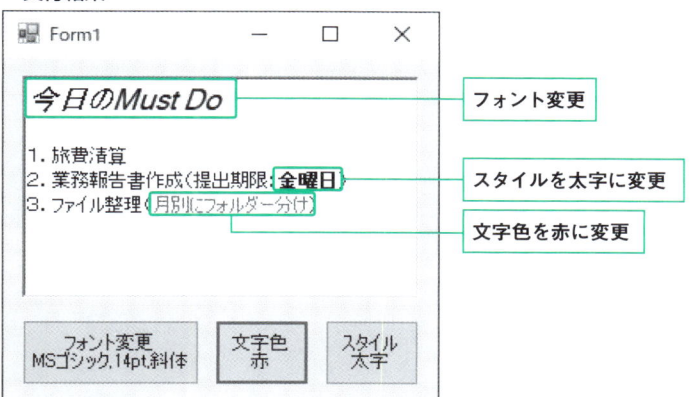

リスト1 選択された文字列のフォントを変更する（ファイル名：ui094.sln）

```
private void button1_Click(object sender, EventArgs e)
{
    if (richTextBox1.SelectionFont != null)
    {
        richTextBox1.SelectionFont =
```

ユーザーインターフェイスの極意

179

```
                    new Font("MS ゴシック", 14, FontStyle.Italic);
    }
}
```

リスト2 選択された文字列の文字色を変更する (ファイル名：ui094.sln)

```
private void button2_Click(object sender, EventArgs e)
{
    if (richTextBox1.SelectionFont != null)
    {
        if (richTextBox1.SelectionColor != Color.Red)    // 文字色が赤でない場合、
        {
            richTextBox1.SelectionColor = Color.Red;     // 文字色を赤に設定
        }
        else
        {
            richTextBox1.SelectionColor = Color.Black;   // 文字色を黒に設定
        }
    }
}
```

リスト3 選択された文字列のスタイルを変更する (ファイル名：ui094.sln)

```
private void button3_Click(object sender, EventArgs e)
{
    if (richTextBox1.SelectionFont != null)
    {
        Font myFont = richTextBox1.SelectionFont;
        FontStyle myFS;

        if (richTextBox1.SelectionFont.Bold == false)    // 太字でない場合、
        {
            myFS = FontStyle.Bold;
        }
        else
        {
            myFS = FontStyle.Regular;
        }
        richTextBox1.SelectionFont =
            new Font(myFont.FontFamily, myFont.Size, myFS);
    }
}
```

 **さらに ワンポイント** 太字や斜体などのスタイルは、FontStyle列挙型を使って表します。太字はFontStyle.Bold、斜体はFontStyle.Italicとなります。通常のテキストは、FontStyle.Regularになります。

リッチテキストボックスの文字を検出する

ここがポイントです！　指定した文字列の検索（RichTextBox コントロール、Find メソッド）

リッチテキストボックス内のテキストの中から、文字列を**検索**するには、RichTextBox コントロールの **Find メソッド**を使います。

Find メソッドで「検索文字列」「検索開始位置」「検索オプション」を指定して検索するには、次の書式を使います。

▼リッチテキストボックスの文字を検出する

```
RichTextBox名.Find(検索文字列, 検索開始位置, 検索オプション);
```

Find メソッドは、「検索文字列」が見つかった位置を返します。見つからなかった場合は、負の値を返します。

「検索オプション」は、下の表のように RichTextBoxFinds 列挙型の値を使って指定します。検索オプションは複数のオプションの組み合わせることもできます。

リスト1では、ボタンをクリックしたときにテキストボックスに入力されている文字列をリストボックスから検索します。検索開始位置を現在のカーソル位置からに設定しているので、最初の検索の後、続けて検索を行うことができます。

▼実行結果

Form1　　　　　　　　　　　　　　— □ ✕
検索文字　[心臓]　　　　　　　　[検索実行]
スポーツ心臓とは、マラソン選手のような持久系のアスリートの継続的なトレーニングにより心臓が鍛えられ、特に左心室壁の肥大、左心室の拡張によって心臓の構造と機能が変化し、心臓が肥大することをいう。これは、病的なものではなく、継続的な激しいトレーニングに対する適応現象である。スポーツ心臓では、心拍出量の増加により、一度に多くの血液を送り出せるようになる。そのため、安静時の心拍数は減少する。トレーニングをやめると、スポーツ心臓の特徴は次第に消滅し、心臓の大きさと心拍数は一般の人と同程度までゆっくりと戻っていく傾向にある。この過程は、数週間から数か月かかるといわれている。持久力を長期間維持するためには、高度なトレーニングの維持が重要とされる。

▨ 検索オプション（RichTextBoxFinds 列挙型）

値	説明
MatchCase	大文字、小文字を区別して検索

NoHighLight	検出した文字列を反転表示しない
None	完全一致でなくても検出
Reverse	末尾から先頭に向かって検索
WholeWord	完全一致の文字列のみ検出

リスト1　文字列を検索する（ファイル名：ui095.sln）

```
private void Button1_Click(object sender, EventArgs e)
{
    int pos;
    richTextBox1.SelectionStart = richTextBox1.SelectionStart +
                     richTextBox1.SelectionLength;
    richTextBox1.SelectionLength = 0;
    richTextBox1.Focus();
    pos = richTextBox1.Find(textBox1.Text, richTextBox1.
                     SelectionStart,RichTextBoxFinds.None);
}
```

SelectionStartプロパティは、選択されているテキストの開始点を取得、設定します。
また、**SelectionLengthプロパティ**は、選択されているテキストの文字数を取得、設定します。

Tips
096
▶ Level ●●
▶ 対応
COM　**PRO**

ここが
ポイント
です！

リッチテキストボックスに
ファイルの内容を表示する

ファイルの読み込み（RichTextBoxコントロール、LoadFileメソッド）

　RichTextBoxコントロールに、テキスト形式やリッチテキスト形式の**ファイルの内容**を表示するには、**LoadFileメソッド**を使います。
　LoadFileメソッドの主な書式は、次のようになります。

▼リッチテキストボックスにファイルの内容を表示する①

```
RichTextBox名.LoadFile(rtf形式のファイルパス);
```

▼リッチテキストボックスにファイルの内容を表示する②

```
RichTextBox名.LoadFile(ファイルパス，入出力ストリーム);
```

　入出力ストリームには、読み込むファイルの種類を下の表で示すようにRichText
BoxStreamType列挙型の値で指定します。
　リスト1では、［読み込み］ボタンをクリックしたら、テキストボックスに入力されている
ファイル名のファイル内容をリッチテキストボックスに表示します。ここでは「テキストファ
イル」か「リッチテキストファイル」かをEndsWithメソッドで文字列の末尾からチェックし
ています。

▼実行結果

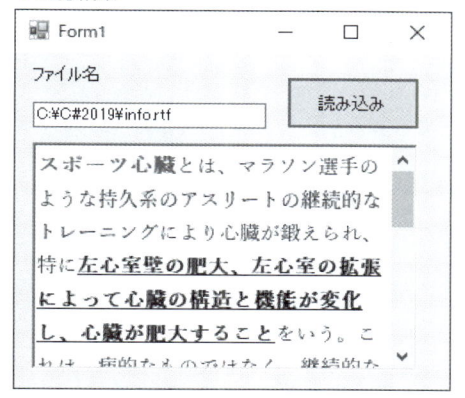

▨ 入出力ストリームとして指定する値（RichTextBoxStreamType列挙型）

値	説明
PlainText	書式なしのテキストファイル（.txt）
RichText	リッチテキストファイル（.rtf）
UnicodePlainText	OLEオブジェクトを空白で置き換え、Unicodeでエンコードした書式なしのテキストファイル（.txt）
TextTextOleObjs	OLEオブジェクトをテキストで表現したテキストファイル（.txt）。SaveFileメソッドのみ有効
RichNoOleObjs	OLEオブジェクトを空白で置き換えたリッチテキストファイル（.rtf）。SaveFileメソッドのみ有効

リスト1　リッチテキストボックスにファイルの内容を表示する（ファイル名：ui096.sln）

```csharp
private void Button1_Click(object sender, EventArgs e)
{
    if (System.IO.File.Exists(textBox1.Text) == false)
    {
        MessageBox.Show("ファイルが存在しません", "通知");
        return;
    }
    if (textBox1.Text.EndsWith("txt"))
    {
        richTextBox1.LoadFile(textBox1.Text,
            RichTextBoxStreamType.PlainText);
```

```
        }
        else if (textBox1.Text.EndsWith("rtf"))
        {
            richTextBox1.LoadFile(textBox1.Text,
                RichTextBoxStreamType.RichText);
        }
        else
        {
            MessageBox.Show("txt、rtf形式のファイルを指定してください", "通知");
        }
    }
```

 EndWithプロパティは、文字列の末尾から引数に指定した文字列と一致するかどうかをtrue/falseで返します。

 **LoadFileメソッド**で、第1引数のみを指定した場合は、RTF形式以外のファイルの場合はエラーになります。また、第2引数で入出力ストリームを指定した場合は、RTF形式またはTXT形式以外のファイルを読み込もうとするとエラーになります。

Tips
097

▶Level ●
▶対応
COM　PRO

リッチテキストボックスの内容をファイルに保存する

ここがポイントです！

RTF形式ファイルへの書き込み（RichTextBoxコントロール、SaveFileメソッド）

RichTextBoxコントロールの内容をファイルに**保存**するには、**SaveFileメソッド**を使います。

SaveFileメソッドの主な書式は、次の通りです。

▼リッチテキストボックスの内容をファイルに保存する①

```
RichTextBox名.SaveFile(ファイルパス);
```

▼リッチテキストボックスの内容をファイルに保存する②

```
RichTextBox名.SaveFile(ファイルパス, 入出力ストリーム);
```

入出力ストリームで、保存するファイルの種類を指定します。詳細はTips096の「リッチテキストボックスにファイルの内容を表示する」を参照してください。

リスト1では、ボタンをクリックしたら、テキストボックスに入力されたフォルダーとファイル名でリッチテキスト形式で保存しています。

▼実行結果

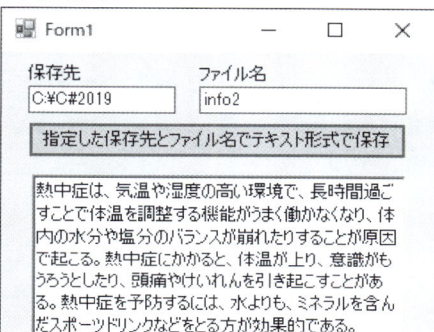

▼保存したファイル

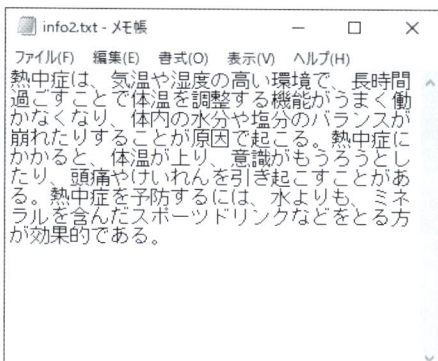

リスト1 リッチテキストボックスの内容をファイルに保存する（ファイル名：ui097.sln）

```csharp
private void button1_Click(object sender, EventArgs e)
{
    if (System.IO.Directory.Exists(textBox1.Text) == false)
    {
        MessageBox.Show("フォルダーが存在しません", "通知");
        return;
    }
    else if (textBox2.Text == "")
    {
        MessageBox.Show("ファイル名を指定してください", "通知");
        return;
    }
    richTextBox1.SaveFile(textBox1.Text + @"\" + textBox2.Text + ".txt",
        RichTextBoxStreamType.RichText);
    MessageBox.Show("ファイルを保存しました", "通知");
}
```

スピンボタンで数値を入力できるようにする

ここがポイントです！ アップダウンコントロールで数値を取得、設定（NumericUpDownコントロール、Valueプロパティ）

▶Level ●
▶対応
COM PRO

NumericUpDownコントロールを使うと、[▲][▼]のスピンボタンをクリックして、数値を増減できます。

NumericUpDownコントロールは、[ツールボックス]から[NumericUpDown]を選択し、フォームに配置します。

NumericUpDownコントロールで入力できる数値の範囲は、**Minimumプロパティ**で最小値、**Maximumプロパティ**で最大値、**Valueプロパティ**で現在値を設定し、**Increament プロパティ**でボタンをクリックしたときの増減値を指定します。それぞれDecimal型の数値を指定できます。

リスト1では、フォームを読み込むときにNumericUpDownコントロールの初期設定を行っています。

▼実行結果

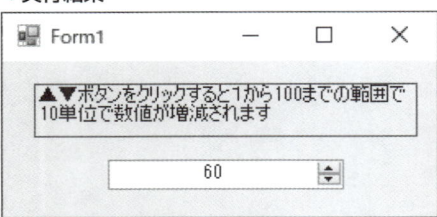

リスト1 スピンボタンの設定を行う（ファイル名：ui098.sln）

```
private void Form1_Load(object sender, EventArgs e)
{
    numericUpDown1.Minimum = 1;      // 最小値の設定
    numericUpDown1.Maximum = 100;    // 最大値の設定
    numericUpDown1.Value = 50;       // 現在値の設定
    numericUpDown1.Increment = 1;    // 増減値の設定
}
```

さらに
ワンポイント

NumericUpDownコントロールの**ThousandSeparatorプロパティ**の値を「true」に
すると、3桁ごとの桁区切りカンマが表示されます。
　また、NumericUpDownコントロールのテキストボックスに直接数値を入力すると、
Increament プロパティで設定した増減値に関係なく自由に数値の入力ができます。これを制限
するには、**ReadOnly プロパティ**の値を「true」にして、数値の入力をボタンだけで行うようにし
ます。

3-1　ユーザーインターフェイス（トラックバー）

Tips
099

▶Level ●○○

▶対応
COM　PRO

ドラッグで数値を
変更できるようにする

ここが
ポイント
です！

**トラックバーコントロールで数値を取得、
設定（TrackBar コントロール、Value
プロパティ）**

TrackBar コントロールを使うと、**トラックバー**（つまみ）をドラッグまたはクリックして
数値を増減することができます。
　TrackBarコントロールは、［ツールボックス］の［すべてのWindowsフォーム］から
［TrackBar］を選択し、フォームに配置します。
　TrackBarコントロールで入力できる数値の範囲は、**Minimumプロパティ**で最小値、
Maximumプロパティで最大値、**Value プロパティ**で現在値、**TickFrequency プロパティ**で
目盛間隔を指定します。
　また、TrackBarコントロールでトラックバーをドラッグしたときの増減数は
SmallChangeプロパティ、目盛軸をクリックしたときの増減数は**LargeChangeプロパ
ティ**で指定します。
　TrackBarコントロールは、トラックバーをドラッグすると**Scroll イベント**が発生します。
そこでTrackBarコントロールのScrollイベントハンドラーを使ってドラッグしたときの動
作を設定します。Scrollイベントハンドラーは、TrackBarコントロールをダブルクリックし
て作成できます。
　リスト1では、フォームを読み込むときにTrackBarコントロールの初期設定を行っていま
す。
　リスト2では、TrackBarコントロールのトラックバーを移動したときに、トラックバー位
置の値をテキストボックスに表示し、ラベルの文字サイズに設定しています。

▼実行結果

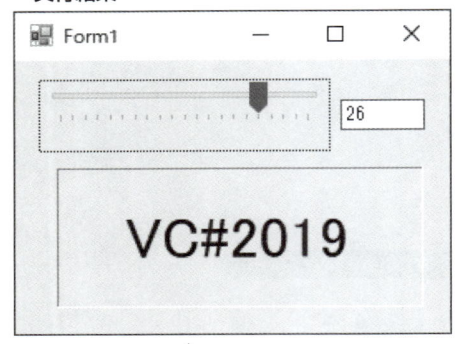

リスト1 トラックバーの設定を行う（ファイル名：ui099.sln）

```csharp
private void Form1_Load(object sender, EventArgs e)
{
    trackBar1.Minimum = 10;           // 最小値の設定
    trackBar1.Maximum = 30;           // 最大値の設定
    trackBar1.Value = 10;             // 現在値の設置
    trackBar1.TickFrequency = 1;      // 目盛の間隔を設定
    trackBar1.SmallChange = 1;        // ドラッグによる増減値の設定
    trackBar1.LargeChange = 5;        // クリックによる増減値の設定
}
```

リスト2 トラックバーを使ってフォントサイズを変更する（ファイル名：ui099.sln）

```csharp
private void TrackBar1_Scroll(object sender, EventArgs e)
{
    textBox1.Text = trackBar1.Value.ToString();
    Font myFont = label1.Font;
    label1.Font =
        new Font(myFont.FontFamily, trackBar1.Value);
}
```

 TrackBarコントロールのSmallChangeプロパティの値は、キーボードの⊟⊟キーで変更でき、LargeChangeプロパティの値は［Page up］キー、［Page Down］キーで変更できます。

パネル上のコントロールを順に参照する

▶Level ●

▶対応
COM PRO

ここがポイントです！

パネル上のコントロールを一括操作（Panelコントロール）

Panelコントロールを使うと、フォーム上のコントロールを**グループ化**してまとめて処理できます。

Panelコントロールは、［ツールボックス］の［コンテナー］から［Panel］を選択してフォームに配置します。グループ化するコントロールは、Panelコントロールの上に配置します。

Panelコントロール上に配置したコントロールは、それぞれの名前で参照できますが、まとめて参照する場合は、Panelコントロールの**Controlsプロパティ**を使います。

Controlsプロパティは、コントロールのコレクションへの参照を返します。foreachステートメントを使って、コレクションの中から各コントロールの参照を順に取得できます。

リスト1では、［文字列セット］ボタンをクリックしたら、Panelコントロール上のすべてのテキストボックスにtextboxコントロール名を表示します。

リスト2では、［文字列クリア］ボタンをクリックしたら、Panelコントロール上のすべてのテキストボックス内の文字列を削除します。

▼画面1 設定画面　　　　　　　　▼画面2 button1をクリックした結果

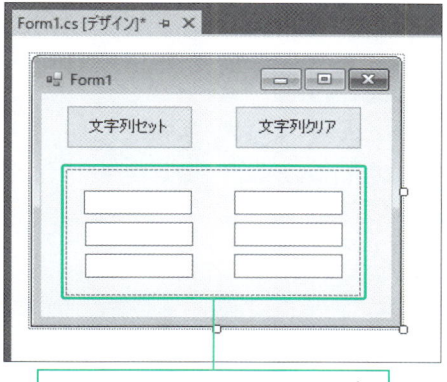

Panelコントロールの中にグループ化したいコントロールを配置

リスト1　パネル上のすべてのテキストボックスに文字を入力する（ファイル名：ui100.sln）

```
private void Button1_Click(object sender, EventArgs e)
{
    foreach (TextBox myTB in panel1.Controls)
```

189

```
    {
        myTB.Text = myTB.Name;
    }
}
```

リスト2　パネル上のすべてのテキストボックスの文字を削除する（ファイル名：ui100.sln）

```
private void Button2_Click(object sender, EventArgs e)
{
    foreach (TextBox myTB in panel1.Controls)
    {
        myTB.Clear();
    }
}
```

> **さらに ワンポイント**　GroupBoxコントロール（Tips067の「グループごとに1つだけ選択できるようにする」を参照）もPanelコントロールと同様に、コントロールをグループ化して表示できます。
> 　Panelコントロールは、スクロールバーを表示できますが（Tips066の「ラジオボタンのリストをスクロールする」を参照）、GroupBoxコントロールは表示できません。
> また、Panelコントロールには見出しはなく、境界線も非表示にできるので、実行中の画面でPanelコントロールを意識させないようにできます。

3-1　ユーザーインターフェイス（Webブラウザー）

Tips 101

▶Level ●○○
▶対応　COM　PRO

フォームに Webページを表示する

ここがポイントです！　フォーム上にWebページを表示（WebBrowserコントロール、Navigateメソッド）

WebBrowserコントロールを使うと、フォームに**Webページ**を表示できます。
　WebBrowserコントロールを使うには、[ツールボックス] から [WebBrowser] を選択してフォームに配置します。
　WebBrowserコントロールにWebページを表示するには、WebBrowserコントロールの**Navigateメソッド**を使います。引数には、Uriオブジェクトを指定します。
　Uriオブジェクトは、new演算子とURLで以下のように記述し、生成します。

▼フォームにWebページを表示する

```
new Uri(WebページのURL)
```

　リスト1では、ボタンをクリックすると、テキストボックスに入力されたURLのWebページを表示します。正しく入力されていない場合はエラーが発生するため、エラーが発生したときにステータスバーにエラーメッセージを表示しています。

　リスト2では、WebBrowserのDocumentCompletedイベントのイベントハンドラーを使って、Webブラウザーに読み込みが完了したときにステータスバーに「表示されました」とメッセージを表示します。ステータスバーにメッセージを表示するためにフォームにはStatusStripコントロールを配置しています。詳細はTips087の「ステータスバーを作成する」を参照してください。

▼実行結果

リスト1　フォームにWebページを表示する（ファイル名：ui101.sln）

```csharp
private void button1_Click(object sender, EventArgs e)
{
    try
    {
        webBrowser1.Navigate(new Uri(textBox1.Text));
    }
    catch (Exception ex)
    {
        toolStripStatusLabel1.Text = ex.Message;
    }
}
```

リスト2　フォームにWebページを表示する（ファイル名：ui101.sln）

```csharp
private void webBrowser1_DocumentCompleted(object sender,
    WebBrowserDocumentCompletedEventArgs e)
{
    toolStripStatusLabel1.Text = "表示されました";
}
```

WebBrowserコントロールの**GoBackメソッド**を使用すると「直前のページ」を表示し、**GoForwardメソッド**を使用すると「次のページ」を表示します。ただし、どちらの場合も履歴が残っている場合に表示できます。
また、表示したページから別のページに移動できないようにするには、**AllowNavigationプロパティ**の値を「false」にしてください（既定値は「true」です）。

スクリプトエラーのメッセージ画面が表示されないようにするには、WebBrowserコントロールの**ScriptErrorsSuppressedプロパティ**の値を「true」に設定します。

WebBrowserコントロールの**Anchorプロパティ**を「Top,Bottom,Left,Right」に設定しておきます。こうすることで、ウィンドウのサイズを変更すると、それに合わせてWebBrowserコントロールのサイズも調整されます。詳細は、Tips107の「フォームの端からの距離を一定にする」を参照してください。

3-2　コントロール全般

Tips
102

コントロールの位置と大きさを変更不可にする

▶Level ●○○○
▶対応
COM　PRO

ここが
ポイント
です！
コントロールの位置とサイズの固定（Lockedプロパティ）

　フォーム上に配置したコントロールの位置や大きさをデザイン時に**変更できない**ようにするには、コントロールの**Lockedプロパティ**の値を「true」にします。

　Lockedプロパティを設定するには、Windowsフォームデザイナーでコントロールを選択し、プロパティウィンドウの［Lockedプロパティ］で「True」を選択します。「True」に設定すると、コントロールの上辺の左側に鍵のアイコンが表示され、サイズ変更ハンドルや移動ハンドルが表示されなくなります。

▼画面1 Lockedプロパティ

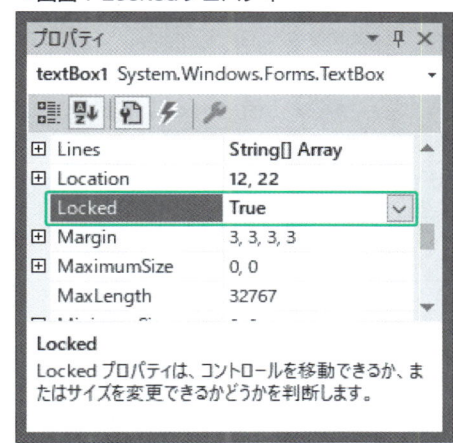

▼画面2 コントロールがロックされた状態

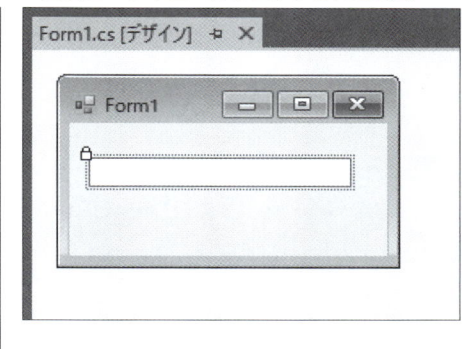

Tips
103 コントロールを非表示にする

▶ Level ● ○ ○

▶ 対応

COM　PRO

ここが
ポイント
です！

コントロールの表示/非表示
（Visible プロパティ）

　コントロールの**表示/非表示**を切り替えるには、**Visibleプロパティ**を使います。値が「true」のときは表示、「false」のときは非表示になります。
　リスト1では、フォームを読み込むときにテキストボックスを非表示の設定にしています。
　リスト2では、チェックボックスにチェックが付いたらテキストボックスを表示し、チェックが外れたらテキストボックスを非表示にしています。

▼実行結果

▼チェックボックスにチェックを付けた結果

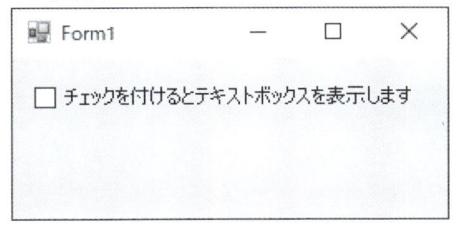

リスト1 テキストボックスを非表示にする（ファイル名：ui103.sln）

```csharp
private void Form1_Load(object sender, EventArgs e)
{
    textBox1.Visible = false;
}
```

リスト2 テキストボックスの表示/非表示を切り替える（ファイル名：ui103.sln）

```csharp
private void CheckBox1_CheckedChanged(object sender, EventArgs e)
{
    if (checkBox1.Checked)
    {
        textBox1.Visible = true;
    }
    else
    {
        textBox1.Visible = false;
    }
}
```

さらに
ワンポイント

コントロールの有効/無効を切り替えるには、コントロールの**Enabledプロパティ**の値を「true」または「false」に設定します。「false」にすると、コントロールが無効になり、グレー表示になります。

Tips
104

コントロールの大きさを
変更する

▶Level ●
▶対応
COM PRO

ここが
ポイント
です！

コントロールの幅と高さを指定
（Sizeプロパティ、Size構造体）

コントロールの**大きさ**は、**Sizeプロパティ**を使って変更できます。

プロパティウィンドウで変更する場合は、Sizeプロパティで幅と高さを「100,100」のように「,」（カンマ）で区切って指定します。または、Sizeプロパティを展開して、幅を**Widthプロパティ**、高さを**Heightプロパティ**で指定することもできます（画面1）。

プログラムを使ってコントロールのサイズを変更する場合は、コントロールのSizeプロパティに、Size構造体を指定します。

Size構造体は、new演算子を使って以下のように生成します。

▼ Size構造体を生成する

```
new Size(幅, 高さ)
```

リスト1では、[サイズ変更] ボタンをクリックすると、Sizeプロパティを使ってピクチャーボックスの大きさを幅300ピクセル、高さ300ピクセルに変更します。

リスト2では、[リセット] ボタンをクリックすると、Widthプロパティ、Heightプロパティを使ってピクチャーボックスの大きさを、それぞれ幅100ピクセル、高さ100ピクセルに変更します。

▼画面1 Sizeプロパティ

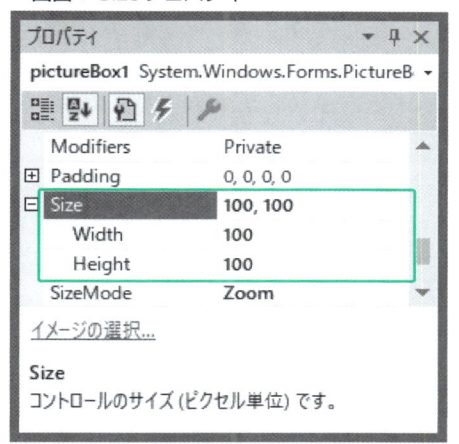

▼実行結果

リスト1　ピクチャーボックスのサイズを変更する1（ファイル名：ui104.sln）

```
private void button1_Click(object sender, EventArgs e)
{
    pictureBox1.Size = new Size(300, 300);
}
```

リスト2　ピクチャーボックスのサイズを変更する2（ファイル名：ui104.sln）

```
private void button2_Click(object sender, EventArgs e)
{
    pictureBox1.Width = 100;
    pictureBox1.Height = 100;
}
```

ユーザーインターフェイスの極意

> **さらに**
> **ワンポイント**
> ラベルの場合、**AutoSizeプロパティ**が「true」のときはサイズ変更できません。値を「false」にすると、サイズ変更が可能になります。
> また、テキストボックスの場合、**Multilineプロパティ**が「false」のときはサイズ変更できません。値を「true」にすると、サイズ変更が可能になります。

コントロールの表示位置を変更する

ここが
ポイント
です！
コントロールの左端位置と上端位置を指定（Locationプロパティ、Point構造体）

▶ Level ●○○
▶ 対応
COM　PRO

コントロールの**位置**は、**Locationプロパティ**を使って変更できます。

プロパティウィンドウで変更する場合は、Locationプロパティで左端位置と上端位置を「10,50」のように「,」（カンマ）で区切って指定します。

また、Locationプロパティを展開し、XとYにそれぞれ左端位置、上端位置を指定することもできます（画面1）。

プログラムを使ってコントロールの位置を変更する場合は、コントロールのLocationプロパティに、Point構造体を指定します。

Point構造体は、new演算子を使って以下のように生成します。

▼Point構造体を生成する

```
new Point(左端位置 ,  上端位置)
```

また、Leftプロパティで左端位置、Topプロパティで上端位置を別々に設定することもできます。

リスト1では、［コントロールの移動］ボタンをクリックすると、Locationプロパティを使ってピクチャーボックスを現在の位置より右に5、下に5移動します。

リスト2では、［リセット］ボタンをクリックすると、ピクチャーボックスをLeftプロパティを使って左端位置「10」、Topプロパティを使って上端位置「50」に移動します。

▼画面1 Locationプロパティ

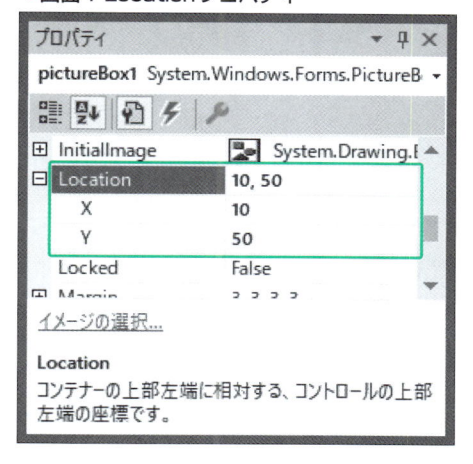

▼実行結果

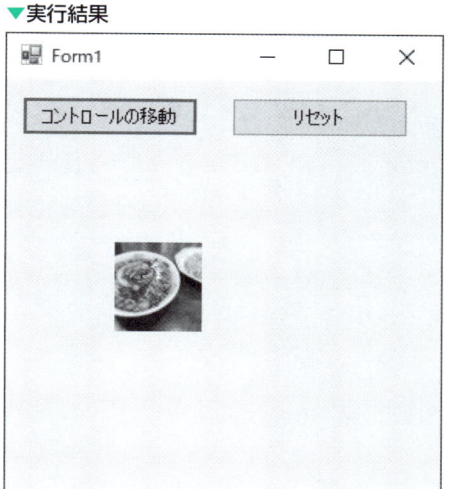

リスト1 ピクチャーボックスの表示位置をする1(ファイル名：ui105.sln)

```
private void button1_Click(object sender, EventArgs e)
{
    int myLeft = pictureBox1.Left;
    int myTop = pictureBox1.Top;
    if (myTop >= 200)
    {
        return;
    }
    pictureBox1.Location = new Point(myLeft + 5, myTop + 5);
}
```

リスト2 ピクチャーボックスの表示位置をする2(ファイル名：ui105.sln)

```
private void button2_Click(object sender, EventArgs e)
{
    pictureBox1.Left = 10;
    pictureBox1.Top = 50;
}
```

ユーザーインターフェイスの極意

Tips 106

▶ Level ●○○

▶ 対応
COM PRO

フォームのコントロールの 大きさをフォームに合わせる

ここが
ポイント
です！

コントロールをフォームにドッキングさせ る（Dock プロパティ）

コントロールをフォーム全体の**サイズ**に合わせて表示させたり、フォームの上下左右に ドッキングして表示させたりするには、コントロールの**Dock プロパティ**を使います。

プロパティウィンドウで ［Dock］ を選択し、右側の ［▼］ ボタンをクリックすると、ブロッ クのリストが表示されます。

例えば、ボタンをフォームの上部にドッキングさせるには、上の枠をクリックします（画面 1）。

ピクチャーボックスをフォーム全体に合わせてドッキングするには中央の枠をクリックし ます（画面2）。

枠をクリックすると、実際の設定値がプロパティに表示されます。設定値は、次ページの表 に示すようにDockStyle列挙型の値で指定します。

Dockプロパティを設定してプログラムを実行し、フォームのサイズを変更すると、それに 合わせてコントロールのサイズも変更になります。

▼**画面1 ボタンのDock プロパティ**

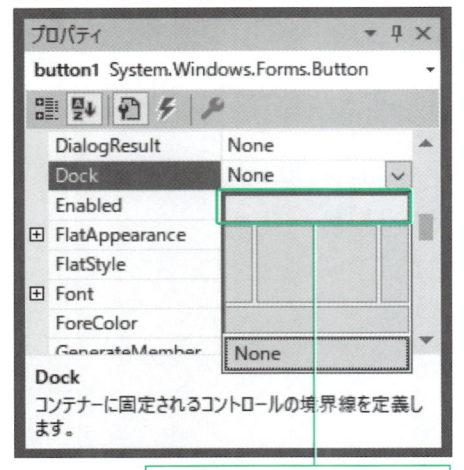

フォームの上部にドッキングする

▼**画面2 ピクチャーボックスのDock プロパティ**

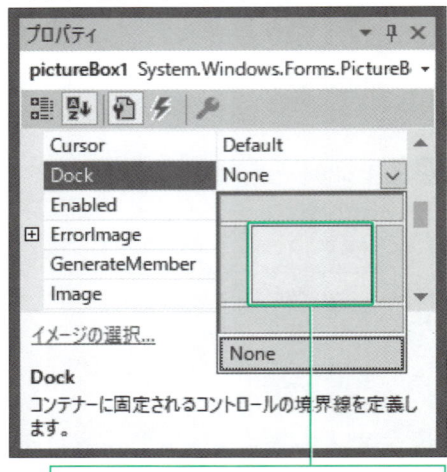

フォームの全体に合わせてドッキングする

▼実行結果

■Dock プロパティに指定する値（DockStyle列挙型）

値	説明
Top	フォームの上端に固定
Bottom	フォームの下端に固定
Right	フォームの右端に固定
Left	フォームの左端に固定
Fill	フォーム全体に固定
None	ドッキング解除

 プログラムからDockプロパティを設定する場合は、「pictureBox1.Dock ＝ DockStyle.Fill;」のように記述します。また、コントロールがPanelなどほかのコンテナーに含まれている場合は、フォームではなく、そのコンテナーにドッキングします。

Tips
107

フォームの端からの距離を 一定にする

ここが ポイント です！

フォームの任意の位置からの距離を固定 （Anchor プロパティ）

▶Level ●
▶対応
COM　PRO

　コントロールをフォームの右端や下端などからの位置で**固定**にするには、**Anchor プロパ ティ**を使います。
　コントロールのプロパティウィンドウの [Anchor プロパティ] を選択し、右側の [▼] をク リックして表示される画面で、距離を一定にする位置の**ライン**をクリックして、濃い灰色の状 態にします。

　ラインをクリックすると、プロパティに実際の設定値が表示されます。設定値の内容は、次ページの表の通りです。

　ここでは、ボタンの右端と下端を固定しています。右のラインと下のラインをクリックして濃い灰色の状態にし、[Enter]キーを押して確定します（画面1）。

　同様に、ピクチャーボックスの上端、下端、左端、右端を固定しています（画面2）。

　プログラムを実行し、フォームのサイズを変更すると、Anchorプロパティで設定した通りにフォームとコントロールの距離が保たれます。

　ピクチャーボックスは、上端、下端、左端、右端が固定されているため、サイズも変わります。

▼画面1 ボタンのAnchorプロパティ

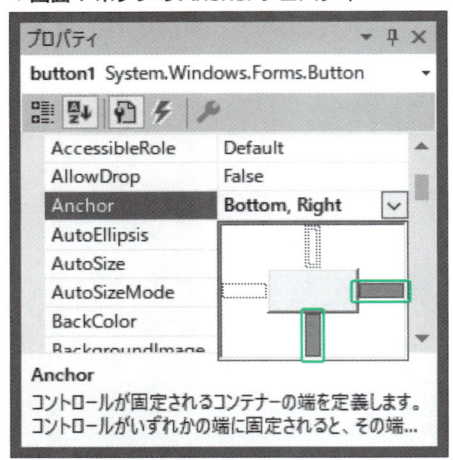

▼画面2 ピクチャーボックスのAnchorプロパティ

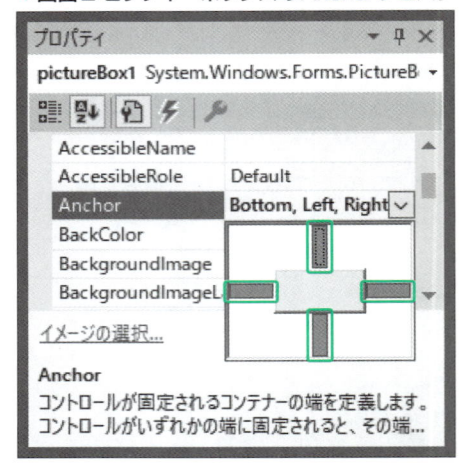

▼実行結果

▼フォームのサイズ変更後

フォームのサイズを変更すると、画像の上端、下端、左端右端からの距離が保たれるため、画像のサイズも変わる

フォームのサイズを変更しても、ボタンの右端と下端から距離は保たれる

▓Anchorプロパティに指定する値（AnchorStyle列挙型）

値	説明
Top	フォームの上端からの距離を固定
Botton	フォームの下端からの距離を固定
Left	フォームの左端からの距離を固定
Right	フォームの右端からの距離を固定
None	固定しない

> **さらにワンポイント**
> コントロールがPanelなどのほかのコンテナーに含まれている場合は、フォームではなくコンテナーの端からの距離が固定になります。プログラムでAnchorプロパティを設定する場合、例えばボタンの右端と下端を固定するのであれば、次のように記述します。

```
button1.Anchor = AnchorStyles.Right | AnchorStyles.Bottom;
```

ユーザーインターフェイスの極意

フォームを領域のサイズが変更可能な状態で2分割する

ここが
ポイント
です！

フォームの2分割
（SplitContainer コントロール）

SplitContainer コントロールを使うと、フォームを2分割することができます。

例えば、ボタンだけの領域と、ピクチャーボックスの領域のように操作領域と作業領域を分けるときなどに便利です。

SplitContainer コントロールは、[ツールボックス] の [コンテナー] から [Split Container] を選択し、フォームをクリックします。

フォームに配置されると、ほかにコントロールがない場合は自動的に画面全体に収まるように縦に「Panel1」と「Panel2」で2分割された状態で配置されます。これは**Dock プロパティ**が既定で「Fill」になっているためです。

配置したSplitContainer コントロールの上辺右側に表示されている三角のアイコンをクリックし、[上下スプリッターの方向] をクリックすると、横に分割されます（画面1）。領域の境界線をドラッグして、領域の表示割合を変更できます（画面2）。

それぞれの領域にコントロールを配置します。ここでは両方にピクチャーボックスを配置しました。ピクチャーボックスのDock プロパティを「Fill」に設定し、それぞれのPanel内で全体に収めています。。

プログラムを実行し、2分割されている境界線にマウスポインターを合わせ、ドラッグして領域のサイズを変更できます。

▼画面1 SplitContainer を配置した状態

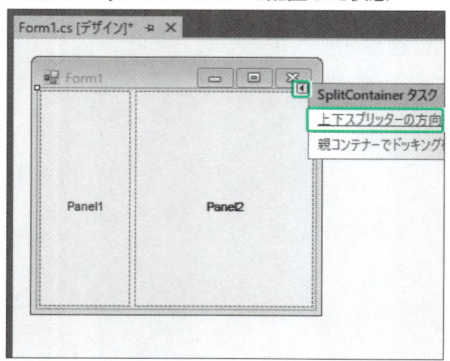

▼画面2 ドラッグして領域の割合を調整

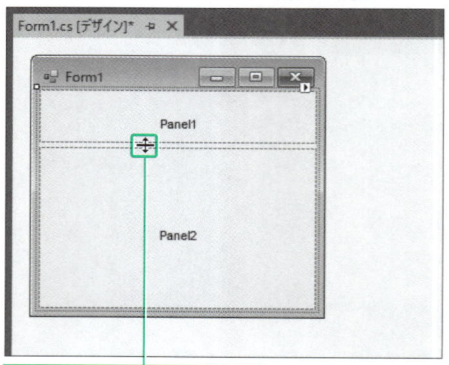

領域のサイズが変更できる

▼実行結果

領域のサイズが変更できる

 SplitContainterコントロールをプログラムで横に分割するには、次のように記述します。

```
SplitContainer1.Orientation = Orientation.Horizontal;
```

Tips

109
フォームを表形式に分割してコントロールを整列させる

▶Level ●○○○

▶対応
COM　PRO

ここがポイントです！　テーブル形式パネルの利用（TableLayoutPanelコントロール）

TableLayoutPanelコントロールを使用すると、フォームを列と行からなる**表形式**で複数の枠に分割し、それぞれの枠にコントロールを1つずつ配置することができます。枠に合わせてコントロールをきれいに整列させるのに便利です。

TableLayoutPanelは、[ツールボックス] の [コンテナー] から [TableLayoutPanel] を選択し、フォームをクリックして配置します。

追加したTableLayoutコントロールのプロパティウィンドウで**Dock プロパティ**を「Fill」に設定してフォーム全体に広げると、フォームにきれいに収めることができます。

TableLayoutPanelコントロールで行や列を追加し、幅や高さを調整する手順は、次の通りです。

❶TableLayoutPanelコントロールの上辺右側に表示されている三角のアイコンをクリックし、[TableLayoutPanelタスク] を表示して、[行の追加] [列の追加] をクリックすると行や列が追加されます。また、境界線をドラッグして高さや幅を変更できます (画面1)。

❷再び [TableLayoutPanelタスク] を表示して、[行および列の編集] をクリックすると、[列と行のスタイル] ダイアログボックスが表示されます (画面2)。[表示] で 「列」 または 「行」 を選択して、設定対象を選択します。

❸設定対象の列、または行をクリックして選択し、サイズの型で、絶対サイズ、パーセント、自動調整の中から選択して値を設定します。

❹ [OK] ボタンをクリックします。

1つの枠にコントロールを配置し、それぞれのDockプロパティを 「Fill」 にすると、枠内にきれいに収まります。また、コントロールを複数の枠にまたがって表示したい場合、列方向に拡大するには**ColumnSpanプロパティ**で列数、行方向に拡大するには**RowSpanプロパティ**で行数を指定します。

ここでは、1行目2列目の枠のTextBoxコントロールと3行目2列目の枠のRichTextBoxコントロールのColumnSpanプロパティに 「2」 を指定します。また、4行目1列目の枠のButtonコントロールのColumnSpanプロパティに 「3」 を指定しています。

リスト1では、ボタンをクリックすると、テキストボックス、ラジオボタン、リッチテキストボックスに入力された内容をメッセージ表示しています。

▼画面1 TableLayoutPanelに列や行を追加

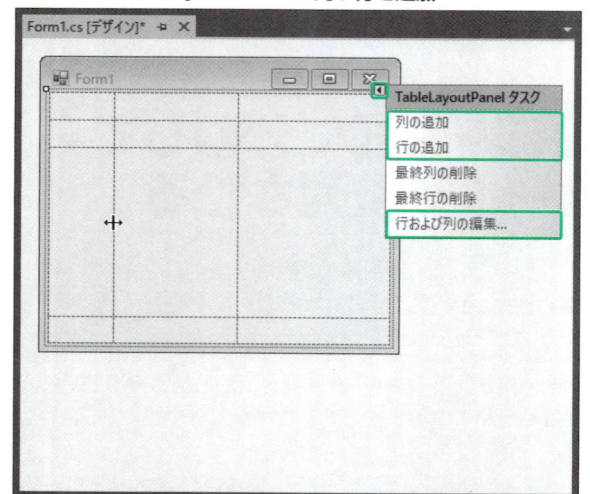

▼画面2 列と行のスタイル

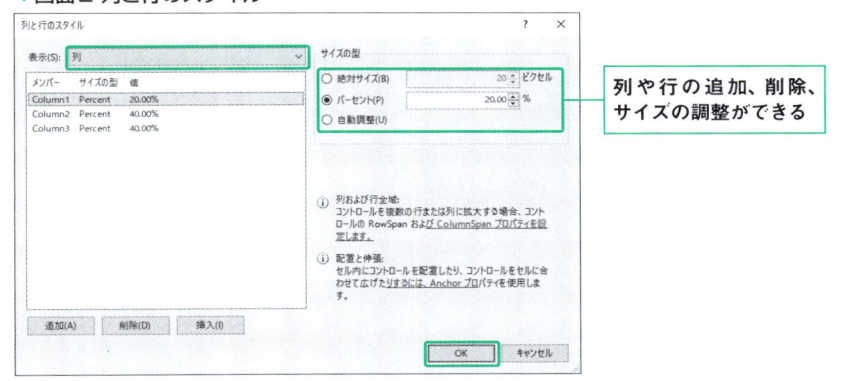

列や行の追加、削除、
サイズの調整ができる

▼画面3 各枠にコントロールを配置　　　　▼実行結果

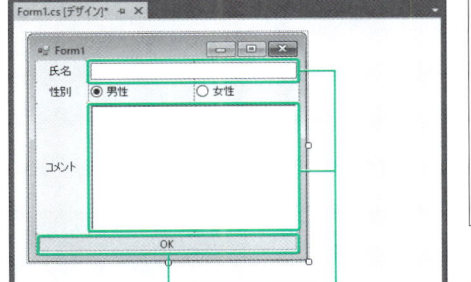

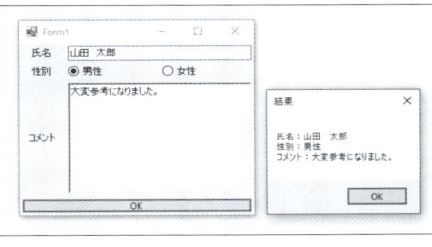

ButtonのColumnSpanを
「3」に設定

TextBoxとRichTextBoxの
ColumnSpanを「2」に設定

リスト1　チェックボックス付きリストボックスに項目を追加する（ファイル名：ui109.sln）

```csharp
private void Button1_Click(object sender, EventArgs e)
{
    RadioButton rd;
    if (radioButton1.Checked)
    {
        rd = radioButton1;
    }
    else
    {
        rd = radioButton2;
    }
    MessageBox.Show("氏名:" +textBox1.Text+ "\n" +
        "性別:" + rd.Text + "\n" +
        "コメント:" + richTextBox1.Text, "結果" );
}
```

ユーザーインターフェイスの極意

フォームのサイズに合わせて
コントロールの配置を自動調整する

▶ Level ● ○ ○
▶ 対応
COM PRO

ここが
ポイント
です！

複数コントロールの自動整列
（FlowLayoutPanel コントロール）

FlowLayoutPanelコントロールを使うと、その中に配置したコントロールを**自動整列**させることができます。ボタンなど、同じ種類のコントロールを複数並べたいときに便利です。

FlowLayoutPanelコントロールは、[ツールボックス]の[コンテナー]から[FlowLayoutPanel]を選択し、フォームに配置します。

FlowLayoutPanel内にコントロールを追加すると、自動的に整列された状態で配置されます。

Dock プロパティを設定して辺にドッキングし、**AutoSize プロパティ**を「True」に設定すると、フォームのサイズに合わせて自動的にサイズ調整され、フォームの大きさに応じてコントロールが整列します。

プログラムを実行して、フォームのサイズを変更すると、FlowLayoutPanelの縦や横のサイズに合わせてコントロールが自動的に折り返されて表示されます。

▼画面1 FlowLayoutPanelのプロパティウィンドウ

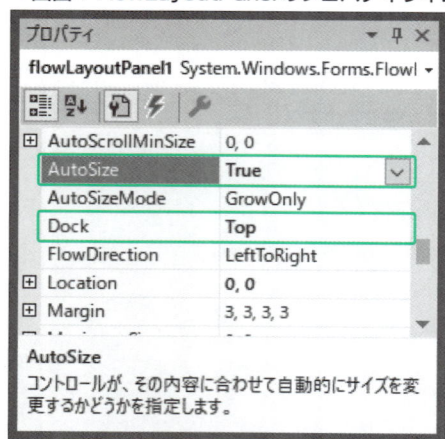

▼実行結果

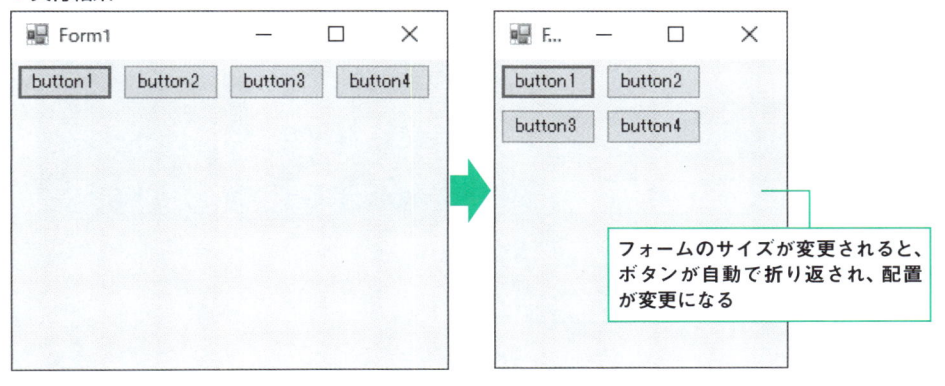

フォームのサイズが変更されると、ボタンが自動で折り返され、配置が変更になる

> **さらにワンポイント**　FlowLayoutPanel コントロールは、初期設定ではコントロールは左から右へと自動的に配置されます。配置方向を変更するには、**FlowDirectionプロパティ**を指定します。例えば、FlowDirection プロパティを「RightToLeft」にすると、コントロールが右から左へと配置されるようになります。

Tips 111 タスクバーの通知領域にアイコンを表示する

▶Level ●○○
▶対応　COM　PRO

ここがポイントです！　通知領域に表示するアイコンの設定（NotifyIconコントロール）

　NotifyIconコントロールを使うと、タスクバーの通知領域に**アイコン**を表示することができます。通知領域には、通常バックグラウンドで実行されているプログラムへのショートカットが表示されます。

　NotifyIcon コントロールは、[ツールバー] から [NotifyIcon] を選択して、フォームをクリックします。コンポーネントトレイに NotifyIcon コントロールが追加されます。

　また、通知領域に表示するアイコンは、プロパティウィンドウの [Icon プロパティ] を選択し、[…] ボタンをクリックしてアイコンファイルを指定します。Text プロパティにはアイコンをポイントしたときに表示するテキストを指定し、Visible プロパティを「true」に設定します。

　さらにアイコンを右クリックしたときに表示するショートカットメニューは、**ContextMenuStrip コントロール**で設定できます（Tips085 の「ショートカットメニューを付ける」を参照してください）。

▼画面1 NotifyIconのプロパティウィンドウ

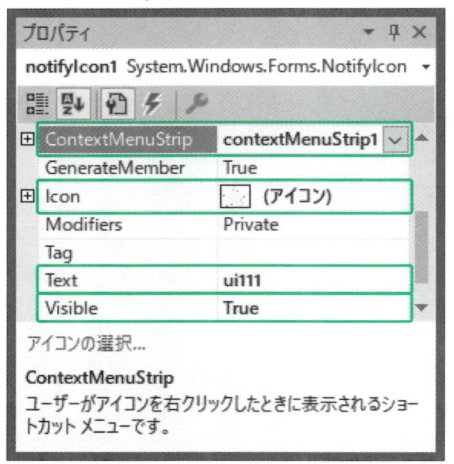

▼実行結果

コントロールをポイントしたときにヒントテキストを表示する

Tips 112

▶Level ●○○
▶対応
COM PRO

ここがポイントです！

**ポップアップヒントの設定
（ToolTipプロパティ）**

　フォーム上のコントロールにマウスポインターを合わせたときに**ポップヒント**を表示させるには、**ToolTipコントロール**を使用します。

　ToolTipコントロールは、［ツールボックス］から［ToolTip］を選択して、フォームをクリックすると、コンポーネントトレイに追加されます。

　ポップヒントが表示されるまでの時間は、ToolTipコントロールの**InitialDelay**プロパティを使ってミリ秒単位で設定します。

　ToolTipコントロールを追加した後、Windowsフォームデザイナーでポップヒントを表示したいコントロールを選択し、プロパティウィンドウのtoolTip1の**ToolTip**プロパティにヒントテキストとなる文字列を入力します（画面1）。

▼画面1 ヒントテキストの設定

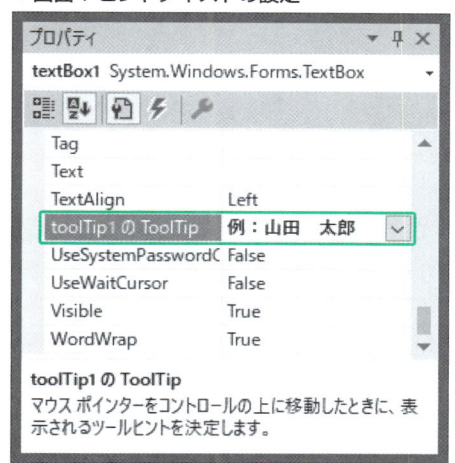

▼実行結果

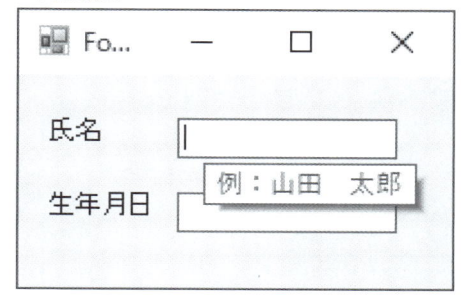

さらに ワンポイント プログラムでヒントテキストを設定する場合は、newキーワードでインスタンスを生成し、インスタンスに対して、**SetToolTipメソッド**で設定します。書式は、次の通りです。

```
ToolTip.SetToolTip(コントロール名, "ヒントテキスト")
```

例えば、「toolTip1.SetToolTip(textBox2, "例：秀和　太郎");」のように記述できます。

Tips 113

▶Level ● ○ ○

▶対応
COM **PRO**

ここが ポイント です！

Tabキーでフォーカスを 移動しないようにする

Tabキーによるフォーカス取得の設定 （TabStopプロパティ）

コントロール間で**フォーカス**を移動するには、キーボードの Tab キーを押します。

入力する必要のないコントロールにフォーカスを移動しないように設定するには、コントロールの**TabStopプロパティ**の値を「false」にします。

なお、「false」に設定しても、クリックすることでフォーカスを移動することはできます。

リスト1では、フォームを読み込むときに3つ目のテキストボックスが Tab キーによってフォーカスを取得しないように設定しています。

▼実行結果

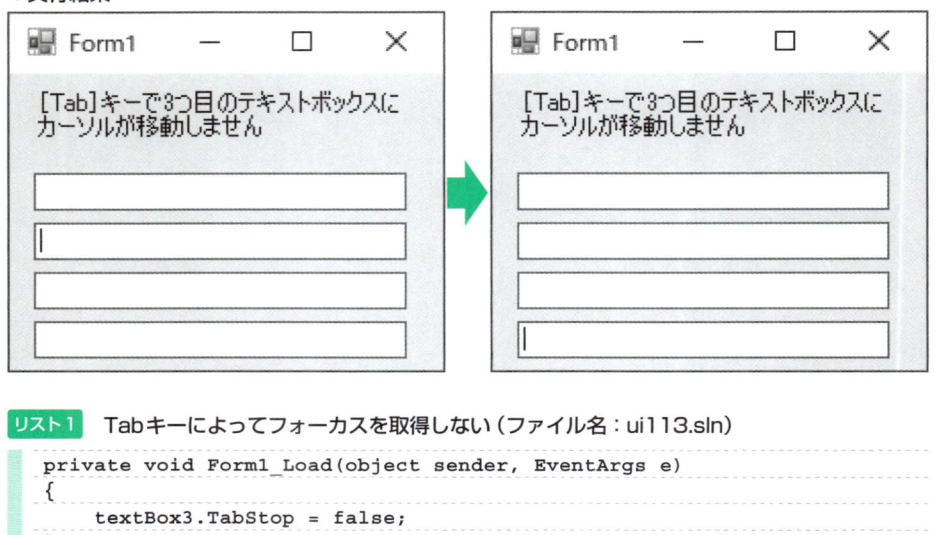

リスト1　Tabキーによってフォーカスを取得しない（ファイル名：ui113.sln）

```
private void Form1_Load(object sender, EventArgs e)
{
    textBox3.TabStop = false;
}
```

　フォーカスを取得するというのは、コントロールが選択されている状態にすることで、テキストボックスならカーソルが表示されている状態を言います。

Tips
114
▶Level ●○○
▶対応
COM　PRO

ここが
ポイント
です！

フォーカスの移動順を設定する

タブオーダーの変更（タブオーダーモード、TabIndexプロパティ）

　キーボードの Tab キーを押したときに、フォーカスがコントロールを移動する順番を**タブオーダー**と言います。タブオーダーは、コントロールを配置した順番に設定され、**TabIndexプロパティ**に0から順番に割り振られます。

　プロパティウィンドウのTabIndexプロパティで数値を入力して直接指定できますが、次の手順で行うと、各コントロールの順番の確認や変更を容易に行えます。

❶［表示］メニューから［タブオーダー］を選択します。
❷フォームデザイナーの各コントロールの左側に、現在のTabIndexの値が表示されます（画

面1）。

❸移動したい順番にコントロールをクリックすると、新しい番号が割り振られ、白いボックスの数字で表示されます。

❹すべてのコントロールに順番が割り振られると、全部の番号が青いボックスの数字になります（画面2）。

❺再度、[表示] メニューから [タブオーダー] を選択して終了します。

▼画面1 タブオーダーの設定画面

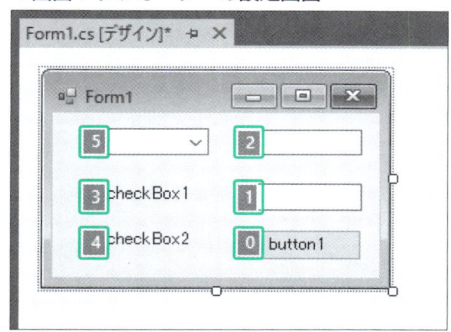

▼画面2 番号をクリックしてタブオーダーを変更

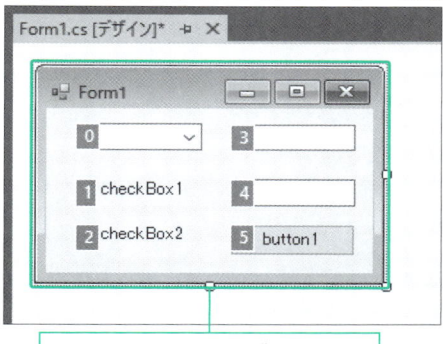

クリックした順番にタブオーダーが振り直される

ユーザーインターフェイスの極意

Tips 115 実行時にコントロールを追加する

▶Level ●●
▶対応
COM　PRO

ここがポイントです！

コントロールを動的に追加／削除（Controls.Addメソッド、Controls.Removeメソッド）

　プログラム実行時にコントロールを追加するには、コントロールの**インスタンス**を生成し、生成したインスタンスをフォームに追加します。

　コントロールのインスタンスは、newキーワードを使って、次のように生成します。

▼コントロールのインスタンスを生成する

```
new コントロール名();
```

　生成したコントロールのインスタンスは、フォームの**Controls.Add**メソッドで追加します。書式は、次のようになります。

▼コントロールのインスタンスを追加する

```
コンテナー名.Controls.Add(オブジェクト名);
```

また、実行時にコントロールを削除するには、フォームの**Controls.Remove メソッド**を使います。書式は、次のようになります。

▼コントロールを削除する

```
コンテナー名.Controls.Revove(オブジェクト名);
```

リスト1では、LabelコントロールとTextBoxコントロールのインスタンスを生成し、フォームを読み込むときに、button2コントロールを非表示にしています。

リスト2では、[追加] ボタン (button1) をクリックすると、ラベルとテキストボックスを追加しています。

リスト3では、[削除] ボタン (button2) をクリックすると、追加したテキストボックスを削除しています。

▼画面1 [削除] ボタンのクリック後　　　　　▼画面2 [追加] ボタンのクリック後

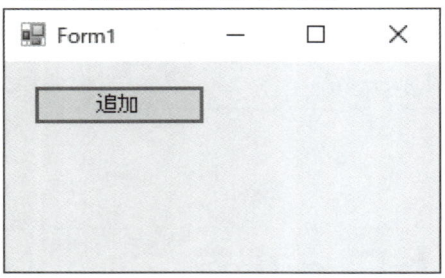 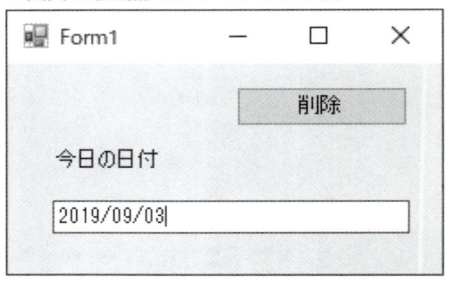

リスト1　ラベルとテキストボックスのインスタンスを作成する (ファイル名：ui115.sln)

```csharp
// LabelとTextBoxのインスタンスの作成
Label myLabel = new Label();
TextBox myTextBox = new TextBox();

private void Form1_Load(object sender, EventArgs e)
{
    button2.Visible = false;   // コントロールの削除ボタン非表示
}
```

リスト2　ラベルとテキストボックスをフォームに追加する (ファイル名：ui115.sln)

```csharp
private void Button1_Click(object sender, EventArgs e)
{
    // 追加するLabelの設定
    myLabel.Text = "今日の日付";
    myLabel.Location = new Point(25, 50);
    // 追加するTextBoxの設定
```

```
    myTextBox.Text = DateTime.Now.ToShortDateString();
    myTextBox.Location = new Point(25, 80);
    myTextBox.Size = new Size(200, 20);
    // labelとTextBoxをフォームに追加
    this.Controls.Add(myLabel);
    this.Controls.Add(myTextBox);
    button1.Visible = false;   // 追加ボタンの非表示
    button2.Visible = true;    // 削除ボタンの表示
}
```

リスト3 ラベルとテキストボックスを削除する（ファイル名：ui115.sln）

```
private void Button2_Click(object sender, EventArgs e)
{
    this.Controls.Remove(myLabel);
    this.Controls.Remove(myTextBox);
    button1.Visible = true;    // 追加ボタンの表示
    button2.Visible = false;   // 削除ボタンの非表示
}
```

さらにワンポイント コントロールが存在するかどうかを確認するには、**Controls.Contains メソッド**を使用して確認できます。例えば、myLabelコントロールがあるかどうかは、「Controls.Contains(myLabel)」と記述します。「true」のときは存在し、「false」のときは存在しません。

さらにワンポイント リスト2、リスト3では、フォーム上のコントロールを追加・削除するときに、フォーム自身を表す**this キーワード**を使っています。また、Formの中にあるPanelのようなコンテナーの中にコントロールを追加するときは、「panel1.Controls.Add(myLabel)」のように記述します。

Tips 116

実行時に追加したコントロールにイベントハンドラーを作成する

▶Level ● ●
▶対応 COM PRO

ここがポイントです！ 動的コントロールのイベントのハンドリング（+=演算子）

実行時に追加したコントロールに**イベント**が発生したときに処理を実行させるには、あらかじめ作成しておいた**イベントハンドラー**に関連付けます。
追加したコントロールのイベントとイベントハンドラーを関連付けるには、**+=演算子**を

使って次のように記述します。

```
コントロール.イベント += new EventHandler(イベントハンドラー);
```

　リスト1では、ボタン（button1）をクリックしたときに、ボタンのインスタンス（myButton）を作成し、作成したボタン（myButton）の設定を行った後でフォームに追加し、あらかじめ作成しておいたmyButton_ClickイベントハンドラーをClickイベントに関連付けています。

▼実行結果

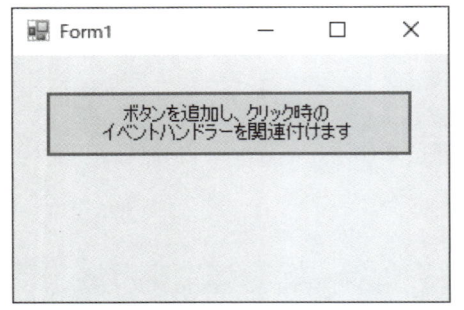

▼ボタンをクリックした結果

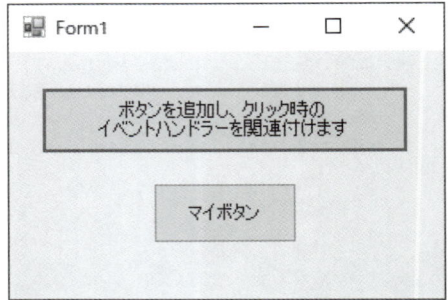

▼追加したボタンをクリックした結果

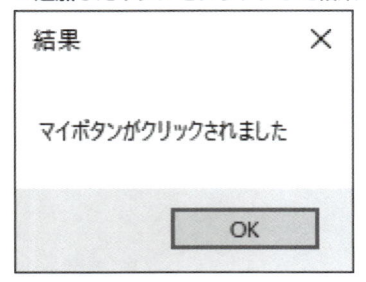

リスト1 ボタンを作成してイベントハンドラーを関連付ける（ファイル名：ui116.sln）

```
private void Button1_Click(object sender, EventArgs e)
{
    Button myButton = new Button();
    // ボタンの設定をしてフォームに追加
    myButton.Text = "マイボタン";
    myButton.Size = new Size(90, 40);
    myButton.Location = new Point(90, 85);
    this.Controls.Add(myButton);

    // Clickイベントハンドラーとイベントハンドラーの関連付け
    myButton.Click += new EventHandler(myHandler);
}
```

リスト2 追加したボタン用のイベントハンドラー（ファイル名：ui116.sln）

```
private void myHandler(object sender,EventArgs e)
{
    MessageBox.Show("マイボタンがクリックされました","結果");
}
```

 さらに
ワンポイント

プログラムの実行中に、イベントとイベントハンドラーの関連付けを停止する場合は、-=
演算子を使います。

3-3 MDI

Tips

117 MDIフォームを作成する

▶Level ●●

▶対応

COM PRO

ここが
ポイント
です！

**マルチドキュメントインターフェイスの利
用（IsMdiContainerプロパティ、
MdiParentプロパティ）**

アプリケーションウィンドウの中で**複数のウィンドウ**を開くためには、**MDI**（Multiple
Document Interface）を使用します。

フォームを**MDI親フォーム**（アプリケーションウィンドウ）として、ウィンドウの中に**MDI
子フォーム**（子ウィンドウ）を表示させるには、まずMDI親フォームとなるフォームの
IsMdiContainer**プロパティ**を「true」にします（画面1）。

次にフォームにMenuStripコントロールを配置し、メニューを作成します（画面2）。

フォーム内にMDI子フォーム（フォーム）を表示するには、表示するフォームの
MdiParent**プロパティ**に親フォームのインスタンスを指定します。

リスト1では、親フォームにある［ファイル］メニューから［新規作成］を選択したときに子
フォームを作成します。子フォームには、リッチテキストボックスを画面全体に配置し、サイ
ズやタイトルバーを指定して開きます。

ユーザーインターフェイスの極意

▼画面1 フォームを親フォームに設定

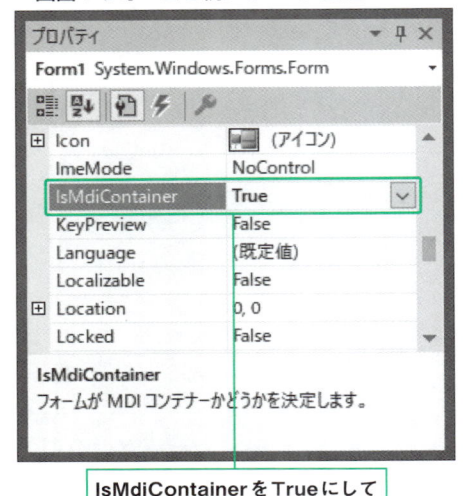

IsMdiContainer
フォームが MDI コンテナーかどうかを決定します。

IsMdiContainer を True にして
フォームを親フォームにする

▼画面2 メニューバー (MenuStrip コントロール) を追加

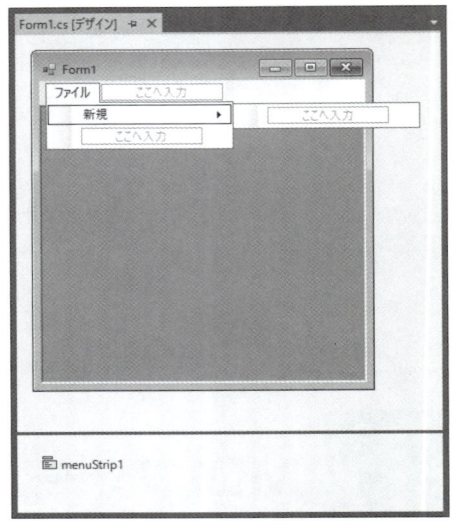

▼実行結果

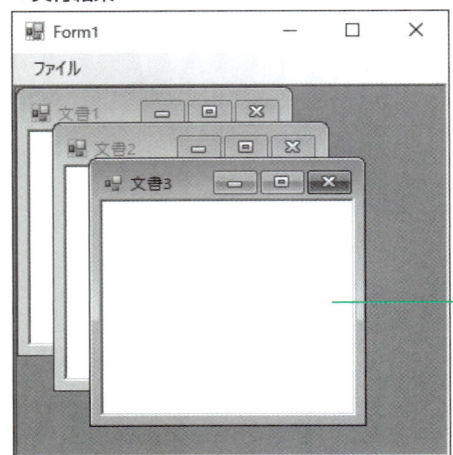

［ファイル］メニューの［新規］をクリック
すると、リッチテキストボックスが配置さ
れたウィンドウが表示される

リスト1 リッチテキストボックスを配置した子フォームを作成し、表示する (ファイル名：ui117.sln)

```
private void 新規ToolStripMenuItem_Click(object sender, EventArgs e)
{
    Form myFm = new Form();                    // 子フォームの作成

    // リッチテキストボックスの作成と設定
    RichTextBox myRT = new RichTextBox();
    myRT.Dock = DockStyle.Fill;
```

```
    // 子フォームの設定
    myFm.MdiParent = this;                        // 親フォームを設定
    myFm.Text = "文書" + MdiChildren.Length;      // タイトルバーの設定
    myFm.Size = new Size(200 , 200);              // フォームのサイズを設定
    myFm.Controls.Add(myRT);                      // リッチテキストボックスの追加
    myFm.Show();                                   // フォームを開く
}
```

 テンプレートに用意されているMDI親フォームを利用することもできます。用意されているテンプレートには、メニューバー、ツールバー、ステータスバーがあらかじめ用意されており、主なコマンドも用意されています。

また、子フォームの表示や整列などのコードもあらかじめ用意されているので、効率的に作業を進めることができます。MDI親フォームを追加する手順は、以下の通りです。

❶ [プロジェクト] メニューから [Windowsフォームの追加] を選択します。
❷ [新しい項目の追加] ダイアログボックスで、一覧から [MDI親フォーム] を選択し、名前を指定して、[追加] ボタンをクリックします。

MDI親フォームを追加したら、このフォームがスタートアップフォームになるように設定しておきます（Tips030の「プログラム起動時に開くフォームを指定する」を参照してください）。

Tips 118 メニューにMDI子フォームのリストを表示する

▶ Level ●●
▶ 対応
COM PRO

ここがポイントです！ → **子フォームのリストを表示するメニューの作成（MdiWindowListItem プロパティ）**

MDI親フォームに配置されたメニューをクリックしたときに、現在表示されている子フォームのリストを表示するようにするには、**MenuStripコントロール**の**MdiWindowListItemプロパティ**で設定します。

手順は、次の通りです。

❶親フォームにMenuStripコントロールを配置して、メニューバーを作成します。
❷子フォームのリストを表示するメニューであるToolStripMenuItemオブジェクトを作成します（例えば [ウィンドウ] メニュー）。
❸MenuStripコントロールのプロパティウィンドウの [MdiWindowListItem プロパティ] に、手順❷で作成したToolStripMenuItemオブジェクト名を指定します（画面1）。

ユーザーインターフェイスの極意

　なお、手順❸のプロパティ設定は、プロパティウィンドウでなく、フォームを読み込むときにプログラムから設定することもできます。

▼画面1 MdiWindowListItemプロパティ

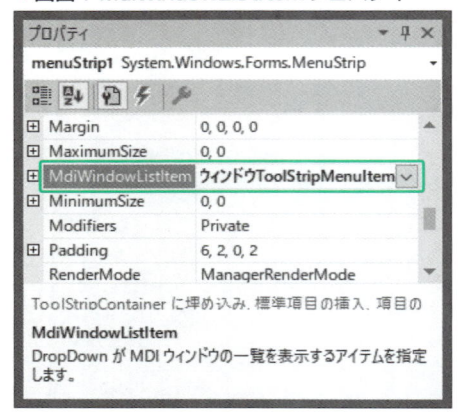

▼実行結果

さらに
ワンポイント

プロパティウィンドウで設定したMdiWindowListItemプロパティの値を、設定前の状態に戻すには、MdiWindowListItemプロパティを右クリックし、メニューから [リセット] を選択します。

Tips
119

MDI子フォームを並べて表示する

▶ Level ● ● ○
▶ 対応
COM　PRO

ここが
ポイント
です！

MDI子フォームを上下左右に整列表示（LayoutMdi メソッド）

　MDI親フォームに複数表示されている子フォームを上下あるいは、左右に整列させて表示するには、MDI親フォームの**LayoutMdi メソッド**を使います。

　整列するには、LayoutMdi メソッドの引数に、次ページの表で示したMdiLayout列挙型の値で指定します。

　リスト1では、MDI親フォームのメニューをクリックすると、子フォームをそれぞれ上下に並べて表示、左右に並べて表示、重ねて表示しています。

▼実行結果

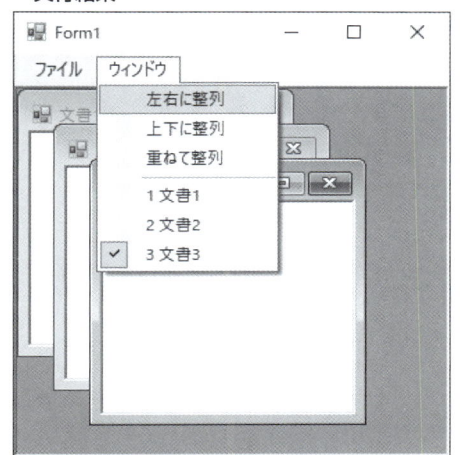

▼並べ替え後

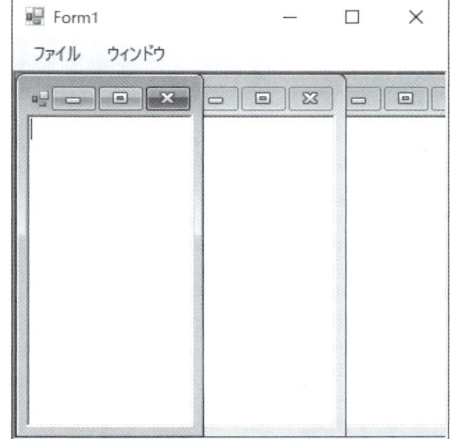

LayoutMdi メソッドに指定する値（MdiLayout 列挙型）

値	説明
Cascade	子フォームを重ねて表示
TileHorizontal	子フォームを水平に並べて表示
TileVertical	子フォームを垂直に並べて表示
ArrangeIcons	子フォームのアイコンを並べて表示

リスト1 子フォームを整列表示する（ファイル名：ui119.sln）

```
private void 左右に整列ToolStripMenuItem_Click(object sender, EventArgs e)
{
    LayoutMdi(MdiLayout.TileVertical);      // 左右に並べて表示
}

private void 上下に整列ToolStripMenuItem_Click(object sender, EventArgs e)
{
    LayoutMdi(MdiLayout.TileHorizontal);    // 上下に並べて表示
}

private void 重ねて整列ToolStripMenuItem_Click(object sender, EventArgs e)
{
    LayoutMdi(MdiLayout.Cascade);           // 重ねて表示
}
```

ユーザーインターフェイスの極意

Tips
120
アクティブなMDI子フォームを取得する

▶Level ●●
▶対応
COM PRO

ここが
ポイント
です!

選択されている子フォームを取得（ActiveMdiChild プロパティ）

MDI親フォームの中で現在選択されている（アクティブな）子フォームを取得するには、親フォームの**ActiveMdiChild プロパティ**を使います。

ActiveMdiChild プロパティは、現在選択されている子フォームを取得します。子フォームがない場合は「null」を返します。

リスト1では、[閉じる] メニューをクリックすると、現在選択されている子フォームを閉じます。

▼実行結果

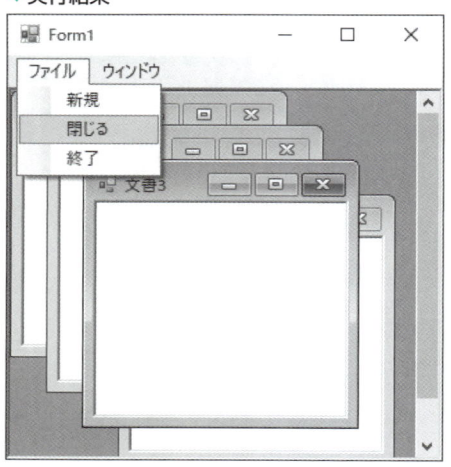

▼メニュー選択後

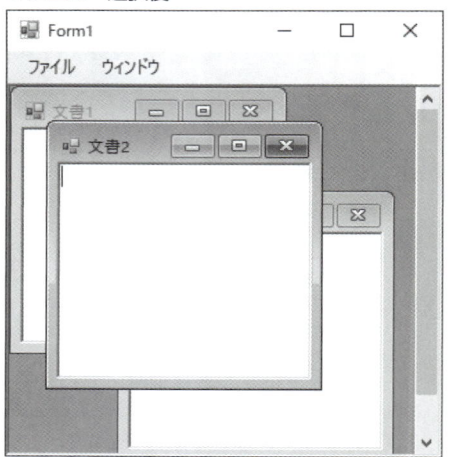

リスト1 アクティブな子フォームを閉じる（ファイル名：ui120.sln）

```
private void 閉じるToolStripMenuItem_Click(object sender, EventArgs e)
{
    Form myFm = this.ActiveMdiChild;   // 子フォームを変数myFmに代入
    if (myFm==null)
    {
        return;
    }
    else
    {
        myFm.Close();   // 子フォームを閉じる
    }
}
```

第 **4** 章
121~202

基本プログラミング
の極意

Tips 121 コードにコメントを入力する

▶ Level ● ○ ○
▶ 対応
COM PRO

ここがポイントです！ **コードに注釈を追加**

コードに説明用の**コメント（注釈）**を追加するには、「/」（スラッシュ）を2つ続けて入力した後、コメントを入力します。行の先頭または、行の途中からと、どちらでもコメントにできます。

また、コメントにする行を選択し、ツールバーの［選択行のコメント］ボタンをクリックしてもコメントを追加できます。

「//」から、その行の末尾までの文字列は、コンパイルされません（実行可能ファイルには含まれません）。したがって、コードの説明を入力したり、一時的にコードを実行しない場合にコードの先頭に入力したりします。

連続した複数行をコメントにする場合は、コメントを開始する位置に「/*」を入力し、コメントを終了する位置に「*/」を入力します。または、それぞれの行すべての先頭に「//」を記述します。

コメントを解除するには、「//」を削除するか、解除する行を選択してツールバーの［選択行のコメント解除］ボタンをクリックします。

なお、「/*」と「*/」はボタンでは解除できないので、直接削除します。

▼**画面1 ツールバーのボタンでコメントを設定**

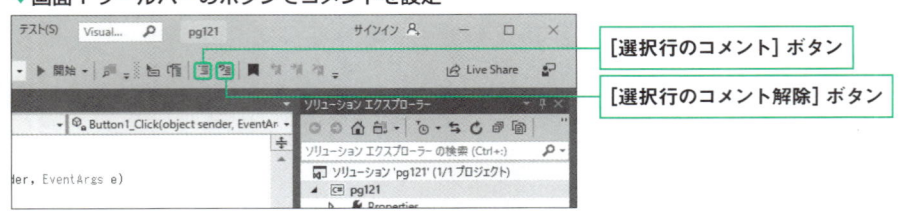

［選択行のコメント］ボタン
［選択行のコメント解除］ボタン

リスト1 **コメントを使う（ファイル名：pg121.sln、Form1.cs）**

```
private void Button1_Click(object sender, EventArgs e)
{
    int i;
    // 行頭に「//」を記述すると、行全体がコメントになります
    i = 100 * 2;            // 行の途中からもコメントにできます

    // 次の行は、行頭に「//」があるので実行されません
    // i += 100
```

```
    /*
     *
     *  ブロックコメントの例です。
     *
     */

    MessageBox.Show($"i = {i}", "確認");
}
```

C#のデータ型を使う

▶Level ● ○ ○
▶ 対応
COM PRO

ここが ポイント です！
データ型の概要と種類

プログラムでは、文字や数値など様々な種類のデータを扱います。このデータの種類を**データ型**（または、**型**）と言います。

例えば、プログラムでは、文字データはstring型、数値データはint型として扱います。それぞれのデータ型は、サイズと扱う値の範囲が決まっています。

Visual C#で扱うデータ型には、下の表に示した種類があります。

C#のデータ型の種類

型	用途とサイズ	値の範囲	.NET Framework型	既定値
sbyte	符号付き8ビット整数	-128〜127	System.SByte	0
byte	符号なし8ビット整数	0〜255	System.Byte	0
short	符号付き16ビット整数	-32768〜32767	System.Int16	0
ushort	符号なし16ビット整数	0〜65,535	System.UInt16	0
int	符号付き32ビット整数	-2,147,483,648〜2,147,483,647	System.Int32	0
uint	符号なし32ビット整数	0〜4,294,967,295	System.UInt32	0
long	符号付き64ビット整数	-9,223,372,036,854,775,808〜9,223,372,036,854,775,807	System.Int64	0L
ulong	符号なし64ビット整数	0〜18,446,744,073,709,551,615	System.UInt64	0
float	32ビット浮動小数点数	±1.5e - 45 〜 ±3.4e38（有効桁数7桁）	System.Single	0.0F

double	64ビット浮動小数点数	±5.0e - 324 ～ ±1.7e308（有効桁数15～16桁）	System.Double	0.0D
decimal	128ビット10進数	±1.0 × 10-28 to ±7.9 × 1028（有効桁数28～29桁）	System.Decimal	0.0M
char	Unicode16ビット文字	U+0000 ～ U+ffff	System.Char	'¥0'
string	Unicode文字（可変）	約20億文字まで	System.String	`
bool	真偽	true（真）またはfalse（偽）	System.Boolean	false
object	オブジェクト参照	任意のデータ型	System.Object	

数値の最大値、最小値は、それぞれ**MaxValue**プロパティ、**MinValue**プロパティで取得できます。例えば、int型の場合は、int.MaxValueとint.MinValueが定義されています。

列挙型、クラス、構造体もデータ型として扱うことができます。詳細はTips127の「列挙型を定義する」、Tips188の「クラスを作成（定義）する」、Tips199の「構造体を定義して使う」を参照してください。

C#には、日付を扱う組み込みのデータ型はありません。日付データを扱う場合は、DateTime構造体を使います（4-3節の「日付と時刻」を参照してください）。

Tips

123 変数を使う

▶Level ●○○
▶対応
COM　PRO

ここが
ポイント
です！　**変数の宣言と初期化**

変数は、プログラムの実行中にデータ（値）を一時的に保管するための入れ物です。

変数を使うには、次のようにあらかじめ変数の名前とデータ型（データの種類）を**宣言**しておきます。

▼変数を宣言する

    データ型　変数名 ;

変数の宣言と同時に、値を**代入**するには、次のように記述します。

▼変数を宣言し、値を代入する

```
データ型　変数名　=　値；
```

データ型が同じ複数の変数を続けて宣言するには、次のように「,」(カンマ) で区切って記述します。

▼複数を変数を宣言する

```
データ型　変数名1，変数名2 [，変数名3 … ]；
```

変数には、メソッド内でのみ使うローカル変数と、クラス全体で使うメンバー変数 (フィールド) があります。

●ローカル変数

ローカル変数はメソッド内でのみ使う変数で、メソッド内で宣言し、宣言されたメソッドを実行中のみ有効となります。メソッドの実行を終えると、破棄されます。

●メンバー変数 (フィールド)

メンバー変数はクラス内全体で使う変数で、クラス内 (メソッドの外) で宣言し、宣言されたクラス内のすべてのメソッドで利用できます。宣言されたクラスのインスタンスが存在する間は、値が保持されます。

メンバー変数を宣言するときは、型名の前に**アクセス修飾子**を記述できます。
アクセス修飾子は、そのメンバー変数がどこから使用できるかという**スコープ (有効範囲)** を示す「public」「protected」「internal」「private」のいずれかを指定します。
それぞれのスコープは、下の表のようになります。

▨アクセス修飾子の種類とスコープ

種類	スコープ
public	外部のクラスからの参照も可能。最も広いスコープを持つ
protected	クラス内と派生クラスからのみ参照可能
internal	同一アセンブリ内からのみ参照可能
private	同一クラス内からのみ参照可能。最も狭いスコープを持つ

リスト1　ローカル変数の宣言例

```
// string型の変数myMessageを宣言する
string myMessage;

// 変数に値を代入する
myMessage = "Hello";

// 変数の宣言と同時に値を代入する
int x = 100;
```

```
//  同じデータ型の変数を1行で宣言する
single myWeight, myHeight;
```

データ型を指定する代わりに、**varキーワード**を指定して宣言すると、コンパイル時にコンパイラーが変数のデータ型を決定します。例えば「var i = 10;」と宣言すると、変数iはint型になります（「int i = 10;」と宣言したときと同じ結果になります）。

varキーワードを使った場合は、変数の宣言時に値の代入も行います。変数の宣言と値の代入を別々に記述することはできません。データ型がわかりにくくなるような記述は避けたほうがよいのですが、次の例のように、宣言が長い記述となる場合などに使うとコードを簡潔に記述できます（「System.Data.SqlClient.SqlConnection」と記述する代わりにvarキーワードを記述しています）。

```
var cn = new System.Data.SqlClient.SqlConnection();
```

匿名のコレクションを使う場合にも、varキーワードを使います。

```
var q = from r in dTable select r;
```

変数名で使用できる文字列は、アルファベット、「_」（アンダースコア）、数字、ひらがな、カタカナ、漢字ですが、予約語（キーワード）と同じ名前は使えません。また、変数名の先頭に数字は使えません。

ローカル変数を、forステートメントやifステートメントwhileステートメントなどのブロック内で宣言した場合は、そのブロック内のコードからのみ参照できます。ただし、そのブロックのあるメソッドの実行中は値が保持されています。

リテラル値のデータ型を指定する

Tips 124

▶ Level ● ○ ○
▶ 対応 COM PRO

> ここがポイントです！ **型文字でリテラル値のデータ型を指定**

コードの中で、変数や定数ではなく、数値や文字列を直接使う場合、例えば「100」や「"商品ID"」などの値を使う場合、そのような値のことを**リテラル値**と呼びます。

リテラルにも型があり、真偽を表す**ブール型リテラル**（「true」と「false」）、数値を表す**整数リテラル**と**実数リテラル**、文字を表す**文字リテラル**と**リテラル文字列**などがあります。

リテラルのデータ型は、下の表のように値によって自動的に認識されます。

整数リテラルの場合は、int、uint、long、ulongのうち、リテラル値が入る最も範囲が小さいデータ型になります。例えば、「100」という数値の場合は、どのデータ型にも入りますが、一番範囲が小さいint型とみなされます。

実数リテラルは、float、double、decimalの範囲の数値ですが、すべてdouble型とみなされます。したがって、decimal型の変数に実数リテラルをそのまま代入しようとすると、エラーになります。このような場合は、リテラルのデータ型を指定して代入します。

リテラル値の型を明示的に指定する場合は、下の表の**型文字**をリテラル値の末尾に記述します。例えば、decimal型の変数に実数リテラルを代入する場合は、リテラル値の末尾に「M」を追加します。

リテラル値の種類と既定のデータ型

種類	扱うデータ型	該当するリテラル値
ブール型リテラル	bool	「true」「false」
整数型リテラル	int、uint、long、ulong	各データ型の範囲の整数
実数型リテラル	float、double、decimal	各データ型の範囲の実数
文字リテラル	char	「'」で囲まれた文字
リテラル文字列	string	「"」で囲まれた文字列

型文字の種類

種類	データ型	例
Uまたはu	uint、ulong	100u（uintになる）
Lまたはl	long、ulong	100L（longになる）
ULまたはul	ulong	100UL
Fまたはf	float	100f
Dまたはd	double	100d
Mまたはm	decimal	100m

リスト1 リテラル値のデータ型の指定例

```
//  整数リテラルの記述例
```

```
var x1 = 100;              // x1はint型になる
var x2 = 100u;             // x2はuint型になる
var x3 = 100L;             // x3はlong型になる
var x4 = 100ul;            // x4はulong型になる


// 実数リテラルの記述例
var y1 = 100f;             // y1はfloat型になる
var y2 = 100d;             // y2はdouble型になる
var y3 = 100m;             // y3はdecimal型になる
```

> **さらに ワンポイント** ulong型の上限値（18,446,744,073,709,551,615）を超える整数リテラルを記述すると、ビルドエラーになります。

> **さらに ワンポイント** 型文字「U」または「u」を使うと、uint型の範囲内の数値はuintになり、uint型の範囲を超えるがulong型の範囲内の数値はulong型になります。ulong型の範囲を超える数値は、エラーになります。「L」または「l」のときも同様に、型が決定されます。また、「l」は数値の「1」と見分けが付きにくいため、「L」の使用が推奨されています。

値型と参照型を使う

Tips 125

▶ Level ●○○
▶ 対応 COM PRO

ここがポイントです！ 値型のデータと参照型のデータ

Visual C#で使うデータ型には、大きく分けて値型と参照型の2種類があります。

●値型

値型は変数に代入すると、変数宣言によって確保されたメモリ領域に、直接そのデータが記録されます。

値型には、すべての数値型やbool型、char型、構造体、列挙型があります。値型のデータを扱う変数を宣言すると、データを入れるためのメモリ領域が確保されます。

●参照型

参照型は変数に代入すると、変数宣言によって確保されたメモリ領域には、データが存在するメモリのアドレスが記録されます。

参照型には、string型、object型があります（object型から派生するクラスを含みます）。参照型を扱う変数を宣言すると、アドレスを格納するためのメモリ領域が確保されます。

▼値型と参照型

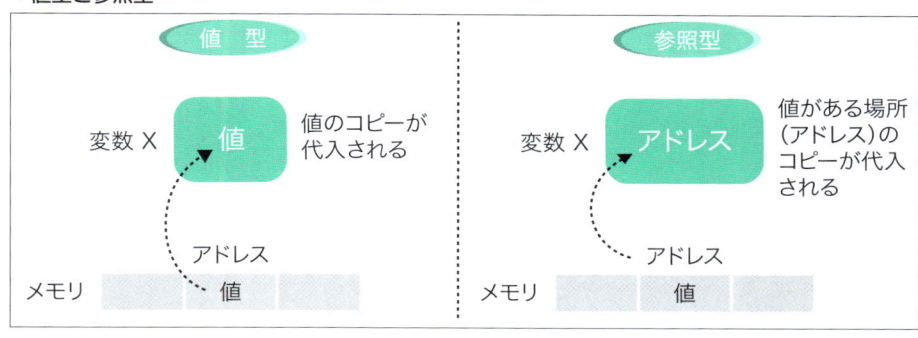

 object型は、値型のデータを参照する場合は、値型として扱われます。

定数を使う

▶Level ● ○ ○
▶対応 COM PRO

ここがポイントです！ → **文字列や数値に名前を付ける（constステートメント）**

プログラムの実行中に変化しない値を保持するには、**定数**を使います。

数値や文字などの値をコードに直接記述する代わりに、わかりやすい名前を付けた定数に代入して使うと、コードの可読性が向上します。また、値に変更があった場合も、定数の宣言部のみ修正すればよいので、メンテナンス性が向上します。

定数は、**const ステートメント**を使って、次のように宣言します。

▼定数を宣言する

```
const データ型 定数名 = 値；
```

リスト1では、宣言した定数を使って、ラベルに文字列を表示しています。

▼実行結果

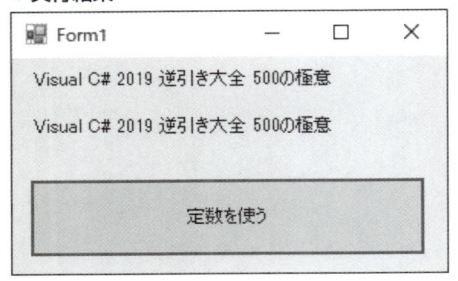

リスト1 定数を宣言して使う（ファイル名：pg126.sln、Form1.cs）

```
const string APPLI = "Visual C# 2019 逆引き大全";
const int TIPS_NUM = 500;

private void Button1_Click(object sender, EventArgs e)
{
    const string STR = "の極意";
    label1.Text = APPLI + " " + TIPS_NUM.ToString() + STR;
    label2.Text = $"{APPLI} {TIPS_NUM}{STR}";
}
```

Tips
127 列挙型を定義する

▶Level ●
▶対応
COM　PRO

ここが
ポイント
です！ > **列挙型の宣言（enumステートメント）**

　列挙型は、関連があるいくつかの定数をまとめた**値型**の型です。

　列挙型は、Visual C#にもあらかじめ定義されていて、例えば、ダイアログボックスで [OK] ボタンがクリックされたときの戻り値である「DialogResult.OK」や、[キャンセル] ボタンがクリックされたときの戻り値である「DialogResult.Cancel」がそうです。

　実際には [OK] ボタンがクリックされると「1」、[キャンセル] ボタンがクリックされると「2」が返されますが、列挙型として「1」を「DialogResult.OK」、「2」を「DialogResult.Cancel」として定義することによって、直感的に理解しやすくなっています。

　列挙型は、**enumステートメント**を使って、次のように定義します。

▼列挙型を宣言する①

```
[アクセス修飾子] enum 列挙型名 [: データ型]
```

```
{
  メンバー名1 [= 値],
  メンバー名2 [= 値],
      :
}
```

次のように、1行で記述することもできます。

▼列挙型を宣言する②

```
[アクセス修飾子] enum 列挙型名 [: データ型]{メンバー名1 [= 値], メンバー名2 [= 値], …}
```

データ型には、整数を扱うデータ型を指定します。データ型を省略した場合は、int型になります。

値には、数値を指定します。値を省略した場合は、上から順に「0、1、2」と設定されます。

リスト1では、「Special」「Standard」「Basic」をメンバーとする列挙型Rankを宣言します。また「checkRank」メソッドは、int型の数値を引数として受け取り、数値の値を元にランクをチェックして、Rank型の戻り値を返します。

リスト2では、テキストボックスに入力された値を引数にして「checkRank」メソッドを呼び出し、結果をラベルに表示します。

▼実行結果

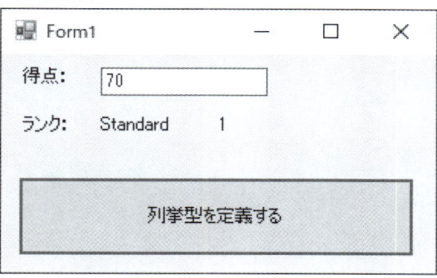

リスト1 列挙型を定義する（ファイル名：pg127.sln、Form1.cs）

```
// Rank 列挙型を定義する
enum Rank          // データ型を省略しているのでint型となる
{
    Special,      // 0
    Standard,     // 1
    Basic,        // 2
}

// Rank型の戻り値が返るメソッドを作成
private Rank checkRank( int num )
{
    if ( num >= 80 )
    {
```

```
        return Rank.Special;
    }
    else if ( num >= 60 )
    {
        return Rank.Standard;
    }
    else
    {
        return Rank.Basic;
    }
}
```

リスト2 **列挙型を使う**（ファイル名：pg127.sln、Form1.cs）

```
private void Button1_Click(object sender, EventArgs e)
{
    int num = int.Parse(textBox1.Text);

    Rank result = checkRank(num);
    label1.Text = result.ToString();
    label2.Text = ((int)result).ToString();
}
```

さらに
ワンポイント
列挙型を定義したときに1つのメンバーの値を指定した場合、次のメンバーには、その値に1を加えた値が自動的に設定されます。例えば、リスト1で「Special = 100」とした場合は、Standardは「101」、Basicは「102」となります。

さらに
ワンポイント
列挙型は、メソッド内で宣言できません。クラスの外またはクラス内のメソッドの外で宣言します。

Tips

128 データ型を変換する

▶Level ● ○ ○
▶対応
COM PRO

ここが
ポイント
です！
**データ型のキャスト
（() 演算子、as 演算子）**

　変数にデータ型が異なる値を代入する場合など、データ型を明示的に変換するには**()演算子**、あるいは**as演算子**を使って次のように記述します。

▼データ型を変換する

（変換先のデータ型）変換元の値

変換元の値 as 変換先のデータ型

例えば、long型の変数xの値をint型に変換するには「(int)x」と記述します。このように、データ型を変換することを**キャスト**と言います。

なお、double型やfloat型からint型へのキャストのように、変換元の値が変換先の値の範囲を超えるような場合は、超えた部分が失われてしまうことがあるので注意が必要です。

また、int型とstring型のように互換性がない場合は、()演算子では変換できません。このような場合は、Parseメソッド、TryParseメソッド、ToStringメソッドを使います（Tips129の「文字列から数値データに変換する」を参照してください）。

ただし、int型の値をlong型の変数に代入するなど、元のデータ型の値の範囲が変換先のデータ型の値の範囲に含まれる場合は、自動的に変換されます（これを**暗黙の型変換**と言います）。

()演算子を使った強制的なキャストでは、キャストに失敗すると例外が発生しますが、as演算子を使ったキャストではnullになります。as演算子を使う場合は、**null許容型**を使う必要があるので、数値の場合には「int?」のように「?」記号を使い、nullを含めたint型を使います。string型の場合は、もともとnullを許容するために、そのままstring型で構いません。

リスト1は、暗黙的な型変換およびキャストの例です。

▼実行結果

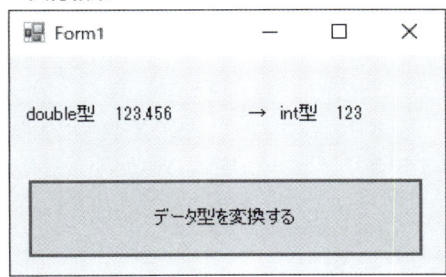

リスト1　型変換の例（ファイル名：pg128.sln、Form1.cs）

```csharp
private void Button1_Click(object sender, EventArgs e)
{
    int i = 30;
    long x = i;                    // 暗黙の型変換

    double d = 123.456;
    label3.Text = d.ToString();
    i = (int)d;                    // キャスト（桁落ちする）
    label4.Text = i.ToString();    // ラベルに表示

    object obj = i;                // 暗黙の型変換
    obj = "Visual C# 2019";
```

```
    string stringX = (string)obj;    // 強制的にキャスト
    string stringY = obj as string;  // キャスト
}
```

 decimal型の値を整数型に変換すると、一番近い整数値に丸められます。丸められた整数値が変換先の型の範囲を超えたときは、例外OverflowExceptionが発生します。また、decimal型からfloat型またはdouble型に変換すると、decimal型の値は最も近いdouble型の値、またはfloat型の値に丸められます。

さらに ワンポイント　double型からfloat型への変換では、double型の値は、最も近いfloat型の値に丸められます。double型の値がfloat型の範囲外である場合は、0または無限大になります。

Tips 129 文字列から数値データに変換する

▶ Level ●○○
▶ 対応
COM　PRO

ここが
ポイント
です！
文字列と数値の変換
（Parseメソッド、ToStringメソッド）

● Parseメソッド

文字列の数字をint型などの数値として扱ったり、計算したりするには、数字を数値に変換してから行います。数字を数値に変換するには、**Parseメソッド**を使います。

▼ 文字列の数字を数値に変換する

```
変換後の型 .Parse ( 数字 )
```

例えば、数字「100」をint型の数値に変換するには「int.Parse("100")」と記述します。

● ToStringメソッド

数値を文字列の数字として扱ったり表示したりするには、数値を数字に変換してから行います。

数値を文字列の数字に変換するには、**ToStringメソッド**を使います。引数に書式指定子を使って数字の表示形式を指定することもできます。

▼ 数値を文字列の数字に変換する

```
数値 .ToString ( 書式指定子 )
```

主な**書式指定子**は、下の表の通りです。また、数字を数値に変換するときに、下の表に示したConvertクラスのメソッドを利用することもできます。

▼実行結果

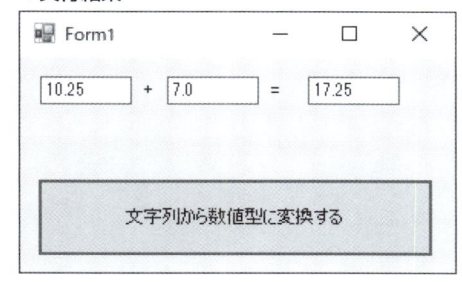

数値の主なカスタム書式指定子

書式指定子	内容
0	0で埋める
#	桁があれば表示
.	小数点の位置
,	桁区切り
%	数値に100が乗算され末尾に％が付く

数値の主な標準書式指定子

書式指定子	内容
C	通貨
P	パーセンテージ

Convertクラスの数値変換メソッドの例

メソッド	変換先の型	使用例
ToDecimal	decimal	decimal x = Convert.ToDecimal("10.5");
ToSingle	float	float x = Convert.ToSingle("10.5");
ToDouble	double	double x = Convert.ToDouble("10.5");
ToInt16	short	short x = Convert.ToInt16("10");
ToInt64	long	long x = Convert.ToInt64("10");
ToUInt16	ushort	ushort x = Convert.ToUInt16("10");
ToUInt32	uint	uint x = Convert.ToUInt32("10");
ToUInt64	ulong	ulong x = Convert.ToUInt64("10");

リスト1 型変換の例（ファイル名：pg129.sln、Form1.cs）

```
private void Button1_Click(object sender, EventArgs e)
{
    double answer = 0.0;  // 数値型で宣言
```

```
// テキストボックスの文字列をdouble型に変換して計算する
answer = double.Parse(textBox1.Text)
         + double.Parse(textBox2.Text);

// double型の数値を文字列に変換して表示する
this.textBox3.Text = answer.ToString();
}
```

さらに ワンポイント
Parseメソッドで、文字列を日付に変換することもできます（Tips149の「日付文字列を日付データにする」を参照してください）。
また、ToStringメソッドで日付を日付文字列に変換することもできます（Tips150の「日付データを日付文字列にする」を参照してください）。

さらに ワンポイント
Parseメソッドに指定した文字列が数値に変換できる数字ではないとき、例外が発生します。文字列が数値に変換できる場合のみ変換するには、**TryParseメソッド**を使います。TryParseメソッドは、次のように記述し、変換可能な場合は「true」を返し、不可能な場合は「false」を返します。変換可能な場合は、第2引数に指定した変数に変換後の数値を格納します。変換元の数字は、第1引数に指定します。

```
変換後の型.TryParse(文字列, out 変数)
```

Tips 130 文字列の途中に 改行やタブなどを挿入する

▶ Level ●
▶ 対応 COM PRO

ここが ポイント です！ **¥記号や改行などを文字列に挿入 （エスケープシーケンス）**

TextBoxなどのコントロールやメッセージボックスなどに表示する文字列を途中で改行したり、タブ文字を挿入したりするには、**エスケープシーケンス**を使います。

エスケープシーケンスは、「¥」（半角の円記号）と「半角の記号やアルファベット」を組み合わせたもので、次ページの表のように「¥n」（改行）、「¥t」（タブ文字）のほかに「¥'」（シングルクォーテーション）などがあります。

リスト1では、文字列に円記号と改行を挿入して、表示しています。

▼実行結果

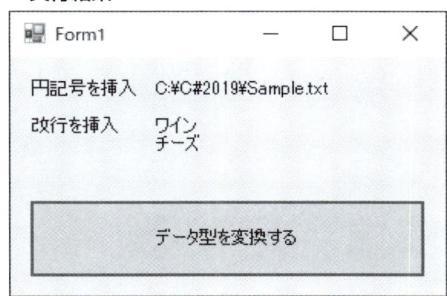

■主なエスケープシーケンスの種類

種類	内容
¥'	シングルクォーテーション
¥"	ダブルクォーテーション
¥¥	円記号
¥0	Null
¥a	ビープ音
¥b	バックスペース
¥f	改ページ
¥n	改行
¥r	キャリッジリターン
¥t	水平タブ
¥v	垂直タブ

リスト1 文字列の途中にエスケープシーケンスを挿入する（ファイル名：pg130.sln、Form1.cs）

```
private void Button1_Click(object sender, EventArgs e)
{
    string s1 = "ワイン";
    string s2 = "チーズ";

    label3.Text = "C:¥¥C#2019¥¥Sample.txt";
    label4.Text = s1 + "¥n" + s2;
}
```

> **さらにワンポイント**
> テキストボックスに表示する文字列を改行するには、改行復帰コード「¥r¥n」を使います（ラベルに表示する文字列は、改行コード「¥n」で改行できます）。
> また、**Environment.NewLine プロパティ**を使って改行することもできます。Environment.NewLine プロパティは、現在の環境で定義されている改行文字列を取得します。「string1 + Environment.NewLine + string2」のように記述します。

基本プログラミングの極意

 **さらに ワンポイント** C#のコードは、任意の位置で Enter キーを押して改行でき、1つのステートメントを複数行に渡って記述できます。ただし、キーワードの途中などでは改行できません。

Tips
131 文字列をそのまま利用する

▶ Level ● ○ ○
▶ 対応
COM　PRO

ここが ポイント です! → 逐語的リテラル文字列（@）

逐語的リテラル文字列を使って文字列を指定すると、円記号や改行をそのまま文字列に含めることができます。

逐語的リテラル文字列は、先頭に「@」（アットマーク）を付け、「"」（ダブルクォーテーション）で囲みます。ただし、逐語的リテラル文字列にダブルクォーテーションを含める場合は、ダブルクォーテーションを2つ続けて記入します。

▼逐語的リテラル文字列

```
@" 文字列 "
```

リスト1では、逐語的リテラル文字列を使って指定した文字列をラベルに表示します。

▼実行結果

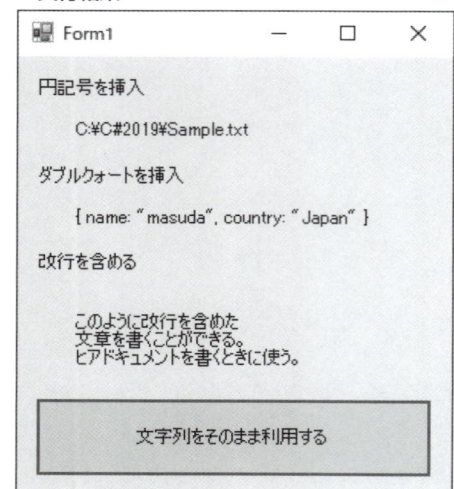

リスト1 文字列をそのまま利用する（ファイル名：pg131.sln、Form1.cs）

```csharp
private void Button1_Click(object sender, EventArgs e)
{
    // パスを示す
    label3.Text = @"C:\2019\Sample.txt";
    // JSON形式
    label4.Text = @"{ name: ""masuda"", country: ""Japan"" }";
    // 改行を含む文字列
    label5.Text = @"
このように改行を含めた
文章を書くことができる。
ヒアドキュメントを書くときに使う。
";
}
```

さらに
ワンポイント
JSON形式については、Tips470の「JSON形式で結果を返す」を参照してください。

Tips
132

▶Level ●○○○
▶対応
COM　PRO

ここが
ポイント
です！

文字列に変数を含める

挿入文字列（$）

変数と文字列を組み合わせて1つの文字列にしたい場合、文字列の前に「$」（ドル記号）を付けると、文字列の中で「{ }」（中カッコ）で囲まれた変数名の部分を、変数の値に置き換えられます。

中カッコ内には、変数名のほかに、プロパティを指定することもできます。

▼挿入文字列

```
$"文字列{ 変数 }…"
```

リスト1では、文字列に変数とプロパティ値を組み合わせて表示しています。

基本プログラミングの極意

▼実行結果

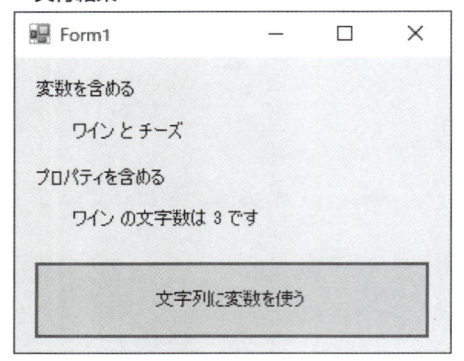

リスト1 文字列の中に変数名やプロパティ値を含める（ファイル名：pg132.sln、Form1.cs）

```csharp
private void Button1_Click(object sender, EventArgs e)
{
    string s1 = "ワイン";
    string s2 = "チーズ";

    label3.Text = $"{s1} と {s2}";
    label4.Text = $"{s1} の長さは {s1.Length} です";
}
```

挿入文字列を指定している場合に、「{」や「}」自体を表示したい場合は、「{{」「}}」のように2つ続けて記入します。

Tips
133

dynamic型を使う

ここが
ポイント
です！ **コンパイル時にチェックされない型の使用（dynamic型）**

▶Level ● ●
▶対応
COM PRO

dynamic型は、object型のようにいろいろなデータ型に対応するデータ型ですが、コンパイル時に演算およびデータ型のチェックが行われません（実行時に行われます）。

したがって、OfficeオートメーションAPIなどのCOM APIやIronPythonライブラリなどの動的API、HTMLドキュメントオブジェクトモデル（DOM）へのアクセスが容易になります。

dynamic**キーワード**は、ローカル変数やフィールド、プロパティ、引数、インデクサー、戻り値などに宣言できます。

リスト1は、dynamic型の使用例です。JSON形式で指定した文字列をデシリアライズしてdynamic型に変換した値を変数oに代入し、変数oを使ってプロパティの値をラベルに表示しています。

▼実行結果

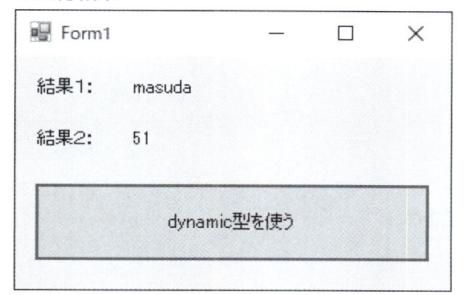

| リスト1 | dynamic型の使用例（ファイル名：pg133.sln、Form1.cs） |

```
private void Button1_Click(object sender, EventArgs e)
{
    string json = @"{ name: ""masuda"", age: 51 }";
    // dynamic 型に変換してプロパティを使う
    var o = (dynamic)JsonConvert.DeserializeObject(json);
    label3.Text = o.name;
    label4.Text = o.age.ToString();
}
```

Tips

134 null許容型を使う

▶Level ● ○ ○

▶対応
COM PRO

**ここが
ポイント
です！**

値型変数でnullを使用可能にする
（？の使用）

object型やstring型などの参照型の変数では、オブジェクトへの参照が格納されますが、参照するオブジェクトが存在しない状態を示すときに**null**を使います。このように通常、nullは参照型の変数で使用し、値型の変数で使用することはありません。

しかし、int型のような値型の変数にデータがまだ代入されていないときにnullを使いたい場合があります。その場合は、変数宣言時にデータ型の後ろに「?」（クエスチョンマーク）を

基本プログラミングの極意

付けます。これを**null許容型**と言います。

▼ null許容型の変数宣言①

> データ型？　値型の変数名；

▼ null許容型の変数宣言②

> データ型？　値型の変数名　=　値；

　リスト1では、null許容型でint型の変数xを宣言し、テキストボックスに値が入力されていない場合にxにnullを代入し、値が入力されていた場合は、テキストボックスの値をint型にキャストして変数xに代入しています。次に変数xがnullの場合と、そうでない場合でラベルに異なる文字列を表示します。

▼ 実行結果1

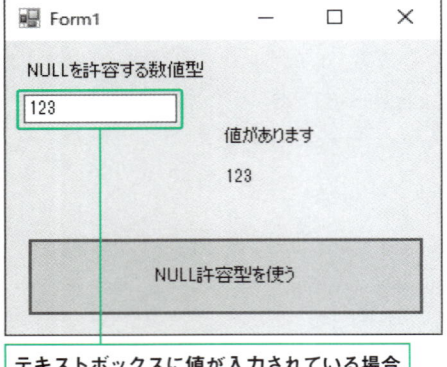

テキストボックスに値が入力されている場合

▼ 実行結果2

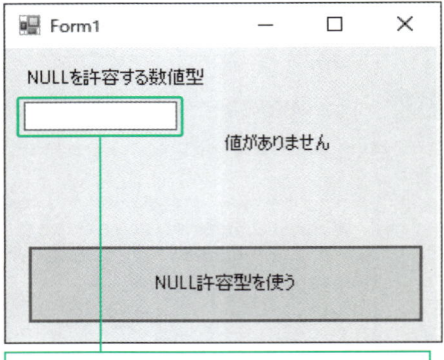

テキストボックスに値が入力されていない場合

リスト1　値型の変数でnullを使う（ファイル名：pg134.sln、Form1.cs）

```
private void Button1_Click(object sender, EventArgs e)
{
    int? x;
    if ( textBox1.Text == "" )
    {
        x = null;
    }
    else
    {
        x = int.Parse(textBox1.Text);
    }

    if ( x is null )
    {
        label1.Text = "値がありません";
        label2.Text = "";
```

```
        }
        else
        {
            label1.Text = "値があります";
            label2.Text = x.ToString();
        }
    }
```

Null許容型で変数を宣言する場合は、必ずデータ型を指定します。varキーワードを使うことはできません。

「int? x;」と記述する代わりに、**Nullable<T>構造体**を使って「Nullable<int> x;」と記述することもできます。

Tips 135 タプルを使う

▶Level ●
▶対応 COM PRO

ここがポイントです！ → 複数のデータをひとまとめにする（タプルの概要）

タプルは、複数のデータをひとまとめにして扱えるようにしたものです。変数の宣言時に値を代入するときに、「( )」内にデータを「,」（カンマ）で区切って指定します。
varキーワードを使って宣言する場合は、次のような構文で指定します。

▼名前のないタプル

```
var 変数名 = ( データ1, データ2, データ3, …);
```

上記の場合、各要素を取り出すには、左から順番にItem1、Item2、Item3、…を使います。
また、各データに名前（フィールド）を指定して宣言することもできます。その場合は「フィールド名：データ」のように「:」（コロン）で区切ります。

▼名前（フィールド名）付きのタプル

```
var 変数名 = ( フィールド名1：データ1, フィールド名2：データ2, フィールド名3：データ3, …);
```

上記の場合、各要素を取り出すには、フィールド名が使えます。
リスト1では、名前のないタプルを宣言し、Item1、Item2、…を使って各要素を取り出し

基本プログラミングの極意

てテキストボックスに表示しています。

　リスト2では、名前付きのタプルを宣言し、フィールド名を使って各要素と取り出してテキストボックスに表示しています。

▼実行結果

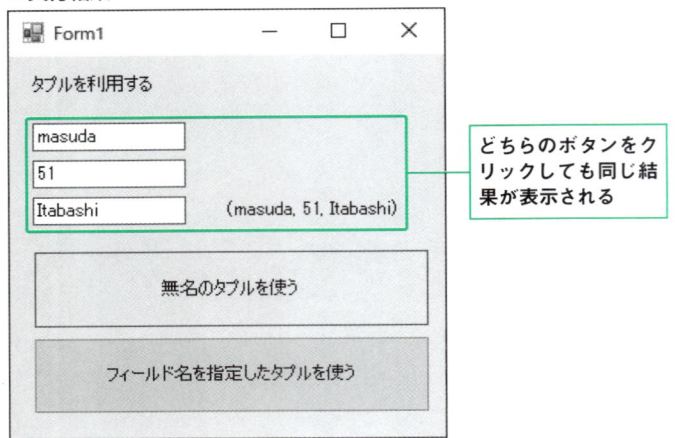

どちらのボタンをクリックしても同じ結果が表示される

リスト1 名前のないタプルを使う（ファイル名：pg135.sln、Form1.cs）

```csharp
private void Button1_Click(object sender, EventArgs e)
{
    var a = ("masuda", 51, "Itabashi");

    textBox1.Text = a.Item1;
    textBox2.Text = a.Item2.ToString();
    textBox3.Text = a.Item3;
    label2.Text = a.ToString();
}
```

リスト2 名前付きのタプルを使う（ファイル名：pg135.sln、Form1.cs）

```csharp
private void Button2_Click(object sender, EventArgs e)
{
    var a = (name: "masuda", age: 51, addrsss: "Itabashi");

    textBox1.Text = a.name;
    textBox2.Text = a.age.ToString();
    textBox3.Text = a.addrsss;
    label2.Text = a.ToString();
}
```

さらにワンポイント

タブルをデータ型を指定して宣言することもできます。その場合は、「(型1, 型2, 型3, …) 変数名 = (データ1, データ2, データ3, …);」のように記述します。
例えば、リスト1を型宣言して記述すると以下のようになります。

```
(string, int, string) a = ("masuda", 51, "Itabashi");
```

4-2 演算

Tips
136 加減乗除などの計算をする

▶ Level ● ○ ○
▶ 対応
COM PRO

ここがポイントです！ 算術演算子や複合代入演算子を使った計算式

　足し算や引き算などの計算は、**演算子**を使って行います。演算子には、計算を行うもののほかに、文字列を連結したり、変数に値を代入したり、比較を行ったりするものなどがあります。
　計算を行う主な演算子には、下の表に示したものがあります。
　リスト1では、ボタンがクリックされたら、変数の値を「20」で割った結果と、変数の値に「20」を加算した結果をラベルに表示しています。

▼実行結果

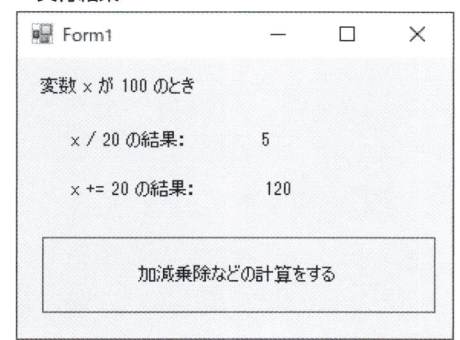

▓ **主な算術演算子**

演算子	説明	例	結果
+	加算	10 + 20	30
-	減算	10 - 5	5
*	乗算	2 * 3	6
/	除算（商は小数）	10.0 / 4	2.5

基本プログラミングの極意

/	除算（商は整数）	10 / 4	2
%	剰余	10 ％ 4	2
++	インクリメント	a++	aに1を加算した結果をaに代入
--	デクリメント	a--	aから1を減算した結果をaに代入

▨ 主な連結代入演算子

演算子	説明	例	結果
+=	右の値を左のオブジェクトに加算	a += 10	aに10を加算した結果をaに代入
-=	右の値を左のオブジェクトから減算	a -= 10	aから10を減算した結果をaに代入
*=	右の値を左のオブジェクトに乗算	a *= 10	aに10を乗算した結果をaに代入
/=	右の値で左のオブジェクトを除算	a /= 10	aを10で除算した結果をaに代入
%=	右の値で左のオブジェクトの剰余	a %= 10	aを10で除算した剰余をaに代入

リスト1 計算を行う（ファイル名：pg136.sln、Form1.cs）

```csharp
private void Button1_Click(object sender, EventArgs e)
{
    int x = 100;

    label1.Text = (x / 20).ToString();  // 100÷20
    x += 20;                            // 100に20を加算
    label2.Text = x.ToString();
}
```

 **さらに ワンポイント** Visual C#で、べき乗を求めるには、Mathクラスの**Powメソッド**を使います。例えば、5の3乗を求めるには、「Math.Pow(5, 3)」と記述します。

Tips 137

▶ Level ●

▶ 対応
COM　PRO

演算子を使って比較や論理演算を行う

ここがポイントです！ ▶ Visual C#で使用する演算子

　値の大小を比較したり、論理積や論理和を求めたりするには、**演算子**を使います。また、文字列を連結したり、変数などに値を代入したりするときにも演算子を使います。

　主な演算子には、次ページの表に示したものがあります。

主な連結演算子

演算子	説明	例	結果
+	文字列を連結	"C#" + "2019"	"C#2019"

主な代入演算子

演算子	説明	例	結果
=	右の値を左のオブジェクトに格納	a = 10	aの値が10になる

主な比較演算子

演算子	説明	例	結果
==	等しい	15 == 30	false
!=	等しくない	15 != 30	true
>	より大きい	15 > 30	false
<	より小さい	15 < 30	true
>=	以上	15 >= 15	true
<=	以下	15 <= 15	true

主な論理演算子

演算子	説明	例	結果
!	論理否定	!(15 < 30)	false
&	論理積	15 < 30 & 3 > 2	true
&	論理積	15 < 30 & 3 < 2	false
|	論理和	15 < 30 | 3 < 2	true
|	論理和	15 > 30 | 3 < 2	false
^	排他的論理和	15 < 30 ^ 3 < 2	true
^	排他的論理和	15 < 30 ^ 3 > 2	false
^	排他的論理和	15 > 30 ^ 3 < 2	false

主なシフト演算子

演算子	説明	例	結果
<<	左シフト	1 << 2	4（2進：00000100）
>>	右シフト	10 >> 2	2（2進：00000010）
>>	右シフト	-10 >> 2	-3（2進：11111101）

> **さらに ワンポイント**
> シフト演算子は、byte 型、short 型、int 型、long 型の数値に対して演算できます。<<演算子は、左辺の数値のビットを右辺で指定した回数分だけ左側にシフトします。このとき、高い桁でデータ型の範囲を超える部分は破棄され、低い桁で空いた桁は「0」になります（負の数値の場合は空いた桁が「1」になります）。例えば、byte 型の「1」は2進数で「0000001」ですが、2つ左にシフトすると「00000100」（10進数で「4」）となります。
> 同様に、>>演算子は、左辺の数値のビットを右辺で指定した回数分だけ右側にシフトします。このとき、右にはみ出た桁は破棄されます。高い桁の空いた桁は「0」になります（負の数値の場合は空いた桁が「1」になります）。例えば、byte 型の「10」は2進数で「00001010」ですが、2つ右にシフトすると「00000010」（10進数で2）となります。「-10」は「11110110」ですが、2つ右にシフトすると「11111101」となります（10進数で「-3」）。

> **さらに ワンポイント**
> 論理演算子には、ほかに&&演算子や||演算子があります。詳細は、Tips138の「複数の条件を判断する」を参照してください。

複数の条件を判断する

Tips 138

▶ Level ●●
▶ 対応
COM **PRO**

ここが ポイント です！ ▶ **論理演算子（&& 演算子、|| 演算子）**

&演算子、または|演算子を使って複数の式を評価する場合、代わりに**&&演算子**または**||演算子**を使うこともできます。

● && 演算子

&演算子（論理積）のように、演算子の両側の式がともに「true」の場合のみ、「true」を返します。

ただし、&演算子と違って、演算子の左側の式が「false」の場合は、右側の式を評価せずに「false」を返します。したがって、パフォーマンスは向上しますが、右側の式の実行が必要な場合は使えません。

▼ && 演算子の書式

    式1 && 式2

● || 演算子

|演算子（論理和）のように、演算子の両側の式のどちらかが「true」の場合に、「true」を返します。

ただし、|演算子と違い、演算子の左側の式が「true」の場合は、右側の式を評価せずに

「true」を返します。したがって、パフォーマンスは向上しますが、右側の式の実行が必要な場合は使えません。

▼ ‖演算子の書式

式1 ‖ 式2

リスト1では、checkBox1とcheckBox2のチェック状況を、button1がクリックされたら&&演算子、button2がクリックされたら‖演算子で判別しています。

▼ 実行結果

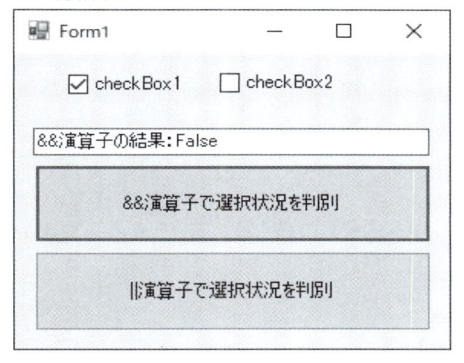

リスト1 &&演算子と‖演算子で判別する（ファイル名：pg138.sln、Form1.cs）

```
private void Button1_Click(object sender, EventArgs e)
{
    bool ret = checkBox1.Checked && checkBox2.Checked;
    textBox1.Text = $"&&演算子の結果：{ret}";
}

private void Button2_Click(object sender, EventArgs e)
{
    bool ret = checkBox1.Checked || checkBox2.Checked;
    textBox1.Text = $"||演算子の結果：{ret}";
}
```

Tips 139 オブジェクトが指定したデータ型にキャスト可能か調べる

▶Level ●

▶対応
COM　PRO

ここが
ポイント
です！

データ型の互換性の有無を取得（is演算子）

　オブジェクトが指定したデータ型に**キャスト**可能かどうか調べるには、**is演算子**を使います。

　キャスト可能な場合、is演算子は「true」を返します。キャストできない場合は「false」を返します。

▼is演算子の書式

```
オブジェクト is データ型
```

　リスト1では、ボタンをクリックされたら、フォーム上のすべてのコントロールを参照し、ボタンコントロールが見つかったら、ボタンコントロールのTextプロパティに文字列「"Clicked!"」を代入しています。

▼実行結果

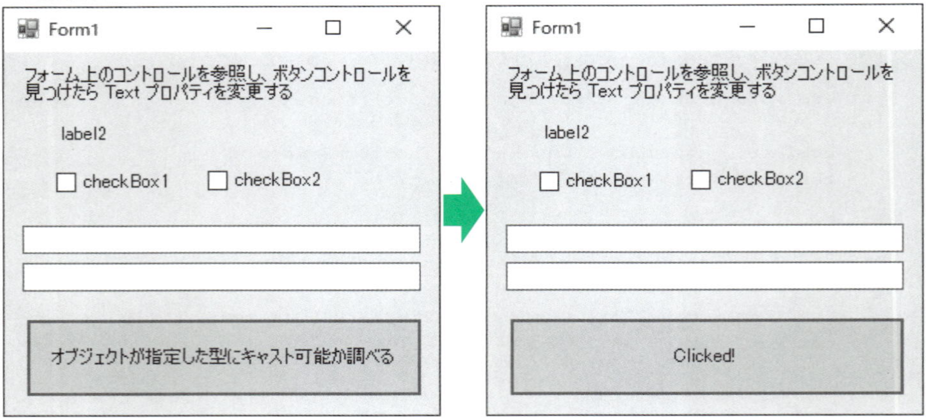

リスト1　オブジェクトのデータ型を比較する（ファイル名：pg139.sln、Form1.cs）

```csharp
private void Button1_Click(object sender, EventArgs e)
{
    foreach (Control obj in Controls)
    {
        if (obj is Button)          // Buttonと等しい場合
        {
```

```
            obj.Text = "Clicked!";  // プロパティの値を変更
        }
    }
}
```

さらに ワンポイント　オブジェクト参照が等しいかどうか取得するには、**==演算子**を使います。例えば、変数x がbutton1を参照しているか調べるには「x == button1」と記述します。または、**Equalsメソッド**を使って「x.Equals(button1)」のように記述します。button1を参照 している場合は「true」が返されます。

Tips 140

▶Level ● ○ ○
▶対応
COM　PRO

null値を変換する

ここが ポイント です!　null値を変換する （null合体演算子、??の使用）

　null合体演算子の**??演算子**を使うと、変数に代入する値が**null**の場合に、代入する値を指 定することができます。

　これにより、変数にnullが代入されることを防ぐことが可能です。

　式1の値がnullでない場合は式1の値が代入され、nullの場合は式2の値が代入されます。

▼ ??演算子の書式

```
式1 ?? 式2
```

　リスト1では、ボタンがクリックされたら、テキストボックスが未入力の場合は、NULL許 容型の変数xにnullを代入し、nullでない場合は、テキストボックスの値をint型に変換して 代入します。

　次に、変数xの値がnullの場合は0となるように、??演算子を使って指定しています。

基本プログラミングの極意

▼実行結果

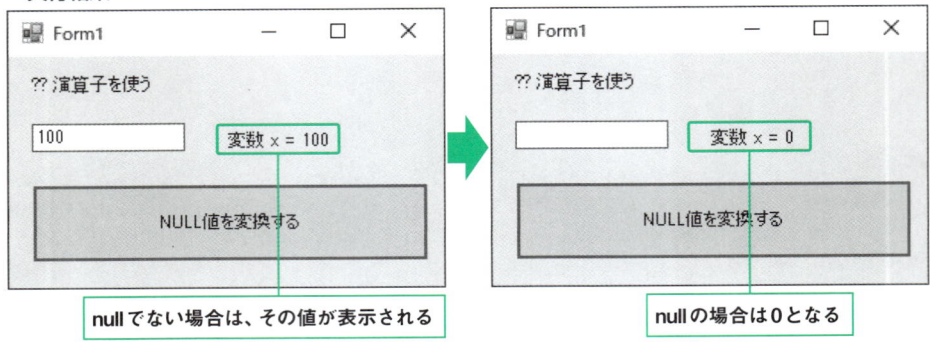

null でない場合は、その値が表示される

null の場合は 0 となる

リスト1 オブジェクトのデータ型を比較する（ファイル名：pg140.sln、Form1.cs）

```csharp
private void Button1_Click(object sender, EventArgs e)
{
    int? x;

    if ( textBox1.Text == "" )
    {
        x = null;
    }
    else
    {
        x = int.Parse(textBox1.Text);
    }

    label2.Text = "変数 x = " + (x ?? 0).ToString();
}
```

4-3 日付と時刻

現在の日付と時刻を取得する

ここがポイントです! > **システム日付とシステム時刻
（DateTime.Today プロパティ、
DateTime.Now プロパティ）**

　現在のシステム日付を取得するには、**DateTime 構造体**の**Today プロパティ**を使います
（時刻も「00:00:00」として取得されます）。

▼現在のシステム日付を取得する

```
DateTime.Today
```

また、現在の日付と時刻を取得するには、DateTime構造体の**Nowプロパティ**を使います。

▼現在の日付と時刻を取得する

```
DateTime.Now
```

取得した日付および時刻から、DateTime構造体のプロパティとメソッドで日付のみ、または時刻のみ取得できます。

例えば、**ToShortDateStringメソッド**で短い形式の日付をstring型で取得でき、**ToShortTimeString**メソッドで短い形式の時刻を取得できます。

リスト1では、Nowプロパティで取得した日時から、**ToLongDateStringメソッド**で長い形式の日付を取得し、**ToLongTimeStringメソッド**で長い形式の時刻を取得して、それぞれ表示しています。

▼実行結果

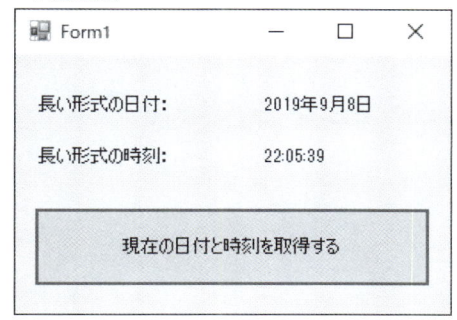

| リスト1 | 現在の日付と時刻を表示する (ファイル名: pg141.sln、Form1.cs) |

```
private void Button1_Click(object sender, EventArgs e)
{
    var dt = DateTime.Now;                  // システム日付を取得
    label1.Text = dt.ToLongDateString();    // 長い形式の日付
    label2.Text = dt.ToLongTimeString();    // 長い形式の時刻
}
```

> **さらにワンポイント** **Date プロパティ**を使うと、Nowプロパティで取得した現在の日時から、日付部分のみ取得できます。
> また、**DayOfYear メソッド**で年間積算日を取得できます。年月日時分秒それぞれの取得については、Tips142の「日付要素を取得する」、Tips143の「時刻要素を取得する」を参照してください。

基本プログラミングの極意

142 日付要素を取得する

ここがポイントです! 指定日の年、月、日を取得（Year プロパティ、Month プロパティ、Day プロパティ）

日付から年、月、日をそれぞれ取得するには、DateTime構造体の**Yearプロパティ**、**Monthプロパティ**、**Dayプロパティ**を使います。

▼日付から年を取得する
```
DateTimeオブジェクト.Year
```

▼日付から月を取得する
```
DateTimeオブジェクト.Month
```

▼日付から日を取得する
```
DateTimeオブジェクト.Day
```

リスト1では、システム日付を取得し、取得した日付から年、月、日を取得して表示しています。

▼実行結果

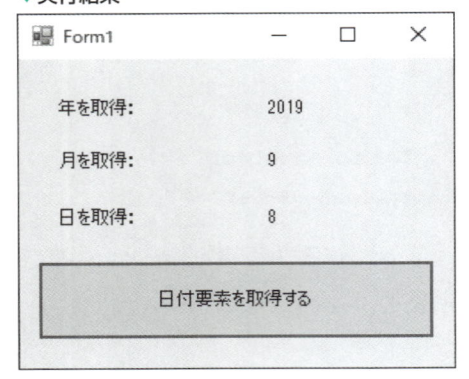

リスト1 年月日を取得する（ファイル名：pg142.sln、Form1.cs）

```
private void Button1_Click(object sender, EventArgs e)
{
    var dt = DateTime.Now;              // 現在の日付を取得
    label1.Text = dt.Year.ToString();   // 年を取得して表示
    label2.Text = dt.Month.ToString();  // 月を取得して表示
```

```
        label3.Text = dt.Day.ToString();        // 日を取得して表示
    }
```

143 時刻要素を取得する

▶ Level ●○○○
▶ 対応
COM PRO

ここがポイントです! **指定時刻の時、分、秒を取得（Hour プロパティ、Minute プロパティ、Second プロパティ）**

時刻から時、分、秒をそれぞれ取得するには、DateTime構造体の**Hour プロパティ**、**Minute プロパティ**、**Second プロパティ**を使います。

▼時刻から時を取得する

```
DateTimeオブジェクト.Hour
```

▼時刻から分を取得する

```
DateTimeオブジェクト.Minute
```

▼時刻から秒を取得する

```
DateTimeオブジェクト.Second
```

リスト1では、システム日付を取得し、取得した時刻から、時、分、秒を取得して表示しています。

▼実行結果

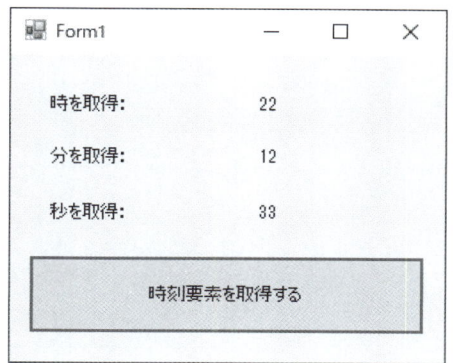

リスト1 時分秒を取得する（ファイル名：pg143.sln、Form1.cs）

```csharp
private void Button1_Click(object sender, EventArgs e)
{
    var dt = DateTime.Now;                   // システム日付を取得
    label1.Text = dt.Hour.ToString();        // 時を取得して表示
    label2.Text = dt.Minute.ToString();      // 分を取得して表示
    label3.Text = dt.Second.ToString();      // 秒を取得して表示
}
```

Tips

144

▶ Level ● ○ ○
▶ 対応
COM PRO

曜日を取得する

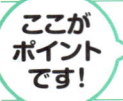
ここが
ポイント
です！

指定日の曜日を取得
（DateTime.DayOfWeek プロパティ）

日付から曜日を取得するには、DateTime構造体の**DayOfWeek プロパティ**を使います。

▼日付から曜日を取得する

```
DateTimeオブジェクト.DayOfWeek
```

DayOfWeek プロパティは、曜日を次ページの表の**DayOfWeek 列挙体**のメンバーで返します。
リスト1では、現在の日付から曜日を取得して、取得したメンバーに応じて、日本語で曜日を表示しています。

▼実行結果

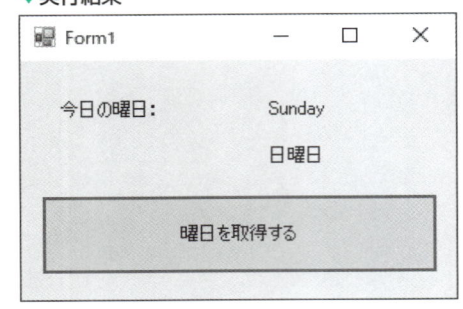

▨ **DayOfWeek列挙体のメンバー**

メンバー	説明	値
Sunday	日曜日	0
Monday	月曜日	1
Tuesday	火曜日	2
Wednesday	水曜日	3
Thursday	木曜日	4
Friday	金曜日	5
Saturday	土曜日	6

リスト1 日付から曜日を取得する（ファイル名：pg144.sln、Form1.cs）

```
private void Button1_Click(object sender, EventArgs e)
{
    var dt = DateTime.Today;    // 今日の日付を取得

    DayOfWeek w = dt.DayOfWeek;
    label1.Text = w.ToString();
    var lst = new List<string>()
    {
        "日曜日", "月曜日", "火曜日", "水曜日",
        "木曜日", "金曜日", "土曜日"
    };
    label2.Text = lst[(int)w];
}
```

さらに
ワンポイント

日付から曜日を文字列で取得するには、**ToStringメソッド**の引数に曜日を表す書式指定子を指定します。詳細は、Tips150の「日付データを日付文字列にする」を参照してください。

Tips
145

一定期間前や後の日付 / 時刻を求める

▶ Level ● ○ ○

▶ 対応
COM　PRO

ここが
ポイント
です！

**指定期間前後の日付 / 時刻を取得
（AddDays メソッド、AddHour メソッド）**

任意の日数を加算した日付を取得するには、DateTime構造体の**AddDays**メソッドを使います。

加算日数は、引数に指定します。指定日数前の日付を取得するには、マイナスの値を指定し

ます。

▼任意の日数を加算した日付を取得する

```
DateTimeオブジェクト.AddDays(日数)
```

　また、任意の時間後の時刻を取得するには**AddHours**メソッド、任意の分数後の時刻を取得するには**AddMinutes**メソッド、任意の秒数後の時刻を取得するには**AddSeconds**メソッドを使います。加算時間または減算時間は、それぞれ引数に指定します。
　リスト1では、現在の日時の5時間前、および10日後の日時を取得して表示しています。

▼実行結果

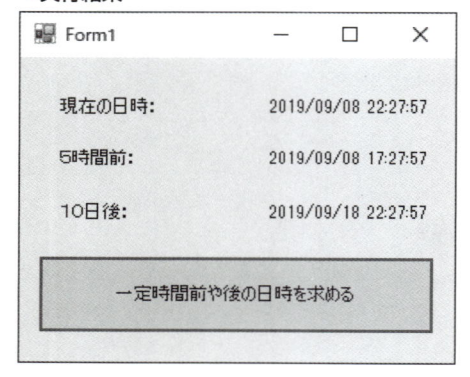

リスト1 指定期間前および後の日付と時刻を取得する（ファイル名：pg145.sln、Form1.cs）

```
private void Button1_Click(object sender, EventArgs e)
{
    var dt = DateTime.Now;                      // 現在の日時を取得
    label1.Text = dt.ToString();
    label2.Text = dt.AddHours(-5).ToString();   // 5時間前の日時を取得
    label3.Text = dt.AddDays(10).ToString();    // 10日後の日時を取得
}
```

さらにワンポイント　任意の年数後の日付を取得するには**AddYears**メソッド、任意の月数後の日付を取得するには**AddMonths**メソッド を使います。これらのメソッドのうち、AddDays、AddHours、AddMinutes、AddSecondsメソッドには、引数に1.5のような小数を指定できます。

2つの日時の間隔を求める

ここがポイントです！ 日時の差を取得（DateTime.Subtract メソッド）

Level ●
対応 COM PRO

DateTime構造体の**Subtractメソッド**を使うと、2つの日時の差を求めることができます。

Subtractメソッドの書式は、次のようになります。

▼2つの日時の差を求める

```
日時1.Subtract(日時2)
```

Subtractメソッドは、引数に指定された時刻、または継続時間を「日時1」から減算します。引数には、減算するDateTime型の日時を指定、または継続時間をTimeSpan型で指定します。戻り値は、DateTime型の日時です。

リスト1では、Button1（[スタート] ボタン）をクリックしてから、Button2（[ストップ] ボタン）をクリックするまでの時間を取得しています。取得した時間は、TimeSpan構造体のTotalSecondsプロパティで秒数として取得して表示します。

▼実行結果

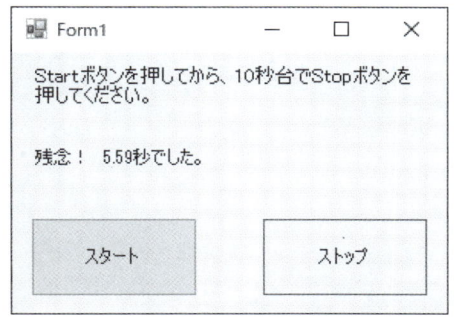

リスト1　2つの日時の差を求める（ファイル名：pg146.sln、Form1.cs）

```csharp
DateTime sTime;  // 開始時刻

private void Button1_Click(object sender, EventArgs e)
{
    sTime = DateTime.Now;  // 開始時の時刻を取得
    label1.Text = "";
}
```

基本プログラミングの極意

```csharp
private void Button2_Click(object sender, EventArgs e)
{
    DateTime eTime = DateTime.Now;      // 終了時の時刻を取得
    var ts = eTime.Subtract(sTime);     // 時刻の差分を求める
    if (ts.Seconds == 10)               // 10秒台のとき
    {
        label1.Text = $"Congraturations! "
            + ts.TotalSeconds.ToString("##.##") + "秒です。";
    }
    else
    {
        label1.Text = "残念！ "
            + ts.TotalSeconds.ToString("##.##") + "秒でした。";
    }
}
```

 **-演算子**を使って差分を求めることもできます。

 TimeSpan型の日時から日数を取得するには**TotalDays プロパティ**、時間を取得するには**TotalHours プロパティ**、分数を取得するには**TotalMinutes プロパティ**を使います。また、日の部分のみ取得するには**Days プロパティ**、時間の部分のみ取得するには**Hours プロパティ**、分の部分のみ取得するには**Minutes プロパティ**、秒の部分のみ取得するには**Seconds プロパティ**を使います。

 年数のみや日数のみなどを加算または減算する場合は、DateTime構造体のAddYearsメソッドやAddDaysメソッドを使います。詳細は、Tips145の「一定期間前や後の日付/時刻を求める」を参照してください。

Tips 147

▶ Level ● ○ ○ ○
▶ 対応 COM PRO

ここがポイントです！

任意の時間間隔を作成する

期間を表すTimeSpanオブジェクトの作成

TimeSpan構造体のコンストラクターを使って、**任意の期間**を表す**TimeSpanオブジェクト**を作成できます。

TimeSpanオブジェクトの値は、「[-] d.hh:mm:ss:ff」で表すことができます（ffは秒の端数）。例えば、2日と12時間23分15秒27は、「2.12:23:15:27」になります。

TimeSpan構造体のコンストラクターの書式は、次のようになります。それぞれの引数には、int型の値を指定します。

▼時間／分／秒を指定する

```
new TimeSpan(時間数, 分数, 秒数)
```

▼日／時間／分／秒を指定する

```
new TimeSpan(日数, 時間数, 分数, 秒数)
```

▼日／時間／分／秒／ミリ秒を指定する

```
new TimeSpan(日数, 時間数, 分数, 秒数, ミリ秒数)
```

リスト1では、任意の期間を3つ作成して表示しています。時間数は24、分数と秒数は60、ミリ秒数は1000になると、1つ上の単位に繰り上がります。例えば、25時間は、1日と1時間になります。

▼実行結果

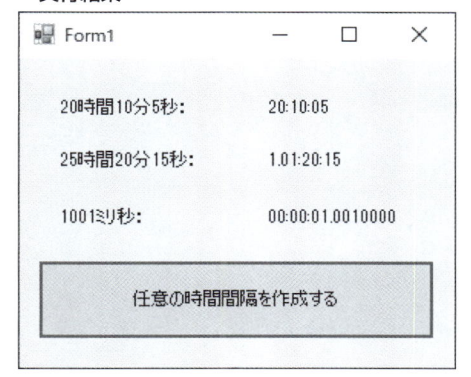

リスト1 任意の時間間隔を作成する（ファイル名：pg147.sln、Form1.cs）

```
private void Button1_Click(object sender, EventArgs e)
{
    var ts1 = new TimeSpan(20, 10, 5);         // 20時間10分5秒
    var ts2 = new TimeSpan(0, 25, 20, 15);     // 0日25時間20分15秒
    var ts3 = new TimeSpan(0, 0, 0, 0, 1001);  // 0秒1001ミリ秒

    label1.Text = ts1.ToString();
    label2.Text = ts2.ToString();
    label3.Text = ts3.ToString();
}
```

Tips
148 任意の日付を作成する

▶ Level ● ○ ○
▶ 対応
COM PRO

ここがポイントです! 日付を表す **DateTime** オブジェクトの作成

DateTime構造体のコンストラクターを使って、**任意の日付**を表す **DateTime オブジェクト**を作成できます。

DateTime構造体のコンストラクターの書式は、次のようになります。それぞれの引数には、int型の値を指定します。時分秒を省略した場合は、時刻が午前0時として作成されます。

▼年/月/日を指定
```
new DateTime(年, 月, 日)
```

▼年/月/日/時/分/秒を指定
```
new DateTime(年, 月, 日, 時, 分, 秒)
```

リスト1では、2つのDateTimeオブジェクトを作成し、日時を表示しています。

▼実行結果

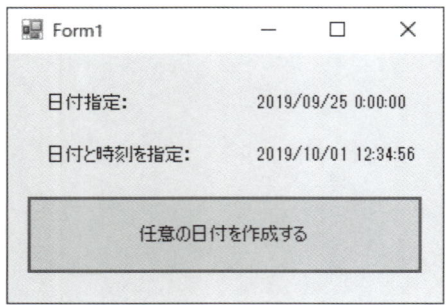

リスト1　任意の日付を作成する（ファイル名：pg148.sln、Form1.cs）

```
private void Button1_Click(object sender, EventArgs e)
{
    var dt1 = new DateTime(2019, 9, 25);
    var dt2 = new DateTime(2019, 10, 1, 12, 34, 56);

    label1.Text = dt1.ToString();
    label2.Text = dt2.ToString();
}
```

 1ヵ月の日数を取得するには、**DateTime.DaysInMonthメソッド**を使います。DaysInMonthメソッドの引数には、対象となる年と月を指定し、「DateTime.DaysInMonth(2016,3)」のように記述します。

 現在の月の日数を取得するには、次のように記述できます。

```
DateTime.DaysInMonth(DateTime.Now.Year, DateTime.Now.Month)
```

Tips 149 日付文字列を日付データにする

▶Level ● ○ ○
▶対応 COM PRO

ここがポイントです!
日付文字列を日付データに変換
(DateTime.Parse メソッド、
DateTime.TryParse メソッド)

日付や時刻を表す文字列を**日付データ**に変換するには、DateTime構造体の**Parseメソッド**または**TryParseメソッド**を使います。

●Parseメソッド
引数に指定された文字列を、そのままDateTime型に変換します。

▼文字列を日付データに変換する
```
DateTime.Parse(文字列)
```

●TryParseメソッド
第1引数の日付文字列が日付に変換可能かチェックし、変換できる場合は「true」を返し、変換したDateTime型の値を第2引数に格納します。変換できない場合は「false」を返します。

▼文字列をチェックしてから日付データに変換する
```
DateTime.TryParse(文字列, DateTimeオブジェクト)
```

リスト1では、ボタンがクリックされたら、テキストボックスに入力された日付文字列を、変換できる場合のみDateTime型に変換して表示しています。

基本プログラミングの極意

▼画面1 日付に変換できない場合

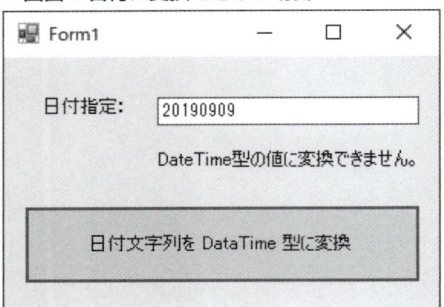

▼画面2 日付に変換できる場合

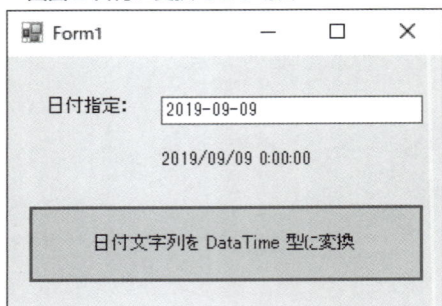

リスト1 日付文字列をDateTime型に変換する（ファイル名：pg149.sln、Form1.cs）

```
private void Button1_Click(object sender, EventArgs e)
{
    DateTime dt;
    bool ret = DateTime.TryParse(textBox1.Text, out dt);
    if (ret)
    {
        label1.Text = dt.ToString();
    }
    else
    {
        label1.Text = "DateTime型の値に変換できません。";
    }
}
```

Tips

150 日付データを日付文字列にする

▶Level ●

▶対応
COM PRO

**ここが
ポイント
です！** 日付データを日付文字列にする
（ToStringメソッド、ToShortDateString
メソッド、ToLongDateStringメソッド）

　日付データを**日付や時刻を表す文字列**に変換するには、**ToString**メソッド、**ToShort
DateString**メソッド、**ToLongDateString**メソッドを使います。

　また、時刻データを文字に変換するには**ToShortTimeString**メソッド、**ToLong
TimeString**メソッドを使います。

　ToStringメソッドの引数で**標準書式指定子**、または**カスタム書式指定子**を指定すると、
様々な形式で日付文字列を取得できます。標準書式指定子、カスタム書式指定子は次ページ
の表の通りです。

▼日付データを文字列にする

```
日付.ToString(書式指定子)
```

　リスト1では、ボタンがクリックされたら、現在の日時を日付文字列にして様々な形式でラベルに表示しています。

▼実行結果

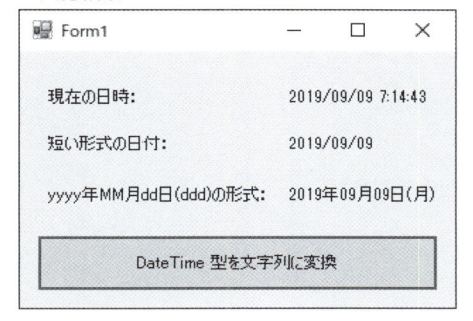

▨ 日付や時刻を文字列に変換するメソッド

メソッド	結果（2020/01/20 6:25:30の場合）
ToString	2020/01/20 11:25:30
ToShortDateString	2020/01/20
ToLongDateString	2020年1月20日
ToShortTimeString	6:25
ToLongTimeString	6:25:30

▨ 日付の主な標準書式指定子

書式指定子	内容
d	短い日付（例　2019/3/10）
D	長い日付（例　2019年3月10日）
t	短い時刻（例　15:02）
T	長い時刻（例　15:02:18）
g	一般の日付と短い時刻（例　2019/3/10 15:02）
G	一般の日付と長い時刻（例　2019/3/10 15:02:18）

▨ 日付の主なカスタム書式指定子

書式指定子	内容
gg	西暦
yy、yyyy	年2桁、年4桁
M、MM、MMMM	月1桁、月2桁、1月～12月
d、dd	日付1桁、日付2桁
ddd、dddd	曜日の省略名、曜日の完全名

h、hh	12時間形式の時間1桁、12時間形式の時間2桁
H、HH	24時間形式の時間1桁、24時間形式の時間2桁
m、mm	分1桁、分2桁
s、ss	秒1桁、秒2桁
f、F	1/10秒、ゼロ以外の1/10秒
tt	午前または午後
%	カスタム書式指定子を1文字で単独で使うときに先頭に記述

リスト1 DateTime型を日付文字列に変換する（ファイル名：pg150.sln、Form1.cs）

```csharp
private void Button1_Click(object sender, EventArgs e)
{
    var dt = DateTime.Now;   // 現在の日時を取得
    label1.Text = dt.ToString();
    label2.Text = dt.ToShortDateString();
    label3.Text = dt.ToString("yyyy年MM月dd日");
}
```

4-4 制御構造

Tips
151
▶Level ●
▶対応
COM PRO

条件を満たしている場合に処理を行う

ここがポイントです！

条件に一致/不一致で処理を分岐（ifステートメント）

条件に一致する場合と、一致しない場合で異なる処理を行うときは、**ifステートメント**を使います。

条件1を満たす場合のみ処理を行うには、次の書式のように記述します。

▼ifステートメントの書式

```
if (条件式1)
{
    処理1;
}
```

この場合は、「条件式1」が成立する場合（式の結果がtrueの場合）のみ、「処理1」が行われます。「処理1」は、複数行に渡って記述できます。条件式は**&&演算子**や**||演算子**を使って複数記述できます。

また、条件を満たさない場合（falseの場合）に別の処理を行うには、次の書式のように記

述します。

▼ if～elseステートメントの書式

```
if （条件式1）
{
    条件式1がtrueのときの処理；
}
else
{
    条件式1がfalseのときの処理；
}
```

　「条件式1」が成立しない場合、別の条件式の成立可否によって処理を分けるには、次の書式のように記述します（elseブロックは省略できます）。

▼ if～else if～elseステートメントの書式

```
if （条件式1）
{
    条件式1がtrueのときの処理；
}
else if （条件式2）
{
    条件式2がtrueのときの処理；
}
else
{
    どちらも成立しないときの処理；
}
```

　リスト1では、まずテキストボックスが空欄かどうか、そして空欄でない場合はint型の数値に変換できるかどうかをチェックし、それぞれの結果に応じてラベルに文字列を表示しています。

　なお、int.TryParseメソッドについては、Tips129の「文字列から数値データに変換する」のワンポイントを参照してください。また、ここで使用しているreturnステートメントは、メソッドの実行を終了し、呼び出し側のメソッドに制御を戻します。

▼実行結果

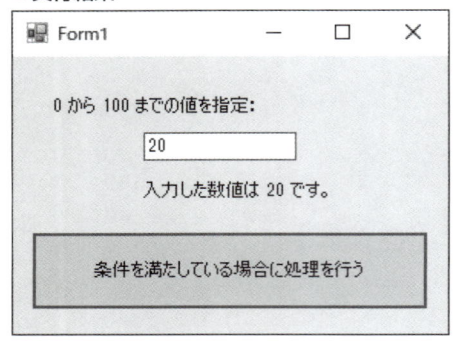

リスト1 条件が成立するかどうかで処理を分岐する (ファイル名:pg151.sln、Form1.cs)

```csharp
private void Button1_Click(object sender, EventArgs e)
{
    int num = 0;
    // 入力されているかどうかをチェック
    if ( textBox1.Text == "" )
    {
        label1.Text = "数値を入力してください";
        return;
    }
    // 数値かどうかをチェック
    if ( int.TryParse( textBox1.Text, out num ) == false )
    {
        label1.Text = "数字で入力してください";
        return;
    }
    // 範囲をチェック
    if ( num < 0 || num > 100 )
    {
        label1.Text = "範囲を正しく入力してください";
        return;
    }
    // 数値を表示する
    label1.Text = $"入力した数値は {num} です。";
}
```

ifブロックやelseブロックなど各ブロック内にも、ifステートメントを記述できます。ブロック内にブロックを記述した状態を**ネスト(入れ子)** と言います。

Tips 152 式の結果に応じて処理を分岐する

▶ Level ● ○ ○

▶ 対応
COM　PRO

ここがポイントです！

1つの式の複数の結果に応じた処理を作成（switchステートメント）

1つの式の複数の結果それぞれに応じて処理を行うには、**switchステートメント**を使います。

switchステートメントの書式は、次のようになります。

▼switchステートメントの書式①

```
switch （式）
{
    case 値1:
        式の値が値1である場合の処理；
        break；
    case 値2:
        式の値が値2である場合の処理；
        break；
    :
    :
    defalt:
        どの値とも一致しない場合の処理；
        break；
}
```

最後の**defaltステートメント**は、省略可能です。

複数の値で同じ処理を行う場合は、次のように**caseステートメント**を連続して記述します。

▼switchステートメントの書式②

```
switch （式）
{
    case 値1:
    case 値2:
        値1または値2の場合の処理；
        break；
    defalt:
        どの値とも一致しない場合の処理；
        break；
}
```

リスト1では、コンボボックスで選択された値によって、フォームの背景色を変更しています。

▼実行結果

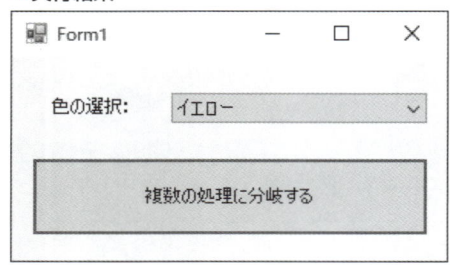

リスト1 式の結果に応じて処理を分岐する（ファイル名：pg152.sln、Form1.cs）

```csharp
private void Button1_Click(object sender, EventArgs e)
{
    switch (comboBox1.Text)
    {
        case "オレンジ":
            BackColor = Color.Orange;
            break;
        case "ブルー":
            BackColor = Color.Blue;
            break;
        case "イエロー":
            BackColor = Color.Yellow;
            break;
        default:
            BackColor = Color.Empty;
            break;
    }
}
```

Tips
153
▶Level ●
▶対応
COM PRO

条件に応じて値を返す

ここが
ポイント
です！

三項演算子で条件文を簡潔にする
（?:演算子）

　三項演算子（条件演算子）の**?:演算子**を使うと、条件に一致する場合の値と、一致しない場合の値を簡単な命令文で記述できます。条件式が「true」の場合は式1の値を返し、「false」の場合は式2の値を返します。

▼ ?:演算子の書式

条件式 ？ 式1 ： 式2

　リスト1では、テキストボックスに入力された値が、「0より小さいまたは、100より大きい」を満たした場合は「-1」を、満たさない場合は入力された値を、それぞれ補正した数値のラベルに表示します。

▼ 実行結果

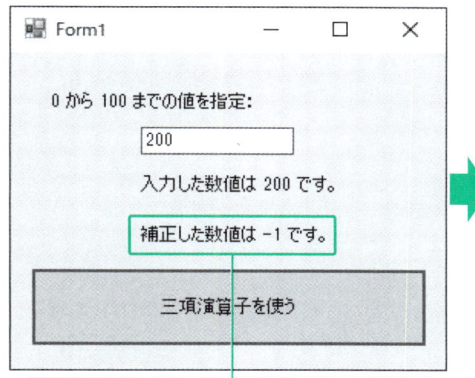

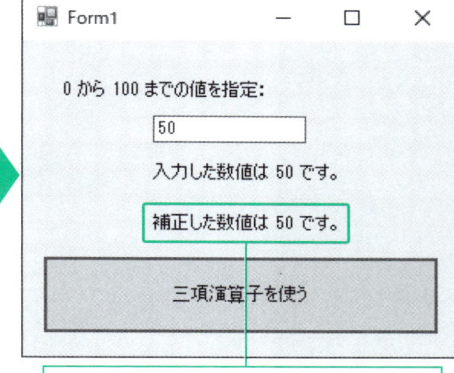

テキストボックスに入力された値が200で、条件を満たすため、補正数値に「-1」と表示される

テキストボックスに入力された値が50で、条件を満たさないため、補正数値に「50」と表示される

リスト1 式の結果に応じて処理を分岐する（ファイル名：pg153.sln、Form1.cs）

```
private void Button1_Click(object sender, EventArgs e)
{
    int num = 0;
    num = int.Parse(textBox1.Text);

    int x = (num < 0 || num > 100) ? -1 : num;
    /* 以下と同じ
    int x = 0;
    if ( num < 0 || num > 100 )
    {
        x = -1;
    }
    else
    {
        x = num;
    }
    */

    label1.Text = $"入力した数値は {num} です。";
    label2.Text = $"補正した数値は {x} です。";
}
```

基本プログラミングの極意

指定した回数だけ処理を繰り返す

ここがポイントです！ **決まった回数のループ処理（forステートメント）**

指定した回数分だけ処理を繰り返す**ループ処理**を行うには、**for ステートメント**を使います。
for ステートメントは、回数を数えるためのカウンター変数を用いて、次の書式で記述します。

▼for ステートメントの書式

```
for （初期化式 ; 評価式 ; 更新式）
{
    繰り返す処理 ;
}
```

初期化式は、最初に1回だけ実行されます。初期化式では、回数を数えるためのカウンター変数に初期値を代入します。

評価式には、ループ処理を繰り返す継続条件を記述します。評価式は、ループするごとに評価され、結果が「true」の間は処理が繰り返され、「false」になったら繰り返し処理を終了します。

更新式には、カウンター変数を増減する式を記述します。更新式は、ループするごとに実行されます。

例えば、初期値を「0」とし、10回繰り返す場合は「for (int i = 0; i < 10; i++)」のように記述します。

何らかの条件などによって、for ステートメントの処理を途中で終了する場合は、**break ステートメント**を使います。

リスト1では、for ステートメントを利用して、「No.1」から「No.10」までの文字列をリストボックスに項目追加しています。

▼実行結果

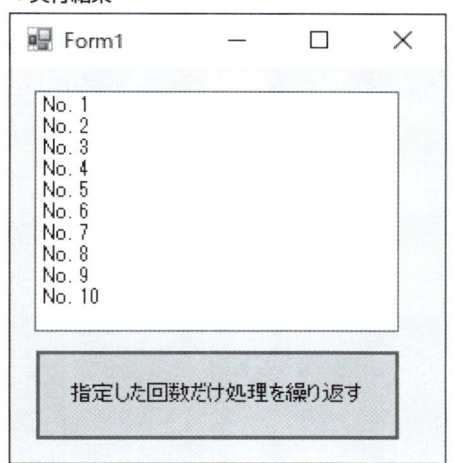

リスト1 回数が決まっているループ処理を行う（ファイル名：pg154.sln、Form1.cs）

```
private void Button1_Click(object sender, EventArgs e)
{
    listBox1.Items.Clear();
    for (int i = 0; i < 10; i++)
    {
        listBox1.Items.Add($"No. {i+1}");
    }
}
```

 forステートメントで宣言しているカウンター変数は、forブロック内でのみ有効です。このような変数を**ブロック変数**と言います。

 ++演算子（インクリメント演算子）は、1を加算します。つまり、「i++」は「i+=1」と同じ結果になります。また、**--演算子**（デクリメント演算子）は、1を減算します。「i--」は「i-=1」と同じ結果になります。

基本プログラミングの極意

Tips
155

▶ Level ● ○ ○
▶ 対応
COM | PRO

条件が成立する間、処理を繰り返す

ここがポイントです!

条件式が「true」の間はループする（whileステートメント）

条件式が成立している間（条件式の結果が「true」の間）は処理を繰り返すには、**whileステートメント**を使います。

▼ whileステートメントの書式

```
while （条件式）
{
    処理；
}
```

whileステートメントでは、最初に条件式が評価され、結果が「true」であれば処理が行われます。処理後、再び条件式が評価され、結果が「true」である間、処理が繰り返されます（結果が「false」になるまで、つまり条件式が成立しなくなるまで繰り返されます）。

最初から条件式の結果が「false」であれば、whileブロック内の処理は一度も行われません。

whileステートメントの処理を、何らかの条件などによって途中で終了する場合は、**break ステートメント**を使います。

リスト1では、初期値を0とする変数iの値が「10」より小さい間ループし、「No.1」から「No.10」までの文字列をリストボックスに項目追加しています。

▼ 実行結果

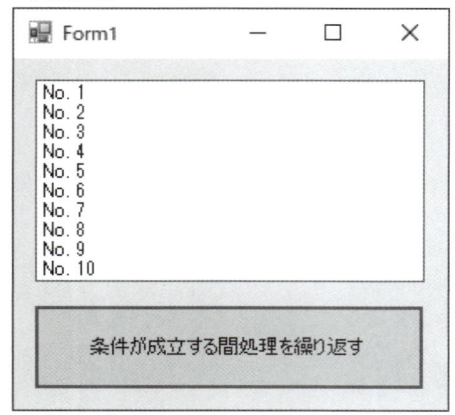

リスト1 条件を満たす間、処理を繰り返す（ファイル名：pg155.sln、Form1.cs）

```csharp
private void Button1_Click(object sender, EventArgs e)
{
    listBox1.Items.Clear();
    int i = 0;
    while( i < 10 )
    {
        listBox1.Items.Add($"No. {i+1}");
        i++;
    }
}
```

さらにワンポイント　条件式が「false」の間ループする場合や、条件式が成立しない間ループする場合は、**!演算子**や**!=演算子**を使って条件式を記述します。!演算子は式の値が「true」の場合のみ「false」を返します。例えば、「変数iが10より大きくない場合」（変数iが10より大きい、が成立しない場合）にループを継続する場合、条件式を「!(i > 10)」のように記述します。

Tips
156

▶Level ●●●

▶対応

COM　PRO

条件式の結果にかかわらず、一度は繰り返し処理を行う

ここがポイントです！　**ループ継続条件式をブロックの最後で評価（do～whileステートメント）**

条件式が成立するしないにかかわらず、一度はループ処理を行うようにするには**do～whileステートメント**を使って、次の書式のようにループ処理を記述します。

▼do～whileステートメントの書式

```
do
{
    処理；
} while（条件式）；
```

do～whileステートメントでは、まず、ブロック内の処理が行われてから、条件式が評価されます。条件式の結果が「true」であれば、ブロック内の処理が繰り返されます。

処理後、再び条件式が評価され、結果が「true」である間、処理が繰り返されます（結果が「false」になるまで、つまり条件式が成立しなくなるまで繰り返されます）。

do～whileステートメントの処理を、何らかの条件などによって途中で終了する場合は、**break**ステートメントを使います。

リスト1では、変数iの値が「10」以下の場合にループしますが、条件式をブロックの最後に評価しているため、変数iが「10」を超えていても1度は実行されます。ここでは、変数iの初期値が100、条件が「i＜10」なので条件を満たさないが、条件判定を最後に行うため、1回だけ処理が実行さる。

▼実行結果

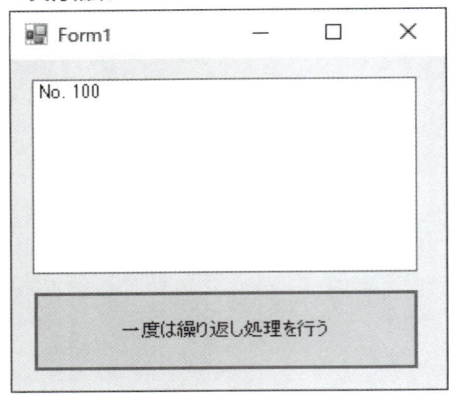

リスト1 　条件を満たすまで処理を繰り返す（ファイル名：pg156.sln、Form1.cs）

```csharp
private void Button1_Click(object sender, EventArgs e)
{
    listBox1.Items.Clear();
    int i = 100;   // 初期値を100にする
    do
    {
        listBox1.Items.Add($"No. {i}");
        i++;
    } while (i < 10);
}
```

Tips 157 コレクションまたは配列に対して処理を繰り返す

▶Level ●○○
▶対応
COM　PRO

ここがポイントです！ コレクションオブジェクトをすべて参照（foreachステートメント）

コレクション内のすべてのオブジェクト、および、配列のすべての要素に対して同じ処理を行うには、**foreachステートメント**を使います。

▼ foreachステートメントの書式

```
foreach （データ型 変数1 in コレクションまたは配列）
{
    処理；
}
```

foreachステートメントでは、ループするごとに、コレクションから要素が変数1に代入されます。したがって、変数1に対して処理を行うことによって、各要素に対して処理を行えます。

何らかの条件などにより、途中でforeachブロックの処理を終了するには、**breakステートメント**を使います。

リスト1では、フォームのグループボックス上のすべてのコントロール（チェックボックス）が選択されているかどうかをチェックして、結果を表示しています。

▼実行結果

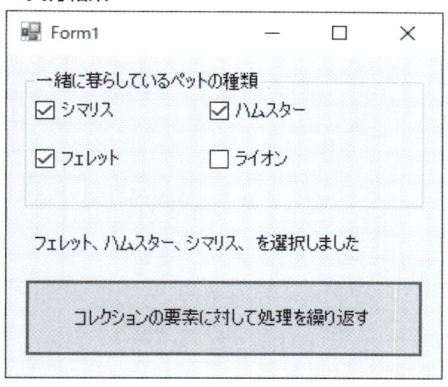

リスト1 コレクションのすべてのオブジェクトを調べる（ファイル名：pg157.sln、Form1.cs）

```csharp
private void Button1_Click(object sender, EventArgs e)
{
    string s = "";
    // / チェック済みを調べる
    foreach( CheckBox chk in groupBox1.Controls )
    {
        if ( chk.Checked )
        {
            s += chk.Text + "、";
        }
    }
    label1.Text = $"{s} を選択しました";
}
```

基本プログラミングの極意

ループの途中で処理を先頭に戻す

▶ Level ●
▶ 対応
COM PRO

ここがポイントです！

繰り返し処理の途中で先頭に戻る（continue ステートメント）

繰り返し処理の途中で、強制的に処理を先頭に戻して次の繰り返し処理に進むには、continue ステートメントを使います。

リスト1では、foreach ブロック内で、if ブロックの処理を終えたら、ループの先頭に処理を戻しています。

▼実行結果

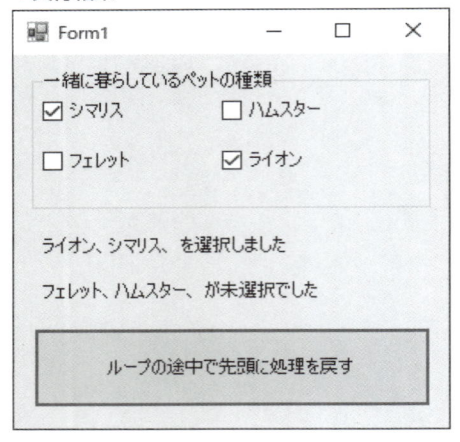

リスト1 　繰り返し処理の先頭に戻る（ファイル名：pg158sln、Form1.cs）

```csharp
private void Button1_Click(object sender, EventArgs e)
{
    string s1 = "";
    string s2 = "";
    // /チェックボックスを調べる
    foreach( CheckBox chk in groupBox1.Controls )
    {
        if ( chk.Checked )
        {
            s1 += chk.Text + "、";
            continue;
        }
        // 残りの項目
        s2 += chk.Text + "、";
```

```
        }
        label1.Text = $"{s1} を選択しました";
        label2.Text = $"{s2} が未選択でした";
}
```

配列を使う

▶Level ●
▶ 対応
COM PRO

ここが ポイント です! 一次元配列と二次元配列の宣言と使用

配列変数を使うと、同じデータ型の関連性のある値をまとめて扱えます。

配列は、それぞれの値に番号を付けてまとめて入れておく変数です。この番号を**インデックス**または**添え字**（そえじ）と言います。インデックスは「0」から始まります。

また、配列の中のそれぞれの値を**要素**と言います。配列の要素に値を代入したり、配列の要素を参照したりするときには、添え字を指定します。

●一次元配列

一次元配列は、値を入れておく配列が横一列に並んだイメージの配列です。次のように宣言します。

▼一次元配列を宣言する

```
データ型 [] 配列変数名 = new データ型 [要素数];
```

インデックスは「0」から始まるため、最初の要素は「配列変数名[0]」、次の要素は「配列変数名[1]」のように記述して参照します。

●二次元配列

二次元配列は、配列が縦横に並んだ表のようなイメージの配列です。次のように宣言します。

▼二次元配列を宣言する

```
データ型 [ , ] 配列変数名 = new データ型 [要素数1, 要素数2];
```

二次元配列で要素を参照するには、「配列変数名[0, 0]」のように記述します。

リスト1では、Button1がクリックされたら、要素数5の配列を宣言し、値を代入して表示

基本プログラミングの極意

しています。また、Button2がクリックされたら、二次元配列を宣言して値を代入し、表示しています。

▼実行結果（一次元配列）

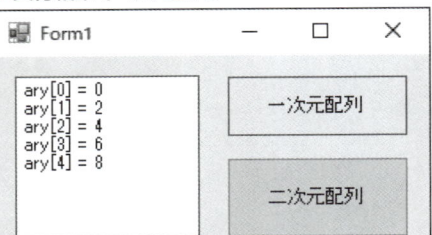

```
ary[0] = 0
ary[1] = 2
ary[2] = 4
ary[3] = 6
ary[4] = 8
```

▼実行結果（二次元配列）

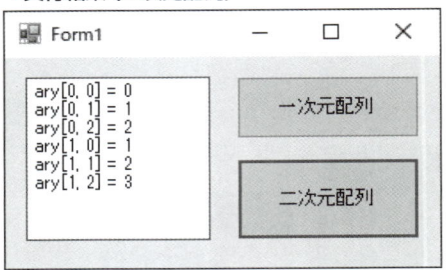

```
ary[0, 0] = 0
ary[0, 1] = 1
ary[0, 2] = 2
ary[1, 0] = 1
ary[1, 1] = 2
ary[1, 2] = 3
```

リスト1 配列を使う（ファイル名：pg159.sln、Form1.cs）

```csharp
private void Button1_Click(object sender, EventArgs e)
{
    var ary = new int[5];
    string s = "";
    for( int i=0; i<ary.Length; i++ )
    {
        ary[i] = i * 2;
        s += $"ary[{i}] = {ary[i]}\r\n";
    }
    textBox1.Text = s;
}

private void Button2_Click(object sender, EventArgs e)
{
    var ary = new int[2, 3];
    string s = "";
    for (int i = 0; i < 2; i++)
    {
        for (int j = 0; j < 3; j++)
        {
            ary[i, j] = i + j;
            s += $"ary[{i}, {j}] = {ary[i, j]}\r\n";
        }
    }
    textBox1.Text = s;
}
```

さらに
ワンポイント

配列変数を宣言するとき、アクセス修飾子を指定できます。アクセス修飾子については、Tips123の「変数を使う」を参照してください。

要素数を省略して配列を宣言し、後で要素数を決定することもできます。詳細は、Tips162の「配列の要素数を変更する」を参照してください。

Tips 160 配列の宣言時に値を代入する

▶ Level ● ○ ○
▶ 対応 COM PRO

ここがポイントです！ **配列宣言時の初期化**

配列の宣言時に値を代入するには、「{ }」（中カッコ）を使います。値は、中カッコの中に、「,」（カンマ）で区切って記述します。記述した値の数が要素数になります。

▼配列の宣言時に値を代入する

```
データ型 [] 配列変数名 = new データ型 []{値1, 値2, 値3, …};
```

リスト1では、配列の宣言と同時に文字列を代入し、コンボボックスで選択された値（インデックス）に対応する要素の値を表示しています。

▼実行結果

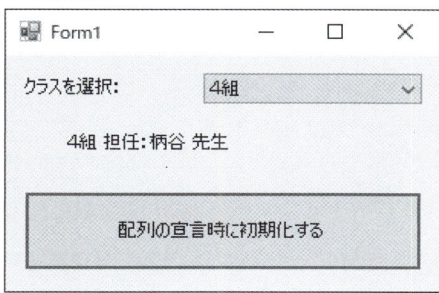

リスト1　配列宣言時に初期化を行う（ファイル名：pg160.sln、Form1.cs）

```
private void Button1_Click(object sender, EventArgs e)
{
    string[] names = { "荒俣", "夢野", "沼", "柄谷", "上野" };
    int index = comboBox1.SelectedIndex;
    if (index == -1)    // 選択されていないとき
    {
        label1.Text = "クラスを選択してください。";
        return;
```

基本プログラミングの極意

```
    }
    label1.Text = comboBox1.SelectedItem
        + $" 担任：{names[index]} 先生";
}
```

 二次元配列の初期化は、次のように行います。

```
int[,] ary = {{0, 2}, {4, 6}, {8, 10}};
```

 コンボボックスの項目は、上から順に「0、1、2、…」とインデックスが振られます。リスト1では、配列の添え字と対応させるために、コンボボックスで選択された項目のインデックスをそのまま利用しました。コンボボックスの詳細は、第3章の「ユーザーインターフェイスの極意」を参照してください。

Tips 161 配列の要素数を求める

▶ Level ●
▶ 対応
COM PRO

ここがポイントです！ 配列の要素数を取得（Length プロパティ、GetLength プロパティ）

　配列の要素数を取得するには、Array クラスの**Length プロパティ**を使います。
　また、二次元配列などの多次元配列で、次元別の要素数を取得するには、**GetLength メソッド**を使います。GetLength メソッドの引数には、要素数を取得する次元を「0」から始まる数値で指定します。
　リスト1では、一次元配列の要素数、および、二次元配列の全要素数と次元別の要素数を取得して表示しています。

▼実行結果

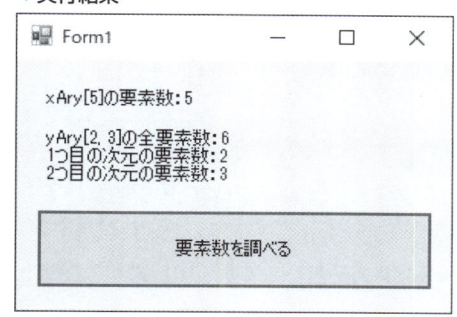

リスト1 配列の要素数を取得する（ファイル名：pg161.sln、Form1.cs）

```
private void Button1_Click(object sender, EventArgs e)
{
    int[] xAry = new int[5];
    int[,] yAry = new int[2, 3];

    label1.Text = $"xAry[5]の要素数：{xAry.Length}";
    label2.Text =
        $"yAry[2, 3]の全要素数：{yAry.Length}\n"
        + $"1つ目の次元の要素数：{yAry.GetLength(0)}\n"
        + $"2つ目の次元の要素数：{yAry.GetLength(1)}";
}
```

配列のインデックスの最大値を取得するには、Arrayクラスの**GetUpperBoundメソッ**ドを使います。GetUpperBoundメソッドの引数には、最大値を取得する次元を指定します。一次元配列の場合は「0」を指定し、「配列変数名.GetUpperBound(0)」のように記述します。

配列の次元数を取得するには、Arrayクラスの**Rankプロパティ**を使います。Rankプロパティの書式は、次のようになります。例えば、一次元であれば「1」、二次元であれば「2」を返します。

配列変数名.Rank

基本プログラミングの極意

162 配列の要素数を変更する

ここがポイントです！

動的配列の利用
（ToListメソッド、ToArrayメソッド）

▶Level ●○○
▶対応
COM PRO

すでに宣言した配列の要素数を変更するには、**new演算子**を使って新しい要素数の配列を生成します。

▼配列の要素数を変更する

    配列変数名 = new データ型 [要素数];

すでに値が代入されている配列の要素数を変更すると、代入されていた値は消去されてしまいます（既定値で初期化されます）。

代入されていた値を消去せずに要素数を変更する方法として、動的に要素の追加や削除などができるリスト（List<T>クラス）を利用します（Tips167の「サイズが動的に変化するリストを使う」を参照してください）。

配列をリストに変換するには、**ToListメソッド**を使います。リストのAddメソッドを使って、要素を必要なだけ追加し、ToArrayメソッドを使って配列に戻します。

リスト1では、要素数3の配列を初期化し、要素数と各要素の値を表示してから、配列をListに変換し、要素を追加したのち、配列に戻し、変更後の要素数と各要素の値を表示します。

▼実行結果

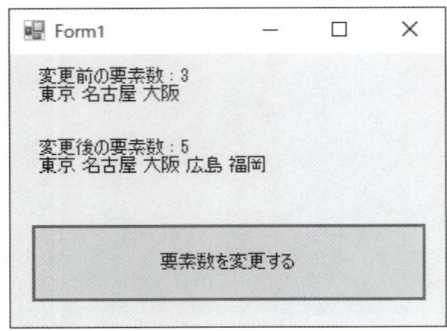

リスト1 動的配列を使う（ファイル名：pg162.sln、Form1.cs）

```
private void Button1_Click(object sender, EventArgs e)
{
    var ary = new string[] { "東京", "名古屋", "大阪" };
    string s1 = $"変更前の要素数 : {ary.Length} ¥n";
    foreach ( var it in ary )
```

```
    {
        s1 += $"{it} ";
    }
    label1.Text = s1;

    var lst = ary.ToList();    // リストに変換
    lst.Add("広島");           // 要素の追加
    lst.Add("福岡");
    ary = lst.ToArray();       // 配列に変換

    string s2 = $"変更後の要素数 : {ary.Length} ¥n";
    foreach (var it in ary)
    {
        s2 += $"{it} ";
    }
    label2.Text = s2;
}
```

Tips 163 配列の配列（ジャグ配列）を利用する

▶Level ●●

▶対応 COM PRO

ここがポイントです！

ジャグ配列の宣言

配列の要素に配列を持つ**ジャグ配列**は、次の書式のように宣言します。

▼ジャグ配列を宣言する

```
データ型 [] [] 配列変数名 = new データ型 [要素数] [];
```

要素の各配列の要素数は、宣言後にそれぞれ割り当てます。ジャグ配列の各要素は、次の書式のように記述して参照します。

▼ジャグ配列の各要素を参照する

```
配列変数名 [インデックス] [インデックス]
```

リスト1では、学校の1年から3年のクラス数を要素とするジャグ配列とし、各クラスの人数を要素の値として代入し、表示しています。

▼実行結果

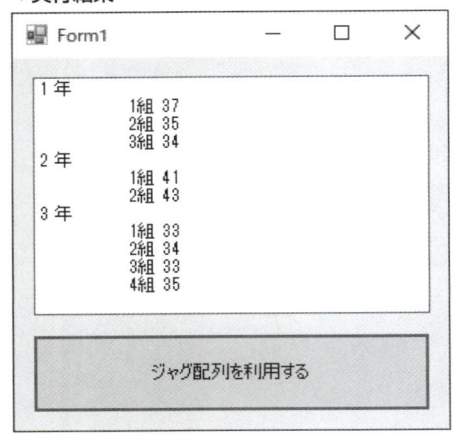

リスト1 ジャグ配列を使う（ファイル名：pg163.sln、Form1.cs）

```csharp
private void Button1_Click(object sender, EventArgs e)
{
    var student = new int[3][];   // ジャグ配列の宣言

    // 0～2までの各要素を、それぞれ要素数と初期値を指定する
    student[0] = new int[3] { 37, 35, 34 };         // 1年を3クラス分
    student[1] = new int[2] { 41, 43 };             // 2年を2クラス分
    student[2] = new int[4] { 33, 34, 33, 35 };     // 3年を4クラス分

    listBox1.Items.Clear();
    for (int i = 0; i < student.Length; i++)
    {
        listBox1.Items.Add($"{i + 1} 年");
        for (int j = 0; j < student[i].Length; j++)
        {
            listBox1.Items.Add($"¥t {j + 1}組 {student[i][j]}");
        }
    }
}
```

さらに
ワンポイント

リスト1では、ジャグ配列を初期化するときに、要素数を指定していますが、次のように
省略して記述することもできます。

```csharp
student[0] = new int[] {37, 35, 34};
```

Tips 164 配列の要素を並べ替える

▶ Level ● ○ ○
▶ 対応
COM PRO

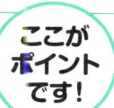 ここがポイントです！

配列の要素のソート（Sortメソッド、Reverseメソッド）

配列の要素の値を昇順でソートするには、ArrayクラスのSortメソッドを使います。

▼要素の値を昇順でソートする

```
Array.Sort(配列変数名)
```

また、配列を、現在と降順でソートするには、Reverseメソッドを使います。

▼要素の値を降順でソートする

```
Array.Reverse(配列変数名)
```

リスト1では、配列のソート前と、Sortメソッドでソート後、Reverseメソッドでソート後、それぞれについて要素を順に表示しています。

▼実行結果

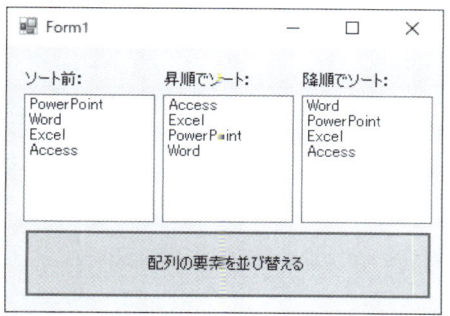

リスト1 配列をソートする（ファイル名：pg164.sln、Form1.cs）

```
private void Button1_Click(object sender, EventArgs e)
{
    var apli =
        new string[] { "PowerPoint", "Word", "Excel", "Access" };

    listBox1.Items.Clear();
    listBox2.Items.Clear();
    listBox3.Items.Clear();
    listBox1.Items.AddRange(apli);  // ソート前
```

基本プログラミングの極意

```
      Array.Sort(apli);              // 昇順でソート
      listBox2.Items.AddRange(apli);
      Array.Reverse(apli);           // 現在と逆順でソート
      listBox3.Items.AddRange(apli);
  }
```

Tips

165

配列をクリアする

▶ Level ● ○ ○ ○
▶ 対応
COM　PRO

ここが ポイント です！ ▶ **配列の要素の値を既定値に設定 （Array クラス、Clear メソッド）**

　配列の要素の値を、まとめてクリアする（データ型に応じて「0」または「false」、「null」にする）には、Array クラスの**Clear メソッド**を使います。
　Clear メソッドは、次の書式のように記述します。

▼配列をクリアする

```
Array.Clear(配列変数名, インデックス, 要素数)
```

　引数のインデックスには、削除する要素の範囲の開始インデックスを指定します。また、要素数には、削除する要素数を指定します。
　リスト1では、[すべてクリアする] ボタンをクリックすると、配列Aryの要素の値を表示してから、すべての要素を削除して再度要素の値を表示し、[部分的にクリアする] ボタンをクリックすると、配列Aryの要素の値を表示してから、削除開始のインデックスが1（2つ目）の要素から2つの要素を削除し、再度要素の値を表示しています。

▼画面1 すべてクリアボタンクリック後

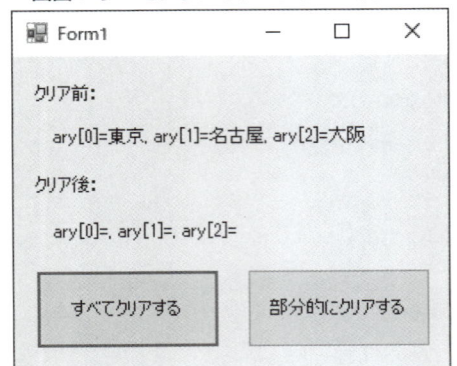

▼画面2 部分的にクリアボタンクリック後

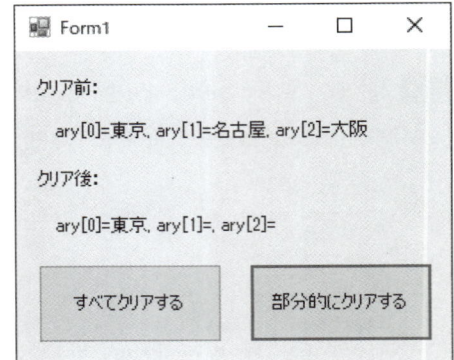

4

リスト1 配列をクリアする（ファイル名：pg165.sln、Form1.cs）

```
private void Button1_Click(object sender, EventArgs e)
{
    string[] ary = { "東京", "名古屋", "大阪" };
    label1.Text = $"ary[0]={ary[0]}, ary[1]={ary[1]},
                  ary[2]={ary[2]}";
    Array.Clear(ary, 0, ary.Length);
    label2.Text = $"ary[0]={ary[0]}, ary[1]={ary[1]},
                  ary[2]={ary[2]}";
}

private void Button2_Click(object sender, EventArgs e)
{
    string[] ary = { "東京", "名古屋", "大阪" };
    label1.Text = $"ary[0]={ary[0]}, ary[1]={ary[1]},
                  ary[2]={ary[2]}";
    Array.Clear(ary, 1, 2);   // 最後の2つの要素をクリア
    label2.Text = $"ary[0]={ary[0]}, ary[1]={ary[1]},
                  ary[2]={ary[2]}";
}
```

 **さらに ワンポイント** new演算子を使って宣言し直すと、配列の全要素をクリアできます。

基本プログラミングの極意

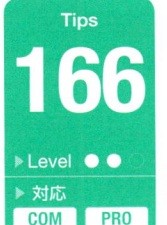

Tips

166 配列をコピーする

▶ Level ● ●
▶ 対応
COM　PRO

ここが ポイント です！ 配列の値を複写、配列を複製 （CopyToメソッド、Cloneメソッド）

　配列の要素の値を、まとめて一度にコピーするには、**CopyTo**メソッドまたは**Clone**メソッドを使います。

● CopyToメソッド

　一次元配列すべての要素の値を、コピー先配列の指定インデックス以降にコピーします。CopyToメソッドは、コピー先配列名とインデックスを指定して次の書式で記述します。

▼インデックスを指定して配列をコピーする

```
コピー元配列名.CopyTo(コピー先配列名, インデックス)
```

● Clone メソッド

配列のすべての要素の値をコピーしたobject型の配列を作成し、作成した配列を返します。

Clone メソッドは、次の書式で記述します。

▼配列をコピーする

```
コピー元配列.Clone()
```

リスト1では、配列ary1を、配列ary2、ary3、ary4に、それぞれCopyToメソッド、Cloneメソッド、代入を実行してから、配列ary1の0番目の要素の値を変更し、それぞれの配列の値を表示しています。配列ary2、ary3の要素の値は変更されませんが、配列ary4はオブジェクト参照のため、変更が反映されます。

▼実行結果

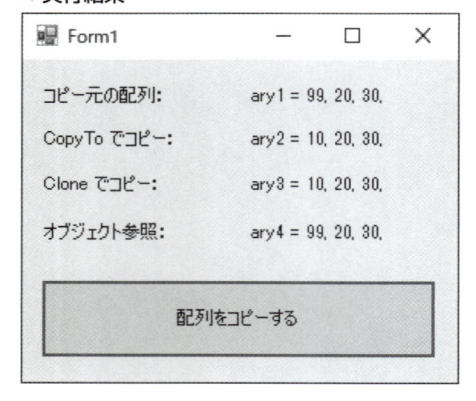

リスト1 配列をコピーする（ファイル名：pg166.sln、Form1.cs）

```csharp
private void Button1_Click(object sender, EventArgs e)
{
    int[] ary1 = { 10, 20, 30 };
    // CopyTo で配列をコピー
    int[] ary2 = new int[ary1.Length];
    ary1.CopyTo(ary2, 0);
    // Clone で配列をコピー
    int[] ary3 = (int[])ary1.Clone();
    // オブジェクトの参照のみ
    int[] ary4 = ary1;

    // 元の配列 ary1 を変更する
    ary1[0] = 99;
```

```
    label1.Text = "ary1 = ";
    label2.Text = "ary2 = ";
    label3.Text = "ary3 = ";
    label4.Text = "ary4 = ";
    foreach ( var it in ary1 )
    {
        label1.Text += $"{it}, ";
    }
    foreach (var it in ary2)
    {
        label2.Text += $"{it}, ";
    }
    foreach (var it in ary3)
    {
        label3.Text += $"{it}, ";
    }
    foreach (var it in ary4)
    {
        label4.Text += $"{it}, ";
    }
}
```

> **さらにワンポイント** 配列の要素を検索するには、ArrayクラスのIndexOfメソッド、LastIndexOfメソッドを使います。**IndexOfメソッド**は配列の先頭から指定した値を検索し、**LastIndexOfメソッド**は配列の末尾から指定した値を検索します。どちらも、最初に見つかったインデックスを返し、見つからなかった場合は「-1」を返します。

4-6 コレクション

Tips 167 サイズが動的に変化するリストを使う

▶Level ●○○
▶対応 COM PRO

ここがポイントです！ **Listの使用（List＜Ｔ＞クラス）**

　配列とよく似た機能に**リスト（List＜Ｔ＞クラス）**があります。リストは、動的に要素の数を変更できるというメリットがあります。ここでは、リストの基本的な作成方法を説明します。

　リスト（List＜Ｔ＞クラス）のインスタンスを生成する場合、＜＞内にデータ型を指定します。このように＜＞内にデータ型を指定してインスタンスを生成するクラスを**ジェネリッククラス**と言います。

基本プログラミングの極意

▼リストのインスタンスを作成する

```
List<データ型> 変数 = new List<データ型>();
```

例えば、int型のリストのインスタンスを生成するには、以下のように記述します。

```
List<int> it =new List<int>();
```

あるいは、次のようにも記述できます。

```
var it =new List<int>();
```

インスタンス生成後に要素を追加するには、**Addメソッド**を使います。Addメソッドは、リストの最後に要素を追加します。また、すべての要素を削除するには、**Clearメソッド**を使います。

Listクラスの主なメソッドは、下の表を参照ください。

リスト1では、[追加] ボタンをクリックすると、string型のリストlstに現在に日時を要素に追加し、表示します。[クリア] ボタンをクリックすると、リストlstの要素を全部削除し、結果を表示します。リストボックスに表示するときに、ToArrayメソッドを使って配列に変換し、リストボックスのAddRangeメソッドを使って追加しています。

▼実行結果

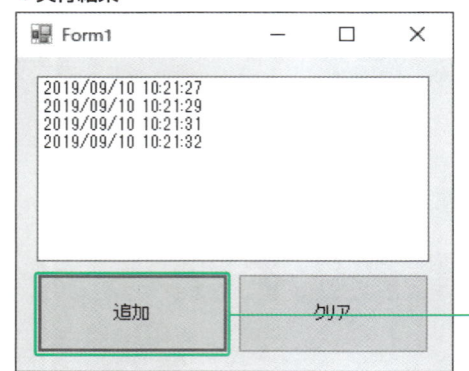

クリックするごとにリストに要素が追加され、リストボックスに表示される

▨**Listクラスの主なメソッド**

メソッド名	内容
Clear	全要素削除
Add	要素追加
AddRange	複数の要素を追加
Remove	指定した要素を削除
RemoveAt	インデックス位置にある要素を削除

リスト1 List＜T＞を作成する（ファイル名：pg167.sln、Form1.cs）

```
List<string> lst = new List<string>();   // List<T>のインスタンス作成

private void Button1_Click(object sender, EventArgs e)
{
    // 項目をひとつ追加
    lst.Add(DateTime.Now.ToString());
    // 結果をリストボックスに表示
    listBox1.Items.Clear();
    listBox1.Items.AddRange(lst.ToArray());
}

private void Button2_Click(object sender, EventArgs e)
{
    // 項目をすべて削除
    lst.Clear();
    // 結果をリストボックスに表示
    listBox1.Items.Clear();
    listBox1.Items.AddRange(lst.ToArray());
}
```

さらに
ワンポイント

List＜T＞クラスは、System.Collections.Generic名前空間にあります。コードウィンドウの先頭に「using System.Collections.Generic;」と記述されていることを確認してください。記述されていない場合は、追加しておきましょう。

さらに
ワンポイント

配列やList＜T＞クラスのように、同じデータ型の要素を複数集めたものを**コレクション**と言います。

Tips
168 リストを初期化する

▶Level ●○○
▶対応
COM PRO

ここが
ポイント
です！

List＜T＞クラスのインスタンスの生成と初期化

　リスト（List＜T＞クラスのコレクション）のインスタンスの生成と同時に初期化する場合は、次のように記述します。

▼リストの生成と同時に初期化する

```
List<型> 変数 =new List<型>{要素1, 要素2, 要素3, …};
```

例えば、以下のように記述すると、3つ数値を持つint型のリストitが作成されます。

```
List<int> it =new List<int>{10, 20, 30 };
```

リストに追加された要素を取得するには、「変数名[インデックス]」の形式で、[ ]内に0から始まるインデックスを指定します。また、要素数を数えるには**Count**メソッドを使います。
リスト1では、リストを初期化後、1つ目の要素と要素数を取得してラベルに表示し、すべての要素をリストボックスに追加しています。

▼実行結果

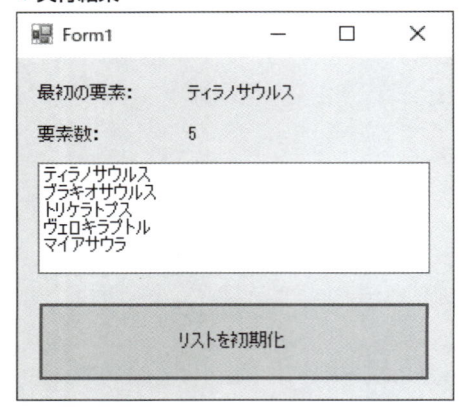

リスト1 リストを初期化する (ファイル名:pg168.sln、Form1.cs)

```csharp
private void Button1_Click(object sender, EventArgs e)
{
    // 宣言と同時に初期化する
    var lst = new List<string>
    {
        "ティラノサウルス",
        "ブラキオサウルス",
        "トリケラトプス",
        "ヴェロキラプトル",
        "マイアサウラ"
    };
    label1.Text = lst[0];
    label2.Text = lst.Count.ToString();
    listBox1.Items.Clear();
    listBox1.Items.AddRange(lst.ToArray());
}
```

Tips 169 リストに追加する

Level ●○○
対応 COM PRO

ここがポイントです！ 要素の追加
（Addメソッド、AddRangeメソッド）

リスト（List<T>クラスのコレクション）に要素を追加するには、**Addメソッド**または**AddRangeメソッド**を使用します。

Addメソッドは、リストの最後に指定した要素を1つ追加します。

▼リストに要素を追加する

```
リスト.Add(要素);
```

AddRangeメソッドは、リストの最後に指定した複数の要素（コレクション）を追加します。

▼リストに複数の要素を追加する

```
リスト.AddRange(コレクション);
```

リスト1では、［追加］ボタン（Button1）をクリックすると、項目を末尾に1つ追加してリストボックスに表示します。［複数追加］ボタン（Button2）をクリックすると、複数の項目を末尾に追加してリストボックスに表示します。

▼画面1 追加ボタンクリック時

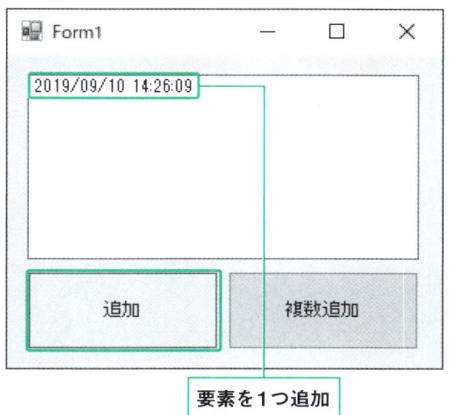

要素を1つ追加

▼画面2 複数追加ボタンクリック時

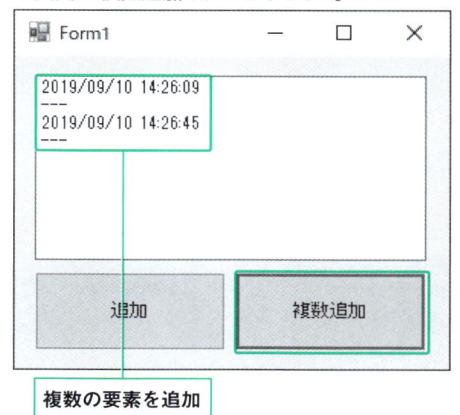

複数の要素を追加

基本プログラミングの極意

リスト1 リストに要素を追加する（ファイル名：pg169.sln、Form1.cs）

```csharp
List<string> lst = new List<string>();

private void Button1_Click(object sender, EventArgs e)
{
    // 項目をひとつ追加
    lst.Add(DateTime.Now.ToString());
    // 表示する
    listBox1.Items.Clear();
    listBox1.Items.AddRange(lst.ToArray());
}

private void Button2_Click(object sender, EventArgs e)
{
    // 複数項目を追加
    lst.AddRange( new List<string> {
        "---",
        DateTime.Now.ToString(),
        "---" } );
    // 表示する
    listBox1.Items.Clear();
    listBox1.Items.AddRange(lst.ToArray());
}
```

 リスト1では、AddRangeメソッドで初期化されたリストのコレクションを指定して追加していますが、配列を指定することもできます。

 **Insertメソッド**を使用すると、指定した位置に要素を挿入できます。例えば、リストlstの先頭に「abc」を追加したい場合は、「lst.Add(0, "abc");」のように記述します。

```
リスト.Insert(インデックス, 要素);
```

Tips 170 リストを削除する

▶ Level ● ○ ○
▶ 対応
COM　PRO

ここが
ポイント
です！

要素の削除
（Remove メソッド、RemoveAt メソッド）

リストから要素を削除する場合、**Clear メソッド**でリスト内のすべての要素を削除します。また、Remove メソッドやRemoveAt メソッドを使うと、指定した要素を削除できます。
Remove メソッドでは、指定した要素を削除します。正常に削除されると「true」を返し、要素が見つからないなど削除されなかった場合は、「false」を返します。

▼指定した要素を削除する

```
リスト.Remove(要素);
```

RemoveAt メソッドでは、指定したインデックスの要素を削除します。

▼指定したインデックスの要素を削除する

```
リスト.RemoveAt(インデックス);
```

リスト1では、フォームを開くときにリストを初期化し、リストボックスに追加します。［先頭を削除］ボタンをクリックすると、先頭の要素（インデックス0）を削除し、結果をリストボックスに表示します。［項目指定で削除］ボタンをクリックすると「トリケラトプス」を削除し、結果をリストボックスに表示します。

▼実行結果

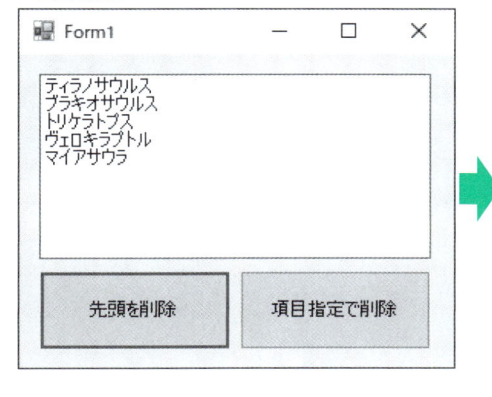

▼［先頭を削除］ボタンクリック時

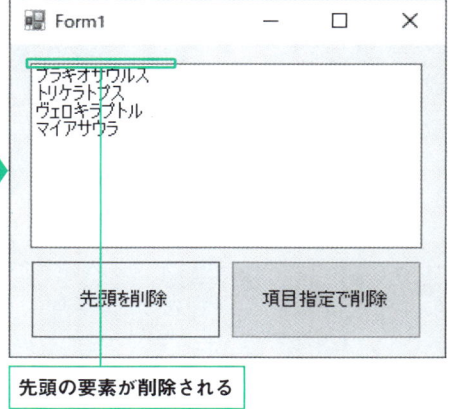

先頭の要素が削除される

▼ [項目指定で削除] ボタンクリック時

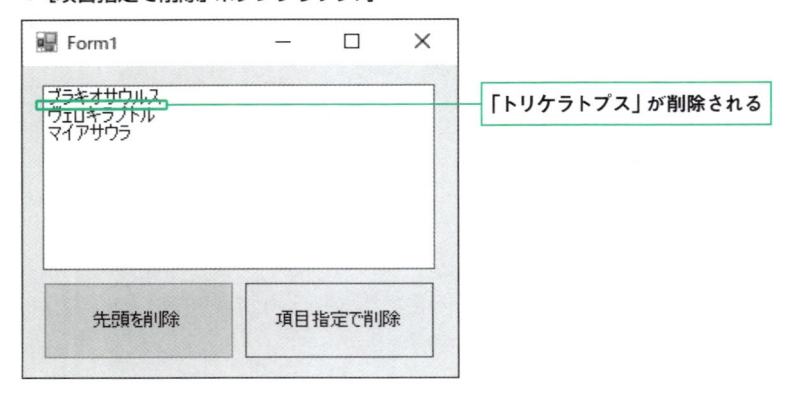

「トリケラトプス」が削除される

リスト1 リストから要素を削除する（ファイル名：pg170.sln、Form1.cs）

```csharp
List<string> lst ;

private void Form1_Load(object sender, EventArgs e)
{
    lst = new List<string>
    {
        "ティラノサウルス",
        "ブラキオサウルス",
        "トリケラトプス",
        "ヴェロキラプトル",
        "マイアサウラ"
    };
    listBox1.Items.AddRange(lst.ToArray());
}

private void Button1_Click(object sender, EventArgs e)
{
    // 先頭の項目を削除
    lst.RemoveAt(0);
    // 表示する
    listBox1.Items.Clear();
    listBox1.Items.AddRange(lst.ToArray());
}

private void Button2_Click(object sender, EventArgs e)
{
    // 項目を指定して削除
    lst.Remove("トリケラトプス");
    // 表示する
    listBox1.Items.Clear();
    listBox1.Items.AddRange(lst.ToArray());
}
```

RemoveRangeメソッドを使用すると、指定したインデックスの要素を開始位置として、指定した要素数だけ削除します。例えば、リストlstのインデックス2から2要素削除する場合は、「lst.RemoveRange(2, 2);」のように記述します。

```
リスト．RemoveRange(インデックス，要素数);
```

Tips

171 リストをコピーする

▶ Level ●●●

▶ 対応
COM PRO

ここが
ポイント
です！

リスト全体のコピーと条件を指定したコピー（ToListメソッド、Whereメソッド）

リストの要素全体をコピーするには、**LINQ**のメソッドを使うと簡単です。LINQについては、Tips287「データベースのデータを検索する」以降を参照してください。

リストに対して**ToListメソッド**を使うと、元のリストと同じ要素のリストを返すので、結果、リスト全体をそのままコピーできます。

また、**Whereメソッド**を使用すると、リスト内で条件に一致する要素を取り出します。Whereメソッドの引数は、ラムダ式を使います。

例えば、「t => t >= 10」の場合、ラムダ演算子（=>）の左が変数（ここではt）、右が条件式（ここではt>=10）になり、要素が10以上の場合という意味になります。

リスト1では、フォームを開くときにリストを初期化し、要素の一覧を左側のリストボックスに表示します。[全コピー] ボタンをクリックすると、ToListメソッドを使って取得したリストの全要素を右側のリストボックスに表示します。[条件を指定してコピー] ボタンをクリックすると、Whereメソッドを使って「ウルス」で終わる要素を取り出し、右側のリストボックスに表示しています。

▼画面1 [全コピー] ボタンクリック時　　▼画面2 [条件を指定してコピー] ボタンクリック時

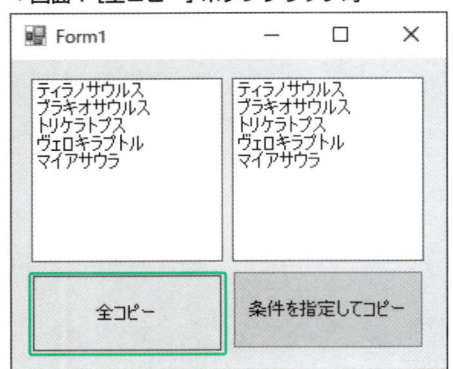 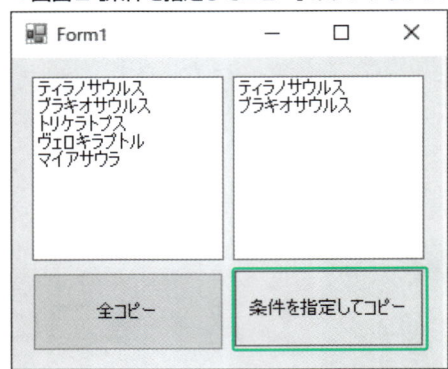

リスト1　リストの要素をコピーする（ファイル名：pg171.sln、Form1.cs）

```csharp
List<string> lst ;

private void Form1_Load(object sender, EventArgs e)
{
    lst = new List<string>
    {
        "ティラノサウルス",
        "ブラキオサウルス",
        "トリケラトプス",
        "ヴェロキラプトル",
        "マイアサウラ"
    };
    listBox1.Items.AddRange(lst.ToArray());
}

private void Button1_Click(object sender, EventArgs e)
{
    // リスト全体をコピー
    var lst2 = lst.ToList();
    // 表示する
    listBox1.Items.Clear();
    listBox1.Items.AddRange(lst.ToArray());
    listBox2.Items.Clear();
    listBox2.Items.AddRange(lst2.ToArray());
}

private void Button2_Click(object sender, EventArgs e)
{
    // 検索しながらコピー
    var lst2 = lst.Where(t => t.EndsWith("ウルス")).ToList();
    // 表示する
    listBox1.Items.Clear();
    listBox1.Items.AddRange(lst.ToArray());
    listBox2.Items.Clear();
```

```
    listBox2.Items.AddRange(lst2.ToArray());
}
```

キーと値がペアの
コレクションを作成する

▶ Level ● ● ●
▶ 対応
COM PRO

ここが
ポイント
です!

Dictionaryの使用
(Dictionary＜TKey,TValue＞クラス)

Dictionary＜TKey,TValue＞クラスは、**キー** (Key) と**値** (Value) のペアを保持しているコレクションです。キーはインデックス番号に相当するもので、キーを使って値を参照します。そのため、キーはほかと重複しないものにします。
Dictionaryクラスは、次の書式で生成します。

▼Dictionaryクラスのインスタンスを生成する

```
Dictionary<Keyの型, Valueの型> 変数 = new Dictionary<Keyの型, Valueの型>();
```

例えば、Keyがint型、Valueがstring型のDictionaryのインスタンスを生成するには、以下のように記述します。

```
Dictionary<int, string> dic = new Dictionary<int, string>();
```

あるいは、次のようにも記述できます。

```
var dic = new Dictionary<int, string>();
```

Dictionaryのインスタンス生成と同時に初期化する場合は、次のように記述します。

▼Dictionaryのインスタンス生成と同時に初期化する

```
Dictionary<Keyの型, Valueの型> 変数 = new Dictionary<Keyの型, Valueの型>()
    {
        { Key0 , Value0 },
        { Key1 , Value1 },
        ...
    };
```

リスト1では、フォームを開くときに、Dictionaryのインスタンス生成時に初期化し、リストボックスに表示します。ボタンをクリックすると、テキストボックスに入力されたキーをコレクションの中で検索し、見つかった値をラベルに表示します。テキストボックスに入力され

基本プログラミングの極意

たキーが存在するかどうかをContainsKeyメソッドを使って調べています

　なお、ContainsKeyメソッドの詳細は、Tips174「キーを指定して値を探す」を参照してください。

▼**実行結果**

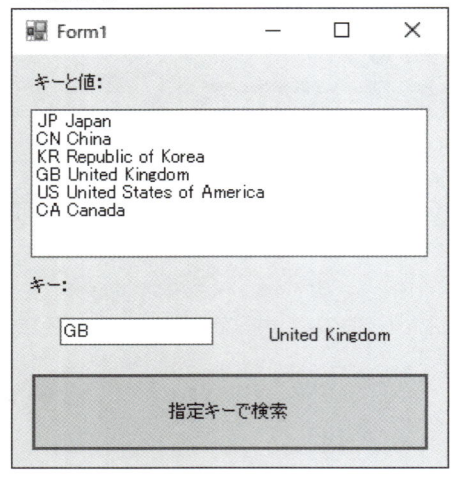

リスト1　**Dictionaryのコレクションを作成する（ファイル名：pg172.sln、Form1.cs）**

```csharp
Dictionary<string, string> dic;

private void Form1_Load(object sender, EventArgs e)
{
    dic = new Dictionary<string, string>()
    {
        {"JP", "Japan"},
        {"CN", "China"},
        {"KR", "Republic of Korea"},
        {"GB", "United Kingdom"},
        {"US", "United States of America"},
        {"CA", "Canada"},
    };
    // リストへ表示
    foreach ( var it in dic )
    {
        listBox1.Items.Add($"{it.Key} {it.Value}");
    }
}

private void Button1_Click(object sender, EventArgs e)
{
    var key = textBox1.Text;
    if ( dic.ContainsKey( key ) == true )
    {
```

```
        label1.Text = dic[key];
    }
    else
    {
        label1.Text = "値が存在しません";
    }
}
```

Tips

173 キーと値のペアを追加する

▶ Level ● ● ○

▶ 対応
COM PRO

ここがポイントです！

Dictionaryコレクションに要素を追加（Addメソッド）

Dictionaryコレクションにキーと値のペアを追加するには、**Addメソッド**を使用します。Keyの値がすでに登録されている場合はエラーになります。

▼キーと値のペアを追加する

```
ディクショナリ.Add(Keyの値, Valueの値);
```

リスト1では、ボタンをクリックすると、テキストボックスに入力されたキーと値をAddメソッドを使ってDictionaryコレクションに追加し、リストボックスにコレクションの一覧を表示します。

▼実行結果

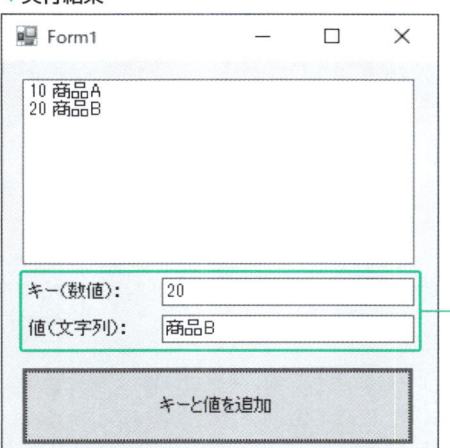

テキストボックスに入力された値をDictionaryコレクションに追加する

基本プログラミングの極意

リスト1 キーと値のペアを追加する (ファイル名：pg173.sln、Form1.cs)

```csharp
Dictionary<int, string> dic = new Dictionary<int, string>();

private void Button1_Click(object sender, EventArgs e)
{
    int id = int.Parse(textBox1.Text);
    string text = textBox2.Text;
    // キーと値を追加
    dic.Add(id, text);
    // 表示
    listBox1.Items.Clear();
    foreach ( var it in dic )
    {
        listBox1.Items.Add($"{it.Key} {it.Value}");
    }
}
```

 さらに
ワンポイント

Addメソッドを使う代わりに、[ ]を使って追加することもできます。例えば、Dictionary「dic」にKeyを10、Valueを「商品A」のペアを追加する場合は、次のように記述します。このとき、コレクションに同じKeyが存在した場合は、値が置き換わります。

```csharp
dic[10] = "商品A"
```

Tips
174

▶Level ●●○
▶対応
COM　PRO

キーを指定して値を探す

ここが
ポイント
です！
Dictionaryコレクションの中でキーを探す（ContainsKeyメソッド）

　Dictionaryコレクションでキーを指定して値を探すには、**ContainsKeyメソッド**を使います。ContainsKeyメソッドは、引数に指定したキーがコレクション内に存在する場合は「true」、存在しない場合は「false」を返します。

　キーに対応する値を参照するには、Keyの値を[ ]内で指定して、「dic["JP"]」のように記述します。

　タプル内の項目を参照する場合は、タプルの1つ目は「dic["JP"].Item1」、2つ目は「dic["JP"].Item2」のように記述します。

　リスト1では、フォームを開くときにインスタンスを生成し、キーと値のペアを追加し、リストボックスに表示しています。このとき、値をタプルにして2つの値を設定しています。ボ

タンをクリックすると、テキストボックスに入力されたキー（例：JP）をコレクションの中で検索し、見つかった場合は、2つ目の値（例：日本）をラベルに表示します。

▼実行結果

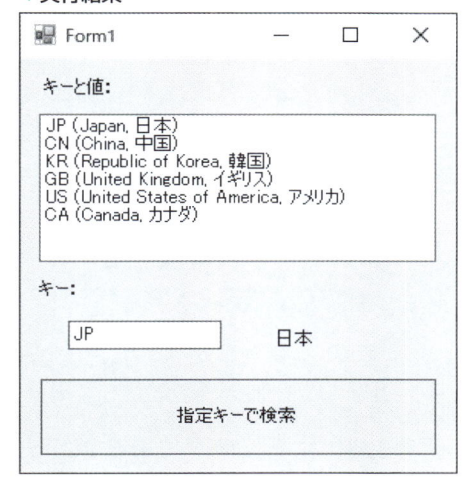

リスト1　キーを指定して値を探す（ファイル名：pg174.sln、Form1.cs）

```
Dictionary<string, ValueTuple<string,string>> dic;

private void Form1_Load(object sender, EventArgs e)
{
    dic = new Dictionary<string, ValueTuple<string, string>>();
    dic.Add("JP", ("Japan","日本"));
    dic.Add("CN", ("China", "中国"));
    dic.Add("KR", ("Republic of Korea","韓国"));
    dic.Add("GB", ("United Kingdom","イギリス"));
    dic.Add("US", ("United States of America","アメリカ"));
    dic.Add("CA", ("Canada","カナダ"));
    // リストへ表示
    foreach ( var it in dic )
    {
        listBox1.Items.Add($"{it.Key} {it.Value}");
    }
}

private void Button1_Click(object sender, EventArgs e)
{
    var key = textBox1.Text;
    if ( dic.ContainsKey( key ) == true )
    {
        label1.Text = dic[key].Item2 ;
    }
    else
```

```
    {
        label1.Text = "値が存在しません";
    }
}
```

175 キーの一覧を取得する

▶Level ●●
▶対応
COM PRO

ここが
ポイント
です！

**Dictionary コレクションにあるキーの
一覧を取得（Keys プロパティ）**

Dictionary コレクションに含まれるすべてのキーを取得するには、**Keys プロパティ**を使います。Keys プロパティは、キーのコレクションを返します。

リスト1では、フォームを開くときにインスタンスを生成し、キーと値のペアを追加し、左側のリストボックスに表示しています。このとき、値をタプルにして2つの値を設定しています。ボタンをクリックすると、コレクションにあるすべてのキーを取得して右側のリストボックスに表示しています。

▼実行結果

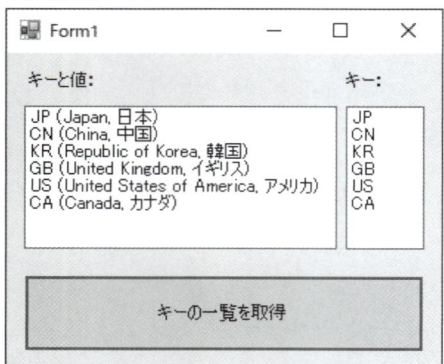

リスト1 コレクション内のすべてのキーをリストボックスに表示する（ファイル名：pg175.sln、Form1.cs）

```
Dictionary<string, ValueTuple<string,string>> dic;

private void Form1_Load(object sender, EventArgs e)
{
    dic = new Dictionary<string, ValueTuple<string, string>>();
    dic.Add("JP", ("Japan","日本"));
```

```
    dic.Add("CN", ("China", "中国"));
    dic.Add("KR", ("Republic of Korea","韓国"));
    dic.Add("GB", ("United Kingdom","イギリス"));
    dic.Add("US", ("United States of America","アメリカ"));
    dic.Add("CA", ("Canada","カナダ"));
    // リストボックスに表示
    foreach ( var it in dic )
    {
        listBox1.Items.Add($"{it.Key} {it.Value}");
    }
}

private void Button1_Click(object sender, EventArgs e)
{
    listBox2.Items.Clear();
    var keys = dic.Keys;
    foreach ( var it in keys )
    {
        listBox2.Items.Add( it );
    }
}
```

さらに
ワンポイント　コレクション内のすべての値を取得するには、**Values プロパティ**を使います。

4-7 メソッド

Tips
176

値渡しで値を受け取る
メソッドを作成する

▶Level ● ○ ○

ここが
ポイント
です！　　▶ **値渡し**

▶ 対応
COM　PRO

　引数で値を受け取るメソッドを作成するには、メソッドを宣言するときに、メソッド名に続く「( )」内に、値を受け取る引数のデータ型と名前を記述します。

▼引数で値を受け取るメソッドを作成する

```
[アクセス修飾子] [戻り値の型]メソッド名(データ型 引数名1[,データ型 引数名2,・・・])
{
    メソッドの処理
}
```

基本プログラミングの極意

　このように宣言すると、渡された値のコピーを引数として受け取ります。したがって、受け取った値をメソッド内で変更しても、値を渡した側のメソッド内の値は変化しません。これを**値渡し**と言います。

　なお、アクセス修飾子については、Tips123の「変数を使う」を参照してください。また、戻り値があるメソッドの宣言については、次のTips177の「値を返すメソッドを作成する」を参照してください。

　リスト1では、2つの数値を引数として受け取るaddメソッドと、2つの文字列を引数として受け取るappendメソッドを作成しています。

　リスト2では、Personクラスのオブジェクトを引数として受け取るmakeStrメソッドを作成しています。

　リスト3では、値を受け取る3つのメソッドを実行し、結果をラベルに表示しています。

▼実行結果

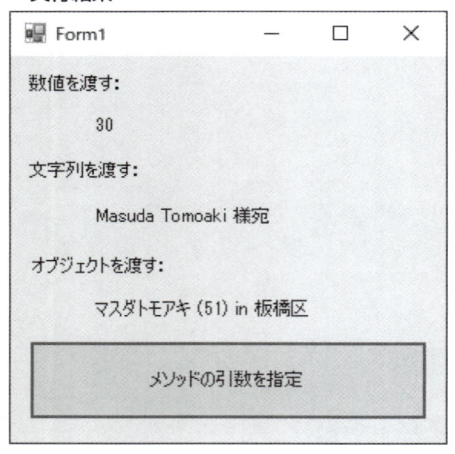

リスト1　**値を受け取るメソッドを作成する（ファイル名：pg176.sln、Form1.cs）**

```
/// 値を受け取るメソッド
int add( int x , int y )
{
    return x + y;
}

/// 文字列を受け取るメソッド
string append( string s1, string s2 )
{
    return s1 + " " + s2 + " 様宛";
}
```

リスト2　**オブジェクトを受け取るメソッドを作成する（ファイル名：pg176.sln、Form1.cs）**

```
/// オブジェクトを受け取るメソッド
```

```csharp
string makeStr( Person p )
{
    return $"{p.Name} ({p.Age}) in {p.Address}";
}
/// Personクラスを作成
class Person
{
    public string Name { get; set; }
    public int Age { get; set; }
    public string Address { get; set; }
}
```

リスト3 値を受け取るメソッドを使う（ファイル名：pg176.sln、Form1.cs）

```csharp
private void Button1_Click(object sender, EventArgs e)
{
    int x = 10;
    int y = 20;
    int z = add(x, y);
    label1.Text = z.ToString();

    string s1 = "Masuda";
    string s2 = "Tomoaki";
    string s3 = append(s1, s2);
    label2.Text = s3;

    var p = new Person()
    {
        Name = "マスダトモアキ",
        Age = 51,
        Address = "板橋区",
    };
    var text = makeStr(p);
    label3.Text = text;
}
```

参照渡しの引数を受け取る（値のアドレスを引数として受け取る）には、データ型の前に**out**キーワードを記述します。参照渡しで受け取った引数の値を変更すると、値を渡した側のメソッド内の値も変更されます。

outキーワードは、このメソッドを呼び出すときにも、呼び出し側で引数の前に記述する必要があります。詳細は、Tips179の「参照渡しで値を受け取るメソッドを作成する」を参照してください。

値を返すメソッドを作成する

戻り値があるメソッドを作成（returnステートメント）

▶ Level ●○○
▶ 対応
COM　PRO

値を返すメソッドを作成するには、メソッドを宣言するときに、メソッド名の前に戻り値のデータ型を記述します。

▼値を返すメソッドを作成する

```
［アクセス修飾子］　データ型　メソッド名（［引数1，引数2，…］）
{
    メソッドの処理
    return 戻り値；
}
```

戻り値は、**returnステートメント**に指定します。returnステートメントを実行すると、メソッドの実行を終わり、呼び出し元に戻ります（アクセス修飾子については、Tips123の「変数を使う」を参照してください）。

リスト1では、数値を返すaddメソッド、文字列を変えるappendメソッド、Person型のオブジェクトを返すmakePersonメソッドを作成しています。そしてPerson型のオブジェクトの元となるPersonクラスを定義しています。

リスト2では、3つのメソッドを使って、戻り値をラベルに表示しています。

▼実行結果

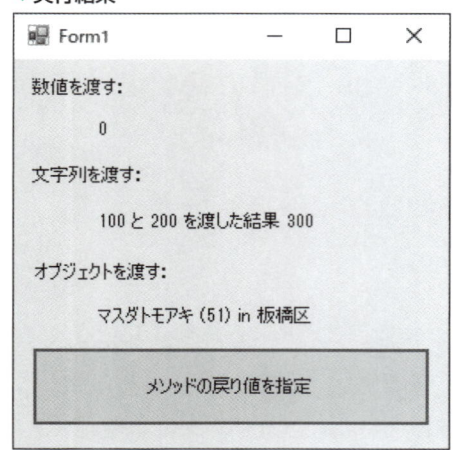

リスト1 戻り値があるメソッドを作成（ファイル名：pg177.sln、Form1.cs）

```
/// 数値を返すメソッド
int add( int x , int y )
{
    if ( x < 0 || y < 0 )
    {
        return 0;
    }
    else
    {
        return x + y;
    }
}
/// 文字列を返すメソッド
string append( int x, int y )
{
    int z = add(x, y);
    return $"{x} と {y} を渡した結果 {z}";
}

/// オブジェクトを返すメソッド
Person makePerson( string name, int age, string address )
{
    var p = new Person()
    {
        Name = name,
        Age = age,
        Address = address,
    };
    return p;
}

// クラスPersonの作成
class Person
{
    public string Name { get; set; }
    public int Age { get; set; }
    public string Address { get; set; }
}
```

リスト2 戻り値があるメソッドを使う（ファイル名：pg177.sln、Form1.cs）

```
private void Button1_Click(object sender, EventArgs e)
{
    int x = -10;
    int y = 20;
    int z = add(x, y);
    label1.Text = z.ToString();
}
```

基本プログラミングの極意

```
    string s3 = append(100,200);
    label2.Text = s3;


    var p = makePerson("マスダトモアキ", 51, "板橋区");
    label3.Text = $"{p.Name} ({p.Age}) in {p.Address}";
}
```

Tips
178

▶ Level ●
▶ 対応
COM PRO

値を返さないメソッドを作成する

ここが
ポイント
です！ ➤ 戻り値がないメソッドを作成（void）

戻り値を返さないメソッドを作成するには、メソッドを宣言するときに、メソッド名の前のデータ型を**void**にします。

▼値を返さないメソッドを作成する
```
［アクセス修飾子］ void メソッド名（［引数1，引数2，…］)
{
    メソッドの処理
}
```

リスト1では、Cupクラスの中で、値を返さないメソッドとしてaddを作成しています。addメソッドは数値を受け取り、数値がMAX値（100）より大きい場合は、MAXをValueプロパティの値に設定し、そうでない場合は受け取った値をそのままValueプロパティに設定しています。

リスト2では、addメソッドを実行し、結果をラベルに表示しています。

▼実行結果

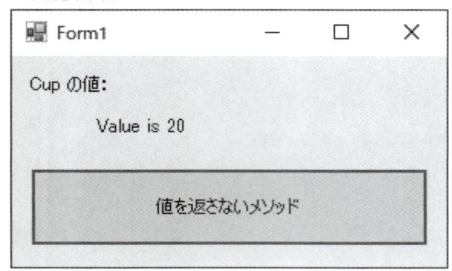

リスト1 戻り値がないメソッドを定義する（ファイル名：pg178.sln、Form1.cs）

```csharp
// クラスの定義
class Cup
{
    int _value = 0;
    const int MAX = 100;
    // 値を返さないメソッドの作成
    public void add( int x )
    {
        _value += x;
        if ( _value > MAX )
        {
            _value = MAX;
        }
    }

    public int Value { get => _value; }
}
```

リスト2 戻り値がないメソッドを使用する（ファイル名：pg178.sln、Form1.cs）

```csharp
// クラスのインスタンス生成
Cup _cup = new Cup();

private void Button1_Click(object sender, EventArgs e)
{
    _cup.add(20);
    label1.Text = $"Value is {_cup.Value}";
}
```

さらに ワンポイント 戻り値を返さないメソッドの場合でも、returnステートメントを実行すると、メソッドの実行を終了して呼び出し元の処理に戻ります（戻り値を指定せずに「return;」と記述します）。

基本プログラミングの極意

Tips 179 参照渡しで値を受け取る メソッドを作成する（out）

▶Level ●

▶対応
COM PRO

ここが
ポイント
です！ ▷ 参照渡し（outキーワード）

参照渡しで値を受け取る（値のアドレスを引数として受け取る）メソッドを作成するには、**out**キーワードを使います。

outキーワードは、メソッドの引数を宣言するときに、以下の書式のようにデータ型の前に記述します。

▼参照渡しで値を受け取るメソッドを作成する（引数の宣言部分）

```
out データ型 引数名
```

引数は変数を指定します。参照渡しで受け取って引数の値を変更すると、値を渡した側のメソッド内の値も変更されます。outキーワードは、このメソッドを呼び出すときにも、呼び出し側で引数の前に記述する必要があります。outキーワードの引数として渡される変数は、メソッドの内部で値を設定する必要があります。

なお、アクセス修飾子については、Tips123の「変数を使う」を参照してください。また、戻り値があるメソッドの宣言については、Tips177の「値を返すメソッドを作成する」を参照してください。

リスト1では、DateTime型の値とstring型の値を参照型で受け取るnowtimeメソッドを作成し、ボタンをクリックしたときにnowtimeメソッドを呼び出して、結果をラベルに表示しています。

リスト2では、クラスを利用した場合の記述例です。ボタンをクリックすると、リスト1と同じ処理を実行します。

▼実行結果1

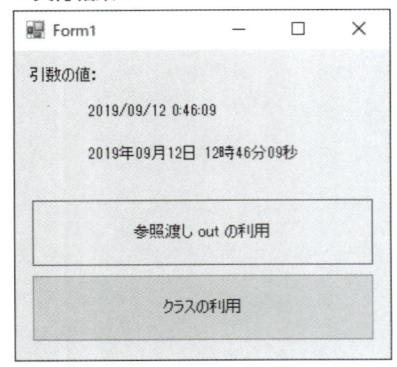

▼実行結果2

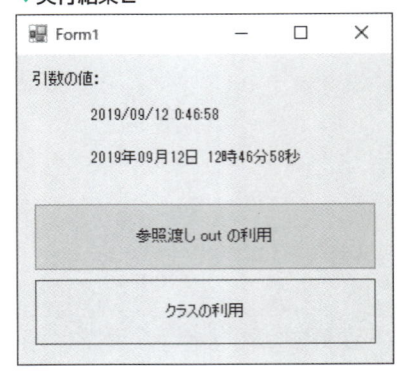

リスト1 outキーワードで参照渡しで値を受け取るメソッドを作成（ファイル名：pg179.sln、Form1.cs）

```
void nowtime( out DateTime dt, out string s )
{
    dt = DateTime.Now;
    s = dt.ToString("yyyy年MM月dd日 hh時mm分ss秒");
}

private void Button1_Click(object sender, EventArgs e)
{
    DateTime dt;                    // 変数dtとsを宣言
    string s;
    nowtime(out dt, out s);         // outキーワードを使ってメソッド呼び出し
    label1.Text = dt.ToString();
    label2.Text = s;
}
```

リスト2 クラスを利用する場合（ファイル名：pg179.sln、Form1.cs）

```
/// クラスを利用する場合
class NowTime
{
    private DateTime _dt = DateTime.Now;
    public DateTime Date => _dt;
    public string Str =>
        _dt.ToString("yyyy年MM月dd日 hh時mm分ss秒");
}

private void Button2_Click(object sender, EventArgs e)
{
    NowTime now = new NowTime();
    label1.Text = now.Date.ToString();
    label2.Text = now.Str;
}
```

Tips
180

参照渡しで値を受け取る
メソッドを作成する（ref）

▶Level ● ○ ○ ○
▶対応
COM PRO

ここが
ポイント
です！

参照渡し（refキーワード）

メソッドを宣言するときに、以下の書式のように、引数のデータ型の前に**refキーワード**を記述すると、outキーワードと同様に、参照渡しで値を受け取る（値のアドレスを引数として受け取る）メソッドが作成できます。

▼参照渡しで値を受け取るメソッドを作成する（引数の宣言部分）

> **ref データ型 引数名**

　引数は、変数で指定します。参照渡しで受け取って、引数の値を変更すると、値を渡した側のメソッド内の値も変更されます。

　refキーワードは、メソッドを定義するときと、呼び出し側のメソッドでこのメソッドを呼び出すときの両方で引数の前にrefキーワードを記述します。refキーワードの引数として渡される変数は、メソッドを呼び出す側であらかじめ初期化する必要があります。

　なお、アクセス修飾子については、Tips123の「変数を使う」を参照してください。また、戻り値があるメソッドの宣言については、Tips177の「値を返すメソッドを作成する」を参照してください。

　リスト1では、DateTime型の値とstring型の値を参照型で受け取るnextyearメソッドを作成し、ボタンをクリックしたときにnextyearメソッドを呼び出して、結果をラベルに表示しています。

　リスト2では、クラスを利用した場合の記述例です。ボタンをクリックすると、リスト1と同じ処理を実行します。

▼実行結果

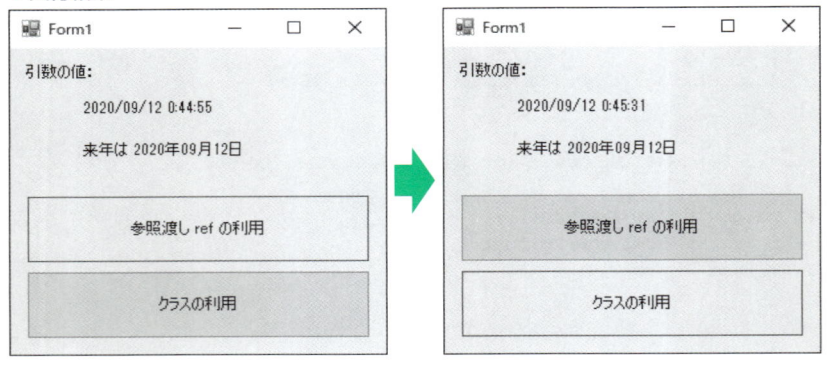

リスト1　refキーワードで参照渡しで値を受け取るメソッドを作成（ファイル名：pg180.sln、Form1.cs）

```csharp
void nextyear( ref DateTime dt, ref string s )
{
    dt = dt.AddYears(1);
    s += dt.ToString("yyyy年MM月dd日");
}


private void Button1_Click(object sender, EventArgs e)
{
    DateTime dt = DateTime.Now;    // 変数dt、sを宣言し、初期化する
    string s = "来年は ";
    nextyear(ref dt, ref s);       // refキーワードを使用してメソッド呼び出し
    label1.Text = dt.ToString();
    label2.Text = s;
}
```

リスト2 クラスを利用した場合（ファイル名：pg180.sln、Form1.cs）

```csharp
/// クラスを利用する場合
class NextYear
{
    private DateTime _dt;
    public NextYear( DateTime dt )
    {
        _dt = dt.AddYears(1);
    }
    public DateTime Date => _dt;
    public string Str( string s ) =>
        s + _dt.ToString("yyyy年MM月dd日");
}

private void Button2_Click(object sender, EventArgs e)
{
    NextYear next = new NextYear(DateTime.Now);
    label1.Text = next.Date.ToString();
    label2.Text = next.Str("来年は ");
}
```

 AddYears メソッドは、引数で指定された年数を加算した日付を返します。

基本プログラミングの極意

配列やコレクションの受け渡しをするメソッドを作成する

Tips 181

▶ Level ● ○ ○
▶ 対応
COM　PRO

ここがポイントです！ 引数と戻り値に配列・コレクションを指定

配列の受け渡しをするメソッドを作成するには、引数と戻り値に配列を指定します。

例えば、string型の配列を受け渡すchangeArrayメソッドを作成する場合のメソッドの宣言部分は、次のように記述できます。

▼配列を受け渡しするメソッドを作成する例
```
public string[] changeArray(string[] ary)
```

また、List＜T＞クラスのコレクションの受け渡しをするメソッドを作成するには、引数と戻り値にList＜T＞を指定します。

例えば、string型のコレクションを受け渡すchangeListメソッドを作成する場合のメソッドの宣言部分は、次のように記述できます。

▼コレクションを受け渡しするメソッドを作成する例
```
public List<string> changeList(List<string> lst)
```

リスト1では、changeArrayメソッドに、引数として配列aryを渡し、戻り値として配列を配列変数ary2に受け取っています。

リスト2では、changeListメソッドに、引数としてリストlstを渡し、戻り値としてリストlst2に受け取っています。

changeArrayメソッド、chageListメソッド共に、受け取った配列、コレクションの各要素をすべて大文字に変換して返します。

▼実行結果

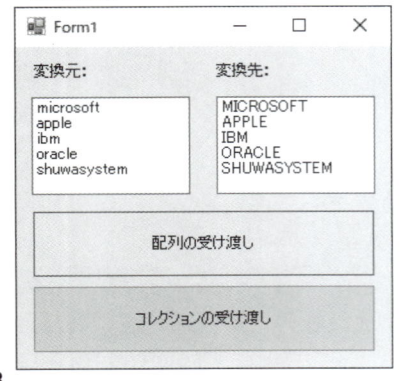

リスト1 配列の受け渡しをするメソッドを作成する（ファイル名：pg181.sln、Form1.cs）

```
public string[] changeArray(string[] ary)   // 配列を引数として受け取るメソッド
{
    var result = new string[ary.Length];
    for (int i = 0; i < ary.Length; i++)
    {
        result[i] = ary[i].ToUpper();        // 配列の各要素をすべて大文字に変換する
    }
    return result;
}

private void Button1_Click(object sender, EventArgs e)
{
    string[] ary =
    {
        "microsoft",
        "apple",
        "ibm",
        "oracle",
        "shuwasystem"
    };
    // 表示する
    listBox1.Items.Clear();
    foreach (var it in ary)
    {
        listBox1.Items.Add(it);
    }
    // 配列を渡してメソッドを呼び出し、配列を受け取る
    string[] ary2 = changeArray(ary);
    // リストボックスに表示する
    listBox2.Items.Clear();
    foreach (var it in ary2)
    {
        listBox2.Items.Add(it);
    }
}
```

リスト2 Listコレクションの受け渡しをするメソッドを作成する（ファイル名：pg181.sln、Form1.cs）

```
public List<string> changeList(List<string> lst) // リストを引数として受け取るメソッド
{
    var result = new List<string>();
    foreach (var it in lst)
    {
        result.Add(it.ToUpper());   // リストの各要素をすべて大文字にしてリストに追加
    }
    return result;
}

private void Button2_Click(object sender, EventArgs e)
```

基本プログラミングの極意

```
{
    List<string> lst = new List<string>
    {
        "microsoft",
        "apple",
        "ibm",
        "oracle",
        "shuwasystem"
    };
    // 表示する
    listBox1.Items.Clear();
    lst.ForEach(it => listBox1.Items.Add(it));
    // コレクションを渡してメソッドを呼び出し、コレクションを受け取る
    var lst2 = changeList(lst);
    // 表示する
    listBox2.Items.Clear();
    lst2.ForEach(it => listBox2.Items.Add(it));
}
```

さらに
ワンポイント

リスト2では、Listコレクションの各要素について、**ForEachメソッド**を使って処理しています。ForEachメソッドは、引数にラムダ式を使って指定します。リスト2では引数に「it => listBox1.Items.Add(it)」と記述しています。ラムダ演算子 (=>) の左が変数 (it)、右が処理で、「コレクションの要素をリストボックスに追加する」という意味になります。

Tips 182 引数の数が可変のメソッドを作成する

▶Level ● ●
▶対応
COM PRO

ここが
ポイント
です！

省略可能な配列を受け取るメソッド（paramsキーワード）

引数の数が可変のメソッドを定義するには、**paramsキーワード**を使います。

paramsキーワードで宣言した引数には、配列または「,」(カンマ)で区切った値のリストを渡すことができ、省略することも可能です。

paramsキーワードは、メソッドの引数を宣言するときに、次の書式のようにデータ型の前に記述します。

▼引数の数が可変のメソッドを作成する(引数の宣言部分)

```
params データ型 [] 引数名
```

paramsキーワードは、メソッドの最後の引数にのみ指定できます。

リスト1では、2つ目の引数をparamsキーワードで宣言したcheckTestメソッドに、1番目の引数のみ渡す場合、2番目の引数を1つ渡す場合、2番目の引数を3つ渡す場合、それぞれのパターンで呼び出し、結果をラベルに表示しています。

▼実行結果

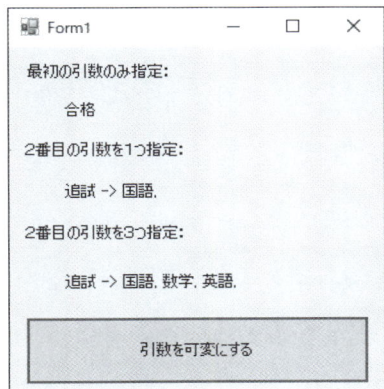

▼リスト1 引数の数が可変のメソッドを使う(ファイル名:pg182.sln、Form1.cs)

```csharp
private string checkTest( bool result, params string[] kamoku )
{
    if ( result == true )
    {
        return "合格";
```

```
    }
    else
    {
        var gouhi = "追試 -> ";
        foreach ( var it in kamoku )
        {
            gouhi += it + ", ";
        }
        return gouhi;
    }
}

private void Button1_Click(object sender, EventArgs e)
{
    // 最初の引数のみ指定
    label1.Text = checkTest(true);
    // 2番目の引数を1つ指定
    label2.Text = checkTest(false, "国語");
    // 2番目の引数を3つ指定
    label3.Text = checkTest(false, "国語","数学","英語");
}
```

 以下のような書式で、引数の宣言時に既定値となる値を設定すると、引数を省略できます。

> データ型 引数名 ＝ 既定値

例えば、「private string Test(int x , string name ＝ "基本")」と指定した場合、nameの既定値が「基本」となり、「Test(10);」と指定すると、xは10、nameは「基本」になります。なお、省略可能な引数を設定する場合は、省略不可の引数を先に指定します。

Tips 183 名前が同じで引数のパターンが異なるメソッドを作成する

▶ Level ● ●

▶ 対応
COM　PRO

ここがポイントです！ > **オーバーロードされたメソッド**

　同じ名前で引数の数が異なるメソッドや、引数のデータ型が異なるメソッド、引数の順番が異なるメソッドをクラス内に複数作成できます。これを**オーバーロード**と言います。
　例えば、MessageBox.Showメソッドのように、いくつかのパターンの引数を持つメソッ

ドを作成できます。

　オーバーロードされたメソッドを呼び出すコードを入力すると、オーバーロードしたメソッドの数だけ、パラメーターヒントが表示されます。

　リスト1では、オーバーロードを使って、メソッド名（add）が同じで引数や処理が異なるメソッドを3つ作成し、それぞれのメソッドを使って、結果をラベルに表示しています。

▼画面1 コード入力時に表示されるパラメーターヒント

```
1 reference
private void Button1_Click(object sender, EventArgs e)
{
    label1.Text = add(10, 20).ToString();
    label2.Text = add("masuda", "tomoaki");
    label3.Text = add(0
              ▲ 3/3 ▼ string Form1.add(string x, string y)
}
± 0   ←  →  |  ✐ ▼
```

→ パラメーターヒント

▼実行結果

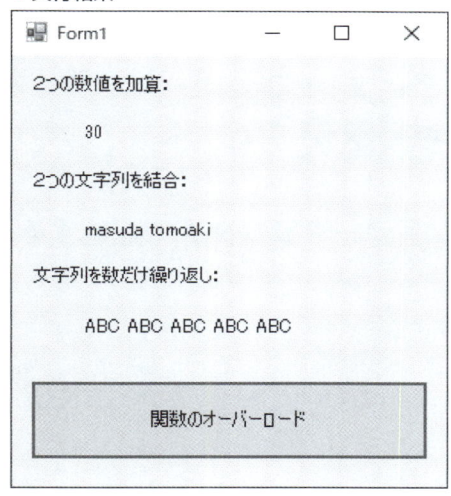

リスト1　オーバーロードされたメソッドを使う（ファイル名：pg183.sln、Form1.cs）

```csharp
// 2つの数値を加算するメソッド
int add( int x, int y )
{
    return x + y;
}
// 2つの文字列を結合するメソッド
string add( string x, string y )
{
    return x + " " + y;
}
// 指定した数だけ文字列を繰り返すメソッド
string add( string x, int n )
```

```
{
    var result = "";
    for( int i=0; i<n; i++ )
    {
        result += x + " ";
    }
    return result;
}

private void Button1_Click(object sender, EventArgs e)
{
    label1.Text = add(10, 20).ToString();
    label2.Text = add("masuda", "tomoaki");
    label3.Text = add("ABC", 5);
}
```

イベントハンドラーを ラムダ式で置き換える

Tips 184

▶Level ●●
▶対応 COM PRO

ここが ポイント です！ ▷ **イベントハンドラーをラムダ式で記述する**

　通常、イベントハンドラーを作成する場合、Windowsフォームデザイナーでコントロールをダブルクリックしたり、プロパティウィンドウでイベントをダブルクリックしたりして、イベントハンドラーの枠組みを自動作成します（Tips011の「イベントとは」を参照してください）。
　例えば、button1ボタンのClick時のイベントハンドラーは、次のように作成されます。

▼イベントハンドラーを作成する例

```
private void button1_Click(object sender, EventArgs e)
{
    処理;
}
```

　ラムダ式を使うと、簡単にイベントハンドラーを作成することができます。
　それには、Form1.csのコードウィンドウ上方にあるForm1メソッド内にコードを記述します（Form1メソッドはForm1フォームを開くときに実行されます）。
　例えば、button1のClick時に実行するイベントハンドラーは、ラムダ式を使って次のように記述できます。

▼ラムダ式でイベントハンドラーを作成する例

```
button1.Click += (s, e) =>
```

```
{
    処理 ;
};
```

+=演算子で、ラムダ式をbutton1のClick時のイベントに関連付けています。変数s、eは、それぞれ、上記のobject型のsender、EventArgs型のeに対応しています。

リスト1では、［ラムダ式で実行］ボタンをクリックすると、ラムダ式で作成したイベントハンドラーが実行され、ラベルに「ラムダ式で実行しました」と表示します。［イベントで実行］ボタンをクリックすると、通常通り作成したイベントハンドラーが実行され、ラベルに「イベントで実行しました」と表示します。

▼画面1 button1ボタンクリック時

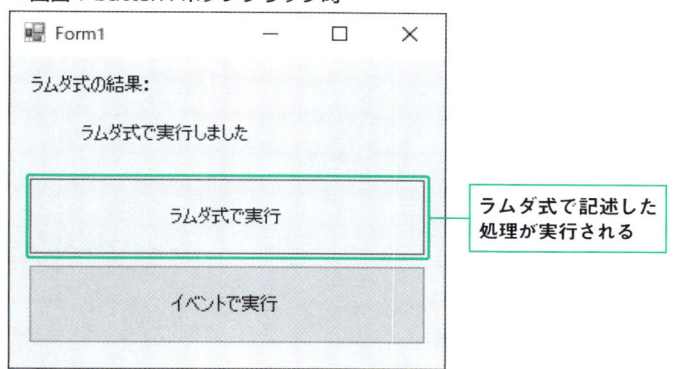

ラムダ式で記述した処理が実行される

リスト1 イベントハンドラーをラムダ式で作成する（ファイル名：pg184.sln、Form1.cs）

```csharp
public Form1()
{
    InitializeComponent();

    button1.Click += (s, e) =>
    {
        label1.Text = "ラムダ式で実行しました";
    };
}

private void Button2_Click(object sender, EventArgs e)
{
    label1.Text = "イベントで実行しました";
}
```

さらにワンポイント Windowsフォームデザイナーは、「button2_Click」メソッドを自動作成すると同時に、button2のClickイベントに自動的に関連付けています。これは、Form1.Desiner.csを開くと確認できます。

基本プログラミングの極意

ラムダ式は、「変数 => 処理」という形式の式です。ラムダ演算子「=>」の左辺に変数、右辺に実行する処理を記述します。変数は()で囲んで指定しますが、変数が1つだけの場合は省略できます。変数が複数ある場合は、リスト1の「(s, e)」のように()で囲みます。
なお、変数の型はコンパイラーにより自動的に判断されるので指定する必要はありませんが、明示的に指定することもできます。
また、右辺の処理が式の場合は、「x => x>=20」(式の意味：xが20以上の場合)のように記述できます。文の場合は、リスト1のように∥で囲んで記述します。

Tips 185 引数のあるラムダ式を使う

▶ Level ●●
▶ 対応
COM　PRO

ここがポイントです！ **LINQメソッドの利用（ForEachメソッド）**

　LINQが利用できるジェネリックのListクラスでは、**ForEachメソッド**でラムダ式を指定できます。
　また、Listクラスの要素にアクセスするときに、**foreachステートメント**を利用できます。

▼要素にアクセスする①

```
foreach ( var x in lst ) {
  // 処理
}
```

　この処理の部分を、次のようにForEachメソッドを使って、ラムダ式で記述します。

▼要素にアクセスする②

```
lst.ForEach( x => 処理 )
```

　リスト1では、Listオブジェクトの各要素に対して、ラムダ式でアクセスした場合とforeachステートメントでアクセスした場合を比較しています。結果は同じになります。

▼実行結果

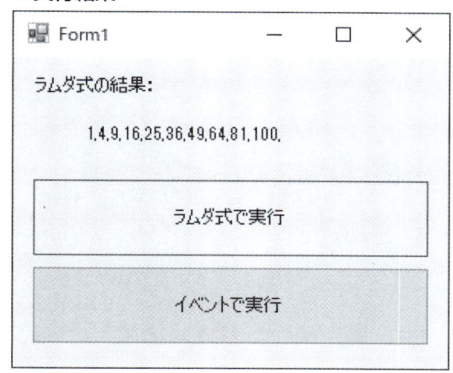

リスト1 オブジェクトの各要素にアクセスする（ファイル名：pg185.sln、Form1.cs）

```
private void Button1_Click(object sender, EventArgs e)
{
    var text = "";
    var lst = new List<int>
        { 1, 2, 3, 4, 5, 6, 7, 8, 9, 10 };
    // ラムダ式で記述
    lst.ForEach(x => text += $"{x * x}," );
    label1.Text = text;
}

private void Button2_Click(object sender, EventArgs e)
{
    var text = "";
    var lst = new List<int>
        { 1, 2, 3, 4, 5, 6, 7, 8, 9, 10 };
    // 一般的な記述方法の場合
    foreach ( var x in lst )
    {
        text += $"{x * x},";
    }
    label1.Text = text;
}
```

ラムダ式を再利用する

Tips **186**

▶Level ● ●

▶ 対応
COM　PRO

ここが
ポイント
です！

ラムダ式の再利用（Func デリゲート）

Func デリゲートを使い、ラムダ式を使って定義したメソッドは、同じクラスのメソッド内で再利用することができます。

Func デリゲートは戻り値があり、任意のデータ型で引数や戻り値を指定できます。引数の数は0～16個まで指定できます。指定する際は、先に引数のデータ型を指定し、最後に戻り値のデータ型を指定します。

例えば、「Func<int, int, string> fnc1 = 処理」としたら、2つのint型の引数を持ち、string型の戻り値のfnc1メソッドという意味になります。処理には、ラムダ式を指定するほか、ほかのメソッドを指定することもできます。

リスト1では、戻り値のあるFunc デリゲートを使い、ラムダ式を用いて_funcメソッドを定義し、初期設定しておきます。[ラムダ式を設定] ボタンをクリックすると、選択されているオプションボタンによって_funcメソッドを再利用し、ラムダ式で処理を変更してます。[ラムダ式を実行] ボタンをクリックすると、設定されているラムダ式が実行され、その結果がラベルに表示されます。

▼実行結果1

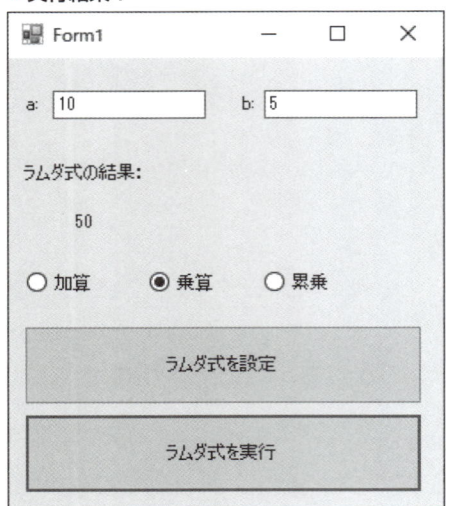

リスト1　ラムダ式を再利用する（ファイル名：pg186.sln、Form1.cs）

```
// 初期のラムダ式を設定しておく
```

```
Func<int, int, int> _func = (x, y) => 0;
// ラムダ式を設定
private void Button1_Click(object sender, EventArgs e)
{
    if ( radioButton1.Checked )
    {
        _func = (x, y) => x + y;
    }
    if (radioButton2.Checked)
    {
        _func = (x, y) => x * y;
    }
    if (radioButton3.Checked)
    {
        _func = (x, y) => (int)Math.Pow((double)x ,(double)y );
    }
}
// ラムダ式を実行
private void Button2_Click(object sender, EventArgs e)
{
    int a = int.Parse(textBox1.Text);
    int b = int.Parse(textBox2.Text);
    int ans = _func(a, b);
    label1.Text = ans.ToString();
}
```

さらにワンポイント　デリゲート (delegate) は、メソッドを変数のように扱う機能で、C言語などの関数ポインターと同じようなものです。デリゲートは、メソッドの処理を動的に入れ替えることができます。あらかじめ定義されているものにFuncデリゲートとActionデリゲートがあります。**Funcデリゲート**は戻り値があり、**Action デリゲート**は戻り値のないデリゲートです。どちらも、引数は0〜16個まで任意の型で指定できます。

Tips 187

メソッド内の関数を定義する

▶Level ●●
▶対応 COM PRO

ここがポイントです！ 内部定義された関数とラムダ式

　メソッド内でのみ使用する関数やラムダ式は、メソッド内で定義してそのまま利用することができます（メソッドの書式は、Tips176の「値渡しで値を受け取るメソッドを作成」や

Tips177の「値を返すメソッドを作成する」を参照してください)。

リスト1では、Button1クリック時のイベントハンドラー内で、int型の引数xとyの合計を戻り値として返すaddメソッドを定義し、addメソッドを使って2つのテキストボックスの値を合計した結果をラベルに表示します。

リスト2では、Button2クリック時のイベントハンドラー内で、Funcデリゲートを使い、ラムダ式を使ってリスト1と同じ処理をするaddメソッドを定義し、2つのテキストボックスの値の合計をラベルに表示します。ここで使用しているFuncデリゲートは、「Func<int, int, int>」は、「Func<引数1の型, 引数2の型, 戻り値の型>」を意味しています。

▼実行結果

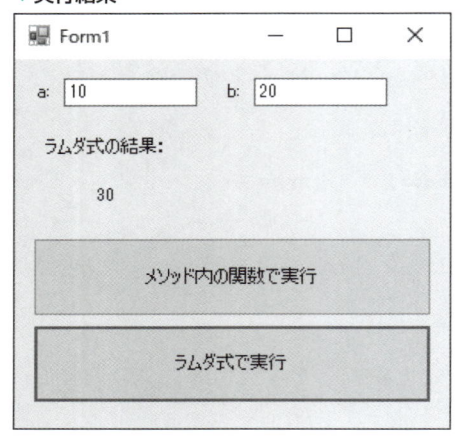

リスト1 メソッド内の関数を定義する（ファイル名：pg187.sln、Form1.cs）

```csharp
private void Button1_Click(object sender, EventArgs e)
{
    // 内部定義された関数
    int add( int x, int y )
    {
        return x + y;
    }

    int a = int.Parse(textBox1.Text);
    int b = int.Parse(textBox2.Text);
    int ans = add(a, b);
    label1.Text = ans.ToString();
}

private void Button2_Click(object sender, EventArgs e)
{
    // 内部定義されたラムダ式
    Func<int, int, int> add = (x, y) => x + y;

    int a = int.Parse(textBox1.Text);
```

```
    int b = int.Parse(textBox2.Text);
    int ans = add(a, b);
    label1.Text = ans.ToString();
}
```

Tips
188
クラスを作成（定義）する

▶Level ●
▶対応
COM PRO

ここが
ポイント
です！
新しいクラスの作成
（class ステートメント）

　Visual C#には、フォームやコントロールのほか、メッセージボックスを表示する MessageBoxクラスや、乱数を取得するRandomクラスなど、様々なクラスがあります。
　こうした**クラス**を新たに宣言して作成するには、**class ステートメント**を使います。
　classステートメントは、基本的には次の書式で記述します。

▼クラスを作成する
```
[アクセス修飾子] class クラス名
{

}
```

　宣言したクラスには、次の項目を定義して完成させます。

●**フィールド（メンバー変数）の宣言**
　クラスで使うメンバー変数である**フィールド**を宣言します。
　宣言時に、privateやpublicなどのアクセス修飾子でアクセスレベルを指定できます。privateの場合はクラス内でのみ参照でき、publicの場合はクラス外からも参照できます（アクセス修飾子については、Tips123の「変数を使う」を参照してください）。

●**コンストラクターの定義**
　クラスの初期設定を行う**コンストラクター**を定義します。コンストラクターは、クラスのインスタンスを生成するとき（new演算子で生成するとき）に実行されます。

●**プロパティの定義**
　値を設定したり取得したりする**プロパティ**を定義します。

基本プログラミングの極意

●メソッドの定義
処理を行う**メソッド**を定義します。

●イベントの定義
何らかの現象が起きたときに通知をする**イベント**を定義します。

作成したクラスは、Visual C#で用意されているクラスと同じように、new演算子を使ってインスタンスを生成し、メソッドやプロパティを利用できます。

▼画面1 クラスの宣言例

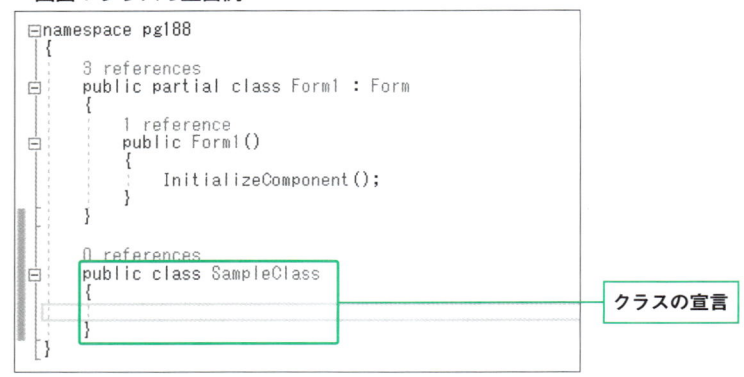

```
namespace pg188
{
    3 references
    public partial class Form1 : Form
    {
        1 reference
        public Form1()
        {
            InitializeComponent();
        }
    }

    0 references
    public class SampleClass       ←── クラスの宣言
    {

    }
}
```

さらに
ワンポイント
クラスファイルを追加して、新たなクラスを定義することもできます。クラスファイルは、[プロジェクト] メニューから [クラスの追加] を選択し、[新しい項目の追加] ダイアログボックスでクラス名を入力して [追加] を選択します。

さらに
ワンポイント
クラスは、構造体とほぼ同じように使うことができます。ただし、クラスは参照型であり、構造体は値型です。

Tips 189 クラスのコンストラクターを作成する

▶Level ●
▶対応
COM PRO

ここがポイントです！ コンストラクターの定義

クラスを初期化する**コンストラクター**を定義するには、クラス内でクラス名と同じ名前のメソッドを作成します。

コンストラクターは、クラスのインスタンスを生成したときに実行されます。

▼クラスのコンストラクターを作成する

```
［アクセス修飾子］ クラス名 （［データ型 引数名1，・・・］）
{
    コンストラクターの処理
}
```

コンストラクターには、メンバー変数の初期化などクラスのインスタンスを生成するときに実行する処理を記述します。

リスト1では、SampleClassクラスにコンストラクターを定義しています。コンストラクターでは、受け取った引数の値とグローバル一意識別子（GUID）でフィールドを初期化しています。

リスト2では、ボタンがクリックされたら、SampleClassクラスのインスタンスを生成し、値とGUIDをラベルに表示しています。

▼実行結果

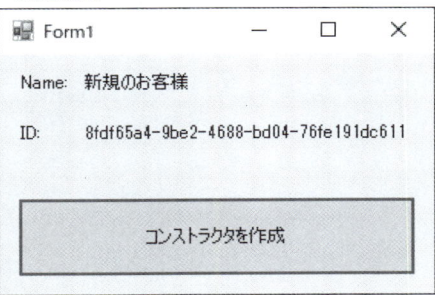

リスト1 クラスのコンストラクターを作成する（ファイル名：pg189.sln、Form1.cs）

```
// SampleClassクラス
public class SampleClass
{
    private string _name;
```

基本プログラミングの極意

```
    private string _id;

    // クラスのコンストラクター
    public SampleClass(string name)
    {
        _name = name;
        _id = Guid.NewGuid().ToString();
    }

    public string Name => _name;
    public string ID => _id;
}
```

リスト2 クラスのインスタンスを生成する（ファイル名：pg189.sln、Form1.cs）

```
private void Button1_Click(object sender, EventArgs e)
{
    var obj = new SampleClass("新規のお客様");
    label1.Text = obj.Name;
    label2.Text = obj.ID;
}
```

 オーバーロードされたコンストラクターも作成できます。

 引数のタイプが違うなどの複数のコンストラクターを作成できます。

Tips 190 クラスのプロパティを定義する

▶ Level ●○○
▶ 対応
COM | PRO

ここが
ポイント
です！

プロパティの作成
（getアクセサー、setアクセサー）

値を取得したり設定したりする**プロパティ**を定義するには、メソッドの中に**getアクセサー**と**setアクセサー**を定義します。

プロパティの基本的な定義は、次のようになります。

▼クラスのプロパティを定義する

```
private データ型 変数名

［アクセス修飾子］ データ型 プロパティ名
{
    get
    {
        // 値を取得するときの処理
        return 変数名 ;
    }
    set
    {
        // 値を設定するときの処理
        変数名 = value;
    }
}
```

getアクセサーは、値を取得する処理を行います。したがって、returnステートメントを使って値を返す必要があります。

setアクセサーは、値を設定する処理を行います。setアクセサーでは、**value**という名前の暗黙の引数に値を受け取ります。

値の取得のみできるプロパティ、つまり値を返すだけのプロパティを作成するときは、getアクセサーのみ定義します。また、値の設定のみできるプロパティ、つまり値を代入するだけのプロパティを作成するときは、setアクセサーのみ定義します。

リスト1では、SampleClassクラスにコンストラクターと読み書き可能なNameプロパティ、読み取り専用のIDプロパティを定義しています。

リスト2では、［読み取り専用のプロパティ］ボタン（button1）がクリックされたら、SampleClassクラスのインスタンスを生成します。インスタンス生成時に設定されたNameプロパティの値を取得してラベルに表示しています。［読み取り可能なプロパティ］ボタン（button2）がクリックされたら、Nameプロパティに値を設定し、ラベルに表示しています。なお、ここでは［読み取り専用のプロパティ］ボタンをクリックしてから、［読み取り可能なプロパティ］ボタンをクリックします。先に［読み取り可能なプロパティ］ボタンをクリックすると、インスタンスを生成していないためエラーになります。

基本プログラミングの極意

▼実行結果1

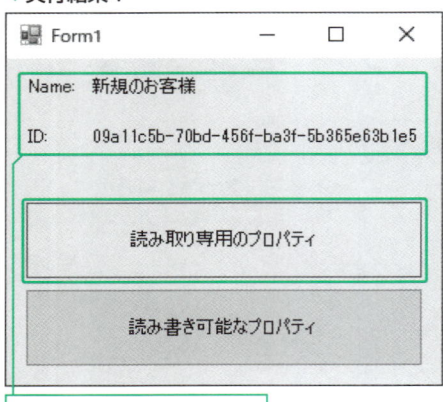

button1をクリックした結果

▼実行結果2

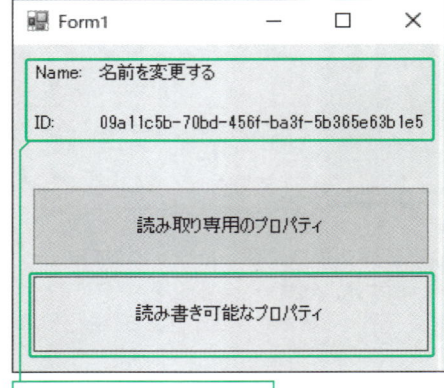

button2をクリックした結果

リスト1 クラスのプロパティを定義する（ファイル名：pg190.sln、Form1.cs）

```csharp
// SampleClassクラス
public class SampleClass
{
    private string _name;
    private string _id;

    // クラスのコンストラクター
    public SampleClass(string name)
    {
        _name = name;
        _id = Guid.NewGuid().ToString();
    }

    /// <summary>
    /// 読み書き可能なプロパティ
    /// </summary>
    public string Name
    {
        get { return _name; }
        set { _name = value; }
    }
    /// <summary>
    /// 読み取り専用のプロパティ
    /// </summary>
    public string ID
    {
        get { return _id; }
    }
}
```

リスト2 クラスのプロパティを使う（ファイル名：pg190.sln、Form1.cs）

```csharp
SampleClass _obj;
private void Button1_Click(object sender, EventArgs e)
{
    // インスタンス生成時にコンストラクターでプロパティに値を設定
    _obj = new SampleClass("新規のお客様");
    label1.Text = _obj.Name;
    label2.Text = _obj.ID;
}

private void Button2_Click(object sender, EventArgs e)
{
    // 名前の変更
    _obj.Name = "名前を変更する";
    // _obj.ID = "xxxxx";  // IDプロパティは変更できない
    label1.Text = _obj.Name;
    label2.Text = _obj.ID;
}
```

> **さらに ワンポイント** 値を取得・設定するときに変数を操作する処理がない場合は、以下のようにシンプルに記述できます。

> ［アクセス修飾子］ データ型 プロパティ名{ set; get;}

また、以下のように記述すると、初期値の指定ができます。

> ［アクセス修飾子］ データ型 プロパティ名 { get; set; } = 初期値;

Tips 191

▶ Level ● ○ ○

▶ 対応
COM PRO

クラスのメソッドを定義する

ここがポイントです！ ▶ メソッドの作成

クラスで処理を行う**メソッド**を作成するには、クラス内にメソッドを定義します。
引数が必要のない場合は、以下の書式で記述します。

▼ クラスのメソッドを定義する

> ［アクセス修飾子］ データ型 メソッド名()

基本プログラミングの極意

```
    {
        メソッドの処理
    }
```

　なお、引数がなくても、メソッド名の後ろの「()」は省略できません（引数のあるメソッドや戻り値のあるメソッドの定義方法については、Tips176の「値渡しで値を受け取るメソッドを作成する」およびTips177の「値を返すメソッドを作成する」を参照してください）。

　リスト1では、SampleClassを定義し、その中で引数のないメソッドとしてShowData、引数のあるメソッドとしてGetNameを定義しています。

　リスト2では、ボタンがクリックされたら、SampleClassのインスタンスを生成し、定義したメソッドを利用しています。

▼実行結果

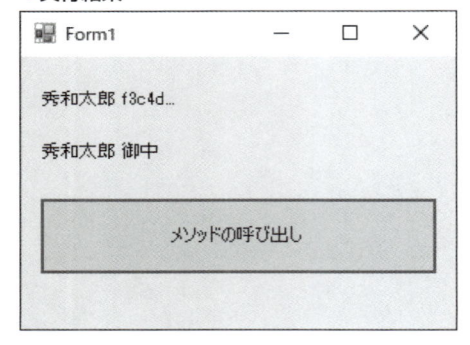

リスト1 クラスのメソッドを定義する（ファイル名：pg191.sln、Form1.cs）

```
// SampleClassクラス
public class SampleClass
{
    private string _name;
    private string _id;

    // クラスのコンストラクター
    public SampleClass(string name)
    {
        _name = name;
        _id = Guid.NewGuid().ToString();
    }

    /// 引数のないメソッド
    public string ShowData()
    {
        // 最初の5桁のみ表示する
        return _name + " " + _id.Substring(0, 5) + "...";
    }
```

```
    /// 引数のあるメソッド
    public string GetName( string post )
    {
        // ポストフィックスを付ける
        return _name + " " + post;
    }
}
```

リスト2 クラスのメソッドを使う（ファイル名：pg191.sln、Form1.cs）

```
private void Button1_Click(object sender, EventArgs e)
{
    var obj = new SampleClass("秀和太郎");
    /// 引数なしのメソッド呼び出し
    label1.Text = obj.ShowData();
    /// 引数ありのメソッド呼び出し
    label2.Text = obj.GetName("御中");
}
```

Tips

192 クラスのイベントを定義する

▶Level ●●
▶対応
COM　PRO

ここがポイントです！ イベントをクラスに追加
（eventキーワード、Actionデリゲート）

クラスに**イベント**を追加するには、イベントを定義し、イベントを発生させるコードを追加します。イベントは、ユーザーの操作やプログラムの動作など、何らかの処理のきっかけを伝える機能です。

イベントは、基本的には次の手順で定義します。

■ イベントを定義する

eventキーワードを使って、イベントを定義します。

次のコードは、**Action**デリゲートを使ってデリゲートの定義を行い、イベントOnChangeNameを定義しています。

▼イベントを定義する例

```
public event Action<DateTime> OnChangeName;
```

■ イベントを発生させる

定義したイベント名を記述して、イベントを発生させます。

次のコードは、先ほど定義したイベントを発生させる例です（引数は、ここではDateTime型の値です）。

▼イベントを発生させる例

```
OnChangeName (引数)
```

リスト1では、SampleClassクラスにイベントOnChangeNameを定義し、Nameプロパティの値を変更したときにOnChangeNameイベントを発生させています。

リスト2では、定義したイベントのイベントハンドラーを作成し、利用しています。詳細はTips193の「定義したイベントのイベントハンドラーを作成する」を参照してください。

▼実行結果

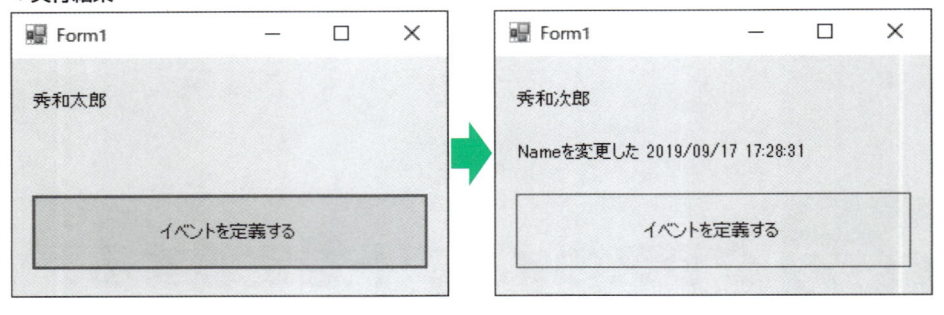

リスト1　イベントを宣言し、発生させる（ファイル名：pg192.sln、Form1.cs）

```
// SampleClassクラス
public class SampleClass
{
    private string _name;
    private DateTime _time;

    // クラスのコンストラクター
    public SampleClass(string name)
    {
        _name = name;
    }
    // イベントの定義
    public event Action<DateTime> OnChangeName;
    // Name プロパティの変更
    public string Name
    {
        get { return _name; }
        set
        {
            _name = value;
            _time = DateTime.Now;
            // イベントを発生させる
```

```
                 if (OnChangeName != null)
                 {
                     OnChangeName(_time);
                 }
                 // 以下のように1行でも書ける
                 // OnChangeName?.Invoke(_time);
        }
    }
}
```

リスト2 イベントを利用する（ファイル名：pg192.sln、Form1.cs）

```
SampleClass _obj;

private void Button1_Click(object sender, EventArgs e)
private void Form1_Load(object sender, EventArgs e)
{
    _obj = new SampleClass("秀和太郎");
    _obj.OnChangeName += (t) =>
    {
        label1.Text = _obj.Name;
        label2.Text = "Nameを変更した " + t.ToString();
    };
    label1.Text = _obj.Name;
    label2.Text = "";
}

{
    _obj.Name = "秀和次郎";
}
```

イベントを発生させるクラスのことを**イベントソース**と言います。リスト1では、
SampleClassがイベントソースです。

Action<> 関数は、戻り値のないデリゲートを定義します。戻り値を持つデリゲートは、
Func<> 関数で定義します。

ボタンのクリックイベントのように、object型とEventArgs型の2つの引数を持つデリ
ゲートは、**EventHandler**として定義済みです。

定義したイベントの イベントハンドラーを作成する

Tips 193

▶ Level ● ● ○

▶ 対応 COM PRO

ここが ポイント です！ **イベントハンドラーとイベントの関連付け （+=演算子）**

　クラスで定義したイベントが発生したときに処理を行うには、**イベントハンドラー**を作成し、作成したイベントハンドラーをイベントに追加します。

　作成の手順は、次の通りです。

■ イベントハンドラーを作成する

　イベントハンドラーは、イベントが発生したときに処理を行うメソッドです。イベントを作成したときに宣言したデリゲート型に合わせてメソッドを宣言します。

■ イベントハンドラーを追加する

　+=演算子を使って、イベントハンドラーをイベントに関連付けます。

▼イベントハンドラーをイベントに関連付ける

```
イベント名  +=  イベントハンドラー名 ;
```

　リスト1では、SmpleClassクラスでOnChangeNameイベントを定義し、Nameプロパティに値を設定したときにイベントを発生させています（詳細は、Tips192の「クラスのイベントを定義する」を参照してください）。

　リスト2では、フォームを開くときに、+=演算子を使って、OnChageNameイベントにメソッド「_obj_OnChangeName」を関連付けています。

　リスト3では、SampleClassのオブジェクトにNameプロパティを設定することでイベントを発生させています。

▼実行結果

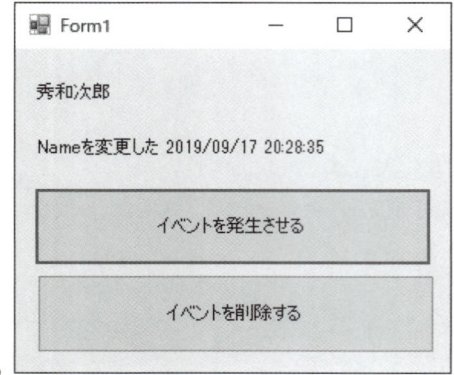

リスト1 イベントが発生するクラスを使う（ファイル名：pg193.sln、Form1.cs）

```
// SampleClassクラス
public class SampleClass
{
    private string _name;
    private DateTime _time;

    // クラスのコンストラクター
    public SampleClass(string name)
    {
        _name = name;
    }
    // イベントの定義
    public event Action<DateTime> OnChangeName;
    // Name プロパティの変更
    public string Name
    {
        get { return _name; }
        set
        {
            _name = value;
            _time = DateTime.Now;
            // インベントを発生させる
            if (OnChangeName != null)
            {
                OnChangeName(_time);
            }
            // 以下のように1行でも書ける
            // OnChangeName?.Invoke(_time);
        }
    }
}
```

リスト2 イベントハンドラーを使用する（ファイル名：pg193.sln、Form1.cs）

```
public Form1()
{
    InitializeComponent();
    this.Load += Form1_Load;
}

private void Form1_Load(object sender, EventArgs e)
{
    _obj = new SampleClass("秀和太郎");
    // イベントにイベントハンドラーを追加する
    _obj.OnChangeName += _obj_OnChangeName;
    label1.Text = _obj.Name;
    label2.Text = "";
}
```

```csharp
private void _obj_OnChangeName(DateTime obj)
{
    label1.Text = _obj.Name;
    label2.Text = "Nameを変更した " + obj.ToString();
}
```

リスト3　イベントハンドラーを使用する（ファイル名：pg193.sln、Form1.cs）

```csharp
SampleClass _obj;

private void Button1_Click(object sender, EventArgs e)
{
    // イベントを発生させる
    _obj.Name = "秀和次郎";
}

private void Button2_Click(object sender, EventArgs e)
{
    // イベントを削除する      _obj.OnChangeName -= _obj_OnChangeName;
}
```

Tips 194 オブジェクト生成時にプロパティの値を代入する

▶Level ●○○○
▶対応　COM　PRO

ここがポイントです！ 　インスタンス生成時にプロパティを設定（オブジェクト初期化子）

　クラスのインスタンスを生成するときに、「{ }」（中カッコ）を使って、クラスのプロパティ（またはフィールド）の値を設定できます。これを**オブジェクト初期化子**と言います。

▼インスタンス生成時にプロパティの値を代入する

```
new クラス名() {プロパティ名 = 値, …}
```

　複数のプロパティ（フィールド）を設定する場合は、「,」（カンマ）で区切ります。なお、クラス名の後ろの「( )」は、省略可能です。
　リスト1では、SampleClassクラスを作成し、コンストラクターをオーバーロードしています。
　リスト2では、各ボタンをクリックしたときに、それぞれの方法（3通り）でオブジェクト生成時にプロパティに値を代入しています。どれも結果は同じです。

▼実行結果

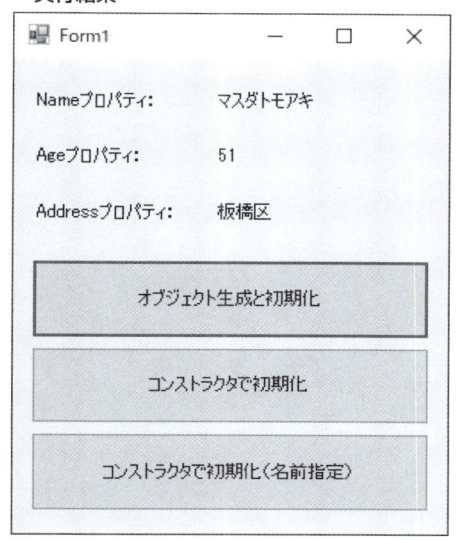

リスト1 クラスを定義する（ファイル名：pg194.sln、Form1.cs）

```csharp
// SampleClassクラス
public class SampleClass
{
    public string Name { get; set; }
    public int Age { get; set; }
    public string Address { get; set; }
    // コンストラクター
    public SampleClass() { }
    /// コンストラクター（オーバーロード）
    public SampleClass( string name, int age, string address )
    {
        this.Name = name;
        this.Age = age;
        this.Address = address;
    }
}
```

リスト2 プロパティを設定する（ファイル名：pg194.sln、Form1.cs）

```csharp
private void Button1_Click(object sender, EventArgs e)
{
    /// インスタンスの生成と同時にプロパティの値を設定
    var obj = new SampleClass()
    {
        Name = "マスダトモアキ",
        Age = 51,
        Address = "板橋区",
```

基本プログラミングの極意

```csharp
    };

    label1.Text = obj.Name;
    label2.Text = obj.Age.ToString();
    label3.Text = obj.Address;
}

private void Button2_Click(object sender, EventArgs e)
{
    /// コンストラクターで初期化時にプロパティ設定
    var obj = new SampleClass(
        "マスダトモアキ",
        51,
        "板橋区"
    );
    label1.Text = obj.Name;
    label2.Text = obj.Age.ToString();
    label3.Text = obj.Address;
}

private void Button3_Click(object sender, EventArgs e)
{
    /// 名前付き引数でコンストラクター初期化時にプロパティ設定
    var obj = new SampleClass(
        name: "マスダトモアキ",
        age: 51,
        address: "板橋区"
    );
    label1.Text = obj.Name;
    label2.Text = obj.Age.ToString();
    label3.Text = obj.Address;
}
```

プロパティの値として別のクラスのインスタンスを設定するときなど、オブジェクト初期化子をネスト（入れ子状態）にして記述できます。

クラスを継承する

▶ Level ● ●
▶ 対応
COM PRO

ここが
ポイント
です！ > 派生クラスの作成

作成したクラスを元にして、新しいクラスを作成することを**継承**と言います。元のクラスは**基本クラス**、新しいクラスは**派生クラス**と呼びます。

派生クラスを定義するには、派生クラスのクラス名の後に「:」（半角コロン）を記述し、続けて基本クラス名を記述します。

▼派生クラスを作成する

```
［アクセス修飾子］ class 派生クラス名 ： 基本クラス名
{
        追加するフィールドやメソッドなどの定義
}
```

派生クラスは、基本クラスに定義されているフィールドやメソッド、プロパティ、イベント、定数を利用できます。また、新たなフィールド、メソッド、プロパティ、イベントなどを追加できます。

リスト1では、SampleClassクラスと、SampleClassクラスを継承するSubSampleClassクラスを定義しています。派生クラスでは、コンストラクターの処理とプロパティを追加しています。

リスト2では、［基本のSampleClass］ボタンをクリックしたら、基本クラスのSampleClassのオブジェクトを使ってプロパティを設定し、［継承したSubSampleClass］ボタンをクリックしたら、派生クラスのSubSampleClassオブジェクトで、基本クラスのプロパティを利用しています。

基本プログラミングの極意

▼実行結果

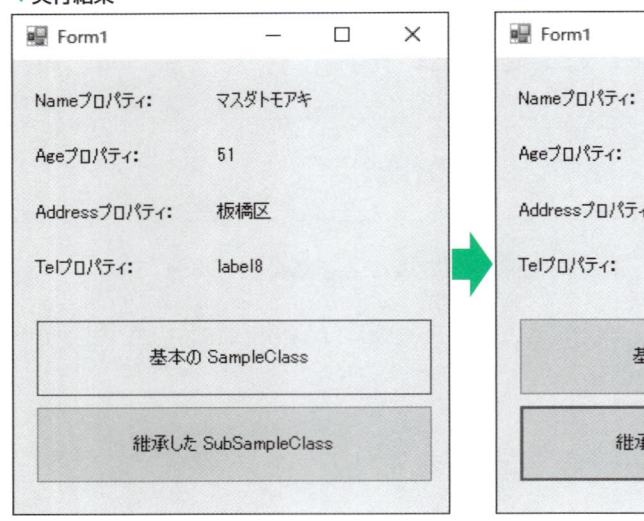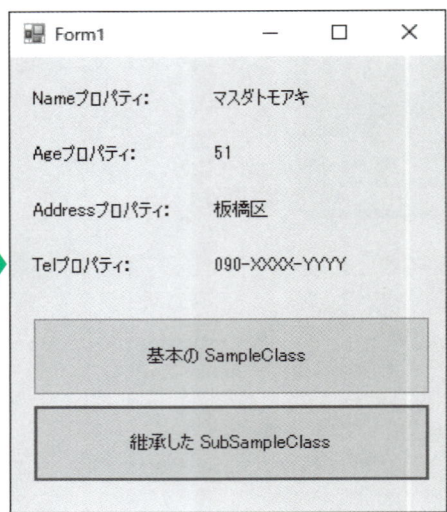

リスト1 派生クラスを定義する（ファイル名：pg195.sln、Form1.cs）

```csharp
// 基本クラス：SampleClassクラス
public class SampleClass
{
    public string Name { get; set; }
    public int Age { get; set; }
    public string Address { get; set; }

    public SampleClass() { }
    /// コンストラクターで初期化
    public SampleClass( string name, int age, string address )
    {
        this.Name = name;
        this.Age = age;
        this.Address = address;
    }
}
// 派生クラス：SubSampleClassクラス
public class SubSampleClass : SampleClass
{
    public string Tel { get; set; }

    public SubSampleClass () { }
    /// コンストラクターで初期化（基本クラスのコンストラクターを呼び出す）
    public SubSampleClass(string name, int age, string address, string tel )
        : base( name, age, address)
    {
        this.Tel = tel;
    }
}
```

リスト2 派生クラスで基本クラスのプロパティを使う（ファイル名：pg195.sln、Form1.cs）

```csharp
private void Button1_Click(object sender, EventArgs e)
{
    /// 基本クラスの利用
    var obj = new SampleClass()
    {
        Name = "マスダトモアキ",
        Age = 51,
        Address = "板橋区",
    };

    label1.Text = obj.Name;
    label2.Text = obj.Age.ToString();
    label3.Text = obj.Address;
}

private void Button2_Click(object sender, EventArgs e)
{
    /// 継承したクラスを利用
    var obj = new SubSampleClass()
    {
        Name = "マスダトモアキ",
        Age = 51,
        Address = "板橋区",
        Tel = "090-XXXX-YYYY"
    };
    label1.Text = obj.Name;
    label2.Text = obj.Age.ToString();
    label3.Text = obj.Address;
    label4.Text = obj.Tel;
}
```

base キーワードは、基本クラスのコンストラクターやメソッドを呼び出すときに使います。コンストラクターを呼び出すときは、コンストラクターの宣言部に続けて「: base(引数)」のように記述します。

基本クラスのメソッドやプロパティを派生クラスで再定義する

ここがポイントです！ メソッドやプロパティのオーバーライド（virtual キーワード、overrides キーワード）

基本クラスのメソッドやプロパティを、派生クラスで処理を追加したりするなどして再定義できます。これを**オーバーライド**と言います。

基本クラスのオーバーライド可能なメンバーには、基本クラスで**virtual キーワード**を記述して宣言しておきます。

例えば、値を返さないメソッドは、次のように宣言します。

▼ **基本クラスでオーバーライド可能な値を返さないメソッドを宣言する**

```
[アクセス修飾子] virtual void メソッド名（[引数1, 引数2,…]）
{
    メソッドの処理
}
```

また、派生クラスでオーバーライドしたメンバーを宣言するには、**overrides キーワード**を記述して宣言します。

例えば、値を返さないメソッドは、次のように宣言します。

▼ **派生クラスでオーバーライドした値を返さないメソッドを宣言する**

```
[アクセス修飾子] overrides void メソッド名（[引数1, 引数2,…]）
{
    メソッドの処理
}
```

オーバーライドしたメンバーの引数は、基本クラスと同じ数にし、同じデータ型、同じ順序で指定します。また、戻り値の型とアクセス修飾子も同じにします。

リスト1では、SampleClassクラスのShowDataメソッドを派生クラスであるSubSampleClassクラスでオーバーライドしています。

リスト2では、button1をクリックしたら、基本クラスのSampleClassのオブジェクトを使ってNameプロパティとShowDataメソッドの結果をラベルに表示し、button2をクリックしたら、派生クラスのSubSampleClassオブジェクトで、NameプロパティとオーバーライドしたShowDataメソッドの結果をラベルに表示しています。

▼実行結果1　　　　　　　　　　　　　　　　　▼実行結果2

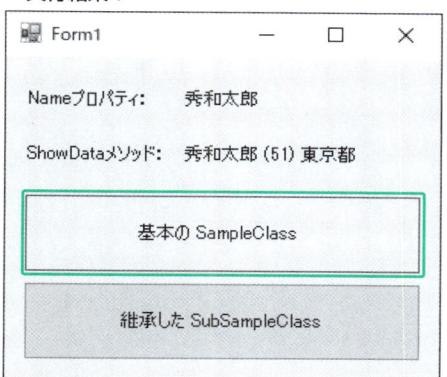

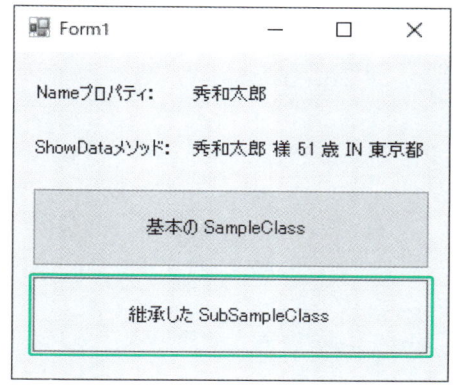

リスト1 オーバーライドしたメソッドを定義する（ファイル名：pg196.sln、Form1.cs）

```
// 基本クラス：SampleClassクラス
public class SampleClass
{
    public string Name { get; set; }
    public int Age { get; set; }
    public string Address { get; set; }

    // オーバーライド可能なメソッド
    public virtual string ShowData()
    {
        return $"{Name} ({Age}) {Address}";
    }
}

// 派生クラス：SubSampleClassクラス
public class SubSampleClass : SampleClass
{
    // オーバーライドしたメソッド
    public override string ShowData()
    {
        return $"{Name} 様 {Age} 歳 IN {Address}";
    }
}
```

リスト2 派生クラスを使う（ファイル名：pg196.sln、Form1.cs）

```
private void Button1_Click(object sender, EventArgs e)
{
    /// 基本クラスの利用
    var obj = new SampleClass()
    {
        Name = "秀和太郎",
        Age = 51,
```

基本プログラミングの極意

```
        Address = "東京都",
    };
    label1.Text = obj.Name;
    label2.Text = obj.ShowData();
}

private void Button2_Click(object sender, EventArgs e)
{
    /// 継承クラスの利用
    var obj = new SubSampleClass()
    {
        Name = "秀和太郎",
        Age = 51,
        Address = "東京都",
    };
    label1.Text = obj.Name;
    label2.Text = obj.ShowData();
}
```

Tips

197

型情報を引数にできるクラスを作成する

▶ Level ● ●

▶ 対応
COM　PRO

ここがポイントです！　▶ **ユーザー定義のジェネリッククラス**

ジェネリッククラスは、型を引数に指定できるクラスです。コレクションを扱う場合などに使います。

List＜T＞クラス () は、型指定したコレクションを作成できるクラスです (Tips167の「サイズが動的に変化するリストを使う」を参照してください)。

ジェネリッククラスは、次の書式のように「＜＞」内に型パラメーターを指定して宣言します。

▼ジェネリッククラスを宣言する

```
[アクセス修飾子] class クラス名<T>
{
    クラスの定義
}
```

また、同じようにしてジェネリックメソッドを作成することもできます。その場合メソッド名の後ろに＜T＞を付加し、引数の型でTを指定します (リスト1を参照)。

なお、「＜ ＞」内の型パラメーターは、「T」とするのが一般的ですが、別の名前を付けることもできます。

　リスト1では、ジェネリックのReadOnlyクラスでvalueプロパティを定義しています。また、ジェネリックメソッドのSwapメソッドも定義しています。

　リスト2では、button1をクリックすると、ReadOnlyクラスのインスタンスをstring型、int型でそれぞれ作成して値を設定し、取得した値をラベルに表示しています。button2をクリックすると、Swapメソッドをstring型の引数で実行し、結果をラベルに表示しています。

▼実行結果1

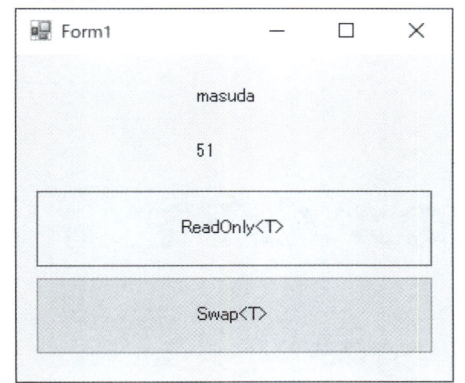

▼実行結果2

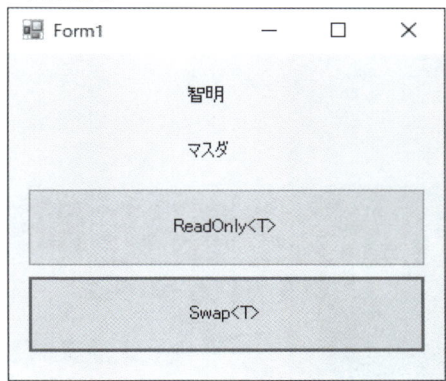

リスト1 ジェネリックを利用してクラスやメソッド定義する（ファイル名：pg197.sln、Form1.cs）

```csharp
// ReadOnlyクラスを定義
public class ReadOnly<T>
{
    private T _value;   // 型指定できるフィールドの宣言
    public ReadOnly( T value ) { _value = value; }
    public T Value => _value;
}

// Swapメソッドを定義
public void Swap<T>( ref T a, ref T b )
{
    T temp = a;
    a = b;
    b = temp;
}
```

リスト2 作成したジェネリッククラスを使う（ファイル名：pg197.sln、Form1.cs）

```csharp
private void Button1_Click(object sender, EventArgs e)
{
    var name = new ReadOnly<string>("masuda");
    var age = new ReadOnly<int>(51);

    label1.Text = name.Value;
    label2.Text = age.Value.ToString();
}
```

基本プログラミングの極意

```
private void Button2_Click(object sender, EventArgs e)
{
    string a = "マスダ";
    string b = "智明";
    Swap(ref a, ref b);

    label1.Text = a;
    label2.Text = b;
}
```

クラスに固有のメソッドを作成する

Tips
198

▶Level ●●

▶対応
COM　PRO

ここが
ポイント
です！

クラスメソッドを作成
（staticキーワード）

　クラスに追加するメソッドには、インスタンスメソッドとクラスメソッドの2種類があります。

　インスタンスメソッドは、通常通り、new演算子を利用してインスタンス（オブジェクト）を生成して呼び出しを行うメソッドです。

　クラスメソッドは、クラスそのものに付随しているメソッドで、クラス名から直接、呼び出しを行います。

　2つのメソッドの違いは、インスタンスメソッドがそれぞれのオブジェクトに対して呼び出しが行われることに対して、クラスメソッドは唯一のクラスの定義に対して操作をします。

　クラスメソッドは、**staticキーワード**を付けて、プログラム内部の初期値を設定する場合などに使われます。

▼クラスに固有のメソッドの定義

```
class クラス名 {
    static public void クラスメソッド ( … ) {
        …
    }
    public void インスタンスメソッド ( … ) {
        …
    }
}

var o = new クラス名() ;
// クラスメソッドの呼び出し
```

```
クラス名 . クラスメソッド ( … ) ;
// インスタンスメソッドの呼び出し
o . インスタンスメソッド ( … ) ;
```

リスト1では、SampleClass クラス内の next_id 変数をリセットするための Reset メソッドを定義しています。

リスト2では、SampleClass クラスの Reset メソッドを呼び出し、next_id 変数の値を初期化しています。

▼実行結果

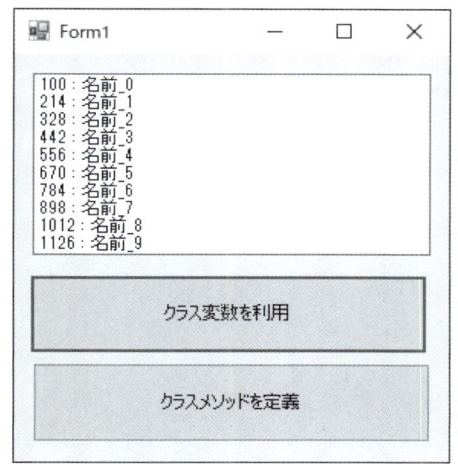

```
100 : 名前_0
214 : 名前_1
328 : 名前_2
442 : 名前_3
556 : 名前_4
670 : 名前_5
784 : 名前_6
898 : 名前_7
1012 : 名前_8
1126 : 名前_9
```

`クラス変数を利用`

`クラスメソッドを定義`

リスト1 クラスに固有のメソッドを定義する（ファイル名：pg198.sln、Form1.cs）

```csharp
class SampleClass
{
    // int型の定数init_idを宣言
    private const int init_id = 100;
    // int型でクラス内で固有なフィールドnext_idを宣言
    private static int next_id = init_id;

    private int _id;
    private string _name;

    public SampleClass( string name )
    {
        _id = next_id;
        _name = name;
        // とびとびの値にする
        next_id += 50 + new Random().Next(100);
    }

    public int ID { get => _id; }
```

基本プログラミングの極意

```csharp
    public string Name { get => _name; set => _name = value; }

    // ToStringメソッドをオーバーライドする
    public override string ToString()
    {
        return $"{ID} : {Name}";
    }
    // クラスに固有のメソッド：next_id をリセット
    public static void Reset()
    {
        next_id = init_id;
    }
}
```

リスト2 クラス固有のメソッドを利用する（ファイル名：pg198.sln、Form1.cs）

```csharp
private void Button1_Click(object sender, EventArgs e)
{
    listBox1.Items.Clear();
    for ( int i=0; i<10; i++ )
    {
        listBox1.Items.Add(
            new SampleClass($"名前_{i}"));
    }
}

private void Button2_Click(object sender, EventArgs e)
{
    // リセットする
    SampleClass.Reset();
}
```

 リスト1では、RandomクラスのNextメソッドを使って指定した乱数を取得しています。例えば、「Randomオブジェクト.Next(100);」の場合、0以上100未満の乱数を整数で返します。

 リスト1では、ToStringメソッドをオーバーライドしています。これにより、クラス内の文字列表現を指定できます。

```csharp
public override string ToString()
    {
        return 文字列表示表現;
    }
```

Tips 199 構造体を定義して使う

▶ Level ●
▶ 対応 COM PRO

ここがポイントです! 複数のデータをまとめて1つの型として定義（structキーワード）

構造体は、**struct**キーワードを使って、次のように定義します。

▼構造体を定義する

```
(public/private) struct 構造体名
{
    public/private/ データ型 変数名1;
    public/private/ データ型 変数名2;
    ……
}
```

構造体は、int型やstring型の値のほかに配列、プロパティ、メソッド、イベントを1つのまとまりとして定義できるデータ型です。

クラスと似ていますが、クラスが参照型であるのに対し、構造体は値型です。そのため、宣言時に構造体を初期化できません。構造体を使うときに、各メンバー変数に値を代入します。

また、クラスと違い、ほかの構造体やクラスから継承できません。基本クラスになることもできません。

構造体の各メンバーを参照するには、**メンバーアクセス演算子**の「.」を使います。

▼構造体のメンバーを参照する

```
構造体名 . メンバー
```

リスト1では、SampleStruct構造体とSampleClassクラスを定義しています。

リスト2では、［構造体を定義］ボタンがクリックされたら、定義した構造体型の変数を宣言し、値を代入し、構造体のプロパティの値を表示しています。

基本プログラミングの極意

▼実行結果1　　　　　　　　　　　　　▼実行結果2

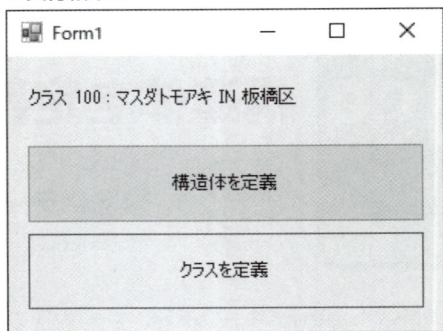

リスト1　構造体とクラスを定義する（ファイル名：pg199.sln、Form1.cs）

```
// 構造体の定義
struct SampleStruct
{
    public int ID;
    public string Name;
    public string Address;
    public override string ToString()
    {
        return $"構造体 {ID} : {Name} IN {Address}";
    }
}
// クラスの定義
class SampleClass
{
    public int ID { get; set; }
    public string Name { get; set; }
    public string Address { get; set; }
    public override string ToString()
    {
        return $"クラス {ID} : {Name} IN {Address}";
    }
}
```

リスト2　構造体とクラスを利用する（ファイル名：pg199.sln、Form1.cs）

```
private void Button1_Click(object sender, EventArgs e)
{
    SampleStruct obj;
    obj.ID = 100;
    obj.Name = "マスダトモアキ";
    obj.Address = "板橋区";
    label1.Text = obj.ToString();
}

private void Button2_Click(object sender, EventArgs e)
```

```
{
    SampleClass obj = new SampleClass()
    {
        ID = 100,
        Name = "マスダトモアキ",
        Address = "板橋区"
    };
    label1.Text = obj.ToString();
}
```

.NET Frameworkで提供されている主な構造体には、DateTime構造体、Point構造体、Rectangle構造体などがあります。それぞれの構造体には、メソッドやプロパティが用意されていて、日付と時刻、座標、四角形を扱うための様々な機能が利用できます。

構造体は、パラメーターを持つコンストラクターを宣言できますが、パラメーターを持たないコンストラクターは宣言できません。

Tips
200

▶Level ● ○ ○
▶対応
COM　PRO

構造体配列を宣言して使う

ここが
ポイント
です！
> 構造体型の配列変数

構造体型の配列変数を使うには、ほかの配列変数の宣言と同じように、データ型（構造体名）に「[ ]」（角カッコ）を付け、要素数を指定して次のように宣言します。

▼構造体配列を宣言する

```
［アクセス修飾子］ 構造体名[] 配列変数名 = new 構造体名[要素数];
```

リスト1では、構造体SampleStructを定義しています。

リスト2では、［配列を利用］ボタンがクリックされたら、構造体の配列変数を宣言して、各要素を初期化し、各要素の値をリストボックスに表示しています。［コレクションを利用］ボタンがクリックされたら、構造体をList＜T＞クラスで使っています。各要素をコレクションに追加し、リストボックスに表示しています。

▼実行結果

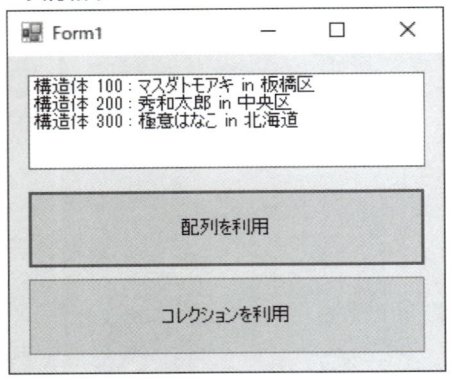

リスト1 構造体を作成する（ファイル名：pg200.sln、Form1.cs）

```
struct SampleStruct
{
    public int ID;
    public string Name;
    public string Address;
    public override string ToString()
    {
        return $"構造体 {ID} : {Name} in {Address}";
    }
}
```

リスト2 構造体配列を使う（ファイル名：pg200.sln、Form1.cs）

```
private void Button1_Click(object sender, EventArgs e)
{
    // 配列を利用
    var ary = new SampleStruct[3];
    ary[0].ID = 100;
    ary[0].Name = "マスダトモアキ";
    ary[0].Address = "板橋区";
    ary[1].ID = 200;
    ary[1].Name = "秀和太郎";
    ary[1].Address = "中央区";
    ary[2].ID = 300;
    ary[2].Name = "極意はなこ";
    ary[2].Address = "北海道";

    listBox1.Items.Clear();
    foreach ( var it in ary )
    {
        listBox1.Items.Add(it.ToString());
    }
}
```

```
private void Button2_Click(object sender, EventArgs e)
{
    // コレクションを利用
    var lst = new List<SampleStruct>();
    lst.Add(new SampleStruct()
    {
        ID = 100,
        Name = "マスダトモアキ",
        Address = "板橋区"
    });
    lst.Add(new SampleStruct()
    {
        ID = 200,
        Name = "秀和太郎",
        Address = "中央区"
    });
    lst.Add(new SampleStruct()
    {
        ID = 300,
        Name = "極意はなこ",
        Address = "北海道"
    });

    listBox1.Items.Clear();
    foreach (var it in lst)
    {
        listBox1.Items.Add(it.ToString());
    }
}
```

Tips 201 構造体を受け取るメソッドを作成する

▶ Level ●

▶ 対応 COM PRO

ここがポイントです! 構造体型の値を引数とするメソッド

　構造体型の値を受け取るメソッドを作成するには、メソッドの引数のデータ型を**構造体型**として宣言します。

▼構造体を受け取るメソッドを作成する

```
[アクセス修飾子] 戻り値の型 メソッド名 ( 構造体名 引数1 [, …] )
{
```

基本プログラミングの極意

```
    }
```

また、構造体型の値を受け取るメソッドを呼び出すには、引数として構造体型の値、または変数名を指定します。

▼構造体を受け取るメソッドを呼び出す

```
メソッド名 ( 構造体型変数名 [, …] )
```

リスト1では、構造体SamlpeStructとクラスSampleClassを定義しています。

リスト2では、構造体を受け取るメソッドshowStructとクラスを受け取るメソッドshowClassを定義しています。

リスト3では、[構造体で渡す] ボタンがクリックされたら、構造体型の変数objを宣言し、初期化してから、メソッドに変数objの値を渡しています。[クラスで渡す] ボタンがクリックされたら、クラスの変数objを宣言し、インスタンスを生成して初期化してからメソッドに変数objの値を渡しています。

▼実行結果1　　　　　　　　　　　　　　▼実行結果2

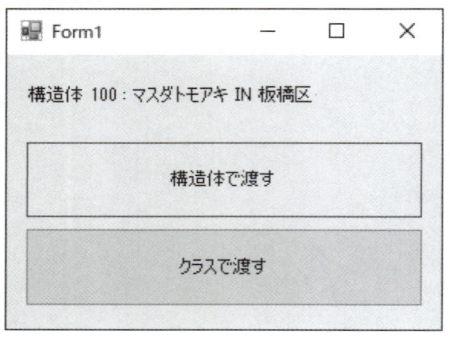 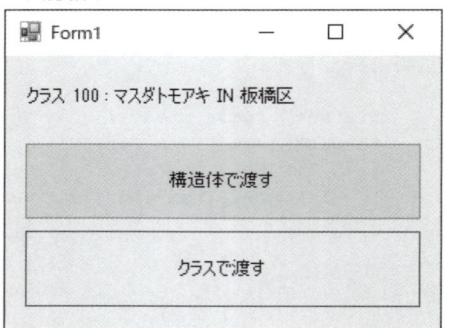

リスト1　構造体を作成する（ファイル名：pg201.sln、Form1.cs）

```csharp
// 構造体を定義
struct SampleStruct
{
    public int ID;
    public string Name;
    public string Address;
    public override string ToString()
    {
        return $"構造体 {ID} : {Name} IN {Address}";
    }
}
// クラスを定義
class SampleClass
{
    public int ID { get; set; }
```

```
    public string Name { get; set; }
    public string Address { get; set; }
    public override string ToString()
    {
        return $"クラス {ID} : {Name} IN {Address}";
    }
}
```

リスト2 構造体を引数にするメソッドを定義する（ファイル名：pg201.sln、Form1.cs）

```
// 構造体を引数にするメソッド
string showStruct(SampleStruct obj )
{
    return $"構造体 {obj.ID} : {obj.Name} IN {obj.Address}";
}
// クラスを引数にするメソッド
string showClass(SampleClass obj )
{
    if ( obj == null )
    {
        return "クラスが null です";
    }
    else
    {
        return $"クラス {obj.ID} : {obj.Name} IN {obj.Address}";
    }
}
```

リスト3 構造体を引数にするメソッドを利用する（ファイル名：pg201.sln、Form1.cs）

```
private void Button1_Click(object sender, EventArgs e)
{
    SampleStruct obj;
    obj.ID = 100;
    obj.Name = "マスダトモアキ";
    obj.Address = "板橋区";
    label1.Text = showStruct(obj);
    // null は渡せない
    // label1.Text = showStruct(null);   // コンパイルエラー
}

private void Button2_Click(object sender, EventArgs e)
{
    SampleClass obj = new SampleClass()
    {
        ID = 100,
        Name = "マスダトモアキ",
        Address = "板橋区"
    };
    label1.Text = showClass(obj);
    // null を渡せる
```

```
    // label1.Text = showClass(null);
}
```

さらにワンポイント　メソッドに構造体を渡すと、構造体のコピーが渡されます。これに対して、メソッドにクラスを渡すと、クラスへの参照が渡されます。

Tips
202

構造体を返すメソッドを作成する

▶ Level ●○○
▶ 対応
COM　PRO

ここがポイントです!　**メソッドの戻り値の型を構造体型として定義**

　構造体型の値を返すメソッドを作成するには、メソッドの戻り値の型を構造体型として宣言します。また、戻り値は、構造体型の値または変数名を指定します。

▼構造体を返すメソッドを作成する

```
[アクセス修飾子] 構造体名 メソッド名([データ型 引数1,・・・])
{
}
```

　リスト1では、構造体とクラスを定義しています。
　リスト2では、構造体を返すメソッドと、クラスを返すメソッドを作成しています。
　リスト3では、[構造体で返す] ボタンがクリックされたら、構造体を返すメソッドを呼び出し、戻り値をラベルに表示しています。[クラスで返す] ボタンがクリックされたら、クラスを返すメソッドを呼び出し、戻り値をラベルに表示しています。

▼実行結果1

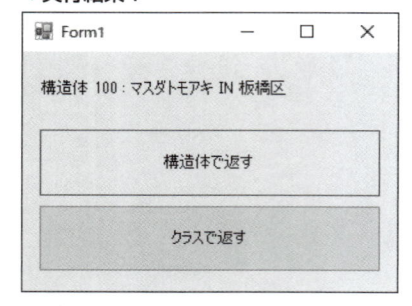

▼実行結果2

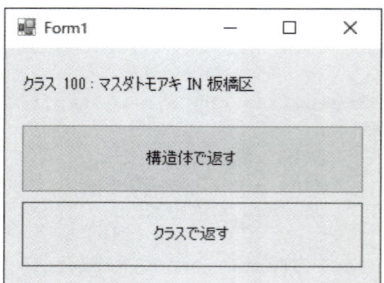

リスト1 構造体を定義する（ファイル名：pg202.sln、Form1.cs）

```csharp
// 構造体の定義
struct SampleStruct
{
    public int ID;
    public string Name;
    public string Address;
    public override string ToString()
    {
        return $"構造体 {ID} : {Name} IN {Address}";
    }
}
// クラスの定義
class SampleClass
{
    public int ID { get; set; }
    public string Name { get; set; }
    public string Address { get; set; }
    public override string ToString()
    {
        return $"クラス {ID} : {Name} IN {Address}";
    }
}
```

リスト2 構造体を戻り値として返すメソッドの作成（ファイル名：pg202.sln、Form1.cs）

```csharp
// 構造体を返すメソッド
SampleStruct makeStruct( int id, string name, string address )
{
    // 戻り値で返すときは、new 演算子で生成する
    SampleStruct obj = new SampleStruct();
    obj.ID = id;
    obj.Name = name;
    obj.Address = address;
    return obj;
}


// クラスを返すメソッド
SampleClass makeClass(int id, string name, string address)
{
    SampleClass obj = new SampleClass()
    {
        ID = id,
        Name = name,
        Address = address,
    };
    return obj;
}
```

リスト3 構造体を戻り値として返すメソッドを使う（ファイル名：pg202.sln、Form1.cs）

```csharp
private void Button1_Click(object sender, EventArgs e)
{
    // 構造体は null にならない
    SampleStruct obj = makeStruct(
        100, "マスダトモアキ", "板橋区");
    label1.Text = obj.ToString();
}

private void Button2_Click(object sender, EventArgs e)
{
    SampleClass obj = makeClass(
        100, "マスダトモアキ", "板橋区");
    label1.Text = obj.ToString();
}
```

第**5**章
203~213

非同期処理の極意

Tips

203 タスクを作成する

▶ Level ● ○ ○
▶ 対応
COM　PRO

ここがポイントです！ バックグラウンドで動作する処理
（Taskクラス、Startメソッド）

ユーザーからのアクションを処理するときに、同期処理と非同期処理があります。

同期処理では、例えばボタンをクリックした後に、ファイルの読み書きや印刷などをしている間は画面の操作ができなくなります。

しかし、**非同期処理**を使うと、バックグラウンドで操作をしている間、ユーザーは画面の操作ができるようになります。

非同期処理の場合には、バックグラウンドの処理を行っている途中や、終了した後のタイミングを考える必要がありますが、画面操作がよりスムースになるため、アプリケーション開発によく使われます。

C#では、非同期処理を行うための仕組みがすでに備わっています。バックグラウンド処理には**Taskクラス**を利用し、非同期処理を制御するために**async/awaitキーワード**を使います。

▼タスクを作成する（ラムダ式）

```
var 変数 = new Task( ラムダ式 );
```

▼タスクを作成する（処理関数）

```
var 変数 = new Task( 処理関数 );
```

Taskクラスのインスタンスを生成するときに、引数のないメソッドを渡します。この処理メソッドは、ラムダ式やクラスのメソッドとして渡すことができます。

ラムダ式を利用すると、インスタンスを生成しているメソッド内の内部変数をラムダ式内で使うことができます。メソッド処理関数を別に用意した場合は、変数の独立性がよくなります。

リスト1では、ラムダ式でバックグラウンド処理を記述しています。

リスト2では、バックグラウンド処理を別メソッドとして記述しています。

▼実行結果

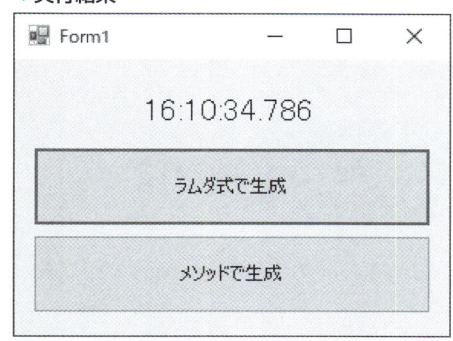

リスト1 タスクを実行する（ファイル名：async203.sln、Form1.cs）

```
private Task _task;

private void Button1_Click(object sender, EventArgs e)
{
    _task = new Task(async () =>
    {
        var end = DateTime.Now.AddSeconds(10);
        while ( DateTime.Now < end )
        {
            this.Invoke( new Action(() =>
                label1.Text = DateTime.Now.ToString("HH:MM:ss.fff")));
            await Task.Delay(100);
        }
    });
    _task.Start();
}
```

リスト2 処理関数を別メソッドにする（ファイル名：async203.sln、Form1.cs）

```
private void Button2_Click(object sender, EventArgs e)
{
    _task = new Task(onWork);
    _task.Start();
}

async void onWork()
{
    var end = DateTime.Now.AddSeconds(10);
    while (DateTime.Now < end)
    {
        this.Invoke(new Action(() =>
            label1.Text = DateTime.Now.ToString("HH:MM:ss.fff")));
        await Task.Delay(100);
    }
}
```

Tips
204 タスクを作成して実行する

▶ Level ●○○○
▶ 対応
COM PRO

ここがポイントです! バックグラウンドで動作する処理
（Task クラス、Factory プロパティ、
StartNew メソッド）

　タスクを生成すると同時に処理を開始するためには、Task クラスの**Factory プロパティ**にある**StartNew メソッド**を使います。

　StartNew メソッドは、非同期処理が行われるため、**await キーワード**で処理待ちをすることができます。

　StartNew メソッドに処理関数は、Task クラスのコンストラクターと同じようにラムダ式や引数を持たないメソッドを渡すことができます。

▼タスクを作成して実行する（ラムダ式）
```
Task.Factory.StartNew( ラムダ式 );
```

▼タスクを作成して実行する（処理関数）
```
Task.Factory.StartNew( 処理関数 );
```

　リスト1では、タスクを生成すると同時に処理関数を動かしています。
　リスト2では、Task オブジェクトを生成した後、5秒後にタスクを実行しています。

▼実行結果

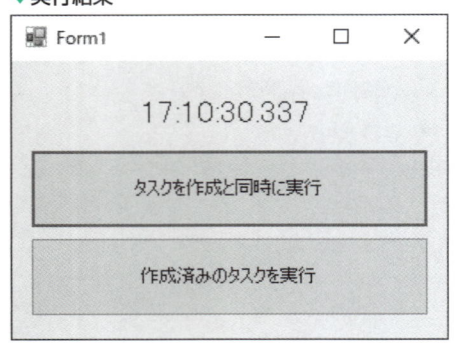

リスト1 タスクを実行する（ファイル名：async204.sln、Form1.cs）
```
Task _task;

private void Button1_Click(object sender, EventArgs e)
{
    _task = Task.Run(async () =>
```

```
    {
        var end = DateTime.Now.AddSeconds(10);
        while ( DateTime.Now < end )
        {
            this.Invoke( new Action(() =>
                label1.Text = DateTime.Now.ToString("HH:MM:ss.fff")));
            await Task.Delay(100);
        }
    });
}
```

リスト2 タスクを数秒後に実行する（ファイル名：async204.sln、Form1.cs）

```
private async void Button2_Click(object sender, EventArgs e)
{
    Task task = new Task(async () =>
    {
        var end = DateTime.Now.AddSeconds(10);
        while (DateTime.Now < end)
        {
            this.Invoke(new Action(() =>
                label1.Text = DateTime.Now.ToString("HH:MM:ss.fff")));
            await Task.Delay(100);
        }
    });
    await Task.Delay(5000);
    task.Start();
}
```

Tips
205

▶Level ●●
▶ 対応
COM　PRO

戻り値を持つタスクを作成する

ここがポイントです！ **処理終了時に戻り値を設定（Taskクラス、returnキーワード、awaitキーワード）**

　バックグラウンドの処理を行った後に、元のメソッドに戻り値を返すためには**return**キーワードを使います。

　StartNewメソッドを使ってタスクを起動した場合には、非同期処理を待つための**await**キーワードが使えます。このときの戻り値をタスクの処理関数内で渡すことができます。

　リスト1では、10秒間経過した後に、最終時刻をreturnキーワードを使って元のメソッドに戻しています。

▼実行結果

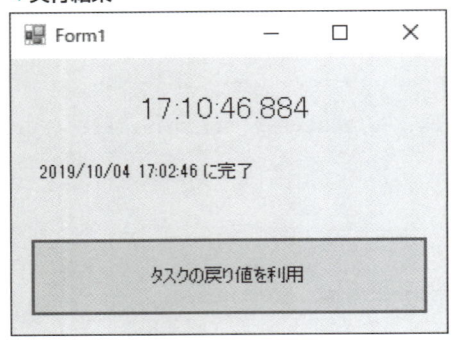

リスト1　タスクから戻り値を取得する（ファイル名：async205.sln、Form1.cs）

```
private async void Button1_Click(object sender, EventArgs e)
{
    var ret = await Task.Run<string>( async () =>
    {
        var end = DateTime.Now.AddSeconds(10);
        while (DateTime.Now < end)
        {
            this.Invoke(new Action(() =>
                label1.Text = DateTime.Now.ToString("HH:MM:ss.fff")));
            await Task.Delay(100);
        }
        return DateTime.Now.ToString() + " に完了";
    });
    label2.Text = ret;
}
```

Tips
206

▶Level ●● ○
▶対応
COM　PRO

タスクの完了を待つ

ここが
ポイント
です！

**処理終了時に戻り値を設定（Taskクラ
ス、Runメソッド、awaitキーワード）**

　アプリケーション内で非同期のタスクを実行する場合に、メソッド内で「処理待ちをする方法」と「処理待ちを行わない方法」が使えます。

　処理待ちをしたいときには、**await**キーワードを使います。awaitキーワードを使うと、バックグラウンド処理を順序よく記述できます。

複数のタスクを同時に実行させたい場合は、awaitキーワードを付けずに実行させます。

リスト1では、2つのタスクを順序のまま実行します。最初のonWorkメソッド処理が終わった後に次のメソッドが実行されます。

リスト2では、2つのタスクが同時に実行されます。

▼実行結果

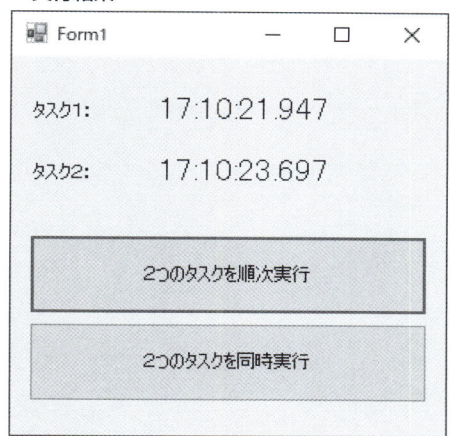

リスト1 タスクの完了を待つ場合（ファイル名：async206.sln、Form1.cs）

```
private async Task onWork( Label label )
{
    var end = DateTime.Now.AddSeconds(10);
    while (DateTime.Now < end)
    {
        this.Invoke(new Action(() =>
            label.Text = DateTime.Now.ToString("HH:MM:ss.fff")));
        await Task.Delay(100);
    }
}
private async void Button1_Click(object sender, EventArgs e)
{
    // 順番にタスクを実行
    await Task.Run(() => onWork(label1));
    await Task.Run(() => onWork(label2));
}
```

リスト2 タスクの完了を待たない場合（ファイル名：async206.sln、Form1.cs）

```
private void Button2_Click(object sender, EventArgs e)
{
    // 同時にタスクを実行
    Task.Run(() => onWork(label1));
    Task.Run(() => onWork(label2));
}
```

非同期処理の極意

Tips
207 複数のタスクの実行を待つ

▶ Level ● ●
▶ 対応
COM PRO

ここが
ポイント
です！
処理終了時に戻り値を設定
（Task クラス、WaitAll メソッド）

　非同期に実行される複数のタスクの終了を待つためには、Task クラスの **WaitAll メソッド** を使います。

　await キーワードを使うとタスクが順序実行されますが、WaitAll メソッドではタスクを同時に動作させた後に、それぞれのタスクが終了するまで待つことができます。

　リスト1では、5つのタスクを同時に実行させています。WaitAll メソッドを利用し、ランダムに動作するタスクを処理待ちしています。

▼**実行結果**

> **リスト1** **複数タスクの完了を待つ** （ファイル名：async207.sln、Form1.cs）

```
Random _rnd = new Random();

private async Task onWork( Label label )
{
    var text = "";
    this.Invoke(new Action(() => label.Text = text));
    for ( int  i=0; i<10; i++ )
    {
        text += "★" ;
```

```
        this.Invoke(new Action(() => label.Text = text));
        // 500 msec までランダムに待つ
        await Task.Delay(_rnd.Next(500));
    }
}

private async void Button1_Click(object sender, EventArgs e)
{
    label6.Text = "開始!!!";
    await Task.Run(() =>
    {
        var lst = new List<Task>();
        // 5つのタスクを同時実行する
        lst.Add(Task.Run(() => onWork(label1)));
        lst.Add(Task.Run(() => onWork(label2)));
        lst.Add(Task.Run(() => onWork(label3)));
        lst.Add(Task.Run(() => onWork(label4)));
        lst.Add(Task.Run(() => onWork(label5)));
        Task.WaitAll(lst.ToArray());
    });
    label6.Text = "すべて完了";
}
```

Tips

208 非同期メソッドを呼び出す

▶ Level ● ○ ○

▶ 対応 COM PRO

ここが ポイント です！

**非同期処理を実行
（async キーワード、await キーワード）**

非同期処理の極意

　Taskメソッドで作成したタスクの処理待ちを行うためには、**awaitキーワード**を使うと便利です。タスク処理の終了待ちをして、戻り値を取得することができます。

　awaitキーワードを使う場合には、呼び出しメソッドに**asyncキーワード**を付けます。タスクを呼び出されている間でも、ユーザーは画面の操作ができます。タスクを実行している間でも、ほかのボタン操作やテキスト入力などを続けることができます。

　リスト1では、非同期処理でonWorkメソッドを呼び出しています。処理した結果の合計値を処理終了時にラベルで表示します。

▼実行結果

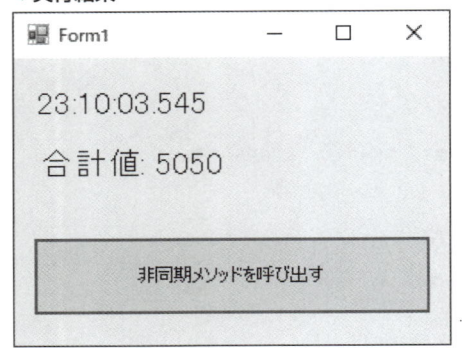

リスト1 非同期メソッドを呼び出す（ファイル名：async208.sln、Form1.cs）

```
private async Task<int> onWork()
{
    int sum = 0;
    for ( int i=1; i<=100; i++ )
    {
        sum += i;
        this.Invoke(new Action(() =>
            label1.Text = DateTime.Now.ToString("HH:MM:ss.fff")));
        await Task.Delay(100);
    }
    return sum;
}

private async void Button1_Click(object sender, EventArgs e)
{
    // 非同期でタスクを実行
    // UI スレッドを占有しない
    int sum = await Task.Run<int>(onWork);
    // 結果を表示
    label2.Text = $"合計値: {sum}";
}
```

タスクが実行されている間も画面の操作が可能なため、ユーザーから再び同じボタンを押されることがあります。これを回避するためには、タスクオブジェクトやフラグを使って、再入不可にします。

タスクの終了時に実行を継続する

ここがポイントです！ タスク終了時に続けて処理をする（Taskクラス、ContinueWithメソッド）

順序よくタスクを実行するためには、awaitキーワードを使いますが、1つのタスクの直後だけに処理をつなげたい場合は、**ContinueWith**メソッドを使うと便利です。

リスト1では、合計値を処理するタスクを実行した直後に、計算した合計値を表示する処理を追加しています。

▼実行結果

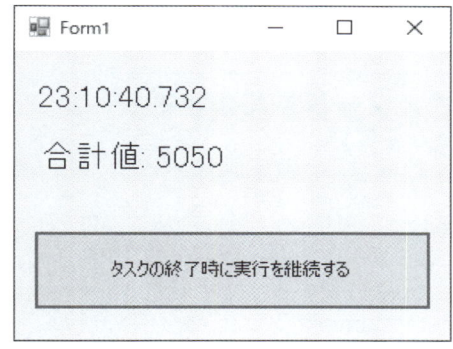

リスト1 タスク終了時の処理を行う（ファイル名：async209.sln、Form1.cs）

```
private async Task<int> onWork()
{
    int sum = 0;
    for ( int i=1; i<=100; i++ )
    {
        sum += i;
        this.Invoke(new Action(() =>
            label1.Text = DateTime.Now.ToString("HH:MM:ss.fff")));
        await Task.Delay(100);

    }
    return sum;
}


private void Button1_Click(object sender, EventArgs e)
{
    // 非同期でタスクを実行
```

```
    // UI スレッドを占有しない
    Task.Run<int>(onWork)
        .ContinueWith(t =>
    {
        // 結果を表示
        int sum = t.Result;
        this.Invoke(new Action(() =>
            label2.Text = $"合計値：{sum}"
        ));
    });
}
```

Tips

210

スレッドを切り替えて
UIを変更する

▶Level ●●

▶対応
COM PRO

ここが
ポイント
です！

スレッド間でメソッドを利用する
（Invokeメソッド）

　バックグラウンド処理を行うTaskクラスは、画面のユーザーインターフェイス操作するスレッドとは異なるスレッドになります。そのため、ユーザーインターフェイスのコントロールを直接操作することはできません。

　スレッド間でプロパティやメソッドを操作する場合は、**Invokeメソッド**を使います。

　Invokeメソッドに、引数なしのメソッドやラムダ式を記述することで、画面のコントロールのプロパティを操作できます。

　リスト1では、動作しているタスクの中から経過時間をラベルとプログレスバーに表示させています。

▼実行結果

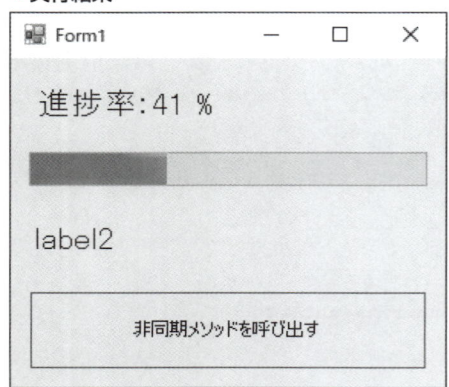

リスト1 タスク内からUIコントロールを変更する（ファイル名：async210.sln、Form1.cs）

```csharp
private async void Button1_Click(object sender, EventArgs e)
{
    progressBar1.Minimum = 0;
    progressBar1.Maximum = 100;
    // 完了フラグ
    bool complete = false;
    // 進捗率
    int raito = 0;
    // プログレスバーを更新する
    Task task = new Task(async () => {
        while ( complete == false)
        {
            this.Invoke(new Action(() =>
            {
                label1.Text = $"進捗率：{raito} %";
                progressBar1.Value = raito;
            }));
            await Task.Delay(100);
        }
    });
    task.Start();

    // 計算タスク
    var result = await Task.Run<int>(async () =>
    {
        int sum = 0;
        for (int i = 1; i <= 100; i++)
        {
            raito = i;
            sum += i;
            await Task.Delay(100);
        }
        complete = true;
        return sum;
    });
    label2.Text = $"合計値：{result}";
}
```

Tips
211

▶Level ● ● ○

▶対応
COM　PRO

ここが
ポイント
です！

一定時間停止する

待ち時間を設定する（Threadクラス、Sleepメソッド、Taskクラス、Delayメソッド）

　タスクを実行しているときに、数秒間処理を待ちたいときには、Threadクラスの**Sleepメソッド**、あるいはTaskクラスの**Delayメソッド**を使います。どちらも、ミリ秒単位で時間を指定できます。

　ThreadクラスのSleepメソッドでは、そこで処理が止まります。

　TaskクラスのDelayメソッドでは、awaitキーワードを利用して画面操作などの処理を続行できます。

　リスト1では、Sleepメソッドで時間待ちを行います。

　リスト2では、Delayメソッドを使っています。

▼実行結果

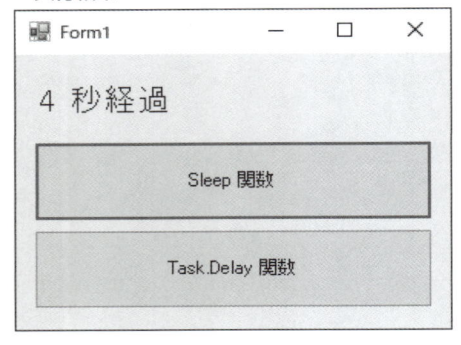

リスト1　Sleepメソッドで待ち時間を設定する（ファイル名：async211.sln、Form1.cs）

```
private async void Button1_Click(object sender, EventArgs e)
{
    await Task.Run(() =>
    {
        for ( int i=0; i<10; i++ )
        {
            this.Invoke(new Action(() =>
            {
                label1.Text = $"{i} 秒経過";
            }));
            System.Threading.Thread.Sleep(1000);
        }
    });
```

```
        label1.Text = "完了";
    }
```

リスト2 Delayメソッドで待ち時間を設定する（ファイル名：async211.sln、Form1.cs）

```
private async void Button2_Click(object sender, EventArgs e)
{
    await Task.Run( async () =>
    {
        for (int i = 0; i < 10; i++)
        {
            this.Invoke(new Action(() =>
            {
                label1.Text = $"{i} 秒経過";
            }));
            await Task.Delay(1000);
        }
    });
    label1.Text = "完了";
}
```

Tips 212

イベントが発生するまで停止する

ここがポイントです！ 他スレッドからのイベントを待つ（ManualResetEventクラス、WaitOneメソッド、Setメソッド）

▶ Level ●●○
▶ 対応　COM　PRO

　ほかのスレッドからイベントが発生するまで待つためには、**ManualResetEventクラス**の**WaitOneメソッド**を使います。ミューテックスのように、非同期処理を行っている各スレッドの同期を取るために使えます。

　イベントを解除するためには、**Setメソッド**を呼び出します。

　リスト1では、[タスク開始] ボタンをクリックすると、ManualResetEventオブジェクトを作成し、イベント待ちを行います。[イベント待ちを解除] ボタンをクリックすると、イベントが解除されて処理が再開されます。

▼実行結果

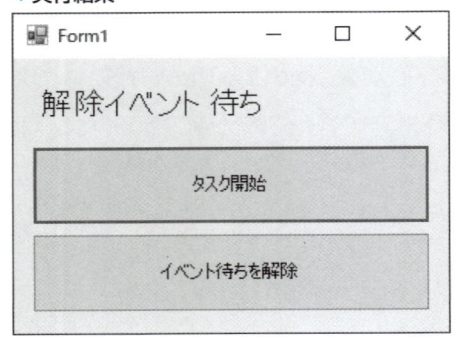

リスト1 イベント待ちを解除する（ファイル名：async212.sln、Form1.cs）

```csharp
System.Threading.ManualResetEvent mre;

private async void Button1_Click(object sender, EventArgs e)
{
    await Task.Run(() =>
    {
        mre = new System.Threading.ManualResetEvent(false);
        for ( int i=0; i<20; i++ )
        {
            if ( i == 10 )
            {
                // 10秒後にイベント待ちになる
                this.Invoke(new Action(() => {
                    label1.Text = "解除イベント待ち";
                }));
                mre.Reset();
                mre.WaitOne();
            }
            this.Invoke(new Action(() =>
            {
                label1.Text = $"{i} 秒経過";
            }));
            System.Threading.Thread.Sleep(1000);
        }
    });
    label1.Text = "タスク終了";
}

private void Button2_Click(object sender, EventArgs e)
{
    // イベント待ちを解除
    mre.Set();
}
```

タスクの実行をキャンセルする

Tips 213

▶Level ●●
▶対応 COM PRO

ここがポイントです！

タスクをキャンセルする（CancellationTokenSourceクラス、Tokenプロパティ、Cancelメソッド）

　実行中のタスクをキャンセルするためには、**CancellationTokenSourceクラス**を使います。

　Taskクラスでオブジェクトを生成するときに引数に、CancellationTokenSourceクラスの**Tokenプロパティ**を渡します。タスクの実行時に**Cancelメソッド**を呼び出すことによって、実行中のタスクが停止します。

　リスト1では、[タスク開始] ボタンをクリックすると10秒間タスクを実行します。[タスクをキャンセル] ボタンをクリックすると、実行中のタスクがキャンセルされます。キャンセルされたかどうかは、タスクの戻り値に設定して表示させています。

▼実行結果

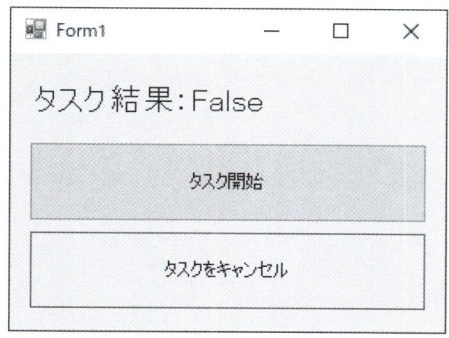

リスト1　実行タスクをキャンセルする（ファイル名：async213.sln、Form1.cs）

```
System.Threading.CancellationTokenSource cts;

private async void Button1_Click(object sender, EventArgs e)
{
    cts = new System.Threading.CancellationTokenSource();

    var reuslt = await Task.Run<bool>( async () =>
    {
        var end = DateTime.Now.AddSeconds(10);
        while (DateTime.Now < end)
        {
            if ( cts.Token.IsCancellationRequested )
            {
```

```
                    return false;
                }
            this.Invoke(new Action(() =>
                label1.Text = DateTime.Now.ToString("HH:MM:ss.fff")));
            await Task.Delay(100);
        }
        return true;
    }, cts.Token );

    label1.Text = $"タスク結果：{reuslt}";
}


private void Button2_Click(object sender, EventArgs e)
{
    // タスクをキャンセルする
    cts.Cancel();
}
```

第6章

214〜227

リフレクション
の極意

クラス内の
プロパティの一覧を取得する

Tips 214

▶ Level ● ●

▶ 対応
COM PRO

**ここが
ポイント
です!**

リフレクションでプロパティ一覧を取得
（Typeクラス、GetPropertiesメソッ
ド、PropertyInfoクラス）

既存のクラスやメソッドを呼び出すときに、**リフレクション**を使うことができます。リフレクションは、クラスの構成情報を取得する手段です。**System.Reflection名前空間**を利用することで、リフレクションが利用できます。

対象となるクラスは、**Typeクラス**に情報が集まっています。Typeクラスの**GetPropertiesメソッド**を利用すると、クラスが公開しているプロパティの一覧が取得できます。取得したプロパティの情報は、**PropertyInfoクラス**のインスタンスとして処理が可能です。

リスト1では、SampleClassクラスの公開プロパティの一覧を取得し、リストボックスに表示しています。

▼実行結果

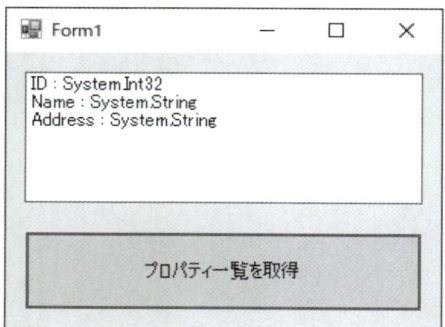

リスト1 プロパティの一覧を取得する（ファイル名：ref214.sln、Form1.cs）

```csharp
using System.Reflection;


private void Button1_Click(object sender, EventArgs e)
{
    var pis = typeof(SampleClass).GetProperties();
    listBox1.Items.Clear();
    foreach ( var pi in pis )
    {
        listBox1.Items.Add($"{pi.Name} : {pi.PropertyType.
ToString()}");
```

```
    }
}
```

リスト2 対象のクラス（ファイル名：ref214.sln、Form1.cs）

```
public class SampleClass
{
    public int ID { get; set; }
    public string Name { get; set; }
    public string Address { get; set; }

    public string ShowData()
    {
        return $"{ID} : {Name} in {Address}";
    }
    public void ChangeName( string name )
    {
        this.Name = name;
    }
}
```

Tips

215

クラス内の
指定したプロパティを取得する

▶ Level ● ●
▶ 対応
COM　**PRO**

ここが
ポイント
です！

リフレクションで指定プロパティを取得
（Typeクラス、GetPropertyメソッド、
PropertyInfoクラス）

　プロパティ名を指定して**プロパティ情報**を取得するには、Typeクラスの**GetPropertyメ
ソッド**を使います。GetPropertyメソッドでは、対象のクラスの公開プロパティを取得でき
ます。

　指定したプロパティが見つからない場合は、nullを返します。

　リスト1では、SampleClassクラスの公開プロパティを名前を指定して取得しています。

リフレクションの極意

▼実行結果

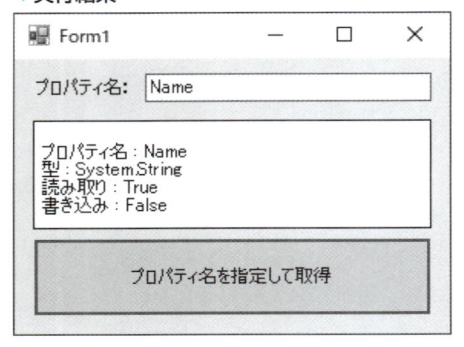

```
プロパティ名：Name

プロパティ名：Name
型：System.String
読み取り：True
書き込み：False

プロパティ名を指定して取得
```

リスト1 プロパティ名を指定して情報を取得する（ファイル名：ref215.sln、Form1.cs）

```csharp
using System.Reflection;

private void Button1_Click(object sender, EventArgs e)
{
    var name = textBox1.Text;
    var pi = typeof(SampleClass).GetProperty(name);
    if ( pi == null )
    {
        textBox2.Text = "プロパティが見つかりませんでした";
    }
    else
    {
        var text = $@"
プロパティ名 : {pi.Name}
型 : {pi.PropertyType.ToString()}
読み取り : {pi.CanRead}
書き込み : {pi.CanWrite}
";
        textBox2.Text = text;

    }
}
```

リスト2 対象のクラス（ファイル名：ref215.sln、Form1.cs）

```csharp
public class SampleClass
{
    private string _name = "";
    public int ID { get; set; }
    public string Name { get => _name; }
    public string Address { get; set; }
    public SampleClass( string name )
    {
        _name = name;
    }
```

```
public string ShowData()
{
    return $"{ID} : {Name} in {Address}";
}
public void ChangeName( string name )
{
    _name = name;
}
}
```

クラス内の メソッドの一覧を取得する

Tips 216

▶ Level ● ●
▶ 対応
COM　PRO

ここが
ポイント
です！

**リフレクションでメソッド一覧を取得
（Type クラス、GetMethods メソッド、
MethodInfo クラス）**

Type クラスの **GetMethods メソッド**で、対象となるクラスが持つ**公開メソッド**の一覧を取得できます。

取得したメソッドの情報は、**MethodInfo クラス**のインスタンスとして処理が可能です。

リスト1では、SampleClass クラスの公開メソッドの一覧を取得し、リストボックスに表示しています。

▼実行結果

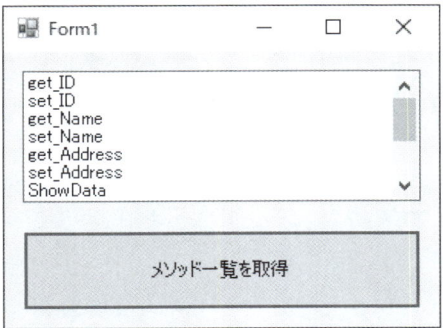

リスト1　メソッドの一覧を取得する（ファイル名：ref216.sln、Form1.cs）

```
using System.Reflection;

private void Button1_Click(object sender, EventArgs e)
{
```

リフレクションの極意

```
    var mis = typeof(SampleClass).GetMethods();
    listBox1.Items.Clear();
    foreach ( var mi in mis )
    {
        listBox1.Items.Add($"{mi.Name}");
    }
}
```

リスト2 対象のクラス（ファイル名：ref216.sln、Form1.cs）

```
public class SampleClass
{
    public int ID { get; set; }
    public string Name { get; set; }
    public string Address { get; set; }
    public string ShowData()
    {
        return $"{ID} : {Name} in {Address}";
    }
    public void ChangeName( string name )
    {
        this.Name = name;
    }
}
```

クラス内の
指定したメソッドを取得する

Tips **217**

▶Level ●●
▶対応
COM PRO

ここがポイントです！

リフレクションで指定メソッドを取得 （Typeクラス、GetMethodメソッド、 MethodInfoクラス）

　メソッド名を指定して**メソッド情報**を取得するためには、Typeクラスの**GetMethodメソッド**を使います。GetMethodメソッドでは、対象のクラスの公開メソッドを取得できます。

　指定したメソッドが見つからない場合は、nullを返します。

　リスト1では、名前を指定して、SampleClassクラスの公開メソッドを取得しています。

▼実行結果

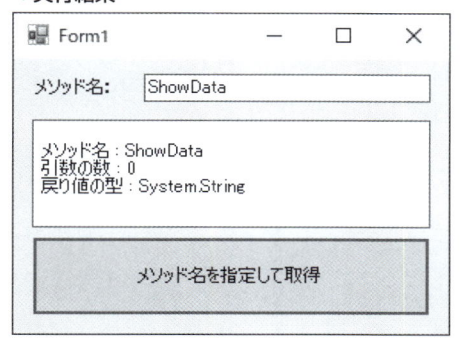

リスト1　メソッド名を指定して情報を取得する（ファイル名：ref217.sln、Form1.cs）

```csharp
using System.Reflection;

private void Button1_Click(object sender, EventArgs e)
{
    var name = textBox1.Text;
    var mi = typeof(SampleClass).GetMethod(name);
    if ( mi == null )
    {
        textBox2.Text = "メソッドが見つかりませんでした";
    }
    else
    {
        var text = $@"
メソッド名 : {mi.Name}
引数の数 : {mi.GetParameters().Length}
戻り値の型 : {mi.ReturnType.ToString()}
";
        textBox2.Text = text;


    }
}
```

リスト2　対象のクラス（ファイル名：ref217.sln、Form1.cs）

```csharp
public class SampleClass
{
    private string _name = "";
    public int ID { get; set; }
    public string Name { get => _name; }
    public string Address { get; set; }
    public SampleClass( string name )
    {
        _name = name;
    }
    public string ShowData()
```

```
    {
        return $"{ID} : {Name} in {Address}";
    }
    public void ChangeName( string name )
    {
        _name = name;
    }
}
```

 メソッドが多重定義されている場合は、引数の型を指定して取得できるメソッド情報を絞り込みます。

 クラスを生成するときのコンストラクターは、**GetConstructor メソッド**を使います。

リフレクションでプロパティに値を設定する

Tips 218

▶Level ●●
▶対応 COM PRO

ここがポイントです! リフレクションで指定プロパティの値を取得（PropertyInfo クラス、SetValue メソッド）

　リフレクションで**プロパティ情報**を**PropertyInfo クラス**のオブジェクトとして取得した後は、**SetValue メソッド**を使って、値を設定できます。

　SetValue メソッドでは、設定対象となるオブジェクトと設定する値を渡します。

▼指定したプロパティの値を設定する

```
MethodInfo mi ;
mi.SetValue( 対象のオブジェクト, 設定値 );
```

　設定する値は、object 型で渡しますが、プロパティのデータ型に合わせます。データ型が合わない場合は、SetValue メソッドの呼び出し時に例外が発生します。

　リスト1では、あらかじめ取得した SampleClass オブジェクトのプロパティにリフレクションで値を設定しています。

▼実行結果

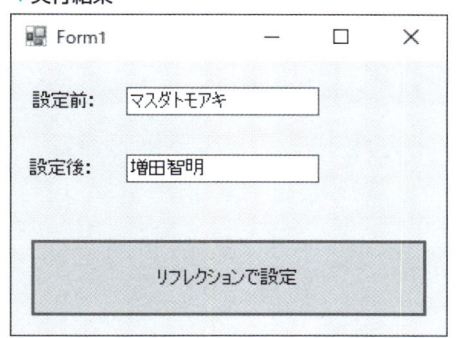

リスト1 リフレクションでプロパティに値を設定する（ファイル名：ref218.sln、Form1.cs）

```
private void Button1_Click(object sender, EventArgs e)
{
    var obj = new SampleClass()
    {
        ID = 100,
        Name = "マスダトモアキ",
        Address = "板橋区"
    };
    textBox1.Text = obj.Name;

    // プロパティ情報を取得する
    var pi = typeof(SampleClass).GetProperty("Name");
    pi.SetValue(obj, "増田智明");
    // プロパティを表示
    textBox2.Text = obj.Name;
}
```

リスト2 対象のクラス（ファイル名：ref218.sln、Form1.cs）

```
public class SampleClass
{
    public int ID { get; set; }
    public string Name { get; set; }
    public string Address { get; set; }

    public string ShowData()
    {
        return $"{ID} : {Name} in {Address}";
    }
    public void ChangeName( string name )
    {
        this.Name = name;
    }
}
```

リフレクションの極意

Tips
219
リフレクションで プロパティの値を取得する

▶Level ●●○
▶対応
COM　PRO

ここが ポイント です!
リフレクションで指定プロパティの値を取得 （PropertyInfoクラス、GetValueメソッド）

　リフレクションで**プロパティ情報**を**PropertyInfoクラス**のオブジェクトとして取得した後は、**GetValueメソッド**を使って、値を取得できます。

　GetValueメソッドでは、取得対象となるオブジェクトを渡します。

▼指定したプロパティの値を取得する

```
MethodInfo mi ;
var v = mi.GetValue( 対象のオブジェクト ) as プロパティの型 ;
```

　取得されるデータはobject型となるため、適切なプロパティのデータ型にキャストします。プロパティのデータ型が異なると例外が発生します。

　リスト1では、あらかじめ取得したSampleClassオブジェクトのプロパティの値をリフレクションで取得しています。

▼実行結果

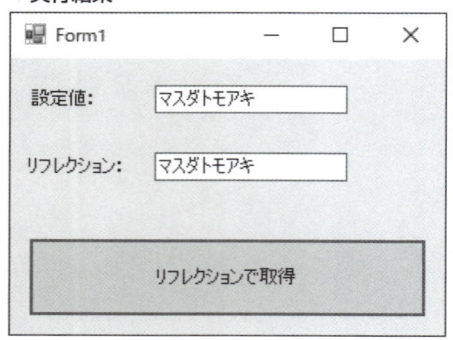

リスト1　リフレクションでプロパティから値を取得する（ファイル名：ref219.sln、Form1.cs）

```
private void Button1_Click(object sender, EventArgs e)
{
    var obj = new SampleClass()
    {
        ID = 100,
        Name = "マスダトモアキ",
        Address = "板橋区"
    };
    // プロパティで取得
```

```
    textBox1.Text = obj.Name;
    // リフレクションで取得
    var pi = typeof(SampleClass).GetProperty("Name");
    textBox2.Text = pi.GetValue(obj) as string;
}
```

リスト2 対象のクラス（ファイル名：ref219.sln、Form1.cs）

```
public class SampleClass
{
    public int ID { get; set; }
    public string Name { get; set; }
    public string Address { get; set; }

    public string ShowData()
    {
        return $"{ID} : {Name} in {Address}";
    }
    public void ChangeName( string name )
    {
        this.Name = name;
    }
}
```

Tips

220

▶Level ●●

▶対応
COM　PRO

**ここが
ポイント
です！**

リフレクションで
メソッドを呼び出す

リフレクションで指定メソッドを実行
（Typeクラス、GetMethodメソッド、
MethodInfoクラス、Invokeメソッド）

リフレクションで**メソッド情報**を**MethodInfoクラス**のオブジェクトとして取得した後は、**Invokeメソッド**を使って、メソッドを実行できます。

Invokeメソッドでは、取得対象となるオブジェクトとパラメーターを渡します。

▼指定したメソッドを実行する

```
MethodInfo mi ;
var v = mi.Invoke( 対象のオブジェクト , パラメーター ) ;
```

渡すパラメーターはobject型の配列になり、メソッドに渡すデータ型と順番を合わせて設定しておきます。指定したデータ型が異なる場合は、例外が発生します。

リスト1では、あらかじめ取得したSampleClassオブジェクトから、GetMethodメソッドを使ってShowDataメソッドの情報を取得し、リフレクションで実行しています。

リフレクションの極意

▼実行結果

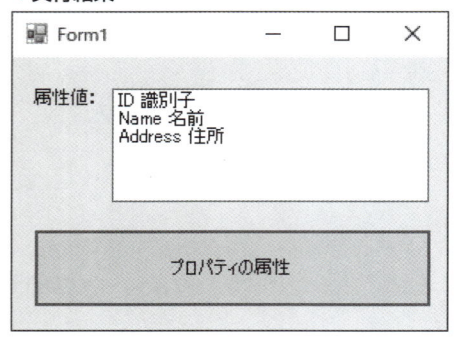

リスト1 リフレクションでメソッドを実行する（ファイル名：ref220.sln、Form1.cs）

```
private void Button1_Click(object sender, EventArgs e)
{
    var obj = new SampleClass()
    {
        ID = 100,
        Name = "マスダトモアキ",
        Address = "板橋区"
    };
    // 通常のメソッドで取得
    textBox1.Text = obj.ShowData();
    // リフレクションでメソッドを実行
    var mi = typeof(SampleClass).GetMethod("ShowData");
    var v = mi.Invoke(obj, new object[] { }) as string;
    textBox2.Text = v;
}
```

リスト2 対象のクラス（ファイル名：ref220.sln、Form1.cs）

```
public class SampleClass
{
    public int ID { get; set; }
    public string Name { get; set; }
    public string Address { get; set; }

    public string ShowData()
    {
        return $"{ID} : {Name} in {Address}";
    }
    public void ChangeName( string name )
    {
        this.Name = name;
    }
}
```

Tips
221
▶ Level ●●
▶ 対応
COM PRO

クラスに設定されている属性を取得する

ここがポイントです！ **クラスの属性を取得（Attributeクラス、Typeクラス、GetCustomAttributeメソッド）**

クラス定義には、**属性**を付けることができます。属性は、**Attributeクラス**を継承したクラスを定義して、対象のクラスに設定します。

設定した属性は、クラスの静的変数と同じように扱えるため、クラス定義に属した情報を設定・取得できます。

クラス属性は、クラス名の前の行に「[」と「]」を使って指定します。

▼クラスに属性を設定する

```
[クラス属性]
public class クラス名 {
    ...
}
```

設定したクラス属性は、**Typeクラス**の**GetCustomAttribute**メソッドで取得ができます。属性のデータ型にキャストした後、クラス属性に設定した値を取得して活用します。

▼クラスの属性を取得する

```
Type t ;
var 属性 = t.GetCustomAttribute<属性の型>() ;
```

リスト1では、SampleClassクラスに設定したクラス属性を取得し、表示しています。TableAttributeクラスは、System.ComponentModel.DataAnnotations.Schema名前空間で定義されている、Entity Frameworkのための属性です。

▼実行結果

Form1 — □ ×

属性値: サンプルクラス

クラスの属性

リスト1 クラスに設定されている属性を取得する（ファイル名：ref221.sln、Form1.cs）

```csharp
using System.Reflection;

private void Button1_Click(object sender, EventArgs e)
{
    var obj = new SampleClass()
    {
        ID = 100,
        Name = "マスダトモアキ",
        Address = "板橋区"
    };
    // クラスの属性を取得
    var at = typeof(SampleClass).GetCustomAttribute<TableAttribute>();
    textBox1.Text = at.Name;
}
```

リスト2 対象のクラス（ファイル名：ref221.sln、Form1.cs）

```csharp
using System.ComponentModel.DataAnnotations;
using System.ComponentModel.DataAnnotations.Schema;

[Table("サンプルクラス")]
public class SampleClass
{

    [Key]
    [Column("識別子")]
    public int ID { get; set; }
    [Column("名前")]
    public string Name { get; set; }
    [Column("住所")]
    public string Address { get; set; }

    public string ShowData()
    {
        return $"{ID} : {Name} in {Address}";
    }
    public void ChangeName( string name )
    {
        this.Name = name;
    }
}
```

プロパティに設定されている属性を取得する

ここが
ポイント
です！
**プロパティの属性を取得
（Attributeクラス、Typeクラス、
GetCustomAttributeメソッド）**

▶Level ● ●

▶ 対応

COM　PRO

クラスのプロパティには、**属性**を付けることができます。属性は、**Attributeクラス**を継承したクラスを定義して、対象のプロパティに設定します。

設定した属性は、クラスの静的変数と同じように扱えるため、プロパティに属した情報を設定・取得できます。

プロパティの属性は、プロパティ名の前の行に「[」と「]」を使って指定します。

▼プロパティに属性を設定する

```
public class クラス名 {
  [プロパティの属性]
  public 型 プロパティ {
    ...
  }
  ...
}
```

設定したプロパティの属性は、**Typeクラス**の**GetCustomAttributeメソッド**で取得ができます。属性のデータ型にキャストを行った後、プロパティの属性に設定した値を取得して活用します。

▼プロパティの属性を取得する

```
Type t ;
var 属性 = t.GetCustomAttribute<属性の型>() ;
```

リスト1では、SampleClassクラスに設定したプロパティの属性を取得し、表示しています。DisplayNameAttributeクラスは、System.ComponentModel名前空間で定義されている、Entity Frameworkのための属性です。

▼実行結果

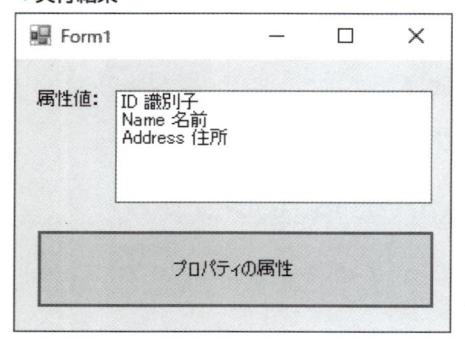

リスト1 クラスに設定されている属性を取得する（ファイル名：ref222.sln、Form1.cs）

```
using System.Reflection;

private void Button1_Click(object sender, EventArgs e)
{
    var obj = new SampleClass()
    {
        ID = 100,
        Name = "マスダトモアキ",
        Address = "板橋区"
    };
    // プロパティの属性を取得
    listBox1.Items.Clear();
    foreach ( var pi in typeof(SampleClass).GetProperties())
    {
        var at = pi.GetCustomAttribute<DisplayNameAttribute>();
        listBox1.Items.Add($"{pi.Name} {at.DisplayName}");
    }
}
```

リスト2 対象のクラス（ファイル名：ref222.sln、Form1.cs）

```
using System.ComponentModel.DataAnnotations;
using System.ComponentModel.DataAnnotations.Schema;

[Table("サンプルクラス")]
public class SampleClass
{

    [Key]
    [DisplayName("識別子")]
    public int ID { get; set; }
    [DisplayName("名前")]
    public string Name { get; set; }
    [DisplayName("住所")]
    public string Address { get; set; }
```

```
        public string ShowData()
        {
            return $"{ID} : {Name} in {Address}";
        }
        public void ChangeName( string name )
        {
            this.Name = name;
        }
    }
```

Tips 223 メソッドに設定されている属性を取得する

▶ Level ●●○
▶ 対応 COM PRO

ここがポイントです! メソッドの属性を取得（Attributeクラス、Typeクラス、GetCustomAttributeメソッド）

　クラスのメソッドには、**属性**を付けることができます。属性は、**Attributeクラス**を継承したクラスを定義して、対象のメソッドに設定します。設定した属性は、メソッドの構成情報を使って取得できます。

　メソッドの属性は、メソッド名の前の行に「[」と「]」を使って指定します。

▼メソッドに属性を設定する

```
public class クラス名 {
  [メソッドの属性]
  public 型 メソッド(...) {
    ...
  }
  ...
}
```

　設定したメソッドの属性は、**Typeクラス**の**GetCustomAttributeメソッド**で取得ができます。属性のデータ型にキャストした後、メソッドの属性に設定した値を取得して活用します。

▼メソッドの属性を取得する

```
Type t ;
var 属性 = t.GetCustomAttribute<属性の型>() ;
```

　リスト1では、SampleClassクラスに設定したメソッドの属性を取得し、表示しています。DisplayAttributeクラスは、System.ComponentModel.DataAnnotations名前空間で定義されている、Entity Frameworkのための属性です。

▼実行結果

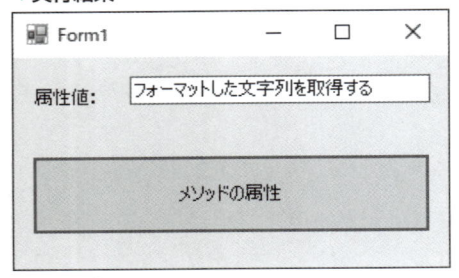

リスト1　クラスに設定されている属性を取得する（ファイル名：ref223.sln、Form1.cs）

```csharp
using System.Reflection;


private void Button1_Click(object sender, EventArgs e)
{
    var obj = new SampleClass()
    {
        ID = 100,
        Name = "マスダトモアキ",
        Address = "板橋区"
    };
    // メソッドの属性を取得
    var mi = typeof(SampleClass).GetMethod("ShowData");
    var attr = mi.GetCustomAttribute<DisplayAttribute>();
    textBox1.Text = attr.Description;
}
```

リスト2　対象のクラス（ファイル名：ref223.sln、Form1.cs）

```csharp
using System.ComponentModel.DataAnnotations;
using System.ComponentModel.DataAnnotations.Schema;


[Table("サンプルクラス")]
public class SampleClass
{
    [Key]
    [DisplayName("識別子")]
    public int ID { get; set; }
    [DisplayName("名前")]
    public string Name { get; set; }
    [DisplayName("住所")]
    public string Address { get; set; }

    [Display(Description = "フォーマットした文字列を取得する")]
    public string ShowData()
    {
        return $"{ID} : {Name} in {Address}";
```

```
    }
    public void ChangeName( string name )
    {
        this.Name = name;
    }
}
```

プライベートフィールドの値を設定する

ここがポイントです！

リフレクションで非公開フィールドに設定（Typeクラス、GetTypeInfoメソッド、TypeInfoクラス、GetDeclaredFieldメソッド）

▶ Level ●●●

▶ 対応
COM　PRO

クラス内のプロパティやメソッドは、外部へ公開する基準に従って、publicやprivateなどの**アクセス修飾子**を付けます。

プロパティやメソッドを外部から使うためには、「public」を付ける必要があります。しかし、時には「private」が付いた**プライベートフィールド**のプロパティやメソッドにアクセスしたいときがあります。クラスのテストを行う場合に、通常とは異なる方法でクラスの内部変数を初期化しなければいけないときなどです。

このような場合にも、リフレクションを使って、非公開のフィールドなどにアクセスが可能です。

Typeクラスの GetTypeInfo メソッドを利用すると、通常よりも情報量の多い**TypeInfoクラス**のオブジェクトが取得できます。このTypeInfoクラスの**GetDeclaredField メソッド**を使うことによって、非公開のフィールドを取得できます。

リスト1では、SampleClassクラスの非公開のフィールドであるNameフィールドを取得して、初期値を変更しています。

リフレクションの極意

▼実行結果

Form1	— □ ×

設定値：　マスダトモアキ

プロパティ：　マスダトモアキ

プライベートフィールドへ設定

リスト1 非公開のフィールドに値を設定する（ファイル名：ref224.sln、Form1.cs）

```
private void Button1_Click(object sender, EventArgs e)
{
    var obj = new SampleClass()
    {
        ID = 100,
        Address = "板橋区"
    };
    // プライベートフィールドに設定
    string name = "マスダトモアキ";
    SetField(obj, "_Name", name);

    textBox1.Text = name;
    textBox2.Text = obj.Name;
}
public void SetField<T>(T target, string name, object value)
{
    Type t = typeof(T);
    var pi = t.GetRuntimeField(name);
    pi = t.GetTypeInfo().GetDeclaredField(name);
    pi.SetValue(target, Convert.ChangeType(value, pi.FieldType));
}
```

リスト2 対象のクラス（ファイル名：ref224.sln、Form1.cs）

```
public class SampleClass
{

    public int ID { get; set; }
    /// プライベートプロパティのみの
    public string Name { get; private set; }
    public string Address { get; set; }
    public string ShowData()
    {
        return $"{ID} : {Name} in {Address}";
    }
}
```

プライベートプロパティの値を設定する

Tips 225

▶Level ●●●

▶対応
COM PRO

ここがポイントです！

リフレクションで非公開プロパティに設定（Typeクラス、GetTypeInfoメソッド、TypeInfoクラス、GetDeclaredPropertyメソッド）

リフレクションを利用して、クラスの**プライベートプロパティ**（非公開プロパティ）にアクセスするためには、**GetTypeInfoメソッド**で**TypeInfoクラス**のオブジェクトを取得します。

GetTypeInfoメソッドを利用すると、通常よりも情報量の多い**TypeInfoクラス**のオブジェクトが取得できます。このTypeInfoクラスの**GetDeclaredPropertyメソッド**を使うことによって、プライベートプロパティを取得できます。

リスト1では、SampleClassクラスの非公開であるNameプロパティを取得し、初期値を変更しています。

▼実行結果

```
Form1                      —   □   ×

設定値:   マスダトモアキ

プロパティ:  マスダトモアキ

        プライベートプロパティへ設定
```

リスト1 非公開のプロパティに値を設定する（ファイル名：ref225.sln、Form1.cs）

```
private void Button1_Click(object sender, EventArgs e)
{
    var obj = new SampleClass()
    {
        ID = 100,
        Address = "板橋区"
    };
    // プライベートプロパティに設定
    string name = "マスダトモアキ";
    SetProperty(obj, "Name", name);

    textBox1.Text = name;
    textBox2.Text = obj.Name;
}
```

リフレクションの極意

405

```csharp
public void SetProperty<T>(T target, string name, object value, params
object[] args)
{
    Type t = typeof(T);
    var pi = t.GetTypeInfo().GetDeclaredProperty(name);
    pi.SetValue(target, Convert.ChangeType(value, pi.PropertyType),
args);
}
```

リスト2 対象のクラス（ファイル名：ref225.sln、Form1.cs）

```csharp
public class SampleClass
{

    public int ID { get; set; }
    /// プライベートプロパティのみ
    public string Name { get; private set; }
    public string Address { get; set; }
    public string ShowData()
    {
        return $"{ID} : {Name} in {Address}";
    }
}
```

プライベートメソッドを呼び出す

▶ Level ●●●
▶ 対応
COM　PRO

ここが
ポイント
です！

リフレクションで非公開メソッドを実行（Typeクラス、GetTypeInfoメソッド、TypeInfoクラス、GetDeclaredMethodメソッド）

リフレクションを利用して、クラスの**プライベートメソッド**（非公開メソッド）にアクセスするためには、**GetTypeInfoメソッド**で**TypeInfoクラス**のオブジェクトを取得します。

GetTypeInfoメソッドを利用すると、通常よりも情報量の多いTypeInfoクラスのオブジェクトが取得できます。このTypeInfoクラスの**GetDeclaredMethodメソッド**を使うことによって、プライベートメソッドを取得できます。

リスト1では、SampleClassクラスの非公開のメソッドであるShowDataメソッドを取得し、実行しています。

▼実行結果

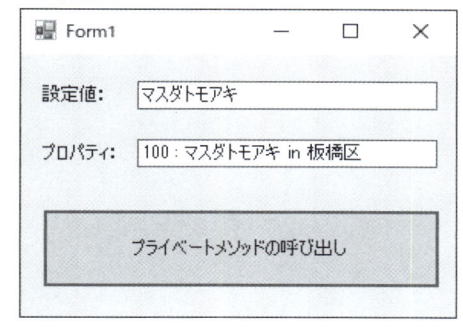

リスト1 非公開のプロパティに値を設定する（ファイル名：ref226.sln、Form1.cs）

```
private void Button1_Click(object sender, EventArgs e)
{
    var obj = new SampleClass()
    {
        ID = 100,
        Name = "マスダトモアキ",
        Address = "板橋区"
    };
    textBox1.Text = obj.Name;
    textBox2.Text = (string)Invoke(obj, "ShowData", new object[] { });
}

public object Invoke<T>(T target, string name, params object[] args)
{
    Type t = typeof(T);
```

6

リフレクションの極意

```
    var lst = new List<Type>();
    foreach (var it in args)
        lst.Add(it.GetType());
    var mi = t.GetTypeInfo().GetDeclaredMethod(name);
    return mi.Invoke(target, args);
}
```

リスト2 対象のクラス（ファイル名：ref226.sln、Form1.cs）

```
public class SampleClass
{
    public int ID { get; set; }
    public string Name { get; set; }
    public string Address { get; set; }
    /// プライベートメソッド
    private string ShowData()
    {
        return $"{ID} : {Name} in {Address}";
    }
}
```

アセンブリを指定して インスタンスを生成する

▶Level ● ● ●

▶対応
COM　PRO

ここがポイントです!
動的にインスタンスを生成（Assemblyクラス、LoadFromメソッド、Activatorクラス、CreateInstanceメソッド）

6

動的に**アセンブリ**をロードして、クラスのインスタンスを生成することができます。

まず**Assembly**クラスの**LoadFrom**メソッドを使って、ロードするアセンブリ（拡張子が.dll、あるいは.exe）を読み込みます。

次に取得したAssemblyオブジェクトを使って、名前空間を含んだフルパスのクラス名を**GetType**メソッドで呼び出します。これによってクラス構造の情報が取得できます。

さらにインスタンスを生成するために、**Activator**クラスの**CreateInstance**メソッドを使うと、オブジェクトを取得できます。このオブジェクトはobject型となるため、プロパティやメソッドを呼び出すためにリフレクションを使います。

リスト1では、外部で定義されているsample.SampleClassクラスを動的に生成しています。インスタンスを生成した後に、リフレクションを使ってMyNameプロパティの値を取得しています。

▼実行結果

🖳 Form1	—	□	×

設定値:　マスダトモアキ

別のアセンブリを起動

リフレクションの極意

リスト1　非公開のプロパティに値を設定する（ファイル名：ref227.sln、Form1.cs）

```
private void Button1_Click(object sender, EventArgs e)
{
    // あらかじめ sample.exe を同じフォルダーに
    // コピーしておく
    var asm = System.Reflection.Assembly.LoadFrom("sample.exe");
    var t = asm.GetType("sample.SampleClass");
    var obj = System.Activator.CreateInstance(t);
    // リフレクションで取得
    var pi = t.GetProperty("MyName");
    textBox1.Text = pi.GetValue(obj) as string;

}
```

リスト2 **対象のクラス（ファイル名：ref227.sln、sample.csproj、Form1.cs）**

```csharp
public class SampleClass
{
    /// 別アセンブリで定義したプロパティ
    private string _Name = "マスダトモアキ";
    public string MyName
    {
        get => _Name;
        set => _Name = value;
    }
}
```

Column **サンプルプログラムのコードを確認する方法**

本書のサンプルプログラムのコードを確認するには、以下の手順で行います。
ここでは、WindowsフォームのForm1のコードウィンドウを開く方法を例に説明します。

❶ Tips029を参照して、該当するTipsのプロジェクトを開きます。
❷ ［ソリューションエクスプローラー］で、［Form1.cs］を右クリックし、ショートカットメニューから［コードの表示］をクリックします。または、［Form1.cs］をクリックし、「F7」キーを押します。

　［ソリューションエクスプローラー］で［From1.cs］をダブルクリックすると、Windowsフォームデザイナーが表示されます。
　Tipsによっては、［Form1］が対象ではない場合があり、コードの表示方法が異なることがあります。本文をよく確認して操作を行ってください。

第 **7** 章

228~246

文字列操作の極意

文字コードを取得する

Tips **228**

▶ Level ●○○
▶ 対応
COM PRO

ここが
ポイント
です！ → **文字コードの取得（キャスト）**

文字の**文字コード**を調べるには、文字（char型の値）をint型に**キャスト**します。キャストは、char型の文字をint型の変数に代入することによって、暗黙的に行われます。

リスト1では、[文字コードを取得する] ボタンをクリックすると、テキストボックスに入力された文字のコードを表示します。

▼実行結果

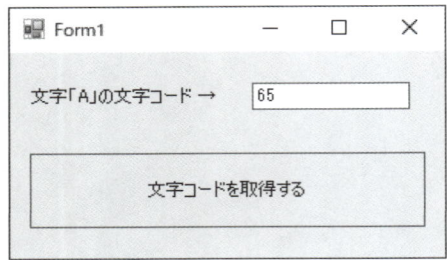

リスト1 　文字コードを表示する（ファイル名：string228.sln、Form1.cs）

```
private void Button1_Click(object sender, EventArgs e)
{
    int code = 'A';            //文字をint型に変換
    textBox1.Text = code.ToString();
}
```

文字列の長さを求める

▶ Level ● ○ ○
▶ 対応
COM　PRO

ここがポイントです！ → **文字数の取得（stringクラス、Lengthプロパティ）**

7

文字列の文字数を取得するには、**string オブジェクト**の**Length プロパティ**を使います。

▼文字列の文字数を取得する

```
文字列.Length
```

リスト1では、[文字の長さを取得する] ボタンをクリックすると、テキストボックスに入力された文字列の文字数を表示します。

▼実行結果

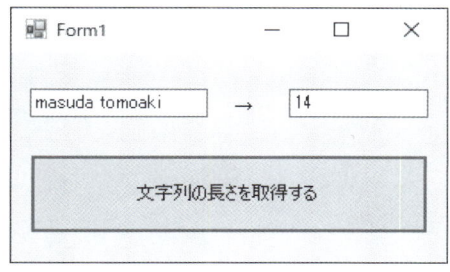

リスト1　文字列の文字数を表示する（ファイル名：string229.sln、Form1.cs）

```
private void Button1_Click(object sender, EventArgs e)
{
    string text = textBox1.Text;
    textBox2.Text = text.Length.ToString();
}
```

英小（大）文字を
英大（小）文字に変換する

**ここが
ポイント
です！**
アルファベットの大文字小文字を変換
（ToUpper メソッド、ToLower メソッド）

▶Level ● ○ ○

▶対応
COM　PRO

　アルファベットの小文字を**大文字**に変換するには、stringオブジェクトの**ToUpper メソッ**
ドを使います。

▼英小文字を大文字に変換する

```
文字列.ToUpper()
```

　また、大文字を**小文字**に変換するには、stringオブジェクトの**ToLower メソッド**を使いま
す。

▼英大文字を小文字に変換する

```
文字列.ToLower()
```

　ToUpperメソッドとToLowerメソッドは、元の文字列のコピーを大文字・小文字に変換
した文字列を返します（元の文字列は変更されません）。
　リスト1では、[文字列を大文字あるいは小文字に変換] ボタンをクリックすると、テキスト
ボックスに入力されている文字列を大文字と小文字に変換して表示します。

▼実行結果

```
🖳 Form1                    —    □    ×

  masuda TOMOAKI

  大文字に変換    MASUDA TOMOAKI

  小文字に変換    masuda tomoaki

        文字列を大文字あるいは小文字に変換
```

リスト1　大文字／小文字に変換して表示する（ファイル名：string230.sln、Form1.cs）

```
private void Button1_Click(object sender, EventArgs e)
{
    string text = textBox1.Text;
```

```
    textBox2.Text = text.ToUpper(); //大文字に変換
    textBox3.Text = text.ToLower(); //小文字に変換
}
```

Tips **231**

指定位置から指定文字数分の文字を取得する

▶ Level ●○○
▶ 対応
COM | PRO

ここが
ポイント
です! ▶ **文字列から指定位置の文字列のコピーを取得（Substring メソッド）**

文字列内の任意の位置から指定文字数分の文字列を取得するには、**Substring メソッド**を使います。

Substring メソッドの第1引数には、何文字目から取得するかを0から数えた数値で指定します。第2引数には、取得する文字数を指定します。

▼指定位置から指定文字数分の文字を取得する

```
文字列.Substring(開始位置, 文字数)
```

元の文字列が、Substring メソッドの引数に指定した文字数に足りない場合は、例外 ArgumentOutOfRangeException が発生します。

リスト1では、[指定位置から指定文字数分の文字を取得する] ボタンをクリックすると、テキストボックスに入力されている文字列の5番目の文字から3文字を取得して表示します。

▼実行結果

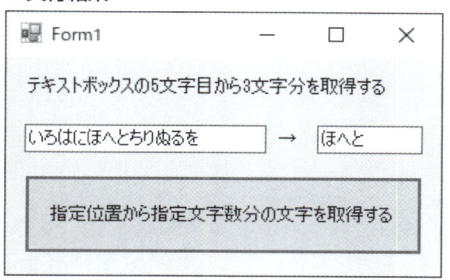

リスト1 任意の位置の文字列を取得する（ファイル名：string231.sln、Form1.cs）

```
private void Button1_Click(object sender, EventArgs e)
{
    string text = textBox1.Text;
    textBox2.Text = "";
```

文字列操作の極意

```
    if ( text.Length < 7 )
    {
        MessageBox.Show("7文字以上入力してください");
        return;
    }
    // 3文字分取得する
    textBox2.Text = text.Substring(4, 3);
}
```

Tips 232 文字列内に指定した 文字列が存在するか調べる

▶ Level ● ○ ○
▶ 対応
COM PRO

ここがポイントです!

任意の文字列の有無を取得 （Contains メソッド）

文字列の中に、ある文字列が含まれているかどうかを取得するには、string オブジェクトの **Contains メソッド**を使います。

Contains メソッドの引数には、検索する文字列を指定します。

▼文字列内に指定した文字列が存在するか調べる

文字列.Contains(検索する文字列)

Contains メソッドは、引数に指定した文字列が含まれている場合（または引数が空の文字列の場合）は、「true」を返します。含まれていない場合は、「false」を返します。

リスト1では、[文字列内に指定した文字列が存在しているか調べる] ボタンをクリックすると、テキストボックスに入力されている文字に、文字列「リス」が含まれているかどうかを調べて、結果を表示します。

▼実行結果

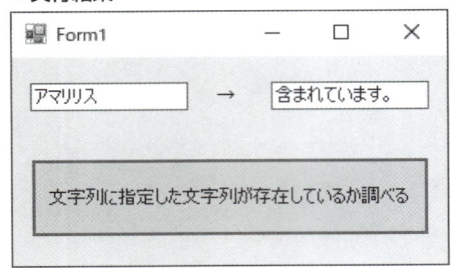

リスト1 指定文字列が含まれているか調べる（ファイル名：string232.sln、Form1.cs）

```
private void Button1_Click(object sender, EventArgs e)
{
    if (textBox1.Text.Contains("リス") == true)
    {
        textBox2.Text = "含まれています。";
    }
    else
    {
        textBox2.Text = "含まれていません。";
    }
}
```

Tips

233 文字列内から指定した文字列の位置を検索する

▶ Level ● ○ ○ ○

▶ 対応
COM PRO

ここがポイントです！ 文字列の位置を取得（IndexOfメソッド）

ある文字列が、別の文字列内の何文字目に存在するかを取得するには、stringオブジェクトの**IndexOf**メソッドを使います。

IndexOfメソッドは、引数に指定した文字列が最初に現れる位置をint型（整数型）の値で返します。見つからなかった場合は、「-1」を返します。

IndexOfメソッドの主な書式は、次の通りです。

▼文字列の位置を取得する①

> 文字列.IndexOf(検索する文字または文字列)

▼文字列の位置を取得する②

> 文字列.IndexOf(検索する文字または文字列, 検索開始位置)

リスト1では、[文字列から指定した文字列の位置を調べる] ボタンをクリックすると、テキストボックスに入力されている文字列から「カキ」の位置を取得して、結果をリストボックスに表示します。このとき、Whileステートメントを使って、文字列に含まれるすべての「カキ」の位置を取得するようにしています。

▼実行結果

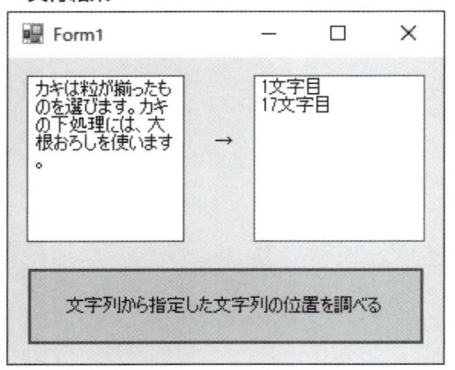

リスト1 文字列の位置を取得する（ファイル名：string233.sln、Form1.cs）

```
private void Button1_Click(object sender, EventArgs e)
{
    string text = textBox1.Text;
    int pos = -1;

    listBox1.Items.Clear();
    while (true)
    {
        pos = text.IndexOf("カキ", pos + 1);
        if (pos == -1)
        {
            break;
        }
        listBox1.Items.Add(pos + 1 + "文字目");
    }
}
```

文字列内に、ある文字列が最後に現れる位置を取得するには、**LastIndexOfメソッド**を使います。

234 ２つの文字列の大小を比較する

▶ Level ●○○
▶ 対応
COM　PRO

ここが
ポイント
です！

**文字列の大小を比較
（CompareToメソッド）**

２つの文字列を辞書順で比較するには、stringオブジェクトの**CompareToメソッド**を使います。
CompareToメソッドの引数には、比較対象の文字列を指定します。

▼文字列の大小を比較する

```
文字列.CompareTo(比較する文字列)
```

CompareToメソッドの戻り値は、２つの文字列が同じときは「0」です。元の文字列のほうが小さい場合は0未満、元の文字列のほうが大きい場合は0より大きい数を返します。

リスト1では、[２つの文字列の大小を比較する] ボタンをクリックすると、２つのテキストボックスに入力されている文字列を比較し、結果を表示します。

▼実行結果

```
🖳 Form1                    —   □   ×

あかいりんご
あめんぼあかいなおあいうえお

結果:  あかいりんごの方が小さいです。

         ２つの文字列の大小を比較する
```

リスト1 ２つの文字列を比較する（ファイル名：string234.sln、Form1.cs）

```
private void Button1_Click(object sender, EventArgs e)
{
    string text1 = textBox1.Text;
    string text2 = textBox2.Text;
    int ret = text1.CompareTo(text2);        //比較
    if (ret == 0)
    {
        textBox3.Text = "同じです。";
    }
```

文字列操作の極意

```
    else if (ret < 0)
    {
        textBox3.Text = text1 + "の方が小さいです。";
    }
    else
    {
        textBox3.Text = text1 + "の方が大きいです。";
    }
}
```

Tips
235
文字列内の指定文字を
別の文字に置き換える

▶ Level ● ○ ○
▶ 対応
COM PRO

**ここが
ポイント
です！**

**文字列の置換
（Replaceメソッド）**

　文字列内の、ある文字列を別の文字列に置き換えるには、stringオブジェクトの**Replace
メソッド**を使います。

　Replaceメソッドは、文字列中に含まれる指定した文字列を、すべて別の文字列に置き換
えます。

▼文字列を置換する

　文字列.Replace（置き換え対象文字列，置き換える文字列）

　リスト1では、［文字列内の指定文字を別の文字に置き換える］ボタンをクリックすると、
label1の文字列に含まれる文字列「カキ」をすべて「牡蠣」に置き換えて、結果を表示します。

▼実行結果

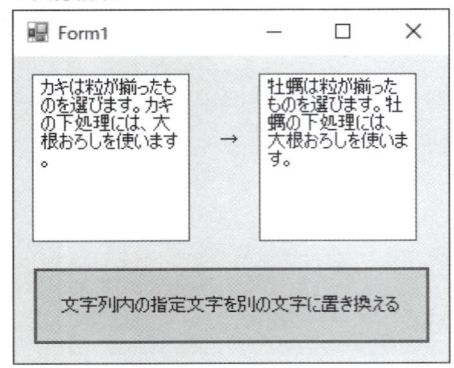

リスト1 指定した文字列を置換する（ファイル名：string235.sln、Form1.cs）

```
private void Button1_Click(object sender, EventArgs e)
{
    string text = textBox1.Text;
    textBox2.Text = text.Replace("カキ", "牡蠣");
}
```

文字列が指定文字列で始まって（終わって）いるか調べる

Tips 236

▶Level ●○○
▶対応
COM PRO

ここがポイントです！

文字列の先頭/末尾が指定文字列かを取得（StartsWithメソッド、EndsWithメソッド）

文字列が、ある文字列で始まっているかどうかを調べるには、stringオブジェクトのStartsWithメソッドを使います。

▼指定文字列で始まっているかを調べる

```
文字列.StartsWith(始まりの文字列)
```

また、文字列がある文字列で終わっているかどうかを調べるには、stringオブジェクトのEndsWithメソッドを使います。

▼指定文字列で終わっているか調べる

```
文字列.EndsWith(終わりの文字列)
```

指定した文字列で始まっている（終わっている）場合は「true」、そうでない場合は「false」を返します。

リスト1では、[文字列が指定文字列で始まっているか調べる] ボタンをクリックすると、テキストボックスに入力されている文字列が文字列「My」で始まっているかどうかを調べ、結果を表示します

▼実行結果

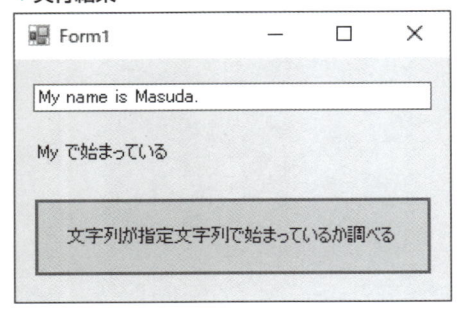

リスト1 先頭の文字列を調べる（ファイル名：string236.sln、Form1.cs）

```
private void Button1_Click(object sender, EventArgs e)
{
    string text = textBox1.Text;
    if ( text.StartsWith("My"))
    {
        label1.Text = "My で始まっている";
    }
    else
    {
        label1.Text = "My で始まっていない";
    }
}
```

EndsWith メソッドは、「fileName.EndsWith(".bmp")」のように、ファイルの拡張子を調べるために使うと便利です。

Tips
237

▶ Level ●○○

▶ 対応

COM PRO

文字列の前後のスペースを削除する

ここが
ポイント
です!

**文字列の先頭と末尾の空白を削除
（Trim メソッド、TrimStart メソッド、
TrimEnd メソッド）**

　文字列から先頭と末尾の空白を削除した文字列を取得するには、stringオブジェクトの**Trim メソッド**を使います。

▼**文字列の先頭と末尾の空白を削除する**

```
文字列.Trim()
```

文字列の先頭の空白のみ削除した文字列を取得する場合は、stringオブジェクトの**TrimStartメソッド**を使います。

▼**文字列の先頭の空白を削除する**

```
文字列.TrimStart()
```

文字列の末尾の空白のみ削除した文字列を取得する場合は、stringオブジェクトの**TrimEndメソッド**を使います。

▼**文字列の末尾の空白を削除する**

```
文字列.TrimEnd()
```

リスト1では、[文字列から前後のスペースを削除する]ボタンをクリックすると、テキストボックスに入力されている文字列から前後の空白を削除し、結果を表示します。

▼**実行結果**

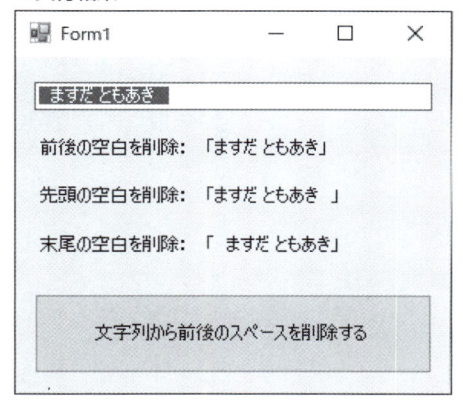

リスト1 　**文字列の前後の空白を削除する**（ファイル名：string237.sln、Form1.cs）

```csharp
private void Button1_Click(object sender, EventArgs e)
{
    string text = textBox1.Text;
    if ( string.IsNullOrEmpty( text ) )
    {
        return;
    }

    label1.Text = "「" + text.Trim() + "」";
    label2.Text = "「" + text.TrimStart() + "」";
```

文字列操作の極意

```
    label3.Text = "「" + text.TrimEnd() + "」";
}
```

 文字列の前後から指定した文字を削除する場合は、Trimメソッドの引数に「削除したい文字」を指定します。

Tips 238
文字列内から指定位置の文字を削除する

▶Level ●○○
▶対応 COM PRO

ここがポイントです! **文字列からある位置の文字を削除（Removeメソッド）**

指定した位置から文字を削除した文字列を取得するには、stringオブジェクトの**Remove**メソッドを使います。

Removeメソッドの戻り値は、指定した文字を削除した新しい文字列です。

Removeメソッドの第1引数には、「削除開始位置」（何番目の文字か）を0から数えて指定します。第2引数には、「削除する文字数」を指定します。

▼ある位置の文字を削除する

文字列 . Remove (削除開始位置 , 削除する文字数)

削除する文字数を指定しない場合は、指定した文字以降すべての文字が削除されます。

▼指定した文字以降の文字を削除する

文字列 . Remove (削除開始位置)

元の文字列が、引数に指定した「削除開始位置」と「削除する文字数」に足りない場合は、例外ArgumentOutOfRangeExceptionが発生します。

リスト1では、［文字列内から指定位置の文字を削除する］ボタンをクリックすると、テキストボックスに入力されている文字列の2文字目から3文字を削除した文字列を表示します。

▼実行結果

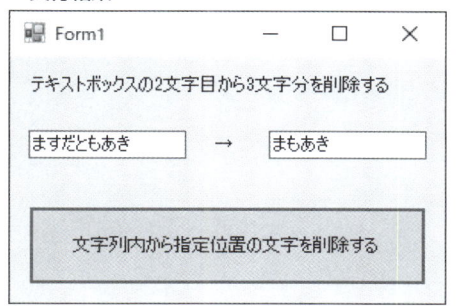

7

| リスト1 | 指定した文字列を削除した文字列を取得する（ファイル名：string238.sln、Form1.cs） |

```
private void Button1_Click(object sender, EventArgs e)
{
    string text = textBox1.Text;
    if ( text.Length < 4 )
    {
        MessageBox.Show("4文字以上入力してください");
        return;
    }
    textBox2.Text = text.Remove(1, 3);
}
```

文字列操作の極意

Tips 239 文字列内に別の文字列を挿入する

▶Level ●○○○
▶ 対応
COM　PRO

ここが
ポイント
です！

文字列の挿入（Insertメソッド）

文字列内に別の文字列を挿入するには、stringオブジェクトの**Insertメソッド**を使います。
Insertメソッドの第1引数には、「開始位置」（何文字目に挿入するか）を0から数えた番号で指定します。第2引数には、「挿入する文字列」を指定します。

▼文字列に別の文字列を挿入する

```
文字列.Insert(開始位置, 挿入する文字列)
```

Insertメソッドの戻り値は、文字列を挿入した新しい文字列です。「挿入する文字列」がnullの場合は、例外ArgumentNullExceptionが発生します。

また、開始位置が元の文字列より大きい場合、または負の場合は、例外ArgumentOut OfRangeExceptionが発生します。

リスト1では、[文字列内に別の文字列を挿入する] ボタンをクリックすると、textBox2の文字列を、textBox1の文字列の3文字目に挿入した結果を表示します。

▼実行結果

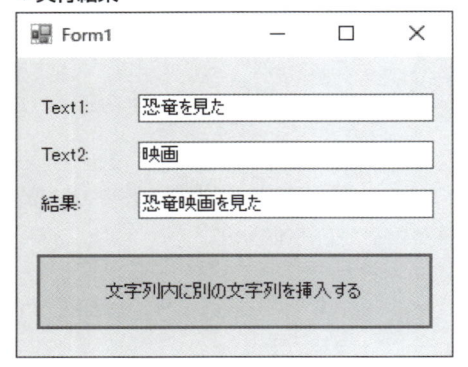

リスト1 **文字列を挿入する**（ファイル名：string239.sln、Form1.cs）

```
private void Button1_Click(object sender, EventArgs e)
{
    string text1 = textBox1.Text;
    string text2 = textBox2.Text;
    if ( text1.Length < 2 )
    {
        // 2文字未満ならば終了する
        return;
    }
    textBox3.Text = text1.Insert(2, text2);
}
```

Tips
240

▶Level ●
▶対応
COM PRO

文字列が指定した文字数になるまでスペースを入れる

ここがポイントです！ **文字列の先頭と末尾を空白で埋める（PadLeftメソッド、PadRightメソッド）**

文字列の先頭、または末尾に空白を追加するには、stringオブジェクトの**PadLeftメソッド**および**PadRightメソッド**を使います。

　PadLeftメソッドは、文字列の先頭に、指定した文字数になるように空白を追加した新しい文字列を返します。引数には、新しい文字列の「文字数」を指定します。

▼指定した文字数になるまで先頭に空白を入れる

```
文字列.PadLeft(文字数)
```

　また、PadRightメソッドは、文字列の末尾に、指定した文字数になるように空白を追加した新しい文字列を返します。引数には、新しい文字列の「文字数」を指定します。

▼指定した文字数になるまで末尾に空白を入れる

```
文字列.PadRight(文字数)
```

　リスト1では、[指定した文字数になるまで空白を入れる] ボタンをクリックすると、テキストボックスに入力されている文字列が15文字になるように、先頭および末尾に空白を追加し、結果をそれぞれラベルに表示します

▼実行結果

Form1
ますだ
先頭に空白を追加: 「　　　　　　ますだ」
末尾に空白を追加: 「ますだ　　　　　　」
指定した文字数になるまで空白を入れる

リスト1 文字列の先頭と末尾を空白で埋める（ファイル名：string240.sln、Form1.cs）

```csharp
private void Button1_Click(object sender, EventArgs e)
{
    string text = textBox1.Text;
    textBox2.Text = "「" + text.PadLeft(15) + "」";
    textBox3.Text = "「" + text.PadRight(15) + "」";
}
```

さらにワンポイント　第2引数に「文字」を指定すると、空白の代わりに指定した文字が埋め込まれます。

文字列操作の極意

Tips
241

文字列を指定した区切り文字で分割する

▶ Level ●○○
▶ 対応
EXP | PRO

ここがポイントです！

文字列を分割して文字配列を作成（Splitメソッド）

　文字列を、ある文字で分割して文字列配列にするには、stringオブジェクトの**Splitメソッド**を使います。

　Splitメソッドは、引数に指定した文字、または文字列の配列で分割した結果を返します。

▼指定した文字で分割する

```
文字列.Split(文字)
```

▼指定した文字列の配列で分割する

```
文字列.Split(文字列の配列, オプション)
```

　リスト1では、ボタンをクリックすると、テキストボックスに入力されている文字列を「/」で区切り、その結果としての文字列配列を取得し、取得した配列の要素を順にリストボックスに表示しています。

　リスト2は、Splitメソッドに文字列を指定する方法です。

▼実行結果

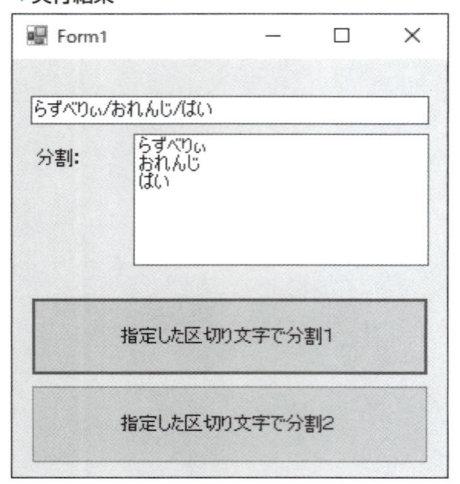

リスト1 文字列を分割する（ファイル名：string241.sln、Form1.cs）

```
private void Button1_Click(object sender, EventArgs e)
```

```
{
    string text = textBox1.Text;
    // 文字を指定して分割
    var ary = text.Split('/');
    listBox1.Items.Clear();
    foreach ( var t in ary )
    {
        listBox1.Items.Add(t);
    }
}

private void Button2_Click(object sender, EventArgs e)
{
    string text = textBox1.Text;
    // 文字列を指定して分割
    var ary = text.Split(new string[] { "/" },
        StringSplitOptions.None );
    listBox1.Items.Clear();
    foreach (var t in ary)
    {
        listBox1.Items.Add(t);
    }
}
```

 さらに
ワンポイント
Splitメソッドの引数に「null」を指定すると、区切り文字として空白が指定されたとみなされます。

文字列配列の各要素を連結する

Tips **242**

▶ Level ●
▶ 対応
COM   PRO

ここが
ポイント
です！

文字列配列の各要素を１つの文字列として連結（Joinメソッド）

文字列配列の各要素をつなげて１つの文字列とするには、stringクラスの**Joinメソッド**を使います。

Joinメソッドの第１引数には、各要素間を区切る文字を指定します。

▼文字列配列の各要素を連結する①

```
string.Join(区切り文字, 文字列配列)
```

文字列操作の極意

▼文字列配列の各要素を連結する②

```
string.Join(区切り文字，文字列配列，開始インデックス，連結する要素数)
```

　Joinメソッドの戻り値は、文字列配列の各要素の間に、指定した区切り文字を挿入した文字列です。連結を開始するインデックスと要素数の指定もできます。

　引数に指定した文字列がnullの場合は、例外ArgumentNullExceptionが発生します。また、開始インデックスが0未満の場合や個数が0未満の場合、開始と個数を足した数が要素数より大きい場合は、例外ArgumentOutOfRangeExceptionが発生します。

　リスト1では、[文字列を連結する]ボタンをクリックすると、文字列配列の各要素を、テキストボックスに入力されている文字で連結した文字列をラベルに表示します。

▼実行結果

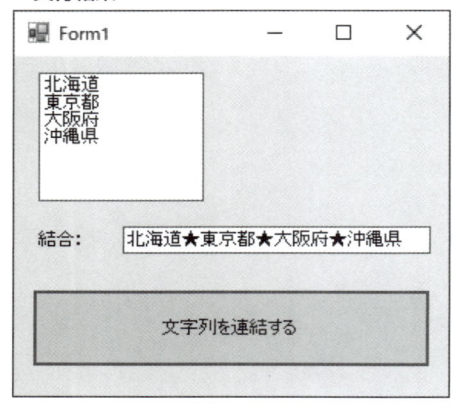

リスト1 文字列配列を連結する（ファイル名：string242.sln、Form1.cs）

```
private void Button1_Click(object sender, EventArgs e)
{
    var lst = new List<string>();
    foreach ( var it in listBox1.Items )
    {
        lst.Add(it.ToString());
    }
    textBox1.Text = string.Join("★", lst);
}
```

さらに
ワンポイント

区切り文字を入れずに文字列配列を連結する場合は、引数に空文字を指定します。または、**String.Concat**メソッドを使って、「label1.Text = string.Concat(textArray)」のように記述することもできます。

正規表現でマッチした文字列が存在するか調べる

Tips
243

▶Level ● ●
▶対応
COM　PRO

ここが
ポイント
です！

正規表現で文字列のマッチをチェック（Regexクラス、IsMatchメソッド）

対象の文字列に検索する文字列が含まれているかどうかを**正規表現**を使って調べるためには、**Regexクラス**の**IsMatchメソッド**を使います。

検索パターンをRegexクラスのコンストラクターで指定し、IsMatchメソッドで検索対象となる文字列を指定します。

▼文字列のマッチをチェックする

```
var rx = new Regex( 検索パターン );
bool b = rx.IsMatch( 対象の文字列 );
```

IsMatchメソッドは、検索にマッチするかどうかをbool値で返します。

リスト1では、指定したテキストボックスに検索対象の文字列を入力し、末尾に「都道府県」のいずれかがあるかを調べています。

▼実行結果

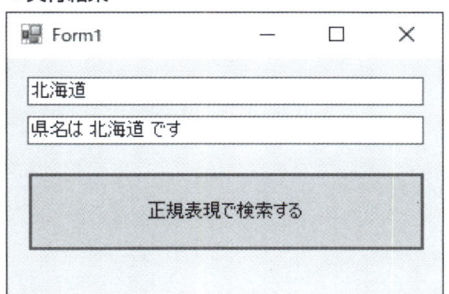

リスト1　文字列を正規表現で検索する（ファイル名：string243.sln、Form1.cs）

```
using System.Text.RegularExpressions;

private void Button1_Click(object sender, EventArgs e)
{
    string text = textBox1.Text;
    var rx = new Regex(".+[都道府県]");
    if ( rx.IsMatch( text ) )
    {
```

```
        textBox2.Text = $"県名は {text} です";
    }
    else
    {
        textBox2.Text = "都道府県名を入力してください";
    }
}
```

 Regexクラスの静的なIsMatchメソッドを使って、「Regex.IsMatch(対象文字列, パターン)」のように検索ができます。

正規表現でマッチした文字列を別の文字列に置き換える

Tips **244**

▶ Level ●● ○

▶ 対応
COM   PRO

ここがポイントです！

**正規表現で文字列を置換
（Regexクラス、Replaceメソッド）**

　正規表現を使って、対象の文字列の一部を置換するためには、Regexクラスの**Replaceメソッド**を使います。

　置換パターンをRegexクラスのコンストラクターで指定し、Replaceメソッドで置換する文字列指定します。Replaceメソッドは、置換した後の文字列を返します。

▼文字列を置換する

```
var rx = new Regex( 置換パターン );
string s = rx.Replace( 対象の文字列、置換後の文字列 );
```

　Replaceメソッドは、置換した後の文字列を返します。

　リスト1では、指定したテキストボックスに置換対象の文字列を入力し、末尾にある「様君殿」のいずれかの文字を「御中」に置換しています。

▼実行結果

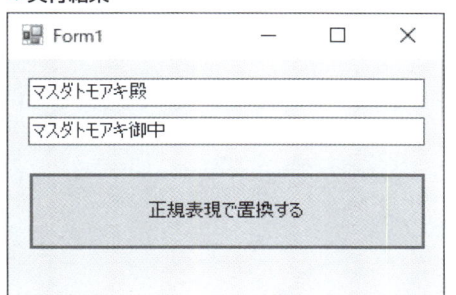

リスト1　文字列を正規表現で置換する（ファイル名：string244.sln、Form1.cs）

```
using System.Text.RegularExpressions;

private void Button1_Click(object sender, EventArgs e)
{
    string text = textBox1.Text;
    var rx = new Regex("[様君殿]$");
    textBox2.Text = rx.Replace(text, "御中");
}
```

 Regexクラスの静的なReplaceメソッドを使って、「Regex.Replace(対象文字列 , 置換パターン , 置換文字列)」のように置換ができます。

正規表現で先頭や末尾の文字列を調べる

Tips **245**

▶ Level ●●○
▶ 対応
COM　PRO

ここがポイントです！ 正規表現で先頭/末尾の文字列を取得
（Regex クラス、Match メソッド）

　正規表現を使って、対象の文字列の一部を取得するためには、Regexクラスの**Matchメソッド**を使います。
　静的なMatchメソッドを使って、検索対象となる文字列と、検索にマッチさせる正規表現を指定します。

▼先頭や末尾の文字列を調べる

```
string s = Regex( 対象文字列 , 検索パターン );
```

文字列操作の極意

　戻り値は、正規表現でマッチした文字列です。

　正規表現の特殊文字で、先頭にマッチする場合は「^」(サーカムフレックス)、あるいは末尾にマッチする場合は「$」(ドル記号) を使うことにより、文字列の先頭や末尾を検索できます。

　リスト1では、指定したテキストボックスにファイルのフルパスを入力して、先頭にあるドライブ名や末尾にある拡張子を取得しています。

▼**実行結果**

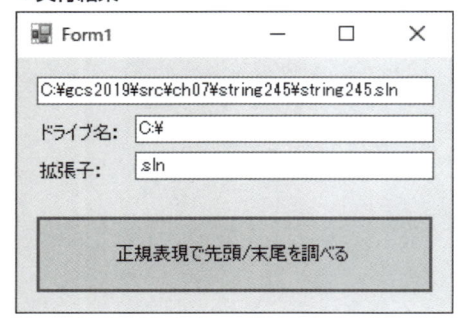

リスト1　文字列を正規表現で検索する (ファイル名：string245.sln、Form1.cs)

```
private void Button1_Click(object sender, EventArgs e)
{
    string text = textBox1.Text;

    textBox2.Text =  Regex.Match(text, "[A-Z]:¥¥¥¥").Value;
    textBox3.Text = Regex.Match(text, "¥¥..*$").Value;
}
```

Tips 246

正規表現でマッチした複数の文字列を取得する

▶ Level ●●
▶ 対応
COM PRO

ここがポイントです！
複数マッチする文字列を取得（Regexクラス、Matchesメソッド）

対象の文字列から複数マッチする文字列を取得するためには、Regexクラスの**Matchesメソッド**を使います。

Matchesメソッドは、マッチした文字列をMatchCollectionクラスとして返します。このコレクションから値を取り出すことにより、マッチした複数の文字列を取得できます。

▼マッチした複数の文字列を取得する

```
var rx = new Regex( 検索パターン );
MatchCollection coll = rx.Matches( 対象の文字列 );
```

リスト1では、指定したテキストボックスに含まれる都道府県名をMatchesメソッドで取り出しています。

▼実行結果

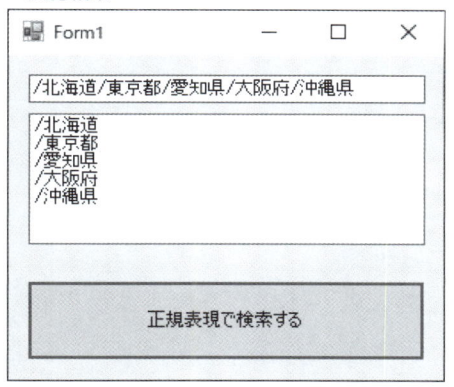

リスト1 複数マッチを検索する（ファイル名：string246.sln、Form1.cs）

```
private void Button1_Click(object sender, EventArgs e)
{
    string text = textBox1.Text;
    var rx = new Regex("/\\w+[都道府県]");
    var coll = rx.Matches(text);
    listBox1.Items.Clear();
    foreach ( var it in coll )
    {
```

```
        listBox1.Items.Add(it);
    }
}
```

 Column コードエディター内で使用できる主なショートカットキー

コード入力中や編集時に使える主なショートカットキーには、次のようなものがあります。

コードエディター内での検索と置換

機能	ショートカットキー
クイック検索	[Ctrl] + [F]
クイック検索の次の結果	[Enter]
クイック検索の前の結果	[Shift] + [Enter]
クイック検索でドロップダウンを展開	[Alt] + [Down]
検索を消去	[Esc]
クイック置換	[Ctrl] + [H]
クイック置換で次を置換	[Alt] + [R]
クイック置換ですべて置換	[Alt] + [A]

コードエディター内での操作

機能	ショートカットキー
IntelliSense候補提示モード	[Ctrl] + [Alt] + [Space]
IntelliSenseの強制表示	[Ctrl] + [J]
クイックヒントの表示	[Ctrl] + [K]、[I]
移動	[Ctrl] + [,]
定義へ移動	[F12]
エディターの拡大	[Ctrl] + [Shift] + [>]
エディターの縮小	[Ctrl] + [Shift] + [<]
ブロック選択	[Altを押したままマウスをドラッグ、[Shift] + [Alt] + [方向キー]
行を上へ移動	[Alt] + [Up]
行を下へ移動	[Alt] + [Down]
定義をここに表示	[Alt] + [F12]
[定義をここに表示] ウィンドウを閉じる	[Esc]
コメントアウト	[Ctrl] + [K]、[C]
コメント解除	[Ctrl] + [K]、[U]

第**8**章
247~273

ファイル、フォルダー
操作の極意

Tips 247

ファイル、フォルダーの存在を確認する

▶ Level ● ○ ○

▶ 対応

COM PRO

ここがポイントです!

ファイル、フォルダーの有無の確認 (File.Exists メソッド、Directory.Exists メソッド)

●ファイルの確認

ファイルが存在するかどうかを確認するには、**File クラス**の **Exists メソッド**を使います。File.Exists メソッドの引数には、ファイルのパスを指定します。

▼ファイルの有無を確認する

```
System.IO.File.Exists(ファイルパス)
```

戻り値は、ファイルが存在する場合は「true」、存在しない場合は「false」です。

●フォルダーの確認

フォルダーの存在を確認するには、**Directory クラス**の **Exists メソッド**を使います。Directory.Exists メソッドの引数には、フォルダーのパスを指定します。

▼フォルダーの有無を確認する

```
System.IO.Directory.Exists(フォルダーパス)
```

戻り値は、フォルダーが存在する場合は「true」、存在しない場合は「false」です。

リスト1では、[ファイル、フォルダーの存在を調べる] ボタンをクリックすると、テキストボックスに入力されたフォルダーが存在するかを調べます。フォルダーがない場合は、ファイルが存在するかを調べます。

▼実行結果

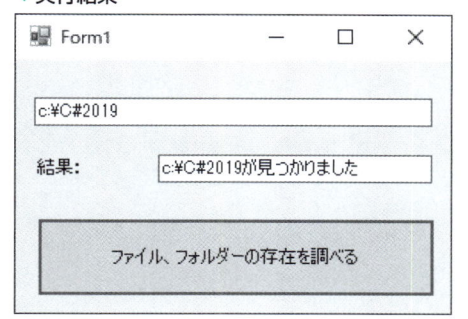

リスト1 ファイルまたはフォルダーを確認する（ファイル名：file247.sln、Form1.cs）

```
private void Button1_Click(object sender, EventArgs e)
{
    string fname = textBox1.Text;
    if ( System.IO.Directory.Exists(fname) == true )
    {
        textBox2.Text = $"{fname}が見つかりました";
    }
    else if ( System.IO.File.Exists(fname) == true )
    {
        textBox2.Text = $"{fname}が見つかりました";
    }
    else
    {
        textBox2.Text = $"{fname}が見つかりませんでした";
    }
}
```

File.Existsメソッドは、引数がnullまたは長さ0の文字列の場合は、「false」を返します。また、引数に指定したファイルへのアクセス権がない場合にも「false」を返します。

さらに
ワンポイント
DirectoryInfoオブジェクト、またはFileInfoオブジェクトのExistsメソッドでも、フォルダーまたはファイルの有無を取得できます。DirectoryInfoオブジェクト、またはFileInfoオブジェクトは、フォルダーパスまたはファイルパスを指定して生成します。Existsメソッドの戻り値は、存在するときは「true」、存在しないときは「false」です。

ファイル、フォルダー操作の極意

Tips 248

ファイル、フォルダーを削除する

▶Level ● ○ ○
▶対応
COM   PRO

ここがポイントです！

パスを指定してファイル、フォルダーを削除（File.Delete メソッド、Directory.Delete メソッド）

●ファイルの削除

ファイルを削除するには、File クラスの **Delete メソッド** を使います。

Delete メソッドの引数には、削除するファイルのパスを文字列で指定します。

▼ファイルを削除する

```
System.IO.File.Delete ( ファイルパス )
```

File.Delete メソッドの引数が「null」の場合は、例外 ArgumentNullException が発生します。

指定したファイルが使用中の場合は、例外 IOException が発生します。

また、指定したファイル名が長さ0の文字列の場合は例外 ArgumentException が発生します。

●フォルダーの削除

フォルダーを削除するには、Directory クラスの **Delete メソッド** を使います。

Delete メソッドの第1引数には、削除するフォルダーのパスを文字列で指定します。サブフォルダーも削除する場合は、第2引数に「true」を指定します。

▼フォルダーを削除する

```
System.IO.Directory.Delete ( フォルダーパス )
```

▼フォルダーとサブフォルダーを削除する

```
System.IO.Directory.Delete ( フォルダーパス , true/false)
```

Directory.Delete メソッドの引数が「null」の場合は、例外 ArgumentNullException が発生します。

また、引数が長さ0の文字列の場合は、例外 ArgumentException が発生します。

指定したフォルダーが見つからない場合は、例外 DirectoryNotFoundException が発生します。

指定したフォルダーが読み取り専用、または、第2引数が「false」でサブフォルダーがある、もしくは現在の作業フォルダーの場合は、例外 IOException が発生します。

リスト1では、[ファイル、フォルダーを削除する] ボタンをクリックすると、テキストボッ

クスに入力されたフォルダーが存在する場合は、削除します。存在しない場合は、ファイルが存在するかどうか調べて、ファイルが存在する場合は削除します。

なお、実際に削除を行うため、実行には充分注意してください

▼実行結果

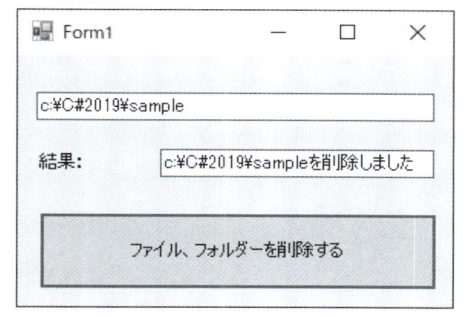

リスト1 ファイル、フォルダーを削除する（ファイル名：file248.sln、Form1.cs）

```csharp
private void Button1_Click(object sender, EventArgs e)
{
    string fname = textBox1.Text;
    if ( System.IO.Directory.Exists(fname) == true )
    {
        System.IO.Directory.Delete(fname);
        textBox2.Text = $"{fname}を削除しました";
    }
    else if ( System.IO.File.Exists(fname) == true )
    {
        System.IO.File.Delete(fname);
        textBox2.Text = $"{fname}を削除しました";
    }
    else
    {
        textBox2.Text = $"{fname}が見つかりませんでした";
    }
}
```

ファイル、フォルダー操作の極意

さらに
ワンポイント
DirectoryInfoオブジェクト、またはFileInfoオブジェクトのDeleteメソッドでも、フォルダーまたはファイルを削除できます。DirectoryInfoオブジェクト、またはFileInfoオブジェクトは、フォルダーパスまたはファイルパスを指定して生成します。

ファイル、フォルダーを移動する

ここがポイントです! ファイル、フォルダーの移動（File.Move メソッド、Directory.Move メソッド）

●ファイルの移動

ファイルを別のフォルダーに移動するには、File クラスの **Move メソッド**を使います。
引数には、移動するファイルのパスと移動先のパスを指定します。

▼ファイルを移動する

```
System.IO.File.Move(移動元ファイル, 移動先ファイル)
```

引数に指定した移動元ファイルが見つからない場合は、例外 FileNotFoundException が発生します。
また、移動先に指定したファイルがすでに存在する場合は、例外 IOException が発生します。
移動元もしくは移動先ファイル名が長さ0の文字列の場合は、例外 ArgumentException が発生します。

●フォルダーの移動

フォルダーを移動するには、Directory クラスの **Move メソッド**を使います。
引数には、移動するフォルダーのパスと移動先フォルダーのパスを指定します。

▼フォルダーを移動する

```
System.IO.Directory.Move(移動元フォルダー, 移動先フォルダー)
```

引数に指定した移動先フォルダーがすでに存在する場合は、例外 IOException が発生します。
また、移動元もしくは移動先フォルダーに長さ0の文字列を指定した場合は、例外 ArgumentException が発生します。

リスト1では、［フォルダーを移動する］ボタンをクリックすると、テキストボックスに入力された移動元フォルダーが存在し、また移動先フォルダーが存在しなければ移動します。
リスト2では、［ファイルを移動する］ボタンをクリックすると、テキストボックスに入力された移動元ファイルが存在し、また移動先ファイルが存在しなければ移動します。なお、実際にファイル、フォルダーの移動を行うため、実行には充分注意してください。

▼実行結果

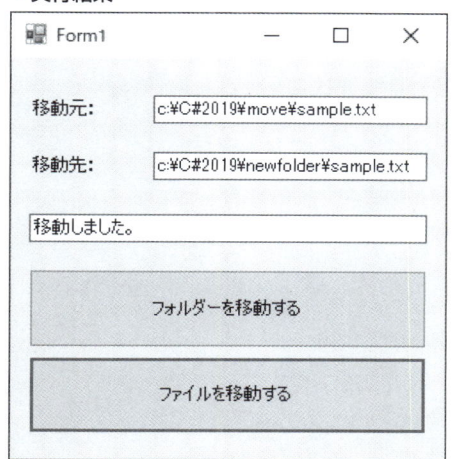

リスト1 フォルダーを移動する（ファイル名：file249.sln、Form1.cs）

```
private void Button1_Click(object sender, EventArgs e)
{
    string fname1 = textBox1.Text;
    string fname2 = textBox2.Text;
    // 移動元フォルダーが存在し、移動先フォルダーが存在しなければ移動
    if ( System.IO.Directory.Exists( fname1 ) == true &&
            System.IO.Directory.Exists( fname2 ) == false )
    {
        System.IO.Directory.Move(fname1, fname2);
        textBox3.Text = "移動しました。";
    }
    else
    {
        textBox3.Text = "移動できませんでした。";
    }
}
```

リスト2 ファイルを移動する（ファイル名：file249.sln、Form1.cs）

```
private void Button2_Click(object sender, EventArgs e)
{
    string fname1 = textBox1.Text;
    string fname2 = textBox2.Text;
    // 移動元ファイルが存在し、移動先ファイルが存在しなければ移動
    if (System.IO.File.Exists(fname1) == true &&
            System.IO.File.Exists(fname2) == false)
    {
        System.IO.File.Move(fname1, fname2);
        textBox3.Text = "移動しました。";
    }
```

```
    else
    {
        textBox3.Text = "移動できませんでした。";
    }
}
```

> **さらにワンポイント** 同じフォルダー内に別の名前を指定してファイルを移動することによって、ファイル名を変更できます。

Tips 250 ファイルをコピーする

▶Level ●

▶対応 COM PRO

ここがポイントです！ > **ファイルの複製（File.Copy メソッド）**

ファイルをコピーするには、File クラスの **Copy メソッド** を使います。

Copy メソッドの引数には、コピー元ファイル名とコピー先ファイル名を指定します。コピー先ファイルが存在したときに上書きを許可する場合は、第3引数に「true」を指定します。

▼ファイルをコピーする
```
System.IO.File.Copy(コピー元ファイル, コピー先ファイル)
```

コピー先ファイルが存在したときに上書きを許可する場合は、第3引数に「true」を指定します。

▼ファイルを上書きコピーする
```
System.IO.File.Copy(コピー元ファイル, コピー先ファイル, true/false)
```

引数に指定したコピー元ファイルまたはコピー先ファイルが長さ0の文字列の場合は、例外 ArgumentException が発生します。

コピー元ファイルが存在しない場合は、例外 FileNotFoundException が発生します。

また、上書き不可の場合でコピー先ファイルが存在する、もしくは、I/O エラーが発生した場合は、例外 IOException が発生します。

パスが無効の場合は、例外 DirectoryNotFoundException が発生します。

リスト1では、[ファイルをコピーする] ボタンをクリックすると、コピー元ファイルが存在

し、かつ、コピー先ファイルが存在せず、コピー先フォルダーが存在すれば、コピー先ファイルにコピーします。

なお、Path.GetDirectoryNameメソッドは、引数に指定されたパスからファイル名を除いたフォルダー名を取得します。

▼実行結果

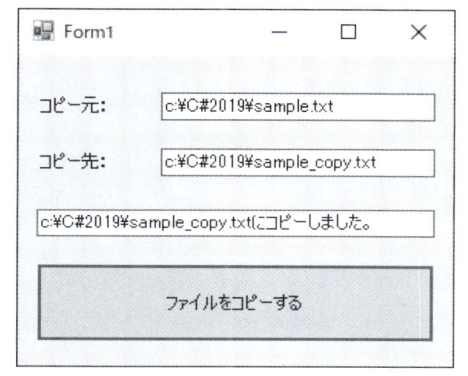

リスト1 ファイルをコピーする（ファイル名：file250.sln、Form1.cs）

```csharp
private void Button1_Click(object sender, EventArgs e)
{
    string fname1 = textBox1.Text;
    string fname2 = textBox2.Text;
    // コピー元ファイル無し、あるいはコピー先ファイルあり
    // または、コピー先がフォルダーならば終了する
    if ( System.IO.File.Exists( fname1 ) == false )
    {
        textBox3.Text = "コピー元のファイルがありません。";
    }
    else if ( System.IO.File.Exists( fname2 ) == true )
    {
        textBox3.Text = "コピー先のファイルがあります。";
    }
    else if ( System.IO.Directory.Exists(
        System.IO.Path.GetDirectoryName( fname2 )) == false )
    {
        textBox3.Text = "コピー先はディレクトリです。";
    }
    else
    {
        System.IO.File.Copy(fname1, fname2);
        textBox3.Text = $"{fname2}にコピーしました。";
    }
}
```

 コピー先ファイル名にフォルダー名を指定することはできません

Tips 251

▶ Level ● ○ ○
▶ 対応
COM PRO

ファイル、フォルダーの作成日時を取得する

ここがポイントです！ ファイル、フォルダー作成日時の取得（File. GetCreationTime メソッド、Directory .GetCreationTime メソッド）

●ファイルの作成日時の取得

ファイルの作成日時を取得するには、Fileクラスの**GetCreationTime**メソッドを使います。

引数には、ファイルのパスを指定します。戻り値は、DateTime構造体の値です。

File.GetCreationTimeメソッドに指定したファイル名が長さ0の文字列の場合は、例外ArgumentExceptionが発生します。

また、引数がnullの場合は、例外ArgumentNullExceptionが発生します。

▼ファイルの作成日時を取得する

```
System.IO.File.GetCreationTime(ファイルパス)
```

●フォルダーの作成日時の取得

フォルダーの作成日時を取得するには、Directoryクラスの**GetCreationTime**メソッドを使います。

引数には、フォルダーのパスを指定します。戻り値は、DateTime構造体の値です。

▼フォルダーの作成日時を取得する

```
System.IO.Directory.GetCreationTime(フォルダーパス)
```

Directory.GetCreationTimeメソッドに指定したファイル名が長さ0の文字列の場合は、例外ArgumentExceptionが発生します。

また、引数がnullの場合は、例外ArgumentNullExceptionが発生します。

リスト1では、[ファイル、フォルダーの作成日時を取得する。] ボタンをクリックすると、テキストボックスに入力されたフォルダーが存在する場合は、作成日時を取得してラベルに表示します。フォルダーが存在しない場合は、ファイルが存在するか調べ、存在すれば作成日時を表示します。

▼実行結果

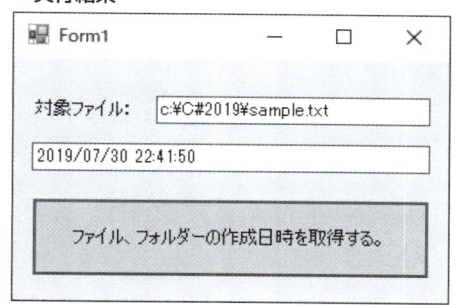

リスト1 ファイル、フォルダーの作成日時を取得する (ファイル名：file251.sln、Form1.cs)

```
private void Button1_Click(object sender, EventArgs e)
{
    string fname = textBox1.Text;
    if ( System.IO.Directory.Exists( fname ) == true )
    {
        textBox1.Text = System.IO.Directory.GetCreationTime(fname).
ToString();
    }
    else if ( System.IO.File.Exists( fname ) == true )
    {
        textBox1.Text = System.IO.File.GetCreationTime(fname).
ToString();
    }
    else
    {
        textBox3.Text = $"{fname}が見つかりませんでした。";
    }
}
```

ファイル、フォルダー操作の極意

さらに
ワンポイント

フォルダーに最後にアクセスした日時を取得するには、**System.IO.Directory.
GetLastAccessTime**メソッドを使います。また、ファイルに最後にアクセスした日時
を取得するには、**System.IO.File.GetLastAccessTime**メソッドを使います。

カレントフォルダーを取得 / 設定する

Tips 252

▶Level ● ○ ○
▶対応 COM PRO

ここがポイントです! 作業フォルダーの操作（GetCurrentDirectory メソッド、SetCurrentDirectory メソッド）

●カレントフォルダーの取得

カレントフォルダーを取得するには、Directory クラスの **GetCurrentDirectory メソッド**を使います。

GetCurrentDirectory メソッドは、カレントフォルダーのパスを文字列で返します。

▼カレントフォルダーを取得する

```
System.IO.Directory.GetCurrentDirectory()
```

●カレントフォルダーの設定

また、カレントフォルダーを変更するには、Directory クラスの **SetCurrentDirectory メソッド**を使います。

SetCurrentDirectory メソッドの引数には、新たなカレントフォルダーのパスを文字列で指定します。

▼カレントフォルダーを設定する

```
System.IO.Directory.SetCurrentDirectory(フォルダーパス)
```

リスト1では、[フォルダーを作成する] ボタンをクリックすると、カレントフォルダーを取得してメッセージボックスに表示します。メッセージボックスの [OK] ボタンをクリックすると、カレントフォルダーを「C:¥」に変更します。再度、[OK] ボタンをクリックすると、カレントフォルダーを元に戻します。

▼実行結果

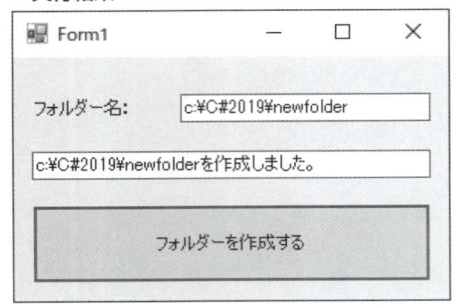

リスト1 カレントフォルダーの設定/取得をする（ファイル名：file252.sln、Form1.cs）

```csharp
private void Button1_Click(object sender, EventArgs e)
{
    string fname = textBox1.Text;
    if ( fname == string.Empty )
    {
        return;
    }
    System.IO.Directory.CreateDirectory(fname);
    textBox2.Text = $"{fname}を作成しました。";
}
```

Tips
253

▶ Level ●●
▶ 対応
COM PRO

アセンブリのある
フォルダーを取得する

ここが
ポイント
です！

**アセンブリのフォルダーの取得
（Assembly クラス、GetExecuting
Assembly メソッド、Location プロパティ）**

プログラムが利用しているアセンブリ（.exe ファイルや.dll ファイル）のあるフォルダーを取得するためには、**Assembly クラス**の**GetExecutingAssembly メソッド**を利用します。

実行ファイルのフォルダーを取得することで、設定ファイルなどを読み込むことができます。

▼アセンブリのあるフォルダーを取得する

```csharp
var asm = System.Reflection.Assembly.GetExecutingAssembly();
var path = System.IO.Path.GetDirectoryName( asm.Location) ;
```

リスト1では、［アセンブリのあるフォルダーを取得する］ボタンをクリックすると、実行されているアセンブリのあるフォルダーを取得して表示します。

▼実行結果

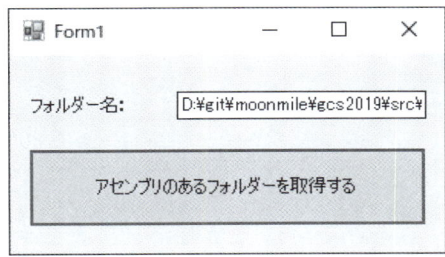

リスト1 アセンブリのあるフォルダーを取得する（ファイル名：file253.sln、Form1.cs）

```
private void Button1_Click(object sender, EventArgs e)
{
    var asm = System.Reflection.Assembly.GetExecutingAssembly();
    var path = System.IO.Path.GetDirectoryName( asm.Location) ;
    textBox1.Text = path;
}
```

Tips
254 フォルダーを作成する

▶Level ●
▶対応
COM　PRO

ここが
ポイント
です！
フォルダーの新規作成 (Directory.CreateDirectory メソッド)

　新しいフォルダーを作成するには、Directoryクラスの**CreateDirectoryメソッド**を使います。

　CreateDirectoryメソッドの引数には、作成するフォルダーのパスを文字列で指定します。戻り値は、作成したフォルダーを指す**DirectoryInfoオブジェクト**です。

▼フォルダーを作成する

```
System.IO.Directory.CreateDirectory(フォルダーパス)
```

　CreateDirectoryメソッドの引数が、長さ0の文字列の場合は、例外Argument Exceptionが発生します。

　また、引数がnullの場合は、例外ArgumentNullExceptionが発生します。

　指定したフォルダーが読み取り専用の場合は、例外IOExceptionが発生します。

　リスト1では、［フォルダーを作成する］ボタンをクリックすると、テキストボックスに入力されているパスのフォルダーを作成します。なお、指定したフォルダーがすでに存在するかチェックを行っていないため、実行には充分注意してください。

▼実行結果

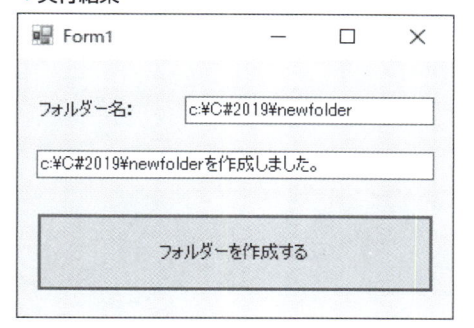

リスト1　フォルダーを作成する（ファイル名：file254.sln、Form1.cs）

```
private void Button1_Click(object sender, EventArgs e)
{
    string fname = textBox1.Text;
    if ( fname == string.Empty )
    {
        return;
    }
    System.IO.Directory.CreateDirectory(fname);
    textBox2.Text = $"{fname}を作成しました。";
}
```

さらにワンポイント　DirectoryInfoオブジェクトのCreateSubdirectoryメソッドを使ってフォルダーを作成することもできます。
　DirectoryInfoオブジェクトは、パスを指定して生成し、CreateSubdirectoryメソッドの引数に作成するフォルダーパスを指定します。引数には、相対パスを指定できます。

Tips

255

▶Level ●

▶対応
COM　PRO

フォルダー内の すべてのフォルダーを取得する

ここがポイントです！ サブフォルダー一覧を文字列配列に取得 （Directory.GetDirectories メソッド）

フォルダーに含まれるサブフォルダーの一覧を取得するには、Directoryクラスの**GetDirectoriesメソッド**を使います。

GetDirectoriesメソッドの第1引数には、対象フォルダーのパスを文字列で指定します。

▼サブフォルダーの一覧を取得する①

```
System.IO.Directory.GetDirectories(フォルダー)
```

「*」や「?」の**ワイルドカード**を指定する場合は、第2引数に指定します。

▼サブフォルダーの一覧を取得する②

```
System.IO.Directory.GetDirectories(フォルダー, パターン)
```

サブフォルダーも検索するかどうかは、第3引数に「true」か「false」で指定します。

▼サブフォルダーの一覧を取得する③

```
System.IO.Directory.GetDirectories(フォルダー, パターン, true/false)
```

戻り値は、サブフォルダーを要素とする文字列型配列です。
引数が長さ0の文字列の場合は、例外 ArgumentException が発生します。
また、引数がnullの場合は、例外 ArgumentNullException が発生します。
フォルダーではなく、ファイルを指定した場合は、例外 IOException が発生します。
リスト1では、[指定フォルダー内のフォルダーを取得] ボタンをクリックすると、テキストボックスに入力されているフォルダーのサブフォルダーの一覧を取得して、リストボックスに表示しています

▼実行結果

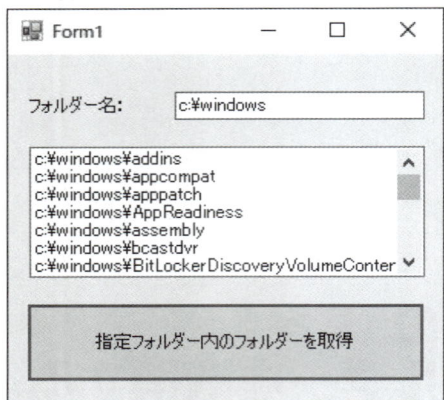

リスト1 サブフォルダーを取得する (ファイル名：file255.sln、Form1.cs)

```csharp
private void Button1_Click(object sender, EventArgs e)
{
    string fname = textBox1.Text;
    if ( System.IO.Directory.Exists( fname ) == false )
    {
        MessageBox.Show($"{fname}が見つかりません");
```

```
        return;
    }
    listBox1.Items.Clear();
    foreach ( var it in System.IO.Directory.GetDirectories(fname))
    {
        listBox1.Items.Add(it);
    }
}
```

 さらに
ワンポイント　ワイルドカード「*」は、0個以上の文字を表します。「?」は1文字を表します。

さらに
ワンポイント　サブフォルダー一覧を取得したいフォルダーを指定してDirectoryInfoオブジェクトを生成し、DirectoryInfoオブジェクトの**GetDirectories**メソッドで取得することもできます。GetDirectoriesメソッドは、サブフォルダーを表すDirectoryInfoオブジェクトの配列を返します。フォルダー名は、DirectoryInfoオブジェクトのNameプロパティで取得し、パスも含めたフォルダー名は、FullNameプロパティで取得します。

Tips 256 フォルダー内のすべてのファイルを取得する

▶Level ●○○○
▶対応
COM　PRO

ここが
ポイント
です！　**フォルダー内のファイル名を文字列配列に取得（Directory.GetFilesメソッド）**

　フォルダーに含まれるファイルの一覧を取得するには、Directoryクラスの**GetFiles**メソッドを使います。

　GetFilesメソッドの第1引数には、対象とするフォルダーのパスを文字列で指定します。
「*」「?」のワイルドカードを指定する場合は、第2引数に指定します。
　サブフォルダーも検索するかどうかは、第3引数に「true」か「false」で指定します。

▼ファイルの一覧を取得する①
```
System.IO.Directory.GetFiles(ファイル)
```

「*」「?」のワイルドカードを指定する場合は、第2引数に指定します。

▼ファイルの一覧を取得する②
```
System.IO.Directory.GetFiles(ファイル,パターン)
```

ファイル、フォルダー操作の極意

サブフォルダーも検索するかどうかは、第3引数に「true」か「false」で指定します。

▼ファイルの一覧を取得する③

```
System.IO.Directory.GetFiles(ファイル,パターン, true/false)
```

戻り値は、ファイル名を要素とする文字列型配列です。
引数が長さ0の文字列の場合は、例外 ArgumentException が発生します。
また、引数が null の場合は、例外 ArgumentNullException が発生します。
フォルダーではなく、ファイル名を指定した場合は、例外 IOException が発生します。
リスト1では、[指定フォルダー内のファイルを取得] ボタンをクリックすると、テキスト
ボックスに入力されているパスのフォルダーのファイル名を取得して、リストボックスに表示
しています。

▼実行結果

リスト1　ファイル一覧を表示する (ファイル名：file256.sln、Form1.cs)

```csharp
private void Button1_Click(object sender, EventArgs e)
{
    string fname = textBox1.Text;
    if ( System.IO.Directory.Exists( fname ) == false )
    {
        MessageBox.Show($"{fname}が見つかりませんでした。");
        return;
    }
    listBox1.Items.Clear();
    foreach ( var it in System.IO.Directory.GetFiles(fname))
    {
        listBox1.Items.Add(it);
    }
}
```

取得したファイルを操作する場合は、**System.IO.DirectoryInfoオブジェクト**を使うと便利です。

DirectoryInfoオブジェクトは、対象とするフォルダーパスを指定して生成し、**GetFiles**メソッドでファイル一覧を取得します。GetFilesメソッドは、ファイルを表すFileInfoオブジェクトの配列を返します。ファイル名は、FileInfoオブジェクトのNameプロパティで取得できます。

Tips

257 **パスのファイル名/フォルダー名を取得する**

▶ Level ● ○ ○

▶ 対応

COM PRO

ここがポイントです！

パスからファイル名、フォルダー名を抽出（Path.GetFileNameメソッド、Path.GetDirectoryNameメソッド）

●パスのファイル名の取得

Pathクラスの**GetFileName**メソッドを使うと、パスからファイル名と拡張子を取得できます。

パスは、引数に指定します。

▼パスのファイル名を取得する

```
System.IO.Path.GetFileName(パス)
```

●パスのフォルダー名の取得

また、Pathクラスの**GetDirectoryName**メソッドを使うと、パスからファイル名を除いたフォルダー名を取得できます。

パスは、引数に指定します。

▼パスのフォルダー名を取得する

```
System.IO.Path.GetDirectoryName(パス)
```

リスト1では、[パス名からファイル/フォルダー名を取得する]ボタンをクリックすると、指定したパスからファイル名とフォルダー名を取得します。

▼実行結果

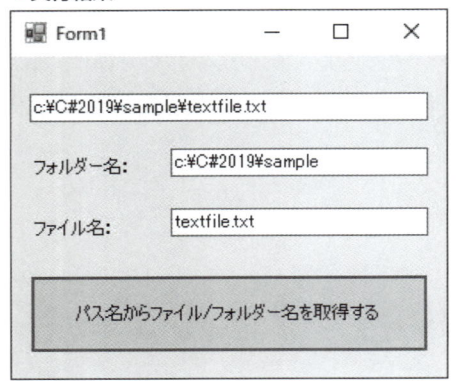

リスト1　パスからファイル名とフォルダー名を取得する（ファイル名：file257.sln、Form1.cs）

```
private void Button1_Click(object sender, EventArgs e)
{
    string path = textBox1.Text;
    textBox2.Text = System.IO.Path.GetDirectoryName(path);
    textBox3.Text = System.IO.Path.GetFileName(path);
}
```

Tips
258

▶Level ●
▶対応
COM　PRO

ここが
ポイント
です！

ファイルの属性を取得する

ファイル属性の取得
（Fileクラス、GetAttributesメソッド）

ファイルの属性を取得するには、Fileクラスの**GetAttributesメソッド**を使います。
GetAttributesメソッドの引数には、対象とするファイルのパスを指定します。

▼ファイルの属性を取得する

```
System.IO.File.GetAttributes(ファイルパス)
```

　戻り値は、**FileAttributes列挙体**の値です。FileAttributes列挙体の主な値は、次ページの表に示した通りです。
　引数が空の場合は、例外ArgumentExceptionが発生します。
　また、指定したファイルが見つからない場合は、例外FileNotFoundExceptionが発生します。

リスト1では、[ファイルの属性を取得する] ボタンをクリックすると、テキストボックスに入力されているファイルの属性が、❶読み取り専用、❷隠しファイル、❸圧縮ファイル、❹システムファイルのどれに該当するかをチェックし、当てはまる属性をリストボックスに表示します。

▼実行結果

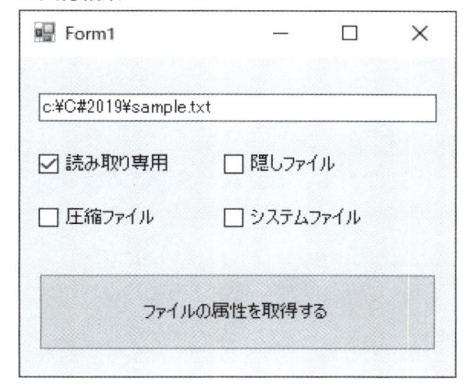

FileAttributes列挙体の主な値

値	内容
Archive	ファイルのアーカイブ状態
Compressed	圧縮ファイル
Directory	フォルダー
Hidden	隠しファイル
Normal	通常ファイル。ほかの属性を持たない
ReadOnly	読み取り専用
System	システムファイル

リスト1 ファイルの属性を取得する (ファイル名：file258.sln、Form1.cs)

```csharp
private void Button1_Click(object sender, EventArgs e)
{
    string path = textBox1.Text;
    if ( System.IO.File.Exists(path) == false )
    {
        return;
    }
    var attr = System.IO.File.GetAttributes(path);
    checkBox1.Checked =
        (attr & System.IO.FileAttributes.ReadOnly) != 0;
    checkBox2.Checked =
        (attr & System.IO.FileAttributes.Hidden) != 0;
    checkBox3.Checked =
        (attr & System.IO.FileAttributes.Compressed) != 0;
    checkBox4.Checked =
```

```
            (attr & System.IO.FileAttributes.System) != 0;
}
```

259 ファイルの属性を設定する

▶Level ●
▶ 対応
COM　PRO

**ここが
ポイント
です！**

ファイル属性の変更
(Fileクラス、SetAttributesメソッド)

ファイルの属性を変更するには、Fileクラスの**SetAttributesメソッド**を使います。

SetAttributesメソッドの引数には、対象とするファイルのパスと属性を指定します。戻り値はありません。

▼ファイルの属性を設定する

```
System.IO.File.SetAttributes(ファイルパス, 属性)
```

属性は、**FileAttributes列挙体**の値で指定します。FileAttributes列挙体の主な値については、Tips258の「ファイルの属性を取得する」の表を参照してください。

引数が空の場合は、例外ArgumentExceptionが発生します。

また、指定したファイルが見つからない場合は、例外FileNotFoundExceptionが発生します。

リスト1では、[読み取り専用に設定する] ボタンをクリックすると、テキストボックスに入力されているファイルの属性を読み取り専用に設定します（元に戻すには、エクスプローラーでファイルのプロパティを変更します）。

▼実行結果

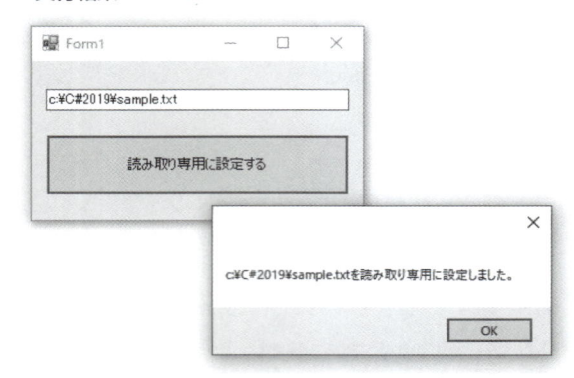

リスト1 ファイルを読み取り専用にする（ファイル名：file259.sln、Form1.cs）

```csharp
private void Button1_Click(object sender, EventArgs e)
{
    string path = textBox1.Text;
    if ( System.IO.File.Exists(path) == false )
    {
        return;
    }
    System.IO.File.SetAttributes(path,
        System.IO.FileAttributes.ReadOnly);
    MessageBox.Show($"{path}を読み取り専用に設定しました。");
}
```

Tips
260

ドキュメントフォルダーの
場所を取得する

▶Level ●
▶対応
COM PRO

ここが
ポイント
です！

**ドキュメントフォルダーのパスの取得
（Environmentクラス、
GetFolderPathメソッド）**

　ドキュメントフォルダーのパスを取得するには、**Environmentクラス**の**GetFolderPath
メソッド**を使います。

　GetFolderPathメソッドは、引数に指定した値にしたがって、システムの固定フォルダー
のパスを返します。

　ドキュメントフォルダーを取得するには、引数に**Environment.SpecialFolder列挙体**の
値である「Environment.SpecialFolder.MyDocuments」を指定します。

▼ドキュメントフォルダーのパスを取得する

```
System.Environment.GetFolderPath(Environment.SpecialFolder.
MyDocuments)
```

　リスト1では、［ドキュメントフォルダーの場所を取得する］ボタンをクリックすると、ド
キュメントフォルダーのパスを取得して、ラベルに表示します。

ファイル、フォルダー操作の極意

459

▼実行結果

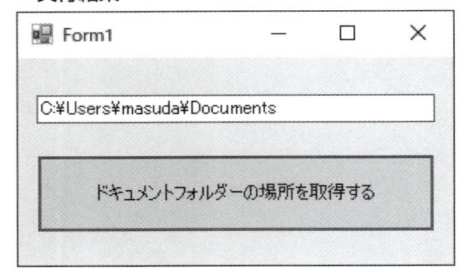

ドキュメントフォルダーを取得する（ファイル名：file260.sln、Form1.cs）

```csharp
private void button1_Click(object sender, EventArgs e)
{
    string folder = System.Environment.GetFolderPath(
                Environment.SpecialFolder.MyDocuments);
    this.label1.Text = folder;
}
```

ピクチャーフォルダーを取得するには、引数にEnvironment.SpecialFolder列挙体の値である「Environment.SpecialFolder.MyPictures」を指定します。また、デスクトップフォルダーを取得するには、「Environment.SpecialFolder.Desktop」を指定します。

Tips
261 論理ドライブ名を取得する

▶Level ●○○
▶対応
COM PRO

ここが
ポイント
です！
**論理ドライブ名を文字列配列に取得
（Directoryクラス、
GetLogicalDrivesメソッド）**

コンピューターの論理ドライブの一覧を取得するには、Directoryクラスの**GetLogical Drivesメソッド**を使います。

Directory.GetLogicalDriveメソッドの戻り値は、String型配列の論理ドライブ名です。

▼論理ドライブ名を取得する

```
System.IO.Directory.GetLogicalDrives()
```

リスト1では、［論理ドライブ名を取得する］ボタンをクリックすると、論理ドライブを取得し、リストボックスに表示します。

▼実行結果

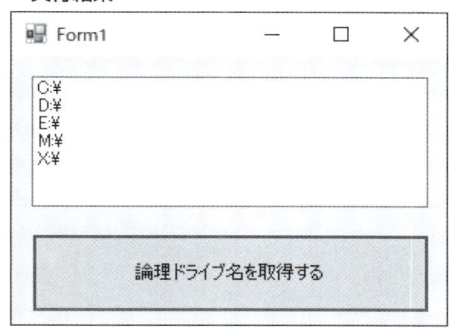

リスト1 論理ドライブを一覧表示する（ファイル名：file261.sln、Form1.cs）

```csharp
private void Button1_Click(object sender, EventArgs e)
{
    listBox1.Items.Clear();
    foreach ( var it in
        System.IO.Directory.GetLogicalDrives())
    {
        listBox1.Items.Add(it);
    }
}
```

Tips
262
▶Level ●
▶対応
COM　PRO

ドライブの種類を調べる

**ここが
ポイント
です！** → **ドライブの種類を取得
（DriveInfoクラス、DriveTypeプロパ
ティ）**

ドライブの種類（固定ドライブ、CD-ROMドライブなど）を取得するには、DriveInfoクラスの**DriveTypeプロパティ**を使います。

DriveTypeプロパティは、次ページの表に示したDriveType列挙体の値を返します。

▼ドライブの種類を調べる

```
System.IO.DriveInfo info ;
info.DriveType
```

リスト1では、［ドライブの種類を調べる］ボタンをクリックすると、コンピューターの論理ドライブのすべてのDriveInfoオブジェクトを取得し、それぞれのドライブの名前と種類をリストボックスに表示しています。

▼実行結果

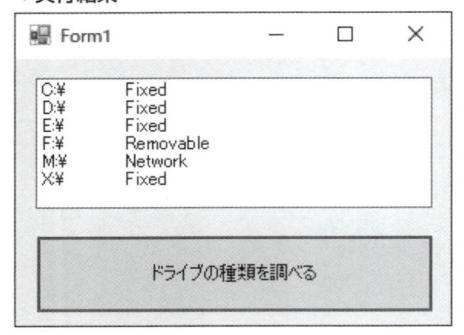

▨DriveType列挙体の値

値	内容
CDRom	CD-ROM、DVD-ROMなどの光ディスクドライブ
Fixed	固定ディスク
Network	ネットワークドライブ
NoRootDirectory	ルートディレクトリなし
RamRAM	RAMディスク
Removable	フロッピーディスクドライブ、USBフラッシュドライブなどのリムーバブルストレージデバイス
Unknown	不明

リスト1 ドライブの種類を取得する（ファイル名：file262.sln、Form1.cs）

```csharp
private void Button1_Click(object sender, EventArgs e)
{
    listBox1.Items.Clear();
    foreach ( System.IO.DriveInfo info in
        System.IO.DriveInfo.GetDrives())
    {
        listBox1.Items.Add($"{info.Name}\t{info.DriveType}");
    }
}
```

Tips 263

テキストファイルを
開く / 閉じる

▶Level ● ○ ○
▶対応
COM　PRO

**ここが
ポイント
です!**

テキストファイルのオープン / クローズ
(File クラス、StreamReader クラス、StreamWriter クラス)

テキストファイルの読み書きを行うには、❶ファイルを開く➡❷読み / 書き➡❸ファイルを
閉じる、という流れで操作を行い、ファイルストリームという機能を使います。

●読み取り専用で開く

テキストファイルを読み取り専用で開くには、File クラスの**OpenReadメソッド**または
OpenTextメソッドを使います。

OpenReadメソッドは、テキストファイルを読み取り専用で開きます。戻り値は、開いた
ファイルのFileStreamオブジェクトです。

▼テキストファイルを読み取り専用で開く①
```
System.IO.File.OpenRead(ファイルパス)
```

OpenTextメソッドは、UTF-8でエンコードされたテキストファイルを、読み取り専用で
開きます。戻り値は、開いたファイルのStreamReaderオブジェクトです。

▼テキストファイルを読み取り専用で開く②
```
System.IO.File.OpenText(ファイルパス)
```

どちらも引数に、テキストファイルのパスを文字列で指定します。
または、StreamReaderクラスのコンストラクターの引数に、テキストファイルのパスを
指定して、StreamReaderオブジェクトを生成します。現在のエンコードで開く場合は、
StreamReaderクラスのコンストラクターの第2引数に「System.Text.Encoding.
Default」を指定します。

▼テキストファイルを読み取り専用で開く③
```
New System.IO.StreamReader(ファイルパス, System.Text.Encoding.Default)
```

ともに、指定したパスが空の文字列の場合は、例外 ArgumentException が発生します
パスがnullの場合は、例外 ArgumentNullException が発生します。
また、指定したファイルが存在しない場合は例外 FileNotFoundException が発生します。

ファイル、フォルダー操作の極意

8

●書き込み専用で開く

テキストファイルを書き込み専用で開くには、File クラスの**OpenWrite メソッド**または**AppendText メソッド**を使います。

OpenWrite メソッドは、テキストファイルを書き込み専用で開きます。

OpenWrite メソッドの戻り値は、開いたファイルの FileStream オブジェクトです。引数には、テキストファイルのパスを文字列で指定します。

▼テキストファイルを書き込み専用で開く①

```
System.IO.File.OpenWrite(ファイルパス)
```

AppendText メソッドは、UTF-8 でエンコードされたテキストを追加するファイルを書き込み専用で開きます。ファイルが存在しない場合は作成します。

AppendText メソッドの戻り値は、開いたファイルの StreamWriter オブジェクトです。引数には、テキストファイルのパスを文字列で指定します。

▼テキストファイルを書き込み専用で開く②

```
System.IO.File.AppendText(ファイルパス)
```

または、StreamWriter クラスのコンストラクターの引数に、テキストファイルのパスを指定して、StreamWriter オブジェクトを生成します。第2引数には、データを追加する場合は「true」、上書きする場合は「false」を指定します。

現在のエンコードで開く場合は、コンストラクターの第3引数に「System.Text.Encoding.Default」を指定します。

▼テキストファイルを書き込み専用で開く③

```
New System.IO.StreamWriter(ファイルパス, true/false, System.Text.
Encoding.Default)
```

ともに、指定したパスが空の文字列の場合は、例外 ArgumentException が発生します。

パスが null の場合は、例外 ArgumentNullException が発生します。

また、OpenWrite メソッドは、指定したファイルが存在しない場合は例外 FileNotFoundException が発生します。

●ファイルを閉じる

FileStream オブジェクト、StreamReader オブジェクト、StreamWriter オブジェクトのいずれも、**Close メソッド**で閉じます。

リスト1では、[読み取り専用で開く] ボタンをクリックすると、テキストボックスに入力されたファイルを読み取り専用で開いてから閉じます。

リスト2では、[書き込み専用で開く] ボタンをクリックすると、テキストボックスに入力されたファイルを書き込み専用で開いてから閉じます。

▼実行結果

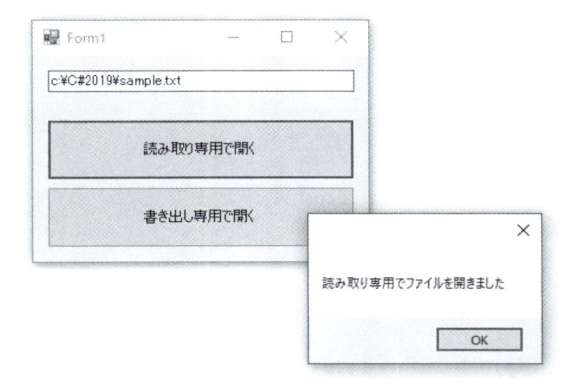

リスト1 テキストファイルを読み取り専用で開く（ファイル名：file263.sln、Form1.cs）

```csharp
private void Button1_Click(object sender, EventArgs e)
{
    string path = textBox1.Text;
    if ( path == string.Empty )
    {
        return;
    }
    if ( System.IO.File.Exists( path ) == false )
    {
        MessageBox.Show("ファイルが見つかりません");
        return;
    }
    var fs = System.IO.File.OpenRead(path);
    MessageBox.Show("読み取り専用でファイルを開きました");
    fs.Close();
}
```

リスト2 テキストファイルを書き込み専用で開く（ファイル名：file263.sln、Form1.cs）

```csharp
private void Button2_Click(object sender, EventArgs e)
{
    string path = textBox1.Text;
    if (path == string.Empty)
    {
        return;
    }
    if (System.IO.File.Exists(path) == false)
    {
        MessageBox.Show("ファイルが見つかりません");
        return;
    }
    var fs = System.IO.File.OpenWrite(path);
```

ファイル、フォルダー操作の極意

8

```
        MessageBox.Show("書き込み用にファイルを開きました");
        fs.Close();
    }
```

 **さらに ワンポイント**　StreamReaderオブジェクトとStreamWriterオブジェクトは、既定のエンコーディングで生成する場合は、引数に、ファイルパスのみ指定できます。
また、ファイルパスの代わりにStreamオブジェクトを指定することもできます。

Tips

264

▶ Level ●○○
▶ 対応
COM　PRO

テキストファイルから 1行ずつ読み込む

ここが ポイント です!　改行文字までのデータの取得 (StreamReaderクラス、ReadLineメ ソッド)

　テキストファイルから1行を読み取るには、**StreamReader**オブジェクトの**ReadLine**メソッドを使います。
　ReadLineメソッドは、引数を持ちません。戻り値は、現在の位置から改行文字までの1行分の文字列です（返される文字列には、行末の改行文字は含まれません）。
　ファイルの最後に達した場合は、nullが返されます。

▼テキストファイルから1行ずつ読み込む
```
StreamReaderオブジェクト.ReadLine()
```

　StreamReaderオブジェクトは、StreamReaderクラスのコンストラクターにファイルパスを指定して生成しておきます。
　StreamReaderクラスのコンストラクターの主な書式は、次のようになります。

▼StreamReaderクラスのコンストラクター①
```
System.IO.StreamReader(ファイルパス)
```

▼StreamReaderクラスのコンストラクター②
```
System.IO.StreamReader(ファイルパス, エンコーディング)
```

　引数のファイルパスの代わりにStreamオブジェクトを指定できます。
　エンコーディングには、System.Text.Encodingクラスのメンバーを指定します。
　リスト1では、[1行ずつ読み込む] ボタンをクリックすると、テキストボックスに入力され

たパスのファイルから1行ずつ読み取ってリストボックスに表示します。

▼実行結果

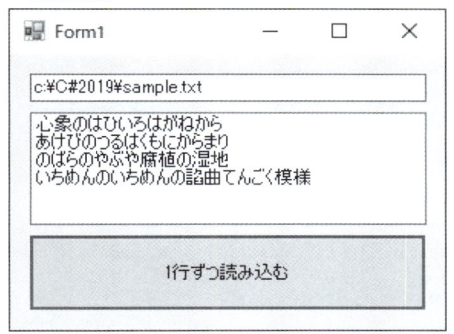

リスト1 ファイルから1行ずつ読み込む（ファイル名：file264.sln、Form1.cs）

```csharp
private void Button1_Click(object sender, EventArgs e)
{
    string path = textBox1.Text;
    if ( path == string.Empty )
    {
        return;
    }
    if ( System.IO.File.Exists( path ) == false )
    {
        MessageBox.Show("ファイルが見つかりませんでした");
        return;
    }
    listBox1.Items.Clear();
    var sr = new System.IO.StreamReader(path);
    string line = null;
    while ( (line = sr.ReadLine()) != null )
    {
        listBox1.Items.Add(line);
    }
    sr.Close();
}
```

Tips 265 テキストファイルから 1 文字ずつ読み込む

▶ Level ● ○ ○
▶ 対応
COM　PRO

ここがポイントです！

テキストファイルの 1 文字を取得 （StreamReader クラス、Read メソッド）

　テキストファイルから 1 文字ずつ読み取るには、StreamReader オブジェクトの**Read メソッド**を使います。

　Read メソッドの戻り値は、現在の位置から読み取った 1 文字（int 型）の文字コードです。ファイルの最後に達した場合は、「-1」が返されます。

▼テキストファイルから 1 文字ずつ読み込む

```
StreamReaderオブジェクト.Read()
```

　StreamReader オブジェクトは、StreamReader クラスのコンストラクターにファイルパスを指定して生成しておきます。

　StreamReader クラスのコンストラクターの主な書式は、次のようになります。

▼StreamReader クラスのコンストラクター①

```
System.IO.StreamReader(ファイルパス)
```

▼StreamReader クラスのコンストラクター②

```
System.IO.StreamReader(ファイルパス, エンコーディング)
```

　引数のファイルパスの代わりに Stream オブジェクトを指定できます。

　エンコーディングには、System.Text.Encoding クラスのメンバーを指定します。

　リスト 1 では、［1 文字ずつ読み込む］ボタンをクリックすると、テキストボックスに入力されたパスのファイルから 1 文字ずつ読み取ってリストボックスに表示しています。

▼実行例

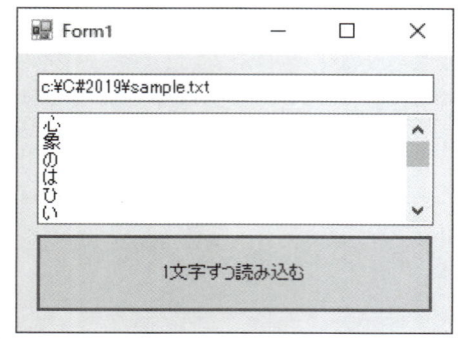

▼実行例で使用したファイル

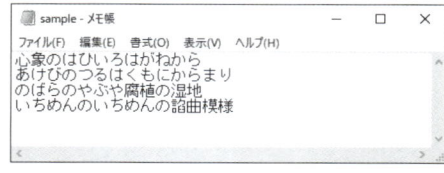

リスト1 ファイルから1文字ずつ読み取る（ファイル名：file265.sln、Form1.cs）

```csharp
private void Button1_Click(object sender, EventArgs e)
{
    string path = textBox1.Text;
    if ( path == string.Empty )
    {
        return;
    }
    if ( System.IO.File.Exists( path ) == false )
    {
        MessageBox.Show("ファイルが見つかりませんでした");
        return;
    }
    listBox1.Items.Clear();
    var sr = new System.IO.StreamReader(path);
    int ch = -1;
    while ( (ch = sr.Read()) != -1 )
    {
        listBox1.Items.Add((char)ch);
    }
    sr.Close();
}
```

Tips
266
▶Level ●
▶ 対応
COM　PRO

テキストファイルの内容を
一度に読み込む

ここがポイントです！ テキストファイルの内容をすべて取得
（StreamReaderクラス、ReadToEnd
メソッド）

テキストファイルの内容を一度に読み取るには、StreamReaderオブジェクトの
ReadToEndメソッドを使います。

ReadToEndメソッドは、引数を持たず、ファイルの内容すべてを文字列で返します。

▼テキストファイルの内容を一度に読み込む

```
StreamReaderオブジェクト.ReadToEnd()
```

ファイルの内容を読み込むためのメモリが不足しているときは、例外OutOfMemory
Exceptionが発生します。

なお、StreamReaderオブジェクトの生成については、Tips264の「テキストファイルか
ら1行ずつ読み込む」を参照してください。

リスト1では、[全てのテキストを読み込む] ボタンをクリックすると、テキストボックスに入力されたファイルの内容を一度に取得してラベルに表示します。

▼実行結果

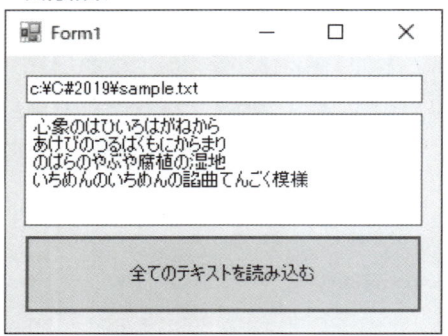

| リスト1 | ファイルの内容を一度に読み取る（ファイル名：file266.sln、Form1.cs） |

```csharp
private void Button1_Click(object sender, EventArgs e)
{
    string path = textBox1.Text;
    if ( path == string.Empty )
    {
        return;
    }
    if ( System.IO.File.Exists( path ) == false )
    {
        MessageBox.Show("ファイルが見つかりませんでした");
        return;
    }
    var sr = new System.IO.StreamReader(path);
    string text = sr.ReadToEnd();
    sr.Close();
    textBox2.Text = text;
}
```

ファイルの最後かどうかを調べる

Tips 267

▶ Level ●○○

▶ 対応
COM | PRO

**ここが
ポイント
です！** ▶ **ファイルの最後かどうかを判別
（StreamReaderクラス、Peekメソッド）**

テキストファイルの末尾に達したかどうかを知るには、StreamReaderオブジェクトの**Peekメソッド**を使います。

Peekメソッドの戻り値は、読み取り可能な次に来る文字です。ファイルの最後である場合は「-1」が返されます。

▼ファイルの最後かどうかを調べる

```
StreamReaderオブジェクト.Peek()
```

リスト1では、[ファイルの最後かどうかを調べる] ボタンをクリックすると、テキストボックスに入力されたファイルを開き、ファイルの最後ではない間、1行ずつ読み取ってリストボックスに表示します。

▼実行結果

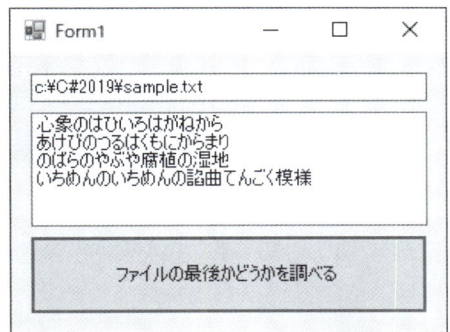

リスト1 ファイルの最後かどうかを調べる（ファイル名：file267.sln、Form1.cs）

```csharp
private void Button1_Click(object sender, EventArgs e)
{
    string path = textBox1.Text;
    if ( path == string.Empty )
    {
        return;
    }
    if ( System.IO.File.Exists( path ) == false )
    {
        MessageBox.Show("ファイルが見つかりませんでした");
```

```
        return;
    }
listBox1.Items.Clear();
var sr = new System.IO.StreamReader(path);
while( sr.Peek() != -1 )
{
    string line = sr.ReadLine();
    listBox1.Items.Add(line);
}
sr.Close();
}
```

 Peekメソッドを実行しても、ファイルの現在の参照位置は変わりません。

Tips 268 テキストファイルを作成する

▶ Level ●
▶ 対応
COM　PRO

ここがポイントです！ テキストファイルの新規作成
（Fileクラス、CreateTextメソッド、StreamWriterクラス）

テキストファイルを新しく作成するには、Fileクラスの**CreateTextメソッド**を使います。CreateTextメソッドの引数には、ファイルパスを指定します。

CreateTextメソッドは、UTF-8でエンコードされたテキストを書き込む新しいファイルを作成します（ファイルが存在する場合は開きます）。戻り値は、StreamWriterオブジェクトです。

▼テキストファイルを作成する①

```
System.IO.File.CreateText(パス)
```

指定したパスが長さ0の文字列の場合は、例外ArgumentExceptionが発生します。

パスがnullの場合は、例外ArgumentNullExceptionが発生します。

現在のエンコードでファイルを作成する場合は、StreamWriterクラスのコンストラクターに、新しいファイルのパスと「System.Text.Encoding.Default」を指定します。

コンストラクターの第2引数には、同名のファイルが存在した場合、上書きするか最後にデータを追加するかを指定します。「true」を指定すると、データが末尾に追加されます。「false」を指定すると、上書きされ、元のデータは消去されます。

▼テキストファイルを作成する②

```
new System.IO.StreamWriter(パス, true/false, System.Text.Encoding.
Default)
```

　リスト1では、[UTF8コードでテキストファイルを作成] ボタンをクリックすると、テキストボックスに入力されたパスのファイルを作成します。
　リスト2では、[シフトJISコードでテキストファイルを作成] ボタンをクリックすると、シフトJISコードで新しいファイルを作成します。

▼実行結果

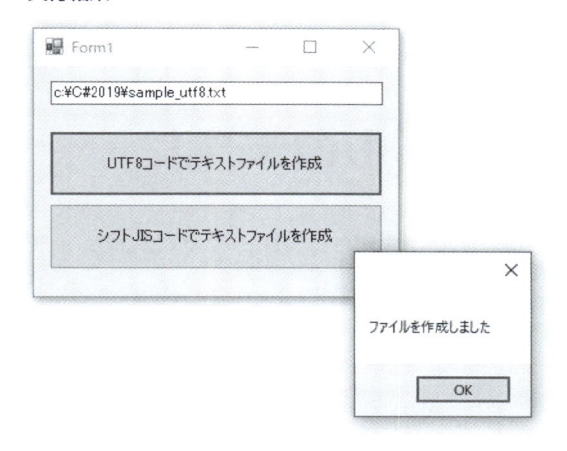

リスト1 テキストファイルを作成する（ファイル名：file268.sln、Form1.cs）

```csharp
private void Button1_Click(object sender, EventArgs e)
{
    string path = textBox1.Text;
    if ( path == string.Empty )
    {
        return;
    }
    var fs = System.IO.File.CreateText(path);
    fs.Close();
    MessageBox.Show("ファイルを作成しました");
}
```

リスト2 現在のエンコードでテキストファイルを作成する（ファイル名：file268.sln、Form1.cs）

```csharp
private void Button2_Click(object sender, EventArgs e)
{
    string path = textBox1.Text;
    if (path == string.Empty)
    {
        return;
```

ファイル、フォルダー操作の極意

8

```
    }
    var fs = new System.IO.StreamWriter(path, false,
        System.Text.Encoding.GetEncoding("shift_jis"));
    fs.Close();
    MessageBox.Show("ファイルを作成しました");
}
```

 System.IO.File.Createメソッドの引数に新たなファイルのパスを指定して作成することもできます。Createメソッドの戻り値は、FileStreamオブジェクトです。

Tips
269
▶Level ●
▶対応
COM PRO

ここが
ポイント
です!

テキストファイルの末尾に書き込む

テキストファイルを追加モードで開く（Fileクラス、AppendTextメソッド、StreamWriter.WriteLineメソッド）

テキストファイルの最後にデータを追加するには、Fileクラスの**AppendTextメソッド**でファイルを開き、StreamWriterクラスの**Writeメソッド**または**WriteLineメソッド**で出力します。

AppendTextメソッドの引数には、ファイルパスを指定します。

▼テキストファイルの最後にデータを追加する①
```
System.IO.File.AppendText(パス)
```

AppendTextメソッドは、UTF-8でエンコードされたテキストをファイルに書き込む**StreamWriterオブジェクト**を生成して返します。

AppendTextメソッドの引数が長さ0の文字列の場合は、例外ArgumentExceptionが発生します。

また、引数がnullの場合は、例外ArgumentNullExceptionが発生します。

UTF-8形式ではなく、現在のエンコードでファイルに出力する場合は、StreamWriterクラスのコンストラクターにファイルパス、「true」、「System.Text.Encoding.Default」を指定してStreamWriterオブジェクトを生成し、Writeメソッドまたはメソッドで出力します。

▼テキストファイルの最後にデータを追加する②
```
new System.IO.StreamWriter(パス, true, System.Text.Encoding.Default)
```

なお、WriteメソッドおよびWriteLineメソッドについては、Tips270の「テキストファイルに書き込む」を参照してください。

リスト1では、[UTF8コードでファイルの末尾に書き出す] ボタンをクリックすると、テキストボックスに入力されたパスのファイルの末尾にデータを追加します。

リスト2では、[シフトJISコードでファイルの末尾に書き出す] ボタンをクリックするとシフトJISコードのテキストをファイルの末尾に出力します。

▼実行結果

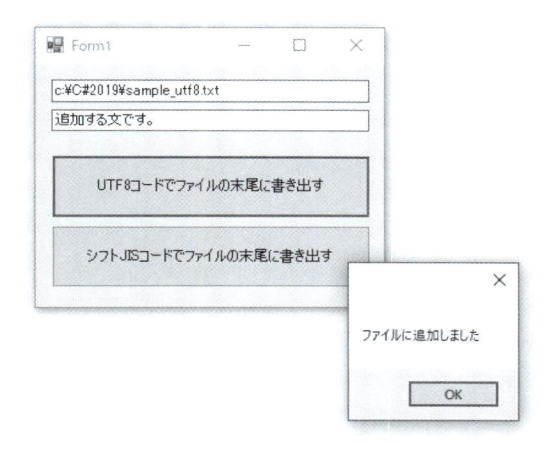

リスト1 UTF-8エンコードで末尾にデータを追加する (ファイル名：file269.sln、Form1.cs)

```csharp
private void Button1_Click(object sender, EventArgs e)
{
    string path = textBox1.Text;
    if ( path == string.Empty )
    {
        return;
    }
    var fs = System.IO.File.AppendText(path);
    fs.WriteLine(textBox2.Text);
    fs.Close();
    MessageBox.Show("ファイルに追加しました");
}
```

リスト2 現在のエンコードで末尾にデータを追加する (ファイル名：file269.sln、Form1.cs)

```csharp
private void Button2_Click(object sender, EventArgs e)
{
    string path = textBox1.Text;
    if (path == string.Empty)
    {
        return;
    }
```

8 ファイル、フォルダー操作の極意

```
    var fs = new System.IO.StreamWriter(path, true,
        System.Text.Encoding.GetEncoding("shift_jis"));
    fs.WriteLine(textBox2.Text);
    fs.Close();
    MessageBox.Show("ファイルに追加しました");
}
```

 Write メソッドの引数がnullの場合は、何も書き込まれません。WriteLine メソッドの引数がnullの場合は、行終端文字のみ書き込まれます。

 StreamWriter クラスのコンストラクターの第2引数に「false」を指定すると、ファイルが上書きされ、元のデータが消去されます。

 AppendText メソッドで開いて出力したテキストファイルをテキストエディターで閲覧する場合は、文字コードを「UTF-8」にして開きます。

Tips
270 テキストファイルに書き込む

▶ Level ● ○ ○ ○
▶ 対応
COM PRO

ここがポイントです！

**テキストファイルへの出力
（StreamWriter クラス、WriteLine メソッド、Write メソッド）**

テキストファイルに出力するには、StreamWriterオブジェクトの**WriteLine メソッド**および **Write メソッド**を使います。

WriteLine メソッドは、ファイルに1行を出力します（引数に指定されたデータと行終端文字を出力します）。

▼テキストファイルに書き込む①

```
StreamWriter.WriteLine(データ)
```

引数を指定せずに WriteLine メソッドを実行すると、終端記号のみ出力されます。
Write メソッドは、引数に指定されたデータのみ出力します。終端記号は出力しません。

▼テキストファイルに書き込む②

```
StreamWriter.Write(データ)
```

　リスト1では、[ファイルに書き出す] ボタンをクリックすると、テキストボックスに入力された パスのファイルに、現在の日付およびデータを出力します。

　なお、指定ファイルが存在する場合は上書きするため、実行には充分に注意してください。

▼**実行結果**

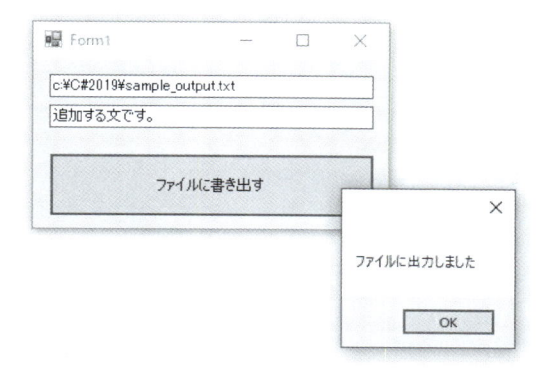

▼**実行結果の例をメモ帳で確認**

![sample_output - メモ帳のウィンドウ。ファイル(F) 編集(E) 書式(O) 表示(V) ヘルプ(H)。2019/10/07 10:29:48 追加する文です。]

リスト1 ファイルに出力する (ファイル名：file270.sln、Form1.cs)

```csharp
private void Button1_Click(object sender, EventArgs e)
{
    string path = textBox1.Text;
    if (path == string.Empty)
    {
        return;
    }
    var fs = new System.IO.StreamWriter(path);
    fs.WriteLine(DateTime.Now.ToString());   // 日付
    fs.Write(textBox2.Text);                 // 出力データ
    fs.WriteLine("");                        // 改行
    fs.Close();
    MessageBox.Show("ファイルに出力しました");
}
```

8

ファイル、フォルダー操作の極意

リスト1では、UTF-8でエンコードしたテキストを出力します。テキストエディターで閲覧する場合は、文字コードを「UTF-8」として開きます。
エンコーディングを指定して出力するには、StreamWriterコンストラクターの第3引数にエンコードを指定してStreamWriterオブジェクトを生成します

書き込みモードを指定して ファイルを開く

Tips **271**

▶ Level ●
▶ 対応
COM　PRO

ここが
ポイント
です!

ファイルのオープンモードを指定 （System.IO.FileStreamクラス）

FileStreamオブジェクトを使うと、書き込みモードを指定してファイルを開くことができます。

FileStreamオブジェクトを使うには、FileStreamクラスのコンストラクターの第1引数にファイルパス、第2引数にオープンモードを**FileMode列挙体**の値で指定します。

▼書き込みモードを指定してファイルを開く

```
new System.IO.FileStream(ファイルパス, オープンモード)
```

指定するFileMode列挙体の値は、次ページの表に示した通りです。

リスト1では、[新規ファイルに書き出す] ボタンをクリックすると、テキストボックスに入力されたパスのファイルをCreateモードで開き、作成されたFileStreamオブジェクトのインスタンスをStreamWriterのコンストラクターに渡して、ファイルへの書き込みを行います。

なお、同名ファイルが存在する場合は上書きを行うので、実行には充分注意してください。

▼実行結果

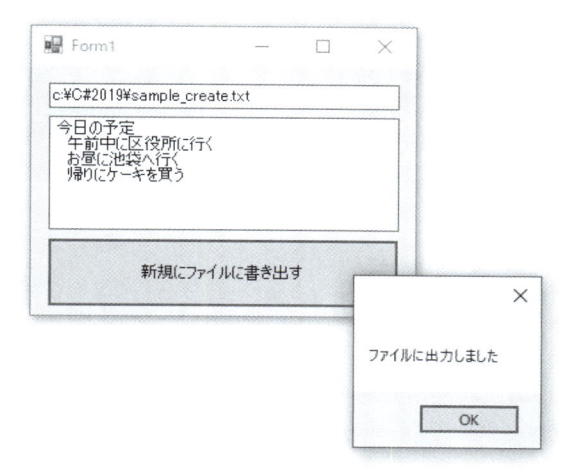

FileMode列挙体の値

値	内容
Append	ファイルの末尾に追加。存在しなければ、ファイルを作成
Create	ファイルを新規作成。すでに存在する場合は、上書き
CreateNew	ファイルを新規作成。すでに存在する場合は、IOException例外が発生
Open	既存のファイルを開く。存在しない場合は、System.System.IO.FileNot FoundException例外が発生
OpenOrCreate	ファイルが存在すれば開く。存在しない場合は、新規作成
Truncate	ファイルを開き、ファイルサイズを0にする

リスト1 Createモードで開く（ファイル名：file271.sln、Form1.cs）

```csharp
private void Button1_Click(object sender, EventArgs e)
{
    string path = textBox1.Text;
    if (path == string.Empty)
    {
        return;
    }
    var fs = new System.IO.StreamWriter(
        new System.IO.FileStream(path, System.IO.FileMode.Create));
    fs.Write(textBox2.Text);
    fs.Close();
    MessageBox.Show("ファイルに出力しました");
}
```

ファイル、フォルダー操作の極意

バイナリデータを
ファイルに書き出す

▶Level ●●

▶対応
COM PRO

ここが
ポイント
です！

バイナリデータの出力（System.IO.
FileStreamクラス、Write メソッド）

FileStreamオブジェクトを使うと、バイナリデータを書き出せます。
バイナリデータをファイルに書き出すためには、**Writeメソッド**を使います。

▼バイナリデータをファイルに書き出す

```
var fs = new System.IO.FileStream(ファイルパス)
fs.Write( データ , 最初の位置 , データの長さ )
```

書き出すバイナリデータは、byte型の配列（byte[]）を宣言して使います。
　Writeメソッドでは、書き出す最初の位置とデータの長さを指定します。データのすべてを
書き出す場合は Write(data, 0, data.Length) と記述します。
　リスト1では、［バイナリデータを作成］ボタンをクリックすると、バイナリデータを作成
し、ファイルに書き出しています。テキストボックスで指定した名前で、100MBの大きさの
ファイルが作成されます。

▼実行結果

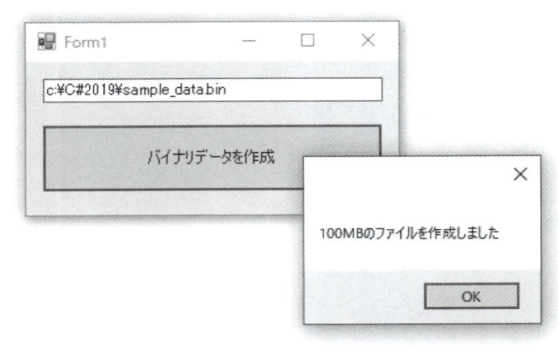

リスト1　バイナリデータを書き出す（ファイル名：file272.sln、Form1.cs）

```csharp
private void Button1_Click(object sender, EventArgs e)
{
    string path = textBox1.Text;
    if (path == string.Empty)
    {
        return;
    }
```

```csharp
    byte[] data = new byte[1024];
    for ( int i=0; i<data.Length; i++ )
    {
        data[i] = 0xFF;
    }
    var fs = System.IO.File.Create(path);
    for (int i = 0; i < 1024 * 100; i++)
    {
        fs.Write(data, 0, data.Length);
    }
    fs.Close();
    MessageBox.Show("100MBのファイルを作成しました");
}
```

ファイル、フォルダー操作の極意

Column サンプルプログラムのコードを実行する方法

本書のサンプルプログラムのコードを実行するには、以下の手順で行います。

❶ [標準] ツールバーにある [開始] ボタンをクリックします。
❷ Windowsフォームが表示され、サンプルプログラムが実行されます。

このとき、コードウィンドウを開いている必要はありません。

構造体データをファイルに書き出す

Tips 273

▶ Level ●●●
▶ 対応　COM　PRO

ここがポイントです!
構造体を出力
(System.IO.BinaryWriter クラス、Marshal クラス、GCHandle クラス)

BinaryWriter オブジェクトを使うと、バイナリデータを扱えます。

構造体をバイナリデータに相互変換することで、構造体のデータを直接ファイルに出力できます。

▼構造体データをファイルに書き出す

```
var fs = new System.IO.BinaryWriter(
  new System.IO.FileStream(ファイルパス))
fs.Write( データ )
```

構造体のデータを **Marshal.StructureToPtr メソッド**で byte 型の配列 (byte[]) に書き出します。

byte 型の配列は、あらかじめ **GCHandle.Alloc メソッド**を使って取得しておきます。

リスト1では、[構造体データをバイナリファイルに保存] ボタンをクリックすると、構造体のデータをバイナリデータ (data) 書き出し、ファイルに出力します。

▼実行結果

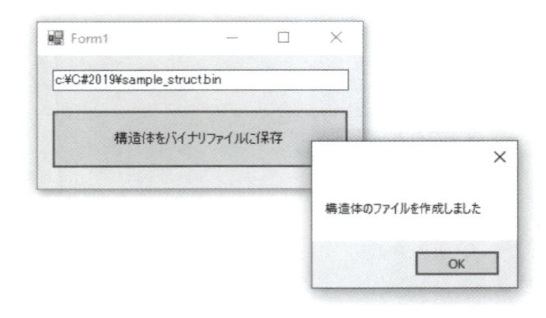

リスト1　構造体の定義 (ファイル名：file273.sln、Form1.cs)

```
public struct BLOCK
{
    public Int32 X ;
    public Int32 Y ;
    public Int32 Z ;
    public Color color;
```

```
}
```

リスト2 構造体を書き出す（ファイル名：file273.sln、Form1.cs）

```csharp
using System.Runtime.InteropServices;

private void Button1_Click(object sender, EventArgs e)
{
    string path = textBox1.Text;
    if (path == string.Empty)
    {
        return;
    }

    BLOCK br;
    br.X = 100;
    br.Y = 200;
    br.Z = 0;
    br.color = Color.Red;
    var fs = new System.IO.BinaryWriter(
        System.IO.File.Create(path));
    // 構造体のデータを byte[] に変換する
    var data = new byte[Marshal.SizeOf(typeof(BLOCK))];
    var h = GCHandle.Alloc(data, GCHandleType.Pinned);
    try
    {
        Marshal.StructureToPtr(br, h.AddrOfPinnedObject(), false);
    }
    finally
    {
        h.Free();
    }
    for (int i = 0; i < 1024 * 100; i++)
    {
        fs.Write(data);
    }
    fs.Close();
    MessageBox.Show("構造体のファイルを作成しました");
}
```

ファイル、フォルダー操作の極意

Column 複数のコントロールを整列させる

　デザイン作成時に、フォーム上に配置した複数のコントロールをきれいに整列させることができます。

　整列したいコントロールにかかるようにドラッグするか、コントロールを [Shift] キー（または [Ctrl] キー）を押しながらクリックして選択し、[書式] メニューの [整列] を選択し、表示されたメニューから整列したい位置を選択します。

　このとき、最初に選択したコントロール（白いハンドルが表示されている）を基準に整列されます。

　また [書式] メニューの [左右の間隔] [上下の間隔] からコントロール同士の間隔を均一に揃えることができます。

　コントロールをフォームに対して整列したいときは、[書式] メニューの [フォームの中央に配置] を選択して、[左右] または [上下] を選択します。

第 **9** 章

274~278

コモンダイアログの極意

Tips 274

▶Level ● ○ ○

▶対応

COM　PRO

ファイルを開く ダイアログボックスを表示する

ここがポイントです！　**ファイルを選択できるダイアログボックス（OpenFileDialogクラス）**

ファイルを選択できるダイアログボックス（一般的に［開く］ダイアログボックス）を使うには、**OpenFileDialogクラス**を利用します。

実行時にダイアログボックスを表示するには、**ShowDialogメソッド**を実行します。

▼［開く］ダイアログボックスを表示する

```
var dlg = new OpenFileDialog();
dlg.ShowDialog()
```

ダイアログボックスの初期設定は、次ページの表に示したプロパティで行います。

リスト1では、［ファイルを開くダイアログ］ボタンをクリックすると、イメージファイルを選択できるダイアログボックスを表示し、ファイルが選択されたら、パスとファイル名を表示し、イメージファイルをピクチャーボックスに表示しています。

▼ボタンをクリックした結果

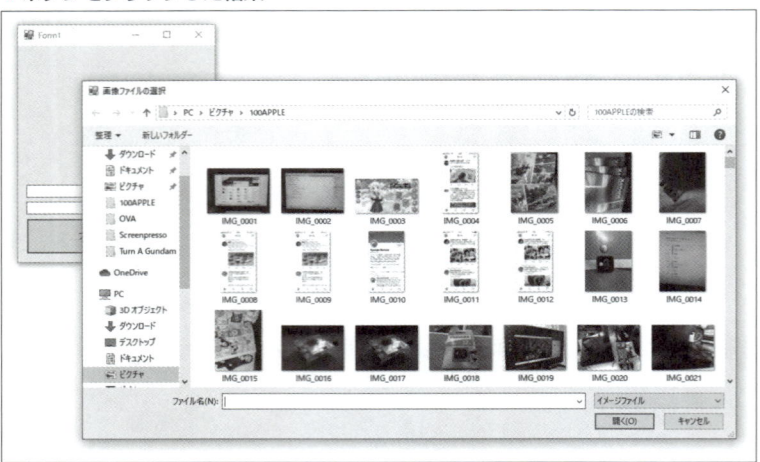

▼実行結果

```
C:\Users\masuda\Pictures\100APPLE\IMG_0260.
IMG_0260.JPG

          ファイルを開くダイアログ
```

■OpenFileDialogクラスの主なプロパティ

プロパティ	内容
AddExtension	拡張子が入力されなかったとき、拡張子を自動的に付ける場合は「true」（既定値）、付けない場合は「false」
CheckFileExists	存在しないファイルを指定されたとき、警告を表示する場合は「true」（既定値）、表示しない場合は「false」
CheckPathExists	存在しないパスを指定されたとき、警告を表示する場合は「true」（既定値）、表示しない場合は「false」
FileName	選択されたファイルパス（string型）
FileNames	選択されたすべてのファイルパス（string型の配列）
Filter	［ファイルの種類］のフィルター。「フィルター1の説明 | フィルター1のパターン | フィルター2の説明 | フィルター2のパターン…」のように指定
FilterIndex	［ファイルの種類］の最初に表示するフィルター。既定値は「1」
InitialDirectory	［ファイルの場所］に表示するパス
Multiselect	複数のファイルを選択可能にする場合は「true」、複数選択不可の場合は「false」（既定値）
ReadOnlyChecked	［読み取り専用ファイルとして開く］にチェックマークを付ける場合は「true」、付けない場合は「false」（既定値）
RestoreDirectory	ダイアログボックスでフォルダーを変更したとき、ダイアログボックスを閉じるときに元に戻す場合は「true」、戻さない場合は「false」（既定値）
SafeFileName	選択されたファイル名（拡張子を含む）。パスは含まない
SafeFileNames	すべてのファイル名を要素とするstring型配列（拡張子を含む）。パスは含まない
ShowHelp	［ヘルプ］ボタンを表示する場合は「true」、表示しない場合は「false」（既定値）

ShowReadOnly	[読み取り専用ファイルとして開く] チェックボックスを表示する場合は 「true」、表示しない場合は「false」(既定値)
Title	ダイアログボックスのタイトルバーに表示する文字

リスト1 [開く] ダイアログボックスを表示する (ファイル名：dialog274.sln、Form1.cs)

```csharp
private void Button1_Click(object sender, EventArgs e)
{
    var dlg = new OpenFileDialog()
    {
        Title = "画像ファイルの選択",
        CheckFileExists = true,
        RestoreDirectory = true,
        Filter = "イメージファイル|*.bmp;*.jpg;*.gif;*.png"
    };
    if ( dlg.ShowDialog() == DialogResult.OK )
    {
        textBox1.Text = dlg.FileName;
        textBox2.Text = dlg.SafeFileName;
        pictureBox1.Image = Image.FromFile(dlg.FileName);
    }
    else
    {
        textBox1.Text = "";
        textBox2.Text = "";
        pictureBox1.Image = null;
    }
}
```

FileNameプロパティに、コンポーネント名が設定されているようであれば、これを削除しておくか、適切なファイル名を設定しておきます (プロパティウィンドウで確認できます)。

テキストファイルを開く操作については、第8章の「ファイル、フォルダー操作の極意」を参照してください。

ツールボックスからOpenFileDialogコンポーネントをフォームにドラッグアンドドロップして利用することもできます。

名前を付けて保存する
ダイアログボックスを表示する

> ここが
> ポイント
> です！
>
> ## 保存ファイル名を指定するダイアログボックス（SaveFileDialog クラス）

保存するファイルを指定できるダイアログボックス（一般的に、[名前を付けて保存] ダイアログボックス）を使うには、**SaveFileDialog クラス**を利用します。

ダイアログボックスを表示するには、**ShowDialog メソッド**を実行します。

▼［名前を付けて保存］ダイアログボックスを表示する

```
var dlg = new SaveFileDialog();
dlg.ShowDialog()
```

ダイアログボックスの初期設定は、次ページの表に示したプロパティで行います。

ダイアログボックスで指定されたファイル（のストリーム）を開くには、ダイアログボックスの**OpenFile メソッド**を使います。

▼ダイアログボックスで指定されたファイルを開く

```
SaveFileDialog.OpenFile()
```

OpenFile メソッドは、Stream オブジェクトへの参照を返します。

リスト1では、[名前を付けて保存する] ボタンをクリックすると、[名前を付けてファイルを保存] ダイアログボックスを表示し、[保存] ボタンが選択されたら、指定されたファイル名でピクチャーボックスの画像を保存します。

▼名前を付けて保存ダイアログ

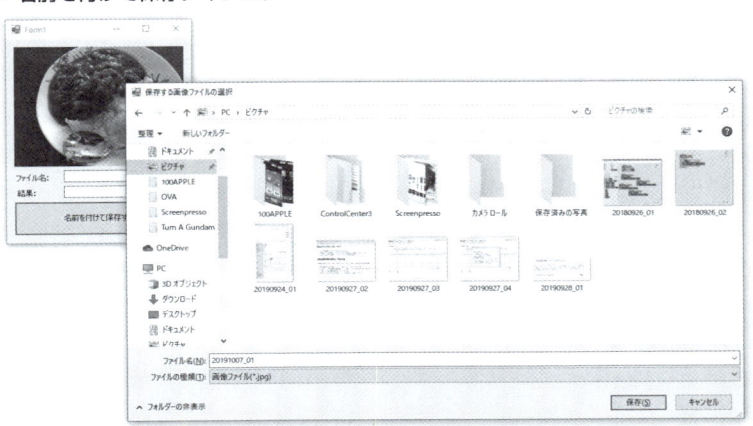

▼ [保存] ボタンをクリックした結果

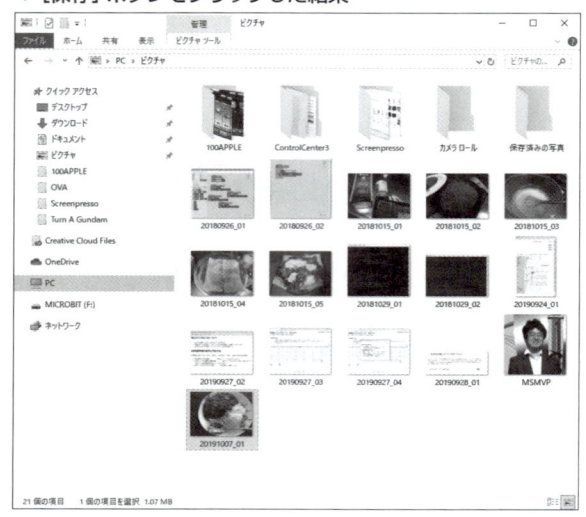

SaveFileDialogクラスの主なプロパティ

プロパティ	内容
AddExtension	拡張子が入力されなかったとき、拡張子を自動的に付ける場合は「true」(既定値)、付けない場合は「false」
CheckFileExists	存在しないファイルを指定されたとき、警告を表示する場合は「true」(既定値)、しない場合は「false」
CheckPathExists	存在しないパスを指定されたとき、警告を表示する場合は「true」(既定値)、しない場合は「false」
CreatePrompt	存在しないファイルを指定されたとき、ファイルを作成することを確認する場合は「true」、確認せずに作成する場合は「false」(既定値)
FileName	選択されたファイルパス (string型)
Filter	[ファイルの種類] のフィルター。「フィルター1の説明 ｜ フィルター1のパターン ｜ フィルター2の説明 ｜ フィルター2のパターン…」のように指定
FilterIndex	[ファイルの種類] の最初に表示するフィルター。既定値は「1」
InitialDirectry	[ファイルの場所] に表示するパス
OverwritePrompt	すでに存在するファイル名を指定されたとき、上書きを確認する場合は「true」(既定値)、確認せずに上書きする場合は「false」
RestoreDirectory	ダイアログボックスでフォルダーを変更したとき、ダイアログボックスを閉じるときに元に戻す場合は「true」、戻さない場合は「false」(既定値)
ShowHelp	[ヘルプ] ボタンを表示する場合は「true」、表示しない場合は「false」(既定値)
Title	ダイアログボックスのタイトルバーに表示する文字

リスト1 [名前を付けて保存] ダイアログボックスを使う (ファイル名：dialog275.sln、Form1.cs)

```
private void Button1_Click(object sender, EventArgs e)
{
```

```
var dlg = new SaveFileDialog()
{
    Title = "保存する画像ファイルの選択",
    Filter = "画像ファイル (*.jpg)|*.jpg|画像ファイル (*.png)|*.png"
};
if (dlg.ShowDialog() == DialogResult.Cancel)
{
    return;
}
textBox1.Text = System.IO.Path.GetFileName( dlg.FileName);
if ( dlg.FilterIndex == 1 )
{
    pictureBox1.Image.Save(dlg.FileName, System.Drawing.Imaging.
ImageFormat.Jpeg);
}
else
{
    pictureBox1.Image.Save(dlg.FileName, System.Drawing.Imaging.
ImageFormat.Png);
}
textBox2.Text = "保存しました";
}
```

 テキストファイルに出力する操作については、第8章の「ファイル、フォルダー操作の極意」を参照してください。

Tips
276
フォントを設定する
ダイアログボックスを表示する

▶Level ● ○ ○
▶対応
`COM` `PRO`

ここがポイントです！

フォントの種類、サイズを指定するダイアログボックス (FontDialog クラス)

フォントの種類や大きさ、色を指定できるダイアログボックス（[フォント] ダイアログボックス）を使うには、**FontDialog クラス**を利用します。

ダイアログボックスを表示するには、**ShowDialog メソッド**を実行します。

▼ [フォント] ダイアログボックスを表示する
```
var dlg = new FontDialog();
dlg.ShowDialog()
```

　ダイアログボックスの初期設定は、次ページの表に示したプロパティで行います。

　リスト1では、[フォントを設定する] ボタンをクリックすると、フォントダイアログボックスを表示します。表示する前に、リッチテキストボックスの選択範囲のフォントを反映しています。

　また、[OK] ボタンをクリックすると、ダイアログボックスのフォントをリッチテキストボックスの選択範囲に反映しています。

▼ [フォント] ダイアログ

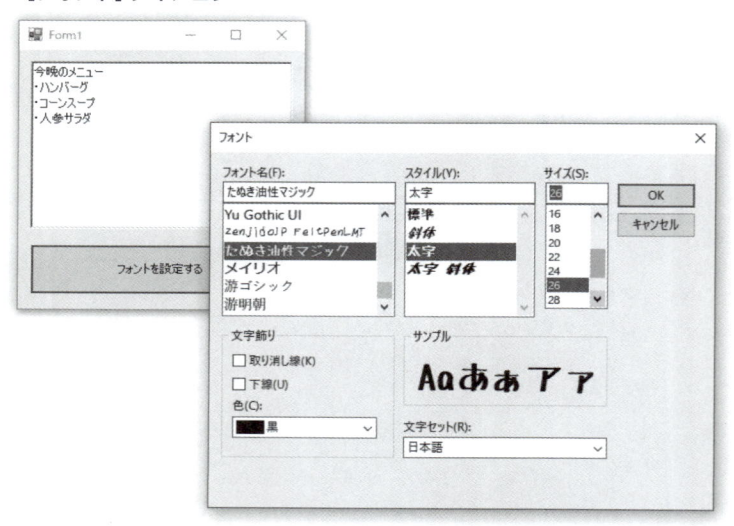

▼ [OK] ボタンをクリックした場合の例

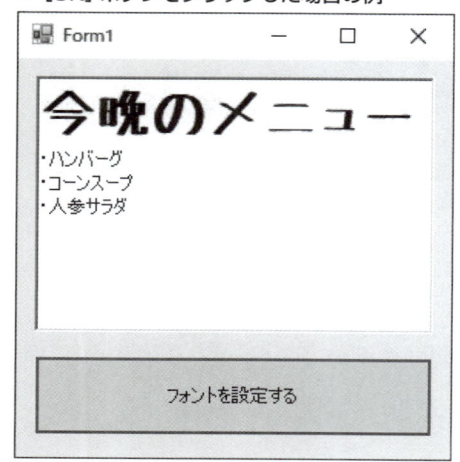

FontDialog クラスの主なプロパティ

プロパティ	内容
Color	選択したフォントの色。Color構造体で定義されている
Font	選択したフォント
FontMustExist	存在しないフォントが選択されたとき、警告を表示する場合は「true」、表示しない場合は「false」（既定値）
MaxSize	選択できるポイントサイズの最大値。制限しない場合は「0」（既定値）
MinSize	選択できるポイントサイズの最小値。制限しない場合は「0」（既定値）
ShowApply	［適用］ボタンを表示する場合は「true」、表示しない場合は「false」（既定値）
ShowColor	色の選択肢を表示する場合は「true」、表示しない場合は「false」（既定値）
ShowEffects	取り消し線、下線、色の選択などのオプションを表示する場合は「true」（既定値）、表示しない場合は「false」
ShowHelp	［ヘルプ］ボタンを表示する場合は「true」、表示しない場合は「false」（既定値）

リスト1 ［フォント］ダイアログボックスを表示する（ファイル名：dialog276.sln、Form1.cs）

```csharp
private void Button1_Click(object sender, EventArgs e)
{
    var dlg = new FontDialog()
    {
        // 色選択を可能にする
        ShowColor = true,
        Font = richTextBox1.SelectionFont,
        Color = richTextBox1.SelectionColor
    };
    if ( dlg.ShowDialog() == DialogResult.OK )
    {
        richTextBox1.SelectionFont = dlg.Font;
        richTextBox1.SelectionColor = dlg.Color;
    }
}
```

Tips 277

▶Level ●○○
▶対応
COM PRO

色を設定する ダイアログボックスを表示する

ここがポイントです！ 色を選択できるダイアログボックス （ColorDialog クラス）

色を選択できるダイアログボックス（［色の設定］ダイアログボックス）を使うには、ColorDialog クラスを利用します。

ダイアログボックスを表示するには、**ShowDialog メソッド**を実行します。

▼[色の設定] ダイアログボックスを表示する

```
var dlg = new ColorDialog();
dlg.ShowDialog();
```

[色の設定] ダイアログボックスの初期設定は、下の表に示したプロパティで行います。

リスト1では、[色を選択する] ボタンをクリックすると、[色の設定] ダイアログボックスを表示します。

また、[OK] ボタンをクリックすると、選択された色をラベルの背景色に設定しています。

ColorDialog クラスの主なプロパティ

プロパティ	内容
AllowFullOpen	カスタムカラーを定義可能にする場合は「true」(既定値)、しない場合は「false」
AnyColor	使用できるすべての色を基本色セットとして表示する場合は「true」、表示しない場合は「false」(既定値)
Colo	選択された色。Color構造体で定義されている
CustomColors	カスタムカラーセット。int型の配列
FullOpen	ダイアログボックスを開いたとき、カスタムカラー作成用コントロールを表示する場合は「true」、表示しない場合は「false」(既定値)
ShowHelp	[ヘルプ] ボタンを表示する場合は「true」、表示しない場合は「false」(既定値)
SolidColorOnly	純色のみ選択可能にする場合は「true」、しない場合は「false」(既定値)。表示色が256色以下のシステムに適用される

▼[色の設定] ダイアログ

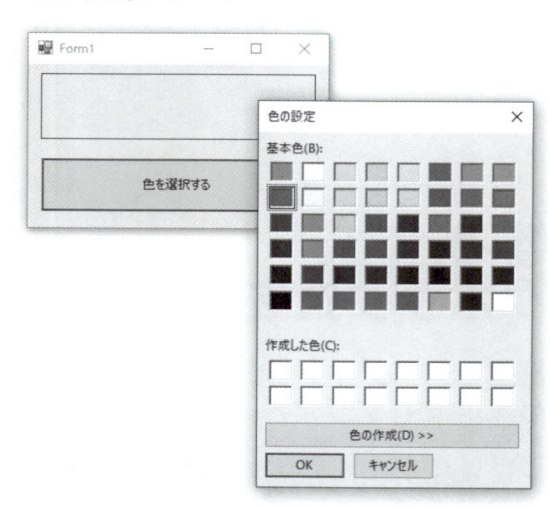

▼実行結果

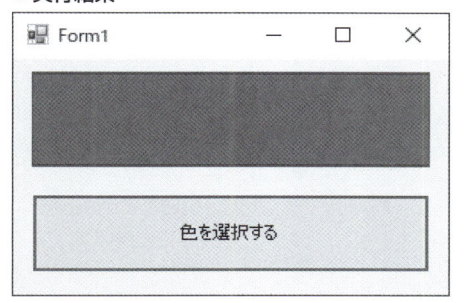

リスト1　[色の選択] ダイアログボックスを表示する (ファイル名：dialog277.sln、Form1.cs)

```
private void Button1_Click(object sender, EventArgs e)
{
    var dlg = new ColorDialog();
    if ( dlg.ShowDialog() == DialogResult.OK )
    {
        label1.BackColor = dlg.Color;
    }
}
```

Tips 278　フォルダーを選択する ダイアログボックスを表示する

ここがポイントです! フォルダーの参照ダイアログボックス (FolderBrowserDialogクラス)

▶Level ●
▶対応　COM　PRO

コモンダイアログの極意

　フォルダーを選択できるダイアログボックス ([フォルダーの参照] ダイアログボックス) を使うには、**FolderBrowserDialogクラス**を利用します。
　ダイアログボックスを表示するには、**ShowDialogメソッド**を実行します。

▼ [フォルダーの参照] ダイアログボックスを表示する

```
var dlg = new FolderBrowserDialog();
dlg.ShowDialog();
```

　ダイアログボックスの初期設定は、次ページの表に示したプロパティで行います。
　リスト1では、[フォルダーを選択する] ボタンをクリックすると、[フォルダーの参照] ダイアログボックスを表示しています。ダイアログボックスで [OK] ボタンをクリックすると、選択されたパスをラベルに表示します。

▼［フォルダーの参照］ダイアログ

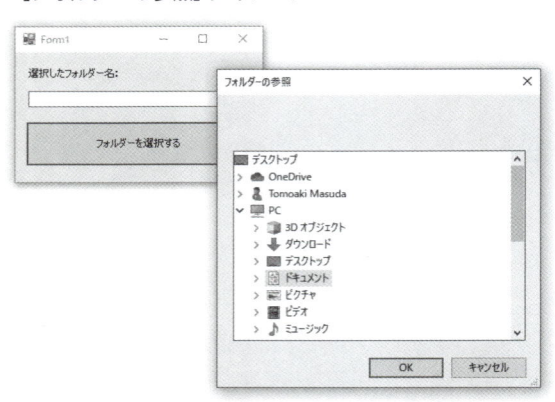

▼実行結果

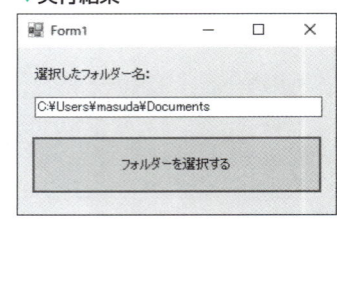

FolderBrowserDialog クラスの主なプロパティ

プロパティ	内容
Description	ダイアログボックスに表示する説明文。string 型の値
RootFolder	参照の開始位置のルートフォルダー。Environment.SpecialFolder列挙体の値。既定値は Desktop
SelectedPath	選択されたパス。string 型の値
ShowNewFolderButton	［新しいフォルダー］ボタンを表示する場合は「true」（既定値）、表示しない場合は「false」

リスト1 ［フォルダーの参照］ダイアログボックスを表示する（ファイル名：dialog278.sln、Form1.cs）

```
private void Button1_Click(object sender, EventArgs e)
{
    var dlg = new FolderBrowserDialog();
    //［新しいフォルダーを作成］ボタンを表示しない
    dlg.ShowNewFolderButton = false;

    if ( dlg.ShowDialog() == DialogResult.OK )
    {
        textBox1.Text = dlg.SelectedPath;
    }
}
```

第2部

アドバンスド・プログラミングの極意

第10章

279〜314

データベース操作
の極意

Tips
279

▶ Level ● ○ ○

▶ 対応
COM PRO

Entity Data Modelを作成する

ここが
ポイント
です！

モデルを追加
(ADO.NET Entity Data Model)

.NETのプログラムからデータベース (SQL Serverなど) を扱うためには、Entity Frameworkの**ADO.NET Entity Data Model**を使うと便利です。

Entity Data Modelを使うと、既存のデータベースからモデルクラスを作成したり、逆にモデルクラスの構造をデータベースに反映したりすることができます。

Entity Data Modelをプロジェクトに追加するには、次の手順を行います。

❶ソリューションエクスプローラーでプロジェクトを右クリックして、[追加] ➡ [新しい項目] を選択します。

❷ [新しい項目の追加] ダイアログボックスで [データ] カテゴリをクリックして、[ADO. NET Entity Data Model] を選択して [追加] ボタンをクリックします (画面1)。

❸ [Entity Data Modelウィザード] で、[データベースからEF Designer] を選択して [次へ] ボタンをクリックします (画面2)。

❹データベースへの接続で、既存の接続を選択するか、新しい接続先を作成します。

❺Entity Frameworkのバージョンを選択します。

❻モデルに含めるデータベースオブジェクトを選択します (画面3)。

❼ [完了] ボタンをクリックすると、デザイナーにデータモデルが表示されます (画面4)。

リスト1では、Entity Data Modelで作成したPersonクラスを利用して、DataGridコントロールに表示しています。

▼画面1［新しい項目の追加］ダイアログ

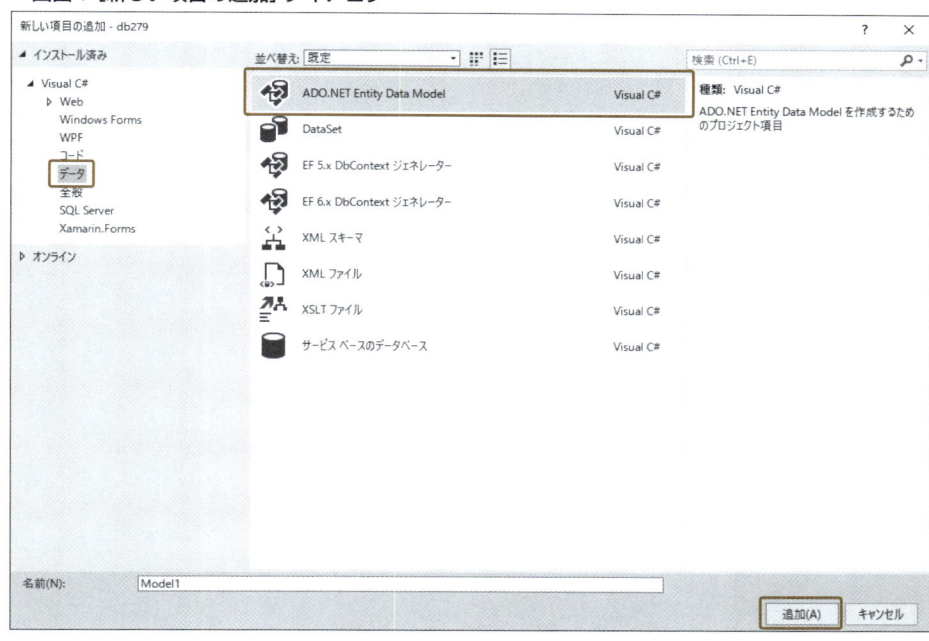

▼画面2 Entity Data Modelウィザード

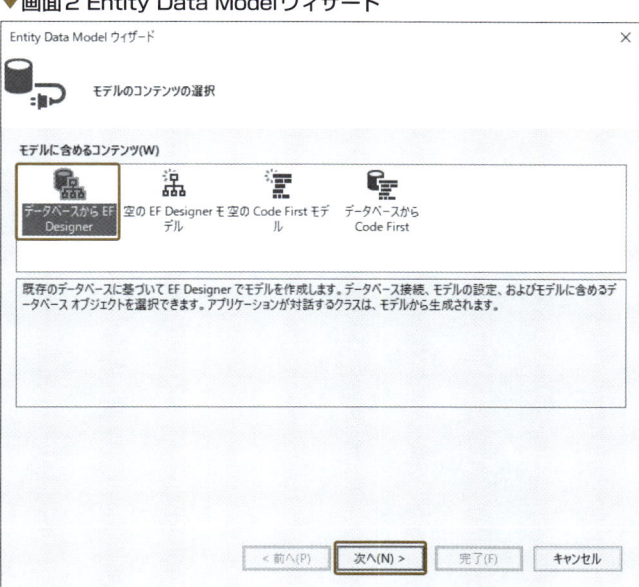

データベース操作の極意

▼画面3 データベースオブジェクトを選択

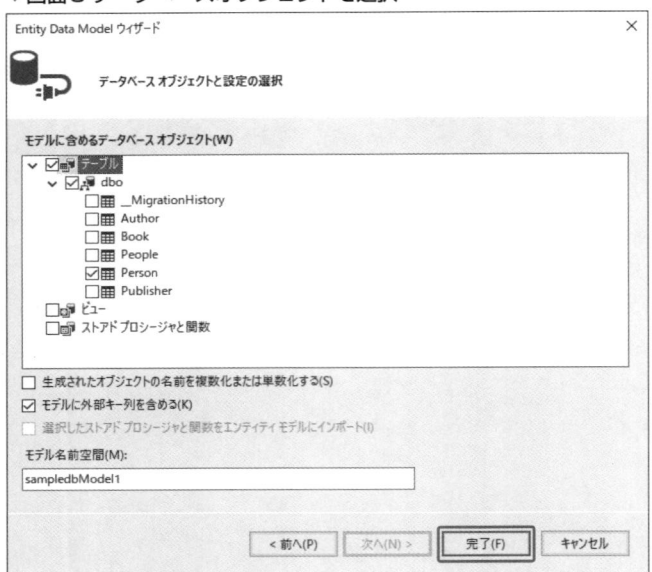

▼画面4 生成されたデータモデル

▼実行結果

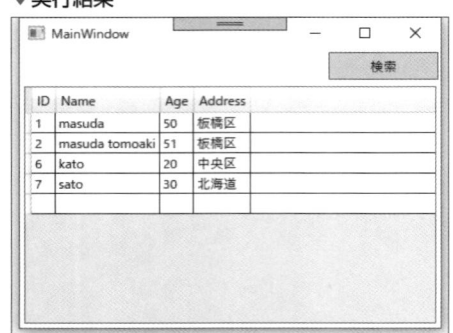

リスト1 モデルを追加してデータを表示する（ファイル名：db279.sln、MainWindow.xaml.cs）

```
private void Button_Click(object sender, RoutedEventArgs e)
{
    var ent = new sampledbEntities();
    dg.ItemsSource = ent.Person.ToList();
}
```

さらに
ワンポイント

Entity Frameworkは、データ指向の開発をサポートするADO.NETのデータアクセス技術です。Entity Frameworkを使用すると、開発者は、顧客情報などのドメイン固有のオブジェクト、およびプロパティの形式でデータを操作できます。

Tips
280

▶ Level ●
▶ 対応
COM | PRO

Entity Data Modelを更新する

ここが
ポイント
です！

モデルを更新
（ADO.NET Entity Data Model）

データベースの変更に伴い、すでにプロジェクトに作成したEntity Data Modelを更新することができます。

❶拡張子「.edmx」のダイアログを開き、右クリックしてショートメニューから［データベースからモデルを更新］を選択します（画面1）。
❷更新ウィザードダイアログで、接続状態を確認して［次へ］ボタンをクリックします。
❸データベースオブジェクトと設定の選択で、更新されるテーブルを確認して［完了］ボタンをクリックします（画面2）。
❹モデルが更新されたことを確認してビルドします。

データベース上で追加済みのテーブルを削除した場合は、自動的にモデルからテーブルが削除されます。
削除されたモデルをコードから参照している場合は、適宜コードを修正します。

10-1 データベース操作

▼画面1 [データベースからモデルを更新] を選択

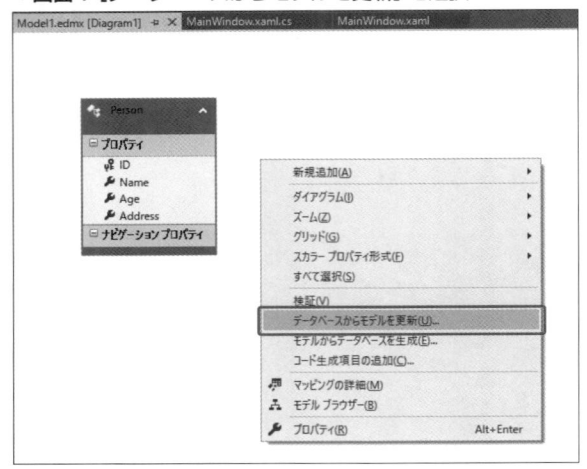

▼画面2 更新ウィザード

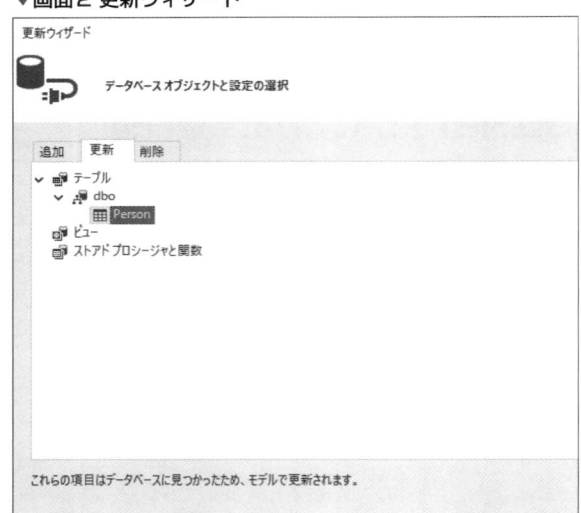

281 実行時に接続先を変更する

▶Level ●●●
▶対応
COM　PRO

ここがポイントです！ 接続文字列の動的作成（DbContextクラス、EntityConnectionクラス）

.NETのプログラムからデータベース（SQL Serverなど）を扱うためには、Entity Frameworkの**ADO.NET Entity Data Model**を使います。

このとき、データベースに接続する文字列は「App.config」ファイルに記述されます。

接続先が固定である場合にはそのままで問題はないのですが、実行時に接続先を切り替える必要やセキュリティ上プログラム内に接続文字列を含めることを避ける必要がある場合があります。

このようなときは、**EntityConnectionクラス**を使って、動的に接続文字列を作成します。

DbContextクラスの継承クラスのコンストラクタに、リスト1のように接続のためのDbConnectionオブジェクトを渡せるようにします。

リスト2では、［検索］ボタンをクリックしたときに、接続のためのEntityConnectionオブジェクトを動的に作成します。メタデータ（Metadata）などは、App.configに記述されているものを書き写します。

▼実行結果

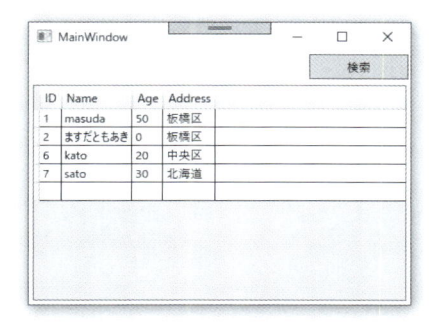

リスト1 コネクションを保持するDbContextクラスを作成する（ファイル名：db281.sln、MainWindow.xaml.cs）

```
public partial class sampledbEntities : DbContext
{
    /// コネクションを渡すコンストラクタ
    public sampledbEntities(DbConnection existingConnection) :
        base(existingConnection, true)
    {
    }
}
```

リスト2　実行時に接続文字列を作成する（ファイル名：db281.sln、MainWindow.xaml.cs）

```
private void Button_Click(object sender, RoutedEventArgs e)
{
    /// 接続文字列
    string cnstr = "data source=.;initial catalog=sampledb;integrated
security=True";
    /// EntityConnectionの作成
    var esb = new System.Data.Entity.Core.EntityClient.EntityConnectio
nStringBuilder();
    esb.Provider = "System.Data.SqlClient";
    esb.ProviderConnectionString = cnstr;
    esb.Metadata = "res://*/Model1.csdl|res://*/Model1.ssdl|res://*/
Model1.msl";
    var cn = new System.Data.Entity.Core.EntityClient.
EntityConnection(esb.ToString());
    // EntityConnectionのインスタンスを渡す
    var ent = new sampledbEntities(cn);
    dg.ItemsSource = ent.Person.ToList();
}
```

Tips 282　テーブルにデータを追加する

▶Level ●○○

▶対応
COM　PRO

ここが
ポイント
です！

**データベースにデータを挿入（DbSetク
ラス、Addメソッド、DbContextクラ
ス、SaveChangesメソッド）**

　Entity Data Modelを使ってテーブルにデータを追加するためには、**DbSetクラス**の
Addメソッドを使い、データを挿入した後に**DbContextクラス**の**SaveChanges**メソッド
でデータベースに反映させます。

▼テーブルにデータを追加する

```
var ent = new DbContext派生クラス();
ent.テーブル名.Add( データ );
ent.SaveChanges();
```

　DbContextを継承したクラス（sampledbEntitiesなど）にはデータベースの接続情報が
含まれます。
　Entity Data Modelにテーブルを追加すると、データベース上のテーブルに対応したクラ
ス（DbSetクラス）が作成されます。このDbSetクラスのAddメソッドで、エンティティ
（Personクラスなど）を追加します。

データベースの反映は、SaveChangesメソッドで行います。

リスト1では、[追加] ボタンをクリックすると、Personテーブルに入力されたデータを挿入します。

▼実行結果

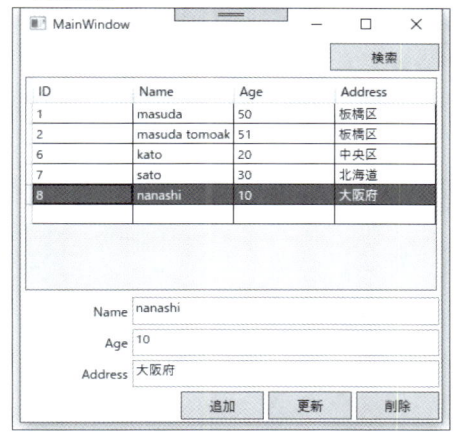

リスト1 テーブルにレコードを追加する（ファイル名：db282.sln、MainWindow.xaml.cs）

```csharp
sampledbEntities _ent = new sampledbEntities();
private void clickAdd(object sender, RoutedEventArgs e)
{
    var pa = new Person()
    {
        Name = _vm.Name,
        Age = _vm.Age,
        Address = _vm.Address,
    };
    _ent.Person.Add(pa);
    _ent.SaveChanges();
}
```

データの挿入は複数回まとめて行えます。複数回Addメソッドを呼び出した後に、SaveChangesメソッドを呼び出してデータベースに反映します。

Tips
283
▶Level ●
▶対応
COM PRO

テーブルのデータを更新する

ここがポイントです! データベースのデータを更新
（DbSet クラス、DbContext クラス、
SaveChanges メソッド）

Entity Data Modelを使ってテーブルのデータを更新するためには、DbSetクラスのエンティティクラスのプロパティ値を直接更新し、**DbContextクラス**の**SaveChangesメソッド**でデータベースに反映させます。

更新対象となるエンティティは、WhereメソッドやFirstメソッドなどで条件を指定して絞り込みます。取得したエンティティに対して直接データを変更して、反映時にSaveChangesメソッドを呼び出します。

SaveChangesメソッドを呼び出したときに、内部では変更されたエンティティを調べてデータベースに反映しています。

▼テーブルのデータを更新する

```
var ent = new DbContext派生クラス();
// 目的のデータを抽出
// エンティティオブジェクトを編集
ent.SaveChanges();
```

リスト1では、[更新] ボタンをクリックすると、GirdDataコントロールのカーソルのあるデータが更新されます。

▼実行結果

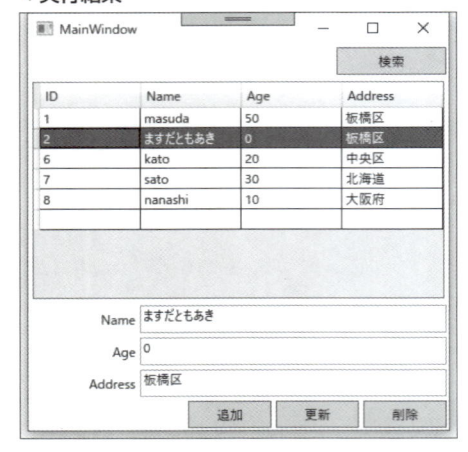

リスト1 テーブルのレコードを更新する（ファイル名：db283.sln、MainWindow.xaml.cs）

```
private void clickUpdate(object sender, RoutedEventArgs e)
{
    _vm.Item.Name = _vm.Name;
    _vm.Item.Age = _vm.Age;
    _vm.Item.Address = _vm.Address;
    _ent.SaveChanges();
}
```

 データの更新は複数回まとめて行えます。複数のエンティティを更新した後に、SaveChangesメソッドを呼び出してデータベースに反映します。

Tips 284 テーブルのデータを削除する

▶Level ●
▶対応
COM PRO

ここがポイントです！ データベースのデータを削除（DbSetクラス、Removeメソッド、DbContextクラス、SaveChangesメソッド）

Entity Data Modelを使ってテーブルのデータを削除するためには、DbSetクラスの**Removeメソッド**に削除するエンティティを指定し、**DbContextクラス**の**SaveChanges メソッド**でデータベースに反映させます。

削除対象となるエンティティは、WhereメソッドやFirstメソッドなどで条件を指定して絞り込みます。

▼テーブルのデータを削除する

```
var ent = new DbContext派生クラス();
// 目的のデータを抽出
ent.テーブル.Remove( エンティティ );
ent.SaveChanges();
```

リスト1では、［削除］ボタンをクリックすると、GirdDataコントロールのカーソルのあるデータを削除します。

データベース操作の極意

▼実行結果

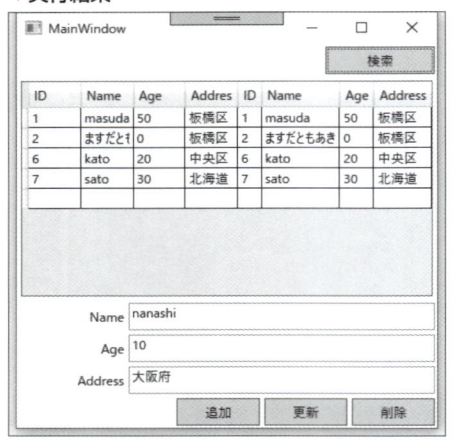

テーブルのレコードを削除する（ファイル名：db284.sln、MainWindow.xaml.cs）

```
private void clickDelete(object sender, RoutedEventArgs e)
{
    if (_vm.Item == null)
        return;
    _ent.Person.Remove(_vm.Item);
    _ent.SaveChanges();
}
```

 データの削除は複数回まとめて行えます。複数のエンティティを削除した後に、SaveChangesメソッドを呼び出してデータベースに反映します。

Tips 285 テーブルのデータを参照する

▶Level ●○○
▶対応 COM PRO

ここがポイントです！ データベースのデータを削除（DbSetクラス、LINQ構文）

Entity Data Modelを使ってテーブルのデータを参照するためには、DbSetクラスを継承したテーブル名のクラスを扱います。

テーブル内のすべてのデータを取得するときは、**ToList**メソッドですべてのデータを取得します。

▼テーブルのデータを参照する①

```
var ent = new DbContext派生クラス();
var items = ent.テーブル.ToList();
```

条件を指定するときは、WhereメソッドやFirstメソッドなどを使います。
LINQ構文を利用することで、SQL文のように条件を設定することも可能です。

▼テーブルのデータを参照する②

```
var ent = new DbContext派生クラス();
var query = from t in ent.テーブル名
    where 検索条件
    select t ;
```

リスト1では、[検索] ボタンをクリックすると、GirdDataコントロールにPersonテーブルのすべてのデータを検索して表示しています。

▼実行結果

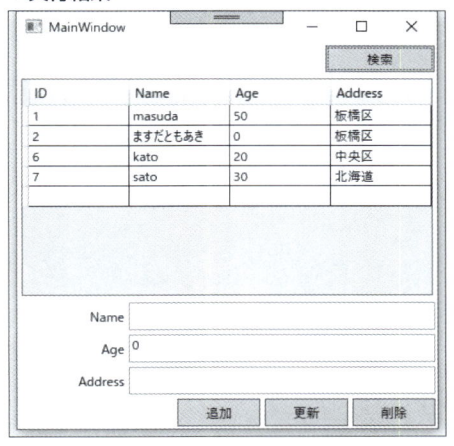

リスト1 テーブルのレコードを参照する (ファイル名：db285.sln、MainWindow.xaml.cs)

```
sampledbEntities _ent = new sampledbEntities();
private void Button_Click(object sender, RoutedEventArgs e)
{
    _vm.Items = new ObservableCollection<Person>(
        _ent.Person.ToList());
}
```

テーブルのデータ数を取得する

ここが
ポイント
です！

データベースのデータ数をカウント
（DbSet クラス、Count メソッド）

Entity Data Modelを使ってテーブルのデータ数を取得するためには、DbSetクラスの**Countメソッド**を使います。

Countメソッドメソッドは、System.Linq.Queryable名前空間で定義されている拡張メソッドです。テーブル内のすべての行数を取得するだけでなく、**LINQ構文**を使って、検索したデータ数も取得できます。

▼テーブルのデータ数を取得する

```
var ent = new DbContext派生クラス();
int count = ent.テーブル.Count();
```

リスト1では、[検索] ボタンをクリックすると、GirdDataコントロールにPersonテーブルのすべてのデータを表示し、件数を画面に表示しています。

▼実行結果

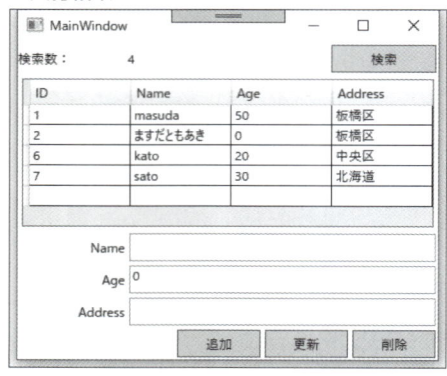

リスト1 テーブルのレコードを参照する（ファイル名：db286.sln、MainWindow.xaml.cs）

```
sampledbEntities _ent = new sampledbEntities();
private void Button_Click(object sender, RoutedEventArgs e)
{
    _vm.Items = new ObservableCollection<Person>(_ent.Person.
ToList());
    _vm.Count = _ent.Person.Count();
}
```

データベースのデータを検索する

Tips 287

▶Level ●○○○
▶対応 COM PRO

ここがポイントです! データをLINQで検索（LINQ構文、LINQメソッド）

Entity Data Modelを使ってデータベースのエンティティクラスを作成した後は、**LINQ構文**や**LINQメソッド**でデータの検索ができます。

どちらも、**System.Linq名前空間**で拡張メソッドとして定義されています。

LINQ構文では、「from」や「where」などのキーワードを使い、検索する構文を組み立てます。通常のSQL文とは異なり、文の最後に「select」キーワードを置き、出力する形式を記述するのが特徴です。

▼データベースのデータを検索する①

```
var ent = new DbContext派生クラス();
var q = from t in ent.Book
        where t.Title == "タイトル"
        select t;
```

LINQメソッドは、LINQ構文で呼び出しを受けるメソッドで、LINQ構文とほぼ同じように記述ができます。

LINQメソッドを使う場合は、ラムダ式を使って条件を指定します。検索した構文ツリーはToListメソッドなどにより検索そのものが実行されます。

▼データベースのデータを検索する②

```
var ent = new DbContext派生クラス();
var q = ent.Book
    .Where(t => t.Title == "タイトル");
```

LINQ構文とLINQメソッドは、ほぼ同じ機能がありますが、LINQメソッドでしか使えない機能もあります。それぞれの用途にあったものを使い分けるとよいでしょう。

リスト1では、[検索]ボタンをクリックすると、BookテーブルのTitleに「逆引き」が含まれているデータを表示しています。

10

データベース操作の極意

▼実行結果

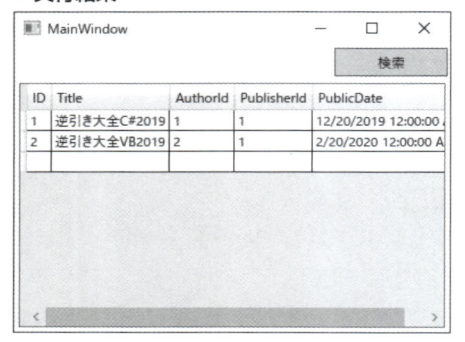

テーブルをLINQメソッドで検索する（ファイル名：db287.sln、MainWindow.xaml.cs）

```csharp
private void Button_Click(object sender, RoutedEventArgs e)
{
    var ent = new sampledbEntities();
    dg.ItemsSource =
        ent.Book
        .Where(t => t.Title.Contains("逆引き"))
        .ToList();
}
```

クエリ文で
データを検索する

Tips 288

▶Level ●

▶対応 COM PRO

ここがポイントです！

データをLINQ構文で検索
（LINQ構文）

　Entity Data Modelを使ってデータベースのエンティティクラスを作成した後は、**LINQ構文**や**LINQメソッド**でデータの検索ができます。

　クエリ文（LINQ構文）は、SQL文と同じようにクエリを記述できます。

　SQL文を文字列として渡して検索する場合には、文字列のサニタイズやSQLインジェクションを注意しないといけませんが、LINQ構文を使うとコード内の変数がそのまま使えるため、サニタイズ等の処理が減ります。また、数値の比較などはそのままC#の構文（比較演算子など）が利用できます。

　リスト1では、[検索]ボタンをクリックすると、BookテーブルのTitleに「逆引き」が含まれているデータを表示しています。

▼実行結果

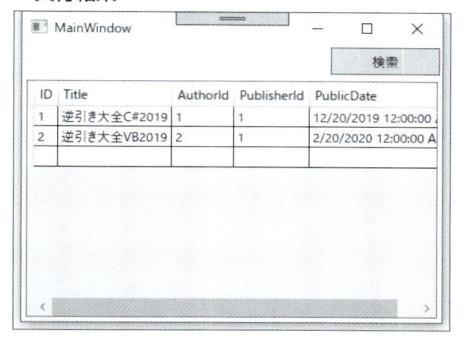

10

リスト1 テーブルをLINQ構文で検索する（ファイル名：db288.sln、MainWindow.xaml.cs）

```
private void Button_Click(object sender, RoutedEventArgs e)
{
    var ent = new sampledbEntities();
    var q = from t in ent.Book
            where t.Title.Contains("逆引き")
            select t;
    dg.ItemsSource = q.ToList();
}
```

クエリ式の条件文（whereキーワード）にはC#の演算子などが使えますが、文字列の変換関数などが使えない場合があります。これは、LINQ構文が実行される際にSQL文に直してデータベースで実行されるためです。LINQがSQL文に変換できないメソッドを使った場合には、実行エラーになります。

Tips

289

メソッドチェーンで
データを検索する

▶Level ●

▶対応

COM　PRO

ここが
ポイント
です！

データをLINQ構文で検索
（LINQメソッド）

Entity Data Modelの検索は、LINQ構文だけでなく**LINQメソッド**を利用することもできます。

LINQメソッドは、通常のメソッドと同じように、エンティティクラスのオブジェクトに対して「.」（ピリオド）を使ってメソッドを呼び出していきます。複数のメソッドを連続で呼び出すために**メソッドチェーン**とも呼ばれます。

メソッドチェーンの利用は、2つの利点があります。

データベース操作の極意

Whereメソッドを使って条件を分割できるため、部分的にコメントアウトを行うことが可能です。

▼メソッドチェーンの例①

```
var ent = new DbContext派生クラス();
var q = ent.Book
    .Where( t => 条件1 )
//  .Where( t => 条件2 )  // ここはコメントアウト
    .Where( t => 条件3 )
    .Select( t => t );
```

クエリした結果を連続させることで、途中でifブロックを挟むことが可能です。これは、ASP.NET MVCなどでクエリパラメーターの有無により条件が異なる場合に有効です。

以下の例では、引数が「true」のときに、条件2を検索条件として追加しています。

▼メソッドチェーンの例②

```
var ent = new DbContext派生クラス();
var q = ent.Book
    .Where( t => 条件1 ) ;
if ( 引数 == true ) {
  q = q.Where( t => 条件2 );
}
```

リスト1では、[検索] ボタンをクリックすると、BookテーブルのTitleに「逆引き」が含まれているデータを表示しています。

▼実行結果

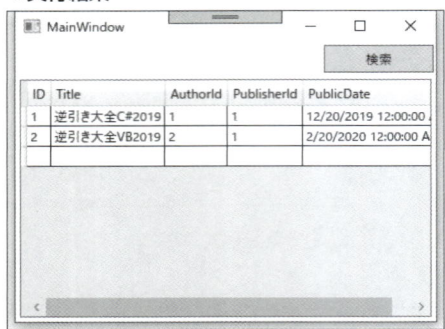

リスト1　テーブルをLINQメソッドで検索する（ファイル名：db289.sln、MainWindow.xaml.cs）

```
private void Button_Click(object sender, RoutedEventArgs e)
{
    var ent = new sampledbEntities();
    dg.ItemsSource =
        ent.Book
```

```
    .Where(t => t.Title.Contains("逆引き"))
    .ToList();
}
```

Tips 290 データを並べ替えて取得する

▶ Level ●
▶ 対応
COM　PRO

ここが
ポイント
です！

データを並べ替える （OrderBy メソッド、ThenBy メソッド）

LINQメソッドでデータを並べ替えるためには、**OrderBy メソッド**を使います。

OrderBy メソッドでは、エンティティクラスのプロパティを指定して、降順にデータをソートします。通常は、数値や文字列の降順が使われますが、比較関数を渡すことで独自のオブジェクトでソートさせることも可能です。

複数のキーによりソートする場合は、OrderBy メソッドの結果をさらに**ThenBy メソッド**メソッドでソートします。

リスト1では、[検索] ボタンをクリックすると、Book テーブルの Title プロパティによって降順にデータをソートして表示しています。

▼実行結果

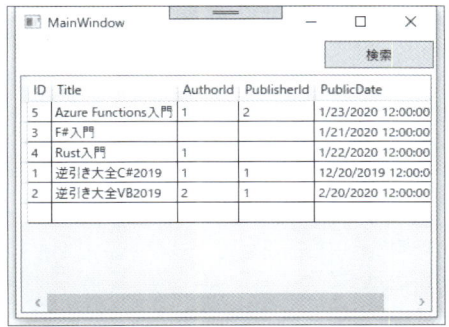

リスト1 データを並べ替えて表示する （ファイル名：db290.sln、MainWindow.xaml.cs）

```
private void Button_Click(object sender, RoutedEventArgs e)
{
    var ent = new sampledbEntities();
    dg.ItemsSource =
        ent.Book
        .OrderBy( t => t.Title )
        .ToList();
}
```

データベース操作の極意

 データを逆順にソートする場合は、**OrderByDescending**メソッドを使います。

 クエリ構文を使ってソートする場合は、**orderby**キーワードを使います。

```
var q = from t in ent.Book
        orderby t.Title
        select t;
```

Tips
291

▶Level ● ○ ○
▶対応
COM   PRO

指定した行番号の
レコードを取得する

ここが
ポイント
です！

指定行のデータを取得
（Listコレクション）

　LINQメソッドやクエリ構文で記述した状態では、IQueryableインターフェースなどの SQLが実行される前の状態になっています。C#の場合は、**型推論機能**のおかげで**varキー ワード**を利用することで、自動的に型が記述されます。

　この検索前の状態から実際にデータベースを検索した状態に移すためには、ToListメソッ ドなどを呼び出しクエリを実行します。これはLINQの**遅延実行機能**と呼ばれます。クエリを 記述した段階では、データベースはまだ呼び出されていない状態になり、ToListメソッドな どを呼び出したときにはじめてデータベースに接続します。

　そのため、あらかじめ大量のクエリ構文を記述しておいても、その場では実行されないので パフォーマンスが良くなります。

　ToListメソッドを使ってデータベースを検索すると、**List コレクション**が取得できます。 このコレクションのインデックスを指定することで、指定した行番号のデータを取得できま す。

　リスト1では、データベースを検索した後に、行を指定してデータを取得しています。

▼実行結果

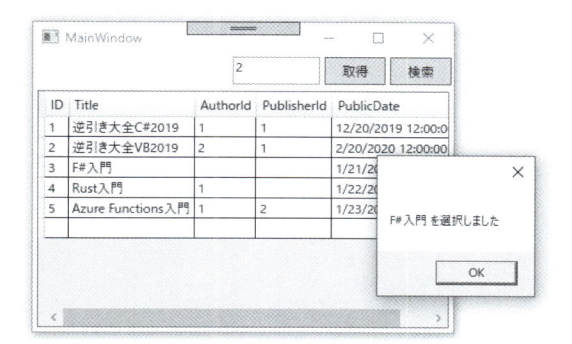

リスト1 　指定行のデータを取得する（ファイル名：db291.sln、MainWindow.xaml.cs）

```
private void Button2_Click(object sender, RoutedEventArgs e)
{
    int n = int.Parse(text1.Text);
    var ent = new sampledbEntities();
    var item = ent.Book.ToList()[n];
    MessageBox.Show($"{item.Title} を選択しました");
}
```

Tips
292

▶Level ●
▶対応
COM　PRO

指定した列名の値を取得する

ここが
ポイント
です！
> ## 指定列のデータを取得
> （Selectメソッド）

LINQ構文でデータを取得するときに、**列名**を指定して特定のデータだけを取得できます。
LINQ構文やLINQメソッドでは、**select キーワード**あるいは**Select メソッド**内でnew演算子を使って作成した**無名クラス**のオブジェクトを返すことができます。
この無名クラスのプロパティに対して、データベースから取得したデータを割り当てます。

▼LINQ構文の例

```
var q =
  from t in ent.テーブル名
  where 条件
  select new {
    変更後の列名1 = t.列名1,
```

データベース操作の極意

```
        変更後の列名2 = t.列名2,
        ...
    }
```

▼ LINQ メソッドの例

```
var q =
    ent.テーブル名
    .Where( 条件 )
    .Select( t => new {
        変更後の列名1 = t.列名1,
        変更後の列名2 = t.列名2,
        ...
    })
```

リスト1では、データベースを検索した後に、「題名」と「出版日」だけの列を持つ無名クラスを作成しています。

▼ 実行結果

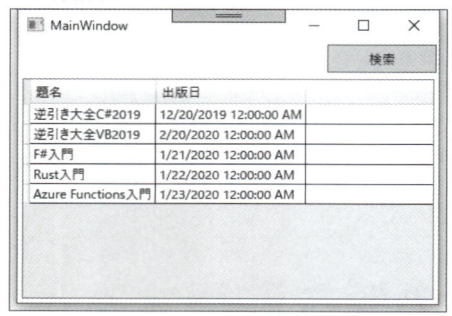

リスト1 指定した列のみ取得する（ファイル名：db292.sln、MainWindow.xaml.cs）

```
private void Button_Click(object sender, RoutedEventArgs e)
{
    var ent = new sampledbEntities();
    dg.ItemsSource =
        ent.Book
        .Select(t => new
        {
            題名 = t.Title,
            出版日 = t.PublicDate
        })
        .ToList();
}
```

Tips 293 取得したデータ数を取得する

▶ Level ● ○ ○
▶ 対応
COM | PRO

ここがポイントです！ **検索したデータの件数を取得（Countメソッド）**

LINQ構文でデータ数を取得するときには、**Countメソッド**を使います。
Whereメソッドと同じように、条件を指定してデータを絞り込むことができます。

▼取得したデータ数を取得する

```
ent.テーブル名.Count( ラムダ式 )
```

また、引数なしでCountメソッドを呼び出すことで、テーブル内の全件数を取得できます。
リスト1では、データベースを検索した後に、タイトルに「逆引き」を含むデータ数を表示しています。

▼実行結果

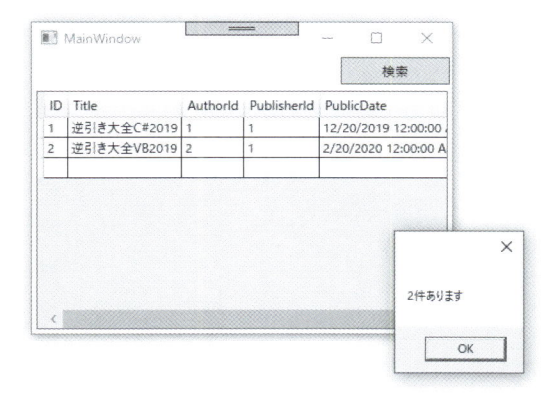

リスト1 指定した列のみ取得する（ファイル名：db293.sln、MainWindow.xaml.cs）

```
private void Button_Click(object sender, RoutedEventArgs e)
{
    var ent = new sampledbEntities();
    var cnt = ent.Book
        .Count(t => t.Title.Contains("逆引き"));
    MessageBox.Show($"{cnt}件あります");
}
```

データベース操作の極意

Tips
294 データの合計値を取得する

▶Level ●
▶対応
COM PRO

ここがポイントです！

検索したデータの合計値を取得（Sumメソッド）

LINQ構文でデータの合計値を取得するときには、**Sumメソッド**を使います。
あらかじめWhereメソッドで条件を絞り込んでおき、Sumメソッドで計算を行います。

▼データの合計値を取得する

```
ent.テーブル名
  .Where( 条件 )
  .Sum( 取得する列 )
```

また、Whereメソッドを呼び出さずにSumメソッドを呼び出すことで、テーブル内の全件の合計値を取得できます。

リスト1では、データベースを検索した後に、タイトルに「逆引き」を含む書籍の価格（Priceプロパティ）を合計しています。

▼実行結果

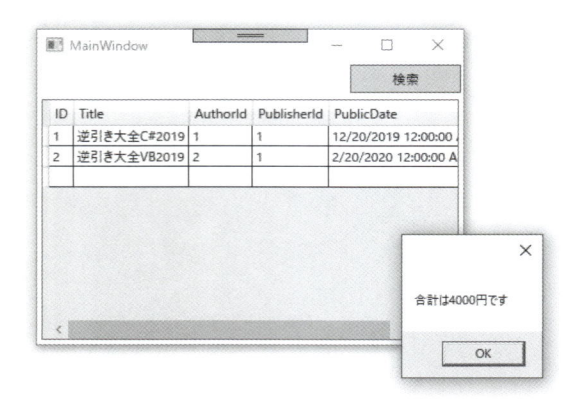

リスト1 合計値を取得する（ファイル名：db294.sln、MainWindow.xaml.cs）

```
private void Button_Click(object sender, RoutedEventArgs e)
{
    var ent = new sampledbEntities();
    int? sum =
        ent.Book
        .Where( t => t.Title.Contains("逆引き"))
```

```
          .Sum( t => t.Price );
     MessageBox.Show($"合計は{sum}円です");
}
```

Tips
295

▶Level ●●
▶対応
`COM` `PRO`

ここが
ポイント
です！

2つのテーブルを内部結合する

複数のテーブルを内部結合 （joinキーワード）

10

データベース操作の極意

　複数のテーブルをキー情報に従って結びつけることを**内部結合**と呼びます。結びつける列が両方のテーブルに存在すれば、データを引き出せます。

　LINQ構文で内部結合を行うには**join キーワード**を使います。

　次の例では、テーブルAとテーブルBを内部結合しています。結合する列名は別名を使い、「a.列名1」と「b.列名2」のように指定します。結合する演算子には、**equals キーワード**を使います。

▼内部結合の例

```
from a in ent.テーブル名A
  join b in ent.テーブル名B
    on a.列名1 equals b.列名2
```

　リスト1では、BookテーブルとAuthorテーブルを内部結合して、書籍のタイトル（t.Title）と著者名（au.Name）を同時に表示しています。

▼実行結果

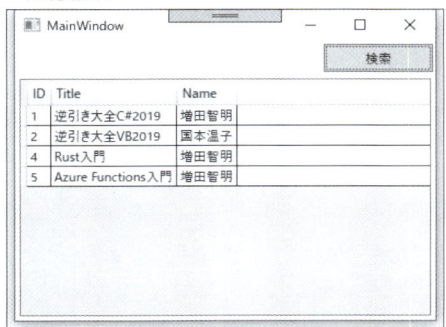

リスト1 テーブルを内部結合する (ファイル名：db295.sln、MainWindow.xaml.cs)

```
private void Button_Click(object sender, RoutedEventArgs e)
{
    var ent = new sampledbEntities();
    var q = from b in ent.Book
            join au in ent.Author on b.AuthorId equals au.ID
            select new { b.ID, b.Title, au.Name };
    dg.ItemsSource = q.ToList();
}
```

Tips
296
２つのテーブルを外部結合する

▶Level ●●
▶対応
COM PRO

ここが
ポイント
です！

複数のテーブルを外部結合 (join キーワード、DefaultIfEmpty メソッド)

　複数のテーブルを一方のテーブルの情報に合わせて結びつけることを**外部結合**と呼びます。結びつける列が一方のテーブルにあればよいため、もう片方のテーブルにデータがなくても、すべてのデータを導き出せます。

　LINQ構文で外部結合を行うには、**join キーワード**と**DefaultIfEmpty メソッド**を使います。

　次の例では、テーブルAとテーブルBを外部結合しています。結合する列名は別名を使い、「a.列名1」と「b.列名2」のように指定します。そのままでは内部結合をしますが、intoキーワードで別名のテーブルを作成し、DefaultIfEmpty メソッドで空の列と結合させることによって、外部結合が実現できます。

▼外部結合の例

```
from a in ent.テーブル名A
   join b in ent.テーブル名B
     on a.列名1 equals b.列名2
     into temp
     from t in temp.DefaultIfEmpty()
```

　リスト1では、BookテーブルとAuthorテーブルを外部結合して、書籍のタイトル (t.Title) と著者名 (au.Name) を表示しています。この場合、著者名がない列も含めて表示しています。

▼実行結果

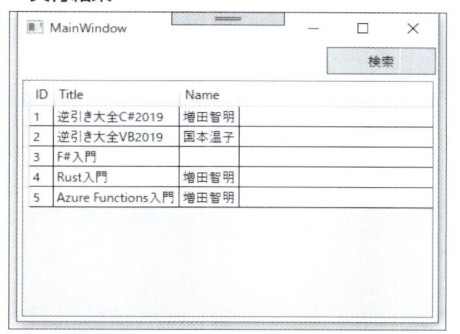

リスト1 テーブルを外部結合する（ファイル名：db296.sln、MainWindow.xaml.cs）

```
private void Button_Click(object sender, RoutedEventArgs e)
{
    var ent = new sampledbEntities();
    var q = from b in ent.Book
            join au in ent.Author on b.AuthorId equals au.ID into temp
            from t in temp.DefaultIfEmpty()
            select new { b.ID, b.Title, t.Name };
    dg.ItemsSource = q.ToList();
}
```

Tips
297 新しい検索結果を作成する

▶Level ●●

▶対応
COM PRO

ここが
ポイント
です！ > 検索結果にクラスを利用

単一のテーブルを検索した場合は、すでにEntity Data Modelで作成されたクラス定義を使いますが、内部結合や外部結合のように複数のテーブルを組み合わせたときには独自の定義が必要になります。

new演算子を用いて無名クラスを作る場合、列名の参照でインテリセンスが効かないなどの不便を感じることがあります。この場合は、検索結果を受けるためのクラスを定義しておきます。

LINQ構文のselectキーワードや、LINQメソッドの**Select**メソッドで定義済みのクラスをnew演算子でインスタンス生成して利用します。

クラスは、Entity Data Modelで生成されるエンティティクラスと同じように、読み書き

ができるプロパティを持つクラスとして定義します。

リスト1では、あらかじめリスト2で定義したResultクラスを利用して、データベースを外部結合で検索をしています。

▼実行結果

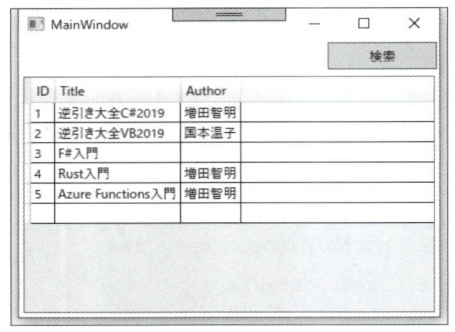

リスト1　検索してクラスへ挿入する（ファイル名：db297.sln、MainWindow.xaml.cs）

```csharp
private void Button_Click(object sender, RoutedEventArgs e)
{
    var ent = new sampledbEntities();
    var q = from b in ent.Book
            join au in ent.Author on b.AuthorId equals au.ID into temp
            from t in temp.DefaultIfEmpty()
            select new Result { ID = b.ID, Title = b.Title, Author =
t.Name };
    dg.ItemsSource = q.ToList();
}
```

リスト2　クラス定義（ファイル名：db297.sln、MainWindow.xaml.cs）

```csharp
class Result
{
    public int ID { get; set; }
    public string Title { get; set; }
    public string Author { get; set; }
}
```

Tips 298 要素が含まれているかを調べる

ここがポイントです！ 要素を含むかチェック（Anyメソッド）

テーブルの中に指定した要素を含むかどうかを調べるためには、**Anyメソッド**を使います。Anyメソッドで比較を記述した**ラムダ式**を渡すことで、比較対象となる列名を指定できます。

Anyメソッドの戻り値は、真偽を表すbool型となります。

▼要素が含まれているかを調べる

```
ent.テーブル名.Any( ラムダ式 )
```

リスト1では、BookテーブルにIDが「100」となるデータが存在するかを調べています。

▼実行結果

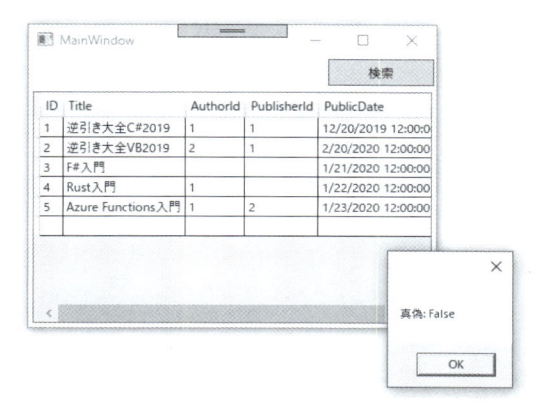

リスト1　要素が含まれているかをチェックする（ファイル名：db298.sln、MainWindow.xaml.cs）

```
private void Button_Click(object sender, RoutedEventArgs e)
{
    /// 要素が含まれているかチェックする
    var ent = new sampledbEntities();
    var x = ent.Book.Any(t => t.ID == 100);
    MessageBox.Show($"真偽: {x}");
}
```

Tips

299

▶Level ● ○ ○

▶対応
COM PRO

最初の要素を取り出す

ここが
ポイント
です！

先頭の要素を取得
（First メソッド、FirstOrDefault メソッド）

　検索結果から先頭のデータを取り出すためには、First メソッドあるいは FirstOrDefault メソッドを使います。

　First メソッドは、検索するデータが 0 件の場合、例外が発生します。

　FirstOrDefault メソッドは、データが見つからなかった場合、null を返します。

　どちらのメソッドも、比較を定義したラムダ式を渡すことで、データ検索をしながら先頭のデータを抽出できます。

　リスト 1 では、Book テーブルの先頭データの書籍名（Title プロパティ）を表示しています。

▼実行結果

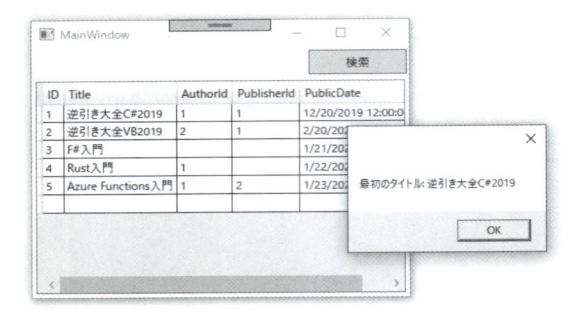

リスト1　先頭のデータを表示する（ファイル名：db299.sln、MainWindow.xaml.cs）

```
private void Button_Click(object sender, RoutedEventArgs e)
{
    var ent = new sampledbEntities();
    /// 最初の要素を表示する
    var it = ent.Book.First();
    MessageBox.Show($"最初のタイトル: {it.Title}");
}
```

最後の要素を取り出す

▶Level ●○○
▶対応
COM PRO

ここがポイントです! 末尾の要素を取得
（Last メソッド、LastOrDefault メソッド）

検索結果から末尾のデータを取り出すためには、**Last メソッド**あるいは**LastOrDefault メソッド**を使います。

Last メソッドは、検索するデータが0件の場合、例外が発生します。

LastOrDefault メソッドは、データが見つからなかった場合、null を返します。

どちらのメソッドも、比較を定義したラムダ式を渡すことで、データ検索をしながら末尾のデータを抽出できます。

リスト1では、Book テーブルの末尾データの書籍名（Title プロパティ）を表示しています。

▼実行結果

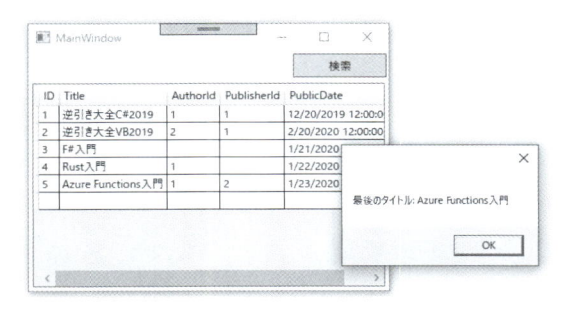

リスト1 末尾のデータを表示する（ファイル名：db300.sln、MainWindow.xaml.cs）

```
private void Button_Click(object sender, RoutedEventArgs e)
{
    var ent = new sampledbEntities();
    /// 最初の要素を表示する
    var it = ent.Book.ToList().Last();
    MessageBox.Show($"最後のタイトル: {it.Title}");
}
```

最初に見つかった要素を返す

▶Level ●○○

▶対応
COM　PRO

ここが
ポイント
です！

最初の要素を検索
（Firstメソッド、FirstOrDefaultメソッド）

　検索条件を指定して最初のデータを取り出すためには、**First**メソッドあるいは
FirstOrDefaultメソッドを使います。

　どちらのメソッドもWhereメソッドのように、条件をラムダ式で指定することができます。

　2つのメソッドの違いは、Firstメソッドでは検索がマッチしなかったときには例外が発生
し、FirstOrDefaultメソッドではマッチしなかったときはnullを返すことです。

▼最初に見つかった要素を返す（First）

```
try {
  var it = ent.テーブル名.First( ラムダ式 );
  // マッチした場合
} catch {
  // マッチしない場合
}
```

▼最初に見つかった要素を返す（FirstOrDefault）

```
var it = ent.テーブル名.FirstOrDefault( ラムダ式 );
if ( it != null ) {
  // マッチした場合
} else {
  // マッチしない場合
}
```

　リスト1では、Bookテーブルを検索し、書籍名（Titleプロパティ）に「逆引き」を含む先頭
のデータを取得しています。

▼実行結果

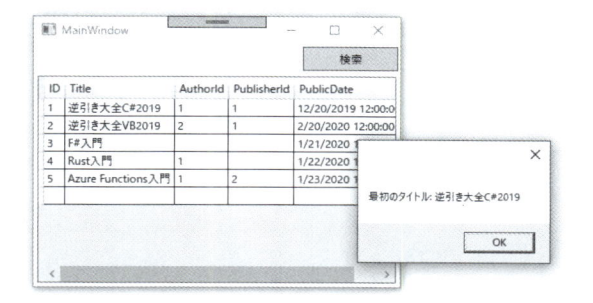

リスト1 最初に見つかったデータを表示する（ファイル名：db301.sln、MainWindow.xaml.cs）

```csharp
private void Button_Click(object sender, RoutedEventArgs e)
{
    var ent = new sampledbEntities();
    /// 最初にマッチした要素を表示
    var it = ent.Book.FirstOrDefault(t => t.Title.Contains("逆引き"));
    if ( it == null )
    {
        MessageBox.Show("要素は見つかりませんでした");
    }
    else
    {
        MessageBox.Show($"最初のタイトル： {it.Title}");
    }
}
```

Tips

302 最後に見つかった要素を返す

▶Level ●○○

▶対応
COM　PRO

ここが
ポイント
です！
最後の要素を検索
（Lastメソッド、LastOrDefaultメソッド）

　検索条件を指定して最後のデータを取り出すためには、**Lastメソッド**あるいは**LastOrDefaultメソッド**を使います。

　どちらのメソッドもWhereメソッドのように条件をラムダ式で指定することができます。

　2つのメソッドの違いは、Lastメソッドでは検索がマッチしなかったときには例外が発生し、LastOrDefaultメソッドではマッチしなかったときはnullを返すことです。

データベース操作の極意

10

Entity Data Modelでは直接、Lastメソッドを扱えないため、いったんToListメソッドでListコレクションに直してから、LastメソッドあるいはLastOrDefaultメソッドを呼び出します。

▼最後に見つかった要素を返す（Last）

```
try {
    var it = ent.テーブル名.ToList().Last( ラムダ式 );
    // マッチした場合
} catch {
    // マッチしない場合
}
```

▼LastOrDefaultメソッド（LastOrDefault）

```
var it = ent.テーブル名.ToList().LastOrDefault( ラムダ式 );
if ( it != null ) {
    // マッチした場合
} else {
    // マッチしない場合
}
```

リスト1では、Bookテーブルを検索し、書籍名（Titleプロパティ）に「逆引き」を含む末尾のデータを取得しています。

▼実行結果

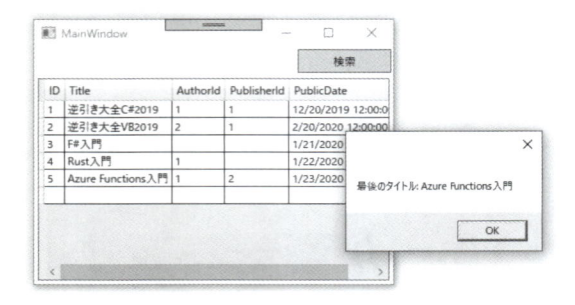

リスト1　最後に見つかったデータを表示する（ファイル名：db302.sln、MainWindow.xaml.cs）

```
private void Button_Click(object sender, RoutedEventArgs e)
{
    var ent = new sampledbEntities();
    /// 最後にマッチした要素を表示
    var it = ent.Book.ToList().LastOrDefault(t => t.Title.Contains("入
門"));
    if ( it == null )
    {
        MessageBox.Show("要素は見つかりませんでした");
```

```
    }
    else
    {
        MessageBox.Show($"最後のタイトル： {it.Title}");
    }
}
```

さらに
ワンポイント LINQ to EntitiesでのLastメソッドとLastOrDefaultメソッドは利用できないため、Listコレクションで扱います。このため検索対象となるテーブルのデータが非常に多い場合は、パフォーマンスに影響が出てしまいます。データ量を考慮する場合は、Whereメソッドを利用して検索対象のデータを絞り、件数を少なくしてからLastメソッドを呼び出します。

Tips 303 要素を指定して削除する

▶Level ●○○
▶対応
COM PRO

ここが
ポイント
です！

要素の削除
（Removeメソッド、RemoveAtメソッド）

LINQメソッドには、リストから要素を削除するためのメソッドが2つあります。

Ⓐ削除対象の要素を指定する**Remove**メソッド
Ⓑ削除のためのインデックスを指定する**RemoveAt**メソッド

それぞれの場合により、使い分けるとよいでしょう。

Removeメソッドでは、あらかじめ検索したデータをリストに保持しておき、DataGridコントロールのカーソルを利用して削除するときに適しています。ただし、削除する対象のオブジェクトは、リスト内になければいけません。

RemoveAtメソッドは、リスト内のインデックスを指定するため、リスト全体を持つ必要はありません。しかし、リスト内の順番が変わったときにはインデックスも変更となるため、削除をする要素を追跡しにくい欠点があります。

リスト1では、DataGridコントロールに表示したBookテーブルのリストから、カーソルで指定した要素を削除しています。

データベース操作の極意

10

▼実行結果

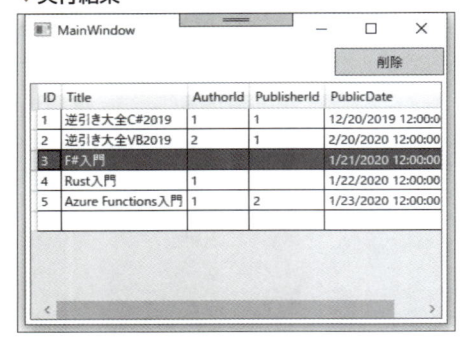

ID	Title	AuthorId	PublisherId	PublicDate
1	逆引き大全C#2019	1	1	12/20/2019 12:00:0
2	逆引き大全VB2019	2	1	2/20/2020 12:00:00
3	F#入門			1/21/2020 12:00:00
4	Rust入門	1		1/22/2020 12:00:00
5	Azure Functions入門	1	2	1/23/2020 12:00:00

リスト1 要素を指定して削除する（ファイル名：db303.sln、MainWindow.xaml.cs）

```csharp
private void Button_Click(object sender, RoutedEventArgs e)
{
    // カーソル行を得る
    var item = dg.SelectedItem as Book;
    if (item == null)
        return;
    // カーソル行の要素を再度検索する
    var ent = new sampledbEntities();
    var it = ent.Book.FirstOrDefault(t => t.ID == item.ID);
    if (it == null)
        return;
    // 要素を削除する
    ent.Book.Remove(it);
    ent.SaveChanges();
    // 再び検索して表示
    dg.ItemsSource = ent.Book.ToList();
}
```

Tips
304

▶Level ● ● ●

▶対応
COM　PRO

SQL文を指定して実行する

ここが
ポイント
です！

**SQL文を直接指定
（SqlQueryメソッド）**

　LINQ構文を使うと、**エンティティクラス**のプロパティを利用して、コーディングを効率よく行うことができます。

　しかし、SQLのように記述ができますが、完全に同じという訳ではありません。

　既存のSQL文を移行や、LINQ構文では難しい複雑なテーブルの組み合わせを検索する場合は、**SqlQueryメソッド**を使って直接、SQL文を書くことができます。

　SqlQueryメソッドでは、戻り値にエンティティクラスの定義が必要になります。SQL文が返す結果に合わせて、クラスを作成しておきます。

▼SQL文を指定して実行する

```
var ent = new DbContext派生クラス();
var items = ent.Database
    .SqlQuery<結果クラス>( SQL文 );
```

　リスト1では、BookテーブルとAuthorテーブルの外部結合をSQL文で記述して、SqlQueryメソッドで実行しています。

▼実行結果

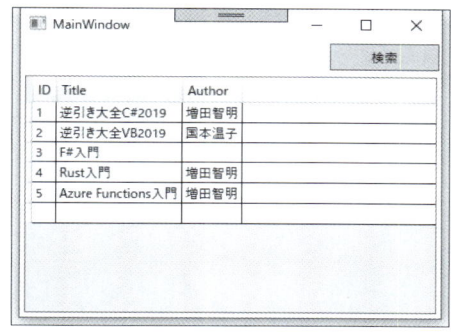

▼リスト1　SQL文を直接指定する（ファイル名：db304.sln、MainWindow.xaml.cs）

```
private void Button_Click(object sender, RoutedEventArgs e)
{
    var ent = new sampledbEntities();
    /*
    var q = from b in ent.Book
            join au in ent.Author on b.AuthorId equals au.ID into temp
            from t in temp.DefaultIfEmpty()
            select new { b.ID, b.Title, t.Name };
    dg.ItemsSource = q.ToList();
    */
    string SQL = @"
select
b.ID,
b.Title,
au.Name as 'Author'
from Book b
left outer join Author au on b.AuthorId = au.ID
";
    var items = ent.Database.SqlQuery<Result>(SQL).ToList();
```

```
    dg.ItemsSource = items;
}
```

Tips

305

▶ Level ●
▶ 対応
COM PRO

DataGridにデータを表示する

ここが
ポイント
です！

DetaGridコントロールの利用
(ItemsSourceプロパティ、
AutoGenerateColumnsプロパティ)

　Entity Data Modelを利用して、アプリケーションにデータを表示する場合、DetaGridコントロールを利用すると便利です。データベースで取得したコレクションを、DetaGridコントロールの**ItemsSourceプロパティ**に設定することで、自動的にデータが整形されたデータを表示できます。

▼データを表示する

```
var ent = new DbContext派生クラス();
DetaGridのオブジェクト.ItemsSource = ent.テーブル名.ToList();
```

　DetaGridコントロールは、ItemsSourceプロパティに設定されているエンティティクラスのプロパティを自動的に読み取ります。DetaGridコントロールのヘッダー部に、エンティティクラスの各プロパティをそのまま表示します。

　時には英語で記述されているプロパティ名を日本語に直したいときがあります。この場合は、**AutoGenerateColumnsプロパティ**の値を「False」にして行を自動生成しないようにします。この後で、DataGridTextColumnタグを利用して、エンティティクラスとのバインドを記述します。

　リスト1では、DataGridコントロールのデザインをXAML形式で記述しています。行は自動生成せず、DataGridTextColumnタグで指定します。

　リスト2では、[検索]ボタンをクリックしたときに、ItemsSourceプロパティにPersonテーブルの内容を表示しています。

▼実行結果

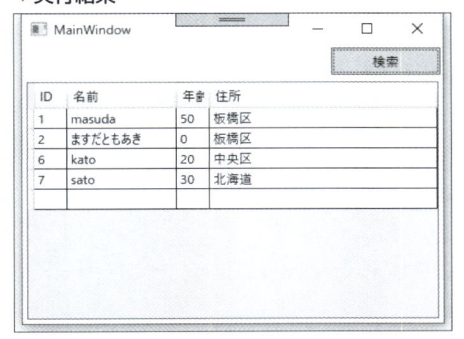

リスト1　DataGridコントロールの記述（ファイル名：db305.sln、MainWindow.xaml）

```xml
<DataGrid x:Name="dg" Grid.Row="1" Margin="4"
          AutoGenerateColumns="False"
          >
    <DataGrid.Columns>
        <DataGridTextColumn Header="ID" Binding="{Binding ID}"
Width="30" />
        <DataGridTextColumn Header="名前" Binding="{Binding Name}"
Width="100"/>
        <DataGridTextColumn Header="年齢" Binding="{Binding Age}"
Width="30" />
        <DataGridTextColumn Header="住所" Binding="{Binding Address}"
Width="*"/>
    </DataGrid.Columns>
</DataGrid>
```

リスト2　DataGridにデータを表示する（ファイル名：db305.sln、MainWindow.xaml.cs）

```csharp
private void Button_Click(object sender, RoutedEventArgs e)
{
    var ent = new sampledbEntities();
    dg.ItemsSource = ent.Person.ToList();
}
```

> **さらにワンポイント**　DetaGridコントロールの利用は、MVVMパターンを使うこともできます。MVVMパターンでの利用については、第14章の「WPFの極意」を参照してください。

DataGrid に
抽出したデータを表示する

▶ Level ● ○ ○
▶ 対応
COM PRO

ここが ポイント です! 検索したデータを表示
（ItemsSource プロパティ、LINQ 構文）

　Entity Data Model を利用すると、LINQ 構文を使って DetaGrid コントロールにデータを表示できます。

　LINQ 構文でデータを抽出した後に、ItemsSource プロパティに検索したコレクションを設定します。

▼抽出したデータを表示する

```
var ent = new DbContext派生クラス();
var q = from t in ent.テーブル名
  where 条件
  select t ;
DetaGridのオブジェクト.ItemsSource = q.ToList();
```

　リスト1では、[検索] ボタンをクリックしたときに、年齢 (Age) が50歳以上の人を抽出して表示しています。

▼実行結果

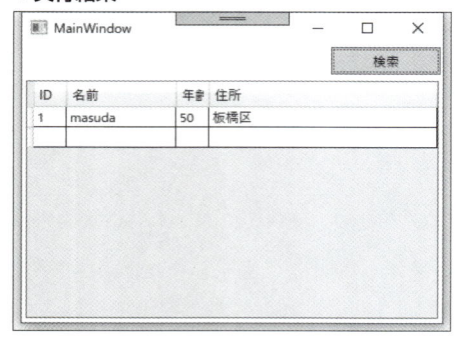

リスト1 DataGridに抽出したデータを表示する（ファイル名：db306.sln、MainWindow.xaml.cs）

```
private void Button_Click(object sender, RoutedEventArgs e)
{
    var ent = new sampledbEntities();
    var q =
        from t in ent.Person
        where t.Age >= 50
        select t;
```

```
        dg.ItemsSource = q.ToList();
}
```

DataGridを
読み取り専用にする

Tips 307

▶Level ●○○

▶対応 COM PRO

ここがポイントです！

編集不可状態で表示
（DataGridTextColumnタグ、
IsReadOnlyプロパティ）

10

データベース操作の極意

DataGridコントロールで一部の列だけを編集不可状態にするためには、**DataGridTextColumn**タグの**IsReadOnly**プロパティを「False」に設定します。

初期状態では、DataGridコントロールのセルは、マウスでクリックするか、F2 キーを押すことで編集可能なります。

IsReadOnlyプロパティの値を「False」にしたセルのみ、読み取り専用にできます。

リスト1では、[検索] ボタンをクリックしたときに、住所（Address）のみを読み取り専用にして表示します。

▼実行結果

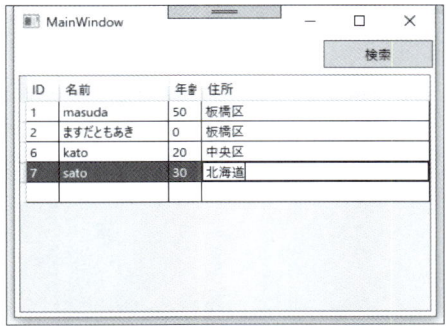

リスト1 DataGridの一部の列を読み取り専用にする（ファイル名：db307.sln、MainWindow.xaml.cs）

```
<DataGrid x:Name="dg" Grid.Row="1" Margin="4"
            AutoGenerateColumns="False"
            >
    <DataGrid.Columns>
        <DataGridTextColumn Header="ID" Binding="{Binding ID}"
Width="30" IsReadOnly="True"/>
        <DataGridTextColumn Header="名前" Binding="{Binding Name}"
Width="100" IsReadOnly="True"/>
        <DataGridTextColumn Header="年齢" Binding="{Binding Age}"
```

```
Width="30" IsReadOnly="True"/>
        <DataGridTextColumn Header="住所" Binding="{Binding Address}"
Width="*" IsReadOnly="False"/>
    </DataGrid.Columns>
</DataGrid>
```

Tips 308 DataGridに行を追加不可にする

▶Level ● ○ ○
▶対応
COM　PRO

ここがポイントです!　DataGridコントロール全体を読み取り専用（IsReadOnlyプロパティ）

　DataGridコントロール全体を読み取り専用にして、行の追加を付加にするためには DataGridコントロール自身の**IsReadOnlyプロパティ**の値を「False」にします。
　リスト1では、[検索] ボタンをクリックしたときに読み取り専用にして、DataGridコントロールを読み取り専用で表示しています。

▼実行結果

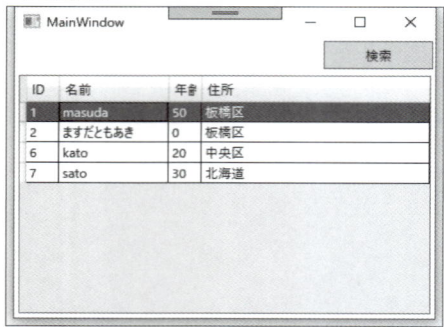

リスト1　DataGridを読み取り専用にして表示する（ファイル名：db308.sln、MainWindow.xaml.cs）

```
<DataGrid x:Name="dg" Grid.Row="1" Margin="4"
            AutoGenerateColumns="False"
            IsReadOnly="True"
            >
    <DataGrid.Columns>
        <DataGridTextColumn Header="ID" Binding="{Binding ID}"
Width="30" />
        <DataGridTextColumn Header="名前" Binding="{Binding Name}"
Width="100"/>
        <DataGridTextColumn Header="年齢" Binding="{Binding Age}"
```

```
Width="30" />
        <DataGridTextColumn Header="住所" Binding="{Binding Address}"
Width="*"/>
    </DataGrid.Columns>
</DataGrid>
```

10

Tips 309 DataGridに 行を作成してデータを追加する

▶Level ●○○
▶対応 COM PRO

ここが ポイント です！ **DataGridコントロールに行を追加する （ObservableCollectionコレクション）**

　DataGridコントロールは初期状態で編集可能となっています。ただし、Entity Data Modelでデータをバインドする場合は、内部とのデータと自動連係させる必要があります。

　DataGridコントロールへのデータ表示だけならばListコレクションを使いますが、編集操作を伴う場合は、**ObservableCollectionコレクション**を利用します。

　ObservableCollectionコレクションは、**System.Collections.ObjectModel名前空間**に定義されています。

　ObservableCollectionコレクションを**ItemsSourceプロパティ**に設定することで、DataGridコントロール上の行操作がコレクション自体に自動的に反映されます。

　リスト1では、[検索] ボタンをクリックしたときに、Personテーブルの内容を検索し、ObservableCollectionコレクションに入れてデータを設定しています。

▼実行結果

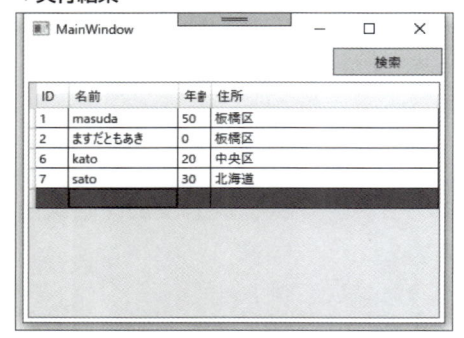

リスト1 DataGridに行を追加する（ファイル名：db309.sln、MainWindow.xaml.cs）

```
sampledbEntities ent = new sampledbEntities();
ObservableCollection<Person> items;

private void Button_Click(object sender, RoutedEventArgs e)
{
    items = new ObservableCollection<Person>(ent.Person.ToList());
    dg.ItemsSource = items;
}
```

DataGridを
1行ごとに色を変更する

Tips
310

▶Level ●○○

▶対応
COM　PRO

**ここが
ポイント
です!**

**1行おきに色を変更
（AlternatingRowBackgroundプロ
パティ）**

　DataGridコントロールの行を1行おきに交互に変えたい場合は、**AlternatingRow
Backgroundプロパティ**に色を設定します。

　通常の行の色は初期値のまま、RowBackgroundプロパティで指定し、次の行の色を
AlternatingRowBackgroundプロパティで設定します。

　リスト1では、交互に色が変わるようにDataGridコントロールの設定を変更しています。

▼実行結果

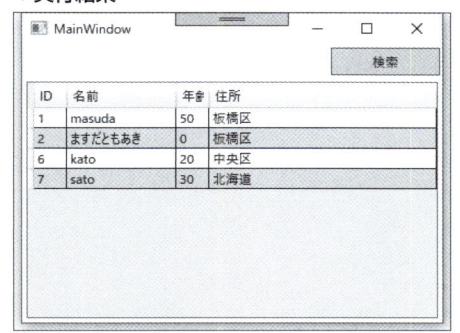

リスト1　1行おきに色を変更する（ファイル名：db310.sln、MainWindow.xaml）

```
<DataGrid x:Name="dg" Grid.Row="1" Margin="4"
          AutoGenerateColumns="False"
          IsReadOnly="True"
          AlternatingRowBackground="Aqua"
          >
    <DataGrid.Columns>
        <DataGridTextColumn Header="ID" Binding="{Binding ID}"
Width="30" />
        <DataGridTextColumn Header="名前" Binding="{Binding Name}"
Width="100"/>
        <DataGridTextColumn Header="年齢" Binding="{Binding Age}"
Width="30" />
        <DataGridTextColumn Header="住所" Binding="{Binding Address}"
Width="*"/>
    </DataGrid.Columns>
</DataGrid>
```

Tips

311

▶Level ●

▶対応

COM　PRO

DataGridの列幅を自動調節する

ここがポイントです！ 列の幅を比率で調節（DataGridTextColumnタグ、Widthプロパティ）

DataGridコントロールの列幅は、表示されているデータの長さにより自動的に調節されます。このため、データの長さが短いと、DataGridコントロールの右側にあまりの枠が残ってしまいます。

これを防ぎ、DataGridコントロールの横幅いっぱいに列を広げたい場合は、

DataGridTextColumn タグの **Width プロパティ**の値を変更します。

Width プロパティでは「100」のように数値を設定した場合は**ドット数**、「1*」のようにアスタリスクを指定した場合は**比率**となります。

これを利用して、一番右側の列を「*」にすることで、DataGrid コントロールの横幅まで列幅を広げることができます。

リスト1では、住所の列幅を調節して DataGrid コントロールを表示しています。

▼実行結果

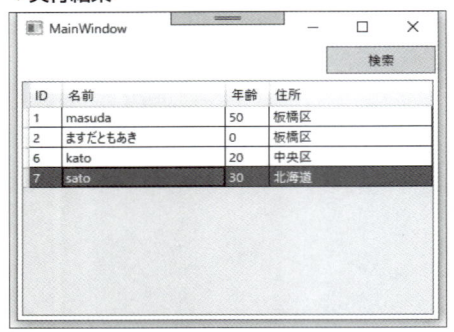

リスト1　列幅を調節する（ファイル名：db311.sln、MainWindow.xaml）

```xml
<DataGrid x:Name="dg" Grid.Row="1" Margin="4"
          AutoGenerateColumns="False"
          IsReadOnly="True"
          AlternatingRowBackground="Aqua"
          >
    <DataGrid.Columns>
        <DataGridTextColumn Header="ID" Binding="{Binding ID}"
Width="30" />
        <DataGridTextColumn Header="名前" Binding="{Binding Name}"
Width="100"/>
        <DataGridTextColumn Header="年齢" Binding="{Binding Age}"
Width="30" />
        <DataGridTextColumn Header="住所" Binding="{Binding Address}"
Width="*"/>
    </DataGrid.Columns>
</DataGrid>
```

Tips

312
**トランザクションを
開始／終了する**

▶Level ● ●

▶対応

COM　PRO

ここが
ポイント
です！

**トランザクションを開始（Databaseプ
ロパティ、BeginTransactionメソッ
ド、Commitメソッド）**

Entity Data Modelを利用したときのデータ更新は、SaveChangesメソッドを呼び出す
ことにより、自動的に追加や削除などが行われます。これを明示的に**トランザクション**を利用
して、複数のデータを更新したときのエラーに備えることができます。

トランザクションの操作は、DbContext派生クラスの**Databaseプロパティ**に対して行い
ます。

Databaseプロパティの**BeginTransactionメソッド**でトランザクションを開始し、
Commitメソッドでトランザクションを終了します。

▼トランザクションを開始／終了する

```
var ent = new DbContext派生クラス();
// トランザクションの開始
var tr = ent.BeginTransaction();
// データ処理
...
// トランザクションの終了
tr.Commit() ;
```

リスト1では、［追加］ボタンをクリックしたときに、新しいデータを作成しデータベースに
反映しています。

▼実行結果

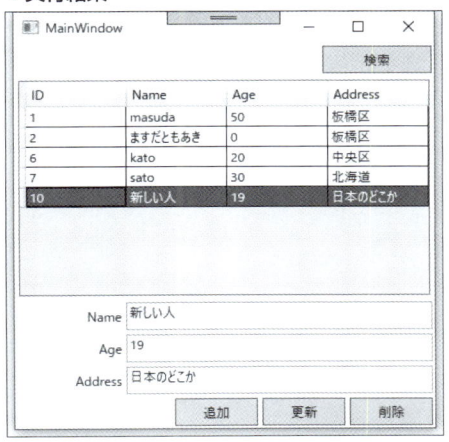

10

データベース操作の極意

リスト1 トランザクションを利用して項目を追加する（ファイル名：db312.sln、MainWindow.xaml.cs）

```
sampledbEntities _ent = new sampledbEntities();

private void clickAdd(object sender, RoutedEventArgs e)
{
    var pa = new Person()
    {
        Name = _vm.Name,
        Age = _vm.Age,
        Address = _vm.Address,
    };
    // トランザクションを開始する
    var tr = _ent.Database.BeginTransaction();
    _ent.Person.Add(pa);
    _ent.SaveChanges();
    // コミットする
    tr.Commit();
}
```

Tips 313 トランザクションを適用する

▶Level ●●
▶対応
COM | PRO

ここがポイントです！ → **トランザクションを摘要（Databaseプロパティ、Commitメソッド）**

トランザクション内のデータ処理を一括でデータベースに反映するためには、**Commit メソッド**を利用します。

LINQでは、複数の操作を行った後で、SaveChangesメソッドによって一括でデータを反映することができますが、実際はSaveChangesメソッド内で複数回SQLが呼び出され、データベースに対してデータの更新を行っています。このため、データ更新が大量にあって、複数の場所からデータを更新する場合は、競合が発生することがあります。これを防ぐためにトランザクションを利用します。

トランザクションを利用すると、データを更新している途中に、ほかからのデータ更新が待たされた状態になります。複数回のデータを更新した後に、**コミット**（Commit）をすることで、データの更新が終わったことを知らせます。そして、待たされたほかのデータ更新が行われます。

このように、トランザクションを使うと**データの整合性**を保つことができます。

リスト1では、［更新］ボタンをクリックしたときに、データを更新したデータベースに反映しています。

▼実行結果

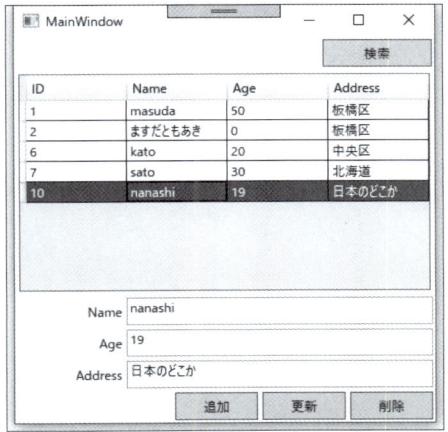

リスト1 トランザクションを利用して項目を更新する（ファイル名：db313.sln、MainWindow.xaml.cs）

```
sampledbEntities _ent = new sampledbEntities();
```

```
private void clickUpdate(object sender, RoutedEventArgs e)
{
    _vm.Item.Name = _vm.Name;
    _vm.Item.Age = _vm.Age;
    _vm.Item.Address = _vm.Address;
    // トランザクションを開始する
    var tr = _ent.Database.BeginTransaction();
    _ent.SaveChanges();
    // コミットする
    tr.Commit();
}
```

Tips
314
トランザクションを中止する

▶Level ●●
▶対応
COM　PRO

ここがポイントです!

トランザクションを摘要（Databaseプロパティ、Rollback メソッド）

更新中のデータをキャンセルするためには、**Rollback メソッド**を呼び出します。

あらかじめトランザクションを開始しておくと、**ロールバック**（Rollback）が可能になります。

ロールバックは、データ更新中に不整合が発生したときに有効です。複数テーブルを更新する場合に、最初にデータを更新した後に、なんらかの理由で次のテーブルへの更新ができなくなることがあります。この場合は、最初に更新したデータも含めてロールバックを行います。

リスト1では、[追加] ボタンをクリックしたときに、データを更新したのちロールバックしています。

▼実行結果

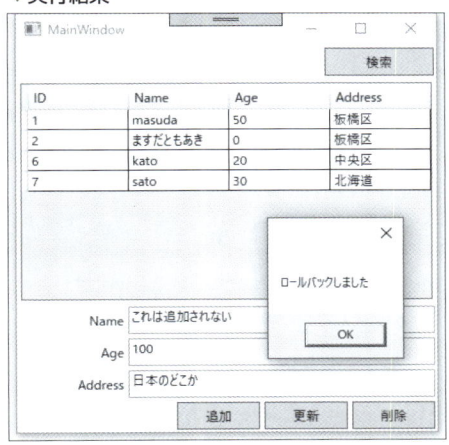

リスト1　トランザクションを利用してロールバックする（ファイル名：db314.sln、MainWindow.xaml.cs）

```csharp
sampledbEntities _ent = new sampledbEntities();

private void clickAdd(object sender, RoutedEventArgs e)
{
    var pa = new Person()
    {
        Name = _vm.Name,
        Age = _vm.Age,
        Address = _vm.Address,
    };
```

10

データベース操作の極意

```
      // トランザクションを開始する
      var tr = _ent.Database.BeginTransaction();
      _ent.Person.Add(pa);
      _ent.SaveChanges();
      // ロールバックする
      tr.Rollback();
      MessageBox.Show("ロールバックしました");
}
```

Column **Visual Studio Code**

　本書はC#の解説書となるため、Visual Studio 2019を主な開発環境として解説をしています。このため、プログラミング環境をWindows環境に絞っていますが、C#プログラミングをする環境としてはVisual Studio Code（https://azure.microsoft.com/ja-jp/products/visual-studio-code/）も有効です。

　Visual Studio Codeは、本家のVisual Studioのように「統合開発環境」ではなく「エディター環境」として使われます。リモート機能を備え、Linux上で動作するVSCodeのサーバーとWindows上のVSCodeを連携して動作させることもできます。単純にコードを書くというエディター環境としてもC#だけでなく、TypeScriptやPHPなどのコードも書くことができます。

　昨今のプログラミング環境としては、候補補完機能（インテリセンス機能）が必須になってきています。既存の複雑なライブラリや作成中のクラスを十分に探索するために、分厚いマニュアルを紐解く必要はありません。

　コードエディターがメソッドなどの候補を補完し、メソッド名前や引数などからある程度の推測を立てることができます。また、ライブラリ作成ではそれらが前提となりつつあります。

　vi（vim）のように昔から使われてきたエディターもスクリプトを組み入れることで補完機能が使えます。

第11章

315～332

エラー処理の極意

11-1　構造化例外処理（315～325）
11-2　例外クラス（326～332）

tips 315 例外に対処する

ここがポイントです！

例外発生時のエラー処理 （try-catchステートメント）

▶Level ● ○ ○
▶対応 COM PRO

実行中のエラーをプログラムで検出して対処するには、**構造化例外処理**を行います。

構造化例外処理は、**try-catchステートメント**を使って記述します。

try-catchステートメントでは、制御構造を用いてエラーの種類を区別し、状況に応じた例外処理を行えます。この例外処理が構造化例外処理です。

try-catchステートメントは、例外をとらえる処理を**tryブロック**に記述し、例外が発生したときの対処を**catchブロック**に記述します。catchブロックは複数作成でき、catchキーワード、対処する例外の種類（例外クラスや条件など）、例外発生時に行う処理を記述します。

▼エラーに対処する

```
try
{
    処理1
}
catch ( 例外クラス 変数 )
{
    例外処理
}
```

リスト1では、あらかじめtryブロックに例外が発生する処理を入れておきます。［例外のテスト］ボタンをクリックすると、例外が発生してメッセージボックスが表示されます。

▼実行結果

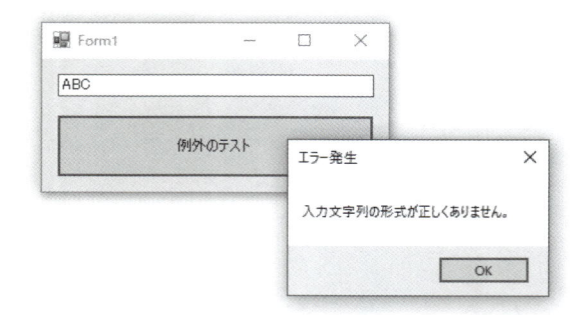

リスト1 例外に対処する（ファイル名：error315.sln、Form1.cs）

```
private void Button1_Click(object sender, EventArgs e)
{
    string text = textBox1.Text;
    int a = 0;
    try
    {
        a = int.Parse(text);
    }
    catch ( FormatException ex )
    {
        MessageBox.Show(ex.Message, "エラー発生");
    }
}
```

11

tips
316 すべての例外に対処する

▶Level ●○○○
▶対応
COM PRO

> ここが
> ポイント
> です！

tryブロックで発生したすべての例外に対処（Exceptionクラス）

エラー処理の極意

try-catchステートメントで、実行中に発生した例外のすべての対処するためには、catchステートメントに**Exceptionクラス**を指定します。

Exceptionクラスは、すべての例外の基底クラスになります。

▼すべてのエラーに対処する

```
try
{
    処理
}
catch ( Excepiton 変数 )
{
    例外処理
}
```

例外が発生したときに、Catchブロックが複数ある場合は、先に書かれたcatchブロックの例外クラスから処理が行われます。そのため、すべての例外クラスにマッチするExceptionクラスは、最後のcatchブロックに記述します。

リスト1では、tryブロックで例外FormatExceptionが発生しています。最初に書かれた例外ArgumentNullExceptionの処理は飛ばされて、2番目の例外Exceptionの処理が行われます。

553

▼実行結果

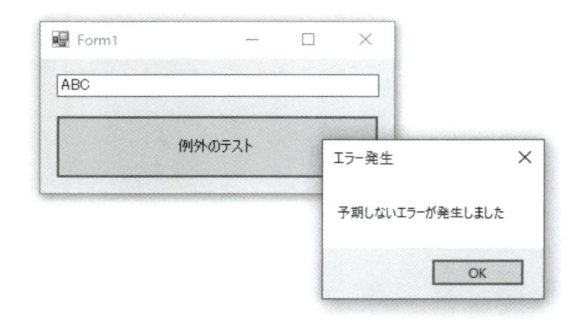

リスト1 　すべての例外に対処する（ファイル名：error316.sln、Form1.cs）

```
private void Button1_Click(object sender, EventArgs e)
{
    string text = textBox1.Text;
    int a = 0;
    try
    {
        a = int.Parse(text);
    }
    catch ( ArgumentException ex )
    {
        MessageBox.Show("引数が無効です", "エラー発生");
    }
    catch ( Exception ex )
    {
        MessageBox.Show("予期しないエラーが発生しました", "エラー発生");
    }
}
```

tips
317

例外発生の有無にかかわらず、必ず後処理を行う

▶Level ●●○

▶対応
COM　PRO

ここが
ポイント
です！

構造化例外処理の後処理（finally ブロック）

　ファイルのクローズやオブジェクトの解放など、例外が発生するしないにかかわらず、必ず行いたい処理は、**finally ブロック**に記述します。

　Finally ブロックの処理は、catch ブロックの処理にreturn ステートメントが記述されてい

ても実行されます。

▼例外処理の後処理を行う

```
try
{
    処理
}
catch ( 例外クラス 変数 )
{
    例外処理
}
finally
{
    後処理
}
```

リスト1では、[例外のテスト] ボタンをクリックすると、構造化例外処理を行っています。catchブロックでreturnステートメントが実行されても、finallyブロックのメッセージが表示されます。

▼実行結果

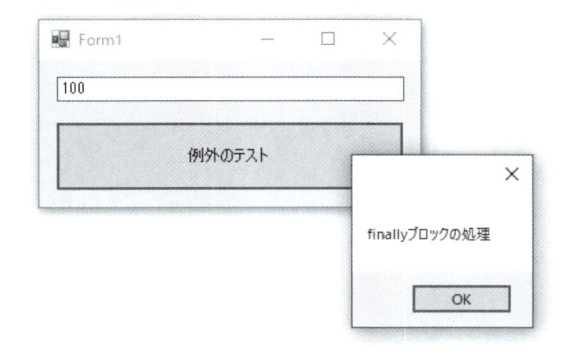

リスト1　例外処理の後処理を行う（ファイル名：error317.sln、Form1.cs）

```
private void Button1_Click(object sender, EventArgs e)
{
    string text = textBox1.Text;
    int a = 0;
    try
    {
        a = int.Parse(text);
        a += 10;
        // 正常の場合は関数を抜ける
        return;
    }
```

```
    catch ( FormatException ex )
    {
        MessageBox.Show(ex.Message, "エラー発生");
    }
    finally
    {
        MessageBox.Show("finallyブロックの処理");
    }
}
```

318 例外のメッセージを取得する

▶Level ●●
▶対応
COM PRO

ここが ポイント です！ 例外のメッセージを取得して表示 （Exception クラス、Message プロパティ）

　例外が発生したとき、例外の理由を表すメッセージを取得するには、**Exception クラス**（またはException クラスから派生した例外クラス）の**Message プロパティ**を使います。

▼例外のメッセージを取得する

```
Exception.Message
```

　リスト1では、［例外のテスト］ボタンをクリックすると、例外処理で発生した例外のメッセージを取得して表示します。

▼実行結果

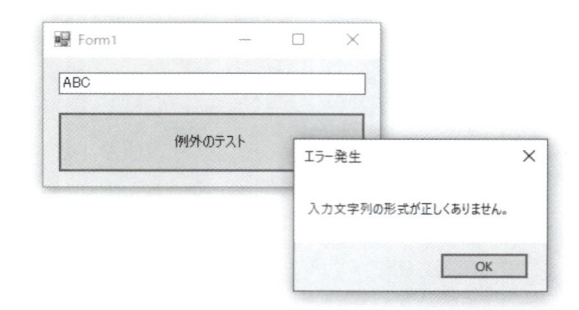

リスト1 例外のメッセージを表示する（ファイル名：error318.sln、Form1.cs）

```
private void Button1_Click(object sender, EventArgs e)
```

```
{
    string text = textBox1.Text;
    int a = 0;
    try
    {
        a = int.Parse(text);
    }
    catch ( FormatException ex )
    {
        MessageBox.Show(ex.Message, "エラー発生");
    }
}
```

tips 319 配列のインデックスが範囲外の例外をとらえる

▶Level ● ○ ○
▶対応 COM PRO

ここがポイントです！ 配列のインデックスが誤っている例外（IndexOutOfRangeExceptionクラス）

配列に指定したインデックスが配列の要素数を超えている場合、およびインデックスが負の値の場合の例外処理を行うには、catchステートメントで**IndexOutOfRangeExceptionクラス**を指定します。

リスト1では、配列の要素数を超えるインデックスを配列に指定しているため、例外IndexOutOfRangeExceptionが発生します。

▼実行結果

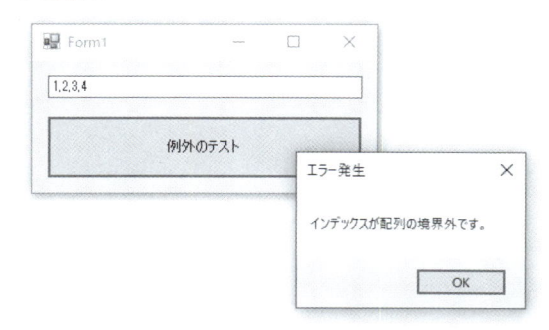

▶リスト1　配列の例外をキャッチする（ファイル名：error319.sln、Form1.cs）

```
private void Button1_Click(object sender, EventArgs e)
```

エラー処理の極意

```
{
    string text = textBox1.Text;
    // カンマ区切りで分割
    var ary = text.Split(',');
    try
    {
        // 11番目の要素を取得
        string n = ary[10];
    }
    catch ( IndexOutOfRangeException ex )
    {
        MessageBox.Show(ex.Message, "エラー発生");
    }
}
```

tips
320
無効なメソッドの呼び出しの例外をとらえる

▶ Level ●○○

▶ 対応
COM PRO

ここが
ポイント
です！
メソッド呼び出しが失敗したときの例外（InvalidOperationExceptionクラス）

　無効なメソッド呼び出しのときの例外処理を行うには、catchステートメントで **InvalidOperationExceptionクラス** を指定します。

　InvalidOperationExceptionクラスは、引数が無効であること以外の原因でメソッドの呼び出しが失敗した場合にスローされる例外です。

　リスト1では、Process.Startメソッドの引数に空の文字列を渡しているため、例外 InvalidOperationExceptionが発生します。

▼実行結果

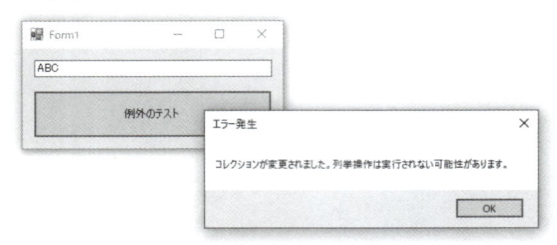

リスト1　メソッド呼び出しの例外をキャッチする（ファイル名：error320.sln、Form1.cs）

```
private void Button1_Click(object sender, EventArgs e)
```

```
{
    string text = textBox1.Text;
    var items = text.ToList();

    try
    {
        foreach ( var ch in items)
        {
            // コレクションを変更してはいけない
            items.Add('A');
        }
    }
    catch ( InvalidOperationException ex )
    {
        MessageBox.Show(ex.Message, "エラー発生");
    }
}
```

321 例外を呼び出し元で処理する

▶Level ● ○ ○
▶対応
COM   PRO

呼び出し元で例外処理を行う

tryブロック内で呼び出されたプロシージャで例外が発生した場合、例外が発生したプロシージャに例外処理がない場合は、呼び出し元プロシージャの例外処理が行われます。

リスト1では、tryブロックでSampleProcメソッドを呼び出しています。SampleProcメソッドでは、例外処理を行っていないため、SampleProcメソッドで発生した例外は、呼び出し元のメソッドで処理されます。

▼実行結果

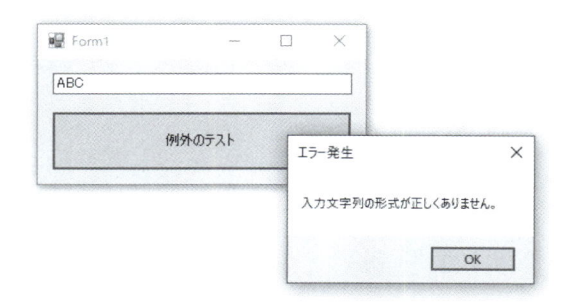

リスト1 呼び出し元で例外処理を行う（ファイル名：error321.sln、Form1.cs）

```csharp
private void Button1_Click(object sender, EventArgs e)
{
    string text = textBox1.Text;
    try
    {
        sample(text);
    }
    catch ( FormatException ex )
    {
        MessageBox.Show(ex.Message, "エラー発生");
    }
}
int sample( string text )
{
    int a = int.Parse(text);
    return a;
}
```

tips

322

▶Level ●

▶対応
COM PRO

例外の種類を取得する

ここがポイントです！
例外の型を取得して表示
（Exception クラス、GetType メソッド）

例外が発生したとき、例外の種類を取得するには、Exception クラスの GetType メソッドを使います。

▼例外の種類を取得する

```
Exception.GetType()
```

リスト1では、catch ブロックで例外の種類を取得して表示しています。

▼実行結果

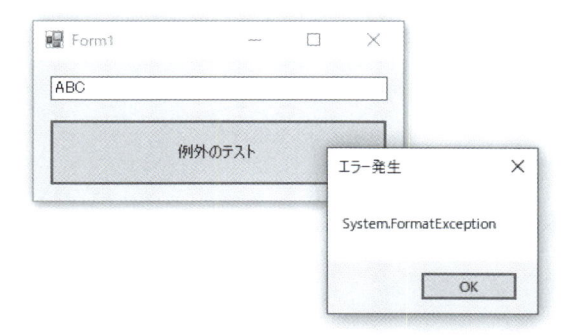

リスト1 　例外の種類を取得する（ファイル名：error322.sln、Form1.cs）

```csharp
private void Button1_Click(object sender, EventArgs e)
{
    string text = textBox1.Text;
    int a = 0;
    try
    {
        a = int.Parse(text);
    }
    catch ( Exception ex )
    {
        MessageBox.Show(ex.GetType().ToString(), "エラー発生");
    }
}
```

エラー処理の極意

tips
323 例外が発生した場所を取得する

▶Level ● ●
▶対応
COM　PRO

ここが
ポイント
です!

例外発生個所の取得（Exceptionクラス、StackTraceプロパティ）

　例外が発生した場所を取得するには、Exceptionクラスの**StackTraceプロパティ**を使います。

▼例外が発生した場所を取得する

```
Exception.StackTrace()
```

リスト1では、catchブロックで、例外が発生した場所を表示しています。

▼実行結果

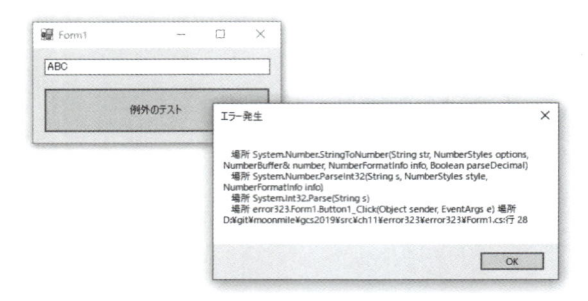

リスト1　例外が発生した場所を表示する（ファイル名：error323.sln、Form1.cs）

```csharp
private void Button1_Click(object sender, EventArgs e)
{
    string text = textBox1.Text;
    int a = 0;
    try
    {
        a = int.Parse(text);
    }
    catch ( FormatException ex )
    {
        MessageBox.Show(ex.StackTrace, "エラー発生");
    }
}
```

tips
324 例外を発生させる

▶ Level ●●○○
▶ 対応
COM　PRO

> ここが
> ポイント
> です！

例外を意図的に発生させる（throwステートメント）

例外を意図的に発生させて処理を行うには、**throwステートメント**を使います。
throwステートメントには、スローする例外オブジェクトを指定します。

▼例外を発生させる

```
throw 例外クラス ( メッセージ )
```

catchブロック内では、式を持たないthrowステートメントを記述できます。この場合は、catchブロックで現在処理されている例外がスローされます。

リスト1では、変数intBを使う前に「0」かどうかを調べ、「0」の場合は例外を発生させています。

▼実行結果

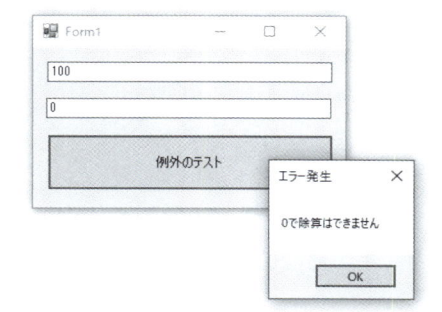

リスト1 **例外を発生させる（ファイル名：error324.sln、Form1.cs）**

```csharp
private void Button1_Click(object sender, EventArgs e)
{
    int a = int.Parse(textBox1.Text);
    int b = int.Parse(textBox2.Text);

    try
    {
        if ( b == 0 )
        {
            throw new DivideByZeroException("0で除算はできません");
        }
        int ans = a / b;
        MessageBox.Show($"ans: {ans}");
    }
    catch ( DivideByZeroException ex )
    {
        MessageBox.Show(ex.Message, "エラー発生");
    }
}
```

tips 325 新しい例外を定義する

▶ Level ●●●
▶ 対応
COM　PRO

ここが
ポイント
です!
新たな例外クラスの作成（Exceptionクラス）

新しい例外クラスを作成するには、**Exceptionクラス**を継承したクラスを作成します。

継承クラスを作成するには、新しいクラスを定義するときに、クラス名に続けて「:」（コロン）と継承元クラス名（ここでは「Exception」）を記述します。

▼新しい例外を定義する

```
public class 新規例外クラス名 : Exception
{
    クラス定義
}
```

リスト1では、変数の値が「0」のとき、新たに作成した例外SampleExceptionを発生させています。

リスト2では、Exceptionクラスを継承する新たな例外SampleExceptionクラスを作成しています。クラスのコンストラクターでは、継承元のExceptionクラスのコンストラクターを呼び出しています。

▼実行結果

リスト1　定義した例外クラスを使う（ファイル名：error325.sln Form1.cs）

```
private void Button1_Click(object sender, EventArgs e)
{
    int a = int.Parse(textBox1.Text);
    int b = int.Parse(textBox2.Text);
```

```
    try
    {
        if ( b == 0 )
        {
            throw new SampleException("0で除算はできません");
        }
        int ans = a / b;
        MessageBox.Show($"ans: {ans}");
    }
    catch ( Exception ex )
    {
        MessageBox.Show(ex.Message, "エラー発生");
    }
}
```

リスト2 例外クラスを定義する（ファイル名：error325.sln Form1.cs）

```
public class SampleException : Exception
{
    public SampleException() : base()
    {
    }
    public SampleException(string msg) :
        base(msg)
    {
    }
    public SampleException( string msg, Exception inner ) :
        base( msg, inner )
    {
    }
}
```

11

エラー処理の極意

◁ 11-2 例外クラス ▷

引数が無効の場合の例外をとらえる

▶ Level ● ○ ○

▶ 対応
COM | PRO

ここが
ポイント
です！

**無効な引数を渡したときの例外をキャッチ
（ArgumentException クラス）**

　引数として指定したパスが空であるなど、引数が無効な場合の例外処理を行うには、catch
ステートメントで**ArgumentExceptionクラス**を指定します。
　ArgumentExceptionクラスは、メソッドに渡された引数のいずれかが無効な場合にス
ローされる例外です。主な派生クラスに、ArgumentNullExceptionクラスとArgument

OutOfRangeExceptionクラスがあります。

　リスト1では、[例外のテスト] ボタンをクリックすると、Parseメソッドの引数に空の文字列を指定しているため、例外が発生します。

▼実行結果

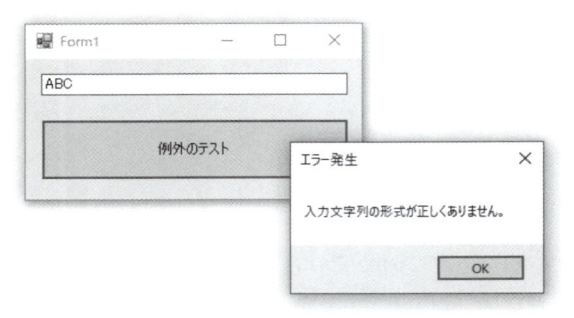

リスト1　引数が無効の場合の例外をキャッチする（ファイル名：error326.sln、Form1.cs）

```csharp
private void Button1_Click(object sender, EventArgs e)
{
    string text = textBox1.Text;
    try
    {
        int a = int.Parse(text);
    }
    catch ( FormatException ex )
    {
        MessageBox.Show(ex.Message, "エラー発生");
    }
}
```

tips	引数の値が範囲外の場合の
327	**例外をとらえる**

▶Level ●○○○
▶対応
COM　PRO

ここがポイントです！ 範囲外の引数を渡したときの例外をキャッチ（ArgumentOutOfRangeExceptionクラス）

　引数の値が範囲外のとき、例えば、InsertメソッドやSubstringメソッドの引数に、文字列の長さを越えるインデックスを指定したときなどの例外処理を行うには、catchステートメントで**ArgumentOutOfRangeExceptionクラス**を指定します。

ArgumentOutOfRangeException クラスは、メソッドに渡した引数の値がNothingではなく、また、有効な範囲外の値である場合にスローされる例外です。

リスト1では、[例外のテスト] ボタンをクリックすると、Substring メソッドの引数に文字列の長さを超えるインデックスが指定されているため、例外が発生します。

▼実行結果

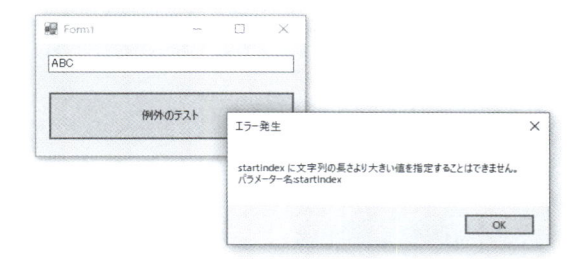

リスト1 引数が範囲外の場合の例外をキャッチする (ファイル名：error327.sln、Form1.cs)

```csharp
private void Button1_Click(object sender, EventArgs e)
{
    string text = textBox1.Text;
    try
    {
        // 7文字目から2文字分取得する
        string t = text.Substring(7, 2);
    }
    catch ( ArgumentException ex )
    {
        MessageBox.Show(ex.Message, "エラー発生");
    }
}
```

tips

328

▶Level ●◖◗

▶対応
COM PRO

ここが
ポイント
です！

引数がnullの場合の
例外をとらえる

引数の値がnullのときの例外をキャッチ
(ArgumentNullExceptionクラス)

nullを受け付けないメソッドにnullを渡したときの例外処理を行うには、catchステートメントで**ArgumentNullExceptionクラス**を指定します。

エラー処理の極意

567

　ArgumentNullExceptionクラスは、nullを有効な引数として受け付けないメソッドにnullを渡した場合にスローされる例外です。

　リスト1では、[例外のテスト] ボタンをクリックすると、Insertメソッドの第2引数に、初期化されていない文字列変数 (既定値はnull) が指定されているため、例外が発生します。

▼実行結果

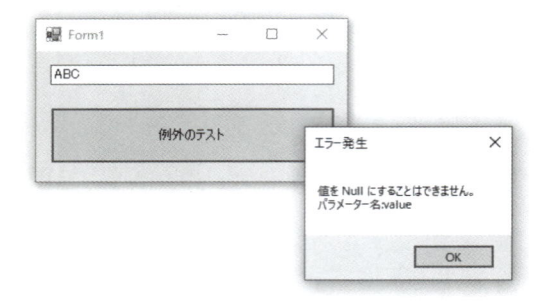

リスト1 引数がnullの場合の例外をキャッチする (ファイル名：error328.sln、Form1.cs)

```
private void Button1_Click(object sender, EventArgs e)
{
    string text = textBox1.Text;
    try
    {
        // null文字を追加する
        string t = text.Insert(2, null);
    }
    catch ( ArgumentException ex )
    {
        MessageBox.Show(ex.Message, "エラー発生");
    }
}
```

IOエラーが発生した場合の例外をとらえる

ここがポイントです！ 入出力エラーのときの例外をキャッチ（IOException クラス）

パスのファイル名やディレクトリ名が正しくない場合など、I/Oエラーが発生したときに例外処理を行うには、catchステートメントで**IOExceptionクラス**を指定します。

IOExceptionクラスは、ストリーム、ファイル、およびディレクトリを使用した入出力処理でエラーが発生したときにスローされる例外です。

例えば、System.IO.Directory.GetFilesメソッドの引数にディレクトリを指定したケースや、System.IO.File.Deleteメソッドの引数に指定したファイルが使用中のケース、System.IO.File.Moveメソッドの引数に指定した移動先ファイルがすでに存在するケースなどにスローされます。

リスト1では、［例外のテスト］ボタンをクリックすると、GetFilesメソッドにファイル名が指定されるため、例外が発生します（正しくは、フォルダー名を指定します）。

▼実行結果

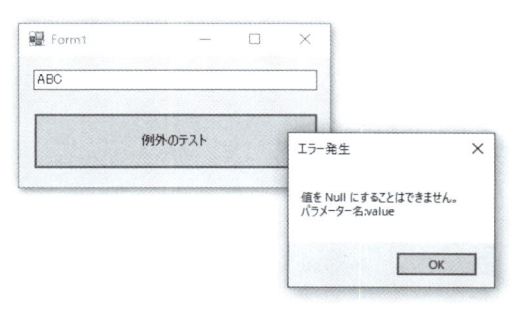

リスト1　IOエラーの例外をキャッチする（ファイル名：error329.sln、Form1.cs）

```
private void Button1_Click(object sender, EventArgs e)
{
    string path = textBox1.Text;
    try
    {
        // ファイル名を指定する
        foreach ( var it in System.IO.Directory.GetFiles(path))
        {
            System.Diagnostics.Debug.WriteLine(it);
        }
    }
```

```
    catch ( System.IO.IOException ex )
    {
        MessageBox.Show(ex.Message, "エラー発生");
    }
}
```

Column .NET Coreの広がり

　本書では、.NET CoreはASP.NET MVCの場面でしか解説していませんが、コマンドライン
でも.NET Coreを動かすことができます。

　.NET Coreは、Windowsの動作環境に依存しないため、ほかの環境（LinuxやmacOS、
Raspberry Pi）でも動かすことが可能です。グラフィック環境はそれぞれのOSによってかなり
違いがでるため、ASP.NET MVCのようにWebサービスの動作環境として動かすことが多いで
しょうが、.NET Core ver.3では、WPFなどのグラフィカルなUIも含まれているため、将来的
にWindows/macOS/Linux等で同じGUIアプリケーションが作れるようになるかもしれませ
ん。

　インストールの手順はWebサイト（https://dotnet.microsoft.com/download）を参照すると
よいでしょう。Linuxでもさまざまなディストリビューションで動作ができるようになっています。

　インターネットに接続していれば、初回のコンパイル時に自動的に.NET Core環境がインスト
ールされるため実行環境を整えるのが非常に楽になっています。ぜひ試してみてください。

ファイルが存在しない場合の例外をとらえる

tips 330

▶Level ● ○ ○
▶対応
COM　PRO

ここがポイントです！

ファイルが存在しないときの例外をキャッチ（FileNotFoundExceptionクラス）

　引数に指定したファイルが存在しないときの例外処理を行うには、catchステートメントで**FileNotFoundExceptionクラス**を指定します。

　FileNotFoundExceptionクラスは、存在しないファイルにアクセスしようとして失敗したときにスローされる例外です。

　例えば、System.IO.File.Copyメソッドに指定したコピー元ファイルが見つからないケースや、System.IO.File.Moveメソッドに指定した移動元ファイルが見つからないケースなどにスローされます。

　リスト1では、[例外のテスト] ボタンをクリックすると、FromFileメソッドの引数に存在しないファイルが指定されているため、例外が発生します。

▼実行結果

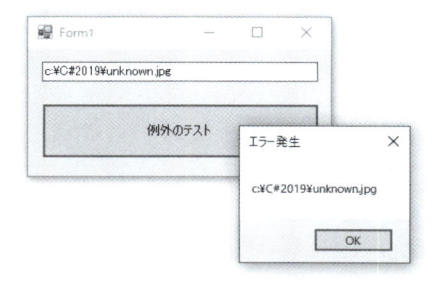

リスト1　ファイルが存在しないときの例外をキャッチする（ファイル名：error330.sln、Form1.cs）

```
private void Button1_Click(object sender, EventArgs e)
{
    string path = textBox1.Text;
    try
    {
        var img = Image.FromFile(path);
    }
    catch ( System.IO.FileNotFoundException ex )
    {
        MessageBox.Show(ex.Message, "エラー発生");
    }
}
```

tips

331

▶ Level ● ○ ○

▶ 対応
COM　PRO

フォルダーが存在しない場合の例外をとらえる

ここがポイントです！

フォルダーが存在しないときの例外をキャッチ（DirectoryNotFoundExceptionクラス）

存在しないフォルダーを指定したときの例外処理を行うには、catchステートメントで**DirectoryNotFoundExceptionクラス**を指定します。

DirectoryNotFoundExceptionクラスは、ファイルパスまたはフォルダーの一部が見つからない場合にスローされる例外です。

例えば、System.IO.Directory.Moveメソッドに指定した移動元フォルダーが見つからないケースや、System.IO.Directory.DeleteメソッドやSystem.IO.Directory.GetFilesメソッドに指定したフォルダーが見つからないケースなどにスローされます。

リスト1では、[例外のテスト] ボタンをクリックすると、GetFilesメソッドの引数に存在しないフォルダーが指定されているため、例外が発生します。

▼実行結果

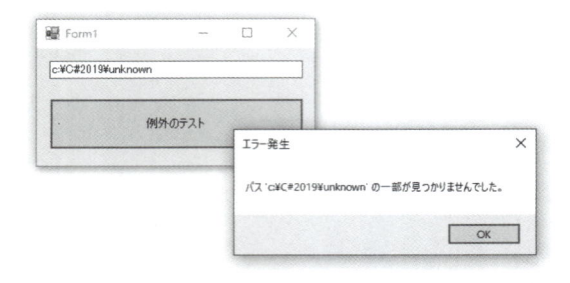

リスト1　フォルダーが見つからないときの例外をキャッチする（ファイル名：error331.sln、Form1.cs）

```
private void Button1_Click(object sender, EventArgs e)
{
    string path = textBox1.Text;
    try
    {
        // ファイル名を指定する
        foreach ( var it in System.IO.Directory.GetFiles(path))
        {
            System.Diagnostics.Debug.WriteLine(it);
        }
    }
    catch ( System.IO.DirectoryNotFoundException ex )
    {
```

```
        MessageBox.Show(ex.Message, "エラー発生");
    }
}
```

tips 332 データベースに接続できない 場合の例外をとらえる

▶ Level ●○○○
▶ 対応
COM PRO

ここが ポイント です! データベースが存在しないときの例外を キャッチ（OleDbExceptionクラス）

OleDbConnectionオブジェクトを使ってデータベースに接続するとき、指定したデータ ベースが見つからない場合の例外処理を行うには、catchステートメントで **OleDbExceptionクラス**を指定します。

OleDbExceptionクラスは、プロバイダがOLE DBデータソースに関するエラーを返した ときにスローされる例外です。

リスト1では、[例外のテスト] ボタンをクリックすると、存在しないデータベースを接続文 字列に指定して接続を行っているため、例外が発生します。

▼実行結果

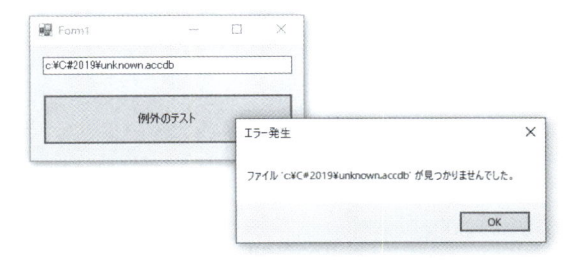

リスト1 データベースが存在しないときの例外をキャッチする（ファイル名：error332.sln、Form1.cs）

```
private void Button1_Click(object sender, EventArgs e)
{
    string path = textBox1.Text;
    var cn = new OleDbConnection();
    try
    {
        cn.ConnectionString = "Provider=Microsoft.ACE.OLEDB.12.0;" +
            $"Data Source={path}";
        cn.Open();
        MessageBox.Show("データベースに接続しました", "エラー発生");
```

```
            cn.Close();
        }
    catch ( OleDbException ex )
    {
            MessageBox.Show(ex.Message, "エラー発生");
        }
}
```

第**12**章
333～365

デバッグの極意

例外処理アシスタントを表示しないようにする

ここがポイントです! 例外発生時の例外処理アシスタントを非表示（オプションダイアログボックス）

▶Level ● ◯ ◯

▶対応　COM　PRO

Visual Studioでデバッグ実行時に、例外が発生して実行が中断されると、**例外処理アシスタント**が表示されます（画面1）。

デバッグ実行のときにもアプリケーションを実行したときの例外と同じように**例外ダイアログ**を表示させることができます。

例外処理アシスタントを表示させないようにするためには、次の手順で設定します。

❶ [デバッグ] メニューの [オプション] を選択して、[オプション] ダイアログボックスを表示します（画面2）

❷ 画面の左側の [デバッグ] を選択し、右側のリストで [新しい例外ヘルパーを使用する] のオプションをオフにします（画面3）。

❸ [OK] ボタンをクリックして、[オプション] ダイアログボックスを閉じます。

例外処理アシスタントを表示させないようにすると、デバッグ実行時に例外が発生した場合は、[例外] ダイアログボックスが表示されています（画面4）。

このとき、処理を中止するには、[中断] ボタンをクリックしてからツールバーの [デバッグの停止] ボタンをクリックします。

▼**画面1 例外処理アシスタント**

```
17        public Form1()
18        {
19            InitializeComponent();
20        }
21
22        private void Button1_Click(object sender, EventArgs e)
23        {
24            //- 例外を発生させる
25            int a = int.Parse("間違った値"); ⊗
26        }
27    }
28 }
29
```

ハンドルされていない例外　⊟ ✕

System.FormatException: '入力文字列の形式が正しくありません。'

詳細の表示 | 詳細のコピー | Live Share セッションを開始...
▶ 例外設定

▼画面2 [オプション] を選択

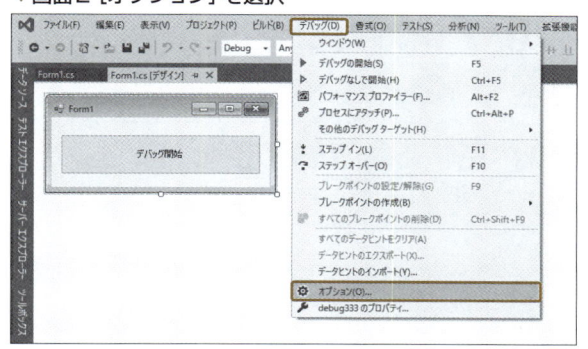

▼画面3 [オプション] ダイアログ

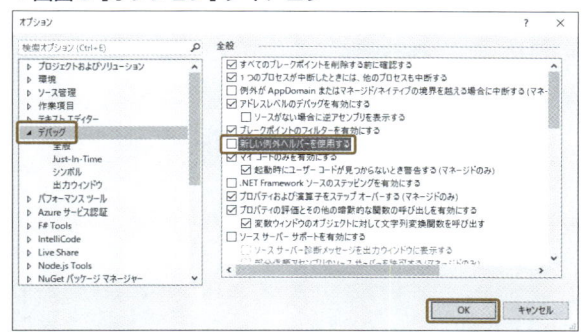

▼画面4 [例外] ダイアログ

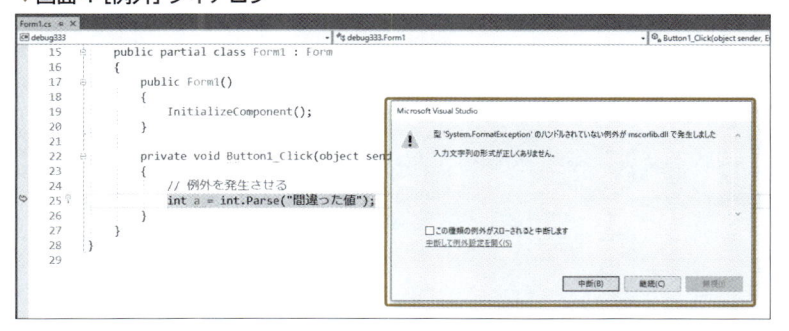

デバッグの極意

tips
334
ブレークポイントを 設定／解除する

▶Level ●○○○
▶対応
| COM | PRO |

ここが ポイント です！
実行を中断する個所を指定 （ブレークポイント）

実行途中に、プログラムのある場所で実行を一時中断するには、**ブレークポイント**を設定します。

ブレークポイントを設定して実行すると、設定した個所でプログラムの実行が中断され、変数の値などを調べることができます。

ブレークポイントを指定する手順は、以下の通りです。

❶コードウィンドウで実行を中断したいコードの左側のマージン（グレーのところ）をクリックします。
❷クリックすると、グリフ（赤い丸）が表示されます（画面1）。

あるいは、ブレークポイントを設けたい行を右クリックして、メニューから［ブレークポイント］➡［ブレークポイントの挿入］を選択して設定することもできます。

なお、プログラムを実行すると、ブレークポイントのところで実行が中断されます。

このとき、ブレークポイントを設定した行は、まだ実行されていません。処理を続行するには、ツールバーの［続行］ボタンをクリックするか、デバッグメニューの［続行］を選択、または、F5 キーを押します。

▼画面1 ブレークポイントの設定

```
13  ⊟namespace debug334
14  {
15  ⊟    public partial class Form1 : Form
16       {
17  ⊟        public Form1()
18           {
19               InitializeComponent();
20           }
21
22  ⊟        private void Button1_Click(object sender, EventArgs e)
23           {
24               // 例外を発生させる
25               int a = int.Parse("間違った値");
26           }
27       }
28  }
29
```

▼実行するとブレークポイントで中断

```
20       }
21
22  ⊟        private void Button1_Click(object sender, EventArgs e)
23           {
24               // 例外を発生させる
25 ⊃           int a = int.Parse("間違った値");
26           }
27       }
28  }
29
```

ブレークポイントで中断した後、処理を続行するには、標準ツールバーの［続行］ボタンをクリックします。または、デバッグメニューの［続行］を選択します。

ブレークポイントを設定したい行をクリックして、F9 キーを押してブレークポイントを設定することもできます。

tips 335 指定の実行回数で中断する

▶Level ●○○

▶ 対応
COM PRO

ここが ポイント です! 実行回数に応じたブレークポイント （[ブレークポイントのヒットカウント] ダ イアログボックス）

指定した回数だけ実行したら処理を中断するブレークポイントを作成するには、**ブレーク ポイントのヒットカウントダイアログボックス**を使って設定を行います。

❶ブレークポイントを作成します（左のマージンをクリックします）。
❷グリフ（ブレークポイントの赤い丸）の右上にある歯車のアイコンをクリックして、メ ニューから [条件] をチェックします（画面1）。
❸ [ブレークポイント設定] で、条件を設定します（画面2）。

複数の条件にマッチさせる場合は、[条件の追加] リンクをクリックして条件を追加します。

▼**画面1 ヒットカウントを選択**

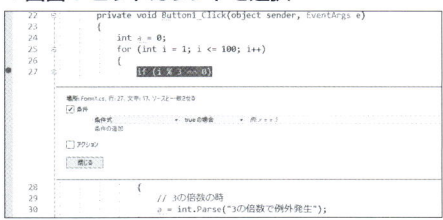

▼**画面2 ブレークポイントのヒットカウント**

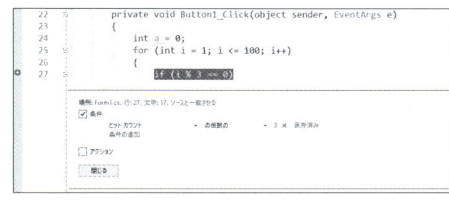

 ブレークポイントが設定された行を右クリックして、表示されたメニューから [ブレーク ポイント] ➡ [条件] を選択して、[ブレークポイント設定] を表示することもできます。

デバッグの極意

tips
336　指定の条件になったら中断する

▶Level ●○○○
▶対応
COM　PRO

ここが
ポイント
です！
条件に応じたブレークポイント（ブレークポイントの条件）

　指定した条件が成立したときのみ処理を中断するブレークポイントを作成するには、**ブレークポイントの条件**を使って設定を行います。

　設定の手順は、以下の通りです。

❶ブレークポイントを作成します（左のマージンをクリックします）
❷グリフ（ブレークポイントの赤い丸）の右上にある歯車のアイコンをクリックして、メニューから［条件］をチェックします（画面1）。
❸［条件式］を選択して、ブレークポイントでマッチさせる条件を設定します（画面2）。

▼**画面1 条件を選択**

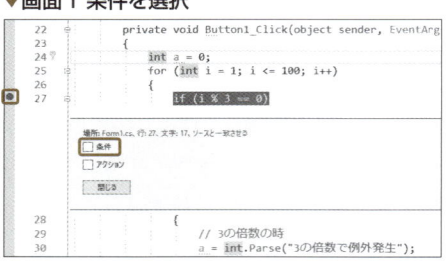

▼**画面2 ブレークポイントの条件**

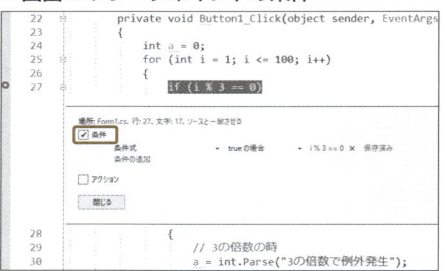

tips
337　実行中断時に変数の値を表示したままにする

▶Level ●●○○
▶対応
COM　PRO

ここが
ポイント
です！
データヒントを固定（ソースにピン設定アイコン）

　中断モードのとき、変数をマウスでポイントすると、**データヒント**（変数の現在の値）が表示されます。

　マウスポインターを離しても表示したままにするには、データヒントの右端にある［ソースにピン設定］アイコンをクリックします（画面1）。または、変数を右クリックし、［ソースにピ

ン設定] をクリックします。

データヒントを表示したままで、ステップ実行などでアプリケーションの実行を続けると、変数の値が更新されたときには値が赤色で表示されます (画面2)。

データヒントを閉じるには、[閉じる] アイコンをクリックします。

▼画面1 [ソースにピン設定] アイコンをクリック

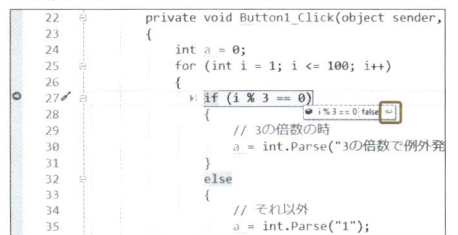

▼画面2 データヒントを固定して実行

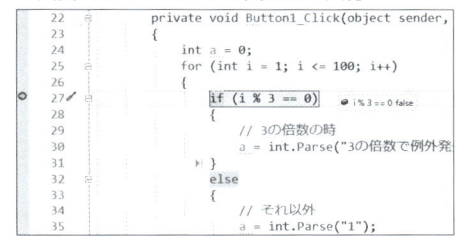

さらにワンポイント すべてのデータヒントを一気に閉じるには、[デバッグ] メニューの [すべてのデータヒントをクリア] をクリックします。

---

tips 338 実行中断時にローカル変数の値を一覧表示する

▶Level ●

▶対応 COM PRO

> **ここがポイントです!** 現在のスコープの変数の値を確認（ローカルウィンドウ）

ローカルウィンドウを使うと、実行中断時にローカル変数の値を表示できます。

ローカルウィンドウを表示するには、表示中断時に (ブレークポインターなどで処理を中断した状態で)、[デバッグ] メニューから [ウィンドウ] ➡ [ローカル] をクリックします (画面1)。

ローカルウィンドウには、現在実行中のメソッドの変数名と値、データ型が表示されます (画面2)。

デバッグの極意

▼**画面1 ローカルを設定**

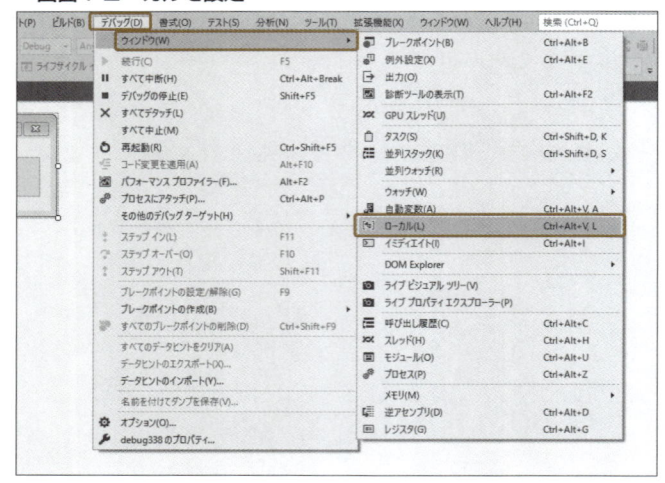

▼**画面2 ローカルウィンドウ**

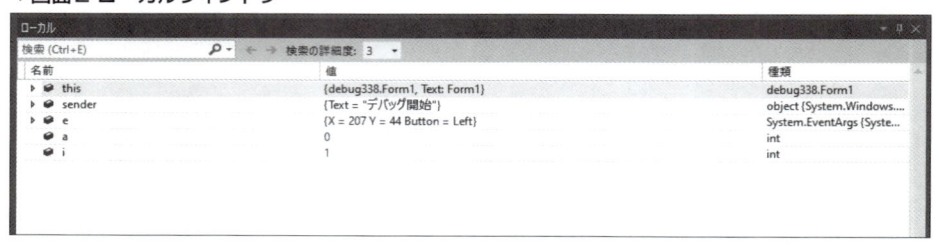

ブレークポイントなどで、実行を中断しているときにコードウィンドウの変数名にカーソルを近づけると、その変数の値が表示されます。

変数や式を登録して
実行中断時に値を確認する

ここが
ポイント
です!

**ウォッチ式の追加
（ウォッチウィンドウ）**

▶Level ●

▶対応
COM PRO

ウォッチ式を追加すると、実行途中に変数や式、プロパティなどの値を**ウォッチウィンドウ**

で確認しながら実行できます。

ウォッチ式を追加する手順は、以下の通りです。

❶ブレークポイントなどで実行を中断しているときに、コードウィンドウ上で変数または式を選択します。

❷右クリックして表示されたショートカットメニューから[ウォッチ式の追加]を選択すると、[ウォッチ]ウィンドウに表示されます。

また、[ウォッチ]ウィンドウに変数または式を直接入力して登録することもできます。

[ウォッチ]ウィンドウが表示されていない場合は、[デバッグ]メニューから[ウィンドウ]

➡ [ウォッチ]から[ウォッチ]を選択して表示できます(画面1)。

登録したウォッチ式を削除するには、[ウォッチ]ウィンドウで削除する項目を右クリックして、表示されたショートカットメニューから[ウォッチ式の削除]を選択します。

▼画面1 [ウォッチ式の追加]を選択

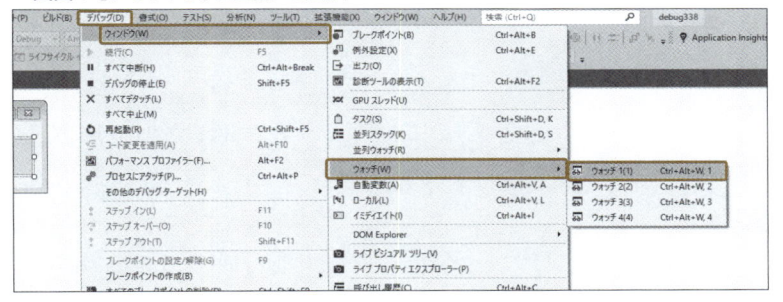

▼画面2 ウォッチウィンドウ

変数の値やプログラムの状態を変更するような式をウォッチウィンドウで評価すると、予期しない結果になることがあります。

1行ずつステップ実行をする

ここが
ポイント
です！ **1行ずつ実行して確かめる**

プログラムを1行ずつ実行するには、**ステップ実行**を行います。
ステップ実行には、ステップイン、ステップアウト、ステップオーバーの3種類があります。

●ステップイン

［デバッグ］メニューから［ステップイン］を選択、または F11 キーを押します。
ステップインは、呼び出し先プロシージャのコードも1行ずつ実行します。まだ実行していないプログラムを1行ずつ実行するには、ステップインを選択します。

●ステップオーバー

［デバッグ］メニューから［ステップオーバー］を選択、または F10 キーを押します。
ステップオーバーは、呼び出し先プロシージャのコードは1行ずつ実行しません。現在のプロシージャの次の行に移ります。

●ステップアウト

［デバッグ］メニューから［ステップアウト］を選択、または Shift ＋ F11 キーを押します（実行中に表示されるコマンドです）。
呼び出し先のプロシージャの処理をすべて完了して、呼び出し元のプロシージャに戻ります。

イミディエイトウィンドウを使う

ここが
ポイント
です！ **変数や式の値の評価
（イミディエイトウィンドウ）**

イミディエイトウィンドウは、式の評価やステートメントの実行、変数の値の出力などに使います。
イミディエイトウィンドウが表示されていない場合は、［デバッグ］メニューから［ウィンドウ］→［イミディエイト］を選択して表示できます（画面1）。

コマンドウィンドウが表示されている場合は、コマンドウィンドウに「immed」と入力して[Enter]キーを押して表示することもできます（途中まで入力して表示される入力候補から「immed」を選択することもできます）。

実行途中に、イミディエイトウィンドウで変数や式の値を評価するには、「?」（クエスチョンマーク）に続けて評価する変数や式を入力してから、[Enter]キーを押します。すると、次の行に結果が表示されます。

画面2は、実行途中に（処理を中断したときに）変数「numA」と「numB」の値を足した値を調べています。

▼画面1 イミディエイトウィンドウを表示

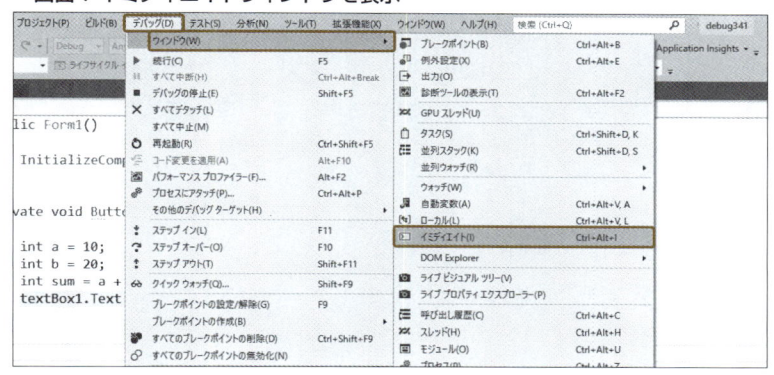

▼画面2 式の値を評価

イミディエイトウィンドウの表示内容をすべて消去するには、イミディエイトウィンドウを右クリックして、ショートカットメニューから [すべてクリア] を選択します。

tips
342

▶Level ● ○○○

▶対応
COM **PRO**

ここが
ポイント
です!

実行中断時にオブジェクトデータを視覚的に表示する

変数やオブジェクトのデータを視覚的に表示（ビジュアライザー）

実行中断時に、変数やオブジェクトの値を視覚的に表示するには、**ビジュアライザー**を使います。

ビジュアライザーを表示するには、実行中断時に変数のオブジェクトの [データヒント]（マウスカーソルを近づけると表示される）の [虫眼鏡] アイコンをクリックします（画面1）。

または、ウォッチウィンドウ、自動変数ウィンドウ、ローカルウィンドウに表示される [虫眼鏡] アイコンをクリックしてもビジュアライザーを表示できます。

ビジュアライザーは、標準では次の4つがあります。

❶テキストビジュアライザー
❷XMLビジュアライザー
❸HTMLビジュアライザー
❹JSONビジュアライザー

[虫眼鏡] アイコンをクリックすると、自動的にそれに適したビジュアライザーが表示されます（ビジュアライザーを選択することもできます）。

▼画面1 虫眼鏡アイコンをクリック

```
        private void Button1_Click(object sender, Event
        {
            var pa = new Person
            {
                Name = "増田智明",
                Age = 45,
                City = "板橋区"
            };
            pa.Xml = new XElement(
    ┌─ ● pa {debug342.Person} ─┐
    │ ✦ Age      45                                  │
    │ ✦ City    🔍 ▾ "板橋区"                          │
    │ ✦ Name    🔍 ▾ "増田智明"                         │
    │ ▸ ● Xml   🔍 ▾ <person> <Name>増田智明</Name> <Age>51</A
    ┌──────────────────────┐ 
    │ ✓ テキスト ビジュアライザー      │
    │   XML ビジュアライザー          │  = pa.ToString();
    │   HTML ビジュアライザー         │
    │   JSON ビジュアライザー         │
    └──────────────────────┘
        }
```

▼テキストビジュアライザー

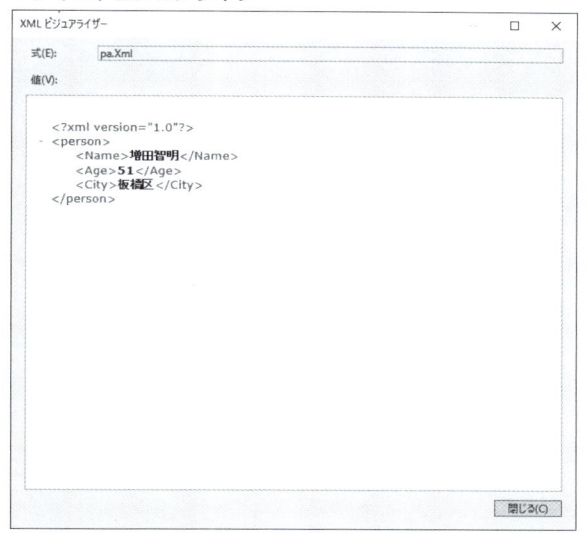

tips 343 実行中断時にコードを編集する

▶Level ●
▶対応
COM PRO

ここが
ポイント
です！

処理を中断して編集
（エディットコンティニュー）

ブレークポイントなどで処理を中断しているとき、コードを編集してから処理を継続することができます（ただし、一般に中断モードでは、現在のステートメントの変更やusingディレクティブの追加・変更・削除、ローカル変数の変更・削除、匿名メソッドの追加、パブリッククメソッド、パブリックフィールド、クラス宣言などの宣言ステートメントの変更などはできません）。

この機能を**エディットコンティニュー**と言います。

エディットコンティニューを有効、または無効にするには、以下の手順に従ってください。

❶ ［ツール］メニューの［オプション］をクリックします。

❷ ［オプション］ダイアログボックスで［デバッグ］ノードを開き、［エディットコンティニュー］カテゴリをクリックします。

❸これを有効にするには、［エディットコンティニューを有効にする］チェックボックスをオンにします。無効にするには、このチェックボックスをオフにします。

❹ [OK] ボタンをクリックします。

▼デバッグ画面

```
22          private void Button1_Click(object sender, EventArgs e)
23          {
24              int a = 0;
25              for (int i = 1; i <= 100; i++)
26              {
27                  if (i % 3 == 0)
28                  {
29                      // 3の倍数の時
30                      a = int.Parse("3の倍数で例外発生");
31                  }
32                  else
33                  {
34                      // それ以外
35                      a = int.Parse("1");
```

▼編集後にステップ実行

```
22          private void Button1_Click(object sender, EventArgs e)
23          {
24              int a = 0;
25              for (int i = 1; i <= 100; i++)
26              {
27                  if (i % 3 == 0)
28                  {
29                      // 3の倍数の時
30                      a = int.Parse("3の倍数で例外発生");
31                  }
32                  else
33                  {
34                      // それ以外
35                      a = int.Parse("1");
```

tips
344

実行中のプロセスに
アタッチする

▶Level ●○○○

▶対応
COM PRO

ここが
ポイント
です！

別のプロセスへのアタッチ / デタッチ

外部で実行中のプロセスに**アタッチ**することができます。

アタッチ機能を使うと、Visual Studio 2019で作成されていないアプリケーションをデバッグしたり、複数のプロセスを同時にデバッグしたりできます。

別のプロセスへアタッチする手順は、以下の通りです。

❶ [デバッグ] メニューの [プロセスにアタッチ] を選択します (画面1)。
❷ [プロセスにアタッチ] ダイアログボックスの [使用可能なプロセス] のリストからプロセスを選択します (画面2)。
❸ [アタッチ] ボタンをクリックします。

アタッチしているプロセスは、**プロセスウィンドウ**で確認できます（画面3）。［プロセス］ウィンドウは、［デバッグ］メニューから［ウィンドウ］➡［プロセス］を選択して表示できます。

アタッチしたプロセスを**デタッチ**するには、以下の2つの方法があります。

Ⓐ ［プロセス］ウィンドウでプロセスを選択して、プロセスウィンドウの［プロセスのデタッチ］ボタンをクリックします。

Ⓑ プロセスを右クリックして、ショートカットメニューから［プロセスのデタッチ］を選択します（画面4）。

▼画面1 ［プロセスにアタッチ］を選択

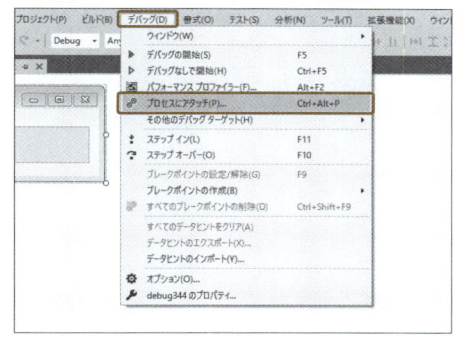

▼画面2 ［プロセスにアタッチ］ダイアログ

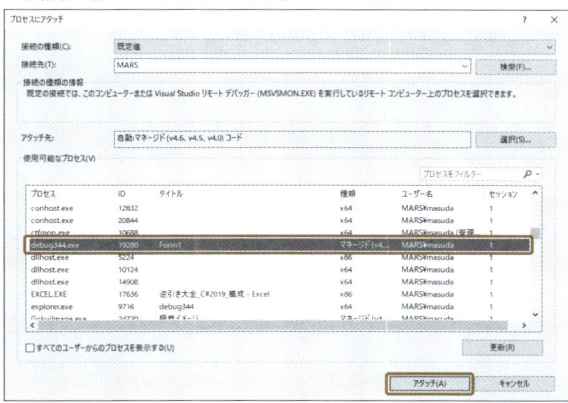

▼画面3 プロセスウィンドウ

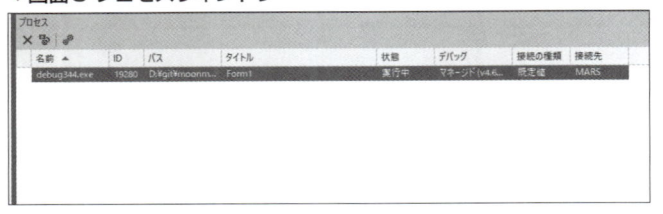

▼画面4 アタッチしたプロセスをデタッチ

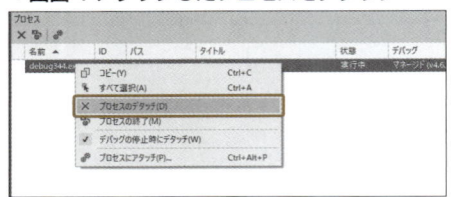

tips

345 ビルド構成を変更する

▶Level ●

▶対応

COM PRO

ここが
ポイント
です!

リリースビルドへの切り替え

デバッグを完了した配布用のプロジェクトは、**リリースビルド**でビルドを行います。
リリースビルドを行うには、以下の手順に従ってください。

❶ [標準] ツールバーの [ソリューション構成] ボックスをクリックし、[Release] を選択します (画面1)。
❷ [ビルド] メニューの [(アプリケーション名) のビルド] をクリックします。

あるいは、[ビルド] メニューの [構成マネージャー] を選択し、表示される [構成マネージャー] ダイアログボックスで変更することもできます。
[構成マネージャー] ダイアログボックスでは、各プロジェクトごとに設定を行えます。

▼画面1 [Release] を選択

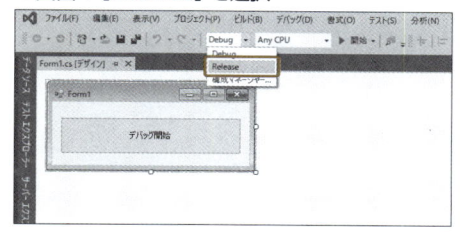

▼構成マネージャーダイアログ

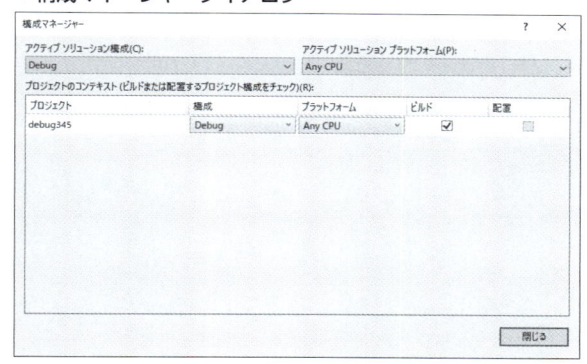

[標準] ツールバーの [ソリューション構成] ボックスが無効表示になっているとき、また
は [ビルド] メニューに [構成マネージャー] コマンドが表示されていないときは、[オプ
ション] ダイアログボックスで設定を変更します。
[オプション] ダイアログボックスは、[ツール] メニューから [オプション] を選択して表示でき、
左側の [プロジェクトおよびソリューション] をクリックし、右側の [ビルド構成の詳細を表示] を
オンにします。

tips
346 コンパイルスイッチを設定する

▶Level ●

▶対応
COM PRO

ここが
ポイント
です!

コンパイル時にDEUBGとRELEASEの
定義を追加する。

　アプリケーションを作成するときには、**デバッグモード**でビルドを行い、テストなどが終
わった配布用のアプリケーションは**リリースモード**でビルドをします。

Visual C#でプロジェクトを作成したときには、デバッグ時には「DEBUG」という定義がされています。この設定は、プロジェクトのプロパティから確認ができます。

ビルドの詳細を確認するためには、以下の手順に従ってください。

❶ソリューションエクスプローラーでプロジェクトを右クリックし、[プロパティ] を選択します (画面1)。

❷ [ビルド] タブをクリックして表示させます (画面2)。

❸全般グループの [DEBUG定数の定義] がチェックされていることを確認します。

「VERSION」などの独自な定数を定義する場合には、条件付きコンパイルシンボルで定義します。

▼画面1 [プロパティ] を選択

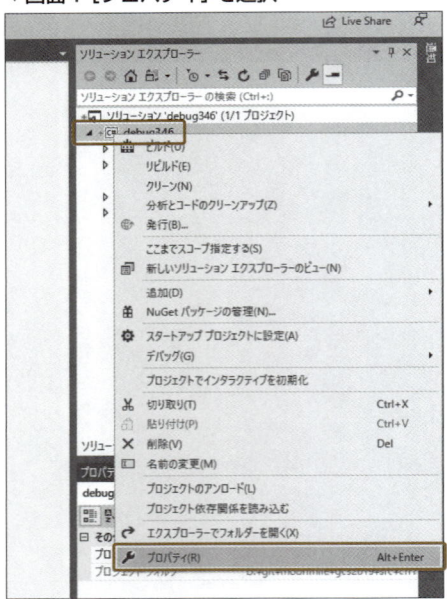

▼画面2 [ビルド] タブを表示

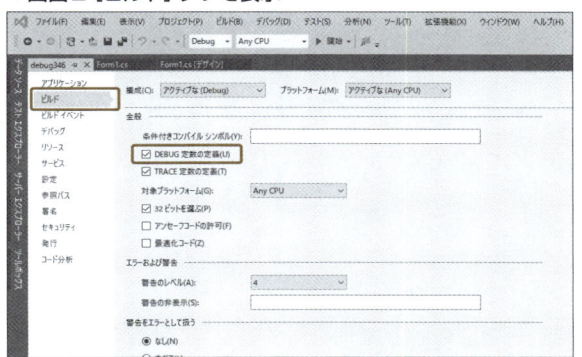

tips 347

プラグマでビルドしない
コードを設定する

▶ Level ● ○ ○

▶ 対応

COM PRO

ここが
ポイント
です！

デバッグモードとリリースモードでプログラムの動作を変化させる

プラグマは、プログラムコードのビルド時にコンパイルするコードを選択する方法です。

Visual C#の場合には、「**#if 定数**」のように設定することで、プロジェクトに定数が指定されているときと、指定されていないときの動作を変えることができます。

通常の条件文（if文）とは違い、#ifから#endで囲まれた部分はビルドがされないために、デバッグ用の大きなデータやデバッグ用のログなどをアプリケーションのリリース時に実行ファイル（拡張子が.exeのファイル）に含めないようにできます。

リスト1では、デバッグモードとリリースモードの場合では、表示されるメッセージを変えるようにDEBUG定数を使っています。

▼DEBUG時の実行結果

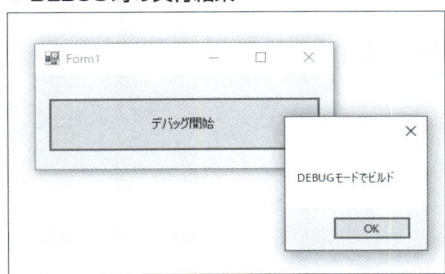

プラグマを設定する（ファイル名：debug347.sln、Form.cs）

```
private void Button1_Click(object sender, EventArgs e)
{
#if DEBUG
    MessageBox.Show("DEBUGモードでビルド");
#else
    MessageBox.Show("RELEASEモードでビルド");
#endif
}
```

> **さらに**
> **ワンポイント**
>
> プラグマは、主にDEBUG時のプログラムコードをビルドしないために使われますが、あらかじめ数値を定数として設定しておくことでバージョン管理の役割も果たせます。
> また、32ビット版や64ビット版で異なるコードを使う必要がある場合にも、同じプログラムファイルを共有できるように利用されます。

12-2 Debugクラスの利用

tips 348 デバッグ情報を出力する

▶Level ●○○
▶対応
COM PRO

ここが ポイント です！ デバッグ情報の出力
（**Debug**クラス、**WriteLine**メソッド）

実行中にデバッグ情報を1行ずつ出力するには**Debug**クラス、または**Trace**クラスの**WriteLine**メソッドを使います。

Debugクラスはデバッグバージョンのみ出力し、Traceクラスはデバッグバージョンとリリースバージョンで出力します。

WriteLineメソッドの引数には、出力する文字列またはオブジェクトを指定します。

オブジェクトを指定した場合は、オブジェクトのToStringメソッドの値が出力されます。

▼デバッグ情報を出力する

```
Debug.WriteLine(出力する値)
```

リスト1では、[実行] ボタンをクリックすると、ループするごとに、変数iを2倍した数を出力します。

▼実行結果

```
出力
出力元(S): デバッグ                                    ▼ | ≛ | ≛ ≛ ≛ | ≣ | ⁂
'debug348.exe' (CLR v4.0.30319: debug348.exe): 'C:¥WINDOWS¥Microsoft.Net¥assembly¥GAC_
'debug348.exe' (CLR v4.0.30319: debug348.exe): 'C:¥WINDOWS¥Microsoft.Net¥assembly¥GAC_
0
2
4
6
8
10
12
14
16
18
```

リスト1 デバッグ情報を出力する（ファイル名：debug348.sln、Form1.cs）

```
private void Button1_Click(object sender, EventArgs e)
{
    for (int i = 0; i < 10; i++)
    {
        Debug.WriteLine(i * 2);
    }
}
```

 デバッグ情報を最後の改行なしで出力するには、**Debug.Write メソッド**を使います。

 ［イミディエイト］ ウィンドウを表示するには、［デバッグ］ メニューから ［ウィンドウ］ ➡
［イミディエイト］ を選択します。

---

tips
349
▶ Level ● ◦ ◦
▶ 対応
COM　PRO

デバッグ情報を
インデントして出力する

**ここが
ポイント
です！** > **デバッグ情報を字下げして出力
（Debug クラス、Indent メソッド、
Unindent メソッド）**

デバッグ情報をインデント（字下げ）して出力するには、Debug クラス（Trace クラス）の
Indent メソッドを使います。

1回実行するごとに、1段階インデントされます。

▼デバッグ情報をインデントして出力する

```
System.Diagnostics.Debug.Indent()
```

デバッグの極意

インデントを元に戻すには、Debugクラス（Traceクラス）の**Unindentメソッド**を使います。

1回実行するごとに、1段階インデントが戻されます。

```
System.Diagnostics.Debug.Unindent()
```

リスト1では、[実行] ボタンをクリックすると、2回ずつインデントとインデント解除を行い、それぞれの段階で文字列を出力しています

▼**実行結果**

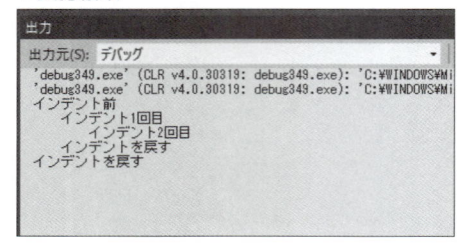

リスト1　デバッグ情報をインデントして出力する（ファイル名：debug349.sln Form1.cs）

```csharp
private void Button1_Click(object sender, EventArgs e)
{
    Debug.WriteLine("インデント前");
    Debug.Indent();
    Debug.WriteLine("インデント1回目");
    Debug.Indent();
    Debug.WriteLine("インデント2回目");
    Debug.Unindent();
    Debug.WriteLine("インデントを戻す");
    Debug.Unindent();
    Debug.WriteLine("インデントを戻す");
}
```

Debug.Indentメソッドは、Debug.IndentLevelプロパティの値を「1」増やします。また、Debug.Unindentメソッドは、Debug.IndentLevelプロパティの値を「1」減らします。

Debugクラス（Traceクラス）の**IndentSizeプロパティ**を使うと、デバッグ情報を出力するときのインデント幅を変更できます。IndentSizeプロパティには、インデント幅（空白の数）をint型で指定します。インデント幅の既定値は「4」です。

条件によって デバッグ情報を出力する

▶Level ● ○ ○
▶対応
COM PRO

ここが
ポイント
です！

条件式が真のときのみデバッグ情報を出力 （Debugクラス、WriteLineIf メソッド）

条件式の結果が「true」のときのみデバッグ情報を出力するには、Debugクラス（Trace クラス）の**WriteLineIf メソッド**を使います。

WriteLineIf メソッドの第1引数には、「条件式」を指定します。第2引数には、「出力する値（文字列）」または「オブジェクト」を指定します。

▼条件によってデバッグ情報を出力する①

```
Debug.WriteLineIf（条件式, 出力する値）
```

オブジェクトを指定した場合は、オブジェクトの文字列（ToString メソッドの出力）が出力されます。

▼条件によってデバッグ情報を出力する②

```
Debug.WriteLineIf（条件式, オブジェクト）
```

リスト1では、[実行] ボタンをクリックすると、変数iが偶数のとき、すなわち「2」で除算すると余りが「0」となるときに、デバッグ情報を出力します。

▼実行結果

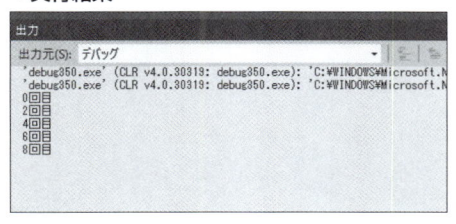

リスト1 条件付きでデバッグ情報を出力する（ファイル名：debug350.sln、Form1.cs）

```
private void Button1_Click(object sender, EventArgs e)
{
    for ( int i=0; i<10; i++ )
    {
        Debug.WriteLineIf(i % 2 == 0, $"{i}回目");
    }
}
```

デバッグの極意

351

▶ Level ●
▶ 対応
COM　PRO

ここがポイントです!

デバッグ情報をファイルに出力する

デバッグ情報の出力先にファイルを追加 (Listeners.Add メソッド、TextWriter TraceListener クラス)

デバッグ情報は、Debugクラス（Traceクラス）の**TraceListenerCollectionオブジェクト**に含まれる出力先に出力されます。したがって、ファイルに出力するには、TraceListenerCollectionオブジェクトに出力先を追加します。

TraceListenerCollectionオブジェクトは、Debugクラス（Traceクラス）の**Listenersプロパティ**で取得します。

また、出力先の追加は、TraceListenerCollectionコレクションの**Addメソッド**で行います。ファイルを出力先とするには、Addメソッドの引数に、**TextWriterTraceListenerオブジェクト**を指定します。

▼デバッグ情報をファイルに出力する

```
Debug.Listeners.Add(TextWriterTraceListenerオブジェクト)
```

TextWriterTraceListenerオブジェクトは、new演算子で生成し、コンストラクターの引数にファイルパスを指定します。

▼extWriterTraceListenerオブジェクトを作成する

```
New TextWriterTraceListener(ファイルパス)
```

リスト1では、[実行] ボタンをクリックすると、フォルダー「C:\C#2019」にファイル「Debug.txt」を作成して、デバッグ情報を出力します。

▼出力結果をメモ帳で確認

リスト1 デバッグ情報をファイルに出力する（ファイル名：debug351.sln、Form1.cs）

```
private void Button1_Click(object sender, EventArgs e)
```

```
{
    var tLis = new TextWriterTraceListener(@"C:\C#2019\Debug.txt");
    Debug.Listeners.Add(tLis); // 出力先を追加する
    for (int i = 0; i < 10; i++)
    {
        Debug.WriteLine($"{i}回目");
    }
    Debug.Flush(); // 出力バッファをフラッシュ
    MessageBox.Show("ファイルに出力しました。", "通知");
}
```

 さらに
ワンポイント
TraceListenerCollectionオブジェクトに追加した出力先を削除するには、**Debug. Listeners.Removeメソッド**を使います。Debug.Listeners.Removeメソッドの引数には、削除する出力先オブジェクトを指定します。あるいは、Debug.Listeners. RemoveAtメソッドの引数に、削除する出力先オブジェクトのインデックスを指定して削除することもできます。

tips
352 出力先に自動的に書き込む

▶ Level ●●
▶ 対応
COM PRO

ここが
ポイント
です！
デバッグ情報を自動的に出力
（Debugクラス、AutoFlushプロパティ）

デバッグ情報は出力バッファにためられ、Flushメソッドを実行すると出力されますが、Flushメソッドを実行しなくても自動的に出力先に出力されるようにするには、Debugクラス（Traceクラス）の**AutoFlushプロパティ**の値を「true」にしておきます。

リスト1では、[実行] ボタンをクリックすると、デバッグ情報をファイルに自動的に出力する設定を行います。

▼出力結果をメモ帳で確認

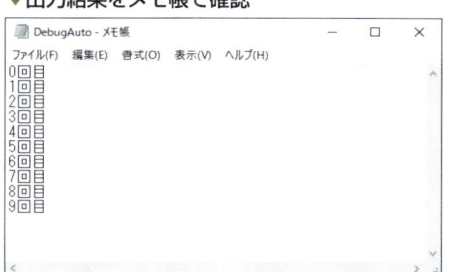

リスト1 デバッグ情報を自動的に出力する（ファイル名：debug352.sln、Form1.cs）

```
private void Button1_Click(object sender, EventArgs e)
{
    var tLis = new TextWriterTraceListener(@"C:¥C#2019¥DebugAuto.
txt");
    Debug.Listeners.Add(tLis); // 出力先を追加する
    Debug.AutoFlush = true;   // 自動的に出力する
    for (int i = 0; i < 10; i++)
    {
        Debug.WriteLine($"{i}回目");
    }
    MessageBox.Show("ファイルに出力しました。", "通知");
}
```

tips
353 警告メッセージを出力する

▶ Level ●●

▶ 対応
COM PRO

**ここが
ポイント
です！**
エラーメッセージを出力
（Debug クラス、Fail メソッド）

警告メッセージを表示するには、Debug クラスの**Fail メソッド**を使います。
警告メッセージには、**中止ボタン**、**再試行ボタン**、**無視ボタン**が表示されます。

●中止ボタン
[中止] ボタンを選択すると、実行が中止されます。

●再試行ボタン
[再試行] ボタンを選択すると、デバッグモードになります

●無視ボタン
[無視] ボタンを選択すると、次の処理から続行します。

Fail メソッドの第1引数には、警告メッセージに表示する「文字列」を指定します。また、第2引数に、エラーの詳細を説明する「文字列」を指定することもできます。

▼警告メッセージを出力する
```
Debug.Fail(文字列[, 文字列])
```

リスト1では、デバッグを実行すると、警告メッセージを表示しています。ここでは、サン

プルのため、警告メッセージの表示のみ行っていますが、実際には［無視］ボタンを選択した後の適切な処理を記述します。

▼実行結果

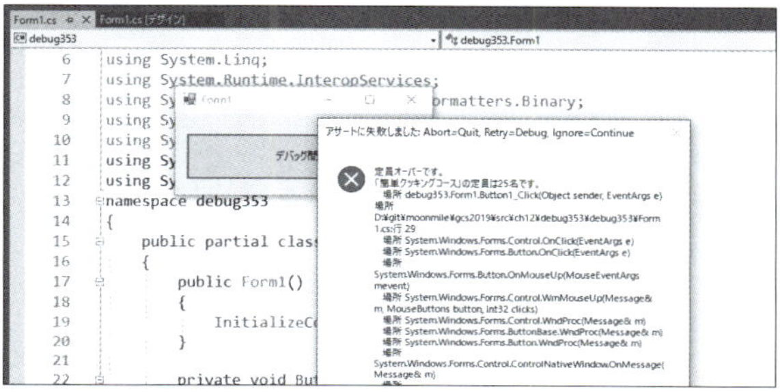

リスト1 警告メッセージを表示する（ファイル名：debug353.sln、Form1.cs）

```csharp
private void Button1_Click(object sender, EventArgs e)
{
    for (int i = 1; i <= 30; i++)
    {
        if (i > 25)
        {
            // 警告メッセージと詳細メッセージを表示する
            Debug.Fail("定員オーバーです。",
                "「簡単クッキングコース」の定員は25名です。");
        }
    }
}
```

tips

354 条件によって 警告メッセージを表示する

▶ Level ●●
▶ 対応
COM PRO

ここが
ポイント
です!

条件式が偽のとき、警告メッセージを出力 （Debugクラス、Assertメソッド）

指定した条件を満たさないときのみ、警告メッセージを表示するには、Debugクラスの**Assertメソッド**を使います。

警告メッセージには、**中止ボタン**、**再試行ボタン**、**無視ボタン**が表示されます。

●中止ボタン

[中止] ボタンを選択すると、実行が中止されます。

●再試行ボタン

[再試行] ボタンを選択すると、デバッグモードになります。

●無視ボタン

[無視] ボタンを選択すると、次の処理から続行します。

Assertメソッドの第1引数には、「条件式」を指定します。第2引数には、警告メッセージに表示する「文字列」を指定します。また、第3引数に詳細説明の「文字列」を指定することもできます。

▼条件によって警告メッセージを表示する

```
Assert(条件式, 文字列[, 文字列])
```

リスト1では、変数iの値が「25」を超えたら警告メッセージを表示します。ここでは、サンプルのため、警告メッセージの表示のみ行っていますが、実際には [無視] ボタンを選択した後の適切な処理を記述します。

▼実行結果

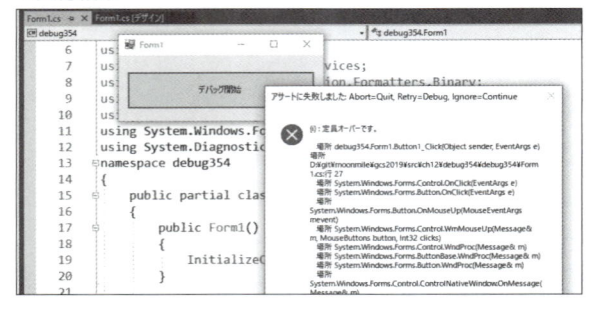

| リスト1 | 条件式が「偽」のときのみ警告を出力する（ファイル名：debug354.sln、Form1.cs） |

```
private void Button1_Click(object sender, EventArgs e)
{
    for (int i = 1; i <= 30; i++)
    {
        // iが25を超えたら警告メッセージを表示する
        Debug.Assert(i <= 25, $"{i} : 定員オーバーです。");
    }
}
```

 TraceListenerCollectionオブジェクトにDefaultTraceListenerオブジェクトが存在しない場合は、メッセージボックスは表示されません。

tips 355 デバッグ情報をイベントログに出力する

▶Level ●●
▶対応 COM PRO

ここがポイントです! イベントログに出力（Listeners.Addメソッド、EventLogTraceListenerクラス）

デバッグ情報は、Debugクラス（Traceクラス）の**TraceListenerCollectionオブジェクト**に含まれる出力先に出力されます。したがって、イベントログに出力するには、TraceListenerCollectionオブジェクトに、出力先としてイベントログを追加します。

TraceListenerCollectionオブジェクトは、Debugクラス（Traceクラス）の**Listenersプロパティ**で取得します。

これにイベントログを追加するには、TraceListenerCollectionオブジェクトの**Addメソッド**を使います。

Addメソッドの引数には、**EventLogTraceListenerオブジェクト**を指定します。

▼デバッグ情報をイベントログに出力する

```
Debug.Listeners.Add(EventLogTraceListenerオブジェクト)
```

EventLogTraceListenerオブジェクトは、new演算子で生成し、コンストラクターの引数にイベントソース名（一般にはアプリケーション名）をstring型で指定します。

▼EventLogTraceListenerオブジェクトで取得する

```
New EventLogTraceListener(イベントソース名)
```

リスト1では、［実行］ボタンをクリックすると、「Debug355」という名前でイベントログにデバッグ情報を出力します。イベントログは、Windowsの［コントロールパネル］の［イベントビューアー］で確認できます。

なお、Windows 10で実行する際、ユーザーアカウント制御が有効である場合は、例外が発生します（ユーザーアカウント制御は、［コントロールパネル］から変更できます）。

デバッグの極意

▼イベントビューアーで結果を確認

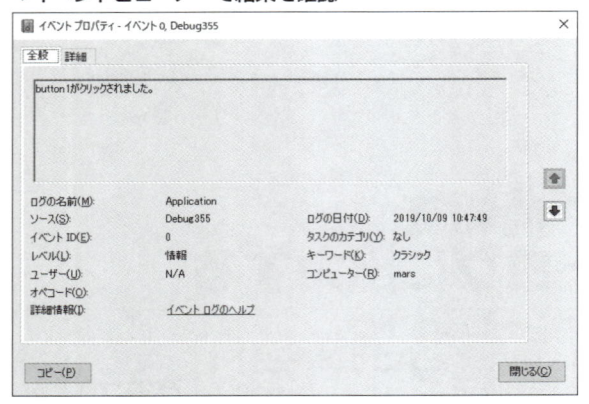

リスト1 デバッグ情報をイベントログに出力する（ファイル名：debug355.sln、Form1.cs）

```csharp
private void Button1_Click(object sender, EventArgs e)
{
    var eLog = new EventLogTraceListener("Debug355");
    Debug.Listeners.Add(eLog); // 出力先を追加する
    Debug.WriteLine("button1がクリックされました。");
    Debug.Flush();
    MessageBox.Show("イベントログに出力しました。", "通知");
}
```

◤ 12-3 MSTest ◢

tips

356

▶Level ●●

▶対応

COM　PRO

単体テストプロジェクトを作成する

ここがポイントです！ ▶ 単体テストプロジェクトを追加してテストを自動化

　Visual Studioには**単体テストプロジェクト**と呼ばれる、**単体テスト**を自動化するプロジェクトを作成できます。

　単体テストでは、クラスのプロパティやメソッドの動作をテストします。Windowsフォームなどを使って手作業でアプリケーションのテストをしてもよいのですが、これらを自動化することによって単体テストの時間を大幅に削減できます。

　また、単体テストを自動化しておくことによって、何度も単体テストを繰り返すことができるため、プログラムの修正後にも単体テストを実行することが簡単にでき、修正による再不具

合を減らすことができます。

Visual Studioの単体テストのプロジェクトでは、既存のプロジェクトを参照設定することによって、そのテスト対象のプロジェクトに含まれているクラスのテストができます。

単体テストプロジェクトをソリューションに追加するためには、以下の手順に従ってください。

❶ ソリューションを右クリックして [追加] ➡ [新しいプロジェクト] を選択します。
❷ [新しいプロジェクトの追加] ダイアログボックスで、検索ボックスに「単体テストプロジェクト」と入力して検索します。
❸ 検索された一覧から [単体テスト プロジェクト (.NET Framework)] を選択し、[次へ] ボタンをクリックします。
❹ プロジェクト名を変更して [OK] ボタンをクリックすると、単体テストプロジェクトが作成されます。
❺ ソリューションエクスプローラーから単体テストプロジェクトを右クリックして、[追加] ➡ [参照] を選択します。
❻ [参照マネージャー] ダイアログボックスの右にある [ソリューション] をクリックして、テスト対象となるプロジェクトをチェックして [OK] ボタンをクリックします。

▼ソリューションエクスプローラー

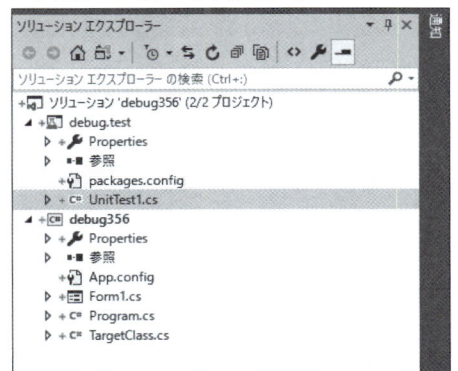

デバッグの極意

さらに
ワンポイント

単体テストでは、テスト対象で公開されているクラスやメソッドが利用できます。テストコードで、対象のクラスをnew演算子などで作成した後にテストしたいメソッドを呼び出します。そのため、非公開のクラスや複雑に絡み合ったメソッドなどは単体テストがやりづらくなります。
プログラムを設計するときに、単体テストがやりやすい形で詳細設計をしておくと、単体テストが効率よく作成でき、テスト自体やプログラム自体の品質が上がります。

tips 357 単体テストを追加する

▶ Level ● ○ ○
▶ 対応
| COM | PRO |

ここがポイントです！ テストメソッドを追加（TestMethod属性）

単体テストプロジェクトでは、単体テストのクラスを追加してテストを自動化します。

単体テストプロジェクトを右クリックして、[追加] ➡ [単体テスト] を選択すると、リスト1のような**テストクラス**が自動的に作成されます。

単体テストプロジェクトを実行したときには、**TestClass属性**が付いたクラスと、**TestMethod属性**が付いたメソッドが実行対象になります。そのため、単体テストのクラス名やメソッド名は自由に付けることができます。

テストクラスの名前は、テスト対象となるクラスの名前を含めると、テストクラスとターゲットクラスの結びつきがわかりやすくなります。

▼ソリューションエクスプローラー

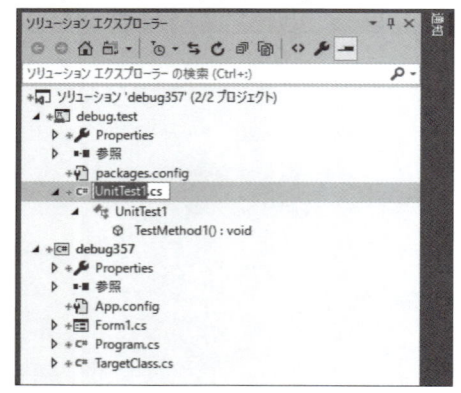

リスト1 単体テストコード

```
using System;
using Microsoft.VisualStudio.TestTools.UnitTesting;

namespace UnitTestProject1
{
    [TestClass]
    public class UnitTest1
    {
        [TestMethod]
        public void TestMethod1()
        {
```

```
        }
    }
}
```

 テストメソッドは自由に付けられますが、慣習的にクラスやメソッド名に「Test」を入れておいたほうが、メソッド一覧を見たときにわかりやすくなります。あるいは、何のテストをしているのかを示すために日本語のメソッドを使ってもよいでしょう。

358 数値を比較する

ここがポイントです! 数値を比較するテストメソッドを追加（Assertクラス、AreEqualメソッド）

▶Level ●
▶対応
COM　PRO

単体テストで数値を比較するためには、**Assertクラス**の**AreEqualメソッド**を使います。
　AreEqualメソッドは、2つの引数を指定します。最初の第1引数が「期待値」（こうなって欲しいという正しい値）、次の第2引数が「実行値」（プログラムを実行したときの値）になります。この2つの値が同じであれば、プログラムが正しく書かれていることがわかります。

▼数値を比較する
```
Assert.AreEqual(期待値, 実行値)
```

リスト1では、テスト対象のaddメソッドをテストしています。addメソッドは、2つの数値を加算するメソッドです。

リスト1　数値を比較するテスト（ファイル名：debug358.sln、UnitTest1.cs）
```
[TestMethod]
public void TestAddNumber()
{
    var t = new TargetClass();
    int ans = t.add(10, 20);
    Assert.AreEqual(30, ans);
}
```

デバッグの極意

文字列を比較する

▶ Level ●○○○

▶ 対応
COM | PRO

ここがポイントです！ 文字列を比較するテストメソッドを追加（**Assertクラス、AreEqualメソッド**）

単体テストで文字列を比較するためには、Assertクラスの**AreEqualメソッド**を使います。

AreEqualメソッドは、2つの引数を指定します。最初の引数が「期待値」（こうなって欲しいという正しい値）、次の引数が「実行値」（プログラムを実行したときの値）になります。

▼文字列を比較する①

```
Assert.AreEqual(期待値,実行値)
```

また、AreEqualメソッドは、第3引数にテストが失敗したときのエラーメッセージの「文字列」を表示できます。これを利用して、テスト失敗の原因を報告することが可能です

▼文字列を比較する②

```
Assert.AreEqual(期待値, 実行値, 文字列)
```

リスト1では、テスト対象のaddメソッドをテストしています。addメソッドは、2つの文字列を連結するメソッドです。

リスト1 文字列を比較するテスト（ファイル名：debug359.sln、UnitTest1.cs）

```
[TestMethod]
public void TestMethod1()
{
    var t = new TargetClass();
    var ans = t.add("増田", "智明");
    Assert.AreEqual("増田智明", ans);
}
```

360

オブジェクトが null かどうかをチェックする

▶ Level ● ●

▶ 対応

COM　PRO

ここが ポイント です!

NULLオブジェクトをチェックするテスト メソッドを追加（Assertクラス、 AreEqualメソッド）

単体テストで戻り値がNULLオブジェクト（null）であるかどうかをチェックするために は、AssertクラスのIsNullメソッドあるいはIsNotNullメソッドを使います。

● IsNull メソッド

IsNullメソッドでは、引数がNULLオブジェクトの場合、テストが成功します。引数が NULLオブジェクト以外の場合はテストが失敗します。

▼オブジェクトがnullかどうかをチェックする①

```
Assert.IsNull(実行値)
```

● IsNotNull メソッド

逆に、IsNotNullメソッドでは、引数がNULLオブジェクトではない場合にテストが成功し ます。

▼オブジェクトがnullかどうかをチェックする②

```
Assert.IsNotNull(実行値)
```

リスト1では、テスト対象のCreatePointメソッドをテストしています。CreatePointメ ソッドは、XかY座標のいずれかが負の場合にはNULLオブジェクトを返します。それ以外の 場合は、作成したオブジェクトを返します。

リスト1 NULLオブジェクトをチェックするテスト（ファイル名：debug360.sln、UnitTest1.cs）

```
[TestMethod]
public void TestMethod1()
{
    var t = new TargetClass();
    var obj = t.CreatePointer(-1, -1);
    Assert.IsNull(obj);
    obj = t.CreatePointer(10, 20);
    Assert.IsNotNull(obj);
    Assert.AreEqual(10, obj.X);
    Assert.AreEqual(20, obj.Y);
}
```

12

デバッグの極意

例外処理をテストする

▶ Level ● ●
▶ 対応
COM PRO

ここが
ポイント
です！

例外をチェックするテストメソッドを追加（Assertクラス、Failメソッド）

単体テストで例外が発生した場合は、通常のコードと同じようにcatchブロックで取得ができます。

例外のテストで、例外が発生しない場合を失敗とするためには、Assertクラスの**Fail**メソッドで常にテストを失敗させます。

▼例外処理をテストする

```
Assert.Fail()
```

リスト1では、TargetClassクラスのFireExceptionメソッドで例外を発生させています。例外がキャッチできないときは、テストが失敗したとみなします。

リスト1 例外をチェックするテスト（ファイル名：debug361.sln、UnitTest1.cs）

```
[TestMethod]
public void TestMethod1()
{
    var t = new TargetClass();
    try
    {
        // 例外を発生させる
        t.FireException();
    }
    catch ( Exception ex )
    {
        // 例外が発生したためテストは成功
        Assert.AreEqual("例外発生", ex.Message);
        return;
    }
    // 例外が発生しない場合はテストは失敗
    Assert.Fail();
}
```

テストを実行する

▶Level ●● ○
▶ 対応
COM　PRO

ここが
ポイント
です！

指定したメソッドのテストを実行

　単体テストプロジェクトの実行は、[テスト] メニューやテストメソッドを右クリックしたときのメニューから選択します。
　テストプロジェクト内のすべてのテストを実行する手順は、以下の通りです。

❶ [テスト] メニューから [実行] ➡ [すべてのテスト] を選択します。
❷ [テストエクスプローラー] に実行したテスト結果が表示されます (画面1)。

　テストが成功した場合には**緑色のチェックマーク**、テストに失敗したときには**赤色のバツマーク**が表示されます。それぞれの結果をマウスでダブルクリックすると、該当のテストメソッドにジャンプできます。
　また、1つのテストメソッドを実行する手順は、以下の通りです。

❶テストクラスを開きます。
❷テストメソッドの部分を右クリックして [テストの実行] を選択します。

　なお、ショートカットキーの Ctrl + R ➡ T キーを押してもよいでしょう。この場合には、カーソルキーのテストメソッドのみ実行されます。デバッグ時やピンポイントでテストを実行したいときに活用するとよいでしょう。
　テストクラス内に含まれるすべてのテストメソッドを実行する場合には、クラス名の部分で [テストの実行] を行います。テストメソッドの実行と同じようにテスト結果がテストエクスプローラーに表示されます。

デバッグの極意

▼テストエクスプローラー

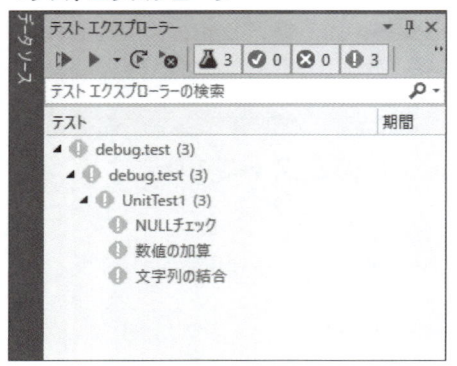

tips
363
▶Level ● ●
▶対応
COM | PRO

テストをデバッグ実行する

ここが
ポイント
です！ 指定したメソッドをデバッグ実行

　単純に単体テストの実行をした場合には、ブレークポイントなどのデバッグ機能は使えません。

　ブレークポイントが有効になるようにテスト実行をするためには、［テスト］メニューの［デバッグ］➡［すべてのテスト］を選択します。

　これにより、ブレークポイントで実行中のプログラムを停止させて変数などを操作することができます。

　テストメソッドやテストクラス単位でデバッグを実行したい場合は、右クリックしてから［テストのデバッグ］を選択します。

▼ブレークポイントで停止

```
17          [TestMethod]
18          public void 文字列の結合()
19          {
20              var t = new TargetClass();
21              string ans = t.add("マスダ", "トモアキ");
22              Assert.AreEqual("マスダトモアキ", ans);
23          }
24          [TestMethod]
25          public void NULLチェック()
26          {
27              var t = new TargetClass();
28              var obj = t.CreatePointer(10, 20);
29              Assert.IsNotNull(obj);
30              Assert.AreEqual(10, obj.X);
31              Assert.AreEqual(20, obj.Y);
```

テストの前処理を記述する

tips

364

▶Level ● ●

▶対応

COM PRO

ここがポイントです! **テスト前処理を追加（TestInitialize属性）**

テストメソッドを実行する前の処理を追加できます。テストメソッドが実行される前の処理に**TestInitialize属性**を設定します。

テスト対象のオブジェクトの初期化や、テストデータの作成などをまとめて追加することができます。

リスト1では、TestInitialize属性を付けたinitメソッドを用意して、テスト対象となるクラスの初期化を行っています。

リスト1 テストメソッドに前処理を追加する（ファイル名：debug364.sln、UnitTest1.cs）

```
[TestClass]
public class UnitTest1
{
    private int _a = 0;
    private int _b = 0;
    [TestInitialize]
    public void init()
    {
        // テストを実行する前処理を記述する
        this._a = 10;
        this._b = 10;
    }
    [TestMethod]
    public void 数値の加算()
    {
        var t = new TargetClass();
        int ans = t.add(_a, _b);
        Assert.AreEqual(30, ans);
    }
}
```

365 テストの後処理を記述する

▶ Level ●●○

▶ 対応

COM PRO

ここがポイントです！ テスト後処理を追加
（TestCleanup属性）

テストメソッドを実行した後の処理を追加できます。テストメソッドが実行された後の処理に**TestCleanup属性**を設定します。

テスト対処のオブジェクトの終了処理や、テストデータファイルの削除などをまとめて追加することができます。

リスト1では、TestCleanup属性を付けたpostメソッドを用意して、テスト対象となるクラスの後処理を行っています。

リスト1 テストメソッドに前処理を追加する（ファイル名：debug365.sln、UnitTest1.cs）

```
[TestClass]
public class UnitTest1
{
    public string _path = @"c:\C#2019\test.txt";
    [TestInitialize]
    public void init()
    {
        // テスト開始時の処理
        var sw = System.IO.File.CreateText(_path);
        sw.Write("10,20");
        sw.Close();
    }
    [TestCleanup]
    public void post()
    {
        // テスト終了時の処理
        System.IO.File.Delete(_path);
    }

    [TestMethod]
    public void 数値の加算()
    {
        var text = System.IO.File.ReadAllText(_path);
        var lst = text.Split(',');
        int a = int.Parse(lst[0]);
        int b = int.Parse(lst[1]);
        Assert.AreEqual(10, a);
        Assert.AreEqual(20, b);
    }
}
```

第13章

366~381

グラフィックの極意

tips
366 直線を描画する

▶ Level ●
▶ 対応
COM　PRO

ここがポイントです！ GDI+ を使って直線や点線を描画
（Graphics クラス、DrawLine メソッド）

　フォームやコントロールに直線や点線を描画するには、**Graphics クラス**の**DrawLine メ
ソッド**を使います。
　DrawLine メソッドでは、描画の**開始位置**と**終了位置**の2点を指定します。
　標準の色が指定されている Pens クラス（Pens.Red や Pens.Blue など）、Windows 標準
の色を指定する KnownColor 列挙体（KnownColor.Control や KnownColor.WindowText
など）、新しい Pen オブジェクトを作成することにより、自由に直線や点線の色を変えること
ができます。

▼直線を描画する①
```
DrawLine( Pen，開始位置，終了位置 )
```

▼直線を描画する②
```
DrawLine( Pen，開始X座標，開始Y座標，終了X座標，終了Y座標 )
```

　実際の描画は、Graphics オブジェクトに対して行います。Graphics オブジェクトは、描
画する対象のコントロールの**CreateGraphics メソッド**により作成するか、Paint イベント
の引数である**PaintEventArgs オブジェクト**から取得します。
　リスト1では、Windows フォームに通常の直線、太い線、点線を描画しています。最初に
フォームの CreateGraphics メソッドを使い、Graphics オブジェクトを取得します。次に、
直線を Pens クラスの Black プロパティを使い、黒で描画しています。
　太い線は、新しい Pen オブジェクトを作成し、直線の幅をコンストラクターで指定します。
　点線は、Pen クラスの DashStyle プロパティに設定をします。ここでは、DashStyle.Dot
を指定し、点線としています。

▼実行結果

リスト1　直線や点線を描画する（ファイル名：graph366.sln、Form1.cs）

```
private void Button1_Click(object sender, EventArgs e)
{
    var g = pictureBox1.CreateGraphics();
    // 普通の直線
    g.DrawLine(Pens.Black, 0, 0, pictureBox1.Width, 0);
    // 太い線
    var bold = new Pen(Color.Black, 5);
    g.DrawLine(bold, 0, 50, pictureBox1.Width, 50);
    // 点線
    var dot = new Pen(Color.Black)
    {
        DashStyle = System.Drawing.Drawing2D.DashStyle.Dot
    };
    g.DrawLine(dot, 0, 100, pictureBox1.Width, 100);
}
```

13

グラフィックの極意

さらにワンポイント　コントロールやフォームのCreateGraphicsメソッドを使って作成したGraphicsオブジェクトへの描画は、コントロールやフォームが再描画されるときに消えてしまいます。実際のアプリケーションを作成するときには、Paintイベントで取得できるGraphicsオブジェクトを使って描画するか、あらかじめBitmapオブジェクトを作成し、このBitmapオブジェクトに描画します。

tips
367
Level ●
対応
COM PRO

四角形を描画する

ここがポイントです! GDI+を使って四角形を描画（Graphicsクラス、DrawRectangleメソッド、FillRectangleメソッド）

　フォームやコントロールに四角形を描画するには、Graphicsクラスの**DrawRectangle**メソッドや**FillRectangleメソッド**を使います。
　DrawRectangleメソッドは、線だけが描画された四角形で内側は塗り潰しません。四角形の内部を塗り潰すときは、FillRectangleメソッドを使います。

● DrawRectangleメソッド

　DrawRectangleメソッドでは、線の種類をPenオブジェクトで指定できます。
　DrawLineメソッドを使って描画するときと同様に、標準の色が指定されているPensクラス（Pens.RedやPens.Blueなど）、Windows標準の色を指定するKnownColor列挙体（KnownColor.ControlやKnownColor.WindowTextなど）も使えます。
　四角形は、コンストラクターで描画する左上の座標と四角形の幅と高さを指定します。

▼四角形を描画する①
```
DrawRectangle( Pen, 矩形 )
```

▼四角形を描画する②
```
DrawRectangle( Pen, 左上X座標, 左上Y座標, 幅, 高さ )
```

● FillRectangleメソッド

　FillRectangleメソッドでは、内側を塗り潰すためのBrushオブジェクトを指定します。
　Brushオブジェクトには、標準色を指定するためのBrushesクラス（Brushes.RedやBrushes.Blueなど）、Windows標準の色を指定するSystemBrushesクラス（SystemBrushes.ButtonFaceやSystemBrushes.Desktopなど）、単色を指定するためのSolidBrushクラス、イメージを指定して塗り潰すためのTextureBrushクラス（テクスチャーの貼り付け）、グラデーションを指定するためのLinearGradientBrushクラスを指定します。

▼四角形を描画する③
```
FillRectangle( Brush, 矩形 )
```

▼四角形を描画する④
```
FillRectangle( Brush, 左上X座標, 左上Y座標, 幅, 高さ )
```

リスト1では、ピクチャーボックスに四角形の枠線と、塗り潰した四角形を描画しています。

四角形の線は、DrawRectangleメソッドのコンストラクターで黒色（Pens.Back）を指定しています。

塗り潰しの四角形は、FillRectangleメソッドのコンストラクターで赤（Brushes.Red）を指定しています。

▼実行結果

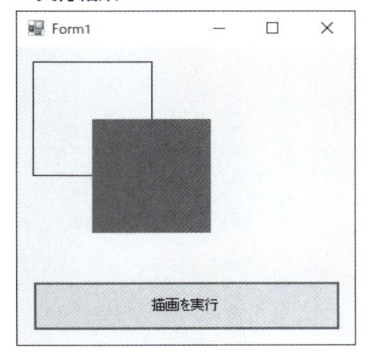

リスト1 四角形を描画する（ファイル名：graph367.sln、Form1.cs）

```csharp
private void Button1_Click(object sender, EventArgs e)
{
    var g = pictureBox1.CreateGraphics();
    // 四角形を描画する
    g.DrawRectangle(Pens.Black, 0, 0, 100, 100);
    // 塗り潰した四角形を描画する
    g.FillRectangle(Brushes.Red, 50, 50, 100, 100);
}
```

SolidBrushクラス、TextureBrushクラス、LinearGradientBrushクラスを利用した場合、GDI+のアンマネージリソースが使われます。そのため、これらのBrushクラスから作成したオブジェクトはアプリケーションを実行している間メモリを占有する可能性があります。
Burshオブジェクトを大量に扱うときには、必要なくなったときに**Disposeメソッド**を呼び出します。

368 円を描画する

ここがポイントです！
GDI+ を使って円を描画（Graphics クラス、DrawEllipse メソッド、FillEllipse メソッド）

フォームやコントロールに円を描画するには、Graphics クラスの**DrawEllipse メソッド**や**FillEllipse メソッド**を使います。

DrawEllipse メソッドは、円の線だけが描画され、内側は塗り潰されません。円の内部を塗り潰すときは FillEllipse メソッドを使います。

● DrawEllipse メソッド

DrawEllipse メソッドでは、楕円を表示します。

円が外接する四角形の左上の座標、外接する四角形の幅と高さを指定します。本書のように円を描画したいときには、幅と高さを同じ値にします。

▼円を描画する①
```
DrawEllipse( Pen, 矩形 )
```

▼円を描画する②
```
DrawEllipse( Pen, 左上X座標, 左上Y座標, 幅, 高さ )
```

● FillEllipse メソッド

FillEllipse メソッドでは、内側を塗り潰すための Brush オブジェクトを指定します。

Brush オブジェクトには、標準色を指定するための Brushes クラス（Brushes.Red や Brushes.Blue など）、単色を指定するための SolidBrush クラス、イメージを指定して塗り潰すための TextureBrush クラス（テクスチャーの貼り付け）、グラデーションを指定するための LinearGradientBrush クラスを指定します。

▼円を描画する③
```
FillEllipse( Brush, 矩形 )
```

▼円を描画する④
```
FillEllipse( Brush, 左上X座標, 左上Y座標, 幅, 高さ )
```

リスト1では、ピクチャーボックスに円の枠線と、塗り潰した円、そしてテクスチャーを貼り付けた円を描画しています。

円の枠線は、DrawEllipse メソッドのコンストラクターで黒色（Pens.Back）を指定しています。

塗り潰しの円は、FillEllipseメソッドのコンストラクターで赤（Brushes.Red）を指定しています。

また、TextureBrushクラスでリソースから新しいBrushオブジェクトを作成しています。このBrushオブジェクトをFillEllipseメソッドに指定し、テクスチャーを表示しています。

▼実行結果

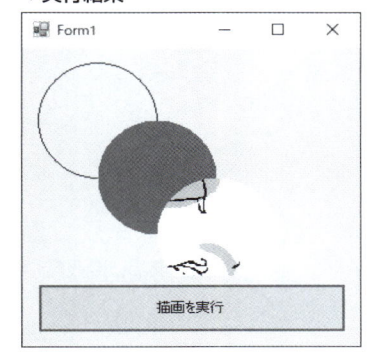

リスト1 円を描画する（ファイル名：graph368.sln、Form1.cs）

```csharp
private void Button1_Click(object sender, EventArgs e)
{
    var g = pictureBox1.CreateGraphics();
    // 円を描画する
    g.DrawEllipse(Pens.Black, 0, 0, 100, 100);
    // 塗り潰した円を描画する
    g.FillEllipse(Brushes.Red, 50, 50, 100, 100);
    // 作成したBrashオブジェクトを指定
    var br = new TextureBrush(Properties.Resources.book);
    g.FillEllipse(br, 100, 100, 100, 100);
}
```

さらに
ワンポイント

楕円を表示するDrawEllipseメソッドやFillEllipseメソッドでは、傾いた楕円を表示することができません。これは四角形を表示するDrawRectangleメソッドやFillRectangleメソッドでも同様です。傾いた楕円や四角形を表示させるためには、MatrixクラスのRotateAtメソッドを使って回転させます。回転については、Tips374の「画像を回転する」を参照してください。

tips

369

多角形を描画する

**ここが
ポイント
です！**

GDI+を使って多角形を描画
（Graphicsクラス、DrawLinesメソッ
ド、DrawPolygonメソッド）

▶ Level ●○○○
▶ 対応
COM　PRO

　フォームやコントロールに折れ線や多角形を描画するには、Graphicsクラスの
DrawLinesメソッドや**DrawPolygon**メソッドを使います。

● DrawLinesメソッド

　DrawLinesメソッドでは、複数の座標を配列（Point構造体）を使って指定します。
　この座標をつないで直線で描画されます。DrawLinesメソッドでは、最初の点と最後の点
は結びません。

▼多角形を描画する①

```
DrawLines(Pen,Point[])
```

● DrawPolygonメソッド

　DrawPolygonメソッドも、DrawLinesメソッドと同様に複数の座標を配列で指定します。
　ただし、DrawPolygonメソッドの場合は最初の点と最後の点を結び、閉じた多角形を描画
します。

▼多角形を描画する②

```
DrawPolygon(Pen,Point[])
```

　リスト1では、ピクチャーボックスに2種類のひし形を描画しています。左のひし形は、
DrawLinesメソッドを使って黒い線で描画しています。右のひし形は、DrawPolygonメ
ソッドを使って赤い線で描画しています。

▼実行結果

リスト1 多角形を描画する（ファイル名：graph369.sln、Form1.cs）

```
private void Button1_Click(object sender, EventArgs e)
{
    var g = pictureBox1.CreateGraphics();
    var points = new Point[4];
    // 多角形を描画する
    points[0] = new Point(50, 0);
    points[1] = new Point(100, 50);
    points[2] = new Point(50, 100);
    points[3] = new Point(0, 50);
    g.DrawLines(Pens.Black, points);
    // 閉じた多角形を描画する
    points[0] = new Point(100, 0);
    points[1] = new Point(150, 50);
    points[2] = new Point(100, 100);
    points[3] = new Point(50, 50);
    g.DrawPolygon(Pens.Red, points);
}
```

さらにワンポイント 多角形の内部を塗り潰すためには、**FillPolygonメソッド**を使います。FillPolygonメソッドでは、Brushオブジェクトを使い、単色（SolidBrushクラス）やグラデーション（LinearGradientBrushクラス）、テクスチャー（TextureBrushクラス）などの塗り潰しが可能です。

tips 370

背景をグラデーションで描画する

▶Level ●●
▶対応 **COM** **PRO**

ここがポイントです！ → コントロールの背景をグラデーションで描画（LinearGradientBrushクラス）

　フォームやコントロール（ButtonコントロールやListBoxコントロールなど）の背景をグラデーションで塗り潰すためには、**LinearGradientBrushクラス**を使い、Brushオブジェクトを作成します。

　LinearGradientBrushクラスのコンストラクターでは、グラデーションを開始する座標と終了する座標、開始するときの色と終了するときの色を指定します。

▼背景をグラデーションで描画する

```
LinearGradientBrush(開始座標,終了座標, 開始色, 終了色)
```

リスト1では、緑（Color.Green）から白（Color.White）に変わるグラデーションをLinearGradientBrushクラスで作成しています。作成したBrushオブジェクトを使い、FillRectangleメソッドでピクチャーボックスを塗り潰しています。

グラデーションは、左上の（0,0）の位置から開始して、ピクチャーボックスの高さの分だけグラデーションが描画されるように指定しています。

▼実行結果

リスト1 背景にグラデーションを描画する（ファイル名：graph370.sln、Form1.cs）

```
private void Button1_Click(object sender, EventArgs e)
{
    var g = pictureBox1.CreateGraphics();
    // グラデーションを作成
    var br = new System.Drawing.Drawing2D.LinearGradientBrush(
        new Point(0, 0), new Point(0, this.pictureBox1.Height),
        Color.Green, Color.White);
    // グラデーションで塗り潰し
    g.FillRectangle(br, 0, 0, this.pictureBox1.Width, this.
pictureBox1.Height);
}
```

グラデーションは、パスを指定する**PathGradientBrushクラス**を利用することもできます。PathGradientBrushクラスでは、GraphicsPathオブジェクトを指定することにより、円形のグラデーションを作成することもできます。

371 画像を半透明にして描画する

▶ Level ●●○

▶ 対応
COM **PRO**

<table>
<tr><td>ここが
ポイント
です!</td><td>透明度を指定して画像を描画
(ColorMatrixクラス、ImageAttributes
クラス、SetColorMatrixメソッド)</td></tr>
</table>

画像に透明度を指定して描画するためには、**ColorMatrixクラス**を使います。ColorMatrixクラスに5×5のRGBA空間を指定し、色調や透明度を指定します。

透明度は、ColorMatrixクラスの**Matrix33プロパティ**に指定します。値は「1」が不透明、「0」が完全に透明な状態です。

作成したColorMatrixオブジェクトを**ImageAttributesクラス**の**SetColorMatrixメソッド**で設定します。そして、ColorMatrixオブジェクトを**Graphicsクラス**の**DrawImage**メソッドの引数に指定します。

13

▼画像を半透明にして描画する

```
DrawImage(
    描画元のImageオブジェクト,
    描画先の矩形をRectangleクラスで指定,
    描画元の画像の左上のx座標,
    描画元の画像の左上のy座標,
    描画元の画像の幅,
    描画元の画像の高さ,
    長さの単位をGraphicsUnit列挙体で指定,
    ImageAttributesオブジェクト );
```

グ
ラ
フ
ィ
ッ
ク
の
極
意

リスト1では、GraphicsクラスのDrawImageメソッドで、画像を半透明「0.5」に指定して描画しています。

▼実行結果

リスト1 画像を半透明で描画する（ファイル名：graph371.sln、Form1.cs）

```
private void Button1_Click(object sender, EventArgs e)
{
    var g = pictureBox1.CreateGraphics();
    // 透明度を指定する
    var cm = new System.Drawing.Imaging.ColorMatrix();
    cm.Matrix00 = 1f;
    cm.Matrix11 = 1f;
    cm.Matrix22 = 1f;
    cm.Matrix33 = 0.5f;
    cm.Matrix44 = 1f;
    var ia = new System.Drawing.Imaging.ImageAttributes();
    ia.SetColorMatrix(cm);
    // 画像を描画する
    var img = Properties.Resources.book;
    var rect = new Rectangle(0, 0, img.Width, img.Height);
    g.DrawImage(img, rect, 0, 0, img.Width, img.Height, GraphicsUnit.
Pixel, ia);
}
```

tips
372 画像をセピア色にして描画する

▶Level ●●
▶対応
COM PRO

ここが
ポイント
です！
> 画像の色調を変化させて描画
（ColorMatrixクラス、ImageAttributes
クラス、SetColorMatrixメソッド）

　画像の色調を変えるためには、**ColorMatrixクラス**を使います。ColorMatrixクラスに5×5のRGBA空間を指定し、色調を変化させます。

　元のRGB値（赤色：r、緑色：g、青色：b）からColorMatrixクラスを使って、色調を変更するためには、次の式を使います。

▼変更後の赤（R）

`r×Matrix00 + g×Matrix01 + b×Matrix02`

▼変更後の緑（G）

`r×Matrix10 + g×Matrix11 + b×Matrix12`

▼変更後の青（B）

`r×Matrix20 + g×Matrix21 + b×Matrix22`

リスト1では、ColorMatrixクラスのMatrix00からMatrix22の値を指定し、画像をセピア色に変更しています。

▼実行結果

リスト1 画像をセピア色で描画する（ファイル名：graph372.sln、Form1.cs）

```csharp
using System.Drawing.Imaging;

private void Button1_Click(object sender, EventArgs e)
{
    var g = pictureBox1.CreateGraphics();
    // セピア色に変換する
    var cm = new System.Drawing.Imaging.ColorMatrix();
    cm.Matrix00 = 0.393f;
    cm.Matrix01 = 0.349f;
    cm.Matrix02 = 0.272f;
    cm.Matrix10 = 0.769f;
    cm.Matrix11 = 0.686f;
    cm.Matrix12 = 0.534f;
    cm.Matrix20 = 0.189f;
    cm.Matrix21 = 0.168f;
    cm.Matrix22 = 0.131f;
    cm.Matrix33 = 1f;
    cm.Matrix44 = 1f;
    var ia = new System.Drawing.Imaging.ImageAttributes();
    ia.SetColorMatrix(cm);
    // 画像を描画する
    var img = Properties.Resources.kaho;
    var rect = new Rectangle(0, 0, img.Width, img.Height);
    g.DrawImage(img, rect, 0, 0, img.Width, img.Height, GraphicsUnit.
Pixel, ia);
}
```

13

グラフィックの極意

 RGBAは、赤色 (Red)、緑 (Green)、青 (Blue) の三原色と、透明度 (Alpha) の組み合わせで表現する表記法です。

 カラー調節を行ったImageAttributesオブジェクトを一時的に無効にすることができます。**SetNoOpメソッド**を呼び出し、カラー調節をオフにします。元のカラー調節に戻すときには、**ClearNoOpメソッド**を呼び出します。
カラー調節は、SetNoOpメソッドやClearNoOpメソッドの引数にColorAdjustType列挙体を指定することにより、カテゴリ (Bitmapオブジェクト、Brushオブジェクト、Penオブジェクト、Textオブジェクト) を別々にカラー調節できます。すべてのカテゴリを指定する場合には、ColorAdjustType.Defaultを設定します。

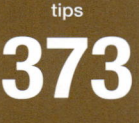
透過色を使って画像を描画する

▶Level ● ○ ○
▶対応 COM PRO

ここがポイントです!

透過色を指定して画像を描画 (ImageAttributesクラス、SetColorKeyメソッド)

　画像のある色を透過させてコントロールやフォームに描画するためには、**ImageAttributesクラス**の**SetColorKeyメソッド**を使います。
　SetColorKeyメソッドは、透明にする色の範囲を指定します。開始色 (下位のカラー) と終了色 (上位のカラー) を指定します。この間に含まれる色が透過色として扱われます。

▼透過色を使って画像を描画する

```
SetColorKey(開始色,終了色)
```

　単色を指定する場合には、開始色と終了色に同じ値を指定します。
　リスト1では、透過色を白 (Color.White) にして画像を描画しています。

▼実行結果

リスト1 透過色を指定して画像を描画する（ファイル名：graph373.sln、Form1.cs）

```
using System.Drawing.Imaging;

private void Button1_Click(object sender, EventArgs e)
{
    var g = pictureBox1.CreateGraphics();
    // 透明色を指定する
    var ia = new System.Drawing.Imaging.ImageAttributes();
    ia.SetColorKey(Color.White, Color.White);
    // 画像を描画する
    var img = Properties.Resources.book;
    var rect = new Rectangle(0, 0, img.Width, img.Height);
    g.DrawImage(img, rect, 0, 0, img.Width, img.Height, GraphicsUnit.
Pixel, ia);
}
```

透過色を指定するImageAttributesオブジェクトをプログラムコードで再利用できます。このとき、透明度をクリアするためには、**ClearColorKey**メソッドを呼び出します。また、カラー調節をクリアするときには、**ClearColorMatrix**メソッドを呼び出します。

tips
374

▶ Level ● ○ ○
▶ 対応
COM PRO

画像を回転する

ここがポイントです！ 画像を回転して描画
（Matrix クラス、RotateAt メソッド）

画像を回転させて描画するためには、**Matrix クラス**の**RotateAt メソッド**を使います。

RotateAt メソッドで、回転させる中心座標と角度（時計回りで「度」単位、360度単位）を指定し、Matrix オブジェクトを作成します。

▼画像を回転する

```
RotateAt( 角度, 回転の中心位置 )
```

Matrix オブジェクトを Graphics クラスの Transform プロパティに設定し、図形の変換を行います。

Matrix クラスには回転させるための RotateAt メソッドのほかにも、拡大や縮小を行うための Scale メソッド、移動を行うための Translate メソッドがあります。

リスト1では、画像を時計回りに45度回転させて表示させています。画像の中央を基点に回転させるために、回転する中心座標を画像の横幅の半分、縦の半分の値を設定しています。

▼実行結果

リスト1 画像を回転させて描画する（ファイル名：graph374.sln、Form1.cs）

```csharp
private void Button1_Click(object sender, EventArgs e)
{
    var g = pictureBox1.CreateGraphics();
    // 画像を回転する
    var img = Properties.Resources.book;
    var mx = new System.Drawing.Drawing2D.Matrix();
    // 画像の中央で時計回りに45度回転させる
```

```
    mx.RotateAt(45, new Point(img.Width / 2, img.Height));
    g.Transform = mx;
    g.DrawImage(img, new Point(0, 0));
}
```

 Matrixクラスは、**System.Drawing.Drawing2D名前空間**にあります。

tips 375 画像を反転する

▶Level ● ○ ○

▶対応 COM PRO

 ここがポイントです！ **画像を反転して描画 （Graphicsクラス、DrawImageメソッド）**

画像を反転させて描画するためには、**Graphicsクラス**の**DrawImageメソッド**を使います。

DrawImageで画像を表示させるときに、第4引数の幅 (width) をマイナスの値にすることで画像が左右反転状態になります。

上下反転で描画したい場合は、第5引数の高さ (height) をマイナスの値にします。

▼画像を反転する

```
DrawImage(
    描画元のImageオブジェクト,
    描画元の画像の左上のx座標,
    描画元の画像の左上のy座標,
    描画元の画像の幅,
    描画元の画像の高さ );
```

リスト1では、画像を左右反転させて表示しています。

グラフィックの極意

▼実行結果

リスト1 画像を回転させて描画する (ファイル名：graph375.sln、Form1.cs)

```
private void Button1_Click(object sender, EventArgs e)
{
    var g = pictureBox1.CreateGraphics();
    // 画像を反転する
    var img = Properties.Resources.book;
    g.DrawImage(img, img.Width, 0, -img.Width, img.Height);
}
```

---

tips

376

▶ Level ●●

▶ 対応
COM PRO

画像を切り出す

ここが
ポイント
です！
部分的に画像を切り出して描画
（Graphics クラス、DrawImage メソッド）

大きな画像から部分的に切り出して描画するためには、Graphicsクラスの**DrawImage**
メソッドで切り出す領域を指定します。

DrawImageメソッドに、描画先の領域（座標と大きさ）と描画する部分画像の領域（座標
と大きさ）を指定します。

▼画像を切り出す

```
DrawImage( 画像 ， 描画先の矩形 ， 描画元の矩形 ， GraphicsUnit列挙体 )
```

リスト1では、1つの画像に含まれているボタンの画像を切り出して描画しています。

▼画像ファイル

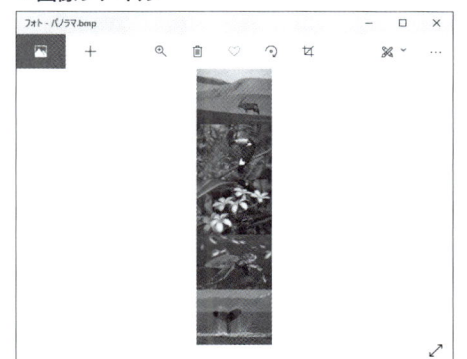

▼実行結果

リスト1 画像を切り出して描画する（ファイル名：graph376.sln、Form1.cs）

```csharp
// 表示するページ番号
private int page = -1;
// ページを切り替える
private void Button1_Click(object sender, EventArgs e)
{
    var g = pictureBox1.CreateGraphics();
    var img = Properties.Resources.Panorama;
    // ページを進める
    if (++page >= 5)
    {
        page = 0;
    }
    // 部分を表示する
    var pt = new Point(0, page * 208);
    g.DrawImage(img, new Rectangle(0, 0, 277, 208),
        new Rectangle(0, page * 208, 277, 208), GraphicsUnit.Pixel);
}
```

> **さらに ワンポイント**　アプリケーションでボタンなどの小さなサイズの画像をたくさん扱うときには、いくつかの画像を1つの画像ファイルにまとめておくとアプリケーションのサイズや実行時のメモリ使用量を減らすことができます。
>
> これは1つのファイルにまとめることにより、別々のファイルに記述されていたBitmapのヘッダー部分がいらなくなるためです。
>
> 実際には、サンプルプログラムのように描画時に画像の切り出しを行うか、あらかじめ切り出したBMP画像を用意しておくとよいでしょう。

グラフィックの極意

tips

377 画像を重ね合わせる

▶ Level ●● ○

▶ 対応
COM | PRO

ここがポイントです！

透過色を指定して画像を重ねて描画（ImageAttributes クラス、SetColorKey メソッド）

透過色を指定して画像を重ね合わせて描画する場合には、**ImageAttributes クラス**の**SetColorKey メソッド**を使い、透過色を指定します。

> SetColorKey(下位の色, 上位の色)

リスト1では、2枚の画像を重ね合わせています。

1枚目の画像は、そのまま Graphics オブジェクトの DrawImage メソッドで描画します。

重ね合わせるための2枚目の画像は、いったん ImageAttributes オブジェクトの SetColorKey メソッドに透過色である白（Color.White）を指定して、DrawImage メソッドを呼び出しています。これにより、2つの画像が重ね合わせて表示されます。

▼実行結果

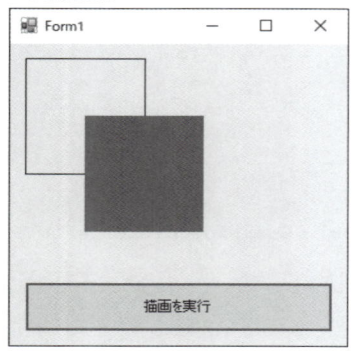

リスト1 画像を重ね合わせて描画する（ファイル名：graph377.sln、Form1.cs）

```
using System.Drawing.Imaging;

private void Button1_Click(object sender, EventArgs e)
{
    var g = pictureBox1.CreateGraphics();
    var img1 = Properties.Resources.kaho;
    var img2 = Properties.Resources.frame;
    // 透明色を設定する
    var ia = new System.Drawing.Imaging.ImageAttributes();
    ia.SetColorKey(Color.Red, Color.Red);
    // 背景の画像を描画する
```

```
    g.DrawImage(img1, new Rectangle(new Point(0, 0), img1.Size));
    //  重ね合わせの画像を描画する
    g.DrawImage(img2, new Rectangle(new Point(0, 0), img2.Size), 0, 0,
img2.Width, img2.Height, GraphicsUnit.Pixel, ia);
}
```

tips

378 画像の大きさを変える

▶Level ● ●
▶ 対応
COM | PRO

ここがポイントです! 画像を拡大縮小して描画（Matrixクラス、Scaleメソッド、Graphicsクラス、Transformプロパティ）

13

画像を拡大縮小して描画する場合には、**Matrixクラス**の**Scaleメソッド**を使って拡大率を指定します。

▼画像の大きさを変える

```
Scale( X方向の拡大率 , Y方向の拡大率 )
```

リスト1では、ピクチャーボックスからGraphicsオブジェクトを取得して、画像を2倍に拡大しています。

▼実行結果

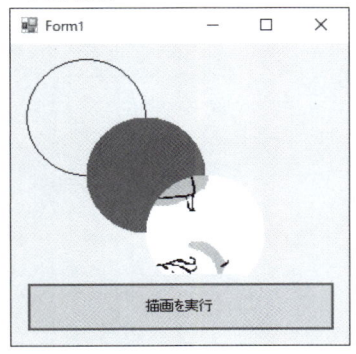

リスト1 画像を拡大して描画する（ファイル名：graph378.sln、Form1.cs）

```
private void Button1_Click(object sender, EventArgs e)
{
    var g = pictureBox1.CreateGraphics();
    //  画像の大きさを変える
```

グラフィックの極意

```
    var img = Properties.Resources.book;
    var mx = new System.Drawing.Drawing2D.Matrix();
    mx.Scale(2.0f, 2.0f);
    g.Transform = mx;
    g.DrawImage(img, new Point(0, 0));
}
```

 さらに
ワンポイント Matrix クラスは、**System.Drawing.Drawing2D 名前空間**に定義されています。

---

tips
379 画像に文字を入れる

▶Level ● ●

▶対応
COM PRO

 ここが
ポイント
です！ **画像に文字を描画**
（Graphics クラス、DrawString メソッド）

　画像に文字を書き入れる場合には、Graphics クラスの**DrawString メソッド**を使います。
　DrawString メソッドには、表示する文字列とフォントの種類、色、表示する座標を指定します。

▼**画像に文字を入れる**

```
DrawString( 文字列, フォント, 色, X座標, Y座標 )
```

　リスト1では、画像に本日の日付を表示しています。

▼**実行結果**

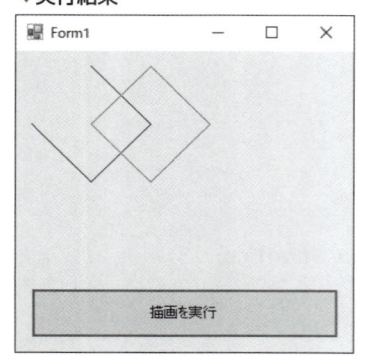

リスト1 画像に文字を描画する（ファイル名：graph379.sln、Form1.cs）

```
private void Button1_Click(object sender, EventArgs e)
{
    var g = pictureBox1.CreateGraphics();
    var img = Properties.Resources.book;
    g.DrawImage(img, new Point(0, 0));
    // 画像に文字を入れる
    g.DrawString(DateTime.Now.ToString("yyyy-MM-dd"),
        new Font("Meiryo", 30.0f),
        new SolidBrush(Color.Red),
        new Point(0, 0));
}
```

tips
380 画像をファイルに保存する

▶Level ●●○
▶対応
COM PRO

ここが
ポイント
です！

画像をファイルに書き出し （Imageクラス、Saveメソッド）

フォームなどに表示している画像をファイルに保存するためには、**Imageクラス**の**Save メソッド**を使います。

Saveメソッドでは、保存先のファイル名と画像のフォーマットを指定します。画像フォーマットは、ImageFormat列挙体で指定します。

▼画像をファイルに保存する

Save (保存先のファイル名 , 画像のフォーマット)

リスト1では、ピクチャーボックスに表示している画像をデスクトップに保存しています。

▼実行結果

リスト1 画像をファイルに保存する（ファイル名：graph380.sln、Form1.cs）

```csharp
private void Button2_Click(object sender, EventArgs e)
{
    var img = pictureBox1.Image;
    img.Save(System.Environment.GetFolderPath(Environment.
SpecialFolder.Desktop) +
        "\\" + DateTime.Now.ToString("yyyy-MM-dd") + ".png",
        System.Drawing.Imaging.ImageFormat.Png);
    MessageBox.Show("画像を保存しました");
}
```

tips 381 ファイルから画像を読み込む

▶Level ●●○
▶対応
COM　PRO

ここがポイントです！ 画像をファイルから読み込み
（Image クラス、FromFile メソッド）

既存の画像ファイルからデータを読み込んでフォームに表示する場合は、**Image クラス**の **FromFile メソッド**を使います。

FromFile メソッドでは、読み込み先のファイルを指定します。フィルフォーマット（JPEG 形式や PNG 形式など）は自動的に判別されます。

▼ファイルから画像を読み込む

```
FromFile(読み込み先のファイル)
```

リスト1では、画像ファイルを OpenFileDialog ダイアログで選択して、フォームに表示させています。

▼実行結果

リスト1 画像をファイルから読み込む（ファイル名：graph381.sln、Form1.cs）

```
private void Button1_Click(object sender, EventArgs e)
{
    var dlg = new OpenFileDialog()
    {
        Title = "画像を選択",
        Filter = "画像ファイル (*.jpg)|*.jpg|画像ファイル (*.png)|*.png"
    };
    if ( dlg.ShowDialog() != DialogResult.OK )
    {
        return;
```

```
    }
    string path = dlg.FileName;
    var img = Image.FromFile(path);
    if ( img == null )
    {
        MessageBox.Show("ファイルが開けませんでした");
        return;
    }
    pictureBox1.Image = img;
}
```

第14章
382~418

WPF の極意

tips
382

▶Level ● ○ ○
▶対応
COM | PRO

WPFアプリケーションを
作成する

ここが
ポイント
です！

統合開発環境でWFPアプリケーションを
新規作成

WPF（Windows Presentation Foundation）は、視覚的に拡張されたユーザーインターフェイスを開発するための新しい手法です。**XAML**（Extensible Application Markup Language）と呼ばれるSVGに似たマークアップ言語が使われています。

XAMLは、WPFアプリケーションだけでなく、WindowsストアアプリやWindows 10で利用することができます。それぞれのプラットフォームではコントロールのライブラリが若干異なりますが、共通しているコントロールを使うことで移植性を高めることが可能です。

統合開発環境でWFPアプリケーションを作成するには、以下の手順に従ってください。

❶ ［ファイル］メニューから［新規作成］➡［プロジェクト］を選択し、［新しいプロジェクトの作成］ダイアログボックスを開きます（画面1）。
❷ ［新しいプロジェクトの作成］ダイアログボックスで、「WPF」を検索して［WPF アプリ（.NET Framework）］を選択して、［次へ］ボタンをクリックします（画面2）。
❸ プロジェクト名を変更して［OK］ボタンをクリックすると、WPFアプリケーションのひな形が作成されます（画面3）。

▼**画面1 プロジェクトを選択**

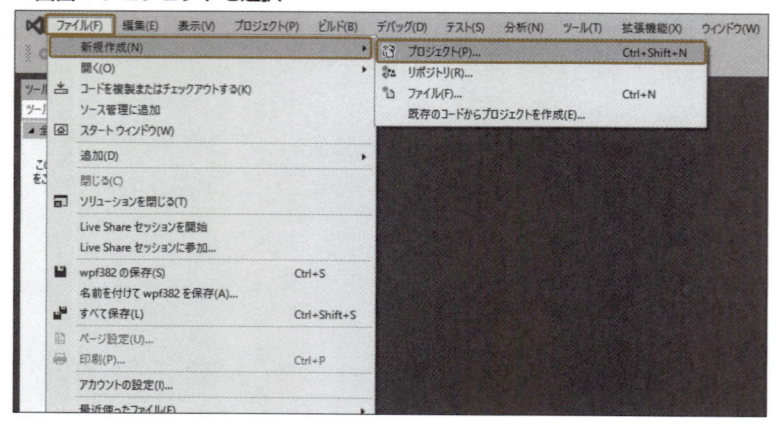

▼画面2 新しいプロジェクト

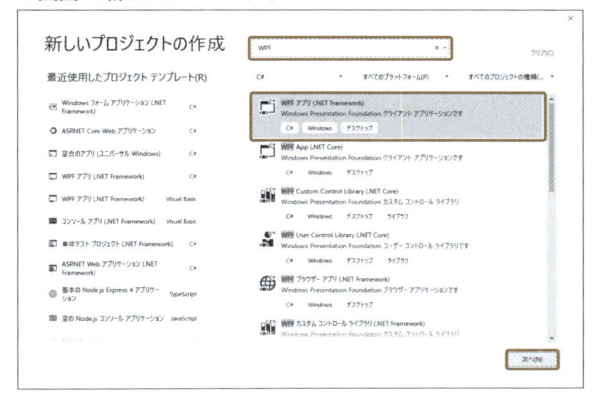

▼画面3 WPFアプリケーションのひな形

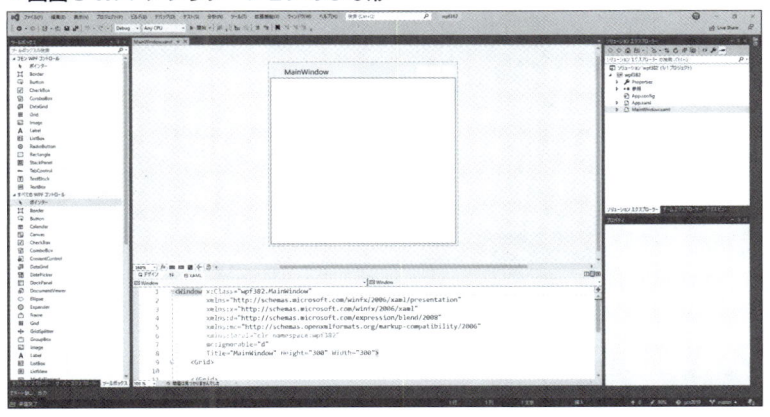

WPFウィンドウの大きさを変える

▶Level ●

▶対応
COM PRO

ここがポイントです!

**ウィンドウの大きさを指定
（Height属性、Width属性）**

WPFアプリケーションのウィンドウの大きさは、Windowタグの属性として指定します。

XAMLデザイナーをクリックしたときに、アクティブになるタグは**Gridタグ**になります。Windowタグをアクティブにするためには、タイトル部分をクリックするか、ドキュメントアウトラインを使うとよいでしょう。

WPFの極意

▼XAMLデザイナー

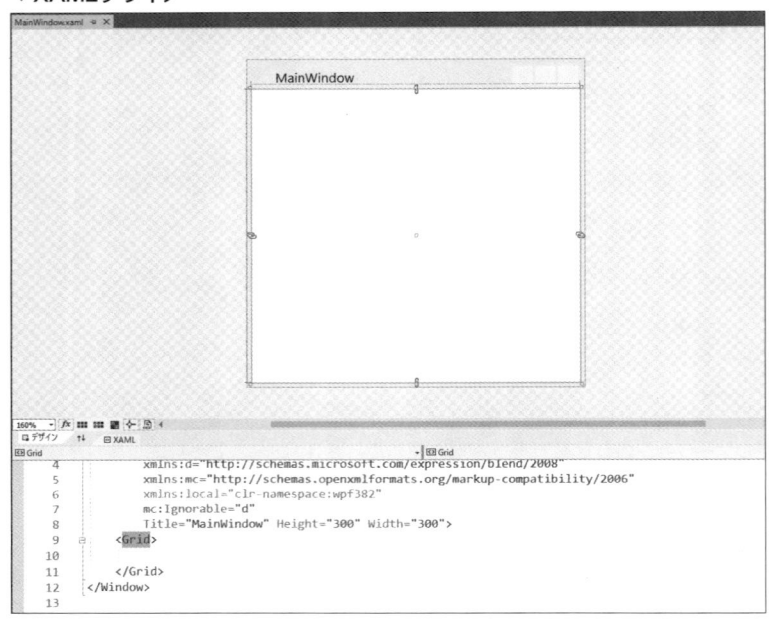

▼ドキュメントアウトライン

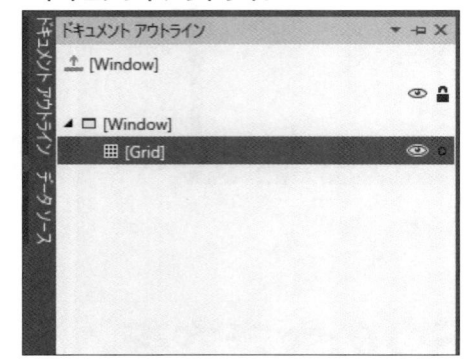

さらに
ワンポイント

値が決まっている場合は直接、XAMLコードを編集する方法もあります。

tips
384
ボタンを配置する

▶Level ●○○
▶対応
COM | PRO

**ここが
ポイント
です！**

WPFアプリケーションでボタンイベント
を記述（Buttonコントロール）

通常のWindowsアプリケーションと同様に、WPFアプリケーションでも**Buttonコント
ロール**があります。これらをXAMLファイルに追加することにより、自由にWPFアプリケー
ションを作成できます。

ここでは、WPFアプリケーションにボタンコントロールを貼り付けて、ボタンイベントを
記述します。

Buttonコントロールを利用する手順は、以下の通りです。

❶ ［ツールボックス］ウィンドウの［共通］タブをクリックします。
❷ ［Buttonコントロール］をWPFフォームへドラッグ＆ドロップします（画面1）。

Buttonコントロールに表示する文字列を変更する場合は、プロパティウィンドウの
Contentプロパティの値を変更します。

Windowsアプリケーションと同様に、WPFアプリケーションでもボタンをクリックした
ときのイベントを、デザインビューに配置したボタンをダブルクリックして作成できます。

ボタンをダブルクリックすると、クリックしたときのイベントハンドラーが自動的に追加さ
れます。ここに、ボタンをクリックしたときの動作を記述します。

リスト1では、［実行する］ボタンでビデオを開始させています。

▼ボタンの配置

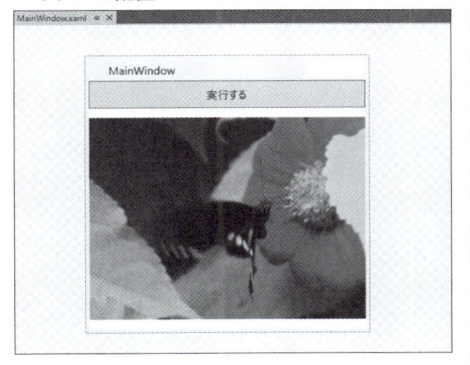

▼実行結果

14

WPFの極意

リスト1 ボタンをクリックしたときの処理を記述する（ファイル名：wpf384.sln、MainWindow.xaml.cs）

```
private void Button_Click(object sender, RoutedEventArgs e)
{
    // ビデオを開始する
    mediaElement1.Play();
}
```

tips

385 テキストを配置する

▶ Level ●○○○
▶ 対応
COM　PRO

ここが
ポイント
です！

WPFアプリケーションでテキストを配置 （TextBlockコントロール）

　WPFアプリケーションでは、文字列を表示させるための**TextBlockコントロール**があります。

　これは、WindowsアプリケーションのLabelコントロールと似ていますが、複数行で記述することが可能です。

　通常は、**TextWrapingプロパティ**の値が「NoWrap」となり、1行に表示されていますが、「WrapWithOver」（単語単位で折り返し）や「Wrap」（通常の折り返し）を指定することで複数行で表示ができます。

　TextBlockコントロールを利用する手順は、以下の通りです。

❶ [ツールボックス] ウィンドウの [コントロール] タブをクリックします。
❷ [TextBlock] コントロールをWPFフォームへドラッグ＆ドロップします（画面1）。

　TextBlockコントロールに表示する文字列を変更する場合は、プロパティウィンドウの**Textプロパティ**の値を変更します。

　リスト1では、[大] [中] [小] のボタンをクリックして、TextBlockコントロールの文字の大きさを変更しています。

▼画面1 TextBlock コントロールの配置

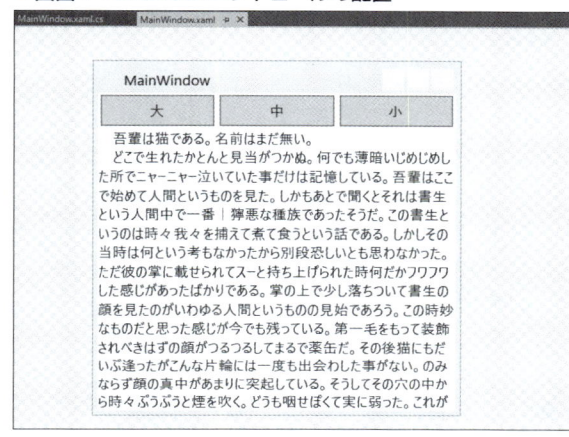

▼実行結果

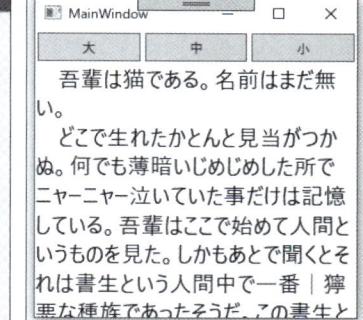

リスト1 テキストのフォントの大きさを変更する（ファイル名：wpf385.sln、MainWindow.xaml.cs）

```
private void clickLarge(object sender, RoutedEventArgs e)
{
    text.FontSize = 20;
}


private void clickMiddle(object sender, RoutedEventArgs e)
{
    text.FontSize = 12;
}


private void clickSmall(object sender, RoutedEventArgs e)
{
    text.FontSize = 9;
}
```

tips
386 テキストボックスを配置する

ここが
ポイント
です！
WPFアプリケーションでテキストボックスを配置（TextBox コントロール）

▶Level ●
▶対応
COM　PRO

　WPFアプリケーションでは、文字列を入力するために**TextBox コントロール**があります。これは、Windows アプリケーションのTextBox コントロールとほぼ同じです。

14

WPFの極意

TextBlockコントロールを利用する手順は、以下の通りです。

❶ [ツールボックス] ウィンドウの [コントロール] タブをクリックします。
❷ [TextBlockコントロール] をWPFフォームへドラッグ＆ドロップします (画面1)。

TextBlockコントロールに表示する文字列を変更する場合は、プロパティウィンドウの **Textプロパティ**の値を変更します。

複数行を表示させるためには、**AcceptsReturnプロパティ**にチェック (XAMLでは 「True」) を入れます。

リスト1では、[追加] ボタンをクリックしたときに、テキストボックスの文字列をリストに 追加しています。

▼画面1 テキストボックスの配置　　　　　　　　　　　　▼実行結果

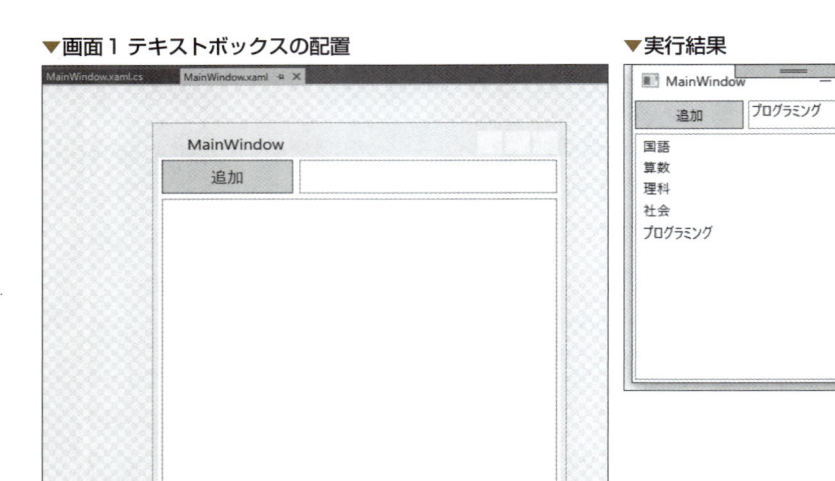

リスト1 テキストボックスの文字列をリストに追加する (ファイル名: wpf386.sln、MainWindow.xaml.cs)

```
private void clickAdd(object sender, RoutedEventArgs e)
{
    var s = text.Text;
    if (!string.IsNullOrEmpty(s))
    {
        lst.Items.Add(s);
    }
}
```

パスワードを入力する テキストボックスを配置する

▶Level ● ○ ○
▶対応
COM PRO

ここが ポイント です!

WPFアプリケーションでパスワードを入力 （PasswordBoxコントロール）

WPFアプリケーションでは、パスワードを入力するためのテキストボックスには **PasswordBoxコントロール**を使います。

TextBoxコントロールとの違いは、パスワードを入力したときに表示される文字が「●」のようにユーザーにも見えないことです。

PasswordBoxコントロールを利用する手順は、以下の通りです。

❶ [ツールボックス] ウィンドウの [コントロール] タブをクリックします。
❷ [PasswordBoxコントロール] をWPFフォームへドラッグ＆ドロップします（画面1）。

PasswordBoxコントロールに表示される文字を変更する場合は、プロパティウィンドウの**PasswordChar プロパティ**の値を変更します。

リスト1では、[ログイン] ボタンをクリックしたときに、入力したユーザー名とパスワードをダイアログで表示しています。

▼画面1 パスワードコントロールの配置

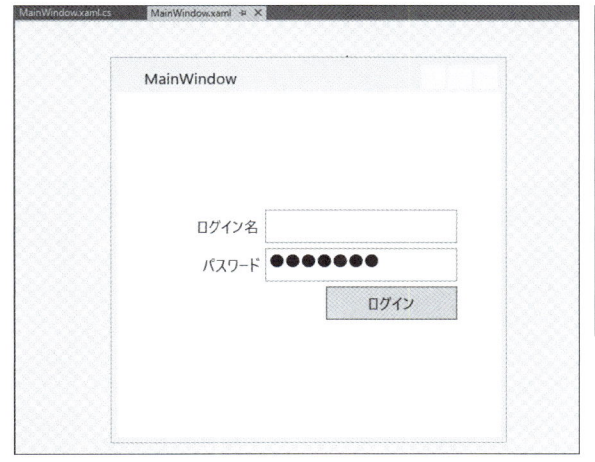

▼実行結果

リスト1 パスワードを入力するテキストボックスを配置する（ファイル名：wpf387.sln、MainWindow.xaml.cs）

```
private void clickLogin(object sender, RoutedEventArgs e)
{
    var loginName = login.Text;
```

WPFの極意

```
    var passwd = pass.Password;
    MessageBox.Show($"{loginName}¥n{passwd}");
}
```

リスト2 パスワードコントロールを配置（ファイル名：wpf387.sln、MainWindow.xaml）

```
<TextBox x:Name="login"
  Grid.Column="2" Grid.Row="1" Margin="2"/>
<PasswordBox x:Name="pass"
  Grid.Column="2" Grid.Row="2"
  Password="abcdefg" PasswordChar="●"
  Margin="2"/>
```

さらに
ワンポイント

TextBoxコントロールのTextプロパティは、MVVMパターンでバインドが可能ですが、PasswordBoxコントロールのPasswordプロパティではバインドができません。Passwordプロパティは、不要なアクセスができないように隠蔽されています。そのため、Passwordプロパティの内容を確認するためには、サンプルコードのようにPasswordBoxコントロールに名前を付けてアクセスします。

tips

388 チェックボックスを配置する

▶Level ●○○

▶対応
COM PRO

ここが
ポイント
です！

WPFアプリケーションでチェックボックスを配置（CheckBoxコントロール）

WPFアプリケーションでは、項目を選択するための**CheckBoxコントロール**があります。
CheckBoxコントロールは、**IsCheckedプロパティ**で項目が選択されているかどうかを取得／設定します。
CheckBoxコントロールを利用する手順は、以下の通りです。

❶ ［ツールボックス］ウィンドウの［コントロール］タブをクリックします。
❷ ［CheckBoxコントロール］をWPFフォームへドラッグ＆ドロップします（画面1）。

CheckBoxコントロールのチェック状態を初期設定する場合は、IsCheckedプロパティの値を設定します。IsCheckedプロパティに「x:Null」を指定すると「不定な状態」になります。
リスト1では、4つのチェックボックスを画面に配置して、［投稿］ボタンをクリックしたときにチェック状態を表示しています。

▼画面1 チェックボックスの配置

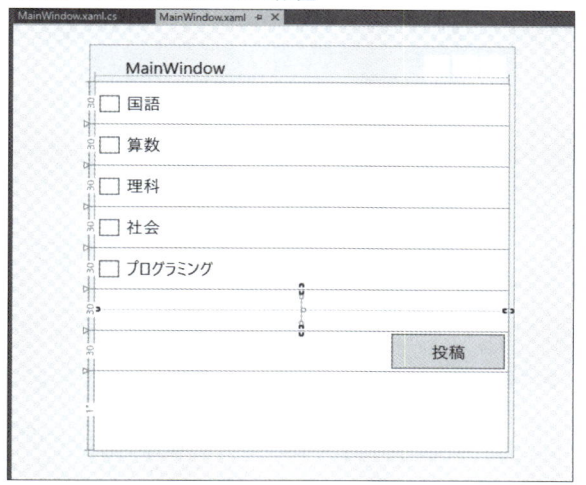

▼実行結果

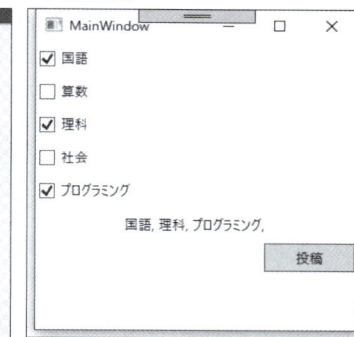

リスト1 チェックボックスの値を取得する（ファイル名：wpf388.sln、MainWindow.xaml.cs）

```
private void Button_Click(object sender, RoutedEventArgs e)
{
    var s = "";
    if (chk1.IsChecked.Value) s += "国語，";
    if (chk2.IsChecked.Value) s += "算数，";
    if (chk3.IsChecked.Value) s += "理科，";
    if (chk4.IsChecked.Value) s += "社会，";
    if (chk5.IsChecked.Value) s += "プログラミング，";
    text.Text = s;
}
```

tips

389 ラジオボタンを配置する

ここが
ポイント
です！

**WPFアプリケーションでラジオボタンを
配置（RadioButtonコントロール）**

▶Level ●

▶対応 COM PRO

WPFアプリケーションでは、1つの項目を選択するための**RadioButtonコントロール**があります。

RadioButtonコントロールは、**IsCheckedプロパティ**で項目が選択されているかどうかを取得/設定します。

WPFの極意

14

RadioButtonコントロールを利用する手順は、以下の通りです。

❶ [ツールボックス] ウィンドウの [コントロール] タブをクリックします。
❷ [RadioButtonコントロール] をWPFフォームへドラッグ＆ドロップします (画面1)。

　RadioButtonコントロールのチェック状態を初期設定する場合は、IsCheckedプロパティの値を設定します。IsCheckedプロパティに「x:Null」を指定すると「不定な状態」になります。
　リスト1では、4つのラジオボタンを画面に配置して、[投稿] ボタンをクリックしたときに選択した項目を表示しています。

▼**画面1 ラジオボタンの配置**

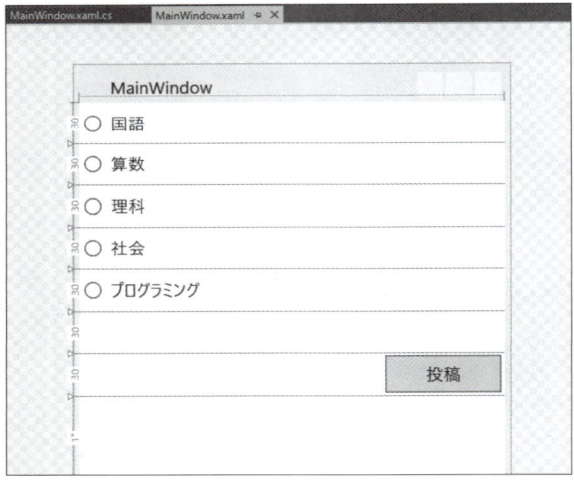

▼**実行結果**

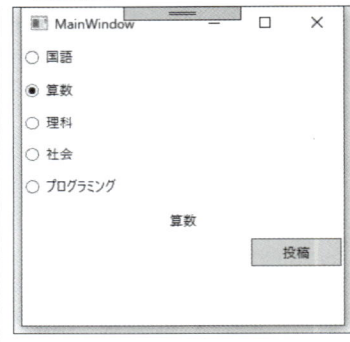

リスト1　**ラジオボタンの値を取得する** (ファイル名：wpf389.sln、MainWindow.xaml.cs)

```csharp
private void Button_Click(object sender, RoutedEventArgs e)
{
    var s = "";
    if (rb1.IsChecked.Value) s = "国語";
    if (rb2.IsChecked.Value) s = "算数";
    if (rb3.IsChecked.Value) s = "理科";
    if (rb4.IsChecked.Value) s = "社会";
    if (rb5.IsChecked.Value) s = "プログラミング";
    text.Text = s;
}
```

コンボボックスを配置する

▶ Level ● ○ ○
▶ 対応
COM　PRO

ここが
ポイント
です！

WPFアプリケーションでコンボボックスを配置（ComboBoxコントロール）

WPFアプリケーションでは、項目を選択する**ComboBoxコントロール**があります。

ComboBoxコントロールは、あらかじめComboBoxItemタグで指定した項目や、ItemsSourceプロパティで設定したリストから1つの項目を選択します。

選択した項目は、**SelectedItemプロパティ**で取得できます。SelectedItemプロパティはobject型のため、適切なデータ型にキャストする必要があります。選択したインデックスの場合は、**SelectedIndexプロパティ**を使います。

ComboBoxコントロールを利用する手順は、以下の通りです。

❶ [ツールボックス] ウィンドウの [コントロール] タブをクリックします。
❷ [ComboBoxコントロール] をWPFフォームへドラッグ＆ドロップします（画面1）。

リスト1では、コンボボックスにあらかじめ4つの項目をComboBoxItemタグで指定しています。
リスト2では、[投稿] ボタンをクリックしたときに選択されている項目を表示します。

▼画面1 コンボボックスの配置

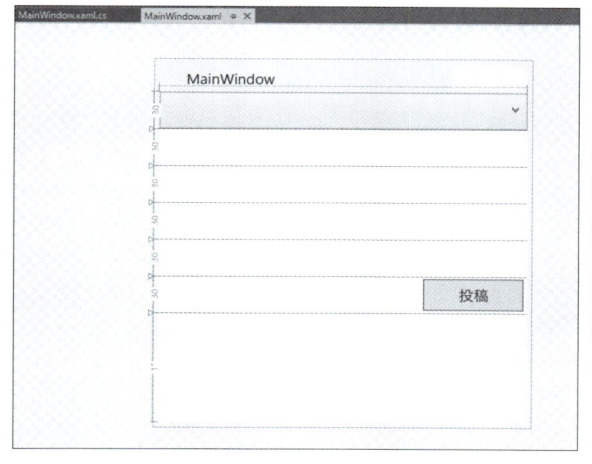

▼実行結果

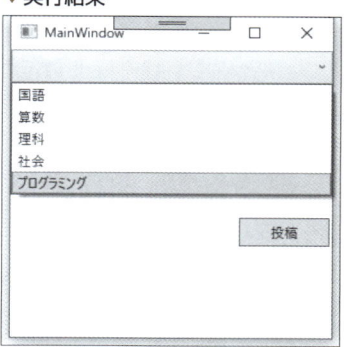

リスト1 コンボボックスに項目を設定する（ファイル名：wpf390.sln、MainWindow.xaml）

```
<ComboBox x:Name="cb1" >
    <ComboBoxItem Content="国語" />
```

```xml
        <ComboBoxItem Content="算数" />
        <ComboBoxItem Content="理科" />
        <ComboBoxItem Content="社会" />
        <ComboBoxItem Content="プログラミング" />
    </ComboBox>
```

リスト2 コンボボックスから選択項目を取得する（ファイル名：wpf390.sln、MainWindow.xaml.cs）

```csharp
private void Button_Click(object sender, RoutedEventArgs e)
{
    if ( cb1.SelectedIndex != -1 )
    {
        var s = cb1.SelectedItem as ComboBoxItem;
        text1.Text = s.Content.ToString();
    }
}
```

tips 391 リストボックスを配置する

▶ Level ●
▶ 対応
COM PRO

ここがポイントです！ WPFアプリケーションでリストボックスを配置（ListBoxコントロール）

WPFアプリケーションでは、項目を選択する**ListBoxコントロール**があります。

ListBoxコントロールは、あらかじめListBoxItemタグで指定した項目や、ItemsSourceプロパティで設定したリストから項目を選択します。

選択する項目数は、**SelectionModeプロパティ**で、1つだけ選択（Single）、複数選択（Multiple）が選べます。

選択した項目は、SelectedItemプロパティやSelectedItemsプロパティで取得できます。これらのプロパティはobject型、あるいはIListコレクションのため、適切なデータ型にキャストする必要があります。選択したインデックスの場合は、SelectedIndexプロパティを使います。

ListBoxコントロールを利用する手順は、以下の通りです。

❶ [ツールボックス] ウィンドウの [コントロール] タブをクリックします。
❷ [ListBoxコントロール] をWPFフォームへドラッグ＆ドロップします（画面1）。

リスト1では、リストボックスにあらかじめ4つの項目をListBoxItemタグで指定しています。

リスト2では、[投稿] ボタンをクリックしたときに選択されている項目を表示します。

▼画面1 コンボボックスの配置

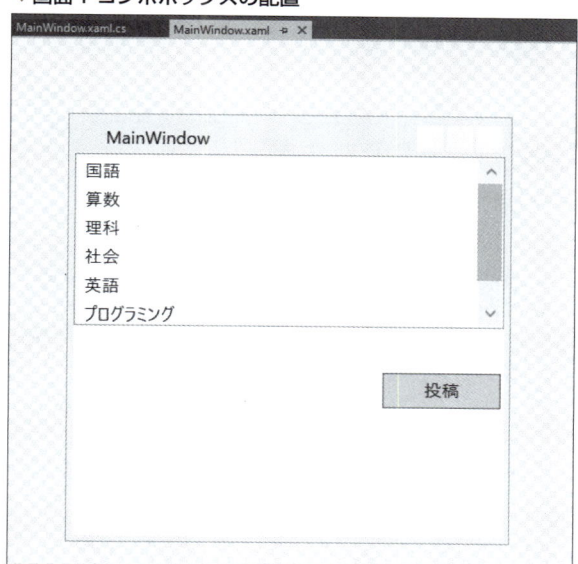

▼実行結果

リスト1 リストボックスに項目を設定する（ファイル名：wpf391.sln、MainWindow.xaml）

```
<ListBox x:Name="lst">
    <ListBoxItem Content="国語" />
    <ListBoxItem Content="算数" />
    <ListBoxItem Content="理科" />
    <ListBoxItem Content="社会" />
    <ListBoxItem Content="英語" />
    <ListBoxItem Content="プログラミング" />
</ListBox>
```

リスト2 リストボックスから選択項目を取得する（ファイル名：wpf391.sln、MainWindow.xaml.cs）

```
private void Button_Click(object sender, RoutedEventArgs e)
{
    if ( lst.SelectedIndex != -1 )
    {
        var s = lst.SelectedItem as ListBoxItem;
        text1.Text = s.Content.ToString();
    }
}
```

WPFの極意

655

392 四角形を配置する

▶ Level ● ○ ○
▶ 対応
COM PRO

ここがポイントです！

塗りつぶした四角形を表示（Rectangleコントロール）

WPFアプリケーションでは、四角形を表示するための**Rectangleコントロール**があります。

Rectangleコントロールには、塗りつぶしの色のための**Fillプロパティ**のほか、枠線を表示するための**Stroke プロパティ**と**StrokeThicknessプロパティ**があります。

これらのプロパティを使うことにより、WPFアプリケーションの画面に様々な色が設定できます。

リスト1では、Gridコントロールと組み合わせて、様々なRectangleコントロールを表示させています。

▼実行結果

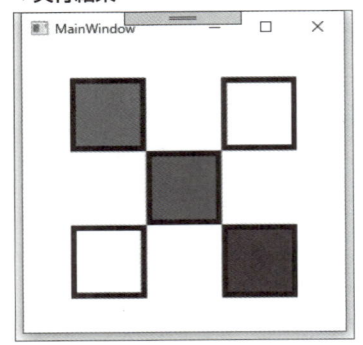

リスト1 　四角形を表示する（ファイル名：wpf392.sln、MainWindow.xaml）

```xml
<Grid Width="200" Height="200" Grid.Column="1" Grid.Row="1">
    <Grid.ColumnDefinitions>
        <ColumnDefinition Width="*" />
        <ColumnDefinition Width="*" />
        <ColumnDefinition Width="*" />
    </Grid.ColumnDefinitions>
    <Grid.RowDefinitions>
        <RowDefinition Height="*" />
        <RowDefinition Height="*" />
        <RowDefinition Height="*" />
    </Grid.RowDefinitions>
    <Rectangle Stroke="Black"
            Fill="Red"
```

```
                    StrokeThickness="5" />
        <Rectangle Stroke="Black" StrokeThickness="5" Grid.Column="2"/>
        <Rectangle Stroke="Black"
                    Fill="Green"
                    StrokeThickness="5" Grid.Column="1" Grid.Row="1"/>
        <Rectangle Stroke="Black"
                    StrokeThickness="5" Grid.Row="2"/>
        <Rectangle Stroke="Black"
                    Fill="Blue"
                    StrokeThickness="5" Grid.Row="2" Grid.Column="2"/>
    </Grid>
```

さらに
ワンポイント
四角形の枠線だけを表示する場合は、Fillタグを指定しないか、あるいは「Transparent」を指定して透明にします。

Rectangleタグの下にボタンを配置させたとき、Fillタグを指定しない場合はクリックできますが、透明を表すTransparentを指定するとクリックできません。イベント伝播に違いがあるので注意してください。

393 楕円を配置する

▶Level ●
▶対応
COM   PRO

ここが
ポイント
です!

円あるいは楕円を表示 (Ellipseコントロール)

WPFアプリケーションでは、楕円を表示するための**Ellipseコントロール**があります。

Ellipseコントロールは、幅（Widthプロパティ）と高さ（Heightプロパティ）を指定して、この矩形に内接する楕円を描きます。幅と高さが同じ場合には真円になります。

Ellipseコントロールには、塗りつぶしの色のための**Fillプロパティ**のほか、枠線を表示するための**Strokeプロパティ**と**StrokeThicknessプロパティ**があります。

リスト1では、Gridコントロールと組み合わせて、様々なEllipseコントロールを表示させています。

14-1 アプリケーション

▼実行結果

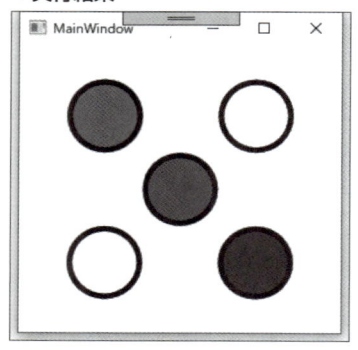

リスト1 　楕円を配置する（ファイル名：wpf393.sln、MainWindow.xaml）

```
<Grid Width="200" Height="200" Grid.Column="1" Grid.Row="1">
    <Grid.ColumnDefinitions>
        <ColumnDefinition Width="*" />
        <ColumnDefinition Width="*" />
        <ColumnDefinition Width="*" />
    </Grid.ColumnDefinitions>
    <Grid.RowDefinitions>
        <RowDefinition Height="*" />
        <RowDefinition Height="*" />
        <RowDefinition Height="*" />
    </Grid.RowDefinitions>
    <Ellipse Stroke="Black"
                Fill="Red"
                StrokeThickness="5" />
    <Ellipse Stroke="Black" StrokeThickness="5" Grid.Column="2"/>
    <Ellipse Stroke="Black"
                Fill="Green"
                StrokeThickness="5" Grid.Column="1" Grid.Row="1"/>
    <Ellipse Stroke="Black" StrokeThickness="5" Grid.Row="2"/>
    <Ellipse Stroke="Black"
                Fill="Blue"
                StrokeThickness="5" Grid.Row="2" Grid.Column="2"/>
</Grid>
```

394 画像を配置する

▶ Level ● ○ ○ ○
▶ 対応
COM PRO

ここが ポイント です! | **画像を配置 (Imageコントロール)**

WPFアプリケーションでは、画像を表示するための**Imageコントロール**があります。

Imageコントロールは、**Imageプロパティ**で画像ファイルを指定します。表示するときの大きさは、幅（Widthプロパティ）と高さ（Heightプロパティ）を指定します。

Imageコントロールには枠線を表示する機能がないため、枠線を付ける場合はRectangleコントロールと組み合わせます。

リスト1では、Imageコントロールと Rectangle コントロールを組み合わせて画像を表示させています。透明度は、Opacityプロパティで指定します。

▼実行結果

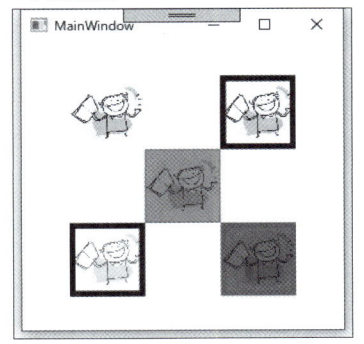

リスト1 枠付きの画像を配置する（ファイル名：wpf394.sln、MainWindow.xaml）

```
<Grid Width="200" Height="200" Grid.Column="1" Grid.Row="1">
    <Grid.ColumnDefinitions>
        <ColumnDefinition Width="*" />
        <ColumnDefinition Width="*" />
        <ColumnDefinition Width="*" />
    </Grid.ColumnDefinitions>
    <Grid.RowDefinitions>
        <RowDefinition Height="*" />
        <RowDefinition Height="*" />
        <RowDefinition Height="*" />
    </Grid.RowDefinitions>
    <Image Source="images/book.jpg"/>
    <Image Source="images/book.jpg" Grid.Column="2"/>
    <Rectangle Stroke="Black"
```

14

WPFの極意

```
                    StrokeThickness="5" Grid.Column="2"/>
        <Image Source="images/book.jpg" Grid.Column="1" Grid.Row="1"/>
        <Rectangle Stroke="Black"
                    Fill="Green" Opacity="0.5"
                    Grid.Column="1" Grid.Row="1"/>
        <Image Source="images/book.jpg" Opacity="0.5" Grid.Row="2"/>
        <Rectangle Stroke="Black" StrokeThickness="5" Grid.Row="2"/>
        <Image Source="images/book.jpg" Grid.Row="2" Grid.Column="2"/>
        <Rectangle Stroke="Black"
                    Fill="Blue" Opacity="0.5"
                    StrokeThickness="5" Grid.Row="2" Grid.Column="2"/>
    </Grid>
```

tips 395 ボタンに背景画像を設定する

▶ Level ● ●
▶ 対応
COM PRO

ここがポイントです！ ボタンの背景に画像を配置（Background属性）

　WPFアプリケーションでは、通常のWindowsアプリケーションよりもグラフィカルなインターフェイスを簡単に作ることができます。ボタン（Buttonコントロール）の背景に画像を入れたり、フォントの大きさを変えるためには、**Background属性**や**FontSize属性**を変更します。

　プロパティウィンドウで、ボタンに設定するブラシを変更することで、ボタンに表示する画像を変更できます（画面1、画面2）。

　設定した画像は、リスト1のようにリソースとして、1つの実行ファイルにビルドされます。実行した場合は、画面3のように表示されます。

▼画面１ ブラシの設定

▼画面２ デザイン時

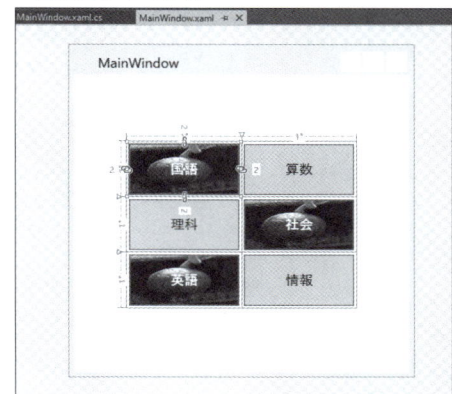

▼画面３ 実行時

リスト1　Background属性にブラシを設定する（ファイル名：wpf395.sln、MainWindow.xaml）

```xml
<Grid Width="200" Height="150" Grid.Column="1" Grid.Row="1">
    <Grid.ColumnDefinitions>
        <ColumnDefinition Width="*" />
        <ColumnDefinition Width="*" />
    </Grid.ColumnDefinitions>
    <Grid.RowDefinitions>
        <RowDefinition Height="*" />
        <RowDefinition Height="*" />
        <RowDefinition Height="*" />
    </Grid.RowDefinitions>

    <Button Grid.Column="0" Grid.Row="0" Margin="2"
            Content="国語" FontWeight="Bold" Foreground="White">
        <Button.Background>
            <ImageBrush ImageSource="images/kabocha.jpg" />
        </Button.Background>
    </Button>
```

```
        <Button Grid.Column="1" Grid.Row="0" Content="算数" Margin="2"/>
        <Button Grid.Column="0" Grid.Row="1" Content="理科" Margin="2"/>
        <Button Grid.Column="1" Grid.Row="1" Margin="2"
                Content="社会"  FontWeight="Bold" Foreground="White">
            <Button.Background>
                <ImageBrush ImageSource="images/kabocha.jpg" />
            </Button.Background>
        </Button>
        <Button Grid.Column="0" Grid.Row="2" Margin="2"
                Content="英語" FontWeight="Bold" Foreground="White">
            <Button.Background>
                <ImageBrush ImageSource="images/kabocha.jpg" />
            </Button.Background>
        </Button>
        <Button Grid.Column="1" Grid.Row="2" Content="情報" Margin="2"/>
    </Grid>
```

14-2 XAML

tips
396

▶ Level ●●○
▶ 対応
COM　PRO

XAMLファイルを
直接編集する

ここが
ポイント
です!
XAMLのソースコードを直接編集

　Visual Studioでは、画面のデザインをするために、**XAML**のソースコードを直接編集することがあります。

　プロパティウィンドウで各コントロールのプロパティを設定することもできますが、すでに知っているプロパティならば、直接XAMLファイルを編集したほうが効率がよいでしょう。

　Visual StudioのXAMLの編集では、Space キーを押したときに**インテリセンス**が表示されます。

　コードのインテリセンスと同様に、次の候補となるプロパティ名やイベント名、値などが表示されます。このインテリセンスを使うと、比較的簡単にXAMLを編集することができます。

▼XAMLのインテリセンス

```
<Button Grid.Column="0" Grid.Row="0" Margin="2"
        Content="国語" FontWeight="Bold" Foreground="White">
    <But  ★ HorizontalAlignment        images/kabocha.jpg" />
    </Bu   ★ Name
    </Button>  ★ Visibility
    <Button  ★ Command             "0" Content="算数" Margin="2"/>
    <Button  ★ Click               "1" Content="理科" Margin="2"/>
    <Button  {} AccessKeyManager    "1" Margin="2"
             AllowDrop                                    FrameworkElement.Margin
             {} AutomationProperties
             Background             ="Bold" Foreground="White">
    <Button.Background>
        <ImageBrush ImageSource="images/kabocha.jpg" />
    </Button.Background>
</Button.Background>
```

tips

397

▶ Level ●

▶ 対応

COM   PRO

グリッド線で分割する

ここが
ポイント
です!

**固定ドット数でグリッドを分割
（Gridタグ、ColumnDefinitionタグ、
RowDefinitionタグ）**

WPFアプリケーションでは、メインウィンドウの子要素は、GridタグかPanelタグになります。

●Gridタグ

Gridタグは、各コントロールを格子点に沿って配置させます。

●Panelタグ

Panelタグの場合は、自由に位置を設定します。

Gridタグを利用するときの利点は、ウィンドウの大きさに関係なく、ボタンや矩形などのコントロールを配置できることです。縦横に分割した線に沿ってコントロールを置くことができきます。

デザイナーでグリッドを分割するときは、あらかじめグリッドを選択した後に枠の外にマウスカーソルを置きます。オレンジの三角形でグリッドの分割線を決定します（画面1）。

分割したグリッドは、リスト1のように**Grid.ColumnDefinitionsタグ**と**Grid.Row Definitionsタグ**で区切られます。

Grid.ColumnDefinitionsタグでは、横に区切った列幅をColumnDefinitionタグで指定します。Grid.RowDefinitionsタグでは、縦に区切った行幅をRowDefinitionタグで指定します。

リスト2では、高さ方向をRowDefinitionタグで30ドットごとに区切って表示していま

WPFの極意

す。横方向はColumnDefinitionタグで指定し、各コントロールの配置を揃えています。

▼画面1 グリッドの設定

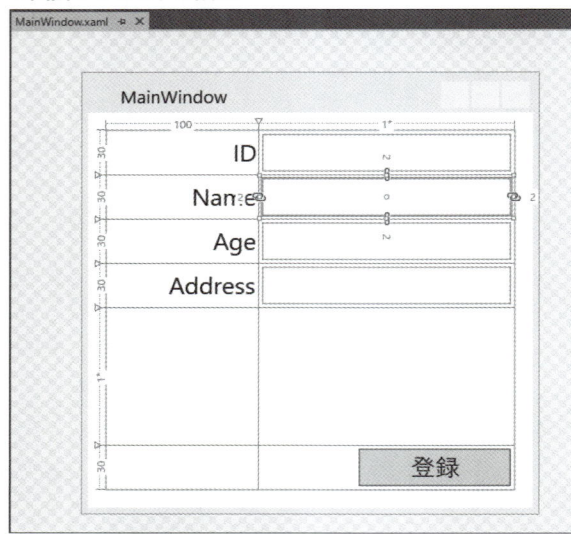

▼実行結果

リスト1 グリッドの区切り

```
<Grid>
    <!-- 列方向を指定する -->
    <Grid.ColumnDefinitions>
        <!-- 列幅を指定する -->
        <ColumnDefinition Width="列の幅"/>
        …
    </Grid.ColumnDefinitions>
    <!-- 行方向を指定する -->
    <Grid.RowDefinitions>
        <!-- 行幅を指定する -->
        <RowDefinition Height="<行の高さ"/>
        …
    </Grid.RowDefinitions>
</Grid>
```

リスト2 固定値でグリッドを表示する（ファイル名：wpf397.sln、MainWindow.xaml）

```
<Grid Margin="12">
    <Grid.RowDefinitions>
        <RowDefinition Height="30" />
        <RowDefinition Height="30" />
        <RowDefinition Height="30" />
        <RowDefinition Height="30" />
        <RowDefinition Height="*" />
        <RowDefinition Height="30" />
```

```
    </Grid.RowDefinitions>
    <Grid.ColumnDefinitions>
        <ColumnDefinition Width="100" />
        <ColumnDefinition Width="*" />
    </Grid.ColumnDefinitions>
    <TextBlock Text="ID"
        VerticalAlignment="Center"
        HorizontalAlignment="Right" Margin="2"/>
    <TextBlock Text="Name" Grid.Row="1"
        VerticalAlignment="Center"
        HorizontalAlignment="Right" Margin="2"/>
    <TextBlock Text="Age" Grid.Row="2"
        VerticalAlignment="Center"
        HorizontalAlignment="Right" Margin="2"/>
    <TextBlock Text="Address" Grid.Row="3"
        VerticalAlignment="Center"
        HorizontalAlignment="Right" Margin="2"/>

    <TextBox Grid.Column="1" Margin="2" />
    <TextBox Grid.Column="1" Grid.Row="1" Margin="2" />
    <TextBox Grid.Column="1" Grid.Row="2" Margin="2" />
    <TextBox Grid.Column="1" Grid.Row="3" Margin="2" />
    <Button Content="登録" Width="100" Grid.Row="5"
        Grid.Column="1" Margin="2" HorizontalAlignment="Right" />
</Grid>
```

tips
398 グリッドの比率を変える

▶ Level ●
▶ 対応
COM   PRO

**ここが
ポイント
です！**

**比率でグリッドを分割
（Gridタグ、Width属性、Height属性）**

Gridタグの縦横は、ドット数だけでなく、比率で指定することができます。

固定ドット数を使う場合には「100」のように数値だけを指定しますが、比率の場合には「1*」のように数値の後ろにアスタリスクを付けます。

グリッドを分割する方法は、リスト1のように固定ドットと同じように、Grid.ColumnDefinitionsタグとGrid.RowDefinitionsタグを使います。このときに指定するColumnDefinitionタグとRowDefinitionタグの属性の指定に比率を使います。

固定ドット指定と比率指定をうまく組み合わせることによって、ウィンドウのサイズに依存しない画面設計を行うことが可能です。

リスト2では、横方向の比率を1:2になるようにColumnDefinitionタグで指定していま

14

WPFの極意

す。ウィンドウの横幅に合わせて各コントロールが伸び縮みします。

▼通常の画面 ▼横長の画面

 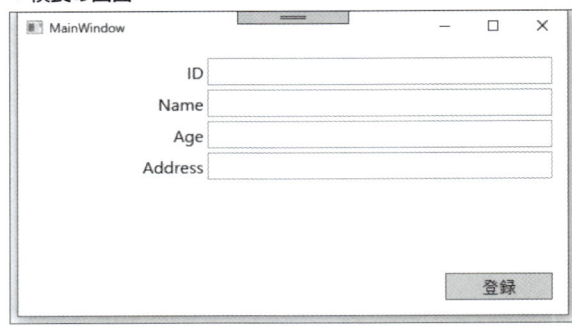

リスト1 グリッドを三分割する

```
<Grid>
    <Grid.ColumnDefinitions>
        <ColumnDefinition Width="1*"/>
        <ColumnDefinition Width="1*"/>
        <ColumnDefinition Width="1*"/>
    </Grid.ColumnDefinitions>
    <Grid.RowDefinitions>
        <RowDefinition Height="1*"/>
        <RowDefinition Height="1*"/>
        <RowDefinition Height="1*"/>
    </Grid.RowDefinitions>
</Grid>
```

リスト2 比率でグリッドを表示する（ファイル名：wpf398.sln、MainWindow.xaml）

```
<Grid Margin="12">
    <Grid.RowDefinitions>
        <RowDefinition Height="30" />
        <RowDefinition Height="30" />
        <RowDefinition Height="30" />
        <RowDefinition Height="30" />
        <RowDefinition Height="*" />
        <RowDefinition Height="30" />
    </Grid.RowDefinitions>
    <Grid.ColumnDefinitions>
        <ColumnDefinition Width="1*" />
        <ColumnDefinition Width="2*" />
    </Grid.ColumnDefinitions>
    <TextBlock Text="ID" VerticalAlignment="Center"
        HorizontalAlignment="Right" Margin="2"/>
    <TextBlock Text="Name" Grid.Row="1"
        VerticalAlignment="Center"
```

```
        HorizontalAlignment="Right" Margin="2"/>
    <TextBlock Text="Age" Grid.Row="2"
        VerticalAlignment="Center"
        HorizontalAlignment="Right" Margin="2"/>
    <TextBlock Text="Address" Grid.Row="3"
        VerticalAlignment="Center"
        HorizontalAlignment="Right" Margin="2"/>


    <TextBox Grid.Column="1" Margin="2" />
    <TextBox Grid.Column="1" Grid.Row="1" Margin="2" />
    <TextBox Grid.Column="1" Grid.Row="2" Margin="2" />
    <TextBox Grid.Column="1" Grid.Row="3" Margin="2" />
    <Button Content="登録" Width="100" Grid.Row="5"
        Grid.Column="1" Margin="2" HorizontalAlignment="Right" />
</Grid>
```

tips

399 グリッドの固定値を指定する

▶ Level ●

▶ 対応

COM   PRO

ここが
ポイント
です！

固定値でグリッドを分割
（Gridタグ、Width属性、Height属性）

Gridタグの縦横は、ピクセル単位で指定ができます。

比率の場合は「1*」のようにアスタリスクを付けますが、固定値の場合は「1」のように数値のみで指定します。

WFPアプリケーションの場合、ユーザーが自在にウィンドウの大きさを変えられることが望ましいのですが、ときにはデザインの関係上、固定位置に表示したいときがあります。この場合は、固定したいところに固定値を指定しておき、残り部分で伸長させるためにアスタリスクを指定します。

リスト1では、項目のラベルを表示している部分は100ピクセル固定として、残りの入力項目であるテキストボックス部分をウィンドウに合わせて伸長しています。

14

WPFの極意

▼通常の画面

▼横長の画面

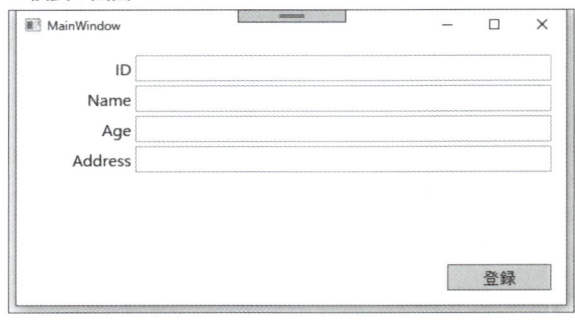

リスト1 グリッドを固定値で指定する

```xml
<Grid>
    <Grid.ColumnDefinitions>
        <ColumnDefinition Width="100"/>
        <ColumnDefinition Width="100"/>
        <ColumnDefinition Width="100"/>
    </Grid.ColumnDefinitions>
    <Grid.RowDefinitions>
        <RowDefinition Height="30"/>
        <RowDefinition Height="30"/>
        <RowDefinition Height="30"/>
    </Grid.RowDefinitions>
</Grid>
```

リスト2 固定値でグリッドを表示する（ファイル名：wpf399.sln、MainWindow.xaml）

```xml
<Grid Margin="12">
    <Grid.RowDefinitions>
        <RowDefinition Height="30" />
        <RowDefinition Height="30" />
        <RowDefinition Height="30" />
        <RowDefinition Height="30" />
        <RowDefinition Height="*" />
        <RowDefinition Height="30" />
    </Grid.RowDefinitions>
    <Grid.ColumnDefinitions>
        <ColumnDefinition Width="100" />
        <ColumnDefinition Width="*" />
    </Grid.ColumnDefinitions>
    <TextBlock Text="ID" VerticalAlignment="Center"
        HorizontalAlignment="Right" Margin="2"/>
    <TextBlock Text="Name" Grid.Row="1"
        VerticalAlignment="Center"
        HorizontalAlignment="Right" Margin="2"/>
    <TextBlock Text="Age" Grid.Row="2"
        VerticalAlignment="Center"
```

```
        HorizontalAlignment="Right" Margin="2"/>
    <TextBlock Text="Address" Grid.Row="3"
        VerticalAlignment="Center"
        HorizontalAlignment="Right" Margin="2"/>

    <TextBox Grid.Column="1" Margin="2" />
    <TextBox Grid.Column="1" Grid.Row="1" Margin="2" />
    <TextBox Grid.Column="1" Grid.Row="2" Margin="2" />
    <TextBox Grid.Column="1" Grid.Row="3" Margin="2" />
    <Button Content="登録" Width="100" Grid.Row="5"
        Grid.Column="1" Margin="2" HorizontalAlignment="Right" />
</Grid>
```

tips
400 マージンを指定する

▶Level ●○○
▶対応
COM PRO

ここが
ポイント
です!

コントロールのマージンを指定
（Margin属性）

14

WPFの極意

　WPFアプリケーションで使われる各コントロールには、**マージン**（外側のコントロールとの余白）を指定できます。マージンを指定するには、**Margin属性**を指定します。
　マージンは、以下のように指定できます。

▼マージンを一括指定する
```
Margin="数値"
```

▼マージンを2ヵ所指定する
```
Margin="左右,上下"
```

▼すべてのマージンを指定する
```
Margin="左,上,右,下"
```

　リスト1では、テキストボックスの外側の余白を確保するためにマージンを設定しています。

▼デザイン時

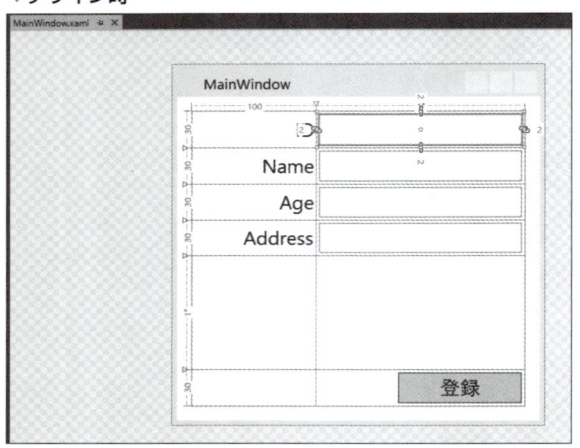

リスト1 　コントロールのマージンを指定する（ファイル名：wpf400.sln、MainWindow.xaml）

```
<TextBox Grid.Column="1" Margin="2" />
<TextBox Grid.Column="1" Grid.Row="1" Margin="2" />
<TextBox Grid.Column="1" Grid.Row="2" Margin="2" />
<TextBox Grid.Column="1" Grid.Row="3" Margin="2" />
```

tips
401 パディングを指定する

▶ Level ●　　　
▶ 対応
COM　PRO

ここが
ポイント
です！
コントロールのパディングを指定（Padding 属性）

　WPFアプリケーションで使われるいくつかコントロールには、**パディング**（コントロールの内側の余白）を指定できます。パディングを指定するには、**Padding属性**を指定します。
　パディングは、以下のように指定できます。

▼パディングを一括指定する
```
Padding="数値"
```

▼パディングを2ヵ所指定する
```
Padding="左右,上下"
```

▼すべてのパディングを指定する

```
Padding="左,上,右,下"
```

リスト1では、ラベルの内側の余白を確保するためにパディングを設定しています。

▼デザイン時

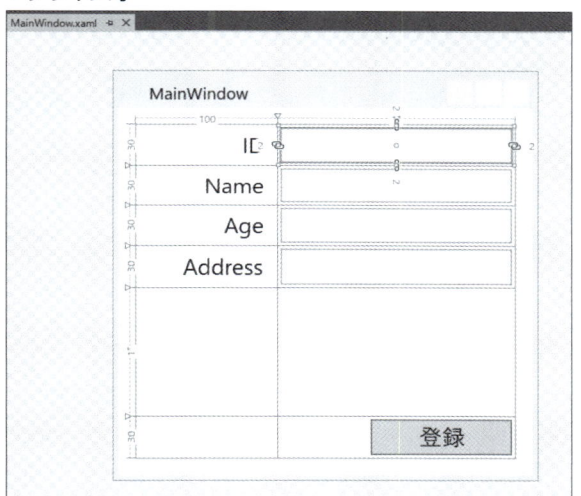

リスト1 コントロールのパディングを指定する (ファイル名：wpf401.sln、MainWindow.xaml)

```
<TextBlock Text="ID"
  VerticalAlignment="Center"
  HorizontalAlignment="Right"
  Padding="2,2,10,2"/>
<TextBlock Text="Name" Grid.Row="1"
  VerticalAlignment="Center"
  HorizontalAlignment="Right"
  Padding="2,2,10,2"/>
<TextBlock Text="Age" Grid.Row="2"
  VerticalAlignment="Center"
  HorizontalAlignment="Right"
  Padding="2,2,10,2"/>
<TextBlock Text="Address" Grid.Row="3"
  VerticalAlignment="Center"
  HorizontalAlignment="Right"
  Padding="2,2,10,2"/>
```

コントロールを
複数行にまたがって配置する

▶ Level ● ○ ○ ○
▶ 対応
COM PRO

ここが
ポイント
です！

行や列の連結（Grid.RowSpan属性、Grid.ColumnSpan属性）

WPFアプリケーションでGridコントロールを使うと、縦横の格子状にコントロールを配置しやすくなります。それぞれの枠に対してコントロールを設定し、**Margin属性**でコントロール同士の間を統一的に作成します。

ときには枠をまたがるようなコントロールを配置したいときがあります。テキストボックスのように入力する領域が大きいコントロールは、**Grid.RowSpan属性**や**Grid.ColumnSpan属性**を使って、行や列を連結させて配置することができます。

連結する数値は「1」から始まります。

▼行を連結する

```
<TextBox Grid.RowSpan="数値" />
```

▼列を連結する

```
<TextBox Grid.ColumnSpan="数値" />
```

▼行と列の両方を連結する

```
<TextBox Grid.RowSpan="数値" Grid.ColumnSpan="数値" />
```

リスト1では、4つめのテキストボックスを大きめに表示させるために、行を連結しています。

▼デザイン時

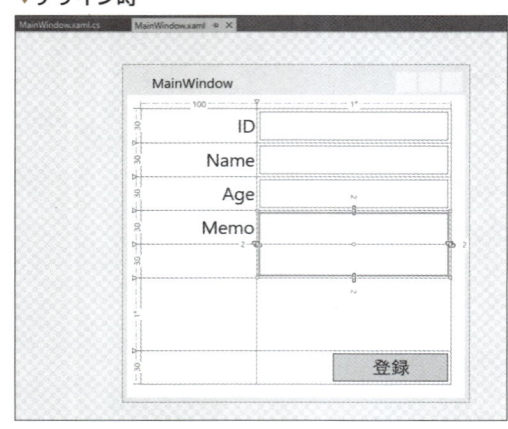

コントロールの行を連結する（ファイル名：wpf402.sln、MainWindow.xaml）

```
<TextBox Grid.Column="1" Margin="2" />
<TextBox Grid.Column="1" Grid.Row="1" Margin="2" />
<TextBox Grid.Column="1" Grid.Row="2" Margin="2" />
<TextBox Grid.Column="1" Grid.Row="3" Grid.RowSpan="2" Margin="2" />
```

tips 403 キャンバスを利用して自由に配置する

▶Level ● ○ ○
▶対応
COM PRO

ここがポイントです！

コントロールを自由に配置（Canvasコントロール、Canvas.Left属性、Canvas.Top属性）

　WPFアプリケーションはコントロールの配置を主にGridコントロールを利用しますが、XY座標を指定して自由に配置させるためには**Canvasコントロール**を使うと便利です。

　Canvasコントロール内にある各種のコントロールは、X座標を**Canvas.Left属性**、Y座標を**Canvas.Top属性**で指定します。原点座標は、Canvasコントロールの左上になります。

　リスト1では、矩形（Rectangle）と円（Ellipse）をCanvasコントロール内に表示しています。

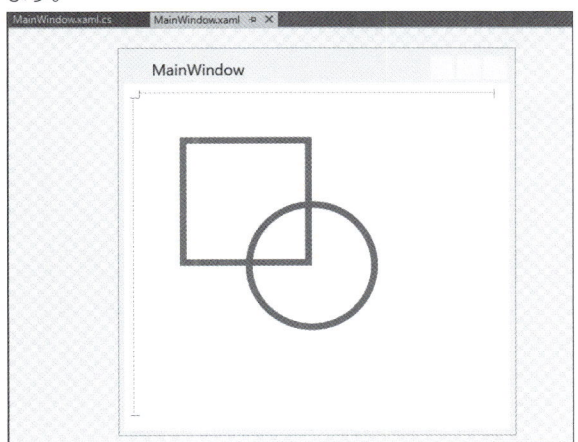

コントロールを自由に配置する（ファイル名：wpf403.sln、MainWindow.xaml）

```
<Canvas>
    <Rectangle Width="100" Height="100"
     Stroke="Red" StrokeThickness="5"
     Canvas.Left="30" Canvas.Top="30" />
    <Ellipse Width="100" Height="100"
```

WPFの極意

```
        Stroke="Red" StrokeThickness="5"
        Canvas.Left="80" Canvas.Top="80" />
</Canvas>
```

tips
404
キャンバス内で
矩形を回転させる

▶Level ●●
▶対応
COM | PRO

ここが
ポイント
です!

コントロールを回転
(RotateTransformタグ)

WPFアプリケーションでは、各種コントロールを回転表示させることができます。

回転や移動などは元の座標位置からの移動量を設定します。移動量は**RenderTransform属性**で指定します。

RenderTransform属性では、複数の移動量をTransformGroupタグ内に記述します。回転は**RotateTransformタグ**、角度は**Angle属性**で指定します。

コントロールを回転させる場合、どの点を中心にするかの指定が必要です。初期値ではコントロールの左上になります。回転の中心をコントロールの中心と合わせるために、通常は**RenderTransformOrigin属性**に「0.5,0.5」を指定します。

リスト1では、矩形（Rectangle）を45度回転させています。

▼デザイン時

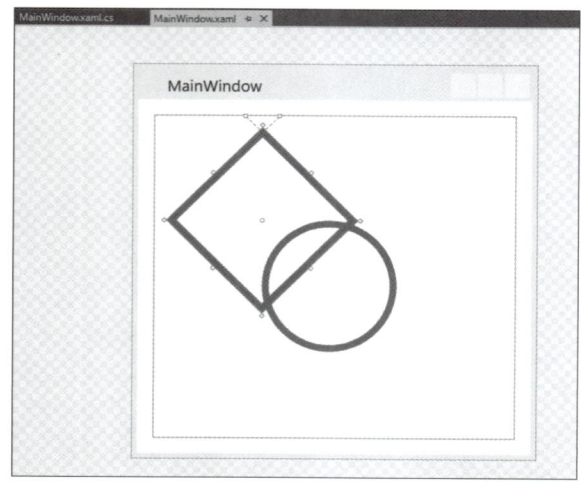

リスト1 コントロールを回転させる（ファイル名：wpf404.sln、MainWindow.xaml）

```
<Canvas>
    <Rectangle Width="100" Height="100"
     Stroke="Red" StrokeThickness="5"
     Canvas.Left="30" Canvas.Top="30"
     RenderTransformOrigin="0.5,0.5" >
        <Rectangle.RenderTransform>
            <TransformGroup>
                <RotateTransform Angle="45"/>
            </TransformGroup>
        </Rectangle.RenderTransform>
    </Rectangle>
    <Ellipse Width="100" Height="100"
     Stroke="Red" StrokeThickness="5"
     Canvas.Left="80" Canvas.Top="80" />
</Canvas>
```

 Column　WebAssemblyの活用

　WebAssemblyは、ブラウザ上で特定の機械語（マシン語）が動作する環境です。かつては、asm.jsとして組み込まれていたものを、各ブラウザで直接動作するように開発されています。現在では主要なブラウザ（Chrome、Firebox、Safari、Egde）で動作するので、大抵の環境で動作すると言っても過言ではないでしょう。

　WebAssemblyの使いどころは、従来ならばJavascriptの各種ライブラリでGUIや各種ロジックを組み直していたところを、コンバーターを利用すればC/C++やRustなどのほかの言語からブラウザアプリケーションを作れるところです。

　GUIのすべてを多言語で作成しなくても、高速化の必要なロジック部分（物理計算や各種のシミュレーションなど）を他言語で作成しておきブラウザ上で実行させることが可能です。

　C#の場合は、Blazorを通してブラウザのGUIを構築できます。かつて、SliverlightやVBコントロールで作成していた多様な表現手段を再びC#から扱うことができるようになります。

キャンバス内で 動的に位置を変更する

ここが
ポイント
です!

コントロールを移動 （Storyboardタグ）

　WPFアプリケーションでは、各種コントロールを動的に移動させるために、**Storyboard タグ**を使います。Storyboardタグに名前を設定しておくと、ボタンをクリックしたときなどにユーザーのアクションに応じてアニメーションを動かすなどの動作が可能になります。

　Storyboardタグの設定値は、Blendを使うと便利です。

　リスト1では、ストーリーボードを設定し、リスト2で [実行] ボタンをクリックしたときに、アニメーションとして動作ささせています。

▼デザイン時

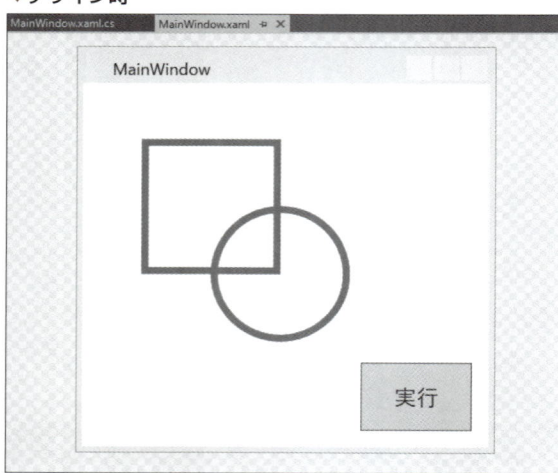

▼実行時

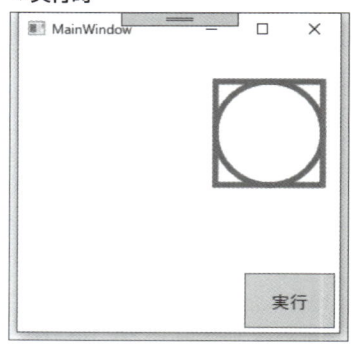

リスト1　コントロールを移動させる（ファイル名：wpf405.sln、MainWindow.xaml）

```
<Window.Resources>
    <Storyboard x:Key="Storyboard1">
        <DoubleAnimationUsingKeyFrames Storyboard.
TargetProperty="(UIElement.RenderTransform).(TransformGroup.Children)
[3].(TranslateTransform.X)" Storyboard.TargetName="rectangle">
            <EasingDoubleKeyFrame KeyTime="0:0:1" Value="124.667"/>
            <EasingDoubleKeyFrame KeyTime="0:0:2" Value="129.334"/>
        </DoubleAnimationUsingKeyFrames>
            ...
    </Storyboard>
</Window.Resources>
```

リスト2　ストーリーボードを実行する（ファイル名：wpf405.sln、MainWindow.xaml）

```
private void Button_Click(object sender, RoutedEventArgs e)
{
    var sb = this.Resources["Storyboard1"] as Storyboard;
    sb.Begin();
}
```

tips
406 実行時にXAMLを編集する

▶Level ●●
▶対応
COM　PRO

ここが
ポイント
です！

アプリケーション実行時にXAMLを編集（Canvasコントロール、SetLeftメソッド、SetTopメソッド）

通常は、デザイン時にXAMLを作成しますが、プログラム内で各種のコントロールを配置させることができます。

例えば、**Canvasコントロール**に対しては、**SetLeftメソッド**と**SetTopメソッド**を使うことにより、Canvas.Left属性やCanvas.Top属性を指定したのと同じ配置が実現できます。

各種のコントロールは、その名前のままオブジェクトを生成できます。XAMLで指定する属性は、プロパティを使うことで値の設定や取得が可能です。

リスト1では、キャンバス上にランダムにRectangleコントロールを配置させています。

▼デザイン時

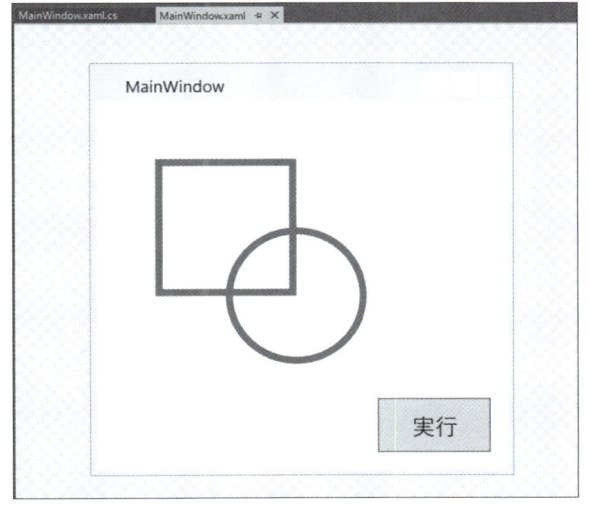

▼実行時

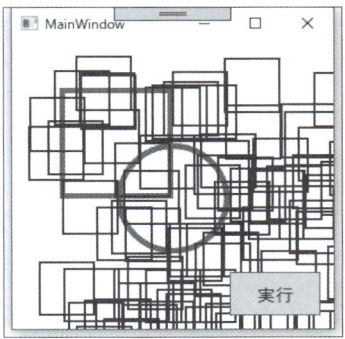

14

WPFの極意

リスト1 動的にコントロールを追加する（ファイル名：wpf406.sln、MainWindow.xaml.cs）

```csharp
private void Button_Click(object sender, RoutedEventArgs e)
{
    var rnd = new Random();
    for ( int i=0; i<100; i++ )
    {
        var rc = new Rectangle()
        {
            Stroke = new SolidColorBrush(Colors.Blue),
            StrokeThickness = 2,
            Width = 50,
            Height = 50,
        };
        int x = rnd.Next(0, 300);
        int y = rnd.Next(0, 300);

        Canvas.SetLeft(rc, x);
        Canvas.SetTop(rc, y);
        canv.Children.Add(rc);
    }
}
```

14-3 MVVM

tips
407

▶ Level ●
▶ 対応
COM　PRO

ここが
ポイント
です！

MVVMを利用する

MVVMの概要
(Model、ViewModel、View)

　MVVMパターンは、アプリケーションを **View**（ビュー）、**Model**（モデル）、**ViewModel**（ビューモデル）の3つの層に分割するアプリケーション開発のデザインパターンです。
　従来のWindowsフォームアプリケーションとは異なり、ユーザーインターフェイスと内部データを分離したデザインパターンになります。

● View
　Viewは、XAMLなどで作成したユーザーインターフェイス部分を示します。
　ラベルに文字列を表示したり、ボタンをクリックしたりするユーザーが操作する部分になります。主にXAMLを使って作成します。

● Model

Modelは、データを保持するクラスです。データベースから検索したデータを保持したり、アプリケーション内部で保持するデータを置く場所です。

● ViewModel

ViewModelは、ユーザーインターフェイスのViewと、データを保持するModelとのつなぎ部分になります。

ユーザーインターフェイスとデータを分離させることにより、同じデータであっても複数のViewを持たせることができます。

また、頻繁に変更されるViewとは異なり、アプリケーション内のデータや業務ロジックをViewModelやModelに分けておくことで、アプリケーションの更新が楽になります。

業務ロジックは、作成するアプリケーションの特性により、ViewModelやModelに置きます。

リスト1は、XAML形式で記述したViewになります。データの表示は「Binding」を使って、ViewModelから通知されます。

リスト2では、ViewModelクラスをViewに結び付けるために、DataContextプロパティに設定しています。

リスト3では、ViewModelクラスを作成します。INotifyPropertyChangedインターフェイスを使い、ViewModelクラス（MyModelクラス）のプロパティを変更したときに、自動的にViewに通知するようにします。

▼ MVVMパターン

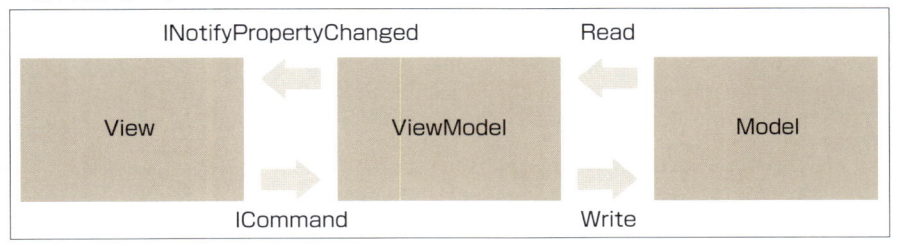

▼ 実行結果

14

WPFの極意

リスト1 MVVMパターンを実装したXAML（ファイル名：wpf407.sln、MainWindow.xaml）

```xaml
<Grid Margin="12">
    <Grid.RowDefinitions>
        <RowDefinition Height="30" />
        <RowDefinition Height="30" />
        <RowDefinition Height="30" />
        <RowDefinition Height="30" />
        <RowDefinition Height="*" />
        <RowDefinition Height="30" />
    </Grid.RowDefinitions>
    <Grid.ColumnDefinitions>
        <ColumnDefinition Width="100" />
        <ColumnDefinition Width="*" />
    </Grid.ColumnDefinitions>
    <TextBlock Text="ID" VerticalAlignment="Center"
      HorizontalAlignment="Right" Margin="2"/>
    <TextBlock Text="Name" Grid.Row="1"
      VerticalAlignment="Center"
      HorizontalAlignment="Right" Margin="2"/>
    <TextBlock Text="Age" Grid.Row="2"
      VerticalAlignment="Center"
      HorizontalAlignment="Right" Margin="2"/>
    <TextBlock Text="Address" Grid.Row="3"
      VerticalAlignment="Center"
      HorizontalAlignment="Right" Margin="2"/>

    <TextBox Text="{Binding ID}" Grid.Column="1" Margin="2" />
    <TextBox Text="{Binding Name}" Grid.Column="1" Grid.Row="1"
Margin="2" />
    <TextBox Text="{Binding Age}" Grid.Column="1" Grid.Row="2"
Margin="2" />
    <TextBox Text="{Binding Address}" Grid.Column="1" Grid.Row="3"
Margin="2" />
    <Button Content="登録" Width="100" Grid.Row="5" Grid.Column="1"
      Margin="2" HorizontalAlignment="Right" />
</Grid>
```

リスト2 データをバインドする（ファイル名：wpf407.sln、MainWindow.xaml.cs）

```csharp
public partial class MainWindow : Window
{
    public MainWindow()
    {
        InitializeComponent();
        this.Loaded += MainWindow_Loaded;
    }
    ViewModel _vm;
    private void MainWindow_Loaded(object sender, RoutedEventArgs e)
    {
        _vm = new ViewModel()
        {
```

```
                ID = 1,
                Name = "masuda",
                Age = 50,
                Address = "板橋区"
            };
            this.DataContext = _vm;
        }
    }
}
```

リスト3 ViewModelクラス（ファイル名：wpf407.sln、MyModel.cs）

```
public class ViewModel : ObservableObject
{
    private int _ID;
    public int ID { get => _ID; set => SetProperty(ref _ID, value,
nameof(ID)); }
    private string _Name;
    public string Name { get => _Name; set => SetProperty(ref _Name,
value, nameof(Name)); }
    private int _Age;
    public int Age { get => _Age; set => SetProperty(ref _Age, value,
nameof(Age)); }
    private string _Address;
    public string Address { get => _Address; set => SetProperty(ref _
Address, value, nameof(Address)); }
}

public class ObservableObject : INotifyPropertyChanged
{
    protected bool SetProperty<T>(
        ref T backingStore, T value,
        [CallerMemberName]string propertyName = "",
        Action onChanged = null)
    {
        if (EqualityComparer<T>.Default.Equals(backingStore, value))
            return false;

        backingStore = value;
        onChanged?.Invoke();
        OnPropertyChanged(propertyName);
        return true;
    }
    public event PropertyChangedEventHandler PropertyChanged;
    protected void OnPropertyChanged([CallerMemberName]string
propertyName = "")
    {
        var changed = PropertyChanged;
        if (changed == null)
            return;

        changed.Invoke(this, new PropertyChangedEventArgs(propertyNa
```

14

WPFの極意

```
me));
      }
}
```

ViewModelクラスを作成する

▶ Level ●○○
▶ 対応
COM PRO

ここが
ポイント
です！

ViewModelクラスを作成 (INotifyPropertyChangedインターフェイス)

MVVM（Model-View-ViewModel）パターンのViewModelクラスは、Viewに対して直接アクセスはしません。

XAMLでは、属性に**Binding キーワード**を使うことで、バインディング（拘束）したオブジェクトと結び付けることができます。

ViewとなるXAMLデザイナーでは、Binding キーワードを使って結び付けるViewModelクラスのプロパティ名を指定します。

ViewModelクラスのプロパティでは、**INotifyPropertyChangedインターフェイス**を実装してプロパティの変更を通知します。

リスト1は、XAML形式で記述したViewです。ViewModelオブジェクトのFirstNameプロパティ、LastNameプロパティ、Ageプロパティ、Descriptionプロパティにバインドします。

リスト2では、ViewModelクラスをViewに結び付けるために、DataContextプロパティに設定しています。

リスト3では、ViewModelクラスを作成します。INotifyPropertyChangedインターフェイスを使い、ViewModelクラス（MyModelクラス）のプロパティを変更したときに、自動的にViewに通知するようにします。

▼ INotifyPropertyChangedインターフェイスの利用

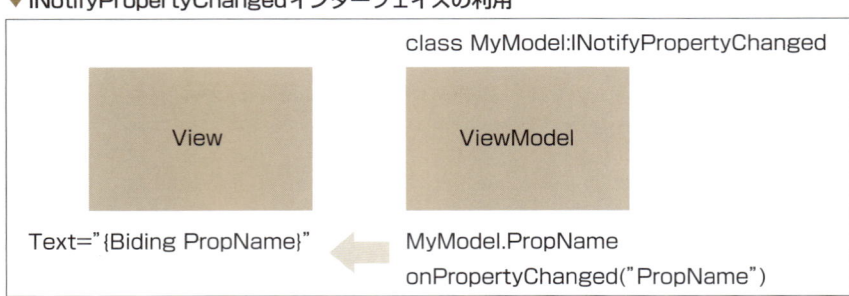

▼実行結果

リスト1 MVVMパターンを実装したXAML（ファイル名：wpf408.sln、MainWindow.xaml）

```
<Grid Margin="12">
    <Grid.RowDefinitions>
        <RowDefinition Height="30" />
        <RowDefinition Height="30" />
        <RowDefinition Height="30" />
        <RowDefinition Height="30" />
        <RowDefinition Height="*" />
        <RowDefinition Height="30" />
        <RowDefinition Height="30" />
    </Grid.RowDefinitions>
    <Grid.ColumnDefinitions>
        <ColumnDefinition Width="100" />
        <ColumnDefinition Width="*" />
    </Grid.ColumnDefinitions>
    <TextBlock Text="ID" VerticalAlignment="Center"
      HorizontalAlignment="Right" Margin="2"/>
    <TextBlock Text="Name" Grid.Row="1"
        VerticalAlignment="Center"
        HorizontalAlignment="Right" Margin="2"/>
    <TextBlock Text="Age" Grid.Row="2"
        VerticalAlignment="Center"
        HorizontalAlignment="Right" Margin="2"/>
    <TextBlock Text="Address" Grid.Row="3"
        VerticalAlignment="Center"
        HorizontalAlignment="Right" Margin="2"/>

    <TextBox Text="{Binding ID}" Grid.Column="1" Margin="2" />
    <TextBox Text="{Binding Name}" Grid.Column="1" Grid.Row="1"
Margin="2" />
    <TextBox Text="{Binding Age}" Grid.Column="1" Grid.Row="2"
Margin="2" />
    <TextBox Text="{Binding Address}" Grid.Column="1" Grid.Row="3"
Margin="2" />
    <TextBlock Text="{Binding Message}" Grid.ColumnSpan="2"
```

```
            Grid.Row="5" VerticalAlignment="Center" />
    <Button Content="登録"
            Click="Button_Click"
            Width="100" Grid.Row="6" Grid.Column="1" Margin="2"
            HorizontalAlignment="Right" />
</Grid>
```

リスト2 データをバインドする（ファイル名：wpf408.sln、MainWindow.xaml.cs）

```csharp
public partial class MainWindow : Window
{
    public MainWindow()
    {
        InitializeComponent();
        this.Loaded += MainWindow_Loaded;
    }
    ViewModel _vm;
    private void MainWindow_Loaded(object sender, RoutedEventArgs e)
    {
        _vm = new ViewModel()
        {
            ID = 1,
            Name = "masuda",
            Age = 50,
            Address = "板橋区"
        };

        this.DataContext = _vm;
    }
}
```

リスト3 ViewModelクラス（ファイル名：wpf408.sln、MyModel.cs）

```csharp
public class ViewModel : ObservableObject
{
    private int _ID;
    public int ID {
      get => _ID;
      set => SetProperty(ref _ID, value, nameof(ID));
    }
    private string _Name;
    public string Name {
      get => _Name;
      set => SetProperty(ref _Name, value, nameof(Name));
    }
    private int _Age;
    public int Age {
      get => _Age;
      set => SetProperty(ref _Age, value, nameof(Age));
    }
    private string _Address;
```

```
    public string Address {
      get => _Address;
      set => SetProperty(ref _Address, value, nameof(Address));
    }

    private string _Message = "";
    public string Message
    {
      get { return _Message; }
      set { SetProperty(ref _Message, value, nameof(Message)); }
    }
}

public class ObservableObject : INotifyPropertyChanged
{
    protected bool SetProperty<T>(
      ref T backingStore, T value,
      [CallerMemberName]string propertyName = "",
      Action onChanged = null)
    {
      if (EqualityComparer<T>.Default.Equals(backingStore, value))
        return false;

      backingStore = value;
      onChanged?.Invoke();
      OnPropertyChanged(propertyName);
      return true;
    }
    public event PropertyChangedEventHandler PropertyChanged;
    protected void OnPropertyChanged([CallerMemberName]string
propertyName = "")
    {
      var changed = PropertyChanged;
      if (changed == null)
        return;

      changed.Invoke(this, new PropertyChangedEventArgs(propertyNa
me));
    }
}
```

409 プロパティイベントを作成する

ここがポイントです！ プロパティの変更イベント（INotifyPropertyChangedインターフェイス）

▶ Level ●
▶ 対応
COM PRO

　MVVP（Model-View-ViewModel）パターンでは、画面に表示されているコントロールに対しては、コントロールに名前を付けて参照するのではなく、直接プロパティにバインドをします。

　ViewModelクラスからViewへのバインドをすることで、ViewModelへの値の変更がViewに反映されるようにします。これを**INotifyPropertyChangedインターフェイス**を実装することで実現します。

　INotifyPropertyChangedインターフェイスを継承すると、**PropertyChangedイベント**を利用することができます。

▼プロパティ変更イベント

```
public event PropertyChangedEventHandler PropertyChanged;
```

　プロパティを変更したときに、このPropertyChangedイベントを呼び出して、Viewへプロパティの値が変更したとを通知します。

　リスト1は、XAML形式で記述したViewになります。データの表示は、Bindingを使ってViewModelから通知されます。

　リスト2は、ViewModelクラスの例です。ViewでID、Name、Age、Addressの表示にバインドしています。

▼実行結果

リスト1 XAMLにバインドを記述する（ファイル名：wpf409.sln、MainWindow.xaml）

```
<Grid Margin="12">
    ...
    <TextBox Text="{Binding ID}" Grid.Column="1" Margin="2" />
    <TextBox Text="{Binding Name}" Grid.Column="1" Grid.Row="1"
Margin="2" />
    <TextBox Text="{Binding Age}" Grid.Column="1" Grid.Row="2"
Margin="2" />
    <TextBox Text="{Binding Address}" Grid.Column="1" Grid.Row="3"
Margin="2" />
    <TextBlock Text="{Binding Message}" Grid.ColumnSpan="2"
        Grid.Row="5" VerticalAlignment="Center" />
    <Button Content="登録"
            Click="Button_Click"
            Width="100" Grid.Row="6" Grid.Column="1" Margin="2"
            HorizontalAlignment="Right" />
</Grid>
```

リスト2 データをバインドする（ファイル名：wpf409.sln、MyModel.cs）

```
public class ViewModel : ObservableObject
{
    private int _ID;
    public int ID {
      get => _ID;
      set => SetProperty(ref _ID, value, nameof(ID));
    }
    private string _Name;
    public string Name {
      get => _Name;
      set => SetProperty(ref _Name, value, nameof(Name));
    }
    private int _Age;
    public int Age {
      get => _Age;
      set => SetProperty(ref _Age, value, nameof(Age));
    }
    private string _Address;
    public string Address {
      get => _Address;
      set => SetProperty(ref _Address, value, nameof(Address));
    }

    private string _Message = "";
    public string Message
    {
        get { return _Message; }
        set { SetProperty(ref _Message, value, nameof(Message)); }
    }
}
```

14

WPFの極意

tips 410 ラベルにモデルを結び付ける

▶ Level ●○○

▶ 対応
COM PRO

ここがポイントです！ TextBlock コントロールにバインド
（Text属性、Bindingキーワード）

　XAMLで使われる表示用のTextBlockコントロールに対するバインドは、**Text属性**に設定します。

　TextBlockタグのText属性に、次のようにBindingの記述を行います。

▼テキストブロックへのバインド

```
<TextBlock Text="{Binding バインド先のプロパティ名}"  />
```

　バインド先のプロパティ名は、ViewModelクラスのプロパティ名になります。

　あらかじめメインウィンドウ（Windowタグ）のDataContextプロパティに、ViewModelオブジェクトを設定しておきます。

　リスト1は、XAML形式で記述したViewです。

　リスト2は、ViewModelクラスの例です。入力のためのIDやNameプロパティを設定しています。再設定したプロパティは、自動的にViewに通知されます。

▼実行結果

リスト1 　XAMLにバインドを記述する（ファイル名：wpf410.sln、MainWindow.xaml）

```
<Grid Margin="12">
    ...
    <TextBox Text="{Binding ID}" Grid.Column="1" Margin="2" />
    <TextBox Text="{Binding Name}" Grid.Column="1" Grid.Row="1"
Margin="2" />
    <TextBox Text="{Binding Age}" Grid.Column="1" Grid.Row="2"
Margin="2" />
    <TextBox Text="{Binding Address}" Grid.Column="1" Grid.Row="3"
```

```
Margin="2" />
    <TextBlock Text="{Binding Message}" Grid.ColumnSpan="2"
        Grid.Row="5" VerticalAlignment="Center" />
    <Button Content="登録"
            Click="Button_Click"
            Width="100" Grid.Row="6" Grid.Column="1" Margin="2"
            HorizontalAlignment="Right" />
</Grid>
```

リスト2 データをバインドする（ファイル名：wpf410.sln、MyModel.cs）

```
public class ViewModel : ObservableObject
{
    ...
    private string _Message = "";
    public string Message
    {
        get { return _Message; }
        set { SetProperty(ref _Message, value, nameof(Message)); }
    }
}
```

14

バインド先のプロパティ名はViewModelの構造により、入れ子にすることができます。

Binding 親プロパティ.子プロパティ

リストなどのコレクションの場合は、添え字を使って特定位置のプロパティを参照できます。

Binding コレクション名［添え字］

WPFの極意

tips
411

▶ Level ●○○
▶ 対応
COM PRO

テキストボックスに モデルを結び付ける

ここが ポイント です！

TextBox コントロールにバインド （Text 属性、Binding キーワード）

XAMLで使われる表示用のTextコントロールに対するバインドは、**Text属性**に設定します。

TextタグのText属性に、次のようにBindingの記述を行います。

▼テキストボックスへバインド（表示のみ）

```
<TextBox Text="{Binding バインド先のプロパティ名}"  />
```

　バインド先のプロパティ名は、ViewModelクラスのプロパティ名になります。

　あらかじめメインウィンドウ（Windowタグ）のDataContextプロパティに、ViewModel
オブジェクトを設定しておきます。

　WPFアプリケーションの場合には、初期値が双方向（TwoWay）となるため、TextBoxコ
ントロールへのバインドはバインド先を指定するだけです。

　UWP（ユニバーサル Window）アプリの場合は、明示的に双方向を指定する必要がありま
す。

▼テキストボックスへバインド（双方向）

```
<TextBox Text="{Binding バインド先のプロパティ名, Mode=TwoWay}"  />
```

　リスト1は、XAML形式で記述したViewです。

　リスト2は、ViewModelクラスの例です。IDやNameプロパティを入力値にしています。

▼実行結果

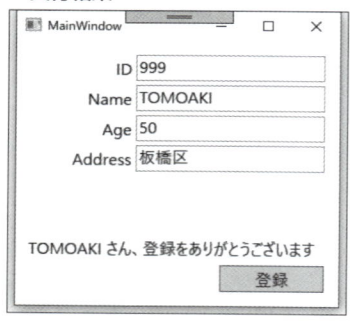

リスト1　XAMLにバインドを記述する（ファイル名：wpf411.sln、MainWindow.xaml）

```
<Grid Margin="12">
    ...
    <TextBox Text="{Binding ID}" Grid.Column="1" Margin="2" />
    <TextBox Text="{Binding Name}" Grid.Column="1" Grid.Row="1"
Margin="2" />
    <TextBox Text="{Binding Age}" Grid.Column="1" Grid.Row="2"
Margin="2" />
    <TextBox Text="{Binding Address}" Grid.Column="1" Grid.Row="3"
Margin="2" />
    <TextBlock Text="{Binding Message}" Grid.ColumnSpan="2"
        Grid.Row="5" VerticalAlignment="Center" />
    <Button Content="登録"
            Click="Button_Click"
            Width="100" Grid.Row="6" Grid.Column="1" Margin="2"
            HorizontalAlignment="Right" />
</Grid>
```

リスト2 データをバインドする（ファイル名：wpf411.sln、MyModel.cs）

```
public class ViewModel : ObservableObject
{
    private int _ID;
    public int ID {
      get => _ID;
      set => SetProperty(ref _ID, value, nameof(ID));
    }
    ...
}
```

 TextBoxコントロールで一方向のみ（表示のみ）にする場合は、**Mode=OneWay**を指定します。

 **tips 412**

▶Level ●○○○
▶対応
COM　PRO

リストボックスに モデルを結び付ける

 ここがポイントです！ **ListBoxコントロールにバインド（ItemsSourceプロパティ、SelectedValueプロパティ）**

XAMLで使われる表示用のListBoxコントロールに対するバインドは、**ItemsSource属性**に設定します。

ListBoxタグのItemsSource属性に、次のようにBindingの記述を行います。

▼リストボックスへバインド

```
<ListBox ItemsSource="{Binding バインド先のプロパティ名}" />
```

バインド先のプロパティ名は、ViewModelクラスのコレクションになります。List<>クラスなどのコレクションをViewModelプロパティで定義し、Viewにバインドします。

リストを選択したときには、**SelectedValueプロパティ**で変換します。このSelectedValueプロパティにBindingを記述することで、選択時の値をViewModelで取得できます。

リスト1は、XAML形式で記述したViewです。

リスト2は、ViewModelクラスの例です。コレクション（Itemsプロパティ）と選択項目（SelectTextプロパティ）を定義しています。

WPFの極意

14

▼実行結果

XAMLにバインドを記述する（ファイル名：wpf412.sln、MainWindow.xaml）

```xml
<Grid Margin="12">
    ...
    <TextBlock Text="ID"
      VerticalAlignment="Center"
      HorizontalAlignment="Right" Margin="2"/>
    <TextBlock Text="Name" Grid.Row="1"
      VerticalAlignment="Center"
      HorizontalAlignment="Right" Margin="2"/>
    <TextBlock Text="Age" Grid.Row="2"
      VerticalAlignment="Center"
      HorizontalAlignment="Right" Margin="2"/>
    <TextBlock Text="Address" Grid.Row="3"
      VerticalAlignment="Center"
      HorizontalAlignment="Right" Margin="2"/>

    <TextBox Text="{Binding ID}" Grid.Column="1" Margin="2" />
    <TextBox Text="{Binding Name}" Grid.Column="1" Grid.Row="1"
Margin="2" />
    <TextBox Text="{Binding Age}" Grid.Column="1" Grid.Row="2"
Margin="2" />
    <TextBox Text="{Binding Address}" Grid.Column="1" Grid.Row="3"
Margin="2" />
    <ListBox ItemsSource="{Binding Items}" Grid.ColumnSpan="2" Grid.
Row="4" Margin="2"/>
    <TextBlock Text="{Binding Message}"
      Grid.ColumnSpan="2" Grid.Row="5" VerticalAlignment="Center" />
    <Button Content="登録"
            Click="Button_Click"
            Width="100" Grid.Row="6" Grid.Column="1" Margin="2"
HorizontalAlignment="Right" />
</Grid>
```

データをバインドする（ファイル名：wpf412.sln、MyModel.cs）

```csharp
public class ViewModel : ObservableObject
```

```
{
    ...
    private ObservableCollection<string> _Items =
      new ObservableCollection<string>();
    public ObservableCollection<string> Items
    {
        get { return _Items; }
        set { SetProperty(ref _Items, value, nameof(Items)); }
    }
}
```

tips
413

▶Level ● ○ ○
▶対応
COM PRO

DataGridに
モデルを結び付ける

ここが
ポイント
です！

DataGridコントロールにバインド
(ItemsSourceプロパティ、
SelectedItemプロパティ)

XAMLで使われる表示用のDataGridコントロールに対するバインドは、**ItemsSource属性**に設定します。

DataGridタグのItemsSource属性に、次のようにBindingの記述を行います。

▼データグリッドへバインド

```
<DataGrid ItemsSource="{Binding バインド先のプロパティ名}"  />
```

バインド先のプロパティ名は、ViewModelクラスのコレクションになります。List<>クラスなどのコレクションをViewModelプロパティで定義して、Viewにバインドします。

DataGridコントロールでは、コレクションに含まれるクラスのプロパティ群を取得して表形式に表示させます。

DataGridコントロールの行を選択したときには、**SelectedItemプロパティ**が変更されます。このSelectedItemプロパティにBindingを記述することで、選択時のオブジェクトをViewModelで取得できます。

リスト1は、XAML形式で記述したViewです。

リスト2は、ViewModelクラスの例です。コレクション（Itemsプロパティ）と選択項目（SelectValueプロパティ）を定義しています。

14

WPFの極意

▼実行結果

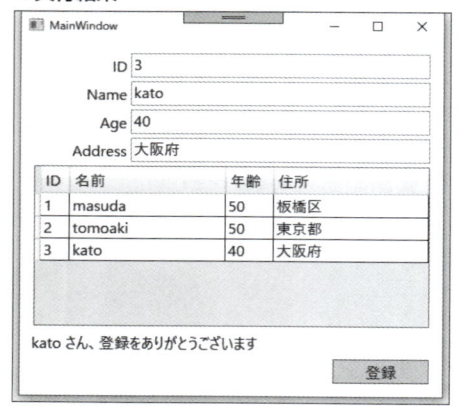

リスト1 XAMLにバインドを記述する（ファイル名：wpf413.sln、MainWindow.xaml）

```
<Grid Margin="12">
  ...
    <TextBlock Text="ID"
      VerticalAlignment="Center"
      HorizontalAlignment="Right" Margin="2"/>
    <TextBlock Text="Name" Grid.Row="1"
      VerticalAlignment="Center"
      HorizontalAlignment="Right" Margin="2"/>
    <TextBlock Text="Age" Grid.Row="2"
      VerticalAlignment="Center"
      HorizontalAlignment="Right" Margin="2"/>
    <TextBlock Text="Address" Grid.Row="3"
      VerticalAlignment="Center"
      HorizontalAlignment="Right" Margin="2"/>

    <TextBox Text="{Binding Item.ID}" Grid.Column="1" Margin="2" />
    <TextBox Text="{Binding Item.Name}" Grid.Column="1" Grid.Row="1"
Margin="2" />
    <TextBox Text="{Binding Item.Age}" Grid.Column="1" Grid.Row="2"
Margin="2" />
    <TextBox Text="{Binding Item.Address}" Grid.Column="1" Grid.
Row="3" Margin="2" />
    <DataGrid
        ItemsSource="{Binding Items}"
        AutoGenerateColumns="False"
        IsReadOnly="True"
        Grid.ColumnSpan="2" Grid.Row="4" Margin="2">
        <DataGrid.Columns>
            <DataGridTextColumn Binding="{Binding ID}" Header="ID"
Width="30"/>
            <DataGridTextColumn Binding="{Binding Name}" Header="名前"
Width="*" />
```

```
                <DataGridTextColumn Binding="{Binding Age}" Header="年齢"
    Width="50"/>
                <DataGridTextColumn Binding="{Binding Address}" Header="住
    所" Width="*"/>
            </DataGrid.Columns>
        </DataGrid>
        <TextBlock Text="{Binding Message}"
            Grid.ColumnSpan="2" Grid.Row="5"
            VerticalAlignment="Center" />
        <Button Content="登録"
                Click="Button_Click"
                Width="100" Grid.Row="6" Grid.Column="1" Margin="2"
                HorizontalAlignment="Right" />
    </Grid>
```

リスト2 データをバインドする（ファイル名：wpf413.sln、MyModel.cs）

```csharp
public class Person
{
    public int ID { get; set; }
    public string Name { get; set; }
    public int Age { get; set; }
    public string Address { get; set; }
}

public class ViewModel : ObservableObject
{
    private Person _Item;
    public Person Item { get => _Item; set => SetProperty(ref _Item,
value, nameof(Item)); }
    private string _Message = "";
    public string Message
    {
        get { return _Message; }
        set { SetProperty(ref _Message, value, nameof(Message)); }
    }
    private ObservableCollection<Person> _Items = new
ObservableCollection<Person>();
    public ObservableCollection<Person> Items
    {
        get { return _Items; }
        set { SetProperty(ref _Items, value, nameof(Items)); }
    }
}
```

14

WPFの極意

tips 414
ListViewに モデルを結び付ける

▶ Level ● ○ ○ ○
▶ 対応
COM PRO

ここがポイントです！ ListViewコントロールにバインド（ItemsSourceプロパティ、SelectedItemプロパティ）

XAMLで使われる表示用のListViewコントロールに対するバインドは、**ItemsSource属性**に設定します。

ListViewタグのItemsSource属性に、次のようにBindingの記述を行います。

▼データグリッドへバインド

```
<ListView ItemsSource="{Binding バインド先のプロパティ名}"  />
```

バインド先のプロパティ名は、ViewModelクラスのコレクションになります。List<>クラスなどのコレクションをViewModelプロパティで定義して、Viewにバインドします。

ListViewコントロールでは、コレクションに含まれるクラスのプロパティ群を取得して表形式に表示させます。行のフォーマットは、ListView.Viewタグ内で指定します。GridViewColumnタグを利用して、列とバインド先クラスのプロパティとのバインドを設定します。

ListViewコントロールの行を選択したときには、SelectedItemプロパティが変更されます。このSelectedItemプロパティにBindingを記述することで、選択時のオブジェクトをViewModelで取得できます。

リスト1は、XAML形式で記述したViewです。

リスト2は、ViewModelクラスの例です。コレクション（Itemsプロパティ）と選択項目（SelectValueプロパティ）を定義しています。

▼実行結果

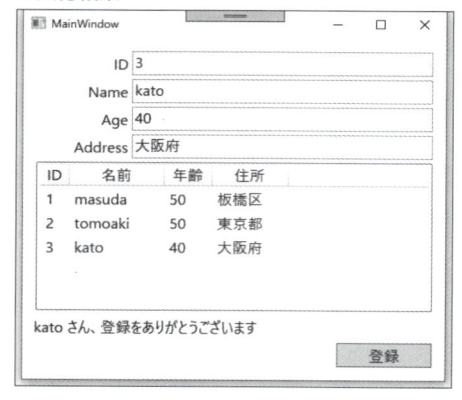

リスト1 XAMLにバインドを記述する（ファイル名：wpf414.sln、MainWindow.xaml）

```
<Grid Margin="12">
    ...
    <TextBlock Text="ID"
       VerticalAlignment="Center"
       HorizontalAlignment="Right" Margin="2"/>
    <TextBlock Text="Name" Grid.Row="1"
       VerticalAlignment="Center"
       HorizontalAlignment="Right" Margin="2"/>
    <TextBlock Text="Age" Grid.Row="2"
       VerticalAlignment="Center"
       HorizontalAlignment="Right" Margin="2"/>
    <TextBlock Text="Address" Grid.Row="3"
       VerticalAlignment="Center"
       HorizontalAlignment="Right" Margin="2"/>

    <TextBox Text="{Binding Item.ID}" Grid.Column="1" Margin="2" />
    <TextBox Text="{Binding Item.Name}" Grid.Column="1" Grid.Row="1"
Margin="2" />
    <TextBox Text="{Binding Item.Age}" Grid.Column="1" Grid.Row="2"
Margin="2" />
    <TextBox Text="{Binding Item.Address}" Grid.Column="1" Grid.
Row="3" Margin="2" />
    <ListView
        ItemsSource="{Binding Items}"
        Grid.ColumnSpan="2" Grid.Row="4" Margin="2">
        <ListView.View>
            <GridView>
                <GridViewColumn DisplayMemberBinding="{Binding ID}"
Header="ID" Width="30"/>
                <GridViewColumn DisplayMemberBinding="{Binding Name}"
Header="名前" Width="100" />
                <GridViewColumn DisplayMemberBinding="{Binding Age}"
Header="年齢" Width="50"/>
                <GridViewColumn DisplayMemberBinding="{Binding
Address}" Header="住所" Width="80"/>
            </GridView>
        </ListView.View>
    </ListView>
    <TextBlock Text="{Binding Message}" Grid.ColumnSpan="2"
      Grid.Row="5" VerticalAlignment="Center" />
    <Button Content="登録"
            Click="Button_Click"
            Width="100" Grid.Row="6" Grid.Column="1"
            Margin="2" HorizontalAlignment="Right" />
</Grid>
```

リスト2 データをバインドする（ファイル名：wpf414.sln、MyModel.cs）

```
public class Person
{
```

```
    public int ID { get; set; }
    public string Name { get; set; }
    public int Age { get; set; }
    public string Address { get; set; }
}

public class ViewModel : ObservableObject
{
    private Person _Item;
    public Person Item { get => _Item; set => SetProperty(ref _Item,
value, nameof(Item)); }
    private string _Message = "";
    public string Message
    {
        get { return _Message; }
        set { SetProperty(ref _Message, value, nameof(Message)); }
    }
    private ObservableCollection<Person> _Items = new
ObservableCollection<Person>();
    public ObservableCollection<Person> Items
    {
        get { return _Items; }
        set { SetProperty(ref _Items, value, nameof(Items)); }
    }
}
```

ListViewの行を カスタマイズする

tips **415**

▶Level ● ● ●

▶対応　COM　PRO

ここがポイントです！

ListViewコントロールのデザイン （ItemTemplate属性、DataTemplate タグ）

　XAMLで使われる表示用のListViewコントロールは、行の表示を自由にデザインできます。

　ListViewコントロールの**ItemTemplate属性**の中に**DataTemplateタグ**を定義して、Gridなどで独自のデザインを行います。デザインは、通常のXAMLと同じようにできます。

▼ ListViewのデザイン

```
<ListView>
  <ListView.ItemTemplate>
    <DataTemplate>
      Gridなどでデザイン
```

```
            </DataTemplate>
        </ListView.ItemTemplate>
    </ListView>
```

　DataTemplate内のデザインは、GridやPanelなどを使ってレイアウトができます。各コントロールへのバインドは、よく使われるGridViewColumnタグのバインドと同じように設定できます。
　リスト1は、XAML形式で記述したGridのデザイン例です。

▼実行結果

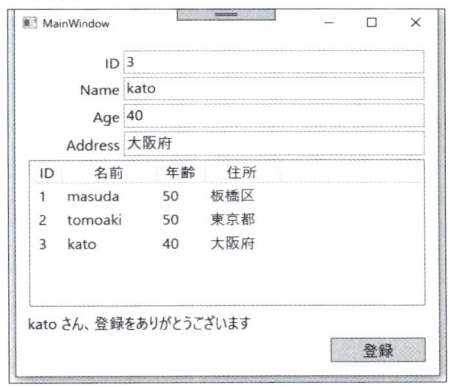

リスト1　XAMLにバインドを記述する（ファイル名：wpf415.sln、MainWindow.xaml）

```xml
<ListView
    ItemsSource="{Binding Items}"
    Grid.ColumnSpan="2" Grid.Row="4" Margin="2">
    <ListView.ItemTemplate>
        <DataTemplate>
            <Grid Background="LightBlue"  Margin="2" Width="400">
                <Grid.RowDefinitions>
                    <RowDefinition Height="30" />
                    <RowDefinition Height="30" />
                </Grid.RowDefinitions>
                <Grid.ColumnDefinitions>
                    <ColumnDefinition Width="40"/>
                    <ColumnDefinition Width="200"/>
                    <ColumnDefinition Width="50"/>
                </Grid.ColumnDefinitions>
                <TextBlock Text="{Binding ID}"
                  Grid.RowSpan="2" VerticalAlignment="Center"
                  HorizontalAlignment="Center" FontSize="40"/>
                <TextBlock Text="{Binding Name}" Grid.Column="1"
VerticalAlignment="Center" />
                <TextBlock Text="{Binding Age}" Grid.Column="2"
VerticalAlignment="Center" />
```

```
                    <TextBlock Text="{Binding Address}"
                        Grid.Column="1" Grid.Row="1"
                        Grid.RowSpan="2"  VerticalAlignment="Center" />
                </Grid>
            </DataTemplate>
        </ListView.ItemTemplate>
    </ListView>
```

tips

416

▶Level ●

▶対応

COM　PRO

ボタンイベントを コマンドに結び付ける

ここが ポイント です！

Buttonコントロールにバインド （Commandプロパティ）

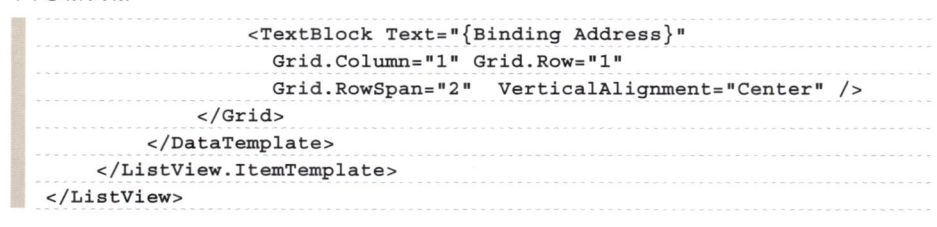

ボタンをクリックしたときのイベントは、**Commandプロパティ**を使ってバインドします。
XAMLで指定するCommandプロパティは、ViewModelのICommandインターフェイスを継承したプロパティにバインドします。

▼ボタンクリックへバインド

```
<Button Command="{Binding バインド先のプロパティ名}" />
```

ICommandインターフェイスは、3つの機能を提供します。
CanExecuteChangedイベントとCanExecuteメソッドは、ボタンをクリックしてよいかどうかのチェック関数です。
通常は、CanExecuteメソッドで「true」を返しておくとよいでしょう。ViewModelの状態によって、ボタンの実行ができないときには「false」を返します。

▼ボタンクリックのイベント

```
public event EventHandler CanExecuteChanged ;
public bool CanExecute(object parameter) {}
public void Execute(object parameter) {}
```

ボタンがクリックされたときは、ICommandインターフェイスを通じて、Executeメソッドが呼び出されます。
リスト1は、XAML形式で記述したViewです。
リスト2は、ViewModelクラスの例です。3つのボタンに対応するプロパティ（ClickRed、ClickBlue, ClickYellow）を定義しています。それぞれのボタンの挙動は、ClickCommandクラスを作り、クリックしたときのイベントはラムダ式で記述できるようにしています。

▼実行結果

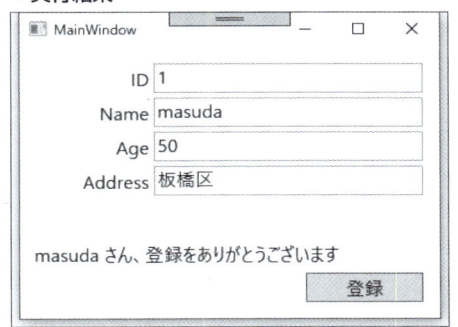

リスト1 XAMLにバインドを記述する（ファイル名：wpf416.sln、MainWindow.xaml）

```
<Grid Margin="12">
  ...
  <TextBlock Text="ID"
    VerticalAlignment="Center"
    HorizontalAlignment="Right" Margin="2"/>
  <TextBlock Text="Name" Grid.Row="1"
    VerticalAlignment="Center"
    HorizontalAlignment="Right" Margin="2"/>
  <TextBlock Text="Age" Grid.Row="2"
    VerticalAlignment="Center"
    HorizontalAlignment="Right" Margin="2"/>
  <TextBlock Text="Address" Grid.Row="3"
    VerticalAlignment="Center"
    HorizontalAlignment="Right" Margin="2"/>

  <TextBox Text="{Binding ID}" Grid.Column="1" Margin="2" />
  <TextBox Text="{Binding Name}" Grid.Column="1" Grid.Row="1"
Margin="2" />
  <TextBox Text="{Binding Age}" Grid.Column="1" Grid.Row="2"
Margin="2" />
  <TextBox Text="{Binding Address}" Grid.Column="1" Grid.Row="3"
Margin="2" />
  <TextBlock Text="{Binding Message}"
    Grid.ColumnSpan="2" Grid.Row="5"
    VerticalAlignment="Center" />
  <Button Content="登録"
          Command="{Binding CommitCommand}"
          Width="100" Grid.Row="6" Grid.Column="1" Margin="2"
          HorizontalAlignment="Right" />
</Grid>
```

リスト2 データをバインドする（ファイル名：wpf416.sln、MyModel.cs）

```
public class ViewModel : ObservableObject
{
```

```
    ...
    private Command _CommitCommand;
    public Command CommitCommand
    {
        get
        {
            if ( _CommitCommand == null )
            {
                _CommitCommand = new Command(() => {
                    Message = $"{Name} さん、登録をありがとうございます";
                });
            }
            return _CommitCommand;
        }
    }
    public class Command : ICommand
    {
        public event EventHandler CanExecuteChanged;
        private Action _action;
        public Command( Action act ) {
            _action = act;
        }
        public bool CanExecute(object parameter)
        {
            return this._action != null;
        }
        public void Execute(object parameter)
        {
            _action?.Invoke();
        }
    }
}
```

tips
417 階層構造のモデルに結び付ける

▶Level ●● ○

▶対応
COM　PRO

ここが
ポイント
です！ ▶入れ子のクラスにバインド

　MVVMパターンのViewModelクラスに多数のプロパティを置くと、データが乱雑になってしまい、コードが複雑になってしまいます。

　ViewでのBinding記述では、階層構造を使ってバインドするプロパティを設定できます。これを利用して、ViewModelクラス内にローカルのクラスを用意したり、公開済みのクラス

を使ったりすることができます。

▼階層化したプロパティをバインド

```
<TextBox Command="{Binding 親プロパティ.子プロパティ}" />
```

　子プロパティを含むクラスも、親クラスと同じように、**INotifyPropertyChangedイン ターフェイス**を実装する必要があります。

　リスト1は、XAML形式で記述したViewです。

　リスト2は、ViewModelクラスの例です。MyModelクラス内に、Personオブジェクト（Itemプロパティ）を定義しています。

▼実行結果

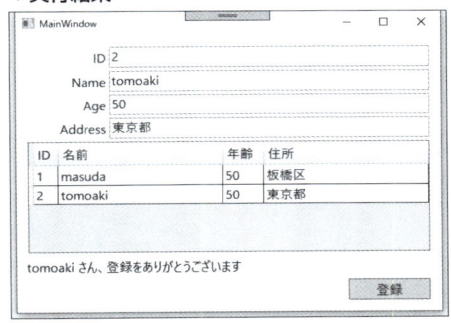

リスト1　XAMLにバインドを記述する（ファイル名：wpf417.sln、MainWindow.xaml）

```
<Grid Margin="12">
  ...
    <TextBlock Text="ID"
      VerticalAlignment="Center"
      HorizontalAlignment="Right" Margin="2"/>
    <TextBlock Text="Name" Grid.Row="1"
      VerticalAlignment="Center"
      HorizontalAlignment="Right" Margin="2"/>
    <TextBlock Text="Age" Grid.Row="2"
      VerticalAlignment="Center"
      HorizontalAlignment="Right" Margin="2"/>
    <TextBlock Text="Address" Grid.Row="3"
      VerticalAlignment="Center"
      HorizontalAlignment="Right" Margin="2"/>

    <TextBox Text="{Binding Item.ID}" Grid.Column="1" Margin="2" />
    <TextBox Text="{Binding Item.Name}" Grid.Column="1" Grid.Row="1"
  Margin="2" />
    <TextBox Text="{Binding Item.Age}" Grid.Column="1" Grid.Row="2"
  Margin="2" />
    <TextBox Text="{Binding Item.Address}" Grid.Column="1" Grid.
  Row="3" Margin="2" />
```

WPFの極意

```
    <DataGrid
        ItemsSource="{Binding Items}"
        AutoGenerateColumns="False"
        IsReadOnly="True"
        Grid.ColumnSpan="2" Grid.Row="4" Margin="2">
        <DataGrid.Columns>
            <DataGridTextColumn Binding="{Binding ID}" Header="ID"
Width="30"/>
            <DataGridTextColumn Binding="{Binding Name}" Header="名前"
Width="*" />
            <DataGridTextColumn Binding="{Binding Age}" Header="年齢"
Width="50"/>
            <DataGridTextColumn Binding="{Binding Address}" Header="住
所" Width="*"/>
        </DataGrid.Columns>
    </DataGrid>
    <TextBlock Text="{Binding Message}" Grid.ColumnSpan="2"
        Grid.Row="5" VerticalAlignment="Center" />
    <Button Content="登録"
            Click="Button_Click"
            Width="100" Grid.Row="6" Grid.Column="1" Margin="2"
            HorizontalAlignment="Right" />
</Grid>
```

リスト2 データをバインドする（ファイル名：wpf417.sln、MyModel.cs）

```
public class Person
{
    public int ID { get; set; }
    public string Name { get; set; }
    public int Age { get; set; }
    public string Address { get; set; }
}


public class ViewModel : ObservableObject
{
    private Person _Item;
    public Person Item {
      get => _Item;
      set => SetProperty(ref _Item, value, nameof(Item));
    }
    private string _Message = "";
    public string Message
    {
        get { return _Message; }
        set { SetProperty(ref _Message, value, nameof(Message)); }
    }
    private ObservableCollection<Person> _Items =
     new ObservableCollection<Person>();
    public ObservableCollection<Person> Items
    {
```

```
        get { return _Items; }
        set { SetProperty(ref _Items, value, nameof(Items)); }
    }
}
```

tips 418 モデルに データベースを結び付ける

▶ Level ●●○
▶ 対応
COM PRO

ここが ポイント です!

Entity Framework の利用 (ToListメソッド)

ADO.NETのデータアクセス技術である**Entity Framework**を利用すると、データベースに接続した結果をDataGridコントロールにバインドができます。

LINQ式で検索したデータを**ToListメソッド**でList<>クラスに変換し、DataGridコントロールにバインドをします。

▼データコンテキストへ指定

```
this.DataContext = クエリ結果.ToList()
```

リスト1は、XAML形式で記述したViewです。

リスト2は、バインドボタンをクリックしたときに、DataContextプロパティにクエリ結果を設定しています。

▼実行結果

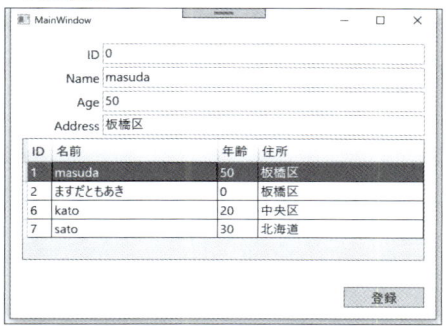

リスト1　XAMLにバインドを記述する (ファイル名:wpf418.sln、MainWindow.xaml)

```
<Grid Margin="12">
    ...
```

14

WPFの極意

```xml
        <TextBlock Text="ID"
          VerticalAlignment="Center"
          HorizontalAlignment="Right" Margin="2"/>
        <TextBlock Text="Name" Grid.Row="1"
          VerticalAlignment="Center"
          HorizontalAlignment="Right" Margin="2"/>
        <TextBlock Text="Age" Grid.Row="2"
          VerticalAlignment="Center"
          HorizontalAlignment="Right" Margin="2"/>
        <TextBlock Text="Address" Grid.Row="3"
          VerticalAlignment="Center"
          HorizontalAlignment="Right" Margin="2"/>

        <TextBox Text="{Binding Item.ID}" Grid.Column="1" Margin="2" />
        <TextBox Text="{Binding Item.Name}" Grid.Column="1" Grid.Row="1"
Margin="2" />
        <TextBox Text="{Binding Item.Age}" Grid.Column="1" Grid.Row="2"
Margin="2" />
        <TextBox Text="{Binding Item.Address}" Grid.Column="1" Grid.
Row="3" Margin="2" />
        <DataGrid
            ItemsSource="{Binding Items}"
            AutoGenerateColumns="False"
            IsReadOnly="True"
            Grid.ColumnSpan="2" Grid.Row="4" Margin="2">
            <DataGrid.Columns>
                <DataGridTextColumn Binding="{Binding ID}" Header="ID"
Width="30"/>
                <DataGridTextColumn Binding="{Binding Name}" Header="名前"
Width="*" />
                <DataGridTextColumn Binding="{Binding Age}" Header="年齢"
Width="50"/>
                <DataGridTextColumn Binding="{Binding Address}" Header="住
所" Width="*"/>
            </DataGrid.Columns>
        </DataGrid>
        <TextBlock Text="{Binding Message}" Grid.ColumnSpan="2"
            Grid.Row="5" VerticalAlignment="Center" />
        <Button Content="登録"
                Click="Button_Click"
                Width="100" Grid.Row="6" Grid.Column="1" Margin="2"
                HorizontalAlignment="Right" />
    </Grid>
```

リスト2 データをバインドする（ファイル名：wpf418.sln、MainWindow.xaml.cs）

```csharp
public class ViewModel : ObservableObject
{
    private Person _Item;
    public Person Item { get => _Item; set => SetProperty(ref _Item,
value, nameof(Item)); }
```

```
    private string _Message = "";
    public string Message
    {
        get { return _Message; }
        set { SetProperty(ref _Message, value, nameof(Message)); }
    }
    private ObservableCollection<Person> _Items =
      new ObservableCollection<Person>();
    public ObservableCollection<Person> Items
    {
        get { return _Items; }
        set { SetProperty(ref _Items, value, nameof(Items)); }
    }
    sampledbEntities _ent = new sampledbEntities();
    public ViewModel()
    {
            /// データベースから検索
        Items = new ObservableCollection<Person>(_ent.Person.
ToList());
    }
    public void Save( Person pa )
    {
            /// Personオブジェクトを保存
        _ent.Person.Add(pa);
        _ent.SaveChanges();
        this.Items.Add(pa);
    }
}
```

WPFの極意

Column Xamarin.FormsとReact Native

　Xamarinといえば、一般的に「Xamarin.Forms」を示すようになってきた多種のスマートフォン開発環境としてのXamarinですが、一方でReact NativeのようにJavascriptを駆使してAndroid/iOSアプリケーションの同時開発を可能にする開発環境もあります。

　React Nativeは、もともとReactという形でWebアプリケーション（PHPとJavascriptの組み合わせ）で開発されてきたものを、スマートフォン上でも動作できるようにしたものがReact Nativeです。

　実際には、Javascriptで開発したコードを事前にJavaやObjective-Cのライブラリを通じて、ネイティブ環境で動作させています。実行スピードは、Xamarinと遜色なくネイティブとして動作するためGoogle PlayやApp Storeから配布が可能です。

　一見、競合してしまう技術のように見えますが、既存ライブラリの活用と言う点で大きな違いがあります。Xamarinの場合は、C#で開発したライブラリを直接スマートフォンに取り込み、スタンドアローンでも問題なく動作させます。

　一方で、React Nativeは基本は、Web APIを利用してネットワーク上にサーバーにアクセスすることが前提となることが多いです。デザインは、XAMLで記述するか、React Nativeのコンポーネントを活用するかという方法も大きく異なります。

　それぞれスマホアプリとして同時リリースが可能な技術ですが、プロトタイプのリリースなど状況に合わせて使い分けるのもよいと思います。

第15章

419～437

ネットワーク
の極意

コンピューター名を取得する

ここが ポイント です！ 自分のコンピューターの名前を取得
（Dnsクラス、GetHostNameメソッド）

tips **419**

▶ Level ●
▶ 対応
COM PRO

　自分のコンピューター名（画面1）を取得するためには、**Dnsクラス**の**GetHostNameメ ソッド**を使います。

　GetHostNameメソッドは、Dnsクラスの静的メソッドです。Dnsクラスを使う場合は、 C#のソースコードの先頭の行に「using System.Net;」を追加します。

　リスト1では、サンプルプログラムを実行しているコンピューターの名前を取得し、フォー ムに表示しています。

▼**画面1 コンピューターのプロパティ**

▼**実行結果**

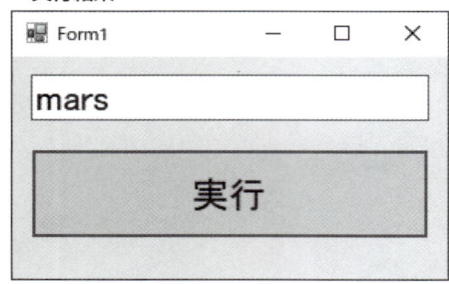

リスト1 コンピューター名を取得する（ファイル名：net419.sln、Form1.cs）

```
using System.Net;

private void button1_Click(object sender, EventArgs e)
{
    // コンピューター名を取得する
    string hostname = System.Net.Dns.GetHostName();
    textBox1.Text = hostname;
}
```

tips
420 コンピューターの
IPアドレスを取得する

▶ Level ● ●
▶ 対応
COM **PRO**

**ここが
ポイント
です！** 自分のコンピューターのIPアドレスを取得
（Dnsクラス、GetHostEntryメソッド）

コンピューター名からIPアドレスを取得するには、Dnsクラスの**GetHostEntryメソッド**を使います。

GetHostEntryメソッドは、コンピューター名を指定して、**IPHostEntryオブジェクト**を返します。

IPHostEntryオブジェクトは、複数のIPアドレスのリストを保持しています。これは、通常のコンピューターはIPアドレスを1つだけ持っていますが、ネットワークカードが複数ある場合や、Hyper-Vなどを利用して仮想的なネットワークを持つ場合に、IPアドレスを複数持っているためです。

GetHostEntryメソッドは、Dnsクラスの静的メソッドです。Dnsクラスを使う場合は、C#のソースコードの先頭の行に「using System.Net;」を追加します。

リスト1では、IPHostEntryオブジェクトの最初のIPアドレスを表示しています。

▼実行結果

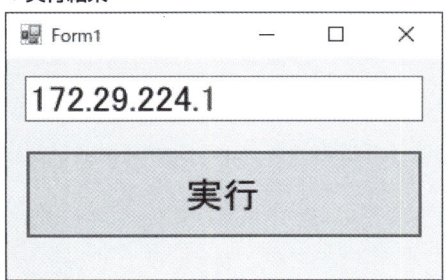

リスト1 IPアドレスを取得する（ファイル名：net420.sln、Form1.cs）

```csharp
using System.Net;
using System.Net.Sockets;

private void button1_Click(object sender, EventArgs e)
{
    // ホスト名を取得する
    string hostname = Dns.GetHostName();
    // IPアドレスを取得する
    var ipentry = Dns.GetHostEntry(hostname);
    // 最初のアドレスを取得
    foreach (var ipa in ipentry.AddressList)
    {
        if (ipa.AddressFamily == AddressFamily.InterNetwork)
        {
            // IPAddress Ver 4 のアドレスを表示
            textBox1.Text = ipa.ToString();
        }
    }
}
```

> **さらにワンポイント** ホスト名からIPアドレスの問い合わせを行っているときに、時間がかかるときがあります。このようなときは、GetHostEntryメソッドの非同期バージョンである**BeginGetHostEntry**メソッド、あるいは**EndGetHostEntry**メソッドを利用します。BeginGetHostEntryメソッドは、コールバック関数を指定し、非同期にホスト名やIPアドレスを解決します。

15-2 ネットワーク

tips 421

▶Level ●●
▶対応
COM PRO

コンピューターに
TCP/IPで接続する

ここがポイントです！ 指定したコンピューターにTCP/IPソケットを使って接続（TcpClientクラス、Connectメソッド）

コンピューターに対してTCP/IPで接続するには、**TcpClientクラス**の**Connectメソッド**を使います。

Connectメソッドに、接続先のコンピューター名（ホスト名）とポート番号を指定します。ただし、接続先のコンピューターが指定したポートを受信しない場合や、ファイアウォールなどで指定したポートが拒否されている場合には、例外が発生します。

　プロジェクトを作成したままでは、TcpClientクラスを利用することはできないので、C#のソースコードの先頭の行に「using System.Net.Sockets;」を追加します。

　リスト1では、「localhost」（アプリケーションを実行しているコンピューターそのものを示すホスト名）に対して、ポート80番で接続します。ポート80番は通常、Webサーバーで使われるポート番号で、Webサーバー（IISやApacheなど）を起動しておくことにより、接続のテストが簡単にできます。

　サーバーが起動していない状態では、Connectメソッドで例外が発生するので、これをテキストボックスに表示しています。

▼実行結果（正常）

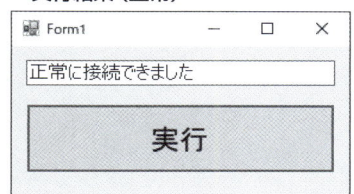

▼実行結果（例外が発生）

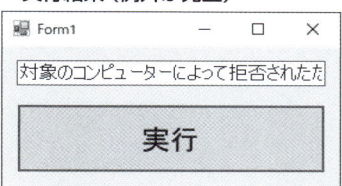

リスト1 コンピューターにTCP/IPで接続する（ファイル名：net421.sln、Form1.cs）

```csharp
private void button1_Click(object sender, EventArgs e)
{
    // TCP/IP接続を行う
    var client = new System.Net.Sockets.TcpClient();
    try
    {
        client.Connect("localhost", 80);
        // 正常に接続できた場合
        textBox1.Text = "正常に接続できました";
        client.Close();
    }
    catch (Exception ex)
    {
        // 接続できなかった場合
        textBox1.Text = ex.Message;
    }
}
```

ネットワークの極意

tips
422

▶ Level ●●
▶ 対応
`COM` `PRO`

コンピューターへ
TCP/IPでデータを送信する

ここが
ポイント
です！ **指定したコンピューターへTCP/IPソケット
を使ってデータを送信（TcpClientクラス、
GetStreamメソッド、Writeメソッド）**

　TCP/IPで接続したコンピューターに対してデータを送信するためには、まずTcpClient
クラスの**GetStreamメソッド**を使い、NetworkStreamオブジェクトを取得します。

　NetworkStreamオブジェクトは、ネットワークアクセスの元になるデータストリームで
す。このNetworkStreamオブジェクトの**Writeメソッド**を使い、データを送信します。

　Writeメソッドには、バイト（byte型）単位の配列を指定します。Writeメソッドでデータ
を送信している途中でエラーとなったときは、例外が発生します。

　TcpClientクラスやNetworkStreamクラスを使うためには、C#のソースコードの先頭の
行に「using System.Net.Sockets;」を追加します。

　リスト1では、接続先のコンピューターにTCP/IP経由でデータを送信します。ここでは
Webサーバーの1つであるApacheに対して、GETコマンドを使って「start.htm」ファイ
ルを要求しています。

　これらの一連のコマンドは、System.Text.Encodingクラスにより、バイナリデータに変
換しています。

▼実行結果（正常）

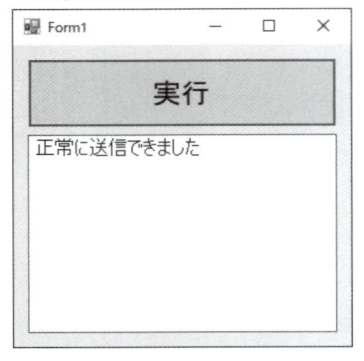

▼実行結果（例外が発生）

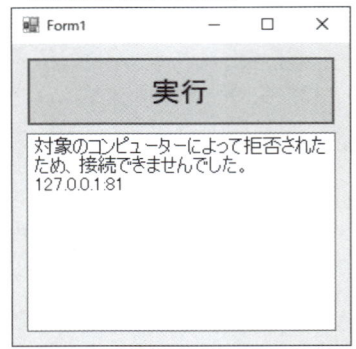

`リスト1` コンピューターにTCP/IPでデータを送信する（ファイル名：net422.sln、Form1.cs）

```
private void button1_Click(object sender, EventArgs e)
{
    var client = new TcpClient();
    try
    {
        // TCP/IP接続を行う
        client.Connect("localhost", 8011);
```

```
    // ストリームを取得する
    NetworkStream stream = client.GetStream();
    byte[] buffer = System.Text.Encoding.ASCII.GetBytes(
        "GET /start.htm HTTP/1.0¥r¥n¥r¥n");
    stream.Write(buffer, 0, buffer.Length);
    // 正常に送信できた場合
    textBox1.Text = "正常に送信できました";
    client.Close();
    }
    catch (Exception ex)
    {
        // 接続できなかった場合
        textBox1.Text = ex.Message;
    }
}
```

さらにワンポイント NetworkStreamクラスは、ネットワークアクセスを行うための汎用的なクラスのため、データの送受信にバイナリデータを使います。そのため、主にテキストデータでやり取り を行うHTTPプロトコル (IISなどのWebサーバーで扱う通信プロトコルです) では、扱 いにくい面があります。そこでHTTPプロトコルを扱うためには、専用のWebCientクラスを使 うとよいでしょう。
WebClientクラスについては、Tips425の「Webサーバーに接続する」を参照してください。

tips 423 コンピューターから TCP/IPでデータを受信する

▶ Level ●●
▶ 対応
COM PRO

ここが ポイント です! 指定したコンピューターからTCP/IPソケッ トを使ってデータを受信 (TcpClientクラ ス、GetStreamメソッド、Readメソッド)

　TCP/IPで接続したコンピューターからデータを受信するためには、まずTcpClientクラ スの**GetStreamメソッド**を使い、NetworkStreamオブジェクトを取得します。
　NetworkStreamオブジェクトは、ネットワークアクセスの元になるデータストリームで す。このNetworkStreamオブジェクトの**Readメソッド**を使い、データを受信します。
　Readメソッドに、受信するデータの長さと受信用のバイト配列を指定します。実際に受信 できたデータの長さは、Readメソッドの戻り値になります。
　TcpClientクラスやNetworkStreamクラスを使うためには、C#のソースコードの先頭の 行に「using System.Net.Sockets;」を追加します。
　リスト1では、接続先のコンピューターからTCP/IP経由でデータを受信します。ここでは Webサーバーの1つであるApacheに対して、GETコマンドを使って「start.html」ファイ

ネットワークの極意
15

ルを要求し、その内容をTCP/IPで受信しています。

受信したデータは、バイナリデータになるので、System.Text.Encodingクラスの GetStringメソッドを使い、バイナリデータからテキストに変換しています。

▼実行結果（正常）

▼実行結果（例外の発生）

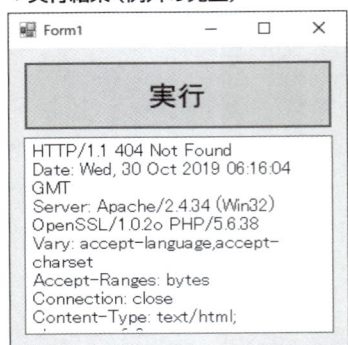

リスト1 コンピューターからTCP/IPでデータを受信する（ファイル名：net423.sln、Form1.cs）

```csharp
using System.Net.Sockets;

private void button1_Click(object sender, EventArgs e)
{
    var client = new TcpClient();
    try
    {
        // TCP/IP接続を行う
        client.Connect("localhost", 80);
        // ストリームを取得する
        NetworkStream stream = client.GetStream();
        byte[] buffer = System.Text.Encoding.ASCII.GetBytes(
            "GET /start.html HTTP/1.0\r\n\r\n");
        stream.Write(buffer, 0, buffer.Length);
        byte[] data = new byte[1001];
        stream.Read(data, 0, data.Length);
        // 正常に受信できた場合
        textBox1.Text = System.Text.Encoding.ASCII.GetString(data);
        client.Close();
    }
    catch (Exception ex)
    {
        // 接続できなかった場合
        textBox1.Text = ex.Message;
    }
}
```

TCP/IPを使うサーバーを作成する

▶ Level ●●●
▶ 対応
COM **PRO**

ここがポイントです！

TCP/IPを使うサーバーを作成しクライアントから接続を待機（TcpListenerクラス、Startメソッド、AcceptTcpClientメソッド、Stopメソッド）

TCP/IPを使うサーバーを作成するためには、**TcpListenerクラス**を使います。

受信するポートをTcpListenerクラスのコンストラクターで指定して、**リスナー**を作成します。このリスナーを**Startメソッド**で開始します。

実際にクライアントからの接続を待ちをするときは、**AcceptTcpClientメソッド**を呼び出したときです。サーバーがクライアントから接続を受けると、AcceptTcpClientメソッドから戻り、TcpClientオブジェクトを取得できます。

リスナーを停止するときは、TcpListenerクラスの**Stopメソッド**を呼び出します。

TcpListenerクラスを使うためには、C#のソースコードの先頭の行に「using System.Net.Sockets;」を追加します。

リスト1では、クライアントからの接続を受け付けて、データを受信します。

TcpListenerクラスのAcceptTcpClientメソッドで、リスナーは受信待ちの状態になるため、そのままではアプリケーションが停止したような状態（画面がユーザーの応答を受け付けない状態）になってしまいます。これを防ぐために、サンプルプログラムではTaskクラスを使い、別スレッドでリスナーの処理を行っています。

15

ネットワークの極意

▼実行結果

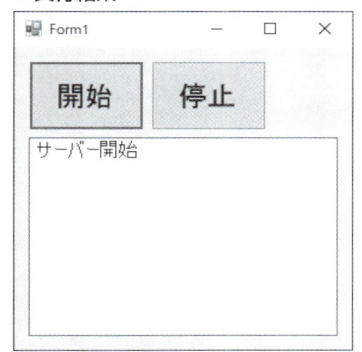

リスト1 TCP/IPのサーバーを作成する（ファイル名：net424.sln、Form1.cs）

```
/// サーバー開始
private void button1_Click(object sender, EventArgs e)
{
    Task.Run(() => DoWork());
}
```

717

```csharp
/// サーバー停止
private void button2_Click(object sender, EventArgs e)
{
    this.server.Stop();
}
/// ワーカースレッド
private TcpListener server;
public void DoWork()
{
    // リスナーを作成する
    server = new TcpListener(IPAddress.Loopback, 9000);
    // リスナーを開始する
    server.Start();
    Invoke(new Action(() =>
    {
        textBox1.Text = "サーバー開始";
    }));
    try
    {
        while (true)
        {
            // クライアントからの接続を受け付ける
            TcpClient client = server.AcceptTcpClient();
            NetworkStream stream = client.GetStream();
            // 受信データの読み出し
            byte[] data = new byte[101];
            int len = stream.Read(data, 0, data.Length);
            string str = System.Text.Encoding.ASCII.GetString(data, 0, len);
            Invoke(new Action(() =>
            {
                textBox1.Text = "受信データ:" + str;
            }));
            client.Close();
        }
    }
    catch (Exception ex)
    {
        Invoke(new Action(() =>
        {
            textBox1.Text = "サーバー終了";
        }));
    }
}
```

さらに
ワンポイント　実行タスクがUIスレッドと異なる場合は、次のようにCheckForIllegalCross ThreadCallsプロパティを「false」に設定することにより、フォーム上のテキストボックスにアクセスができます。

```
Control.CheckForIllegalCrossThreadCalls = false;
```

◀ 15-3 HTTPプロトコル ▶

tips
425

▶ Level ●○○
▶ 対応
`COM` `PRO`

Webサーバーに接続する

ここが
ポイント
です！
Webサーバーに HTTP プロトコルを使って接続（HttpClientクラス、GetStreamAsync メソッド）

　Webサーバーに URL を指定して接続するためには、**HttpClientクラス**の**GetStream Asyncメソッド**を使います。

　GetStreamAsyncメソッドは、指定した URL のデータを Stream オブジェクトで返します。この Stream オブジェクトが Web サーバーの応答（HTML ファイルや画像ファイルのデータ）です。このメソッドは、非同期アクセスのため、async/awaitキーワードを使います。

　HttpClientクラスを使うためには、C#のソースコードの先頭の行に「using System. Net.Http;」を追加します。

　受信したデータをプログラムで読み出すためには、**StreamReaderクラス**を使います。そして、すべてのデータを受信するために**ReadToEndメソッド**を呼び出します。

　非同期でデータを読み込む場合は、**ReadToEndAsyncメソッド**を使います。

　リスト1では、Webサーバーに接続し、プログラムが受信したデータを最後まで読み出します。そして、そのデータをテキストボックスコントロールに表示しています。

▼実行結果

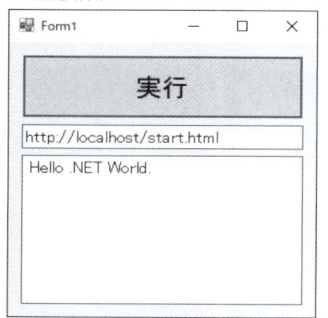

15

ネットワークの極意

リスト1 Webサーバーに接続してデータを受信する (ファイル名：net425.sln、Form1.cs)

```csharp
using System.Net.Http;

private async void button1_Click(object sender, EventArgs e)
{
    // HTTPサーバーへ接続する
    var client = new HttpClient();
    try
    {
        // HTTPサーバーへ接続しストリームを取得する
        var stream = await client.GetStreamAsync(textBox1.Text);
        // テキストボックスへ結果を書き出す
        var reader = new System.IO.StreamReader(stream);
        textBox2.Text = reader.ReadToEnd();
        reader.Close();
        stream.Close();
    }
    catch (Exception ex)
    {
        // URLが不正の場合は例外が発生する
        MessageBox.Show(ex.Message);
    }
}
```

 WebClientクラスの**OpenRead**メソッドでは、指定したURLが不正の場合 (アドレスが存在しない場合など) は、例外 (WebException) が発生します。

 StreamReaderクラスは、文字を制御するためのTextReaderクラスの実装です。そのため、Webサーバーが応答するデータは、テキストデータ (HTML形式のデータなど) に限られます。画像などのバイナリデータを受信するときは、**BinaryReaderクラス**を使います。

 WebClientクラスには、同期的にデータを取得する**ReadToEnd**メソッドと、非同期にデータを取得する**ReadToEndAsync**メソッドがあります。

クエリ文字列を使って Webサーバーに接続する

tips **426**

▶ Level ●●○
▶ 対応
COM　PRO

ここがポイントです! クエリ文字列をURLエンコードしてWebサーバーに接続（HttpClientクラス、UriBuilderクラス、Queryプロパティ）

Webサーバーへアクセスするときに、URLに**クエリ文字列**を入れることができます。

クエリ文字列は、「http://www.google.com/Search?q=検索文字列」のように「?」（クエスチョンマーク）の右側に設定される文字列のことです。クエリ文字列は、キーワードとデータを「=」記号でつなげてWebサーバーに送信します。

このクエリ文字列を**UriBuilderクラス**の**Queryプロパティ**に設定できます。

クエリ文字列では、画面に表示できる限られたASCII文字しか許されていません。そのため、日本語の漢字のような2バイトで表す文字などを扱う場合には、**URLエンコード**が必要です。

URLエンコードは、漢字やバイナリのデータをURLで扱えるASCII文字に変換する方式です。これは**WebUtilityクラス**の**UrlEncodeメソッド**を使うと、簡単に変換できます。

HttpClientクラスを使うためには、C#のソースコードの先頭の行に「using System.Net.Http;」を追加します。WebUtilityクラスを使うためには、先頭に「using Sytem.Web;」を追加します。

リスト1では、「www.google.com」に接続して、テキストボックスで指定した文字列を検索しています。

▼実行結果

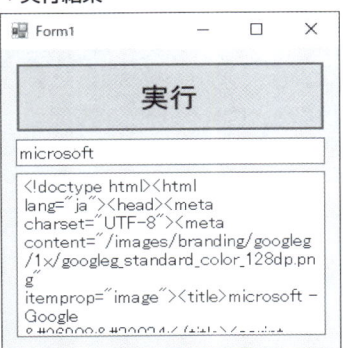

リスト1 Webサーバーにクエリ文字列を使って接続する（ファイル名：net426.sln、Form1.cs）

```csharp
private async void button1_Click(object sender, EventArgs e)
{
    var client = new HttpClient();
    // クエリ文字列を作成する
```

15

ネットワークの極意

```
    string text = textBox1.Text;
    var ub = new UriBuilder("http://www.google.com/search");

    var dic = new Dictionary<string, string>();
    var query = HttpUtility.ParseQueryString("");
    query["q"] = HttpUtility.UrlEncode(text);
    query["hl"] = "jp";
    ub.Query = query.ToString();
    try
    {
        // HTTPサーバーへ接続しストリームを取得する
        var stream = await client.GetStreamAsync(ub.Uri);
        // テキストボックスへ結果を書き出す
        var reader = new System.IO.StreamReader(stream);
        textBox2.Text = reader.ReadToEnd();
        reader.Close();
        stream.Close();
    }
    catch (Exception ex)
    {
        // URLが不正の場合は例外が発生する
        MessageBox.Show(ex.Message);
    }
}
```

tips
427

▶ Level ●● ○

▶ 対応
COM　PRO

Webサーバーから
ファイルをダウンロードする

ここが
ポイント
です！
> 指定したURLでデータをダウンロードし
てファイルに保存 (HttpClientクラス、
GetByteArrayAsyncメソッド)

　指定したURLにあるデータをダウンロードしてローカルのファイルに保存するためには、**HttpClient**クラスの**DownloadFile**メソッドを使います。

　GetByteArrayAsyncメソッドでは、ダウンロードする対象のURLを指定して、バイナリデータを取得します。

　HttpClientクラスを使うためには、C#のソースコードの先頭の行に「using System.Net.Http;」を追加します。

　リスト1では、GetByteArrayAsyncメソッドにURLを指定してバイナリデータを取得した後、ファイルに保存しています。

リスト1　Webサーバーからファイルをダウンロードする（ファイル名：net427.sln、Form1.cs）

```
private async void button1_Click(object sender, EventArgs e)
{
    var client = new HttpClient();
    try
    {
        // 指定URLのファイルをダウンロードする
        var data = await client.GetByteArrayAsync("http://localhost/
test.zip");
        var fs = System.IO.File.OpenWrite(@"c:¥C#2019¥test.lzh");
        fs.Write(data, 0, data.Length);
        fs.Close();
        MessageBox.Show("ダウンロードが完了しました");
    }
    catch (Exception ex)
    {
        // URLが不正の場合は例外が発生する
        MessageBox.Show(ex.Message);
    }
}
```

tips

428

Webサーバーに
ファイルをアップロードする

▶ Level ●●

▶ 対応
COM　PRO

**ここが
ポイント
です！**

**指定したURLへデータをアップロードする
（HttpClientクラス、PostAsyncメソッ
ド、MultipartFormDataContentクラス）**

指定したURLにローカルにあるファイルをアップロードするためには、**MultipartForm
DataContentクラス**でアップロードするバイナリデータをコンテンツに追加します。

MultipartFormDataContentクラスの**Addメソッド**を使うと、複数のファイルをアップ
ロードできます。

アップロードする方式は、「POST」です。HttpClientクラスの**PostAsyncメソッド**を
使って、アップロードします。

WebClientクラスを使うためには、C#のソースコードの先頭の行に「using System.
Net;」を追加します。

リスト1では、PostAsyncメソッドにURLを指定して、ファイルをアップロードしています。

リスト1　Webサーバーへファイルをアップロードする（ファイル名：net428.sln、Form1.cs）

```
private async void button1_Click(object sender, EventArgs e)
{
```

```
var client = new HttpClient();
try
{
    var content = new MultipartFormDataContent();
    // 指定URLへファイルをアップロードする
    var path = @"c:¥C#2019¥test.zip";
    var fileCont = new StreamContent(
        System.IO.File.OpenRead(path));
    fileCont.Headers.ContentDisposition = new ContentDispositionHe
aderValue("attachment")
    {
        FileName = System.IO.Path.GetFileName(path)
    };
    content.Add(fileCont);
    await client.PostAsync("http://localhost/upload.php",
content);
    textBox1.Text = "ファイルをアップロードしました";
}
catch (Exception ex)
{
    // アップロードが異常の場合は例外が発生する
    MessageBox.Show(ex.Message);
}
}
```

tips
429 GET メソッドで送信する

▶ Level ●
▶ 対応
COM PRO

ここが
ポイント
です！
HTTPプロトコルのGETメソッド（HttpClientクラス、GetStringAsyncメソッド）

　HTTPプロトコルのGETメソッドを利用してWebサーバーにアクセスするためには、HttpClientクラスの**GetStringAsyncメソッド**を使います。

　GetStringAsyncメソッドにURLを指定したUriオブジェクトを渡すことで、Webサーバーに簡単にアクセスができます。

　GetStringAsyncメソッドは非同期メソッドなので、同期的に処理を行う場合は、awaitキーワードを使います。

　リスト1では、ローカルコンピューター（localhost）に起動したWeb APIサービスを呼び出しています。

　リスト2は、ASP.NET MVCで作成したWeb APIサービスの例です。

▼実行結果

`get ID is 10`

リスト1 GETメソッドで呼び出す（ファイル名：net429.sln、Form1.cs）

```
private async void button1_Click(object sender, EventArgs e)
{
    var cl = new HttpClient();
    var uri = new Uri("http://localhost:5000/api/Sample/10");
    var res = await cl.GetStringAsync(uri);
    textBox1.Text = res;
}
```

リスト2 GETメソッドで呼び出される（ファイル名：netsv.sln、Controllers/SampleController.cs）

```
[Route("api/[controller]")]
public class SampleController : Controller
{
    [HttpGet("{id}")]
    public string Get(int id)
    {
        return string.Format("get ID is {0}", id);
    }
}
```

POSTメソッドを使って フォーム形式で送信する

tips 430

▶Level ●
▶対応 COM PRO

ここがポイントです！

HTTPプロトコルのPOSTメソッド（HttpClientクラス、PostAsyncメソッド、FormUrlEncodedContentクラス）

　HTTPプロトコルのPOSTメソッドを利用してWebサーバーにアクセスするためには、HttpClientクラスの**PostAsyncメソッド**を使います。

　PostAsyncメソッドに、URLを指定した**Uriオブジェクト**と**FormUrlEncodedContentオブジェクト**を渡します。FormUrlEncodedContentオブジェクトは、キーと値のペアを持つ辞書型のオブジェクトになります。ユーザーがブラウザーを利用してフォームに入力したときと同じ動作になります。

　PostAsyncメソッドは非同期メソッドなので、同期的に処理を行う場合は、awaitキーワードを使います。

　リスト1では、ローカルコンピューター (localhost) に起動したWeb APIサービスを呼び出しています。

　リスト2は、ASP.NET MVCで作成したWeb APIサービスの例です。

▼実行結果

リスト1　POSTメソッドで呼び出す (ファイル名：net430.sln、Form1.cs)

```csharp
private async void button1_Click(object sender, EventArgs e)
{
    var cl = new HttpClient();
    var uri = new Uri("http://localhost:5000/api/Sample");
    var dic = new Dictionary<string, string>();
    dic.Add("name", textBox1.Text);
    var content = new FormUrlEncodedContent(dic);
    var res = await cl.PostAsync(uri, content);
    textBox2.Text = await res.Content.ReadAsStringAsync();
}
```

リスト2　POSTメソッドで呼び出される (ファイル名：netsv.sln、Controllers/SampleController.cs)

```csharp
[Route("api/[controller]")]
public class SampleController : Controller
{
    // POST api/values
    [HttpPost]
    public string Post(string name)
    {
        return string.Format("post name is {0}", name);
    }
}
```

POSTメソッドを使って JSON形式で送信する

▶Level ●
▶対応
COM　PRO

ここが ポイント です!

HTTPプロトコルのPOSTメソッド （HttpClientクラス、PostAsyncメソッド、 JsonConvertクラス、StringContentクラス）

HTTPプロトコルのPOSTメソッドを利用してWebサーバーにアクセスするためには、HttpClientクラスの**PostAsyncメソッド**を使います。

PostAsyncメソッドでJSON形式のデータを送る場合は、NuGetでNewtonsoft.Jsonをインストールして**JsonConvertクラス**を使うか、直接、**StringContentクラス**にJSON形式の文字列を渡します。

JsonConvertクラスを使う場合は、あらかじめJSON形式にコンバートする値クラスを用意しておき、SerializeObjectメソッドでJSON形式の文字列に変換します。

URLを指定したUriオブジェクトとFormUrlEncodedContentオブジェクトを渡します。FormUrlEncodedContentオブジェクトは、キーと値のペアを持つ辞書型のオブジェクトになります。ユーザーがブラウザーを利用してフォームに入力したときと同じ動作になります。

PostAsyncメソッドは非同期メソッドなので、同期的に処理を行う場合はawaitキーワードを使います。

リスト1では、ローカルコンピューター（localhost）に起動したWeb APIサービスを呼び出しています。

▼実行結果

リスト1　POSTメソッドで呼び出す（ファイル名：net431.sln、Form1.cs）

```
using Newtonsoft.Json;

private async void button1_Click(object sender, EventArgs e)
{
    var cl = new HttpClient();
```

15

ネットワークの極意

```
    var uri = new Uri("http://localhost:5000/api/Sample");
    var obj = new {
        Name = "MASUDA",
        Age = 51,
        Address = "Itabshi" };
    var json = JsonConvert.SerializeObject(obj);
    var content = new StringContent(json);
    content.Headers.ContentType =
        new MediaTypeHeaderValue("application/json");
    var res = await cl.PostAsync(uri, content);
    textBox1.Text = await res.Content.ReadAsStringAsync();
}
```

tips

432 戻り値をXMLで処理する

> **ここがポイントです!** **HTTPプロトコルでXML形式を処理 (HttpClientクラス、awaitキーワード、XDocumentクラス)**

▶ Level ●○○○
▶ 対応
COM PRO

HTTPプロトコルのPOSTメソッドは、戻り値を持たせることができます。

Webサーバーの戻り値をXML形式にすると、クライアント側で**XDocumentクラス**を利用して、各データを容易に取得できます。

PostAsyncメソッドは非同期メソッドなので、同期的に処理を行う場合は、**awaitキーワード**を使います。

リスト1では、ローカルコンピューター (localhost) に起動したWeb APIサービスを呼び出しています。「name」と「age」を指定し、戻り値をXML形式で取得しています。

リスト2は、ASP.NET MVCで作成したWeb APIサービスの例です。「name」の値を大文字にし、「age」の値に1加算しています。

▼実行結果

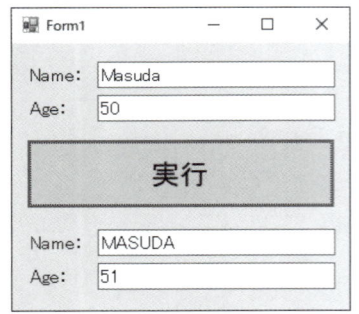

リスト1 POSTメソッドで呼び出す（ファイル名：net432.sln、Form1.cs）

```
private async void button1_Click(object sender, EventArgs e)
{
    var cl = new HttpClient();
    var uri = new Uri("http://localhost:5000/api/Sample2");
    var dic = new Dictionary<string, string>();
    dic.Add("name", textBox1.Text);
    dic.Add("age", textBox2.Text);
    var content = new FormUrlEncodedContent(dic);
    var res = await cl.PostAsync(uri, content);
    var doc = System.Xml.Linq.XDocument.Load(await res.Content.
ReadAsStreamAsync());
    textBox3.Text = doc.Document.Element("person").Element("name").
Value;
    textBox4.Text = doc.Document.Element("person").Element("age").
Value;
}
```

リスト2 POSTメソッドを処理する（ファイル名：netsv.sln、Controllers/SampleController.cs）

```
[Route("api/[controller]")]
public class Sample2Controller : Controller
{
    [HttpPost]
    public string Post(string name, int age)
    {
        string xml = "<person>" +
            string.Format("<name>{0}</name>", name.ToUpper()) +
            string.Format("<age>{0}</age>", age + 1) +
            "</person>";
        return xml;
    }
}
```

tips
433
戻り値を
JSON形式で処理する

▶Level ●○○○
▶対応
COM　PRO

**ここが
ポイント
です！** HTTPプロトコルでXML形式を処理（HttpClient
クラス、PostAsyncメソッド、JsonConvertク
ラス、DeserializeObjectメソッド）

HTTPプロトコルのPOSTメソッドは、戻り値を持たせることができます。
　Webサーバーの戻り値をJSON形式にすると、クライアント側でJsonConvertクラスを
利用して、各データを値動的クラスにコンバートできます。

ネットワークの極意

15

　JsonConvertクラスを使うには、NuGetでNewtonsoft.Jsonをインストールします。

　あらかじめコンバート先の値クラスを用意しておき、POSTメソッドの戻り値をJsonConvertクラスの**DeserializeObject**メソッドでコンバートします。

　取得したデータは、動的にプロパティを呼び出すため、dynamic型で受け取ります。このオブジェクトに対して、JSON形式で指定されたプロパティを呼び出すことで、POSTメソッドの戻り値を得ることができます。

　リスト1では、ローカルコンピューター (localhost) に起動したWeb APIサービスを呼び出しています。「name」と「age」を指定し、戻り値をJSON形式で取得しています。

▼実行結果

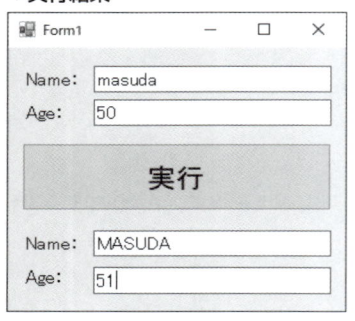

リスト1　POSTメソッドで呼び出す（ファイル名：net433.sln、Form1.cs）

```csharp
private async void button1_Click(object sender, EventArgs e)
{
    var cl = new HttpClient();
    var uri = new Uri("http://localhost/api/json.php");
    var dic = new Dictionary<string, string>();
    dic.Add("name", textBox1.Text);
    dic.Add("age", textBox2.Text);
    var content = new FormUrlEncodedContent(dic);
    var res = await cl.PostAsync(uri, content);
    var json = await res.Content.ReadAsStringAsync();
    dynamic obj = JsonConvert.DeserializeObject(json);
    textBox3.Text = obj.Name;
    textBox4.Text = obj.Age.ToString();
}
```

ヘッダに コンテンツタイプを設定する

tips
434

▶ Level ●●○
▶ 対応
COM PRO

ここが
ポイント
です！

HTTPプロトコルでコンテンツタイプを 指定（ContentTypeプロパティ、 MediaTypeHeaderValueクラス）

HttpClientクラスのPostAsyncメソッドなどでデータを送信する場合、コンテンツタイプ（Content-Type）を指定する必要があります。

Webサーバーのアプリケーションによっては、自動でコンテンツタイプを判断するものもありますが、明示的に指定しておくことでデータの種類を限定しておくことができます。

コンテンツタイプは、**MediaTypeHeaderValueクラス**で作成します。

また、コンテンツタイプは、HTTPプロトコルのヘッダ部に追加します。StringContentクラスなので、コンテンツのオブジェクトを作成した後に、Headersコレクションに追加します。コンテンツタイプは**ContentTypeプロパティ**に設定します。

リスト1では、ローカルコンピューター（localhsot）で動作しているWebサーバーに対して、コンテンツタイプを「application/json」にしてPOST送信しています。

▼実行結果

▒ 主なコンテンツタイプ

値	内容
text/plain	テキスト形式
text/csv	CSV形式
text/html	HTML形式
application/json	JSON形式
application/xml	XML形式
image/jpeg	JPEG形式のファイル
image/png	PNG形式のファイル
image/gif	GIF形式のファイル

リスト1　コンテンツタイプを指定して送信する（ファイル名：net434.sln、Form1.cs）

```csharp
private async void button1_Click(object sender, EventArgs e)
{
    var cl = new HttpClient();
    var uri = new Uri("http://localhost:5000/api/Sample");
    var obj = new {
        Name = "MASUDA",
        Age = 51,
        Address = "Itabshi" };
    var json = JsonConvert.SerializeObject(obj);
    var content = new StringContent(json);
    /// コンテキストタイプを指定する
    content.Headers.ContentType =
        new MediaTypeHeaderValue("application/json");
    var res = await cl.PostAsync(uri, content);
    textBox1.Text = await res.Content.ReadAsStringAsync();
}
```

tips
435

ヘッダに追加の設定を行う

▶Level ●●
▶対応
COM　PRO

ここが
ポイント
です！

HTTPプロトコルで独自のヘッダを指定
（DefaultRequestHeaderコレクション）

　HTTPプロトコルでヘッダ部に独自の設定を行う場合は、HttpClientクラスの**Default RequestHeaderコレクション**に設定を追加します。

　ヘッダ部に追加するためには、HttpClientクラスのDefaultRequestHeadersコレクションを使います。名前（name）と値（value）をペアにして文字列で渡します。

　リスト1では、Webサーバーに対して、「X-API-KEY」という名前でAPIキーを設定しています。Webサーバーのアプリケーションでは、このAPIキーを調べてセキュリティを保つことができます。

▼実行結果

リスト1 　ヘッダに独自の設定を行って送信する（ファイル名：net435.sln、Form1.cs）

```
private async void button1_Click(object sender, EventArgs e)
{
    var cl = new HttpClient();
    /// ヘッダにAPI-KEYを指定する
    cl.DefaultRequestHeaders.Add("X-API-KEY", "XXXX-XXXX-XXXX");
    var uri = new Uri("http://localhost:5000/api/Sample");
    var obj = new {
        Name = "MASUDA",
        Age = 51,
        Address = "Itabshi" };
    var json = JsonConvert.SerializeObject(obj);
    var content = new StringContent(json);
    var res = await cl.PostAsync(uri, content);
    textBox1.Text = await res.Content.ReadAsStringAsync();
}
```

さらに
ワンポイント

HTTPプロトコルのヘッダ部は、一般的にユーザーの目に触れることはないため、APIキーなどのアプリケーション特有のデータを送るために使います。ただし、プロトコルのデータは、ツールを使えば簡単に閲覧ができるため、ユーザー名やパスワードなどの秘密キーを送るときには、暗号化するなどの工夫が必要です。

ネットワークの極意

15

tips
436 クッキーを有効にする

▶ Level ●●○
▶ 対応
COM PRO

ここがポイントです！ HTTPプロトコルのクッキー情報を有効化（HttpClientHandlerハンドラー、UseCookiesプロパティ）

　HttpClientクラスは、初期状態ではクッキー情報が無効になっています。

　これを有効にするためには、HttpClientのインスタンスを生成するときに、**HttpClientHandlerハンドラー**を渡します。このHttpClientHandlerハンドラー内で、**UseCookiesプロパティ**の値を「true」に設定します。

▼ HttpClientHandlerハンドラーの設定

```
var cl = new HttpClient(
  new HttpClientHandler() {
    UseCookies = true });
```

　クッキー情報は、HTTPプロトコルのヘッダ部にクライアントとWebサーバーの間で共通のキー情報をやり取りします。このキー情報には、クッキー情報の有効期限なども含まれます。

　クッキー情報を複数のセッションで有効にするために、HttpClientクラスのインスタンスを使い回します。そのため、別途フィールドなどを使って、オブジェクトを解放されないようにキープしておきます。

　リスト1では、Webサーバーに対してクッキー情報を有効化しています。

▼実行結果

| リスト1 | ヘッダにクッキーを設定する（ファイル名：net436.sln、Form1.cs） |

```
private async void button2_Click(object sender, EventArgs e)
{
```

```
if ( _cl != null )
{
    _cl = new HttpClient(
        new HttpClientHandler() { UseCookies = true });
}
var uri = new Uri("http://localhost:5000/api/Sample");
var obj = new
{
    Name = "MASUDA",
    Age = 51,
    Address = "Itabshi"
};
var json = JsonConvert.SerializeObject(obj);
var content = new StringContent(json);
var res = await _cl.PostAsync(uri, content);
textBox1.Text = await res.Content.ReadAsStringAsync();
}
```

tips 437
ユーザーエージェントを設定する

▶ Level ●●
▶ 対応
COM　PRO

ここがポイントです！ **HTTPプロトコルのユーザーエージェントを設定（DefaultRequestHeaders コレクション、User-Agent）**

ブラウザーがWebサーバーに接続する場合、**ユーザーエージェント**（User-Agent）を設定します。Webサーバーでは、このユーザーエージェントを調べてブラウザーに適切なHTML形式のデータなどを返します。

HttpClientクラスでは、通常の呼び出しを行ったときはユーザーエージェントが設定されていません。そのために、Webサーバーが適切なデータを返してくれないことがあります。これを防ぐために、明示的にユーザーエージェントを設定する必要があります。

ユーザーエージェントは、HttpClientクラスの**DefaultRequestHeaders コレクション**に追加をします。コンテンツタイプと同じように、名前を「User-Agent」として、適切な値を設定します。

リスト1では、Webサーバーに対して「Gokui-App」というユーザーエージェントを設定して呼び出しています。

▼実行結果

リスト1 ヘッダにユーザーエージェントを設定する（ファイル名：net437.sln、Form1.cs）

```csharp
private async void button1_Click(object sender, EventArgs e)
{
    var cl = new HttpClient();
    /// User-Agent を指定する
    cl.DefaultRequestHeaders.Add("User-Agent", "Gokui-App");
    var uri = new Uri("http://localhost:5000/api/Sample");
    var obj = new {
        Name = "MASUDA",
        Age = 51,
        Address = "Itabshi" };
    var json = JsonConvert.SerializeObject(obj);
    var content = new StringContent(json);
    var res = await cl.PostAsync(uri, content);
    textBox1.Text = await res.Content.ReadAsStringAsync();
}
```

第16章
438〜473

ASP.NET の極意

新しいASP.NET MVC プロジェクトを作成する

ここがポイントです！ ► **ASP.NET MVC のプロジェクトを作成**

tips 438

► Level ●
► 対応
COM　PRO

Visual Studioでは、**ASP.NET MVCアプリケーション**を作成できます。
ASP.NET Webアプリケーションには、次の2つのプロジェクトテンプレートがあります。

● ASP.NET Webアプリケーション

ASP.NET Webアプリケーション（.NET Framework）は、従来通り、**IIS**と**.NET Framework**を利用したWebアプリケーションを作成し、主にWindows Serverを使って運用します。

● ASP.NET Core Webアプリケーション

ASP.NET Core Webアプリケーションは、**.NET Core**を利用した運用環境を想定し、WindowsだけでなくLinuxやmacOS上で動作させることができます。

ここでは.NET Coreを利用したASP.NET MVCアプリケーションを作成する手順を次に示します。

❶ ［ファイル］メニューから［新規作成］➡［プロジェクト］を選択します。
❷ ［新しいプロジェクトの作成］ダイアログボックスが表示されます。テンプレートから［ASP.NET Core Web アプリケーション］を選択して（画面1）、［次へ］ボタンをクリックします。
❸ ［場所］のテキストボックスに作成先のフォルダーを指定します。
❹ ［作成］ボタンをクリックすると、［新しいASP.NET Core Webアプリケーションの作成］ダイアログが開かれます（画面2）。
❺ テンプレートの選択で［Web アプリケーション（モデル ビュー コントローラー）］を選択して、［作成］ボタンをクリックします。
❻ プロジェクトが作成されます（画面3）。

▼画面1 新しいWebサイト

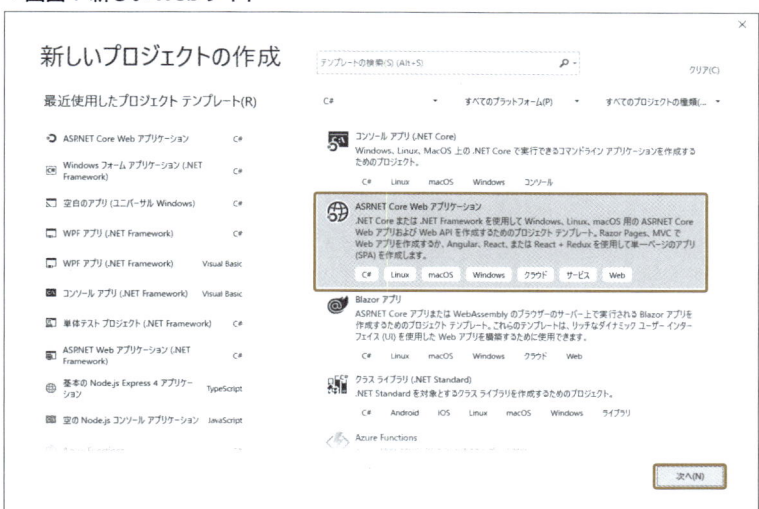

▼画面2 新しいASP.NET Core Webアプリケーション

ASP.NETの極意

▼画面3 ASP.NET Webプロジェクト

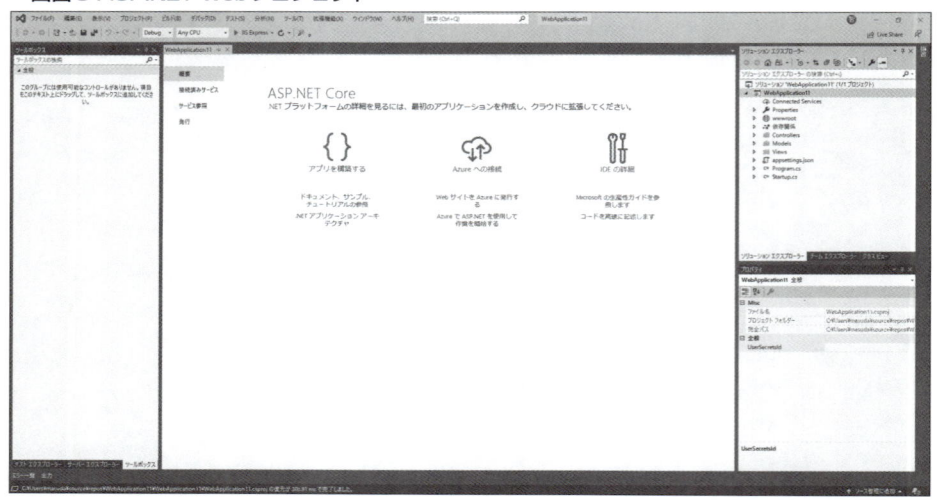

tips
439

▶ Level ●○○

▶ 対応
COM PRO

ここが
ポイント
です！

ASP.NET MVCとは

> ASP.NET MVCの概要

　ASP.NET MVCアプリケーションは、**Model-View-Controller**と呼ばれる3つのコンポーネントを組み合わせたアプリケーションの作成パターンになります。

　MVCパターンは、Javaならば「Struts」、PHPならば「CakePHP」、Rubyならば「Ruby on Rails」という形でパターンが利用されています。

　それぞれの実装の方法は、言語の仕様などにより異なりますが、共通しているものは、Webアプリケーションを Model-View-Controller という3つのコンポーネントに分けて開発することです。

● Model

　Modelコンポーネントは、主にデータを扱うためのクラス群です。

　ASP.NET MVCでは直接、データクラスを作成するほかに、ASP.NET Entity Frameworkを用いたデータベースのコンポーネントを利用する方法があります。

　Entity Frameworkを利用した場合は、Modelクラスをプログラミングする手間を省くことができます。

● View

Viewコンポーネントは、ユーザーインターフェイスを表示するためのビューになります。

ASP.NET MVCでは、**Razor**と呼ばれるHTMLと組み合わせた記述言語を使うことができます。Razorでは、「@」（アットマーク）などを使って、ビューとコントローラーを結び付ける「@ViewData」やHTMLを簡単に記述できるヘルパークラスなどが用意されています。

● Controller

Controllerクラスは、ブラウザーのアドレスに直接、表示されるメソッドになります。

HTTPプロトコルのGETコマンドやPOSTコマンドを使って、コントローラークラスの各メソッドにアクセスをします。

MVCパターンでは、3つのコンポーネントに対して一定の命名規約を作ることで、より秩序だったWebアプリケーション開発ができるようになっています。

Visual Studioでは、それぞれのコンポーネントを自動生成するメニューが用意されています。これらのメニューを利用することで、手早くASP.NET MVCアプリケーションを作成することが可能です。

▼ MVCパターン

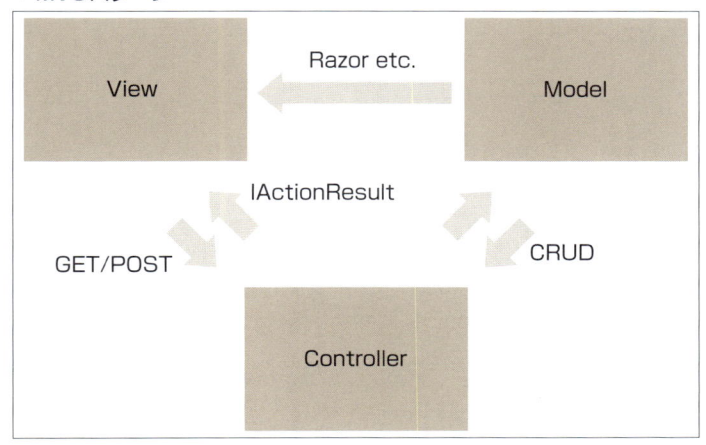

tips

440 新しいビューを追加する

▶ Level ●

▶ 対応

COM PRO

ここが
ポイント
です！

ASP.NET MVCプロジェクトにビューを追加 (MVCビューページ)

ASP.NET MVCアプリケーションでは、ビューの追加は「Views」フォルダーの下に作成します。

Viewsフォルダーの直下には、コントローラークラスと連携するためのフォルダーを作成しておきます。

新しいビューを作成するには、次の手順で行います。

❶ソリューションエクスプローラーで作成先のフォルダーを右クリックして、[追加] ➡ [表示] を選択します (画面1)。

❷ [NVCビューの追加] ダイアログボックスで [ビュー名] を入力して、テンプレートを選択します (画面2)。

❸ [追加] ボタンをクリックすると、新しいビューが作成されます。

リスト1では、新しいビューにタイトルを表示させています。

▼画面1 表示を選択

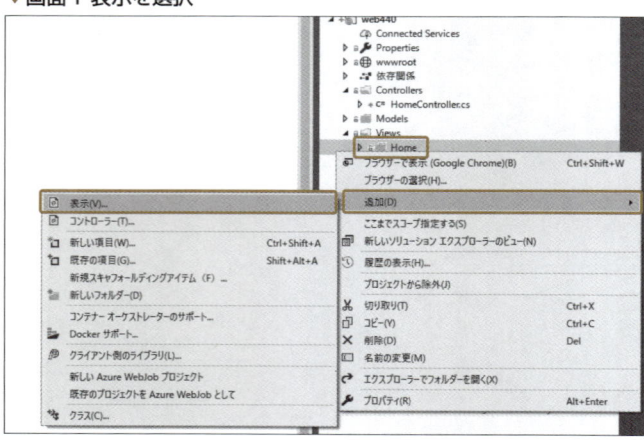

▼画面2 ビューの名前を指定

```
MVC ビュー の追加                                              ×

ビュー名(N):        Index2
テンプレート(T):     Empty (モデルなし)                         ▼
モデル クラス(M):                                            ▼

オプション:
  □ 部分ビューとして作成(C)
  ☑ スクリプト ライブラリの参照(R)
  ☑ レイアウト ページを使用する(U):
                                                    ...

  (Razor _viewstart ファイルで設定されている場合は空のままにしてください)

                                      追加      キャンセル
```

リスト1　ビューを作成する（ファイル名：web440.sln、Views/Home/Index2.cshtml）

```
@{
    ViewData["Title"] = "新しいビューの追加";
}


<h2>新しいビュー</h2>
```

tips
441 新しいコントローラーを
追加する

▶ Level ●
▶ 対応
COM　PRO

ここが
ポイント
です!

ASP.NET MVCプロジェクトにコント
ローラーを追加（コントローラーメニュー）

ASP.NET MVCアプリケーションのコントローラーは、「Controllers」フォルダーの下に作成します。

ブラウザーで指定されるアドレスやWeb APIのメソッド名がコントローラークラスのメソッドとして記述されます。

コントローラーの名前は、「モデル名Controller」と決められています。このモデル名の部分は、そのままブラウザーでアクセスするメソッド名となるため、注意して作成してください。

新しいコントローラーの作成は、次の手順で行います。

❶ ソリューションエクスプローラーで作成先のフォルダーを右クリックし、[追加] ➡ [コントローラー] を選択します（画面1）。

❷ [新規スキャフォールディングの追加] ダイアログボックスで [MVCコントローラー 空] あるいは [読み取り / 書き込みアクションがあるMVCコントローラー] を選択します。

16

❸Entity Frameworkを使用したビューがある［コントローラーの追加］ダイアログでコント
ローラー名を入力します（画面3）。
❹［追加］ボタンをクリックすると、新しいコントローラークラスが作成されます。

②で［Entity Frameworkを使用したビューがあるMVCコントローラー］を選択したとき
は、連携するモデルクラスとデータコンテキスト（データベース接続など）を設定します（画
面3）。

リスト1は、新規に作成されたコントローラークラスです。「http://servername/Home」
のように、ブラウザーでアクセスしたときに呼び出されるIndexメソッドになります。

▼**画面1 スキャフォールディングを追加**

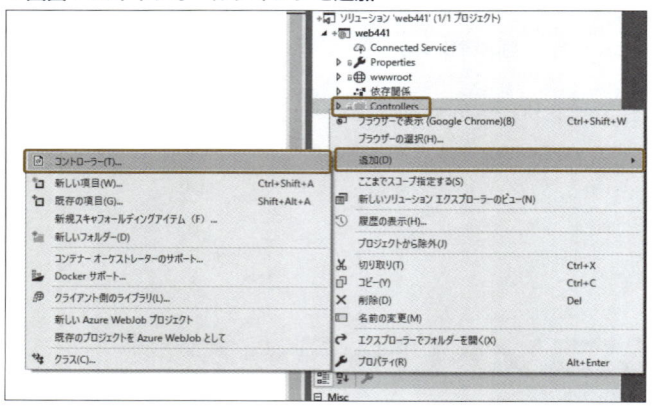

▼**画面2 コントローラーの追加**

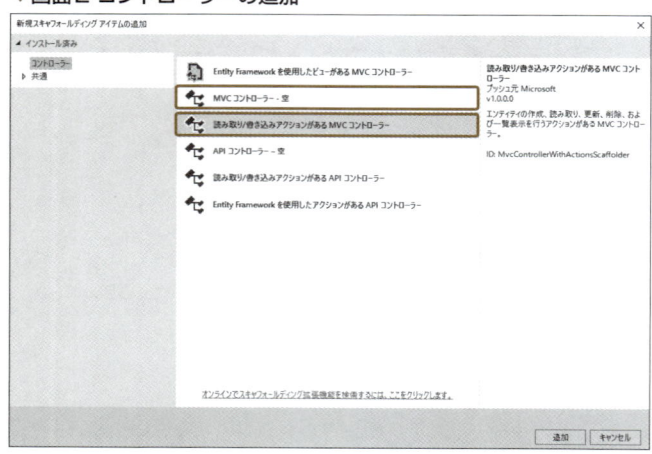

▼画面3 モデルクラスとの連携

```
Entity Framework を使用したビューがある MVC コントローラー の追加          ×

モデル クラス(M):        [                              ⌄]

データ コンテキスト クラス(D): [                          ⌄] [ + ]

ビュー:
☑ ビューの生成(V)
☐ スクリプト ライブラリの参照(R)
☑ レイアウト ページを使用する(U):
   [                                              ] [...]

   (Razor _viewstart ファイルで設定されている場合は空のままにしてください)


コントローラー名(C):    [                              ]

                              [ 追加 ]  [ キャンセル ]
```

リスト1　コントローラーを追加する（ファイル名：web441.sln、Controlers/Home2Controller.cs）

```
using System;
using System.Collections.Generic;
using System.Linq;
using System.Web;
using System.Web.Mvc;

namespace web431.Controllers
{
    public class Home2Controller : Controller
    {
        public ActionResult Index()
        {
            return View();
        }
    }
}
```

tips
442 新しいモデルを追加する

▶ Level ●
▶ 対応
COM　PRO

ここがポイントです！

ASP.NET MVC プロジェクトにモデルを追加（クラスメニュー）

　ASP.NET MVCアプリケーションのモデルは、「Models」フォルダーの下に作成します。
　モデルクラスは、コントローラークラスやビュークラスの名前のベースとなるクラスです。
Visual Studioでは、モデルクラスを作成するための特別なコンテキストメニューはありませ

ん。普通のクラスを作るように、コンテキストメニューから［クラス］メニューを選択して作ります。

新しいモデルの作成は、次の手順で行います。

❶ソリューションエクスプローラーで［Models］フォルダーを右クリックして、［追加］➡［クラス］を選択します（画面1）。

❷［新しい項目の追加］ダイアログボックスで、クラス名を入力して［追加］ボタンをクリックします（画面2）。

リスト1では、SampleModelクラスを作成しています。このクラスにビューで表示するプロパティを設定していきます。

リスト2では、コントローラーを修正して、SampleModelオブジェクトをViewクラスのインスタンスに渡します。

リスト3では、コントローラーから渡されたモデルのTitleプロパティを表示させます。

▼**画面1 クラスメニュー**

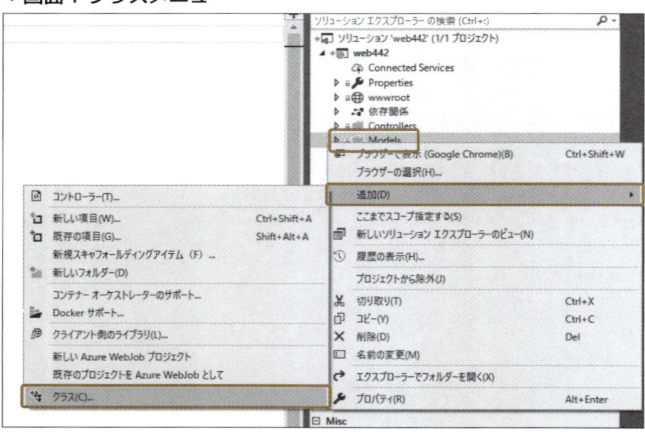

▼画面2 新しい項目の追加

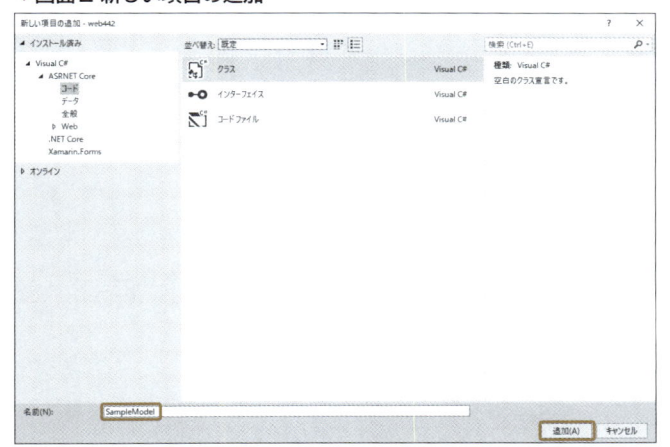

▼実行結果

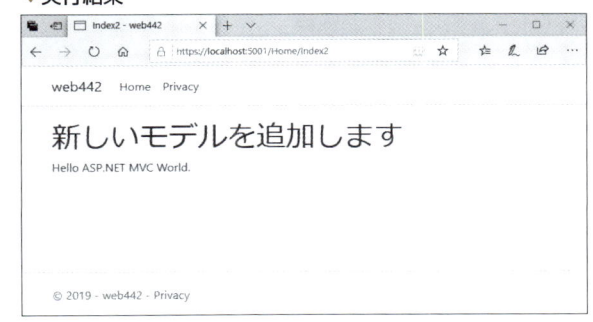

リスト1 モデルを追加する（ファイル名：web442.sln、Models/SampleModle.cs）

```
using System;
using System.Collections.Generic;
using System.Linq;
using System.Threading.Tasks;

namespace web432.Models
{
    public class SampleModel
    {
        public string Title { get; set; }
    }
}
```

リスト2 コントローラーを修正する（ファイル名：web442.sln、Controllers/HomeController.cs）

```
public class HomeController : Controller
{
```

ASP.NET の極意

```
    public ActionResult Index()
    {
        var model = new SampleModel()
        {
            Title = "Hello ASP.NET MVC World."
        };

        return View(model);
    }
}
```

リスト3　ビューを修正する（ファイル名：web442.sln、Views/Home/Index2.cshtml）

```
@{
    ViewData["Title"] = "Index2";
}

<h1>新しいモデルを追加します</h1>

<div>
    @Model.Title
</div>
```

tips
443

タイトルを変更する

▶ Level ●○○
▶ 対応
COM　PRO

ここがポイントです！ MVCビュースタートページ、MVC ビューレイアウトページの追加

　ASP.NET MVCアプリケーションのビューで、共通レイアウトを利用することができます。

　MVCビューレイアウトページを使うことにより、各ビューで共通で利用されるタイトルやメニューなどをまとめて記述できます。

　新しいビューレイアウトの追加は、次の手順で行います。

❶ソリューションエクスプローラーで [Views] フォルダーを右クリックし、[追加] ➡ [新しい項目] を選択します（画面1）。

❷ [新しい項目の追加] ダイアログボックスで、左のツリーから [ASP.NET Core] を選択した後にリストから [Razor ビューの開始] を選択して、名前を指定し、[追加] ボタンをクリックします（画面2）。

❸ソリューションエクスプローラーで [Shared] フォルダーを作成します。

❹ [Shared] フォルダーを右クリックして、[追加] ➡ [新しい項目] を選択します。

❺ [新しい項目の追加] ダイアログボックスで、[Razor レイアウト] を選択して、名前を指定し、[追加] ボタンをクリックします (画面3)。

　ビュースタートページでは、通常のレイアウトを呼び出すためにLayoutプロパティを設定しておきます。作成時は、リスト1のようになります。

　ビューレイアウトでは、通常のビューを呼び出すために 「@RenderBody()」 を追加しておきます。作成時には、リスト2のようになります。

　リスト3では、ビューレイアウトのタイトルを指定しています。

▼画面1 新しい項目メニュー

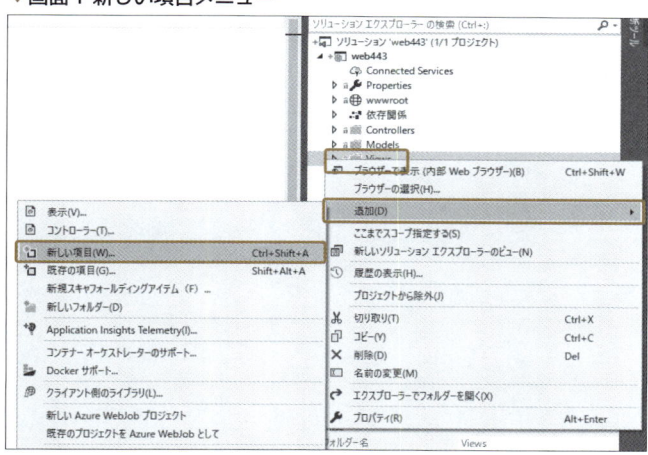

▼画面2 MVCビュースタートページを追加

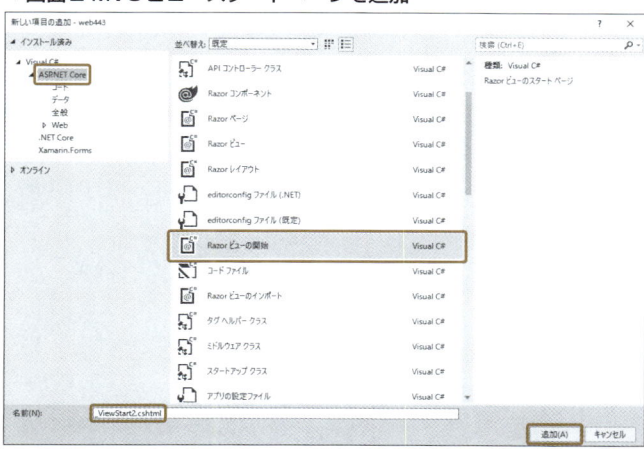

ASP.NETの極意

▼画面3 MVCビューレイアウトページを追加

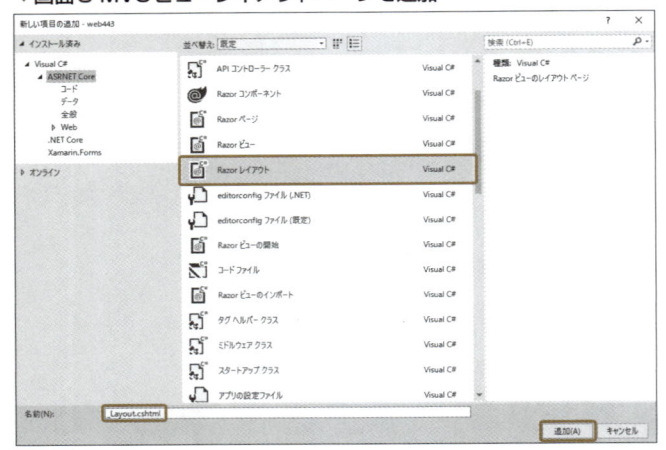

▼実行結果

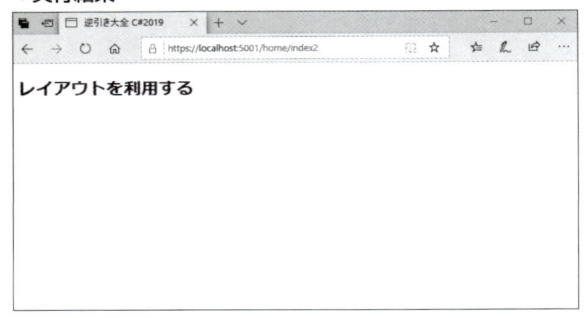

リスト1 MVCビュースタートページ（ファイル名：web443.sln、Views/_ViewStart1.cshtml）

```
@{
    Layout = "_Layout";
}
```

リスト2 MVCビューレイアウトページ（ファイル名：web443.sln、Views/Shared/_Layout1.cshtml）

```
<!DOCTYPE html>

<html>
<head>
    <meta name="viewport" content="width=device-width" />
    @ViewBag.Title</title>
</head>
<body>
    <div>
        @RenderBody()
    </div>
```

```
    </body>
    </html>
```

リスト3 ビュー（ファイル名：web443.sln、Views/Home/Index2.cshtml）

```
@{
    ViewBag.Title = "逆引き大全 C#2019";
    Layout = "~/Views/Shared/_LayoutPage1.cshtml";
}

<h2>レイアウトを利用する</h2>
```

ViewDataコレクションを使って変更する

ここがポイントです！ データを表示する（ViewDataコレクション、ViewBagプロパティ）

▶ Level ●

▶ 対応　COM　PRO

　ビューにデータを表示するときは、主にモデルクラスを使いますが、エラーメッセージなどの簡単なデータもモデルクラスに含めてしまうと、クラスが肥大化してしまいます。

　それを避けるために、文字列などの簡単なデータであれば、コントローラーでは**ViewDataコレクション**を利用し、ビューで**ViewBagプロパティ**を利用する方法あります。

▼データを設定する

```
ViewData[ 参照文字列 ] = データ
```

▼データを参照する①

```
@ViewData[ 参照文字列 ]
```

▼データを参照する②

```
@ViewBag.参照文字列
```

　リスト1では、コントローラー内でビューに表示するメッセージを設定しています。
　リスト2で、コントローラーで設定したデータをViewBagを使って表示しています。

▼実行結果

リスト1　コントローラーで設定する（ファイル名：web444.sln、Controllers/HomeController.cs）

```
public class HomeController : Controller
{
    public ActionResult Index2()
    {
        ViewData["Message"] = "コントローラーでメッセージを設定します";
        return View();
    }
}
```

リスト2　ビューで参照する（ファイル名：web444.sln、Views/Home/Index2.cshtml）

```
@{
    ViewData["Title"] = "Index2";
}

<h1>ViewDataを使う</h1>
<div>
    @ViewBag.Message
</div>
```

tips
445

別のページに移る

> Level ●
> 対応
COM PRO

ここが
ポイント
です！

特定のビューを開く（Viewクラス、
Microsoft.AspNet.Mvc.
TagHelpersライブラリ）

あるビューからほかのビューに移るときは、HTMLの**A**タグ（リンクタグ）を使います。

　しかし、ASP.NET MVCアプリケーションでは、メソッド名を指定するために、Aタグにリンク先を直接記述してしまうと、後からの変更が難しくなってしまいます。
　そのため、別のページに移る方法として、以下の2つが用意されています。

●コントローラーでビューを指定する

　通常、コントローラーのメソッドは、呼び出されたメソッドと同じ名前のビューを呼び出します。
　「View()」とすることで、同じ名前のビューが開きます。このViewクラスに「View("名前")」のようにビューの名前を指定することで、コントローラーの名前と異なったビューを開くことがきます。

●ビューからほかのビューへのリンクを付ける

　リンクタグを生成するためには、TagHelperライブラリによるAタグの拡張属性を使います。
　MVCビューインポートページを使って、**Microsoft.AspNet.Mvc.TagHelpers**ライブラリを追加します。

▼ヘルパーの追加

```
@addTagHelper "*, Microsoft.AspNet.Mvc.TagHelpers"
```

　HTMLの拡張タグを使って、コントローラー名とアクション名を指定します。

▼Aタグの拡張

```
<a asp-controller="コントローラー名" asp-action="アクション名">リンク名</a>
```

　リスト1では、新しく「About」というアクションメソッドを作成しています。

▼画面1 Indexページ

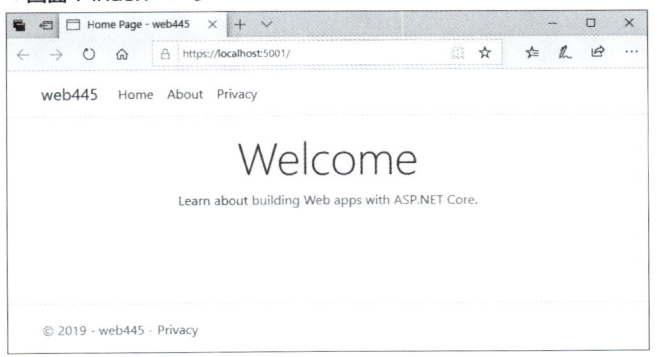

▼画面2 Aboutページ

リスト1　コントローラーに追加する（ファイル名：web445.sln、Controlers/HomeController.cs）

```
public class HomeController : Controller
{
    public IActionResult Index()
    {
        return View();
    }
    public IActionResult About()
    {
        ViewData["Message"] = "アプリケーションの説明";
        return View();
    }
}
```

リスト2　メニューの追加（ファイル名：web445.sln、Views/Shared/_Layout.cshtml）

```
<div class="navbar-collapse collapse d-sm-inline-flex flex-sm-row-
reverse">
    <ul class="navbar-nav flex-grow-1">
        <li class="nav-item">
            <a class="nav-link text-dark" asp-area="" asp-
controller="Home" asp-action="Index">Home</a>
        </li>
        <li class="nav-item">
            <a class="nav-link text-dark" asp-area="" asp-
controller="Home" asp-action="About">About</a>
        </li>
        <li class="nav-item">
            <a class="nav-link text-dark" asp-area="" asp-
controller="Home" asp-action="Privacy">Privacy</a>
        </li>
    </ul>
</div>
```

従来通りにRazor構文を使い、@Html.ActionLinkメソッドを使うこともできます。

```
@Html.ActionLink("リンク表示", アクション名, コントローラー名)
```

tips

446

▶Level ●●
▶対応
COM PRO

データを引き継いで 別のページに移る

ここが ポイント です！ セッション情報を利用 （Sessionコレクション）

ASP.NET MVCアプリケーションのページ間でデータを共有するためには、**セッション情報**を利用します。

Webフォームアプリケーションと同じように、セッション情報にデータを入れておくことで、ブラウザーで別のページに移動してもページ間でデータを共有できます。

セッション情報の設定は、次の手順で行います。

❶ソリューションエクスプローラーでStartup.csを開き、**ConfigureServices メソッド**に次の行を追加します。

```
services.AddSession();
```

❷Configure メソッドに、次の行を追加します。

```
app.UseSession();
```

セッションを文字列で使う場合には、**HttpContext.Session.SetString メソッド**を使います。

```
HttpContext.Session.SetString("キー名", "文字列")
```

SetString メソッドは拡張メソッドなので、コードの先頭に「using Microsoft.AspNet. Http;」を追加しておきます。

セッションから文字列を取り出す場合には、キー名を指定して、**HttpContext.Session. GetString メソッド**を呼び出します。

```
HttpContext.Session.GetString("キー名")
```

16

ASP.NETの極意

リスト1では、トップページを開いたときのIndexメソッドで、現在時刻をSessionコレクションに保存しています。

リスト2では、次に表示されるSampleビューでセッション情報に保存されている現在時刻を表示させています。

リスト3は、セッションの設定を行ったStartup.csです。

▼実行結果

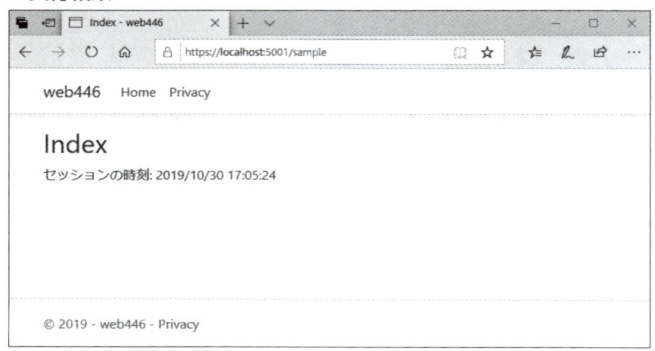

リスト1 トップページで設定する（ファイル名：web446.sln、Controlers/HomeController.cs）

```
public class HomeController : Controller
{
    public IActionResult Index()
    {
        HttpContext.Session.SetString("現在時刻", DateTime.Now.
ToString());
        return View();
    }
}
```

リスト2 サンプルページで取り出す（ファイル名：web446.sln、Controlers/SampleController.cs）

```
public class SampleController : Controller
{
    public IActionResult Index()
    {
        var data =  HttpContext.Session.GetString("現在時刻");
        ViewBag.NowTime = data;
        return View();
    }
}
```

リスト3 セッションを設定する（ファイル名：web446.sln、Startup.cs）

```
public class Startup
{
    public Startup(IHostingEnvironment env)
```

```
    {
// 省略
    public void ConfigureServices(IServiceCollection services)
    {
        services.AddSession(options =>
        {
            // セッション時間を設定する（1時間）
            options.IdleTimeout = TimeSpan.FromHours(1);
            options.Cookie.HttpOnly = true;
            // Make the session cookie essential
            options.Cookie.IsEssential = true;
        });
        services.AddControllersWithViews();
    }
    public void Configure(IApplicationBuilder app, IHostingEnvironment
env, ILoggerFactory loggerFactory)
    {
// 省略
        app.UseHttpsRedirection();
        app.UseStaticFiles();
        app.UseSession(); // use Session
        app.UseEndpoints(endpoints =>
        {
            endpoints.MapControllerRoute(
                name: "default",
                pattern: "{controller=Home}/{action=Index}/{id?}");
        });
    }
}
```

ほかのフォルダーへ リダイレクトする

tips **447**

▶ Level ●

▶ 対応 COM PRO

ここが ポイント です！ 別のビューフォルダーに移動 （Microsoft.AspNet.Mvc. TagHelpersライブラリ）

ASP.NET MVCのビューは、「Views」フォルダーの配下にコントローラーに対応するフォルダーが作られています。

そのために、コントローラーのアクションメソッド間の移動は、Viewクラスで行うことができますが、別のコントローラー（別のビューフォルダー）に移動させるためには、**Microsoft.AspNet.Mvc.TagHelpersライブラリ**を使います。

通常のAタグ（リンクタグ）に「asp-controller属性」を指定することで特定のフォルダー

にジャンプできます。

　リスト1では、レイアウトファイルに記述されているリンクの例です。異なるコントローラー名が指定されています。

▼**実行結果**

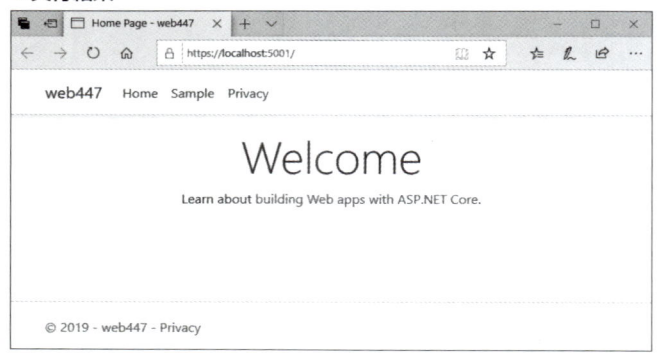

<hr>

リスト1　メニューの追加（ファイル名：web447.sln、Views/Shared/_Layout.cshtml）

```
<li class="nav-item">
    <a class="nav-link text-dark" asp-area="" asp-controller="Home"
asp-action="Index">Home</a>
</li>
<li class="nav-item">
    <a class="nav-link text-dark" asp-area="" asp-controller="Sample"
asp-action="Index">Sample</a>
</li>
<li class="nav-item">
    <a class="nav-link text-dark" asp-area="" asp-controller="Home"
asp-action="Privacy">Privacy</a>
</li>
```

アクションメソッドから直接、外部URLへリンクする場合には、**Redirectメソッド**を使います。Redirectメソッドを使うと、メソッドで処理をした後に直接、外部URLを表示させることができます。

tips
448
Viewでモデルを参照させる

▶ Level ●
▶ 対応
COM　PRO

ここが
ポイント
です！

モデルクラスを厳密に定義
(@model キーワード)

ASP.NET MVCでは、ビューを記述するときに、**Razor構文**を使えます。

Razor構文は、HTML形式のタグとプログラムのコード（C#）をうまく混在できる記述方法です。「@」（アットマーク）と、それに続くキーワードでRazor構文を示します。

Viewでは、コントローラーから渡されたモデルオブジェクトを参照することができます。

「@Model.プロパティ名」を使うことでモデルクラスのプロパティを参照できますが、そのままではインテリセンス機能が働きません。

リスト1のように、@modelキーワードを使い、モデルクラス名を厳密に指定することで、プロパティの選択時に候補が表示されるようになります。

リスト2は、モデルクラスの例です。

▼インテリセンスの表示

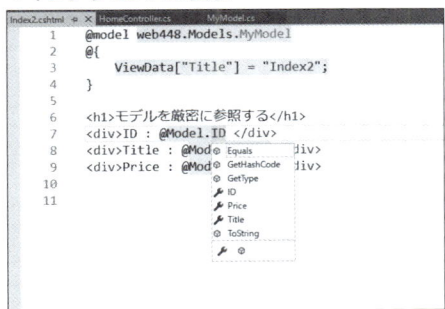

リスト1　Viewの記述（ファイル名：web448.sln、Views/Home/Index2.cshtml）

```
@model web448.Models.MyModel
@{
    ViewData["Title"] = "Index2";
}


<h1>モデルを厳密に参照する</h1>
<div>ID : @Model.ID </div>
<div>Title : @Model.Title </div>
<div>Price : @Model.Price </div>
```

16

ASP.NETの極意

リスト2 モデルクラス（ファイル名：web448.sln、Models/MyModel.cs）

```
public class MyModel
{
    public int ID { get; set; }
    public string Title { get; set; }
    public int Price { get; set; }
}
```

tips
449

名前空間を設定する

▶Level ●

▶対応
COM PRO

ここが
ポイント
です！

利用する名前空間を定義
（@usingキーワード）

　ビュー内で利用する名前空間を指定するためには、**@usingキーワード**を使います。この
キーワードは、C#のコードの「using」と同じ働きをします。

　通常はコントローラーでロジックを記述しますが、細かい表示の設定などはビュー内で
行ったほうが簡潔にすむ場合があります。

　リスト1では、usingを設定し、MyModelオブジェクトを再設定しています。

▼実行結果

リスト1 Viewの記述（ファイル名：web449.sln、Views/Home/Index2.cshtml）

```
@using web449.Models
@{
    ViewData["Title"] = "Index2";
    // 新しいモデルを生成
    var m = new MyModel()
    {
```

```
        ID = 100,
        Title = "逆引き大全C#2019",
        Price = 2000,
    };
}

<h1>View 内でモデルを生成する</h1>
<div>ID : @m.ID </div>
<div>Title : @m.Title </div>
<div>Price : @m.Price </div>
```

Viewに
C#のコードを記述する

▶Level ●○○

▶対応　COM　PRO

ここがポイントです!

Viewに直接コードを記述（@{}ブロック）

Razor構文では、通常「@」の後に直接キーワードが続きます。しかし、複数のコードが続く場合は「@{ ... }」のように中カッコでブロックを作ると便利です。

通常はコントローラーでロジックを記述しますが、細かい表示の設定などは、ビュー内で行ったほうが簡潔にすむ場合があります。

ブロック内でのコードの記述は、通常のC#のプログラムコードと同じように書けます。

▼コードの記述

```
@{
    // C# のコードを記述する
}
```

リスト1では、「@{ ... }」ブロック内でコントローラーから渡されたフラグを判別し、メッセージを変えています。

ASP.NETの極意

16

▼実行結果

リスト1 Viewの記述 (ファイル名：web450.sln、Views/Home/Index2.cshtml)

```
@{
    ViewData["Title"] = "Index2";
    var message = "";
    if (ViewBag.Flag == true)
    {
        message = "コントローラーで true を設定";
    }
    else
    {
        message = "コントローラーで false を設定";
    }
}

<h1>View 内でコードを記述する</h1>
<div>@message</div>
```

---

tips
451

▶Level ●

▶対応
COM PRO

ここが
ポイント
です！

Viewで繰り返し処理を行う

HTMLタグを繰り返し表示 (@foreachキーワード)

Razor構文を利用すると、HTMLタグとC#のコードを混在させることができます。

tableタグにデータを表示するときには、繰り返しtrタグとtdタグを使って表示させることが必要ですが、これを@foreachキーワードを使って簡潔に記述できます。

▼繰り返し処理

```
@foreach ( var 変数 in コレクション ) {
    // 繰り返し処理
}
```

繰り返し処理は、C#コードのforeachと同じ形式になります。

foreach内の自動変数は、データ型のチェックが行われるため、インテリセンス機能が働きます。

リスト1では、@foreachキーワードを使って、書籍の内容を表形式で表示しています。

▼実行結果

リスト1 Viewの記述（ファイル名：web451.sln、Views/Home/Index2.cshtml）

```
@model List<web451.Models.MyModel>
@{
    ViewData["Title"] = "Index2";
}
<h1>foreach でループ表示</h1>

<table border="1">
    <tr>
        <th>ID</th>
        <th>タイトル</th>
        <th>価格</th>
    </tr>
    @foreach (var item in @Model)
    {
        <tr>
            <td>@item.ID</td>
            <td>@item.Title</td>
            <td>@item.Price 円</td>
        </tr>
    }
</table>
```

Viewで条件分岐を行う

ここが
ポイント
です！ **条件分岐を直接記述
（@ifキーワード）**

Razor構文を利用すると、HTMLタグとC#のコードを混在させることができます。

複雑なロジックを記述する場合には、「@{ ... }」ブロックでコードを書いたほうがよいのですが、多くのHTMLタグを表示する場合には**@ifキーワード**を使うと便利です。

@ifキーワードでは、elseと一緒に記述することもできます。

▼if文

```
@if ( 条件文 ) {
    // 実行文
}
```

▼if-else文

```
@if ( 条件文 ) {
    // 実行文1
} else {
    // 実行文2
}
```

リスト1では、@ifキーワードを使って、書籍データがないときの表示を切り替えています。

▼実行結果

リスト1　Viewの記述（ファイル名：web452.sln、Views/Home/Index2.cshtml）

```
@model List<web452.Models.MyModel>
@{
    ViewData["Title"] = "Index2";
```

```
}

<h1>if 文で条件分岐する</h1>
@if (@Model.Count == 0)
{
    <div>書籍データがありません。</div>
}
else
{
    <table border="1">
        <tr>
            <th>ID</th>
            <th>タイトル</th>
            <th>価格</th>
        </tr>
        @foreach (var item in @Model)
        {
            <tr>
                <td>@item.ID</td>
                <td>@item.Title</td>
                <td>@item.Price 円</td>
            </tr>
        }
    </table>
}
```

tips
453 フォーム入力を記述する

▶Level ●○○
▶対応
COM PRO

ここが
ポイント
です!

Viewでフォーム入力を記述
(@Html.BeginFormメソッド)

Razor構文でフォーム入力（テキストボックスやチェックボックスなど）を表示するときは、**@Html.BeginFormメソッド**を使います。

inputタグと組み合わせることで、Viewページからユーザーの入力を受け付けます。

@Html.BeginFormメソッドでは、対応する**Html.EndFormメソッド**を安全に呼び出す必要があります。そのため、@usingキーワードを使って、ブロックの終了時に自動的に解放されるようにします。

▼フォーム入力
```
@using (@Html.BeginForm( アクションメソッド , コントローラー名 )) {
  ...
}
```

　リスト1では、@Html.BeginFormメソッドを使い、ID、タイトル、価格の入力ができる
フォームを表示しています。
　リスト2は、受信したPostメソッドの記述例です。

▼実行結果

リスト1　Viewの記述（ファイル名：web453.sln、Views/Home/Index2.cshtml）

```
@model web453.Models.MyModel
@{
    ViewData["Title"] = "Index2";
}


<h1>フォーム入力</h1>

@using (@Html.BeginForm("Post", "Home"))
{
    <table border="0">
        <tr><td>ID</td><td>@Html.TextBoxFor(x => x.ID)</td></tr>
        <tr><td>タイトル</td><td>@Html.TextBoxFor(x => x.Title)</td></
tr>
        <tr><td>価格</td><td>@Html.TextBoxFor(x => x.Price)</td></tr>
    </table>
    <input type="submit" value="登録" />
}
```

リスト2　Postメソッドの記述（ファイル名：web453.sln、Controllers/HomeController.cs）

```
[HttpPost]
public IActionResult Post(MyModel model)
{
    // 結果ページを表示
    return View("Result", model);
}
```

tips 454 テキスト入力を記述する

> ここが
> ポイント
> です!

フォームでテキスト入力 (@Html.TextBoxFor メソッド)

▶Level ●
▶対応 COM PRO

Razor構文でテキスト入力をするときは、**@Html.TextBoxFor メソッド**を使います。

@Html.TextBoxForメソッドでは、ラムダ式を使って指定したモデルのプロパティに値を保存します。

▼テキスト入力①

```
@Html.TextBoxFor( ラムダ式 )
```

@Html.TextBoxForメソッドの第2引数では、無名オブジェクトを使ってHTMLタグの属性を指定できます。

例えば「new { @class = クラス名 }」とすることで、HTMLタグのclass属性を指定できます。

▼テキスト入力②

```
@Html.TextBoxFor( ラムダ式, 無名オブジェクト )
```

リスト1では、@Html.TextBoxForメソッドを使って、名前、年齢、電話番号の入力を行っています。

リスト2は、受信したPostメソッドの記述例です。名前、電話番号の空欄チェックをします。

▼実行結果

リスト1 Viewの記述（ファイル名：web454.sln、Views/Home/Index2.cshtml）

```
@model web454.Models.MyModel
```

```
<style>
    .inp {
        font-size: 20px;
        background-color: blue;
        color: white;
    }
</style>

<h1>フォーム入力</h1>
<div style="color:red">@ViewBag.Message</div>
@using (@Html.BeginForm("Post", "Home"))
{
    <table border="0">
        <tr><td>名前</td><td>@Html.TextBoxFor(x => x.Name, new { @class
= "inp" })</td></tr>
        <tr><td>年齢</td><td>@Html.TextBoxFor(x => x.Age, new { @class
= "inp" })</td></tr>
        <tr><td>電話</td><td>@Html.TextBoxFor(x => x.Telephone, new { @
class = "inp" })</td></tr>
    </table>
    <input type="submit" value="登録" />
}
```

リスト2 Postメソッドの記述（ファイル名：web454.sln、Controllers/HomeController.cs）

```
[HttpPost]
public IActionResult Post(MyModel model)
{
    ViewBag.Message = "";
    if (string.IsNullOrEmpty(model.Name) ||
        string.IsNullOrEmpty(model.Telephone))
    {
        ViewBag.Message = "名前と電話番号を入力してください";
        return View("Index", model);
    }
    else
    {
        // 結果ページを表示
        return View("Result", model);
    }
}
```

ASP.NET MVCから Entity Frameworkを扱う

ここが ポイント です! ASP.NET MVCとEntity Framework の組み合わせ

▶Level ●○○○

▶対応
COM PRO

ASP.NET MVCアプリケーションでは、モデルクラスに**Entity Framework**を利用できます。

Entity Frameworkは、データベースを直接扱える形式のため、そのままモデルクラスとして使えます。

コントローラーを使って自動生成される4つのアクションメソッド（❶Indexメソッド、❷Createメソッド、❸Editメソッド、❹Deleteメソッド）のそれぞれに、Entity Frameworkへのアクセスコードが記述されます。

それぞれに対応するビューも、4つ作成されます。これらは、そのままビルドをしてWebアプリケーションとして利用できます。

データベースの中でも**マスター定義**と呼ばれるような、1つのテーブルに対して編集を行う操作ならば、ASP.NET MVCとEntity Frameworkを使って自動生成されたアプリケーションで充分役に立つので、ぜひ活用してください。

▼実行結果

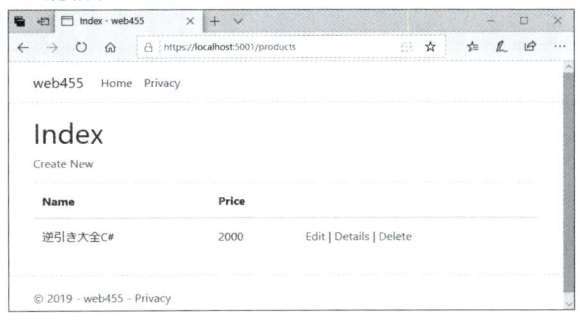

16

ASP.NETの極意

Entity Frameworkの モデルを追加する

ここが
ポイント
です！

モデルの追加 (Entity Data Model)

　Entity Frameworkのモデルを作成するためには、**Microsoft.EntityFrameworkCore. SqlServer** をNuGetでプロジェクトに追加します。

　データモデルは、SQL Serverとして動作しているデータベースや、App_Dataフォルダーに作成されるローカルデータベースに接続して作ることができます。

　データモデルの作成は、次の手順で行います。

❶コマンドラインでプロジェクトフォルダーを開きます。
❷コマンドラインで、リスト1のように入力します（画面1）。ここでは、ローカルコンピューターのデータベース「sampledb」に接続し、ProductテーブルのEntityクラスを出力しています。
❸データベース接続をするための「sampledbContext.cs」と、Entityクラスの「Product.cs」が出力されます。
❹2つのファイルをプロジェクトに追加します（画面2）。
❺接続情報をappsettings.jsonに追加します。
❻接続情報をappsettings.jsonから読み込むように、sampledbContext.csファイルを編集します。
❼実行時にデータベースに接続するように、Startup.csファイルを開き、サービスにAddDbContextメソッドで追加します。

▼画面1 dotnet efの実行

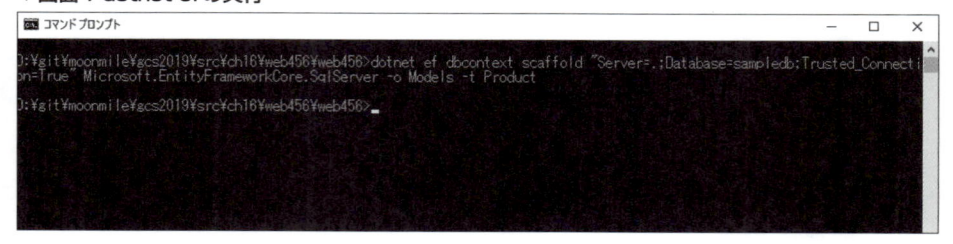

▼**画面2 ソリューションエクスプローラー**

リスト1 Productクラスの作成とスキャフォードの実行

```
dotnet ef dbcontext scaffold
  "Server=.;Database=sampledb;Trusted_Connection=True"
  Microsoft.EntityFrameworkCore.SqlServer
  -o Models -t Product
```

リスト2 接続文字列の追加（ファイル名：web456.sln、appsettings.json）

```
{
  "ConnectionStrings": {
    ...
    "DBConnection": "Server=.;Database=sampledb;Trusted_
Connection=True"
  },
  "Logging": {
    "IncludeScopes": false,
    "LogLevel": {
      "Default": "Warning"
    }
  }
}
```

リスト3 接続先の変更（ファイル名：web456.sln、Models/sampledbContext.cs）

```
public partial class sampledbContext : DbContext
{
    public virtual DbSet<Product> Product { get; set; }

    public testdbContext(DbContextOptions<sampledbContext> options)
    : base(options)
    {
    }

    protected override void OnConfiguring(DbContextOptionsBuilder
optionsBuilder)
```

ASP.NETの極意

```
    {
        /*
        if (!optionsBuilder.IsConfigured)
        {
#warning To protect potentially sensitive information in your
connection string, you should move it out of source code. See http://
go.microsoft.com/fwlink/?LinkId=723263 for guidance on storing
connection strings.
            optionsBuilder.UseSqlServer(@"Server=.;Database=sampledb;T
rusted_Connection=True");
        }
        */
    }
}
```

リスト4　設定から接続文字列を読み出す（ファイル名：web456.sln、Startup.cs）

```
public class Startup
{
    ...
    // This method gets called by the runtime. Use this method to add
services to the container.
    public void ConfigureServices(IServiceCollection services)
    {
        services.AddDbContext<ApplicationDbContext>(options =>
            options.UseSqlServer(Configuration.GetConnectionString("De
faultConnection")));

        services.AddDbContext<web446.Models.testdbContext>(options =>
            options.UseSqlServer(Configuration.GetConnectionString("DB
Connection")));
            ...
        services.AddMvc();
    }
}
```

Entity Framework対応の コントローラーを作成する

▶Level ● ○ ○
▶対応
COM　PRO

ここが ポイント です！　コントローラーの追加 （Entity Data Model）

　Entity Data Modelを追加した状態で、モデルを操作するコントローラーを追加することができます。

　[Entitiy Frameworkを利用した、ビューがあるMVC5コントローラー] を選択すると、モデルを操作するコントローラーと、データを表示・編集するための4つのビューが自動的に作られます。

　コントローラーの作成は、次の手順で行います。

❶ソリューションエクスプローラーで「Controllers」フォルダーを右クリックし、ショートカットメニューの[追加]➡[新規スキャフォールディングアイテム] を選択します（画面1）。

❷[新規スキャフォールディング アイテムの追加] ダイアログボックスで [共通] ➡ [Entity Frameworkを利用したビューがあるMVCコントローラー] を選択し、[追加] ボタンをクリックします（画面2）。

❸[Entity Frameworkを利用したビューがあるMVCコントローラーの追加] ダイアログで、モデルクラスとデータコンテキストクラスを選択します。

❹[追加] ボタンをクリックし、コントローラーとビューを自動生成します（画面3）。

16

ASP.NETの極意

▼画面1 スキャフォールディングの追加

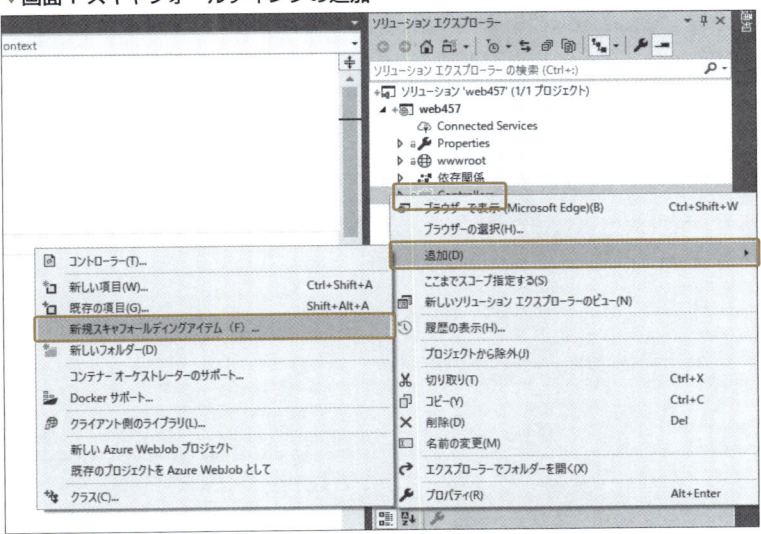

▼画面2 コントローラーの追加

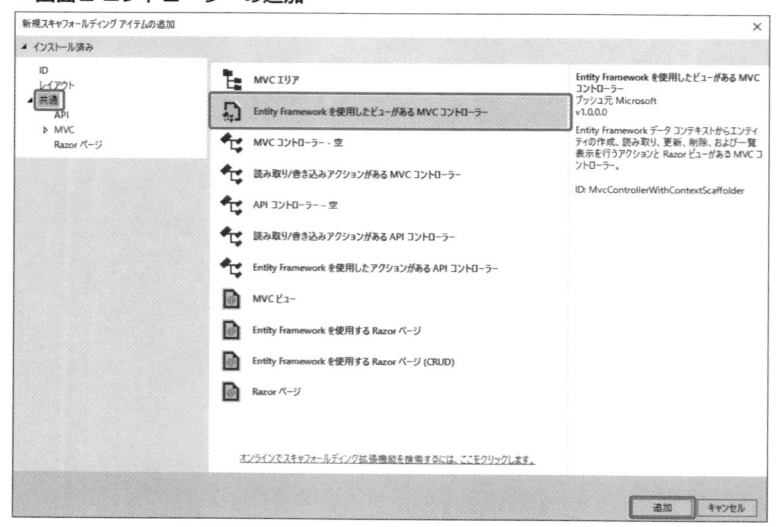

▼画面3 ソリューションエクスプローラー

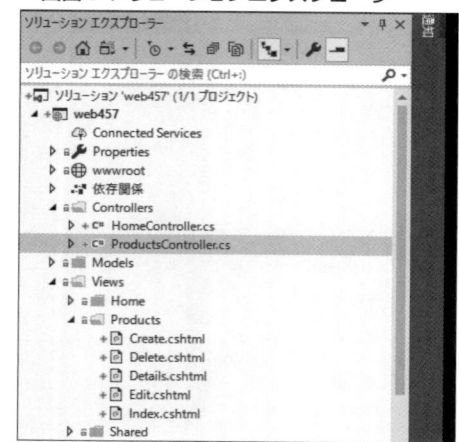

458

tips

▶Level ●○○○

▶対応

COM PRO

ここが
ポイント
です！

項目をリストで表示する

バインドデータをテーブル形式で表示 (Html.DisplayFor メソッド)

Entity Frameworkを使ったデータバインドをテーブル形式で表示するためには、**foreachステートメント**を使ってテーブルの要素を作成します。

データバインドされたコレクションをforeachステートメントで1つずつ取り出して、ビューに表示します。

リスト1では、Entity FrameworkのProductクラスのリストがビューにバインドされた状態になります。モデルのクラスは、先頭の行の「@model」を使って指定されています。

リスト2では、Indexビューにバインドするデータを返しています。Productテーブルのすべての要素をToListメソッドを使ってコレクションに変換しています。

▼実行結果

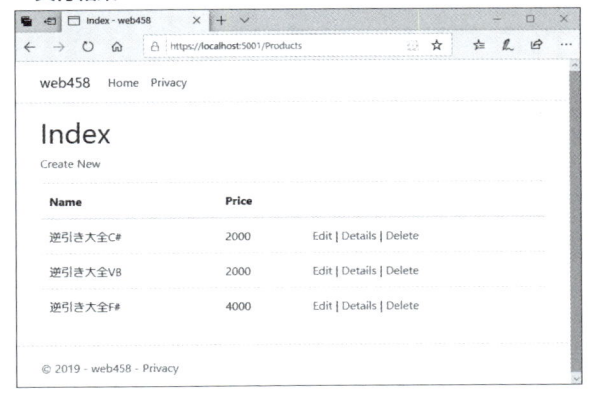

リスト1 リストページ（ファイル名：web458.sln、Views/Products/Index.cshtml）

```
@model IEnumerable<web458.Models.Product>

@{
    ViewData["Title"] = "Index";
}

<h1>Index</h1>

<p>
    <a asp-action="Create">Create New</a>
</p>
```

16

ASP.NETの極意

```
<table class="table">
    <thead>
        <tr>
            <th>
                @Html.DisplayNameFor(model => model.Name)
            </th>
            <th>
                @Html.DisplayNameFor(model => model.Price)
            </th>
            <th></th>
        </tr>
    </thead>
    <tbody>
@foreach (var item in Model) {
        <tr>
            <td>
                @Html.DisplayFor(modelItem => item.Name)
            </td>
            <td>
                @Html.DisplayFor(modelItem => item.Price)
            </td>
            <td>
                <a asp-action="Edit" asp-route-id="@item.Id">Edit</a>
 |
                <a asp-action="Details" asp-route-id="@item.
Id">Details</a> |
                <a asp-action="Delete" asp-route-id="@item.
Id">Delete</a>
            </td>
        </tr>
}
    </tbody>
</table>
```

リスト2 Index アクションメソッド（ファイル名：web458.sln、Controlers/ProductsController.cs）

```
// GET: Products
public async Task<IActionResult> Index()
{
    return View(await _context.Product.ToListAsync());
}
```

tips 459 1つの項目を表示する

▶ Level ● ○ ○ ○
▶ 対応
COM PRO

ここがポイントです!

バインドした文字列を表示 (Html.DisplayFor メソッド)

ASP.NET MVCアプリケーションでEntity Frameworkを使ったデータバインドをした場合、ビューで表示する文字列のバインドは、**Html.DisplayFor メソッド**を使います。

Html.DisplayForメソッドでは、渡されたModelクラスのプロパティをフォーマットして画面に表示します。

リスト1では、Entity Frameworkの商品クラスがビューにバインドされた状態になります。モデルのクラスは、、先頭の行の「@ModelType」を使って指定します。

商品クラスのそれぞれのプロパティの表示は、「@Html.DisplayFor(model => model.Name)」のように、Html.DisplayFor メソッドの呼び出しで無名関数を使います。

リスト2では、Detialsビューにバインドするデータを検索しています。ビューへのバインドは、「View(Product)」のように、Viewクラスにバインドするデータを渡します。

▼実行結果

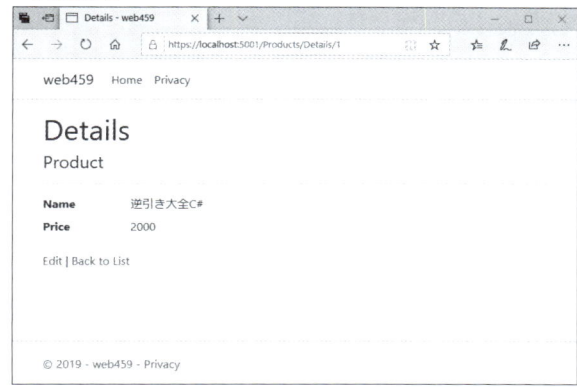

リスト1 詳細ページ（ファイル名：web459.sln、Views/Products/Details.cshtml）

```
@model web459.Models.Product

@{
    ViewData["Title"] = "Details";
}

<h1>Details</h1>

<div>
```

```
    <h4>Product</h4>
    <hr />
    <dl class="row">
        <dt class = "col-sm-2">
            @Html.DisplayNameFor(model => model.Name)
        </dt>
        <dd class = "col-sm-10">
            @Html.DisplayFor(model => model.Name)
        </dd>
        <dt class = "col-sm-2">
            @Html.DisplayNameFor(model => model.Price)
        </dt>
        <dd class = "col-sm-10">
            @Html.DisplayFor(model => model.Price)
        </dd>
    </dl>
</div>
<div>
    <a asp-action="Edit" asp-route-id="@Model.Id">Edit</a> |
    <a asp-action="Index">Back to List</a>
</div>
```

リスト2 Detailsアクションメソッド（ファイル名：web459.sln、Controlers/ProductsController.vb）

```
// GET: Products/Details/5
public async Task<IActionResult> Details(int? id)
{
    if (id == null)
    {
        return NotFound();
    }

    var product = await _context.Product
        .SingleOrDefaultAsync(m => m.Id == id);
    if (product == null)
    {
        return NotFound();
    }

    return View(product);
}
```

460
tips

新しい項目を追加する

▶ Level ●○○○

▶ 対応
`COM` `PRO`

ここがポイントです！ テキストボックスの表示
（inputタグ、タグヘルパー）

新しい項目を作成するときは、**inputタグ**を使ってテキストボックスを表示させます。

ASP.NET Core MVCプロジェクトでは、タグヘルパーの設定が行われているため、HTMLのinputタグが拡張され、「<input asp-for="＜名前＞" ... />」のように指定できます。

新規作成するときに、あらかじめ設定しておきたい項目は、ビューに渡すモデルデータに設定しておきます。

リスト1では、商品クラスをビューにバインドして表示しています。入力項目ではinputタグを使って、テキストボックスを表示させています。

リスト2では、Createメソッドのコールバック時に、データベースに登録する処理を行っています。

▼実行結果

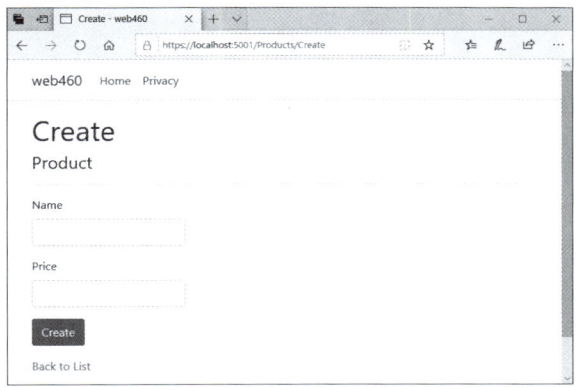

リスト1　新規作成ページ（ファイル名：web460.sln、Views/Products/Create.cshtml）

```
@model web460.Models.Product

@{
    ViewData["Title"] = "Create";
}

<h1>Create</h1>

<h4>Product</h4>
```

16

ASP.NETの極意

```
<hr />
<div class="row">
    <div class="col-md-4">
        <form asp-action="Create">
            <div asp-validation-summary="ModelOnly" class="text-
danger"></div>
            <div class="form-group">
                <label asp-for="Name" class="control-label"></label>
                <input asp-for="Name" class="form-control" />
                <span asp-validation-for="Name" class="text-danger"></
span>
            </div>
            <div class="form-group">
                <label asp-for="Price" class="control-label"></label>
                <input asp-for="Price" class="form-control" />
                <span asp-validation-for="Price" class="text-
danger"></span>
            </div>
            <div class="form-group">
                <input type="submit" value="Create" class="btn btn-
primary" />
            </div>
        </form>
    </div>
</div>

<div>
    <a asp-action="Index">Back to List</a>
</div>
```

リスト2 Createアクションメソッド（ファイル名：web460.sln、Controlers/ProductsController.cs）

```
// GET: Products/Create
public IActionResult Create()
{
    return View();
}

[HttpPost]
[ValidateAntiForgeryToken]
public async Task<IActionResult> Create([Bind("Id,Name,Price")]
Product product)
{
    if (ModelState.IsValid)
    {
        _context.Add(product);
        await _context.SaveChangesAsync();
        return RedirectToAction(nameof(Index));
    }
    return View(product);
}
```

461 既存の項目を編集する

▶ Level ●
▶ 対応
COM PRO

ここが
ポイント
です！
テキストボックスの表示 （inputタグ、タグヘルパー）

　既存の項目を修正するときは、**input タグ**を使ってテキストボックスを表示させます。
　タグヘルパーの機能で、既存の項目をプライマリーキーを使ってデータベースから検索したのちに、結果がinputタグに渡されます。
　リスト1では、商品クラスをビューにバインドして表示しています。入力項目ではinputタグを使い、テキストボックスを表示させています。
　リスト2では、Editメソッドのコールバック時にデータベースに登録する処理を行っています。

▼実行結果

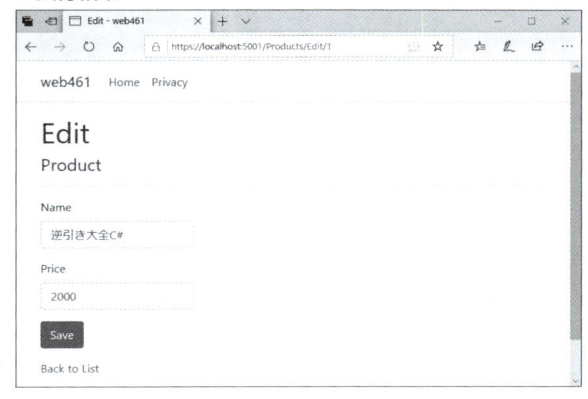

リスト1 編集ページ（ファイル名：web461.sln、Views/Products/Edit.cshtml）

```
@model web461.Models.Product

@{
    ViewData["Title"] = "Edit";
}


<h1>Edit</h1>

<h4>Product</h4>
<hr />
<div class="row">
    <div class="col-md-4">
        <form asp-action="Edit">
```

```html
            <div asp-validation-summary="ModelOnly" class="text-
danger"></div>
            <input type="hidden" asp-for="Id" />
            <div class="form-group">
                <label asp-for="Name" class="control-label"></label>
                <input asp-for="Name" class="form-control" />
                <span asp-validation-for="Name" class="text-danger"></
span>
            </div>
            <div class="form-group">
                <label asp-for="Price" class="control-label"></label>
                <input asp-for="Price" class="form-control" />
                <span asp-validation-for="Price" class="text-
danger"></span>
            </div>
            <div class="form-group">
                <input type="submit" value="Save" class="btn btn-
primary" />
            </div>
        </form>
    </div>
</div>

<div>
    <a asp-action="Index">Back to List</a>
</div>
```

リスト2 Editアクションメソッド（ファイル名：web461.sln、Controlers/ProductsController.cs）

```csharp
// GET: Products/Edit/5
public async Task<IActionResult> Edit(int? id)
{
    if (id == null)
    {
        return NotFound();
    }

    var product = await _context.Product.SingleOrDefaultAsync(m =>
m.Id == id);
    if (product == null)
    {
        return NotFound();
    }
    return View(product);
}

[HttpPost]
[ValidateAntiForgeryToken]
public async Task<IActionResult> Edit(int id, [Bind("Id,Name,Price")]
Product product)
```

```
{
    if (id != product.Id)
    {
        return NotFound();
    }

    if (ModelState.IsValid)
    {
        try
        {
            _context.Update(product);
            await _context.SaveChangesAsync();
        }
        catch (DbUpdateConcurrencyException)
        {
            if (!ProductExists(product.Id))
            {
                return NotFound();
            }
            else
            {
                throw;
            }
        }
        return RedirectToAction(nameof(Index));
    }
    return View(product);
}
```

tips

462 既存の項目を削除する

▶ Level ●

▶ 対応 COM PRO

ここが
ポイント
です！

データの削除（Removeメソッド、SaveChangesメソッド）

　既存の項目を削除するときは、確認用の画面で**Html.DisplayFor**メソッドを使って表示させます。

　削除の確認ができたら、Deleteアクションメソッド内でデータを削除します。

　テーブルから**Remove**メソッドを使って指定の要素を削除した後で、**SaveChanges**メソッドで変更をデータベースに反映させます。

　リスト1では、Productクラスをビューにバインドして表示しています。［Delete］ボタンをクリックすると、リスト2のDeleteConfirmedメソッドが呼び出されます。

▼実行結果

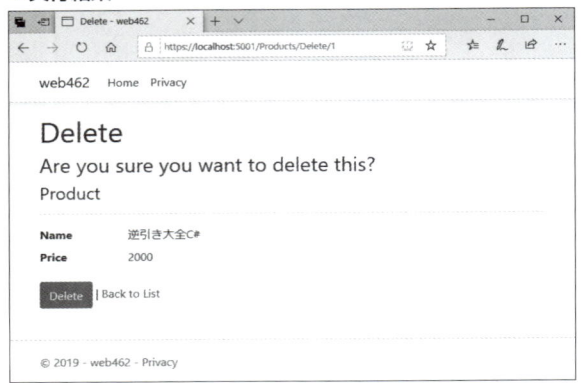

リスト1 削除ページ（ファイル名：web462.sln、Views/Products/Delete.cshtml）

```
@model web462.Models.Product

@{
    ViewData["Title"] = "Delete";
}


<h1>Delete</h1>


<h3>Are you sure you want to delete this?</h3>
<div>
    <h4>Product</h4>
    <hr />
    <dl class="row">
        <dt class = "col-sm-2">
            @Html.DisplayNameFor(model => model.Name)
        </dt>
        <dd class = "col-sm-10">
            @Html.DisplayFor(model => model.Name)
        </dd>
        <dt class = "col-sm-2">
            @Html.DisplayNameFor(model => model.Price)
        </dt>
        <dd class = "col-sm-10">
            @Html.DisplayFor(model => model.Price)
        </dd>
    </dl>

    <form asp-action="Delete">
        <input type="hidden" asp-for="Id" />
        <input type="submit" value="Delete" class="btn btn-danger" />

        <a asp-action="Index">Back to List</a>
    </form>
</div>
```

リスト2 Deleteアクションメソッド（ファイル名：web462.sln、Controlers/ProductsController.cs）

```
// GET: Products/Delete/5
public async Task<IActionResult> Delete(int? id)
{
    if (id == null)
    {
        return NotFound();
    }

    var product = await _context.Product
        .SingleOrDefaultAsync(m => m.Id == id);
    if (product == null)
    {
        return NotFound();
    }

    return View(product);
}

// POST: Products/Delete/5
[HttpPost, ActionName("Delete")]
[ValidateAntiForgeryToken]
public async Task<IActionResult> DeleteConfirmed(int id)
{
    var product = await _context.Product.SingleOrDefaultAsync(m =>
m.Id == id);
    _context.Product.Remove(product);
    await _context.SaveChangesAsync();
    return RedirectToAction(nameof(Index));
}

private bool ProductExists(int id)
{
    return _context.Product.Any(e => e.Id == id);
}
```

16

ASP.NETの極意

必須項目の検証を行う

モデルクラスに属性を追加（Required属性）

　ASP.NET MVCでは、モデルクラスに属性を追加することで、クライアント検証を行うことができます。

　しかし、Entity Data Modelを使っている場合には、そのままではモデルクラスに属性を記述することはできません。

　この場合は、Entity Frameworkによって自動生成される**エンティティクラス**（テーブルに対応するクラス）を直接、書き換えます。このファイルは再び、Entity Frameworkでエンティティクラスを生成すると上書きされてしまうので、注意してください。

　Modelsフォルダーをエクスプローラーで開くと、テーブル名に対応するモデルクラスのファイルがあります。このファイルを直接開いて、Visual Studio 2019などで編集をします。

　リスト1では、Product.csファイルを開いて、必須項目となるプロパティにRequired属性を記述しています。

　ブラウザーの編集ページで分類や商品名を空欄にし、[Save] ボタンをクリックすると、実行結果のようにエラーが表示されます。

▼実行結果

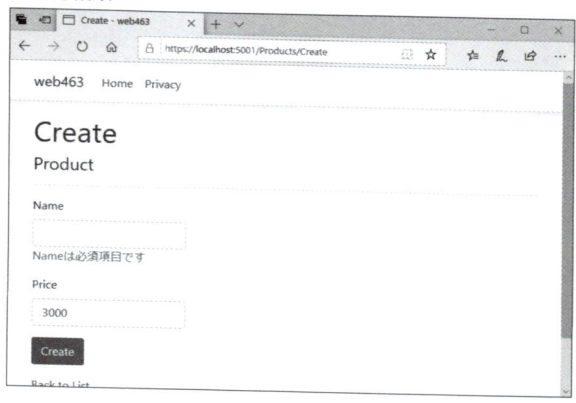

リスト1　必須属性を追加する（ファイル名：web463.sln、Models/Product.cs）

```
public partial class Product
{
    public int Id { get; set; }
    [Required(ErrorMessage = "{0}は必須項目です")]
```

```
        public string Name { get; set; }
        public int Price { get; set; }
}
```

数値の範囲の検証を行う

tips **464**

▶ Level ●●●
▶ 対応
COM PRO

ここがポイントです！ **範囲チェックの属性を追加（Required属性）**

　ASP.NET MVCでは、モデルクラスに属性を追加することでクライアント検証を行うことができます。

　Modelsフォルダーをエクスプローラーで開くと、テーブル名に対応するモデルクラスのファイルがあります。このファイルを直接開いて、Visual Studio 2019などで編集をします。

　数値の範囲を制限するためには、**Range属性**を追加します。Range属性では、最小値と最大値、そしてエラー時のメッセージを指定します。

　リスト1では、Product.csファイルを開いて、範囲を制限するためのプロパティにRange属性を記述しています。ブラウザーの編集ページで数量に9999などを入力し、[Save] ボタンをクリックすると、実行結果のようにエラーが表示されます。

▼ **実行結果**

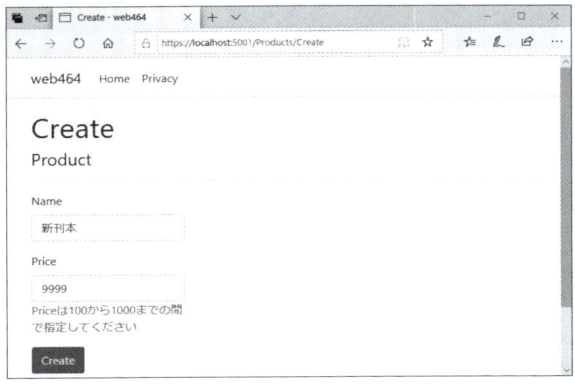

リスト1 範囲制限の属性を追加する（ファイル名：web464.sln、Models/Product.cs）

```
public partial class Product
{
```

```
    public int Id { get; set; }
    public string Name { get; set; }
    [Range(100, 1000, ErrorMessage = "{0}は{1}から{2}までの間で指定してください
")]
    public int Price { get; set; }
}
```

tips

465

▶Level ● ◯ ◯

▶対応

COM PRO

ここが
ポイント
です！

Web APIとは

Web APIの解説

Visual Studioでは、Webアプリケーションに**Web API**という新しいプロジェクトがあります。

従来のWebフォームアプリケーションやASP.NET MVCアプリケーションは、Internet ExplorerやEgdeなどのブラウザーを使って画像や文字などをHTMLタグを使って表示します。

しかし、Web APIアプリケーションはもっとシンプルに、データだけをJSONやXMLのように返すことができます。例えば、Webサービスのように送受信されるデータ（XML形式やJSON形式など）のように、アプリケーション間で決められたデータをそのままやり取りする方式と似ています。

Web APIアプリケーションは、HTTPプロトコルのGETコマンドとPOSTコマンドを使ってやり取りが行われます。

GETコマンドは、「http://localhost/api/Books/1」のように、ブラウザーに表示されるURLアドレスを使って取得したいデータを送信します。サーバーからの戻り値は、JSON形式かXML形式になります。

受け取ったデータは、jQueryなどを使い、加工してアプリケーションで利用できます。

POSTコマンドは、ブラウザーでフォームを使って入力したデータを送信する「application/x-www-form-urlencoded」という形式やJSON形式などを使って送信します。

GETコマンドでは渡しきれない、大きめなデータをサーバーに送るときに利用します。

これらのRESTfulなやり取りは、従来のSOAP（Simple Object Access Protocol）を使ったデータ通信よりも手軽に行えます。特にGETコマンドは、URLアドレスに各種パラメーターを埋め込む方式なので、データを送信するクライアントがブラウザー上のJavascriptやApacheやnginx上で動作しているPHPプログラムなどからも簡単に利用できます。

戻されるデータをJSON形式にしておけば、Javascriptから直接扱うことができるという利点もあります。もちろん、C#やVisual BasicのWindowsクライアントやストアアプリケーションからもアクセスが可能です。

Web APIのプロジェクトを作成する

▶ Level ●○○
▶ 対応
COM PRO

ここが
ポイント
です！

Web APIプロジェクトの作成（モデルクラス、コントローラークラス）

Web APIアプリケーションは、ASP.NET MVCアプリケーションやWebフォームアプリケーションと混在が可能ですが、ここでは空のASP.NET WebアプリケーションからWeb APIだけを提供するWebアプリケーションを作成しましょう。

●Web APIアプリケーションを作成する
Web APIアプリケーションを作成するには、次の手順で行います。

❶ [ファイル] メニューから [新規作成] ➡ [プロジェクト] を選択します。
❷ [新しいプロジェクトの作成] ダイアログボックスが表示されます。リストから [ASP.NET Core Web アプリケーション] を選択し、[追加] ボタンをクリックします (画面1)。
❸ [場所] のテキストボックスは、作成先のフォルダーを指定します。
❹ [OK] ボタンをクリックすると、[新しいASP.NET Core Webアプリケーション] ダイアログが開かれます (画面2)。
❺ テンプレートの選択で [API] を選択します。
❻ [作成] ボタンをクリックすると、Web APIアプリケーションのひな形が作成されます (画面3)。

●コントローラーを追加する
コントローラーを追加する手順は、以下の通りです。

❶ ソリューションエクスプローラーの [Controllers] フォルダーを右クリックます。
❷ コンテキストメニューから [追加] ➡ [コントローラー] を選択します。
❸ [スキャフォールディングの追加] ダイアログが表示されます。[読み取り/書き込みアクションがある APIコントローラー] を選択して [追加] ボタンをクリックします (画面4)。

コントローラーの名前は 「BooksController」 のように、モデルの複数形にControlerを付けた名前にします。

Web APIへのアクセスは「http://localhost/api/Books」のようにコントローラーに付けた複数形が使われます。

▼**画面1 新しいWebサイト**

▼**画面2 新規ASP.NET MVCプロジェクト**

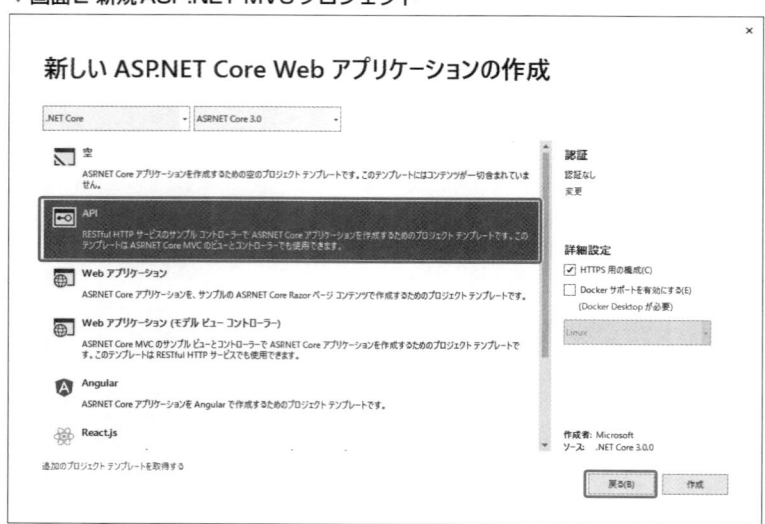

▼画面3 ソリューションエクスプローラー

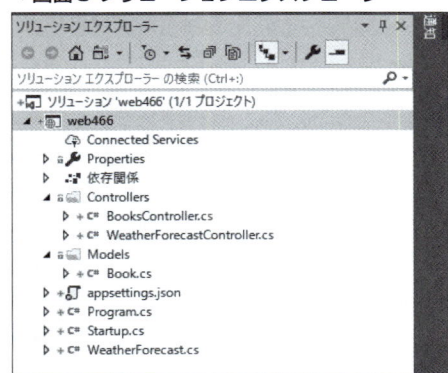

▼画面4 スキャフォールディングの追加

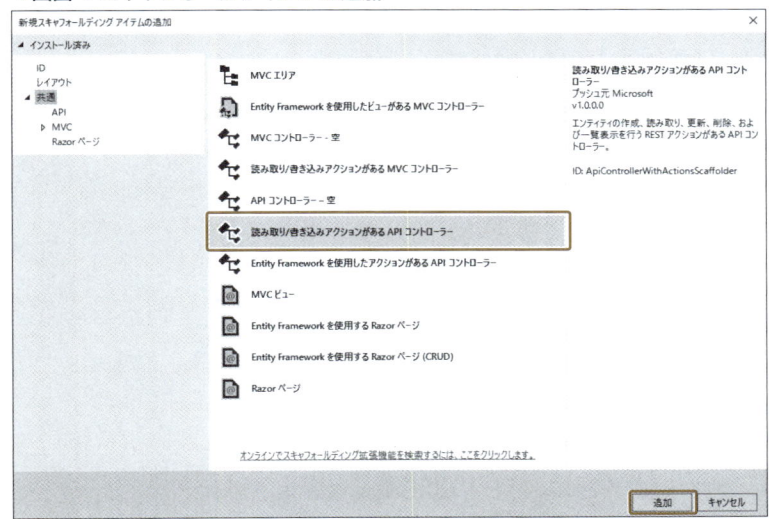

リスト1 コントローラークラスを追加する（ファイル名：web466.sln、Controllers/BooksController.cs）

```
[Route("api/[controller]")]
[ApiController]
public class BooksController : ControllerBase
{
    // GET: api/Books
    [HttpGet]
    public IEnumerable<string> Get()
    {
        return new string[] { "value1", "value2" };
    }
}
```

16

ASP.NETの極意

```
    // GET: api/Books/5
    [HttpGet("{id}", Name = "Get")]
    public string Get(int id)
    {
        return "value";
    }

    // POST: api/Books
    [HttpPost]
    public void Post([FromBody] string value)
    {
    }

    // PUT: api/Books/5
    [HttpPut("{id}")]
    public void Put(int id, [FromBody] string value)
    {
    }

    // DELETE: api/ApiWithActions/5
    [HttpDelete("{id}")]
    public void Delete(int id)
    {
    }
}
```

tips 467 複数のデータを取得する Web APIを作る

▶ Level ● ● ●
▶ 対応
COM　PRO

ここが
ポイント
です！

Web APIで値を取得（Getメソッド）

Web APIアプリケーションで実行できるGETコマンドには、次の2種類があります。

❶要素を複数取得するためのリストを返す**Getメソッド**
❷IDなどを指定して目的の1つだけの要素を取得するための**Getメソッド**

引数のないGet()メソッドは、「http://localhost/api/Books」のように、引数なしでアクセスされるときのアクションメソッドです。特定のクラスのコレクションを返すことができます。

最初の状態では、Getメソッドの戻り値は、JSON形式になります。リスト2のように、配

列を含んだ配列になります。

▼実行結果

```
[{"id":1,"title":"逆引き大全C#","price":1500,"pages":500},
{"id":2,"title":"逆引き大全VB","price":2000,"pages":300},
{"id":3,"title":"逆引き大全F#","price":1000,"pages":200},
{"id":4,"title":"リファレンス本","price":1000,"pages":200}]
```

リスト1 コントローラークラスを追加する（ファイル名：web467.sln、Controllers/BooksController.cs）

```
[Produces("application/json")]
[Route("api/Books")]
public class BooksController : Controller
{
    List<Models.Book> _lst;
    public BooksController()
    {
        _lst = new List<Models.Book>();
        _lst.Add(new Models.Book { ID = 1, Title = "逆引き大全C#", Price
= 1500, Pages = 500 });
        _lst.Add(new Models.Book { ID = 2, Title = "逆引き大全VB", Price
= 2000, Pages = 300 });
        _lst.Add(new Models.Book { ID = 3, Title = "逆引き大全F#", Price
= 1000, Pages = 200 });
        _lst.Add(new Models.Book { ID = 4, Title = "リファレンス本", Price
= 1000, Pages = 200 });
    }
    // GET: api/Books
    [HttpGet]
    public IEnumerable<Models.Book> Get()
    {
        return _lst;
    }
    ...
}
```

リスト2 Getメソッドの戻り値

```
[
{"ID":1,"Title":"逆引き大全C#","Price":1500,"Pages":500},
{"ID":2,"Title":"逆引き大全VB","Price":2000,"Pages":300},
{"ID":3,"Title":"逆引き大全F#","Price":1000,"Pages":200},
{"ID":4,"Title":"リファレンス本","Price":1000,"Pages":200}
]
```

16

ASP.NETの極意

IDを指定してデータを取得する Web APIを作る

▶Level ●
▶対応
COM PRO

ここがポイントです！

Web APIで単一の値を取得（Getメソッド）

Web APIアプリケーションで実行できるGETコマンドには、次の2種類があります。

❶要素を複数取得するためのリストを返す**Getメソッド**
❷IDなどを指定して目的の1つだけの要素を取得するための**Getメソッド**

IDを指定するGet(id)メソッドは、「http://localhost/api/Books/2」のように、引数ありでアクセスされるときのアクションメソッドです。指定したIDを持つ要素を返すことができます。

最初の状態では、Get(id)メソッドの戻り値はJSON形式になります。リスト2のように、単一の連想配列になります。

▼実行結果

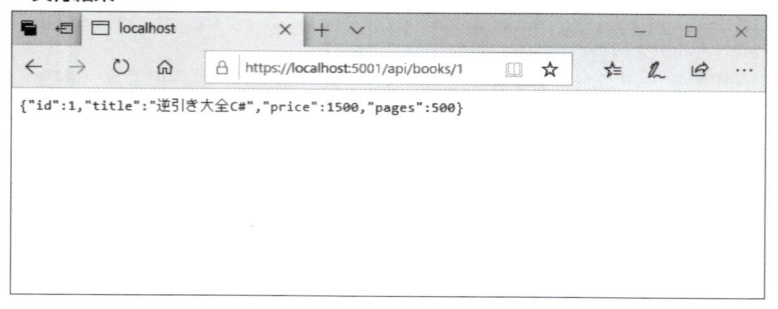

```
{"id":1,"title":"逆引き大全C#","price":1500,"pages":500}
```

リスト1 コントローラークラスを追加する（ファイル名：web468.sln、Controllers/BooksController.cs）

```
[Produces("application/json")]
[Route("api/Books")]
public class BooksController : Controller
{
    List<Models.Book> _lst;
    public BooksController()
    {
        _lst = new List<Models.Book>();
        _lst.Add(new Models.Book { ID = 1, Title = "逆引き大全C#", Price
= 1500, Pages = 500 });
        _lst.Add(new Models.Book { ID = 2, Title = "逆引き大全VB", Price
= 2000, Pages = 300 });
```

```
        _lst.Add(new Models.Book { ID = 3, Title = "逆引き大全F#", Price
= 1000, Pages = 200 });
        _lst.Add(new Models.Book { ID = 4, Title = "リファレンス本", Price
= 1000, Pages = 200 });
    }
    ...
    // GET: api/Books/5
    [HttpGet("{id}", Name = "Get")]
    public Models.Book Get(int id)
    {
        return _lst.FirstOrDefault(x => x.ID == id);
    }
    ...
}
```

リスト2 IDで1を指定したGetメソッドの戻り値

```
{"ID":1,"Title":"逆引き大全C#","Price":1500,"Pages":500}
```

tips 469
値を更新する
Web APIを作成する

> **ここがポイントです!** Web APIで値を取得（Postメソッド、Newtonsoft.Jsonパッケージ）

▶ Level ●●
▶ 対応
COM　PRO

　Web APIアプリケーションでデータを更新するためには、**Postメソッド**を使います。Web APIを使うクライアントからIDを指定して特定の要素を更新します。

　Postメソッドの引数のIDでデータベースを検索して、マッチするレコードを更新します。

　Web APIを呼び出すクライアント側では、Newtonsoft.Jsonパッケージを使うことで、PUTコマンドを効率的に作ることができます。

　入力値を既存のクラスで作成した後に、**JsonConvert.SerializeObjectメソッド**でJSON形式の文字列に変換します。

　送信するときのメソッドは、HttpClientクラスの**PostAsyncメソッド**を使います。

　リスト1では、Web APIのPostアクションメソッドでデバッグ用に文字列を返しています。

　リスト2では、POSTコマンドを使ってデータを送信します。

ASP.NETの極意

▼実行結果

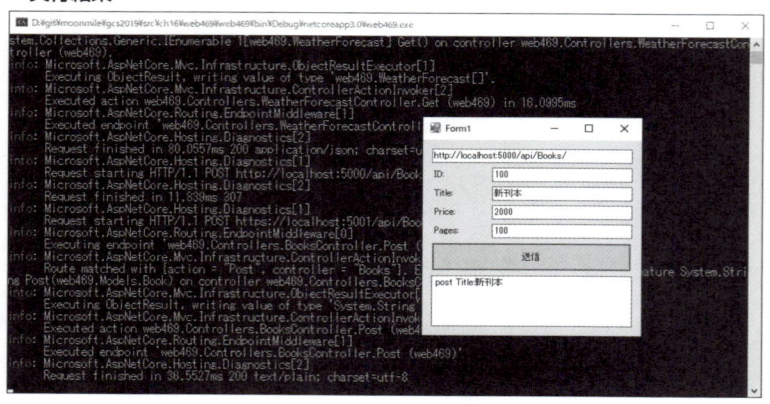

リスト1 コントローラークラスを追加する（ファイル名：web469.sln、Controllers/BooksController.cs）

```
[HttpPost]
public string Post([FromBody] Models.Book value)
{
    return string.Format("post Title:{0}", value.Title);
}
```

リスト2 Web APIを呼び出す（ファイル名：web469.sln、Form1.cs）

```
private async void button1_Click(object sender, EventArgs e)
{
    var uri = new Uri(textBox1.Text);
    var cl = new HttpClient();
    var book = new Book()
    {
        ID = int.Parse(textBox2.Text),
        Title = textBox3.Text,
        Price = int.Parse(textBox4.Text),
        Pages = int.Parse(textBox5.Text),
    };
    var json = JsonConvert.SerializeObject(book);
    var content = new StringContent(json);
    content.Headers.ContentType =
            new MediaTypeHeaderValue("application/json");
    var res = await cl.PostAsync(uri, content);
    textBox6.Text = await res.Content.ReadAsStringAsync();
}
```

tips 470
JSON形式で結果を返す

▶Level ●●
▶対応
COM　PRO

ここが
ポイント
です！
Web APIでJSON形式を扱う (Newtonsoft.Jsonパッケージ、JsonConvert.DeserializeObjectメソッド)

ASP.NET Core Webアプリケーションでは、デフォルトでJSON形式を扱うように設定されています。

そのため、Web APIを追加したときのGETメソッドも、戻り値がJSON形式となっています。

Web APIを呼び出すクライアントでは、Newtonsoft.Jsonパッケージの**JsonConvert.DeserializeObject**メソッドを利用すると、目的の値クラスに変換ができます。Webアプリケーションとクライアントの値クラスを同じように定義しておくことで、特にアセンブリを共有しなくても、JSON形式のデータをやり取りすることによりデータの変換が容易になります。

リスト1では、Web APIのGETアクションメソッドで値を返しています。データは自動的にJSON形式に変換されます。

リスト2では、受信したJSON形式のデータをBookクラスにコンバートしてテキストボックスに表示させています。

▼実行結果

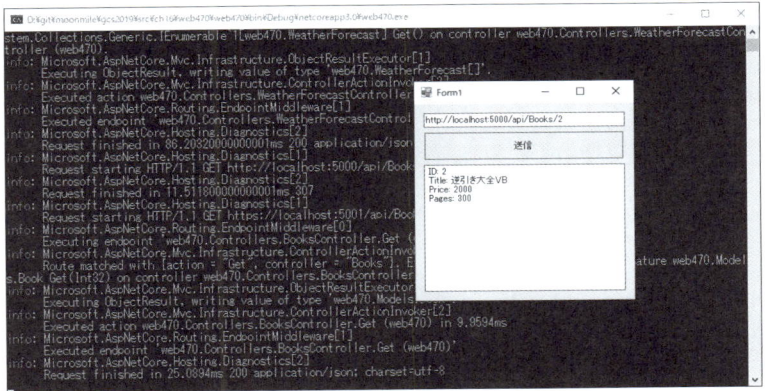

リスト1 GETメソッドでJSON形式で返す（ファイル名：web470.sln、Controllers/BooksController.cs）

```
List<Models.Book> _lst;
public BooksController()
{
    _lst = new List<Models.Book>();
    _lst.Add(new Models.Book { ID = 1, Title = "逆引き大全C#", Price =
```

```
1500, Pages = 500 });
    _lst.Add(new Models.Book { ID = 2, Title = "逆引き大全VB", Price =
2000, Pages = 300 });
    _lst.Add(new Models.Book { ID = 3, Title = "逆引き大全F#", Price =
1000, Pages = 200 });
    _lst.Add(new Models.Book { ID = 4, Title = "リファレンス本", Price =
1000, Pages = 200 });
}
// GET: api/Books
[HttpGet]
public IEnumerable<Models.Book> Get()
{
    return _lst;
}
// GET: api/Books/5
[HttpGet("{id}", Name = "Get")]
public Models.Book Get(int id)
{
    return _lst.FirstOrDefault(x => x.ID == id);
}
```

リスト2 Web APIを呼び出す（ファイル名：web470.sln、Form1.cs）

```
private async void button1_Click(object sender, EventArgs e)
{
    var uri = new Uri(textBox1.Text);
    var cl = new HttpClient();
    var res = await cl.GetAsync(uri);
    var json = await res.Content.ReadAsStringAsync();
    var book = JsonConvert.DeserializeObject<Book>(json);
    textBox6.Text =
        $"ID: {book.ID}¥r¥n" +
        $"Title: {book.Title}¥r¥n" +
        $"Price: {book.Price}¥r¥n" +
        $"Pages: {book.Pages}¥r¥n";
}
```

tips
471

▶Level ●●
▶対応
COM　PRO

ここが
ポイント
です！

XML形式で結果を返す

Web APIでXML形式を扱う（XmlDataContractSerializerOutputFormatterクラス、XDocumentクラス）

ASP.NET Core Webアプリケーションでは、デフォルトでJSON形式を扱うように設定

されています。

そのため、Web APIでXML形式で返す場合には、XmlDataContractSerializerOutputFormatterクラスのインスタンスを**ConfigureServices**に追加する必要があります。ConfigureServicesの記述は、ASP.NET MVCプロジェクトの「Setup.cs」ファイル内にあります。

Web APIを呼び出したときのデータをXML形式で扱うためには、**XDocumentクラス**を利用します。

リスト1では、Web APIのGETアクションメソッドで値を返しています。

リスト2では、XML形式でデータを返すために、XmlDataContractSerializerOutputFormatterオブジェクトを追加しています。

リスト3では、Web APIを呼び出した後に受信したデータをXDocumentオブジェクトに変換しています。

▼**実行結果**

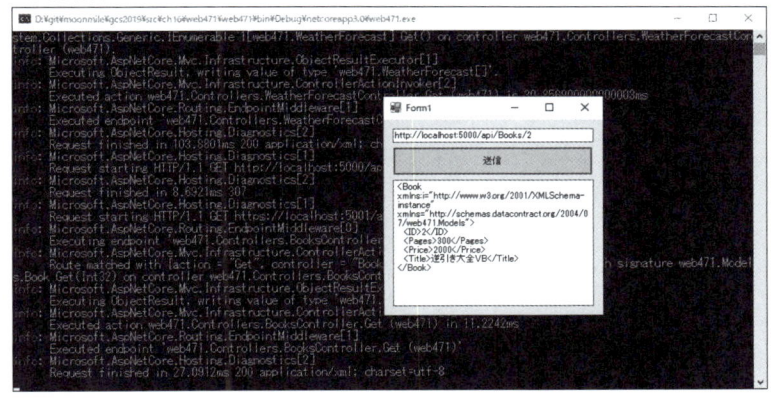

リスト1　GETメソッドでXML形式で返す（ファイル名：web471.sln、Controllers/BooksController.cs）

```csharp
List<Models.Book> _lst;
public BooksController()
{
    _lst = new List<Models.Book>();
    _lst.Add(new Models.Book { ID = 1, Title = "逆引き大全C#", Price =
1500, Pages = 500 });
    _lst.Add(new Models.Book { ID = 2, Title = "逆引き大全VB", Price =
2000, Pages = 300 });
    _lst.Add(new Models.Book { ID = 3, Title = "逆引き大全F#", Price =
1000, Pages = 200 });
    _lst.Add(new Models.Book { ID = 4, Title = "リファレンス本", Price =
1000, Pages = 200 });
}
// GET: api/Books
[HttpGet]
public IEnumerable<Models.Book> Get()
{
```

ASP.NETの極意

```
      return _lst;
  }
  // GET: api/Books/5
  [HttpGet("{id}", Name = "Get")]
  public Models.Book Get(int id)
  {
      return _lst.FirstOrDefault(x => x.ID == id);
  }
```

リスト2 XML形式で返すためのフォーマッタを設定する（ファイル名：web471.sln、Startup.cs）

```
public void ConfigureServices(IServiceCollection services)
{
    services.Configure<Microsoft.AspNetCore.Mvc.MvcOptions>(options =>
    {
        options.OutputFormatters.Add(new Microsoft.AspNetCore.Mvc.
Formatters.XmlDataContractSerializerOutputFormatter());
    });
    services.AddControllers();
}
```

リスト3 Web APIを呼び出す（ファイル名：web471.sln、Form1.cs）

```
private async void button1_Click(object sender, EventArgs e)
{
    var uri = new Uri(textBox1.Text);
    var cl = new HttpClient();
    cl.DefaultRequestHeaders.Accept.Add(
        new MediaTypeWithQualityHeaderValue("application/xml"));
    var res = await cl.GetAsync(uri);
    var st = await res.Content.ReadAsStreamAsync();
    var doc = XDocument.Load(st);
    textBox6.Text = doc.ToString();
}
```

tips
472

▶Level ●●
▶対応
COM PRO

ここが
ポイント
です！

JSON形式で
データを更新する

**Web APIでJSON形式でデータ更新
（Newtonsoft.Jsonパッケージ、
JsonConvert.SerializeObjectメソッド）**

　ASP.NET Core Webアプリケーションでは、デフォルトでJSON形式を扱うように設定されています。

　このため、クライアントからWeb APIのPOSTやPUTアクションメソッドを呼び出す場

合には、JSON形式のほうが扱いやすくなります。

クライアントからJSON形式で呼び出すためには、Newtonsoft.Jsonパッケージをインストールして**JsonConvert.SerializeObject メソッド**で値クラスからJSON形式の文字列を作成します。

リスト1では、Web APIのPOSTアクションメソッドでJSON形式でデータを受信した後に、タイトルだけを文字列で返しています。

リスト2では、値クラスをJSON形式に変換してPOSTアクションメソッドでWeb APIを呼び出しています。

▼実行結果

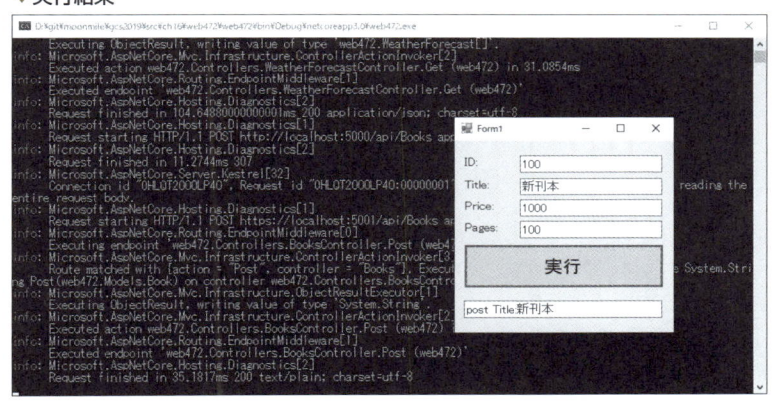

リスト1 POSTメソッドをJSON形式で受信する（ファイル名：web472.sln、Controllers/BooksController.cs）

```
// POST: api/Books
[HttpPost]
public string Post([FromBody] Models.Book value)
{
    return string.Format("post Title:{0}", value.Title);
}
```

リスト2 Web APIを呼び出す（ファイル名：web472.sln、Form1.cs）

```
private async void button1_Click(object sender, EventArgs e)
{
    var book = new Book()
    {
        ID = int.Parse(textBox1.Text),
        Title = textBox2.Text,
        Price = int.Parse(textBox3.Text),
        Pages = int.Parse(textBox4.Text),
    };
    var json = JsonConvert.SerializeObject(book);
    var cl = new HttpClient();
    var cont = new StringContent(json);
    cont.Headers.ContentType =
```

16

ASP.NETの極意

```
        new MediaTypeHeaderValue("application/json");
    var res = await cl.PostAsync($"http://localhost:5000/api/Books",
cont);
    var text = await res.Content.ReadAsStringAsync();
    textBox5.Text = text;
}
```

tips
473

XML形式でデータを更新する

▶ Level ●●

▶ 対応
COM PRO

ここが
ポイント
です！

Web APIでXML形式でデータ更新 (XmlSerializerInputFormatterクラス、XElementクラス)

ASP.NET Core Webアプリケーションでは、デフォルトでJSON形式を扱うように設定されています。

そのため、Web APIでXML形式での入力を受け付けるには、XmlSerializerInputFormatterクラスのインスタンスを**ConfigureServices**に追加する必要があります。ConfigureServicesの記述は、ASP.NET MVCプロジェクトの「Setup.cs」ファイル内にあります。

Web APIを呼び出したときのデータをXML形式で扱うためには、XElementクラスを利用します。

リスト1では、Web APIのPOSTアクションメソッドで値を返しています。

リスト2では、XML形式でデータを返すために、XmlSerializerInputFormatterオブジェクトを追加しています。

リスト3では、Web APIを呼び出す前にXElementクラスでXML形式のデータを作成しています。

▼実行結果

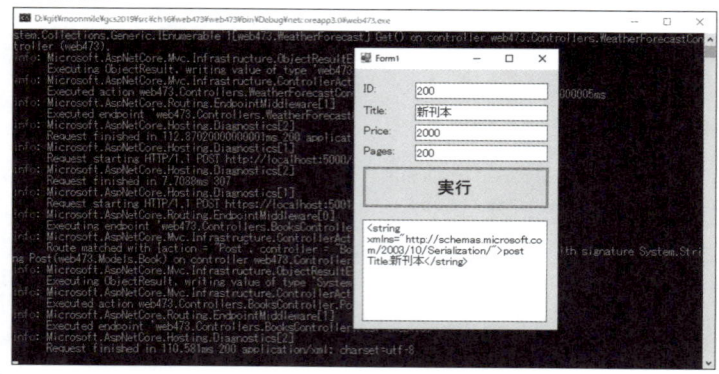

リスト1 POSTメソッドをXML形式で受信する（ファイル名：web473.sln、Controllers/BooksController.cs）

```
// POST: api/Books
[HttpPost]
public string Post([FromBody] Models.Book value)
{
    return string.Format("post Title:{0}", value.Title);
}
```

リスト2 XML形式で返すためのフォーマッタを設定する（ファイル名：web473.sln、Startup.cs）

```
public void ConfigureServices(IServiceCollection services)
{
    services.Configure<Microsoft.AspNetCore.Mvc.MvcOptions>(options =>
    {
        options.InputFormatters.Add(new Microsoft.AspNetCore.Mvc.
Formatters.XmlSerializerInputFormatter(options));
        options.OutputFormatters.Add(new Microsoft.AspNetCore.Mvc.
Formatters.XmlDataContractSerializerOutputFormatter());
    });
    services.AddControllers();
}
```

リスト3 Web APIを呼び出す（ファイル名：web473.sln、Form1.cs）

```
private async void button1_Click(object sender, EventArgs e)
{
    var doc = new XElement("Book",
        new XElement("ID", textBox1.Text),
        new XElement("Title", textBox2.Text),
        new XElement("Price", textBox3.Text),
        new XElement("Page", textBox4.Text));
    var xml = doc.ToString();
    var cl = new HttpClient();
    var cont = new StringContent(xml);
    cont.Headers.ContentType =
        new MediaTypeHeaderValue("application/xml");
    var res = await cl.PostAsync($"http://localhost:5000/api/Books", cont);
    var text = await res.Content.ReadAsStringAsync();
    textBox5.Text = text;
}
```

ASP.NETの極意

Column Azure Functions

　Web APIを通してインターネット上でサービスを展開する場合、かつてはサーバーサイドに
Webアプリケーションの構築が必要でしたが、最近はAWSのLambdaのように、実行する関数
だけを提供する手段がクラウドサービスが用意されています。

　サービスの提供者＝開発者は、HTTPサーバーなどを構築＆運用することなく、目的にサービ
スだけを作成できます。Azure Functions（https://azure.microsoft.com/ja-jp/services/
functions/）は、Azure上に用意されたAppサービスです。AWSのLambdaと同じように、ク
ライアントからWeb APIとして呼び出される関数のみを扱えます。

　Azure Functionsなどのクラウドサービスは、Web APIの提供だけに限りません。クラウド上
にあるデータベースの更新のタイミングやタイマーによる定期実行、IoT機器による追加や削除
などのタイミングでファンクションを実行することが可能です。

　Azure Functionsは、C#でのコーディングのほかにもJavascriptやPythonなども活用でき
ます。

第 **17** 章

474〜483

アプリケーション 実行の極意

tips
474

▶ Level ●

▶ 対応
COM | PRO

ほかのアプリケーションを起動する

ここがポイントです！ **Windowsアプリケーションから他のアプリケーションを起動（Processクラス、Startメソッド）**

あるWindowsアプリケーションから別のアプリケーションを起動させるためには、**Processクラス**の**Startメソッド**を使います。

ProcessクラスのStartInfoオブジェクトのFileNameプロパティに、起動させたいプログラムを指定します。

StartInfoオブジェクトは、ProcessStartInfoクラスのオブジェクトです。

ProcessStartInfoクラスにプログラムに渡す引数（Argumentsプロパティ）や、起動するときのウィンドウスタイル（WindowStyleプロパティ）、作業フォルダー（WorkingDirectoryプロパティ）などを指定します。

起動するアプリケーションは、環境変数**PATH**を参照して検索されます。このとき、アプリケーションが見つからない場合は、例外が発生します。

リスト1では、プログラムコードからメモ帳（notepad.exe）を実行しています。

▼**実行結果**

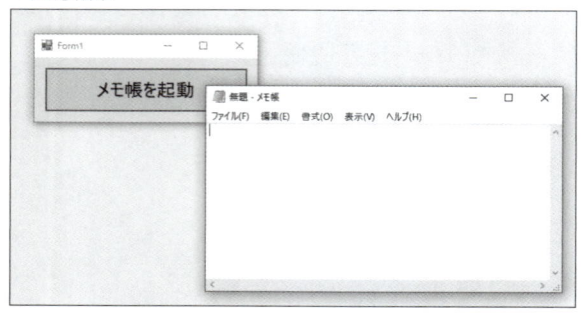

リスト1 **メモ帳を起動する**（ファイル名：app474.sln、Form1.cs）

```csharp
private void button1_Click(object sender, EventArgs e)
{
    var proc = new System.Diagnostics.Process();
    // メモ帳を起動する
    proc.StartInfo.FileName = "notepad.exe";
    proc.Start();
}
```

ほかのアプリケーションの終了を待つ

tips 475

▶Level ●●○

▶対応
COM PRO

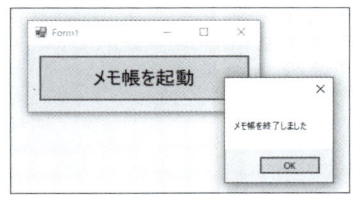
ここがポイントです！

Windowsアプリケーションからほかのアプリケーションの終了を待機（Processクラス、Exitedイベント）

Windowsアプリケーションから別のアプリケーションを起動して、そのアプリケーションが終了するまで待つためには、Processクラスの**Exitedイベント**を使います。

Exitedイベントハンドラーは、起動したプロセスが終了したときに呼び出されるメソッドを設定しておきます。

リスト1では、起動したメモ帳（notepad.exe）が終了したときに、メッセージを表示させています。Exitedイベントハンドラーには、終了時の処理をラムダ式で設定しています。

▼実行結果

（Form1ウィンドウ：「メモ帳を起動」ボタン／メッセージボックス「メモ帳を終了しました」OK）

リスト1 メモ帳の終了を待機する（ファイル名：app475.sln、Form1.cs）

```csharp
private void button1_Click(object sender, EventArgs e)
{
    var proc = new System.Diagnostics.Process();
    // メモ帳を起動する
    proc.StartInfo.FileName = "notepad.exe";
    // アプリケーションの終了を待つ
    proc.EnableRaisingEvents = true;
    proc.Exited += (s, _) => {
        // 終了のイベントを取得する
        MessageBox.Show("メモ帳を終了しました");
    };
    proc.Start();
}
```

アプリケーションの二重起動を防止する

tips **476**

▶ Level ●● ○

▶ 対応

COM PRO

ここが
ポイント
です！

アプリケーションが2つ起動されないように防止（Mutexクラス）

アプリケーションの**二重起動**を防止するには、**Mutexクラス**を使います。

Mutexクラスは、共有リソースにアクセスするときに使われる同期制御のためのクラスです。この特徴を使い、複数のアプリケーションから1つのリソースを共有することにより、アプリケーションの二重起動を防止できます。

リスト1ではフォームがロードされるときにMutexを作成し、同じアプリケーションがすでに起動されていればダイアログを表示して終了しています。

▼実行結果

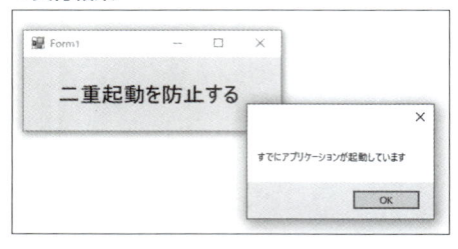

リスト1 　二重起動を防止する（ファイル名：app476.sln、Form1.cs）

```csharp
/// ミューテックス
private System.Threading.Mutex objMutex;
/// フォームロード
private void Form1_Load(object sender, EventArgs e)
{
    // 二重起動を防止する
    objMutex = new System.Threading.Mutex(false, "app463");
    if (objMutex.WaitOne(0, false) == false)
    {
        MessageBox.Show("すでにアプリケーションが起動しています");
        this.Close();
    }
}
/// フォームクローズ
private void Form1_FormClosed(object sender, FormClosedEventArgs e)
{
    // フォームを閉じるときにミューテックスを解放する
    objMutex.Close();
}
```

tips 477

クリップボードにテキストデータを書き込む

▶ Level ●

▶ 対応
COM PRO

ここがポイントです! → **システムクリップボードに文字列を転送（Clipboardオブジェクト）**

クリップボードにデータを転送するには、**Clipboardオブジェクト**のメソッドを使います。クリップボードに文字列を出力するには、**SetTextメソッド**を使います。

▼クリップボードに文字列を出力する

```
Clipboard.SetText(文字列)
```

リスト1では、テキストボックスの内容をクリップボードに転送しています。

▼実行結果

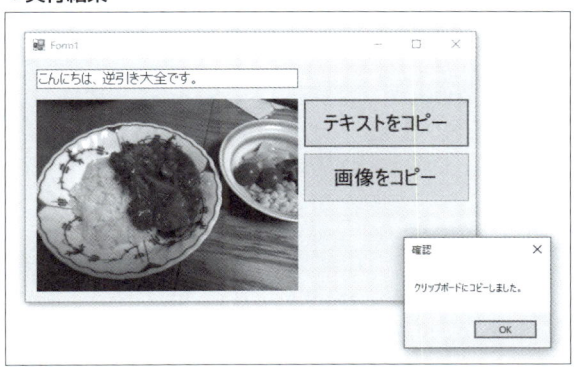

リスト1 クリップボードにデータを転送する（ファイル名：pg477.sln、Form1.cs）

```
private void button1_Click(object sender, EventArgs e)
{
    Clipboard.Clear();
    Clipboard.SetText(textBox1.Text);
    MessageBox.Show("クリップボードにコピーしました。", "確認");
}
```

17

アプリケーション実行の極意

オーディオデータを転送するには、**SetAudio**メソッドを使い、引数に、オーディオデータを含むストリームまたはバイト配列を指定します。データを指定した形式で転送するには、**SetData**メソッドの第1引数に、DataFormatsクラスのメンバーでデータ形式を指定し、第2引数にデータをobject型で指定します。
また、アプリケーション終了時に、データをクリップボードから削除する場合は、**SetDataObject**メソッドの第1引数にデータオブジェクトを指定し、第2引数にfalseを指定します。

クリップボードのデータを削除するには、**Clipboard.Clear**メソッドを使います。

tips 478 クリップボードに画像データを書き込む

ここがポイントです！ システムクリップボードに画像を転送（Clipboardオブジェクト）

▶ Level ●
▶ 対応 COM PRO

クリップボードにデータを転送するには、**Clipboard**オブジェクトのメソッドを使います。画像を出力するには、**SetImage**メソッドを使います。

▼クリップボードに画像を出力する

```
Clipboard.SetImage(画像への参照)
```

リスト1では、ピクチャーボックスの内容をクリップボードに転送しています。

▼実行結果

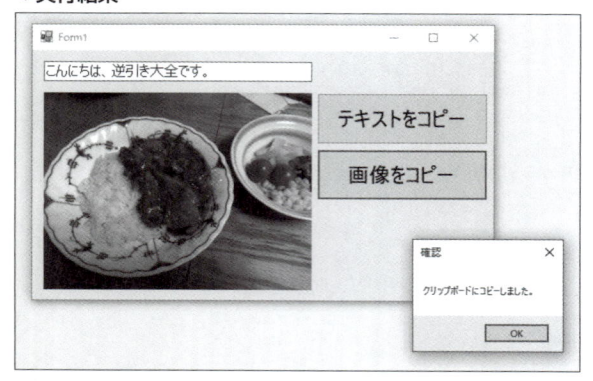

リスト1 クリップボードにデータを転送する（ファイル名：pg478.sln、Form1.cs）

```
private void button2_Click(object sender, EventArgs e)
{
    Clipboard.Clear();
    Clipboard.SetImage(pictureBox1.Image);
    MessageBox.Show("クリップボードにコピーしました。", "確認");
}
```

tips
479
クリップボードの
データを読み取る

▶ Level ● ○○○
▶ 対応
COM PRO

ここが
ポイント
です！

システムクリップボードから文字列を取得
（Clipboardオブジェクト）

クリップボードから文字列を取得するには、Clipboardオブジェクトの**GetTextメソッド**を使います。

▼クリップボードから文字列を取得する

```
Clipboard.GetText()
```

リスト1では、[テキストをペースト] ボタンがクリックされたら、テキストボックスの文字列をクリップボードにコピーします。

▼実行結果

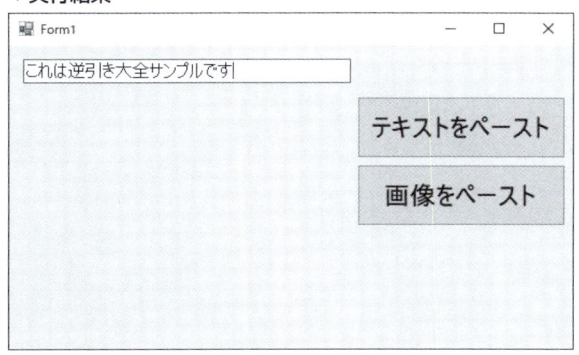

リスト1 クリップボードのデータを取得する（ファイル名：app479.sln、Form1.cs）

```csharp
private void button1_Click(object sender, EventArgs e)
{
    // テキスト形式でペーストする
    if (Clipboard.ContainsText())
    {
        var text = Clipboard.GetText();
        textBox1.Text = text;
    }
}
```

tips
480
クリップボードの
画像データを読み取る

▶ Level ●

▶ 対応

COM　PRO

**ここが
ポイント
です！**
> **システムクリップボードから画像を取得
（Clipboardオブジェクト）**

クリップボードから画像を取得するには、**GetImage メソッド**を使います。

▼クリップボードから画像を取得する

```
Clipboard.GetImage()
```

リスト1では、［画像をペースト］ボタンがクリックされたら、クリップボードの画像を取得
してピクチャーボックスで表示します。

▼実行結果

リスト1 クリップボードのデータを取得する（ファイル名：app480.sln、Form1.cs）

```csharp
private void button2_Click(object sender, EventArgs e)
{
    // 画像形式でペーストする
    if (Clipboard.ContainsImage())
    {
        var image = Clipboard.GetImage();
        pictureBox1.Image = image;
    }
}
```

さらに ワンポイント　クリップボードからオーディオデータを取得するには、**GetAudioメソッド**を使います。データを指定した形式で取得するには、**GetDataメソッド**の引数に、DataFormatsクラスのメンバーでデータ形式を指定します。

さらに ワンポイント　クリップボードに特定の種類のデータが格納されているか確認するには、テキストデータは**ContainsTextメソッド**、画像データは**ContainsImageメソッド**、オーディオデータは**ContainsAudioメソッド**を使います。また、指定形式のデータが格納されているか調べるには、**ContainsDataメソッド**を使います。
いずれのメソッドも、格納されている場合は「true」、格納されていない場合は「false」を返します。

tips
481

▶Level ● ●

▶ 対応
COM PRO

レジストリから
データを読み込む

ここが
ポイント
です！

**レジストリのサブキーを指定してデータを
読み込む（RegistryKey クラス、
GetValue メソッド）**

　レジストリからデータを読み込むには、**RegistryKey クラス**の **GetValue メソッド**を使います。

　リスト1では、Registry クラスの CurrentUser プロパティを使い、ログインしているユーザーに関する情報のキーを取得します。

　このキーを使い、OpenSubKey メソッドで指定したパスのサブキーを取得します。このサブキーの値を GetValue メソッドで取得します。

　Registry クラスや RegistryKey クラスを使う場合は、C#のソースコードの先頭の行に「using Microsoft.Win32;」を追加します。

▼実行結果

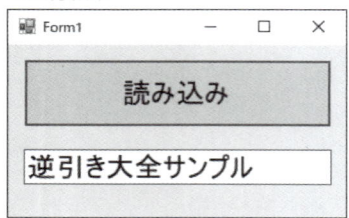

リスト1　レジストリからデータを取得する（ファイル名：app481.sln、Form1.cs）

```csharp
private void button1_Click(object sender, EventArgs e)
{
    // レジストリから読み込む
    RegistryKey key = Registry.CurrentUser;
    key = key.OpenSubKey(@"software\逆引き大全C#2019");
    string data = (string)key.GetValue("sample");
    key.Close();
    // 結果を出力する
    textBox1.Text = data;
}
```

さらに
ワンポイント

GetValue メソッドで取得したオブジェクトは、object 型になります。そのためキャストを使って適切なデータ型に変換する必要があります。

482 レジストリへデータを書き出す

▶ Level ●●○

▶ 対応

COM PRO

ここがポイントです! レジストリのサブキーを指定してデータを書き出す（RegistryKey クラス、CreateSubKey メソッド）

レジストリへデータを書き出すには、RegistryKey クラスの**SetValue メソッド**を使います。

リスト1では、Registry クラスのCurrentUser プロパティを使い、ログインしているユーザーに関する情報のキーを取得します。

このキーを使い、OpenSubKey メソッドで指定したパスのサブキーを取得します。このサブキーの値をSetValue メソッドで設定をします。

Registry クラスやRegistryKey クラスを使う場合は、C#のソースコードの先頭の行に「using Microsoft.Win32;」を追加します。

▼実行結果

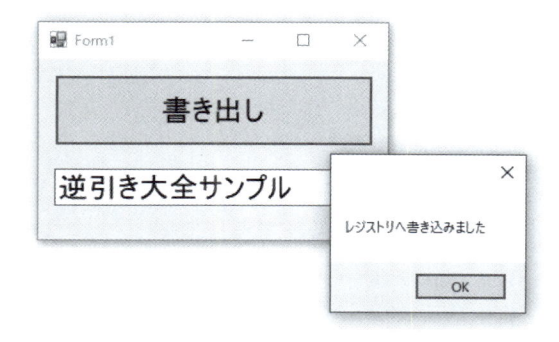

リスト1 レジストリへデータを設定する（ファイル名：app482.sln、Form1.cs）

```
private void button1_Click(object sender, EventArgs e)
{
    // レジストリから読み込む
    RegistryKey key = Registry.CurrentUser;
    key = key.CreateSubKey(@"software¥逆引き大全C#2019");
    key.SetValue("sample", textBox1.Text);
    key.Close();
    MessageBox.Show("レジストリへ書き込みました");
}
```

レジストリへの書き出しを反映するためには、RegistryKeyクラスの**Flushメソッド**や**Closeメソッド**を使います。Flushメソッドは、レジストリを確実にディスクに書き込むときに使います。そのため、頻繁にFlushメソッドを呼び出すと、パフォーマンスが悪くなる恐れがあるので注意してください。

tips 483 レジストリのデータを削除する

ここがポイントです！ レジストリのサブキーを指定してデータを削除（RegistryKeyクラス、DeleteValueメソッド）

▶ Level ●● ○
▶ 対応
COM　PRO

　レジストリの値を削除するには、RegistryKeyクラスの**DeleteValueメソッド**を使います。

　リスト1では、RegistryクラスのCurrentUserプロパティを使い、ログインしているユーザーに関する情報のキーを取得します。

　このキーを使い、OpenSubKeyメソッドで、指定したパスのサブキーを取得します。

　OpenSubKeyメソッドの第2引数に「true」を指定することにより、レジストリのアクセス権を取得します。このサブキーの値は、DeleteValueメソッドを使って削除します。

　RegistryクラスやRegistryKeyクラスを使う場合は、C#のソースコードの先頭の行に「using Microsoft.Win32;」を追加します。

リスト1 レジストリのデータを削除する（ファイル名：app483.sln、Form1.cs）

```
private void button1_Click(object sender, EventArgs e)
{
    RegistryKey key = Registry.CurrentUser;
    key = key.OpenSubKey(@"software\逆引き大全C#2019", true);
    key.DeleteValue("sample");
    MessageBox.Show("レジストリから削除しました");
}
```

 サブキー自体を削除する場合は、**DeleteSubKeyメソッド**を使います。

第**18**章

484~500

Excel の極意

tips
484
▶ Level ● ○ ○ ○
▶ 対応
COM PRO

ここが
ポイント
です！

Excelを参照設定する

Excelの参照設定 (Microsoft.Office.Interop.Excel名前空間)

C#から直接Microsoft Excelを扱うためには、**参照マネージャー**（画面1）で**Microsoft Excel nn.n Object Library**をCOMオブジェクトとして参照設定します。

「nn.n」の部分は、参照するExcelに相当するバージョンです。例えば、Excel 2016および2019ならば「16.0」、Excel 2013ならば「15.0」になります。

COMオブジェクトで参照したExcelは、通常のクラスオブジェクトのように扱えます。変数名の後ろに「.」（ピリオド）を打つと、インテリセンスも表示されます（画面2）。

Excelのオブジェクトは、Microsoft.Office.Interop.Excel名前空間にあります。

リスト1では、ボタンをクリックするとExcelオブジェクトを生成しています。

▼**画面1 参照マネージャー**

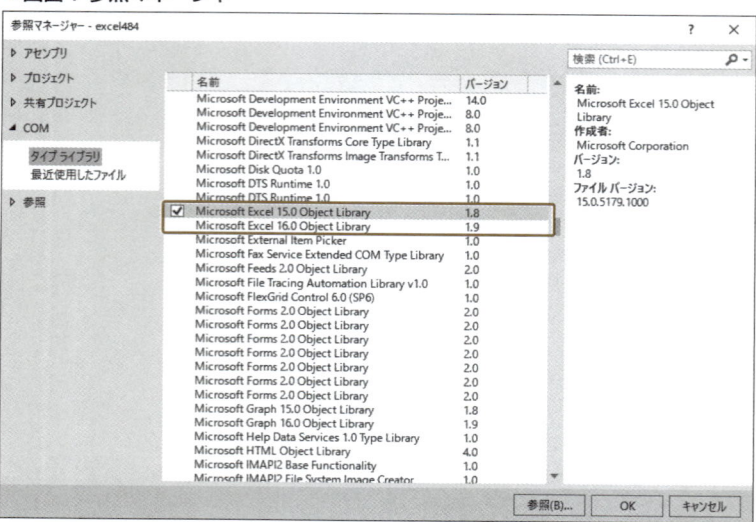

▼画面2 インテリセンス

```
private void button1_Click(object sender, EventArgs e)
{
    var xapp = new Microsoft.Office.Interop.Excel.Application();
    xapp.Quit();
}
```

AboveAverage	interface Microsoft.Office.Int
Action	
Actions	
AddIn	
AddIns	
AddIns2	
Adjustments	
AllowEditRange	
AllowEditRanges	

リスト1　Excelオブジェクトを作成する（ファイル名：excel484.sln、Form1.cs）

```
private void button1_Click(object sender, EventArgs e)
{
    var xapp = new Microsoft.Office.Interop.Excel.Application();
    xapp.Quit();
}
```

さらに
ワンポイント

Excelオブジェクトを使うときは、usingキーワードを使って名前空間に別名を使うと、コードが短くなります。

```
using Excel = Microsoft.Office.Interop.Excel;
var xapp = new Excel.Application();
```

tips
485 既存のファイルを開く

▶Level ●○○

▶対応
COM　PRO

ここが
ポイント
です！

ファイルのオープン（Workbook クラス、Open メソッド）

　生成したExcel.Applicationオブジェクトから既存のワークブック（Excelファイル）を開くためには、**Workbooksコレクション**の**Openメソッド**でファイル名を指定します。

　1つのExcelオブジェクトは、複数のWorkbookオブジェクトを持てます。Openメソッドで開いたWorkbookオブジェクトは、Workbooksコレクションに追加されます。開くことができると、Workbookオブジェクトを取得できます。

　リスト1では、既存のExcelファイルを開いて、ファイル名をラベルに表示させています。

▼実行結果

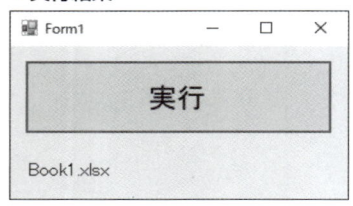

リスト1　既存ファイルを開く（ファイル名：excel485.sln、Form1.cs）

```
private void button1_Click(object sender, EventArgs e)
{
    var xapp = new Microsoft.Office.Interop.Excel.Application();
    var wb = xapp.Workbooks.Open(@"C:¥C#2019¥data¥Book1.xlsx");
    label1.Text = wb.Name;
    xapp.Quit();
}
```

新規にワークブックを作る場合は、WorkbooksコレクションのAddメソッドを使います。

tips

486　既存のシートから値を取り出す

▶Level ●●
▶対応
COM　PRO

ここが
ポイント
です！

値の取り出し
（Worksheetクラス、Sheetsコレクション）

　既存のワークブック（Excelファイル）の指定シートを開くためには、**Sheetsコレクショ**
ンにシートの番号、あるいはシート名を指定します。取得できるオブジェクトは、Worksheet
クラスになります。

　1つのワークブック（Workbook）には、複数のワークシート（Worksheet）を含めること
ができます。

　ワークシートのコレクションの最初のインデックスは「1」になります。

　リスト1では、既存のExcelファイルを開いて、最初のシートの「A2」セルの値を取得して
います。

▼実行結果

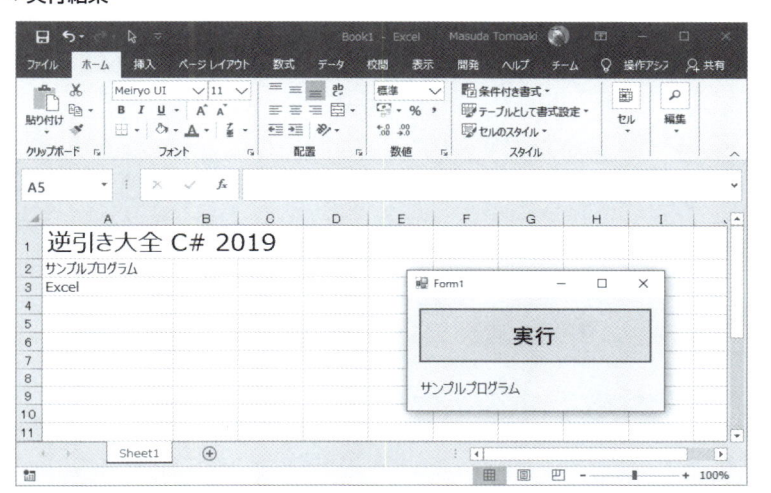

リスト1 既存シートから値を抽出する（ファイル名：excel486.sln、Form1.cs）

```csharp
private void button1_Click(object sender, EventArgs e)
{
    var xapp = new Microsoft.Office.Interop.Excel.Application();
    var wb = xapp.Workbooks.Open(@"C:\C#2019\data\Book1.xlsx");
    var sh = wb.Sheets[1] as Microsoft.Office.Interop.Excel.Worksheet;
    label1.Text = sh.Range["A2"].Value;
    xapp.Quit();
}
```

18

Excelの極意

セルを参照する場合は、**Cellsコレクション**も使えます。Cellsでは、行、列の順に指定します。以下は「B1」のセルを取得します。

```csharp
sh.Cells[1,2].Value
```

編集中のアクティブなシートは、Workbookクラスの**ActiveSheetプロパティ**で取得できます。

tips

487 既存のシートから表を取り出す

▶ Level ●● ○

▶ 対応

COM PRO

ここが
ポイント
です！

表の取り出し
（Worksheetクラス、Cellsコレクション）

既存のワークシート（Worksheetクラス）から表形式でデータを読み込むためには、**Cells コレクション**を使います。

Cellsコレクションは列、行の順で値を指定し、1つのセルを取得できます。列と行は「1」から始まります。

セルに表示されている文字列は、Textプロパティで取得します。Valueプロパティを指定した場合は、セルの内容によって数値（double型）や文字列（string型）が自動で変換されます。

リスト1では、既存のExcelファイルを開いて、表形式でデータを読み出しています。先頭行は、タイトルとして読み飛ばし、セルが空白になったときに読み込みを止めます。

▼**実行結果**

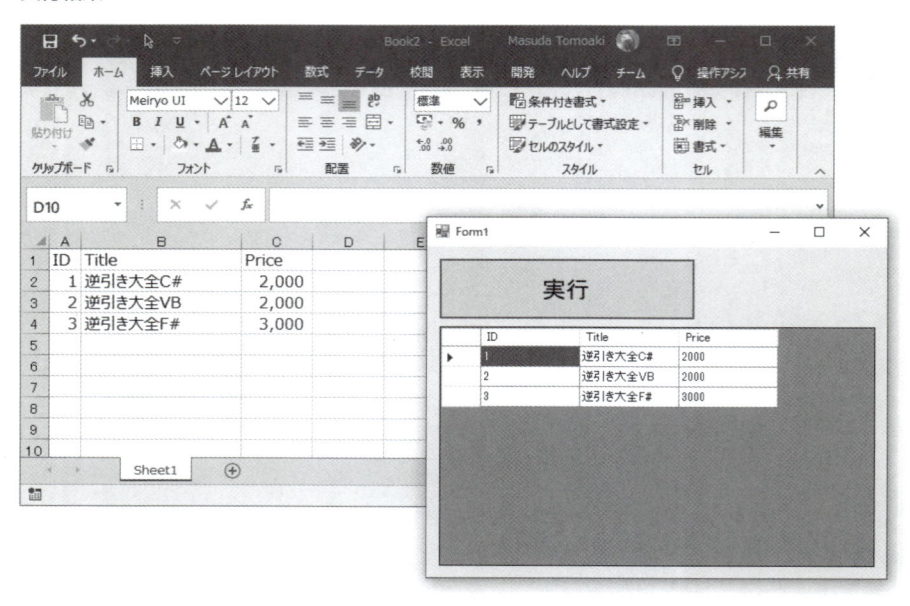

リスト1 表形式のデータを読み込む（ファイル名：excel487.sln、Form1.cs）

```
private void button1_Click(object sender, EventArgs e)
{
    var xapp = new Microsoft.Office.Interop.Excel.Application();
    var wb = xapp.Workbooks.Open(@"C:\C#2019\data\Book1.xlsx");
    var sh = wb.Sheets[1] as Microsoft.Office.Interop.Excel.Worksheet;

    int r = 2;
    var items = new List<Data>();
    while ( sh.Cells[ r, 1 ].Text != "" )
    {
        var data = new Data()
        {
            ID = (int)sh.Cells[r, 1].Value,
            Title = sh.Cells[r, 2].Value,
            Price = (int)sh.Cells[r, 3].Value
        };
        items.Add(data);
        r++;
    }
    dataGridView1.DataSource = items;
    xapp.Quit();
}
```

tips
488 セルに値を書き込む

▶ Level ●●
▶ 対応
COM　PRO

ここがポイントです！ 値の書き込み
（Range コレクション、Value プロパティ）

　既存のワークシート（Worksheetクラス）の値を書き換えるときには、**Range コレクショ**
ンの**Value プロパティ**に値を指定します。

　Range コレクションでは、A1形式でセルの位置を指定できます。

　リスト1では、既存のExcelファイルを開いて、B2セルを書き換えています。保存は、
Workbookオブジェクトの Save メソッドを使います。

▼実行結果

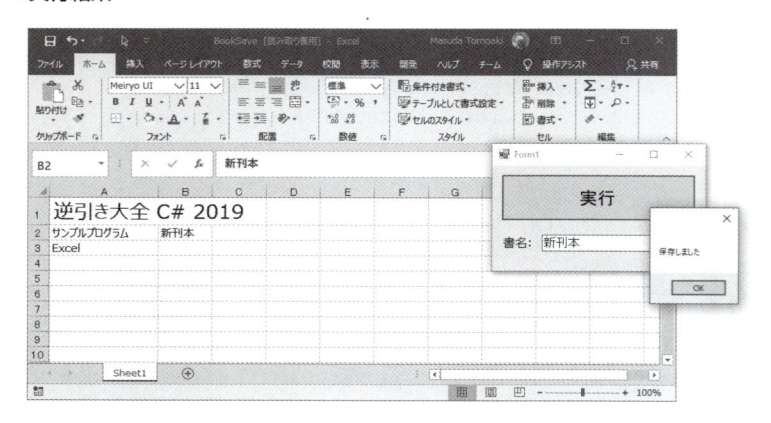

リスト1 指定したセルに値を設定する（ファイル名：excel488.sln、Form1.cs）

```
private void button1_Click(object sender, EventArgs e)
{
    var xapp = new Microsoft.Office.Interop.Excel.Application();
    var wb = xapp.Workbooks.Open(@"C:\C#2019\data\Book1.xlsx");
    var sh = wb.Sheets[1] as Microsoft.Office.Interop.Excel.Worksheet;
    sh.Range["B2"].Value = textBox1.Text;
    wb.SaveAs(@"C:\C#2019\data\BookSave.xlsx");
    MessageBox.Show("保存しました");
    xapp.Quit();
}
```

tips
489 セルに色を付ける

ここがポイントです！ セルの色を設定（Rangeオブジェクト、Interiorプロパティ、Colorプロパティ）

▶ Level ●●○

▶ 対応 COM PRO

セルの背景色を変えるためには、RangeコレクションやCellsコレクションで取得した**Rangeオブジェクト**を使います。**Interiorプロパティ**にある、背景をRBGで設定するための**Colorプロパティ**に設定します。

Colorプロパティには、赤（R）、青（B）、緑（G）が入っている数値を指定します。それぞれの色を別々に設定するために、VBAではRGB関数を使いますが、C#ではSystem.Drawing.ColorクラスのFromArgbメソッドを使うと便利です。

作成したColorオブジェクトを32ビットのint型に変換するために、**ToArgbメソッド**を使います。

リスト1では、既存のExcelファイルを開いて、A1からC1セルの背景色を書き換えています。背景色を作成するときに、FromArgbメソッドとToArgbメソッドを使っています。

▼実行結果

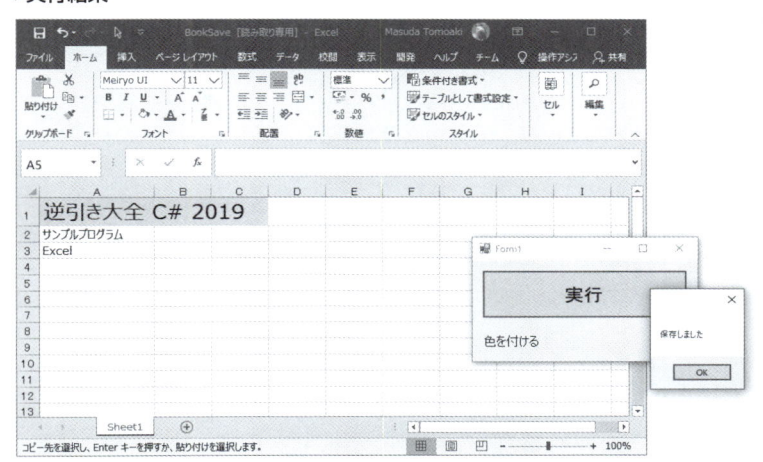

リスト1 指定したセルに色を設定する（ファイル名：excel489.sln、Form1.cs）

```
private void button1_Click(object sender, EventArgs e)
{
    var xapp = new Microsoft.Office.Interop.Excel.Application();
    var wb = xapp.Workbooks.Open(@"C:¥C#2019¥data¥Book1.xlsx");
    var sh = wb.ActiveSheet as Microsoft.Office.Interop.Excel.
Worksheet;
    var rg = sh.Range["A1", "C1"];
    rg.Interior.Color = System.Drawing.Color.FromArgb(100, 255, 100).
ToArgb();
    wb.SaveAs(@"C:¥C#2019¥data¥BookSave.xlsx");
    MessageBox.Show("保存しました");
    xapp.Quit();
}
```

tips

490　セルに罫線を付ける

▶ Level ● ●

▶ 対応

| COM | PRO |

**ここが
ポイント
です！**　**セルの罫線を設定（Borders コレクショ
ン、LineStyle プロパティ、Weight プロ
パティ）**

セルに罫線を付けるためには、**Borders コレクション**でセルの罫線位置を指定し、
LineStyle プロパティとWeight プロパティで罫線を書きます。

LineStyle プロパティは、罫線の種類を示し、**Weight プロパティ**は罫線の太さを示します。

Borders コレクションは、罫線の位置をXlBordersIndex 列挙体で指定します。罫線の種類
はXlLineStyle 列挙体で、線の太さはXlBorderWeight 列挙体で指定します。

リスト1では、既存のExcel ファイルを開いて、表の末端まで罫線を引きます。表の外側は
太線で引いています。

▼**実行結果**

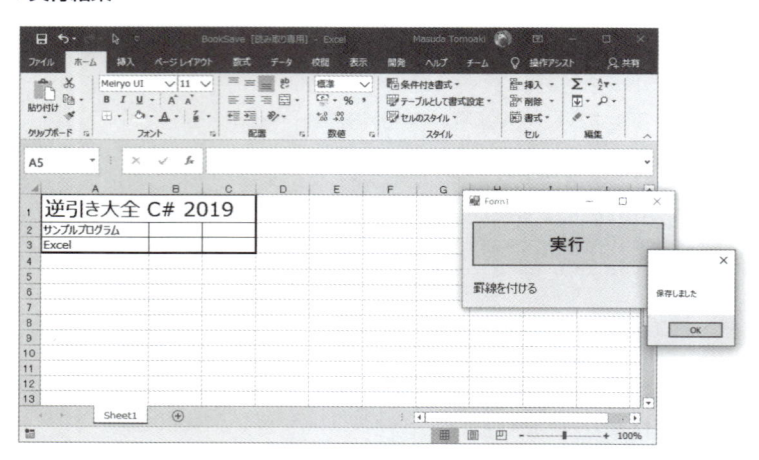

▧**XlBordersIndex 列挙体の値**

値	説明
xlEdgeTop	セルの上端
xlEdgeBottom	セルの下端
xlEdgeLeft	セルの左端
xlEdgeRight	セルの右端
xlInsideHorizontal	複数セル内の水平方向
xlInsideVertical	複数セル内の垂直方向
xlDiagonalDown	右下がりの斜めの線
xlDiagonalUp	右上がりの斜めの線

▨XlLineStyle列挙体の値

値	説明
xlLineStyleNone	線を引かない
xlDouble	二重線
xlDot	点線
xlDash	破線
xlContinuous	直線
xlDashDot	一点鎖線
xlDashDotDot	二点鎖線
xlSlantDashDot	斜め斜線

▨XlLineStyle列挙体の値

値	説明
xlMedium	通常
xlHairline	極細
xlThin	細線
xlThick	太線

リスト1 指定したセルに罫線を引く（ファイル名：excel490.sln、Form1.cs）

```csharp
private void button1_Click(object sender, EventArgs e)
{
    var xapp = new Excel.Application();
    var wb = xapp.Workbooks.Open(@"C:\C#2019\data\Book1.xlsx");
    var sh = wb.ActiveSheet as Excel.Worksheet;

    // 終端を探す
    int rmax = 2;
    while (sh.Cells[rmax, 1].Text != "")
    {
        rmax++;
    }
    rmax--;
    // 罫線を書く
    var rg = sh.Range["A1", sh.Cells[rmax, 3]] as Excel.Range;
    rg.Borders[Excel.XlBordersIndex.xlEdgeTop].LineStyle = Excel.
XlLineStyle.xlContinuous;
    rg.Borders[Excel.XlBordersIndex.xlEdgeBottom].LineStyle = Excel.
XlLineStyle.xlContinuous;
    rg.Borders[Excel.XlBordersIndex.xlEdgeLeft].LineStyle = Excel.
XlLineStyle.xlContinuous;
    rg.Borders[Excel.XlBordersIndex.xlEdgeRight].LineStyle = Excel.
XlLineStyle.xlContinuous;
    rg.Borders[Excel.XlBordersIndex.xlInsideHorizontal].LineStyle =
Excel.XlLineStyle.xlContinuous;
    rg.Borders[Excel.XlBordersIndex.xlInsideVertical].LineStyle =
Excel.XlLineStyle.xlContinuous;
    rg.Borders[Excel.XlBordersIndex.xlEdgeTop].Weight = Excel.
XlBorderWeight.xlThick;
```

18

Excelの極意

```
    rg.Borders[Excel.XlBordersIndex.xlEdgeBottom].Weight = Excel.
XlBorderWeight.xlThick;
    rg.Borders[Excel.XlBordersIndex.xlEdgeLeft].Weight = Excel.
XlBorderWeight.xlThick;
    rg.Borders[Excel.XlBordersIndex.xlEdgeRight].Weight = Excel.
XlBorderWeight.xlThick;
    rg.Borders[Excel.XlBordersIndex.xlInsideHorizontal].Weight =
Excel.XlBorderWeight.xlThin;
    rg.Borders[Excel.XlBordersIndex.xlInsideVertical].Weight = Excel.
XlBorderWeight.xlThin;
    // 保存する
    wb.SaveAs(@"C:\C#2019\data\BookSave.xlsx");
    MessageBox.Show("保存しました");
    xapp.Quit();
}
```

491 ファイルに保存する

▶ Level ●●

▶ 対応
COM PRO

ここがポイントです!

ファイルに保存
（Workbook クラス、Save メソッド）

プログラムから書き込んだワークブックを保存するためには、**Workbook クラス**の**Save メソッド**を使います。

Save メソッドは、Excel で上書き保存を選択したときの動作になり、同じファイルに上書きをします。ファイル名を指定して別名で保存するためには、**SaveAs メソッド**を使います。

リスト1では、プログラムから Excel シートに項目を書き込んでいます。Excel シートを探索し、同じ項目があればそれに上書きします。

▼実行結果

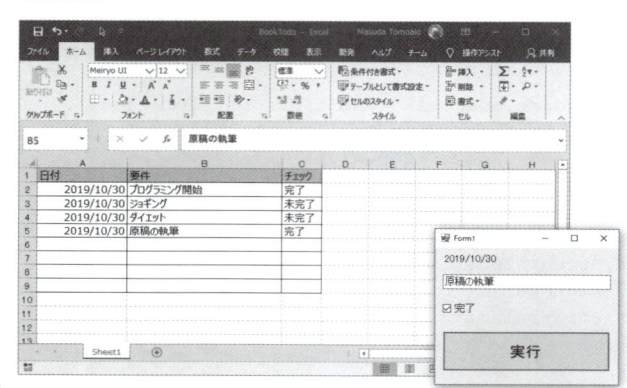

リスト1 ファイルに保存する（ファイル名：excel491.sln、Form1.cs）

```csharp
private void button1_Click(object sender, EventArgs e)
{
    var xapp = new Excel.Application();
    var wb = xapp.Workbooks.Open(@"C:\C#2019\data\BookTodo.xlsx");
    var sh = wb.ActiveSheet as Excel.Worksheet;
    // 最終行を取得（1000行までに制限する）
    for (int r = 2; r < 1000; r++)
    {
        if (sh.Cells[r, 1].Text == "" || sh.Cells[r, 2].Text ==
textBox1.Text)
        {
            sh.Cells[r, 1].Value = label1.Text;
            sh.Cells[r, 2].Value = textBox1.Text;
            sh.Cells[r, 3].Value = checkBox1.Checked ? "完了" : "未完了";
            break;
        }
    }
    // 保存する
    wb.Save();
    xapp.Quit();
}
```

tips

492 シートの一覧を取得する

▶ Level ●●
▶ 対応
COM PRO

**ここが
ポイント
です！** ➤ **ワークシート一覧を取得（Sheets コレクション、Worksheet クラス、Name プロパティ）**

　既存のExcelワークブックからシートの一覧を取得するためには、**Sheets コレクション**を使います。Sheets コレクションは配列ですが、C#とは異なり、「1」始まりになることを注意してください。

　各シートの名称は、**Name プロパティ**で取得できます。

　リスト1では、プログラムからExcel ファイルを開き、シートの名称をリストボックスに表示しています。

18

Excelの極意

▼実行結果

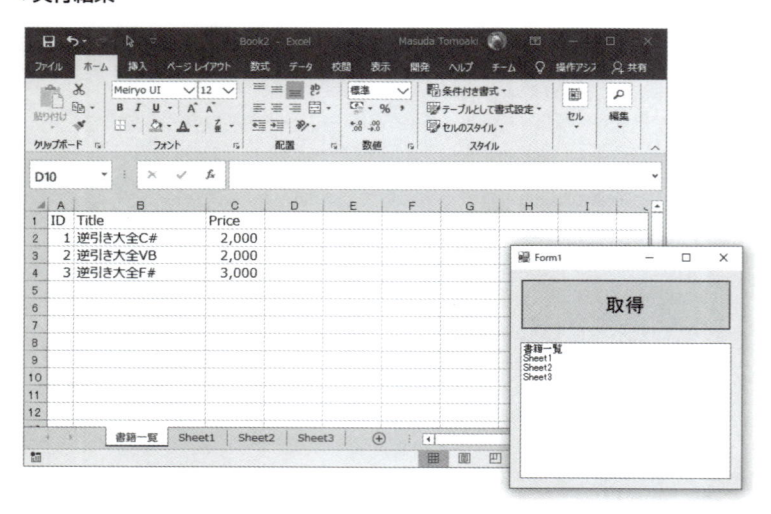

リスト1 シートの一覧を取得する（ファイル名：excel492.sln、Form1.cs）

```
private void button1_Click(object sender, EventArgs e)
{
    var xapp = new Excel.Application();
    var wb = xapp.Workbooks.Open(@"C:¥C#2019¥data¥Book2.xlsx");
    listBox1.Items.Clear();
    foreach (Excel.Worksheet sh in wb.Sheets)
    {
        listBox1.Items.Add(sh.Name);
    }
    xapp.Quit();
}
```

tips 493 新しいシートを追加する

▶ Level ●●
▶ 対応
COM PRO

ここがポイントです！ ワークシートを新規追加
（Sheets コレクション、Add メソッド）

既存のExcel ファイルにプログラムからシートを追加するためには、Sheets コレクションの**Add メソッド**を使います。

Add メソッドで引数を指定しない場合は、アクティブシートの後ろの新しいシートを追加します。一番最後にシートを追加する場合は、最終のシートをAfter引数に指定してAddメソッドを呼び出します。

Add メソッドの戻り値は、作成したWorksheet オブジェクトになります。

リスト1では、プログラムからExcel ファイルを開き、最後にシートを追加しています。

▼ 実行結果

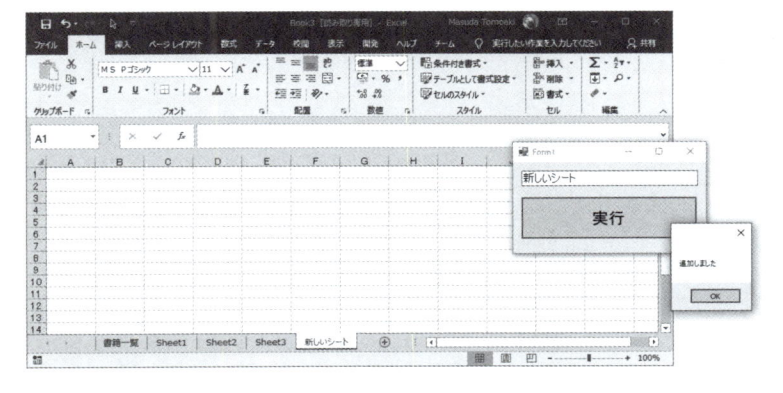

リスト1 シートを追加する（ファイル名：excel493.sln、Form1.cs）

```
private void button1_Click(object sender, EventArgs e)
{
    var xapp = new Excel.Application();
    var wb = xapp.Workbooks.Open(@"C:\C#2019\data\Book3.xlsx");
    var sh = wb.Sheets.Add(After: wb.Sheets[wb.Sheets.Count]) as
Excel.Worksheet;
    sh.Name = textBox1.Text;

    // 保存する
    wb.Save();
    MessageBox.Show("追加しました");
    xapp.Quit();
}
```

18
Excel の極意

tips
494

▶ Level ●○○

▶ 対応

COM　PRO

PDFファイルで保存する

ここが　ポイント　です!　**ExcelからPDF形式で保存（Worksheetクラス、ExportAsFixedFormatメソッド）**

　既存のExcelファイルをPDF形式で出力することができます。**Worksheetクラス**の**ExportAsFixedFormatメソッド**を使うと、Excelのエクスポートメニューと同様に「PDF/XPSドキュメント」として保存されます。

　リスト1では、プログラムからExcelファイルを開き、PDF形式で保存しています。

▼**実行結果**

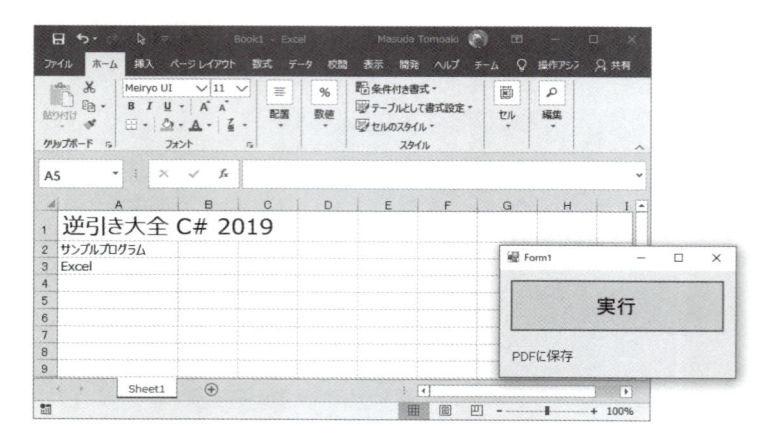

▼**出力したPDF**

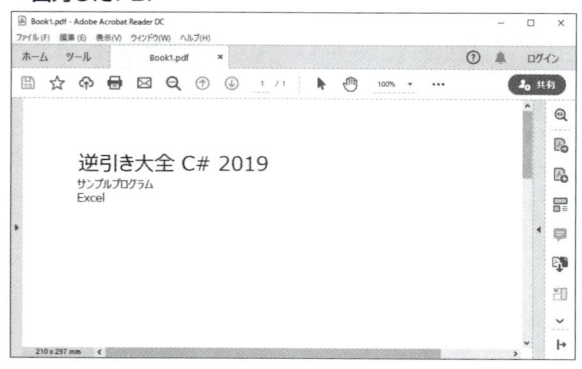

リスト1　PDF形式で保存する（ファイル名：excel494.sln、Form1.cs）

```csharp
private void button1_Click(object sender, EventArgs e)
{
    var xapp = new Excel.Application();
    var wb = xapp.Workbooks.Open(@"C:¥C#2019¥data¥Book1.xlsx");
    var sh = wb.ActiveSheet as Excel.Worksheet;
    sh.ExportAsFixedFormat(
        Excel.XlFixedFormatType.xlTypePDF, @"C:¥C#2019¥data¥Book1.
pdf");
    xapp.Quit();
    MessageBox.Show("PDFファイルに保存しました");
}
```

tips
495 指定したシートを印刷する

▶Level ●○○○
▶対応
COM　PRO

ここが
ポイント
です！
Excelから印刷（Worksheetクラス、PrintOutExメソッド）

18
Excelの極意

　既存のExcelファイルを印刷するためには、Worksheetクラスの**PrintOutExメソッド**を使います。

　PrintOutExメソッドを引数なしで呼び出すと、OSのデフォルトの印刷先が使われます。

　リスト1では、プログラムからExcelファイルを開き、デフォルトで印刷しています。

▼実行結果

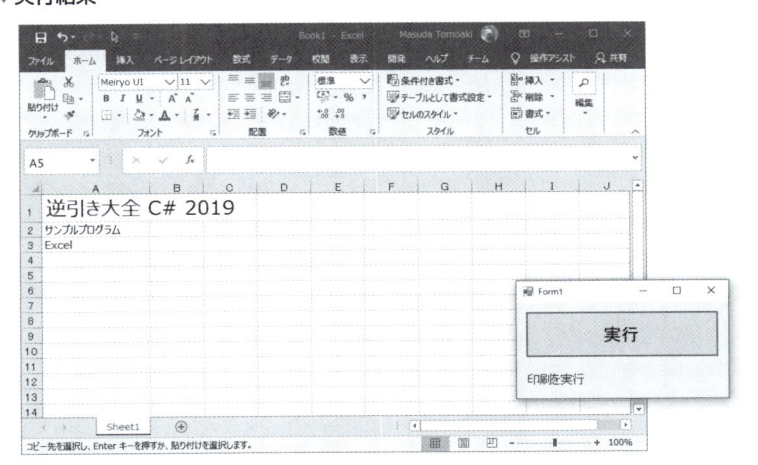

リスト1 指定したファイルを印刷する（ファイル名：excel495.sln、Form1.cs）

```csharp
private void button1_Click(object sender, EventArgs e)
{
    var xapp = new Excel.Application();
    var wb = xapp.Workbooks.Open(@"C:\C#2019\data\Book1.xlsx");
    var sh = wb.ActiveSheet as Excel.Worksheet;
    sh.PrintOutEx();
    xapp.Quit();
    MessageBox.Show("印刷しました");
}
```

18-2 Web API

tips
496

指定URLの内容を取り込む

▶Level ●●
▶対応
COM　PRO

ここが
ポイント
です！

URLを指定して抽出（HttpClientクラス、GetStringAsyncメソッド、GetStreamAsyncメソッド）

　情報を提供しているWebサイトにアクセスして、Excelシートにまとめることができます。
　Webサイトの情報は、**HttpClientクラス**を使ってアクセスをします。Web APIのように文字列のデータでアクセスする場合は、GetStringAsyncメソッドやGetStreamAsyncメソッドを使います。
　GetStringAsyncメソッドは、データを文字列として一気に取得します。データとして利用しているXML形式やJSON形式を直接見るときに役に立ちます。
　GetStreamAsyncメソッドは、ストリームとしてデータを取得します。XMLを解析するXDocumentクラスや、JSONを解析するNewtonsoft.Jsonを使うときに利用します。
　リスト1では、XML形式でデータを取得した後に、XDocumentクラスを使って解析し、Excelシートに出力しています（画面1）。RedmineのデモサイトからWeb APIを使ってプロジェクト一覧を取得しています。
　リスト2では、JSON形式でデータを取得した後に、Newtonsoft.Jsonを使って解析し、Excelシートに出力しています（画面2）。

▼画面1 XML形式データを取得

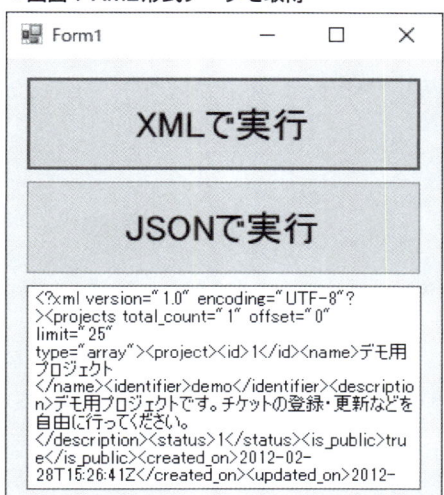

▼画面2 JSON形式データを取得

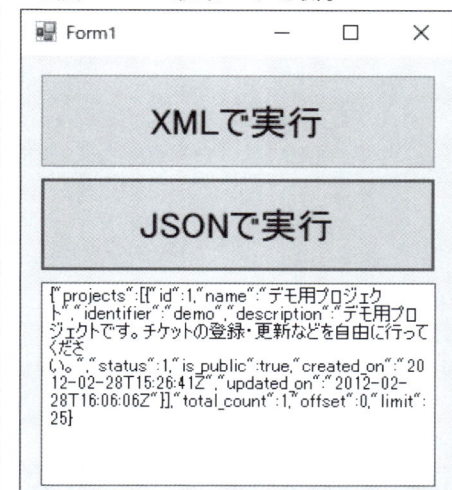

▼Excelシート

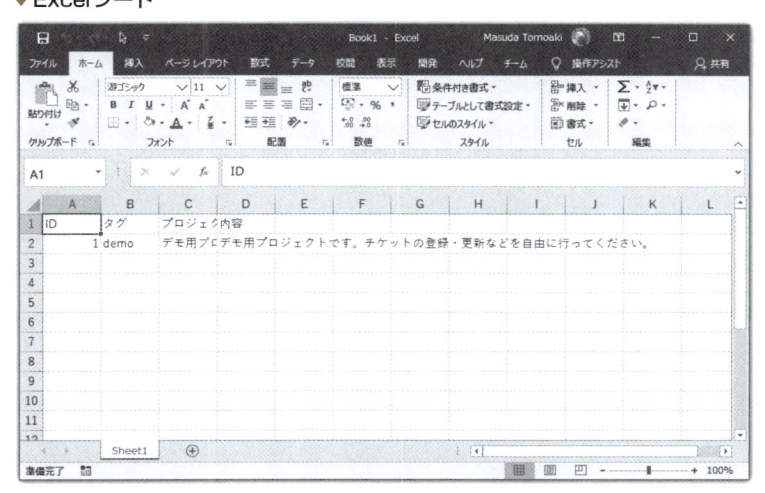

リスト1 XML形式で取得する（ファイル名：excel496.sln、Form1.cs）

```
private async void button1_Click(object sender, EventArgs e)
{
    var url = "http://my.redmine.jp/demo/projects.xml";
    var hc = new HttpClient();
    var xml = await hc.GetStringAsync(url);
    textBox1.Text = xml;
    var doc = XDocument.Load(new System.IO.StringReader(xml));
```

```
        var xapp = new Excel.Application();
        var wb = xapp.Workbooks.Add();
        var sh = wb.ActiveSheet as Excel.Worksheet;
        // タイトルを出力
        sh.Range["A1"].Value = "ID";
        sh.Range["B1"].Value = "タグ";
        sh.Range["C1"].Value = "プロジェクト名";
        sh.Range["D1"].Value = "内容";

        // 内容を出力
        int r = 2;
        foreach (var it in doc.Root.Elements())
        {
            var id = it.Element(XName.Get("id")).Value;
            var tag = it.Element(XName.Get("identifier")).Value;
            var name = it.Element(XName.Get("name")).Value;
            var desc = it.Element(XName.Get("description")).Value;
            desc = desc.Replace("¥n", "");
            System.Diagnostics.Debug.WriteLine($"{id} {tag} {name} {desc}");
            sh.Cells[r, 1].Value = id;
            sh.Cells[r, 2].Value = tag;
            sh.Cells[r, 3].Value = name;
            sh.Cells[r, 4].Value = desc;
            r++;
        }
        xapp.Visible = true;
        xapp.Quit();
}
```

リスト2 JSON形式で取得する（ファイル名：excel496.sln、Form1.cs）

```
private async void button2_Click(object sender, EventArgs e)
{
    var url = "http://my.redmine.jp/demo/projects.json";
    var hc = new HttpClient();
    var json = await hc.GetStringAsync(url);
    textBox1.Text = json;
    var js = new JsonSerializer();
    var jr = new JsonTextReader(new System.IO.StringReader(json));
    var projects = JObject.ReadFrom(jr)["projects"] as JArray;

    var xapp = new Excel.Application();
    var wb = xapp.Workbooks.Add();
    var sh = wb.ActiveSheet as Excel.Worksheet;
    // タイトルを出力
    sh.Range["A1"].Value = "ID";
    sh.Range["B1"].Value = "タグ";
    sh.Range["C1"].Value = "プロジェクト名";
    sh.Range["D1"].Value = "内容";

    // 内容を出力
```

```
    int r = 2;

    foreach (var it in projects)
    {
        var id = it["id"].Value<int>();
        var tag = it["identifier"].Value<string>();
        var name = it["name"].Value<string>();
        var desc = it["description"].Value<string>();
        desc = desc.Replace("\r\n", "");
        System.Diagnostics.Debug.WriteLine($"{id} {tag} {name} {desc}");
        sh.Cells[r, 1].Value = id;
        sh.Cells[r, 2].Value = tag;
        sh.Cells[r, 3].Value = name;
        sh.Cells[r, 4].Value = desc;
        r++;
    }
    xapp.Visible = true;
    xapp.Quit();
}
```

tips 497 天気予報APIを利用する

▶ Level ●● ○
▶ 対応　COM　PRO

ここがポイントです！ Web APIで抽出
（HttpClientクラス、GetStringAsync
メソッド、JObjectオブジェクト）

　天気予報のWeb APIを利用することで、予想情報をJSON形式などで取得することができます。

　例えば、「Weather Hacks」（URLは下記を参照）を利用すると、無料で今日／明日／明後日の日本各地の天気予報を取り出せます。

　JSON形式のデータは、Newtonsoft.JsonをNuGetで取得して解析します。取り出したデータに従って、Excelシートなどに取得してまとめます。

　リスト1では、JSON形式でデータを取得した後に、Newtonsoft.Jsonを使って解析し、Excelシートに出力しています（画面1、画面2）。

　Weather Hacksのサイトから東京（130010）の天気予報データを取得します。JSON形式で取得できるデータ形式は「お天気Webサービス仕様」（URLは下記を参照）に記述されています。

▼ Weather Hacks
```
http://weather.livedoor.com/weather_hacks/
```

▼お天気Webサービス仕様

```
http://weather.livedoor.com/weather_hacks/webservice
```

▼画面1 JSON形式データを取得

▼画面2 Excelシート

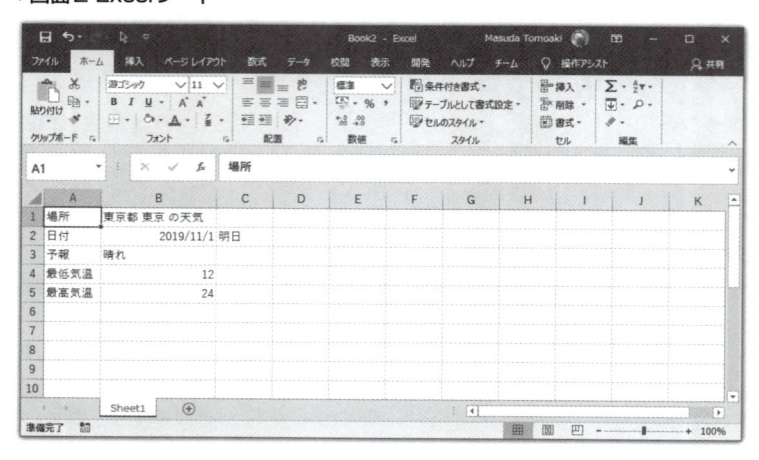

リスト1 JSON形式で取得する（ファイル名：excel497.sln、Form1.cs）

```csharp
private async void button1_Click(object sender, EventArgs e)
{
    int city = 130010; // 東京
    var url = $"http://weather.livedoor.com/forecast/webservice/json/
v1?city={city}";
    var hc = new HttpClient();
```

```
    var json = await hc.GetStringAsync(url);
    textBox1.Text = json;
    var jr = new JsonTextReader(new System.IO.StringReader(json));
    var root = JObject.ReadFrom(jr);
    var title = root["title"].Value<string>();
    var forecasts = root["forecasts"] as JArray;
    // 明日の天気
    var yesterday = forecasts[1];
    var date = yesterday["date"].Value<string>();
    var dateLabel = yesterday["dateLabel"].Value<string>();
    var telop = yesterday["telop"].Value<string>();
    var min = yesterday["temperature"]["min"]["celsius"].
Value<string>();
    var max = yesterday["temperature"]["max"]["celsius"].
Value<string>();

    // excel に出力
    var xapp = new Excel.Application();
    var wb = xapp.Workbooks.Add();
    var sh = wb.ActiveSheet as Excel.Worksheet;
    sh.Cells[1, 1].Value = "場所";
    sh.Cells[2, 1].Value = "日付";
    sh.Cells[3, 1].Value = "予報";
    sh.Cells[4, 1].Value = "最低気温（予想）";
    sh.Cells[5, 1].Value = "最高気温（予想）";
    sh.Cells[1, 2].Value = title;
    sh.Cells[2, 2].Value = date;
    sh.Cells[2, 3].Value = dateLabel;
    sh.Cells[3, 2].Value = telop;
    sh.Cells[4, 2].Value = min;
    sh.Cells[5, 2].Value = max;
    xapp.Visible = true;
    xapp.Quit();
}
```

tips
498 指定地域の温度を取得する

▶ Level ●●●
▶ 対応
COM　PRO

ここがポイントです！ CSV形式データの解析（HttpClientクラス、GetStreamAsyncメソッド、GetEncodingオブジェクト）

気象庁のサイト「気象庁｜最新の気象データ」（URLは下記を参照）から降水量や最高気温、最低気温のデータを取得できます。

　警報などの速報は、Atom形式（XML形式）で取得できますが、最高気温と最低気温のデータはCSV形式となっています。

　ただし、文字コードデータがシフトJISのため、コード変換が必要になります。文字コード指定は、HttpClientクラスの**GetStreamAsyncメソッド**でストリームを取得したのちに、GetEncodingを指定してStreamReaderクラスでテキストデータを読み込むことでできます。

　リスト1では、2つのURLからCSV形式のデータを取得し、1つのExcelシートに出力しています（画面1、画面2）。気象庁から取得できる最高気温と最低気温を取得して、Excelシートに取得しています。

▼気象庁｜最新の気象データ

```
http://www.data.jma.go.jp/obd/stats/data/mdrr/docs/csv_dl_readme.html
```

▼画面1 データを取得

▼画面2 Excelシート

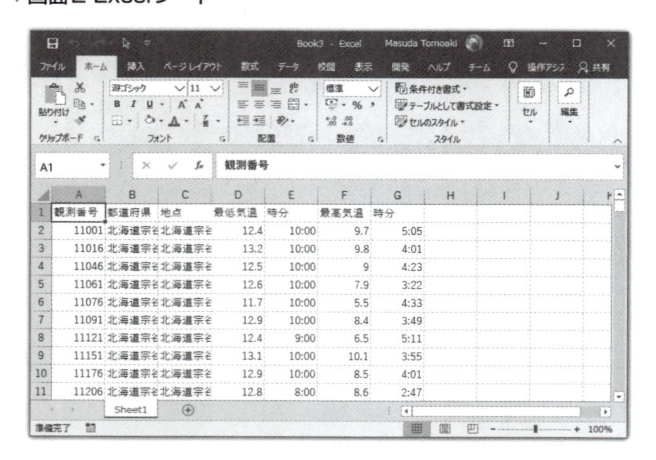

リスト1 最高／最低気温をCSV形式で取得する（ファイル名：excel498.sln、Form1.cs）

```csharp
private async void button1_Click(object sender, EventArgs e)
{
    var urlmax = $"http://www.data.jma.go.jp/obd/stats/data/mdrr/tem_
rct/alltable/mxtemsadext00_rct.csv";
    var urlmin = $"http://www.data.jma.go.jp/obd/stats/data/mdrr/tem_
rct/alltable/mntemsadext00_rct.csv";
    var hc = new HttpClient();

    var enc = Encoding.GetEncoding("shift_jis");
    var st = await hc.GetStreamAsync(urlmax);
    var tr = new StreamReader(st, enc, false) as TextReader;
    var csvmax = await tr.ReadToEndAsync();

    st = await hc.GetStreamAsync(urlmin);
    tr = new StreamReader(st, enc, false) as TextReader;
    var csvmin = await tr.ReadToEndAsync();

    var data = new List<Data>();
    // 最高気温CSVをパースする
    var lst = csvmax.Split(new string[] { "\r\n" },
StringSplitOptions.None).ToList();
    // 先頭行は削除する
    lst.RemoveAt(0);
    foreach (string line in lst)
    {
        var vals = line.Split(new string[] { "," },
StringSplitOptions.None);
        if (vals.Count() > 13)
        {
            // 観測番号，都道府県，地点，最高気温，最高気温（時），最高気温（分）を取得
            var d = new Data()
            {
                Id = int.Parse(vals[0]),
                Place1 = vals[1],
                Place2 = vals[2],
                TemperatureMax = double.Parse(vals[9]),
                MaxHour = int.Parse(vals[11]),
                MinMinitue = int.Parse(vals[12])
            };
            data.Add(d);
        }
    }
    // 最低気温CSVをパースする
    lst = csvmin.Split(new string[] { "\r\n" }, StringSplitOptions.
None).ToList();
    lst.RemoveAt(0);
    foreach (string line in lst)
    {
        var vals = line.Split(new string[] { "," },
```

```
StringSplitOptions.None);
        if (vals.Count() > 13)
        {
            // 観測番号，都道府県，地点，最低気温，最低気温（時），最低気温（分）を取得
            var id = int.Parse(vals[0]);
            var temp = double.Parse(vals[9]);
            var hour = int.Parse(vals[11]);
            var min = int.Parse(vals[12]);
            var d = data.First(x => x.Id == id);
            if (d != null)
            {
                d.TemperatureMin = temp;
                d.MinHour = hour;
                d.MinMinitue = min;
            }
        }
    }
    textBox1.Text = "取得完了";

    // Excel に出力する
    var xapp = new Excel.Application();
    var wb = xapp.Workbooks.Add();
    var sh = wb.ActiveSheet as Excel.Worksheet;
    sh.Cells[1, 1].Value = "観測番号";
    sh.Cells[1, 2].Value = "都道府県";
    sh.Cells[1, 3].Value = "地点";
    sh.Cells[1, 4].Value = "最低気温";
    sh.Cells[1, 5].Value = "時分";
    sh.Cells[1, 6].Value = "最高気温";
    sh.Cells[1, 7].Value = "時分";

    int r = 2;
    xapp.Visible = true;
    foreach (var d in data)
    {
        sh.Cells[r, 1].Value = d.Id;
        sh.Cells[r, 2].Value = d.Place1;
        sh.Cells[r, 3].Value = d.Place1;
        sh.Cells[r, 4].Value = d.TemperatureMax;
        sh.Cells[r, 5].Value = $"{d.MaxHour}:{d.MaxMinitue}";
        sh.Cells[r, 6].Value = d.TemperatureMin;
        sh.Cells[r, 7].Value = $"{d.MinHour}:{d.MinMinitue}";
        r++;
    }
    xapp.Quit();
}
public class Data
{
    public int Id { get; set; }
    public string Place1 { get; set; }
    public string Place2 { get; set; }
```

```
        public double TemperatureMax { get; set; }
        public double TemperatureMin { get; set; }
        public int MaxHour { get; set; }
        public int MaxMinitue { get; set; }
        public int MinHour { get; set; }
        public int MinMinitue { get; set; }
}
```

tips
499 新刊リストを取得する

▶ Level ●●●
▶ 対応
COM PRO

ここが
ポイント
です！
HTML形式のデータを解析
（HtmlAgilityPackパッケージ）

　インターネットで取得できる情報は、Web APIを通してJSON形式やXML形式で取得できるものや、CSV形式で取得できるもなど様々です。しかし、ブラウザーで閲覧ができるものの、形式化されていない情報も溢れています。

　これらの情報をHTML形式のまま探索する場合は、NuGetで**HtmlAgilityPack**パッケージを取得して利用するとよいでしょう。

　HtmlAgilityPackパッケージでは、HtmlDocumentクラスの**LoadHtml**メソッドを使って、HTMLデータを解析できます。DOMツリーをそのまま探索することもできます。また、目的のタグまで**SelectSingleNode**メソッドや**SelectNodes**メソッドでXPathを使うのもよいでしょう。

　リスト1は、秀和システムのWebサイトから新刊情報を取得しています（画面1）。HTMLコードを調べて「新刊」の画像データをキーにして、書名とリンク先を取得し、Excelシートに書き出しています（画面2、画面3）。

▼ **画面1 新刊情報**

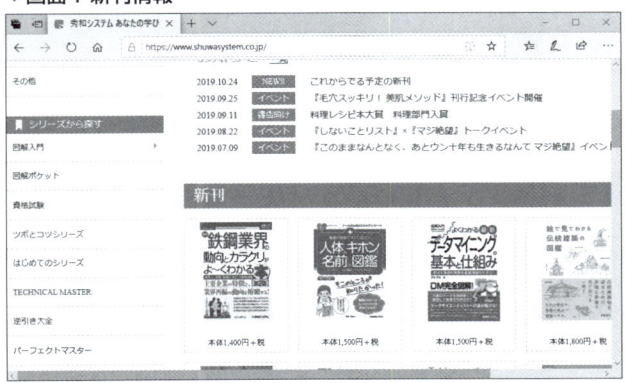

▼画面2 実行結果

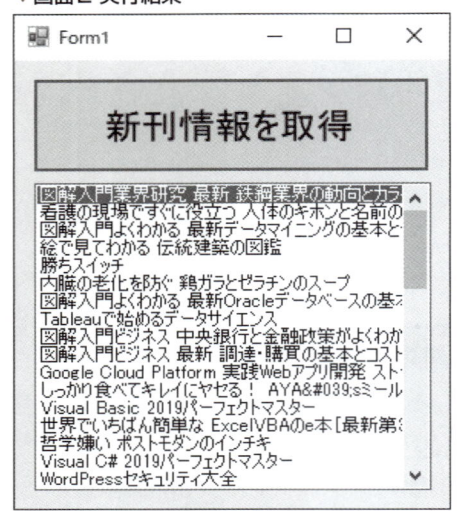

▼画面3 Excelシート

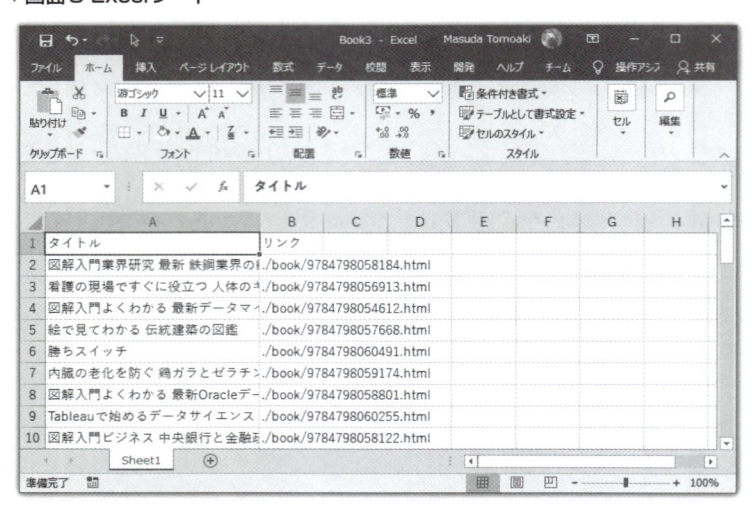

リスト1 HTMLデータから新刊を取得する（ファイル名：excel499.sln、Form1.cs）

```
private async void button1_Click(object sender, EventArgs e)
{
    var url = "http://www.shuwasystem.co.jp/";
    var hc = new HttpClient();
    var html = await hc.GetStringAsync(url);
    var hdoc = new HtmlAgilityPack.HtmlDocument();
    hdoc.LoadHtml(html);
```

```
        var lst = hdoc.DocumentNode.SelectNodes("//li[@class='items']");
        var items = new List<string>();
        var books = new List<Book>();
        foreach (var it in lst)
        {
            var a = it.SelectSingleNode(".//a");
            var img = it.SelectSingleNode(".//img");
            var text = img.GetAttributeValue("alt", "");
            var link = a.GetAttributeValue("href", "");
            items.Add(text);
            books.Add(new Book() { Title = text, Link = link });
        }
        listBox1.DataSource = items;
        // excel に出力
        var xapp = new Excel.Application();
        var wb = xapp.Workbooks.Add();
        var sh = wb.ActiveSheet as Excel.Worksheet;
        sh.Cells[1, 1].Value = "タイトル";
        sh.Cells[1, 2].Value = "リンク";
        int r = 2;
        foreach (var it in books)
        {
            sh.Cells[r, 1].Value = it.Title;
            sh.Cells[r, 2].Value = it.Link;
            r++;
        }
        xapp.Visible = true;
        xapp.Quit();
}
public class Book
{
    public string Title { get; set; }
    public string Link { get; set; }
}
```

tips
500 書籍情報を取得する

▶Level ●●●

▶対応
COM PRO

ここがポイントです！

HTML形式のデータを解析（HtmlAgilityPackパッケージ、SelectSingleNodeメソッド）

インターネット上で公開されている情報は、主にブラウザーで閲覧することを目的としていますが、HTML形式を解析することによって、目的のデータのみを取り出せます。

例えば、書籍情報のページは一定のフォーマットで作られていることが多いと思います。このため、HTMLタグに特定のIDやクラス名がなくても、決め打ちで目的のタグを探索することにより、情報を取り出してExcelなどに整理ができます。

HtmlAgilityPackパッケージでXPathを使って目的のタグを探索することで、ある程度まで情報を絞り込めます。もちろん、サイトのリニューアルなどにより情報を取れなくなる場合もありますが、ある程度の使い捨てのツールとして便利でしょう。

リスト1は、秀和システムのWebサイトから書籍情報を取得しています（画面1）。書籍情報はページ内のtrタグを検索し、決め打ちでタイトル、著者名、ISBNなどの情報を取得しています（画面2、画面3）。

▼画面1 書籍情報

▼画面2 実行結果

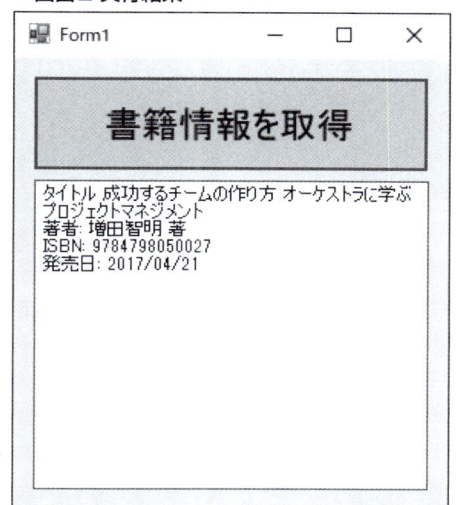

▼画面3 Excelシート

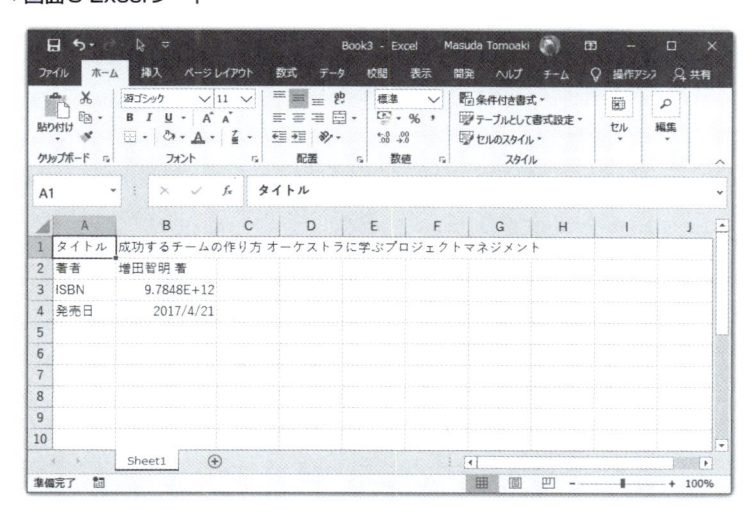

リスト1　HTMLデータから書籍情報を取得する（ファイル名：excel500.sln、Form1.cs）

```
private async void button1_Click(object sender, EventArgs e)
{
    var url = "http://www.shuwasystem.co.jp/products/7980html/5002.
html";
    var hc = new HttpClient();
    var html = await hc.GetStringAsync(url);
    var hdoc = new HtmlAgilityPack.HtmlDocument();
```

```
    hdoc.LoadHtml(html);

    var title = hdoc.DocumentNode.SelectSingleNode("//h1[@
class='titleType1']").InnerText.Trim();
    var div = hdoc.DocumentNode.SelectSingleNode("//div[@
class='right']");
    var table = div.SelectSingleNode(".//table");
    var items = table.SelectNodes("*/tr/td");
    var author = items[0].InnerText.Trim();
    var isbn = items[3].InnerText.Trim();
    var date = items[2].InnerText.Trim();

    var text = $"タイトル {title}¥r¥n著者：{author}¥r¥nISBN：{isbn}¥r¥n発
売日：{date}¥r¥n";
    textBox1.Text = text;

    // excel に出力
    var xapp = new Excel.Application();
    var wb = xapp.Workbooks.Add();
    var sh = wb.ActiveSheet as Excel.Worksheet;
    sh.Cells[1, 1].Value = "タイトル";
    sh.Cells[2, 1].Value = "著者";
    sh.Cells[3, 1].Value = "ISBN";
    sh.Cells[4, 1].Value = "発売日";

    sh.Cells[1, 2].Value = title;
    sh.Cells[2, 2].Value = author;
    sh.Cells[3, 2].Value = isbn;
    sh.Cells[4, 2].Value = date;

    xapp.Visible = true;
    xapp.Quit();
}
```

index 索引

857

た行 — Tips No.

サンプルプログラムの使い方

　サポートサイトからダウンロードできるファイルには、本書で紹介したサンプルプログラムを収録しています。

1. サンプルプログラムのダウンロードと解凍

❶ Webブラウザで、本書のサポートサイト（http://www.shuwasystem.co.jp/support/7980html/5942.html）に接続します。

❷ ダウンロードボタンをクリックして、ダウンロードします。

▼本書のサポートサイト

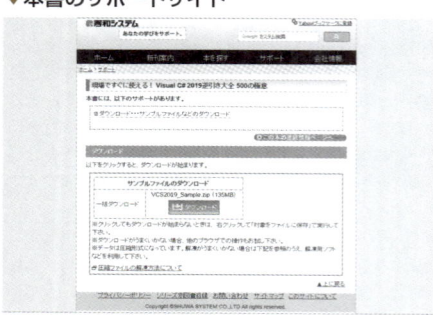

▼ダウンロードボタンをクリック

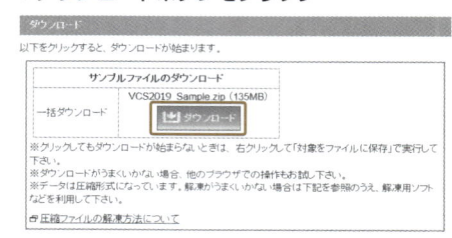

❸ ダウンロードしたファイル（VCS2019_Sample.zip）を任意のフォルダに移動して解凍し、Visual Studioで読み込みます。

2. 実行上の注意

●実行上の注意

　サンプルプログラムの中には、ファイルやデータベースのテーブルを書き変えたり削除したりするものなども含まれています。サンプルプログラムを実行する前に、必ず本文をよく読み、動作内容をよく理解してから、各自の責任において実行してください。

　実行の結果、お使いのマシンやデータベースなどに不具合が生じたとしても著者および出版元では一切の責任を負いかねます。あらかじめご了承ください。

●データベース名、テーブル名、ファイル名など

　実行時には、プログラム中のデータベース名やテーブル名、フィールド名、ファイル名などはお使いの環境に合わせて変更してください。

●データベースについて

　実行するサンプルプログラムによっては、Microsoft Access、IISなど、その他のアプリケーションが必要になることがあります。これらのアプリケーションについては、各自でご用意ください。

【著者紹介】

増田 智明（ますだ ともあき）

東京都板橋区在住。得意言語は、C++/C#/F#。電子工作は Raspberry Pi/Arduino から
スタートして、Windows IoT Core と Raspbian を並行してやりつつ、ROS2 のために
Ubuntu を入れてみたり。隔週で Scratch を教えに行きながらも、ギターでブルースとボ
サノバを練習中です。

主な著書
『現場ですぐに使える！Visual C# 2017 逆引き大全 555 の極意』（共著、秀和システム）
『成功するチームの作り方 オーケストラに学ぶプロジェクトマネジメント』（秀和システム）
『Azure Functions 入門』（日経 BP）など

国本 温子（くにもと あつこ）

東京都在住。Microsoft Office、Excel VBA、VB などのインストラクター、実務経験を
経て、現在はフリーの IT ライターとして活動中。我が家の白文鳥、いつの間にか、7 羽
に増えてしまいました。みんな白いから区別できないんじゃないか。とよく言われますが、
飼っていると目や羽、体形の微妙な違いが区別できますし、文鳥にも性格があって、様
子をみればどれが誰かわかります。人懐こくて、きれいで、癒されるのですが、もうこ
れ以上増えないようにコントロールするのが目下の任務です。

主な著書
『現場ですぐに使える！ Visual C# 2017 逆引き大全 555 の極意』（共著、秀和システム）
『できる大事典 Excel VBA 2016/2013/2010/2007』（共著、インプレス）
『Excel マクロ＆VBA [実践ビジネス入門講座]【完全版】』（SB クリエイティブ）など

現場ですぐに使える！
Visual C# 2019逆引き大全 500の極意

発行日	2019年12月24日	第1版第1刷

著 者　増田　智明／国本　温子

発行者　斉藤　和邦

発行所　株式会社　秀和システム

　　　　〒135-0016
　　　　東京都江東区東陽2-4-2　新宮ビル2F
　　　　Tel 03-6264-3105（販売）　Fax 03-6264-3094

印刷所　三松堂印刷株式会社　　　　Printed in Japan

ISBN978-4-7980-5942-6 C3055